1月6日，北京市与宁夏回族自治区在北京正式签署科技合作协议。北京市副市长苟仲文、宁夏回族自治区副主席屈冬玉代表两地政府签署《北京市人民政府 宁夏回族自治区人民政府科技合作框架协议》

1月17日，为进一步贯彻党中央、北京市委、市直机关工委的要求和部署，北京市知识产权局以十八大报告内容为题库，组织首都科技界开展“创新驱动 科学发展——首都科技界学习、宣传‘十八大精神’知识竞赛”

1月30日，2013新春驻华外交官科技合作通报会在北京国际会议中心召开。会上，北京市启动第二批国际科技合作基地建设，并向这些基地的国际合作伙伴颁发“北京市国际科技合作基地杰出国际合作伙伴”证书

2月21日，北京市召开科学技术奖励大会暨2013年科技工作会议，表彰获得2012年度北京市科学技术奖的184项科技创新成果，并部署2013年工作

3月21—24日，由北京市科协、北京市教委、北京市科委、北京市知识产权局、顺义区政府联合主办的“第33届北京汽车北京青少年科技创新大赛”在北京市顺义区牛栏山第一中学举行

3月22日，全国政协副主席、科技部部长万钢调研指导北京国家现代农业科技城建设工作。万钢视察了北京农科城通州国际种业科技园及相关企业，听取了北京农科城进展情况汇报，并与种业企业及科研单位进行座谈

4月26日，在2013北京跨国技术转移大会上，北京市科委与国家开发银行北京分行正式签署协议。签约金额500亿元，5年内每年提供100亿元授信额度

5月20日，由北京发明协会主办的“中国移动杯”第七届北京发明创新大赛在北京科技周主场隆重颁奖。来自全国28个省市区的1072项发明项目参赛，最终评选出发明创新奖200项，其中特等奖1项、金奖29项、银奖70项、铜奖100项；还评选出鼓励奖328项。同时9家单位设立了10类专项奖，共奖励50个项目

5月24日，北京市科技企业孵化器及大学科技园工作会议在北京创业大厦召开。与会领导为战略性新兴产业孵育基地和创新型孵化器授牌，并举行孵化器与产业基地、金融机构、科研机构的签约仪式

5月30日，市科委与北京经济技术开发区签署合作协议

5月31日，清华脑起搏器推广应用启动会召开，市科委主任闫傲霜、清华大学副校长姜胜耀出席会议

6月1日，第二届京交会签约仪式暨成果发布会上，北京市科委推荐项目签约，与会人员合影

7月2日，北京国家现代农业科技城生物燃气产业商业模式应用推进现场会在延庆召开，全国政协副主席、科技部部长万钢现场考察德青源生物燃气科技产业化基地

7月16日，“电动汽车进社区”启动仪式在海淀区世纪金源时代购物中心南广场举行

8月7日，北京市科委召开北京无人机航空应用服务创新与产业培育工作会。会上，市科委组织了中航工业、航天科技、天下图等20余家企事业单位，共同发起成立覆盖无人机全产业链的无人机与航空应用服务产业技术创新联盟

8月16日，在纳米压印项目落户北京纳米科技产业园签约仪式现场，美国国家工程院院士、普林斯顿大学教授周郁与北京雁栖经济开发区管委会主任周福枢签署入驻意向书

9月13日，科技部、北京市政府召开部市共建国家技术转移集聚区工作会议。会上，科技部副部长曹健林、北京市副市长张工签署《科技部 北京市人民政府共同建设国家技术转移集聚区合作框架协议》，并为国家技术转移集聚区和中国国际技术转移中心揭牌

9月30日，第二届北京重大疾病临床资源库标准化建设国际会议在北京召开。国际生物和环境样本库协会（ISBER）、英国生物样本库（UK Biobank）、上海医药临床研究中心、华大基因等国内外多家机构的知名专家及市科委领导出席会议

10月22日，首届联合国教科文组织创意城市北京峰会市长圆桌会议在设计之都大厦多功能厅举行。会上，来自32个城市的20余位市长级代表出席会议，并共同签署会议成果文件《北京议程》

10月24日，由北京市科委、香港贸易发展局共同主办的第十七届京港会科技型中小企业融资项目发布会在北京国际饭店举行，来自京港两地的投资机构、在京科技型中小企业代表100余人出席会议

11月14日，全国政协副主席、科技部部长万钢赴北京理工大学调研新能源汽车租赁站情况

11月15日，第四届中意创新论坛在北京市科委举行。论坛吸引了60余家意大利企业的100余名企业家到会，意大利驻华使节以及来自全国10个省市的200余位代表参加

11月20日，京宛科技合作工作座谈会在北京市科委举行。南阳市委书记穆为民一行与北京市科委党组书记、副主任杨伟光及各处室负责人座谈

12月12日，2013中国设计红星奖颁奖典礼在北京举行。此年度红星奖共有5567件产品参评，280件产品获奖。由唐山轨道客车有限责任公司生产的时速250千米的城际动车组获至尊金奖

12月27日，京豫科技合作工作座谈会在京召开。会上北京市科委与河南省科技厅正式签署《北京市科学技术委员会 河南省科学技术厅合作协议》。双方重点就京豫两地科技需求、共建综合服务平台和优化创新资源配置三方面的合作进行座谈

12月31日，北京市科委和北京电视台新闻频道共同举办的环保行暨“牵手蓝天”科技引领低碳生活大型公益系列活动启动

12月31日，北京市科委召开首都科技界学习贯彻党的十八届三中全会精神宣讲会，北京市有关部门、高校、科研院所、企业、区县政府及区县科委的相关负责人约300人参加，并举行北京市科技体制改革实践与探索座谈会，图为座谈会现场

北京科技年鉴

BEIJING ALMANAC OF SCIENCE AND TECHNOLOGY

2014

北京市科学技术委员会　组编

北京科学技术出版社

图书在版编目(CIP)数据

北京科技年鉴 2014/北京市科学技术委员会组编. —北京：北京科学技术出版社，2015.10

ISBN 978-7-5304-8030-4

Ⅰ.①北… Ⅱ.①北… Ⅲ.①科学研究事业-北京市-2014-年鉴 Ⅳ.①G322.71-54

中国版本图书馆 CIP 数据核字(2015)第 214981 号

北京科技年鉴 2014

作　　者：北京市科学技术委员会
责任编辑：周　珊
责任印制：李　茗
封面设计：樊润琴
出 版 人：曾庆宇
出版发行：北京科学技术出版社
社　　址：北京西直门南大街 16 号
邮政编码：100035
电话传真：0086-10-66135495（总编室）
0086-10-66113227（发行部）
0086-10-66161952（发行部传真）
电子信箱：bjkj@bjkjpress.com
网　　址：www.bkydw.cn
经　　销：新华书店
印　　刷：三河国新印装有限公司
开　　本：787mm×1092mm　1/16
字　　数：830 千
印　　张：29.5
插　　页：12
版　　次：2015 年 10 月第 1 版
印　　次：2015 年 10 月第 1 次印刷
ISBN 978-7-5304-8030-4/G·2243

定　　价：92.00 元

编　辑　说　明

一、《北京科技年鉴》是一部反映北京地区科技事业发展变化的综合性资料工具书和史料文献。在北京市科学技术委员会、北京市教育委员会、北京市质量技术监督局、北京市知识产权局、北京市科学技术协会共同参与下，由北京市科学技术委员会主持编纂。

二、本年鉴以邓小平理论、“三个代表”重要思想、科学发展观为指导，遵循实事求是的原则，科学、客观地反映实际情况。

三、本年鉴采用文章和条目两种体裁，以条目体为主，用规范的语体、记述体，直陈其事，文字力求言简意赅。

四、本年鉴从1987年开始，逐年编纂。至2003年出版时均是标注当年年度，自2004年起循通行做法改为标注出版时间，即当年出版的年鉴，记述上一年度北京地区科技系统所发生的重大事件和新的情况，为领导决策提供可资参考的依据，为社会各界了解、研究北京地区科技事业提供权威的信息，为开展科技交流、对外宣传提供基础资料。

五、本年鉴以记述北京市属科技系统各单位的情况为主，对境域内国家部门所属单位情况也适当记述，使主体突出而又概括全貌。

六、本年鉴所载为北京地区科技事业的基本情况，采用分类编纂法。根据年鉴的文字内容，设有特载、大事记、科技管理与服务、研究与开发、高新技术及其产业、知识产权、质量技术监督、高校科技、合作与交流、科学技术普及、区县科技、政策法规选、统计资料、附录等14个基本栏目。

七、本年鉴在附录中收有北京市科学技术委员会、北京市教育委员会、北京市质量技术监督局、北京市知识产权局、北京市科学技术协会等科技管理机构的名录。

八、选入本年鉴的文章和条目，均由北京市科学技术委员会、北京市教育委员会、北京市质量技术监督局、北京市知识产权局、北京市科学技术协会确定的专人负责撰写或提供，并经主要负责人审核。统计资料由北京市科技统计部门提供。

九、本年鉴反映2013年1月1日至12月31日期间北京地区科技事业发展变化情况，凡2013年事件，均直书月、日，不再写年份。

目　录

CONTENTS

特　载

“科技北京”发展建设2013年总结和2014年重点任务

北京市科学技术委员会

一、“科技北京”发展建设情况

2013年是学习贯彻党的十八大精神、深化科技体制改革、落实创新驱动发展战略的开局之年。9月30日，中共中央政治局在中关村举行第九次集体学习，习近平总书记提出要“着力推动科技创新与经济社会发展紧密结合，着力增强自主创新能力，着力完善人才发展机制，着力营造良好政策环境，着力扩大科技开放合作”的明确要求，并对中关村发展做出重要指示，为实施创新驱动发展战略指明了方向。党的十八届三中全会把深化科技体制改革作为全面深化改革的重要任务进行部署，强调要健全技术创新市场导向机制。科技部等中央部委对中关村国家自主创新示范区、北京国家现代农业科技城、首都蓝天行动等进行专题调研、协调推动，给予了有力的指导和支持。市委、市政府围绕深化科技体制改革、落实创新驱动发展战略，开展专题研究、做出安排部署、加强督促落实。市人大常委会听取和审议了市政府关于首都科技创新体系建设情况的报告，提出要制定技术创新行动计划，解决城市可持续发展、产业转型升级和民生改善的重大科技问题。市政协提出了《关于首都城市发展若干问题的建议》，开展了科技企业孵化器创新发展调研，为科技创新工作建言献策。

初步核算，2013年，全市高技术产业、科技服务业、信息服务业实现增加值4520.9亿元，同比增长13.3%。中关村国家自主创新示范区实现总收入3万亿元，同比增长21.3%。国家级高新技术企业9300家，占全国的20%。技术合同成交额2851.2亿元，同比增长16%，占全国的38.2%；技术交易实现增加值占地区生产总值的比重达到9.4%。专利申请量与授权量分别为12.3万件和6.3万件，同比增长33.6%和24.1%。北京地区共有75个项目获国家科学技术奖，占全国通用项目获奖总数的30.5%。全社会研究与试验发展经费支出1200.7亿元，相当于地区生产总值的6.2%。

（一）科技创新对首都发展的贡献进一步增强

重大科技成果不断涌现。233项成果获2013年度北京市科学技术奖，深腾7000高效能计算机、超强稀土永磁材料、数字电视地面广播传输系统等科技成果在关键技术或系统集成上取得重大突破和创新，产生了显著的经济效益和社会效益。在国际上首次证明热休克蛋白90α为肿瘤标志物，自主研发的定量检测产品通过临床试验验证，获准进入市场。4G技术标准TD－LTE全产业链技术快速发展，正式投入商用。全球最大的288英寸超高清LED电视研制成功。第三代核电技术CAP1400完成初步设计，建成一批重大工程验证试验平台。制备出世界上最长的碳纳米管，超顺排碳纳米管薄膜材料实现大批量工业化制备和规模化应用。国产脑起搏器获得产品注册证，打破了全球市场被美国产品独家垄断的局面。

科技支撑生态环境建设不断加强。贯彻国务院《大气污染防治行动计划》以及京津冀及周边地区实施细则，与科技部、环保部联合实施"首都蓝天行动"，落实本市清洁空气行动计划。累计1.7万辆新能源和清洁能源汽车投入运营，挥发性有机物污染治理、燃气锅炉烟气余热回收利用、生物燃气等先进技术加快推广应用。建成原生生活垃圾预处理、建筑垃圾综合利用等示范工程，减量化、无害化和资源化水平进一步提高。支持城市污水提标排放和节能减排、再生水回用、非常规污染物深度处理等技术开发和示范应用，建设地埋式污水处理设施，加快海水淡化等关键技术研发与装备应用，水资源保障和利用水平稳步提升。实施"首都平原百万亩造林科技支撑工程"，100余项植物新品种、节水灌溉、保成活保成林等技术成果和34项行业标准、地方标准得到推广应用。垃圾场生态修复、地源热泵、基于互联网的精准灌溉、冷热电联供系统等一批科技成果在第九届中国(北京)国际园林博览会集成应用，园博园成为生态修复新亮点和京西旅游新景点，树立了绿色发展的典范。

科技惠及民生力度不断加大。实施科技惠民计划，在人口健康、生态环境、公共安全、城市建设运行管理等领域，加快先进适用技术的示范应用和推广普及。基于通信的列车控制系统(CBTC)、列车制动能量吸收、不锈钢A型车辆等一批科技成果在轨道交通7号线、9号线、14号线等新建线路集成应用，轨道交通的运行效率、安全运营和节能减排水平进一步提高。建设首都"菜篮子"安全加工配送和食品安全监管追溯系统，食品安全科技保障体系不断完善。实施"首都十大疾病科技攻关与管理实施方案"二期，率先建成全国规模最大的重大疾病临床数据和样本资源库，收集12类重大疾病、7.4万个病例、39.6万份样本，近100项诊疗技术、标准和规范在1400余家(次)医疗卫生机构推广应用。

北京国家现代农业科技城建设不断深化。牵头成立国家农业科技园区协同创新战略联盟，筹建产业投资基金，探索社会化管理新机制。积极探索商业化育种模式和新型种业体系，种业科技成果托管平台建设初见成效，吸引了250家国内外科研单位和企业，登记了5317个种业成果，展示推介了3600个新品种，20多个新品种实现商业化开发。通州国际种业科技园获批升级为国家农业科技园区，种业"育繁推"一体化的科技创新和产业聚集核心示范区初步建成。全国农业科技云服务平台、数据中心和服务中心的作用日益显现，物联网和电子商务在北京国家现代农业科技城和国家农业科技园区得到广泛应用。农业科技服务资源和产业融合技术成果在典型沟域加快聚集和推广应用，为沟域经济发展做出了贡献。

产业转型升级深入推进。新一代信息技术产业持续引领创新。"4G工程"产生了以4G标准、基带芯片、射频芯片、应用处理器芯片、基站设备、测试仪表为代表的一批国产化成果，基于移动通信和互联网的应用服务快速发展。软件和信息服务业实现收入4900亿元，同比增长15%；以北斗为核心的空间信息应用逐步加快，导航与位置服务产业实现收入超过100亿元。智能终端和新型显示产业与互联网产业加速融合，"软件+终端+服务"的新型商业模式进一步拓展。大数据采集、存储、分析、处理等技术与国际同步发展，面向政务、医疗、零售、金融、电信、物流等领域的增值服务和应用解决方案更加丰富。发布实施"宽带北京行动计划"，泛在、融合、智能、可信的下一代信息基础设施加快建设。

生物医药产业快速发展。"G20工程"二期有序推进，与2009年相比，年销售收入10亿元以上的生物医药企业新增3家、总数达到9家；5亿元以上的医药品种新增11个、总数达到19个。创新要素加速聚集，大兴(亦庄)和海淀、昌平"一南一北、功能互补"的产业空间布局初步形成。医保目录、基本药物招标、药品单独定价等政策对产业发展的拉动作用不断增强。

"精机工程"深入实施。北京轨道交通相关企业2000余家，主要集中在研发、设计、测试和系统集成等产业链高端环节，涵盖规划设计、工程施工、装备制造、投资运营和技术服务等五个行业，产业规模持续扩大,空间集聚效应进一步显现。3D 打印初步构建了大型金属复杂构件直接制造、医疗器械与健康服务、创意设计等三个应用体系,材料、数字化设计、关键部件、整机和应用的产业链基本形成。

新能源和新能源汽车研发应用步伐加快。核能、生物燃气、量子点太阳能电池、高效聚合物太阳能电池等一批前沿技术研发取得重大进展。延庆新能源产业基地建设顺利推进,初步形成光伏、风电、生物质能等多种新能源综合利用和产业聚集发展的良好态势。北京科技成果转化(密云)示范基地初步形成集孵化、加速、转化功能和“研发 - 制造 - 服务”链条为一体的新兴绿色能源产业化示范基地。昌平新能源汽车设计制造产业基地、房山高端制造产业基地和大兴新能源汽车科技产业园“一园两基地”,形成了以整车为龙头,涵盖动力电池、电机等高端环节的产业链。实施“电动北京伙伴计划”,在清华大学、北京理工大学等大学校园和科技园区率先开展电动汽车分时租赁,积极探索电动汽车使用的商业模式。

新材料产业在研发高端环节引领技术创新。新型功能材料研发、先进结构材料产业、稀土材料、纳米材料等前沿领域达到国际领先水平。实施“纳米科技产业跃升工程”,突破一批前沿技术,促进科技成果批量转化,怀柔纳米科技产业园获批成为国家纳米高新技术产业化基地。

科技服务业发展迈出更大步伐。科技服务业实现总收入 5511.7 亿元,同比增长 10%。研发、设计、工程技术和科技中介等服务业态日益丰富。朝阳区被认定为第二批国家级文化和科技融合示范基地。中关村现代服务业试点累计支持试点项目 180 个,财政资金支持 17 亿元,带动社会投资 165.4 亿元。实施首都设计产业提升计划,促进设计与相关产业深度融合,形成以西城区为核心的设计产业集聚区。成功举办联合国教科文组织创意城市北京峰会,获得总干事伊琳娜·博科娃女士高度评价。中国设计交易市场落成开业,中国设计红星奖、中国设计节等活动取得圆满成功,“设计之都”建设加快推进。

(二)科技体制改革取得明显进展

重点改革任务有序推进。发布《贯彻落实〈中共北京市委 北京市人民政府关于深化科技体制改革加快首都创新体系建设的意见〉任务分工》,85 项改革举措全面实施,涉及 78 个部门、区县。科技界认真学习贯彻党的十八届三中全会精神,汇聚全社会智慧和力量,研究深化科技体制改革的总体思路、重大原则和目标任务。组织编制“北京技术创新行动计划”,提出改革科技创新组织管理的思路和方法。首都科技创新发展指数达到 82.24,比上一年提高 2 个百分点,为实施创新调查制度奠定了基础。

各区县改革举措有创新、有特色。东城区加强对区域科技创新的评价、督促和考核。西城区建立中关村西城园联席会议制度。朝阳区制定“高新技术产业发展行动计划”。海淀区制定实施包括 1 个若干意见、1 个资金管理办法、10 个支持办法的自主创新和产业发展政策体系。丰台区制定出台促进经济发展的综合政策和加强科技创新能力建设等政策意见。石景山区搭建科技创新平台、绿色通道服务网络和中介服务超市。门头沟区建立健全科技成果推广转化体系。房山区鼓励跨国公司和大型企业集团设立地区总部、促进功能区健康发展。通州区促进科技与城市建设、教育、文化、卫生、农业融合发展。顺义区制定实施包括区域创新体系建设、科学技术奖励、专利资助及奖励、科技成果转化奖励的政策体系。大兴区和亦庄经济技术开发区联合制定实施《新区促进科技创新发展的实施细则》。昌平区加快发展实验室经济,促进产学研相结合。平谷区加大对优秀科技人才和创新团队的吸引力度。怀柔区加快中科院怀柔科教产业园、雁栖湖生态发展示范区和纳米科技产业园建设。密云县编制完成科技资源、科技活动、科技产出和科技促进社会发展的统计指标体系。延庆县围绕举办第十一届世界葡萄大会做好科技支撑和创新服务。

企业技术创新主体地位进一步强化。加强重点实验室、工程实验室、工程(技术)研究中心、企业技术中心等科技创新基地在经济社会发展重点领域和关键环节的布局。全市100余家产业技术联盟聚集了7000多家企业、高等学校和科研院所,形成了以企业为主体、产学研用协同创新的新型社会组织,以市场为导向的互利共赢机制进一步深化。全市科技型企业近24万家,占全市企业总数的30%,成为促进经济持续健康发展的重要力量。科技型中小企业技术创新资金累计资助2500个技术创新项目,支持总金额8.8亿元,争取国家创新基金以及带动企业自筹经费和社会投资88亿元,资金放大比例达到1∶10。市属国有企业在经济增加值考核时将科技投入、人才培养引进纳入经营业绩考核体系,自主创新动力进一步增强。

首都科技资源利用水平持续提高。积极对接国家科技重大专项和重大科技基础设施建设,部市会商、央地合作、院市合作、军民融合工作全面加强。2013年北京地区单位承担国家"973"计划1332项、"863"计划697项、科技支撑计划1225项。未来科技城15家央企项目全面开工,150名"千人计划"专家领衔的科研团队积极开展研发,产生了以煤炭清洁转化利用、火电节能减排、第三代核电技术为代表的一批科技成果。北京地区高校获批牵头组建4个国家级协同创新中心,市属高校正在建设15个市级协同创新中心。蓝鲸军民融合创新园主体工程顺利开工,具有首都特点的军民融合发展模式不断深化。100亿元重大科技成果转化和产业项目资金的使用管理机制进一步完善,注重顶层设计和统筹安排,强化预算管理和风险防控,全年支持项目97个,带动社会总投资约900亿元。

科技开放合作深入开展。与科技部联合建设国家技术转移聚集区和中国国际技术转移中心,集聚效应初步形成。"北京跨国技术转移大会"和第四届中意创新论坛成功举办,促成项目签约500亿元,为北京发展需求与全球科技资源对接发挥了重要作用。中意技术转移中心有效发挥国际创新合作官方机制作用,促成50余项国际合作项目落地。北京输出到中西部地区的技术合同成交额首次超过东部地区,呈现快速增长态势。北京与天津、河北、山西、宁夏、贵阳等省区市和城市的科技合作实质性推进,对内蒙古、西藏、新疆、青海的对口支援和帮扶协作进一步加强,科技人才、专家资源、技术市场、科技条件等创新要素开放共享程度进一步提高,首都科技对全国创新发展的服务作用持续增强。

(三)中关村国家自主创新示范区建设深入推进

先行先试的试点政策取得新的突破。近500家单位参加股权激励试点,2400个项目开展科技计划和经费管理改革试点,1835家企业享受研发费用加计扣除政策,减免税额超过40亿元。"1+6"试点政策延长执行期限,并辐射推广到武汉东湖、上海张江国家自主创新示范区和安徽合芜蚌自主创新综合配套改革试验区。高新技术企业认定中文化产业支撑技术等领域范围、有限合伙制创业投资企业法人合伙人企业所得税、技术转让企业所得税、企业转增股本个人所得税等"新四条"试点政策获得国家批复实施。中关村获批成为国家知识产权服务业集聚发展试验区,筹建国家技术标准创新基地。

国家科技金融创新中心建设加快推进。成立中关村互联网金融行业协会,建设中关村互联网金融信用信息平台,互联网金融快速发展。中关村上市企业总数达到229家,全国中小企业股份转让系统("新三板"市场)挂牌企业255家,北京股权交易中心有限公司("四板"市场)作为区域性股权交易市场正式运营,多层次资本市场和多元化金融服务进一步丰富,企业挂牌上市的"梯次发展"格局逐渐形成。

空间规模和产业布局进一步优化。实施"中关村战略性新兴产业集群创新引领工程",促进技术创新和商业模式创新,培育原创技术和原创产业,推动形成互动融合的产业集群发展新格局。完成中关村示范区落桩定界工作,修改完善中关村示范区优化产业布局指导意见。

（四）创新创业发展环境持续优化

创新政策进一步完善和落实。市人大常委会审议通过了《北京市促进中小企业发展条例》和《北京市专利保护与促进条例》，支持创新创业的法制环境进一步完善。研究高等学校和科研机构科技成果转化和产业化的试点政策，先行先试的试点政策体系不断丰富。2009 年以来，累计认定 1900 家单位的 5000 余个新技术新产品（服务），其中，政府采购 2000 余个新技术新产品（服务）的金额超过 330 亿元，拉动创新发展的效果日趋明显。落实高新技术企业税收优惠政策，全年减免企业所得税超过 100 亿元。科技金融服务平台引导银行业金融机构加大对科技型企业的信贷支持，全年贷款余额超过 300 亿元。加强政策宣传和落实，深入推进科技政策进企业、进园区、进院所、进高校，政策服务效果进一步显现。

创新创业服务体系不断完善。首都科技条件平台实现了科研仪器设备、科技成果和科技人才共同开放共享格局，辐射范围从北京地区向全国拓展，全年实现服务合同额 22 亿元，逐年稳步增长。全市拥有科技孵化机构 130 家，总面积近 400 万平方米，在孵企业 8500 家，入驻企业总收入超过 1200 亿元，向社会提供就业岗位 17 万个，涌现出一批创新型孵化器和孵化服务新兴业态。

创新资源聚集效应进一步加强。北京地区累计 904 人入选中央“千人计划”，占全国的 27%；514 人入选北京市“海聚工程”；“科技北京百名领军人才培养工程”累计支持 90 名高端科技领军人才及其团队。“北京科技新星计划”实施 20 年来累计支持 1820 名青年科技骨干，形成了为青年科技人员“雪中送炭”、依托项目培养人才等特色，入选人员中有 5 人成为两院院士。国家级科技创新基地数量 300 家，占全国的 1/3，北京市科技创新基地 1300 家，成为整合资源、科技研发、成果转化、人才培养的重要载体。北京市自然科学基金设立了联合资助项目、青年科学基金项目等类别，支持开展应用基础、前沿技术和社会公益技术研究，为首都经济社会发展提供源头创新支撑。

创新文化建设稳步推进。科普工作深入开展，《全民科学素质行动计划纲要》顺利实施。举办北京科技周、全国科普日、科技旅游季等市级大型科普活动 40 余项，参加人数 1800 万人次。北京科技周集中展示了 450 余项民生科技成果，“科技让生活更美好”的理念深入人心。240 余家科普基地和 140 余家创新型科普社区积极开展系列科普活动，科普服务水平进一步提高。支持、引导高等学校、科研院所和企业向社会开放科技资源，科普资源共享服务平台建设进一步深化。利用京交会、文博会、科博会等品牌会展，为科技企业创造商机。充分利用电视、广播、报刊、网络等“四位一体”的媒体资源，大力宣传科技体制改革、创新驱动发展、重大科技成果、科技人才和创新团队等，弘扬主旋律，传播正能量，为科技创新营造良好的舆论氛围。

作风建设取得阶段性进展。深入开展党的群众路线教育实践活动，聚焦反对“四风”，科技界干部队伍思想认识进一步提高、工作作风进一步转变、与创新主体的联系进一步密切、为民务实清廉的形象进一步树立。深入推进依法行政，提高制度建设质量和科学民主决策水平，加强对行政行为的制约和监督。按照市政府统一部署，深化行政审批制度改革，全面清理 40 年来的科技行政规范性文件，取消、调整和承接行政审批事项。

一年来，“科技北京”建设在取得新成绩的同时，对照新时期首都城市战略定位要求，我们也清醒地认识到，北京科技改革发展还面临一些问题和挑战。

一是科技创新与首都经济社会持续健康发展的要求还存在差距，创新驱动发展战略需要顶层设计和整体谋划，科技创新如何引领产业转型升级、如何支撑解决首都可持续发展的重大问题和群众关心的热点难点问题，需要进一步深入研究。

二是科技体制改革的步伐与技术创新市场导向机制的要求还存在差距，充分利用首都科技资源的组织模式和运行机制尚需不断探索，财政科技投入的统筹协调需要加强，如何用产业、市场、财税、金融、人才、国有资产管理等方面政策推动科技创新，需要进一步研究探索。

三是技术创新是首都创新体系建设的薄弱环节,企业技术创新主体地位尚未真正确立,产学研用协同创新机制尚需进一步完善。市属国有企业自主创新激励机制、评价机制有待进一步改善,针对中小企业的政策扶持力度亟待加强。

四是中关村示范区发展面临更高的要求。中关村集聚全球高端创新资源、引领全球科技创新和新兴产业发展的能力亟待提高,先行先试的试点政策潜力尚需挖掘,打造具有全球影响力科技创新中心的任务还很艰巨。

五是除中关村示范区外,其他五个高端产业功能区的科技创新发展同样需要加强研究和规划,依靠科技创新发展的动力需要激发,特别是要深入研究互联网、大数据时代带来的机遇和挑战,超前布局,同步提升现代制造业和服务业水平。

对于这些问题和挑战,我们要按照"高标准、大尺度、深层次"的要求,冲破思想观念束缚,破解体制机制瓶颈,进一步解放思想、解放和发展科技生产力、解放和增强全社会创新活力。

二、2014 年科技工作思路和重点任务

2014 年科技工作的总体思路是:深入学习贯彻习近平总书记考察北京时的重要讲话精神,坚持和强化首都全国政治中心、文化中心、国际交往中心、科技创新中心的核心功能,深入实施人文北京、科技北京、绿色北京战略,深化科技体制改革,全面实施创新驱动发展战略;健全技术创新市场导向机制,强化企业技术创新主体地位;发挥示范引领作用,加快中关村国家自主创新示范区建设;优化创新驱动发展的社会环境,激发全社会创新创业活力;加快转变政府职能,提高科技管理和服务水平,推动科技改革发展取得新成效,为首都经济社会发展、全国科技创新中心建设做出新贡献,更好地服务国家创新战略。

2014 年要着力推进五项重点工作:

(一)深化科技体制改革,全面实施创新驱动发展战略

探索创新首都科技资源融合的体制机制。推动成立跨部门、跨区县的议事协调机构——北京创新驱动发展协调委员会,加强创新驱动发展战略的顶层设计和实施推动,统筹部署产业发展和区域发展规划,研究首都经济社会发展重大科技问题和重大创新政策,促进首都创新资源优化配置和高效利用。支持成立首都创新大联盟,发挥产业联盟推动产学研用协同创新的载体作用,特别是在产业发展战略研究、技术方案选择、重大关键共性技术研究组织和商业模式创新等方面的作用。充分发挥市政府专家咨询委员会、首都科技发展战略研究院等研究咨询机构的作用,建设首都特色新型智库,加强对科技发展重大问题的前瞻研究和系统谋划,为创新驱动发展提供决策咨询。

研究编制创新驱动发展战略实施方案。围绕北京全国科技创新中心的核心功能定位,加快研究创新驱动发展战略的总体思路、战略布局、重点任务、保障措施和实施机制。研究制定科技创新驱动"六高四新"高端产业功能区建设与发展的实施意见,建立功能区科技创新发展的协同工作机制,加强创新发展的数据监测与分析研究,支持关键共性技术研发、重大产品研制、科技成果转化应用、科技创新平台和科技人才队伍建设,强化科技创新对功能区发展的支撑引领作用。发挥全市重大科技成果转化和产业项目资金联席会议的统筹作用,加强重大技术创新成果引领未来产业发展的导向作用,前瞻布局技术创新重点领域,推动优质高效、符合首都功能定位的产业聚集发展,培育新的经济增长点。对接和服务国家创新战略,广泛听取意见建议,充分吸收各方研究成果,启动"十三五"科技北京发展规划编制研究工作。

促进京津冀协同创新。进一步拓宽视野,从国家战略高度谋划推动京津冀协同发展和区域科技交流合作。支持三地企业、高等学校和科研院所联合开展关键技术研究和技术标准创制,共同申

请国家重大科技计划和产业化项目，联合建设实验室、工程中心、中试基地、科技成果转化基地。根据三地的资源禀赋、发展基础和要素条件，注重发挥中关村示范区的辐射带动作用，鼓励、支持北京企业、高等学校和科研院所在天津和河北建设科技孵化器、研发和制造基地、科技园区和产业基地，加快科技成果转移转化和产业对接合作，形成区域间产业合理分布和上下游联动机制，推动新兴产业培育发展和传统产业升级改造。加快科技成果的示范应用和推广普及，加强科技创新对京津冀区域大气污染治理、防护林建设、水资源保护、水环境治理、清洁能源使用、现代化交通网络系统建设的支撑力度。加快推进市场一体化进程，促进首都科技条件平台、技术市场、产业技术联盟、科技创新人才、信息服务等创新要素按照市场规律在区域内自由流动和优化配置，增强首都科技对区域发展的辐射带动作用。

实施技术创新行动计划重大专项。遵循开放式、滚动式的原则，分批次启动实施两类重大科技专项。第一类专项紧密围绕大气污染治理、交通管理、应急管理，着力以技术创新支撑解决首都可持续发展的重大问题和人民群众关心的热点难点问题，同时培育和带动相关产业发展，例如：首都蓝天行动、生态环境建设与环保产业发展、城市精细化管理与应急保障、食品质量安全保障、重大疾病科技攻关与管理等；第二类专项紧密围绕产业发展的高端化、服务化、集聚化、融合化、低碳化，着力以技术创新引领产业转型升级、高端发展，例如：新一代移动通信技术突破及产业发展、数字化制造技术创新及产业培育、生物医药产业跨越发展、轨道交通产业发展、面向未来能源结构的技术创新与辐射带动、先导与优势材料创新发展、现代服务业创新发展等。

深化北京国家现代农业科技城建设。加快国家农业科技园区协同创新战略联盟建设和社会化管理改革，积极探索科技和金融相结合促进现代农业发展的新模式，深入推进农业科技成果托管和交易体系建设。加强北京国家现代农业科技城园区建设，做好2014年世界种子大会和世界葡萄大会等国际农业会展的科技支撑，促进农业先进技术、成果和项目落地北京。实施籽种产业科技促进、生态建设科技支撑、“三农”信息科技服务和食品安全科技保障等科技成果惠民工程，切实推进现代农业发展和新型城镇化建设，为率先形成城乡发展一体化新格局提供支撑。

（二）健全技术创新市场导向机制，强化企业技术创新主体地位

健全技术创新市场导向机制。研究制定科研机构科技成果转化和产业化的试点政策。制定高等学校科技成果转化和科技协同创新试点政策的实施细则，确保政策落到实处。引导高等学校和科研机构改进绩效考核导向和评价体系，促进科研成果与经济社会发展和市场需求有效对接。深化科研机构管理体制改革，推进应用型技术研发机构市场化、企业化改革，建立现代科研院所制度。建立科研成果新型管理制度体系，鼓励、支持和引导科研机构通过托管等方式，委托第三方专业技术转移机构代理开展科技成果许可、转让等，推动本市率先实行科技成果公开交易备案管理制度。完善市场导向、需求导向的科研项目立项机制，深化科技项目和经费管理、成果评价机制改革。改革科技人才评价和激励机制，完善科技成果转化平台的市场化运营机制。深入实施首都知识产权战略，进一步完善首都知识产权联席会议的议事规则、工作规范，强化其在制度设计、统筹协调等方面的职能作用，建立健全知识产权运用和保护体系。落实首都标准化战略任务分解方案，建立首都标准化委员会专家顾问制度。

强化企业技术创新主体地位。实施《关于强化企业技术创新主体地位 全面提升企业创新能力的意见》任务分工方案，深入实施研发机构建设、研发投入引导、创新环境营造等三项工程，促进人才、技术、资本等创新要素向企业聚集，推动企业成为技术创新决策、研发投入、科研组织和成果转化的主体，发挥企业在创新目标、资源配置和组织实施过程中的主导作用。支持企业自建或与科研院所、高等学校共建研发机构、中试基地和成果转化基地，建立健全有利于协同创新的利益分配机制。完善创新型企业培育机制，加强对平台型企业的政策支持。深化“首都科技条件平台”建设，

完善绩效考评后补助和准入退出机制，运用市场机制鼓励高等学校、科研院所、大型企业向社会开放共享科研仪器设备、科学数据和科研文献等科技资源，为企业提供联合研发、委托研发、中试检测、技术转移等服务。支持建设一批小企业创业基地，完善中小企业服务网络和公共技术服务平台。支持行业骨干企业牵头，联合中小企业、高等学校和科研院所承担国家科技重大专项、科技研发和产业化项目，完善企业主导的产学研用协同创新机制。

改革重大技术创新项目组织实施方式。以实施技术创新行动计划为抓手，坚持以需求为导向、以项目为龙头，整合技术创新资源，完善技术创新与产业化的组织模式。进一步健全协同推进的工作机制，通盘谋划行动计划的制定和实施。突出企业主体地位，促进产学研用结合，加强协同创新，完善各类创新主体之间的科技合作和利益分配机制，促进技术、人才、资金、土地等各种创新要素的优化配置和高效利用。在组织实施的方式方法上，将重大技术创新项目分为政府直接组织开展、政府支持开展、政府鼓励开展三类，根据不同类别项目的性质和特点，改革科技创新组织管理的思路和方法，构建"政府服务引导、市场配置资源、突出企业主体、社会广泛参与"的工作格局。

（三）发挥示范引领作用，加快中关村国家自主创新示范区建设

深化先行先试的试点政策。发布中关村示范区建设具有全球影响力的科技创新中心的实施意见，进一步完善中关村创新平台集中研究、联合审议、分工办理、强化督办的并联审议机制，加大市级统筹力度。深入抓好"1+6"政策落实环节，扩大政策实施覆盖面，挖掘政策执行潜力。制定"新四条"政策的实施细则，抓好政策宣讲落实，确保政策尽快落地实施。加强示范区政策创新顶层设计，积极向国家提出新的改革措施建议，进一步推进市级层面政策创新突破。深化中关村现代服务业综合试点，促进投资、服务、贸易便利化，打造"一城三街"科技服务品牌。深入推进国家知识产权服务业集聚发展试验区、国家商标战略实施示范区、国家技术标准创新基地等工作。

加快人才特区建设。争取中央和国家部委支持实施更加积极的海外引才政策，探索人才资源国际化配置机制。深化人才职称评审制度改革，推动将文化创意人才、现代服务业高级经营管理人才纳入新的职称设置序列，强化对高端人才的服务保障。

加快国家科技金融创新中心建设。制定国家科技金融功能区建设规划，研究制定关于加快建设国家科技金融功能区的实施意见和支持互联网金融产业发展的意见。以海淀区为重点，建设国家科技金融功能区，重点在设立自担风险的民营银行、开展信用信息共享机制试点、企业境外投资等方面实现政策新突破。以建设百千万科技金融服务平台、设立小微企业信贷风险补偿资金为着力点，支持科技型小微企业发展。完善科技信贷、创业投资、多层次资本市场、科技保险、融资租赁等科技金融服务体系建设。

加强对示范区空间布局的统筹。落实中关村示范区优化产业布局指导意见，组织编制分园整体发展规划、产业规划、空间规划，明确各分园产业发展方向和重点，实现园区产业发展的高端化和差异化，以及分园与所在区域发展的协同化。发布实施示范区特色产业基地布局方案，推进上地信息产业基地、望京移动互联网产业基地、亦庄集成电路产业基地等特色产业基地建设。完善中关村"一区多园"统计工作体系、指标体系和评价体系，加强对示范区建设情况的监测、分析、预警和评价。

（四）优化创新驱动发展的社会环境，激发全社会创新创业活力

促进科技政策与经济社会政策相协调。进一步打通科技和经济社会发展之间的通道，让市场真正成为配置创新资源的力量，让企业真正成为技术创新的主体。打通人才流动、使用、发挥作用中的体制机制障碍，最大限度支持和帮助科技人员创新创业。认真完善落实科技体制改革重点任务的配套政策措施，加大市级层面政策创新工作力度，出台一批有影响力的政策措施，为落实创新驱动发展战略营造良好的法制和政策环境。从财税、融资、创新、空间、市场和服务等方面，将国家

和本市支持小微企业各项政策措施落到实处，提高小微企业的自主创新能力和核心竞争力。

完善科技创业服务体系。聚集创新创业服务资源，加快科技企业孵化网络建设，支持新建一批科技企业孵化机构，打造“创业苗圃—孵化器—加速器—产业园”的全过程孵化链条。引导创业服务模式创新，鼓励孵化机构探索特色发展、连锁发展和协同创新，支持创新型孵化器快速发展。加强战略性新兴产业领域孵化机构的布局，支持孵化机构承接高等学校和科研院所的科技成果转化，提高孵化机构新兴产业培育水平，增强对新兴产业发展的支撑。支持孵化机构通过合作共建、资源共享等多种方式，在本市建设国际企业孵化机构，鼓励有条件的孵化机构在海外建设分支机构，引导孵化机构与国际技术转移机构对接，促进一批国际领先的原创技术落地北京。

深化国际科技交流。进一步拓宽交流合作渠道，精心组织“中国（北京）国际技术转移大会”“第五届中意创新论坛”等国际科技合作会议，充分利用“国际技术转移协作网络”“国际技术转移在线对接系统”等国际科技合作网络的作用，深化与相关国家的创新合作与技术转移中心建设，构建起全球最重要、最活跃的技术交易聚集区。支持开展国际合作研发、引进消化吸收再创新、跨国技术转移、国际创新人才交流与引进、北京市国际科技合作基地发展等活动，加快促进创新主体“引进来”和“走出去”。在现有的科技园区和产业基地中，择优支持建设一批国际创新示范园、国际产业孵化园和国际科技产业园，引导国内企业和高校院所与国际合作伙伴在北京建立联合研究院，支持国际知名企业在北京设立研发中心和地区研发总部，鼓励和支持北京企业发挥自身优势，到境外开展投资合作，建设国际高科技园区、研发中心和科技型企业，鼓励参与国际科技合作和产业竞争，吸引大气污染防治、生态环境保护、智慧城市建设、食品安全保障、医药医疗服务、高端智能制造等领域的国际先进技术成果在北京示范应用和转化推广。

（五）加快转变政府职能，提高科技管理和服务水平

全面正确履行政府职能。加强科技发展战略、规划、政策、标准等的制定和实施，全面深化科技体制改革，把主要精力放在强化宏观统筹、完善创新政策、激发创新活力、营造创新环境上来。落实《国务院关于改进加强中央财政科研项目和资金管理的若干意见》的要求，遵循创新规律，优化财政科技投入和经费管理的政策措施。加强科技基础制度建设，探索建立北京市科技报告制度和创新调查制度。建立新型成果管理制度体系，努力让全社会共享政府支持的创新成果。主动作为，促进产学研用协同创新，服务国家战略，服务首都功能定位，服务创新主体需求。

加强政府作风建设。巩固党的群众路线教育实践活动成果，贯彻落实中央“八项规定”和北京市 15 条实施意见，进一步改进工作作风，密切联系群众。加强政府服务和管理方式创新，全面推进依法行政。加强调查研究，广泛听取创新主体的意见建议，健全决策机制和程序，提高决策科学化、民主化、法制化水平。推动政府购买公共科技服务，发挥社会组织作用，激发社会创新活力。加强科技管理干部队伍建设，提高干部队伍的战略思维和科学谋划能力。加强廉政建设，加强对行政权力运行的制约和监督，加大对科技经费的监管力度，深入推进廉政风险防控管理，为“科技北京”发展建设提供有力保障。

北京市教育委员会
科研工作2013年总结和2014年计划

北京市教育委员会科学技术与研究生工作处

2013年，科学技术与研究生工作处（简称：科研处）以科学发展观为指导，深入贯彻落实国家和北京市中长期教育改革和发展规划纲要、科学和技术发展规划纲要，秉持科学定位、需求导向、创新引领、人才优先、重点突破的工作方针，围绕质量和创新两条主线，持续增强北京高校科技创新能力，加大高层次创新人才培养力度，深入推进区域创新体系建设。

一、2013年工作总结

（一）认真开展党的群众路线教育实践活动

认真学习市委教育工委市教委党的群众路线教育实践活动动员部署大会精神，贯彻机关党委关于在机关处室和直属单位党组织深入开展群众路线教育实践活动的要求，制定了《科研处党支部党的群众路线教育实践活动实施方案》，明确了此次教育实践活动的指导思想、基本原则、目标要求、参加人员、方法步骤、任务分工等，通过加强理论学习和调研工作，不定期举办理论学习和调研工作经验交流会，分享和研讨调研成果，提升支部全体党员理论学习水平和调研工作水平，着力解决突出问题，取得实效，以高度的政治责任感、良好的精神状态和扎实的工作作风，为首都教育事业发展做出贡献。

（二）加强调研分析工作，管理水平和服务决策能力进一步提高

贯彻落实国家和北京市对高校科研和研究生培养工作提出的新要求，围绕质量和创新主线，加强调查研究分析工作，提升管理水平和提高服务领导决策能力，为进一步推动北京地区高校科学技术与研究生工作科学发展提供理论支持和决策依据。

一是完成对教育部颁布的一级学科评估数据的分析，加强与其他地方高校的数据比较，形成《北京市属高校教育部一级学科评估结果分析报告》，查漏补缺，提出对策，并报相关领导。

二是完成市属高校近三届教育部"高等学校科学研究优秀成果奖（人文社会科学）"获奖情况对比分析，形成《北京市属高校获教育部社科奖分析报告》，总结经验，并确定今后工作努力方向。

三是针对市属高校智库建设情况，形成《充分发挥首都高校优势建设北京市哲学社会科学研究基地 推动服务决策的智库建设》报告。

四是联合中国人民大学马克思主义研究基地，在21所高校首次开展了马克思主义理论一级学科建设情况调研工作，并撰写《北京高校马克思主义理论一级学科建设情况调研报告》。

五是先后完成《市属高校科技创新再上新台阶》《2013年度北京高校获国家级科技奖励情况》《北京市教育信息化重点工作进展情况》《北京市重点实验室阶段性建设成果总结》等报告，并配合教育部完成了全国教育信息化发展状况调研工作。

（三）扎实推进内涵建设，学科建设水平和人才培养质量进一步提高

1. 顺利完成北京市第四届学位委员会换届工作

市学位办公室根据市政府对《关于北京市学位委员会换届的请示》的批复意见，认真落实，积

极组织，在有关高等学校和科研院所推荐的基础上，产生委员37人（其中主任委员1人、副主任委员6人、委员30人），后经第四届北京市学位委员会第一次会议通过，顺利完成了第四届学位委员会的换届工作。与往届相比，因《学科专业目录》调整，本届委员中各增加了1名文学和艺术学科委员。

2. 完成北京市独立学院学士学位授权审核工作

委托教育部评估中心对三所独立学院申请增设4个专业为学士学位授权的评估，并在第四届学位委员会第一次会议中审议通过了三所独立学院4个专业的学位授权。

3. 开展北京市重点学科验收工作

组织专家组对2008—2011年遴选的406个北京市重点学科建设项目进行了验收，最终确定127个学科为优秀，271个学科为良好，8个学科为合格。北京市重点学科项目经过五年的建设，在学术队伍、科学研究、人才培养、条件平台、学术交流等方面都取得了很大进展，取得了一批标志性成果，为国家和北京市经济和社会的发展做出了贡献。

4. 完成北京市优秀博士学位论文的评选和国家优秀博士学位论文推荐工作

一是制定并下发《北京市教育委员会关于做好2013年北京市优秀博士学位论文评选工作的通知》（京教研〔2013〕2号），北京地区高校与科研院所共申报170篇博士学位论文，经同行专家通讯评议、学科评选组评审和评选专家委员会会议评审，最终评选出59篇论文为北京市优秀博士学位论文。

二是根据教育部《关于做好2013年全国优秀博士学位论文评选工作的通知》（教研司〔2013〕8号）要求，制定并下发了《关于做好2013年北京地区全国优秀博士学位论文推荐工作的通知》（京教函〔2013〕193号），经专家会议评审，最终评出141篇论文推荐参加全国优秀博士学位论文的评选。

5. 积极推进研究生教育改革试点项目

研究生培养基地建设是在研究生培养体制和机制改革及培养模式创新方面所做的积极、重要的探索，目前已经建设的13个产学研基地、13个国内外联合培养研究生基地建设成果显著，社会影响良好，有效推动了研究生培养模式改革，极大地促进了学科发展和学术队伍建设。

（四）深化科技体制改革，高校科研水平和成果转化能力进一步增强

1. 实施市属高校提升计划项目，促进科技成果转化

紧密围绕国家和北京市重大科技需求，积极贯彻市领导指示精神，联合市发改委、市科委、市财政局、市人社局、市知识产权局制定并下发了《关于实施市属高校创新能力提升计划项目的意见》（京教研〔2013〕4号），经立项程序，遴选产生了53个提升计划资助项目。提升计划项目深化产学研结合，有力推进市属高校科技成果转化，提升了市属高校服务社会的贡献力，同时增强了市属高校承接北京市和国家重大科技专项的能力。

2. 实施中央在京高校重大成果转化项目，服务北京经济社会发展

为充分发挥中央在京高校优质科教智力资源优势，促使中央在京高校重大成果在京实现转化和产业化，服务北京经济社会发展，本着结合需求、集中投入、择优支持、服务北京的原则，面向中央在京高校启动了重大成果转化项目，经立项程序，最终确定了15个项目给予支持，遴选出的项目均围绕北京市发展需求，与首都经济发展方式转变结合、与区县发展结合、与企业技术需求结合，更加贴近实际、贴近生活、贴近群众，服务社会，经济效益和社会效益明显，此项工作的开展将进一步增强中央高校服务北京的活力。

3. 完成第二批北京实验室建设评审立项工作

根据《北京市教育委员会关于在高等学校中建设北京实验室的意见》，经宏观专家论证、领域

专家审核及专家现场考评，完成对北京航空航天大学、北京化工大学和清华大学牵头的第二批3个北京实验室的建设立项工作。目前，批准建立的7个北京实验室建设已有一年，在人才培养、科学研究、服务北京方面均取得了良好成绩。在宣教处大力支持下，新闻媒体实地采访、连篇报道了北京实验室建设成效。

4. 支持高校科研基地建设，提高创新能力

对已建的北京市哲学社会科学研究基地进行阶段性成果总结验收，完成了中国戏曲学院、北京青年政治学院、北京财贸职业学院新增社科研究基地前期论证考察工作，进一步完善了研究基地布局。同时，积极探索有利于科研基地发展的科研评价体系，鼓励研究基地为政府决策服务，为北京经济建设和社会发展服务。

5. 开展2014年度市教委科研计划项目申报立项工作

下发了《关于申报2014年度市教委科研计划的通知》，根据近年来市属高校发展情况，对项目的申报提出了新要求。进一步加强了各类项目的评审工作，对于面上项目加强市教委层面的专家评审工作，严把项目质量关。同时将项目负责人以往承担市教委科技计划重点项目的情况纳入到市基金项目计项，管理更加科学、规范。目前已完成项目申报工作。

此外，进一步加强了对项目管理的制度建设，制定了共建项目支持方案，拟订了《北京市属高等学校科技创新计划项目管理办法（试行）》。在相关处室的支持和配合下，顺利完成教育信息化办公室、质量标准化办公室日常工作；顺利完成了北京地区同等学力人员申请硕士学位全国统一考试的考务安全工作。

除了这几项主要工作外，在人事处、财务处、高教处、学生处等处室的积极支持下，配合中关村管委会起草、修改完善并颁布了《关于加快推进高等学校科技成果转化和协同创新的若干意见》（简称“京校10条”）。

二、2014年工作思路

2014年，科研处将全面贯彻党的十八大及十八届二中、三中全会精神，坚持稳中求进，突出综合改革，以协作促发展，以协同求创新，进一步提高北京高校研究生培养质量和高校科技创新能力，增强高校服务社会贡献力。

一是加强调研，围绕科技创新和研究生培养工作中的重点、难点问题，如科技评价改革、研究生教育综合改革、央属院校和市属院校协作发展等问题，结合高校特点、社会需求，深入调研，科学筹划，切实发挥调研工作对决策的支撑、指导作用。

二是引导高校学科建设、人才培养与首都经济社会发展需求紧密结合，加强项目整合力度，促进中央高校与市属高校的紧密合作，共同开展学科群建设和研究生培养，积极探索创新人才培养机制，进一步提高学科建设水平和人才培养质量，提高研究生培养国际化水平，提高应用型人才的实践能力、解决问题的能力。

三是继续加强科研基地建设，提升高校、特别是市属高校科研基地的整体科研水平，增强市属高校科研基地冲击国家级科研基地的能力。继续实施“北京市属高校科技创新提升计划项目”和“中央在京高校重大科技成果转化项目”，推进高校与高校、高校与企业间的产学研协同创新。

四是进一步推进协同创新工作。组织好教育部第二批“2011协同创新中心”申报认定工作；加强对协同创新中心培育建设的引导和支持，出台市属高校“2011计划”实施方案；追踪北京实验室的建设成效。

五是做好北京教育信息化办公室的统筹与协调工作，为各有关处室做好服务。

北京市知识产权局
2013年工作情况及2014年工作思路

北京市知识产权局

一、2013年首都知识产权工作开展情况

2013年,在市委、市政府的正确领导下,在国家知识产权局的指导和帮助下,全市知识产权系统按照中国特色世界城市建设和创新驱动发展战略的总体要求,以实施首都知识产权战略为主线,以知识产权工作融入经济建设主战场为出发点和落脚点,抢抓机遇,开拓创新,扎实工作,圆满完成了全年各项任务目标,首都知识产权工作呈现出良好的发展态势。

(一)凝心聚力,首都知识产权事业不断向前迈进

一是市委、市政府高度重视知识产权工作。2013年,郭金龙书记、王安顺市长、陈刚常委、苟仲文常委、戴均良副市长等市领导就知识产权与创新、创新型企业发展面临的问题、世界知识产权组织设立驻中国办事处等对首都知识产权工作做出20余条批示。戴均良副市长就知识产权相关问题到企业、科研院所进行了大量的调研。市十四届人大常委会第6次会议审议通过了《北京市专利保护和促进条例》,修订后的《条例》将从法规制度上对我市知识产权(专利)事业发展起到引领和规范作用。市人大组织代表多次就知识产权问题进行视察和调研。市政协两次组织科技界委员听取知识产权工作汇报,并就发展中面临的问题进行协商。

二是首都知识产权战略推进扎实有力。知识产权办公会议办公室举办学习贯彻十八届三中全会精神,"加强知识产权运用和保护,健全技术激励机制"报告会,进一步统一思想,凝聚力量。首都知识产权战略联席会议办公室年初发布了《2013年首都知识产权战略实施推进计划》,涉及全市39个委办局、明确5大工作重点和67项具体工作措施。开展首都知识产权战略情况阶段性总结评价工作,对战略实施四年成果进行梳理。市政府发布《关于深入实施战略推动首都品牌经济发展的意见》,这是北京市首次以市政府名义对商标发展制发的文件。市版权局大力推进版权市场"正版工程",圆满完成了全市63个市属委办局、16个区县共1236个政府机关软件正版化专项检查整改工作,实现了市区乡镇、三级政府机关的正版化工作目标。市知识产权局联合市工商局、版权局、文化执法总队、市高院等部门在"4·26"宣传周期间开展知识产权志愿服务咨询,并首次发布本市知识产权"十大人物、十大案件和十大事件"。

(二)注重引导,首都知识产权创造和运用能力进一步提升

一是知识产权创造水平大幅提升。多措并举,提升企业、大专院校和科研院所等创新主体的知识产权创造能力。2013年,全市专利申请量和受群量再创新高。专利申请达到12.33万件,授权达到6.26万件,同比分别增长33.6%和24.1%。其中发明专利申请量为6.75万件,同比增长28.1%,占专利申请总量的54.8%,结构全国最优。发明专利授权量为2.07万件,超过广东居全国首位。全市有效发明专利量为8.54万件,每万人发明专利拥有量达到40.4件,居全国首位。PCT专利申请数量为2981件,居全国第二。2013年全市新增驰名商标31件,著名商标总量达到601件,驰名商标数量达到157件。申请植物新品种权919件。在第十五届中国专利奖评选活动中,全

市有4项获得专利金奖、1项获得外观设计金奖、68项获得专利优秀奖、2项获得外观设计优秀奖，同时市知识产权局再次荣获最佳组织奖。

二是知识产权运用能力显著增强。推动《北京市专利商用化促进办法》深入实施。召开企业、高校专利商用化沟通会，探索创新型企业、高校、科研机构专利转移转化对接机制。组织开展2012年度专利商用化资助项目申报和评审工作，为10家企事业单位发放专利商用化资助金475万元。按照戴均良副市长的指示，开展知识产权（专利）转化运用专项研究，为下一步充分释放首都知识产权存量资源打下基础，为后续政策完善做好准备。大力扶持“智谷”等民营知识产权商用化机构发展壮大。推动专利质押贷款工作，全年贷款规模达到27亿元，同比增长68.7%。探索开展专利保险工作，由中关村战略性新兴产业重点遴选46家专利保险试点单位，投保228单。对石墨烯等新材料开展国内外专利布局态势分析，开展北斗卫星导航产业专利评议。加强版权贸易基地建设，推动版权价值评估质押、融资问题研究。整合首都版权资源优势，成立了首都版权联盟，推动首都版权产业发展。

（三）聚焦重点，知识产权服务经济社会发展能力不断提升

一是知识产权服务中关村成效显著。贯彻落实市委、市政府举全市之力建设中关村精神，各部门大力加强对中关村知识产权工作的支持力度。注重发挥专利导航作用，市知识产权局与中关村管委会联合出台《2013—2015年中关村知识产权推进计划》，利用中关村被国家知识产权局列为首批国家知识产权服务业极具发展实验区、国家专利导航产业发展实验区、知识产权战略实施先导的契机，开展知识产权投融资服务试点、专利保险试点、知识产权评议试点、审查员实践基地等先行先试工作。在中关村成立全国首家知识产权服务业联盟，为示范区企业提供知识产权综合服务的整体方案。市工商局开展中关村商标示范试点单位商标战略项目征集工作，对商标示范试点单位的商标战略项目加以扶持和引导，推动示范区商标试点示范工作迈上新台阶。市知识产权局与市质监局、中关村管委会联合制定《关于在中关村示范区加快知识产权和标准服务业集聚创新发展的支持办法》，促进知识产权和标准服务业在中关村聚集发展。

二是企业知识产权工作实现新突破。企业是创新主体，各部门深入推进企业知识产权工作，市知识产权局围绕“五会”和“五落实”目标，完善企业培养体系，制定培育知识产权综合能力突出示范企业工作方案，形成了以专利试点促推广普及、以专利示范促深化发展的工作布局。2013年新增专利试点单位329家、示范单位40家，目前全市已有专利试点单位3568家、示范单位160家。专利优势企业规模不断壮大，2013年，有1家企业专利申请超过万件，10家企业专利申请超过千件，26家企业申请专利超500件，同时有5家企业专利授权超过千件。深入开展在京央企知识产权领先工程，将实施单位扩展至30家央企集团，全年各央企教育基地共举办培训活动18期，培训1200余人次。市工商局广泛征求有关部门、行业协会与专家的意见，认定“谷雨”等179件商标为年度北京市著名商标。市农业局针对北京不同规模和类型的种子企业开展有针对性的品种权保护培训，提高我市种子企业品种权保护意识，维护首都种业市场秩序。

（四）突出优势，首都知识产权发展体系更加完善

一是知识产权服务业发展态势良好。市知识产权局联合市发改委、市科委、市财政局、市商务局、市工商局、市版权局印发了《首都知识产权服务业发展规划》，这是全国第一个省级知识产权服务业发展规划。按照苟仲文常委要求，市知识产权局会同海淀区政府、中关村管委会研究制定促进知识产权服务业向中关村聚集的相关扶持政策，为打造知识产权要素一条街做好前期工作。深化品牌机构培育工作，全市14家机构入选国家知识产权局专利分析评议能力品牌机构，占全国总数的53.8%。开展《首都知识产权服务业对外开放状况研究及相关政策建议》课题研究。北京市专利代理人协会正式成立，首次组织知识产权服务机构在京交会参展。市知识产权局在与北京大学

联合培养专利代理方向法律硕士的基础上,与清华大学、中国科学院大学签订协议,开设专利代理实务和专利信息检索利用课程。截至目前,我市已有专利代理机构272家,占全国总量的27.15%,其中新设立机构41家;共有执业专利代理人3553名,占全国总数的39.7%。

二是知识产权的宣传和对外交往日益成熟。2013年,全市各有关部门和各区县围绕"知识产权战略实施"、世界知识产权日等重大活动,开展了一系列知识产权宣传普及和培训教育活动。16家主流报纸共报道市知识产权局相关工作信息120余篇,中央电视台和北京电视台报道7次,人民网等网络媒体转载信息上万条。编发《知识产权工作动态》17期,向市领导和相关部门有效传递首都知识产权工作情况。市版权局以"贯彻《视听表演北京条约》,加强版权保护"为主题,开展了丰富多样的宣传活动。市高院利用京法网事微博等网络新媒体扩大宣传的影响力和权威性,进一步树立了知识产权审判公信力。市农业局利用种子执法年及"3·15"农资打假等活动,大力开展以送法律法规、送品种权保护知识、送识假辨假等为重点的送法下乡宣传系统。在对外交流方面,世界知识产权组织在本市设立国家级办事处的前期工作顺利完成,郭金龙书记会见了世界知识产权组织总干事高锐、副总干事王彬颖,办事处将于年内开业。全年接待来自英国、东盟等国家和国际组织的知识产权代表团12个,在北京外国语大学建立首都知识产权国际化战略基地,开办首期知识产权国际化人才培训班。

(五)优化环境,首都知识产权保护和管理能力不断提高

一是知识产权保护力度不断加大。首都知识产权办公会议办公室召开知识产权保护状况新闻发布会,对外发布首都知识产权保护状况白皮书。全市法院共受理一审知识产权案件12464件,同比增长10.3%;共审结一审案件12238件,同比增长9.2%;结案率为90.9%。市高、中两级法院知识产权庭受理各类二审知识产权案件2470件,审结二审案件2440件。市文化执法总队累计出动执法人员2.3万人次,收缴盗版图书4013册、盗版光盘6778张,取缔兜售非法出版物游商73处。市知识产权局全年共查出假冒专利案件97件,同比增长288%。全年共受理专利侵权纠纷案件61件,同比增长7%。进驻重点展会26个,京交会知识产权保护工作再次得到市领导高度认可。争取到国家知识产权局支持,设立了中国北京朝阳(设计服务业)知识产权快速维权中心。在行政执法方面,本市实现了专利刑侦委托执法区县全覆盖,市区两级专利行政执法工作体系正式形成。

二是知识产权管理体系不断完善。截至目前,全市39个市级知识产权战略联席会议成员单位都有相关部门负责本领域的知识产权管理。全市16个区县化北京经济技术开发区不断深化区域知识产权战略实施的各项工作,全市上下形成了共同推动知识产权融入区域经济发展的合力。市知识产权局从知识产权更好地融入区域经济发展入手,探索开展区县知识产权发展水平评估工作,逐一为各区县定期出具知识产权发展报告,各区县通过实力评估找到了差距和不足。与市委组织部、市委党校联合举办实施首都知识产权战略专题研讨班,各区县主管领导和知识产权局局长参加研讨。市知识产权局局长与海淀区签署"聚核"框架协议,开启市区两级在知识产权领域全面合作的新局面。市工商局建立激励,加强资金保障,设立实施商标专项资金,完善商标战略奖励和资助制度。市文化执法总队推动我市各区县的乡镇、街道均建立了文化市场管理工作领导小组,并设立了办公室,协调属地城管、工商、公安等部门开展文化市场管理工作。

二、首都知识产权事业发展面临的新形势

一是充分认识全面深化改革对首都知识产权事业发展提供的广阔机遇。党的十八届三中全会和市委十一届四次全会对全面深化改革做出了部署,明确提出要使市场在资源配置中起决定性作用。知识产权制度是市场配置资源的重要方式。知识产权工作是把市场在资源配置中起决定性作

用和更好发挥政府作用相结合的有效方式。知识产权工作一方面要发挥政府职能，通过制定政策，构建适应首都经济社会发展的知识产权政策体系；要通过设立知识产权法院、打击侵权假冒等手段加强知识产权保护，优化环境，使企业真正成为创新主体。知识产权工作另一方面要让市场充分发挥配置资源的决定性作用，让更多的创新主体、社会力量自觉参与到知识产权创造和转化运用当中来，让知识产权的各项要素更多地通过市场作用实现优化配置。

二是以改革的勇气和创新的思维推动首都知识产权事业迈上新台阶。本市知识产权资源得天独厚，聚集着为数众多的跨国公司、央企和高新技术企业总部和研发中心，拥有全国知名的高校和科研院所。然而仍然存在着许多制约发展的因素，主要表现在知识产权与经济发展的融合不够紧密，知识产权质量和效益不高，高价值专利不多，对经济发展和产业结构升级的支撑促进作用还未充分发挥，企业实施知识产权战略、运用知识产权规则、应对知识产权纠纷的能力不足等等。首都知识产权工作要有首善标准，在全面深化改革的新形势下，要敢于破除一切阻碍创新发展的不利因素，从深化首都知识产权战略实施入手，认真制定落实下一步战略实施的重点任务和措施，不断增强知识产权工作在经济建设中的话语权、影响力。要充分利用好本市创新资源密集的优势，正确处理好政府和市场的关系，大力推进知识产权创造和运用，强化知识产权保护，为首都创新驱动发展战略实施提供保障。

三、2014 年首都知识产权工作思路

2014 年，我们将按照党的十八届三中全会和市委十一届四次全会提出的“加强知识产权运用和保护，探索建立知识产权法院”的新要求，高标准、大尺度、深层次谋划和推动首都知识产权事业全面深化改革。将在市委、市政府的坚强领导下，贯彻习近平总书记实施创新驱动发展战略的讲话精神，坚持稳中求进，从深化实施知识产权战略入手，努力推动知识产权各项工作取得新突破、新进展。

一是服务改革发展大局，深入实施首都知识产权战略。

完善工作机制，规范工作流程，充分发挥北京市知识产权办公会议和首都知识产权战略联席会议作用，增强推动首都知识产权工作的合力。做好战略实施五周年的总结和宣传工作，制定发布《深化实施首都知识产权战略行动计划(2014—2020 年)》，明确下一步战略实施的重点任务和重点举措。编辑出版《首都知识产权战略实施政策文件汇编(2009—2013)》。以知识产权与经济社会深入融合为主线，启动“十三五”知识产权工作规划编制研究工作。以运用专利制度提升创新驱动发展能力为导向，组织实施本市 2014 年专利事业发展战略推进计划，加强督查督办，确保取得实效。在区县层面，推广“聚核工程”经验，与条件成熟的区县签订合作协议。

二是围绕全市中心工作，加强顶层设计政策引领。围绕服务创新驱动发展战略，认真梳理知识产权创造、运用、保护和管理现有政策法规，加强前瞻性研究，做好政策法规体系的顶层设计。做好新修订《北京市专利保护和促进条例》相关配套政策的制定工作，为首都新一轮自主创新提供支撑和保障。完成专利资助政策的修订工作，从重视数量向注重数量和质量并重转变。开展金融创新研究工作，推进知识产权与金融深度对接。完善知识产权海外预警和应急救助办法。修订展会知识产权保护办法。制定知识产权维权援助管理办法和举报假冒专利行为奖励办法。加强专利统计工作，探索建立专利价值分析指标体系。完善区县专利评价指标体系，定期发布区县专利数据分析报告。

三是推动智力资源释放，提升知识产权创造水平。加大政策引导和资金支持力度，不断激发创新主体的创造热情，围绕“专利导航产业发展”主题，全城开展“国家专利导航工程”试点工作，通过

高质量的专利创造、布局设计、组合成型、专利池构建、技术标准衔接、产业化推动等关键环节点的专利导航，发挥专利对我市战略性新兴产业升级发展的导航引领和支撑保障作用。与市经信委联合推进中小企业聚集区知识产权专项工作，通过开展中小企业知识产权托管工作，引入知识产权专业资源、专家资源，开展定向服务，在为中小企业聚集区、中小微企业孵化器培育出知识产权创造活跃、布局合理、管理规范、产业化顺畅的知识产权优势中小企业集群打好基础。做好知识产权优势企业培育工作，扩大千件专利企业、专利示范企业和试点企业的规模，重点培育40～50家国家知识产权优势企业。

四是服务发展质量和效益提升，完善激励机制推进知识产权运用。争取市发改委、财政局支持，推动专利转化运用体系建设和政策引导。充分发挥北京市知识产权运营管理公司作用，为本市战略性新兴产业发展做好专利储备。有效运用京校十条创新政策，以在京高校和科研院所为试点，完善激励机制，推进站立转化运用，引导在京高校和科研院所的专利资源实现市场价值。制定有利于我市专利转化运用的支持政策，对搭建专利技术交易平台、专利转化实施项目、专业服务支持、金融服务等予以支持。引导我市有条件的园区搭建专利转化交易平台，鼓励园区建立服务链条完整的一体化专利运用服务平台。支持专利运营机构发展，鼓励民营资本进入知识产权运营领域。推进专利质押融资、专利保险、专利转化运用引导基金等金融服务创新，为专利运用提供必要的金融资本协同支持。

五是紧扣市委、市政府重大决策部署，全力服务中关村示范区建设。继续深入实施《2013—2015年中关村知识产权推进计划》，瞄准具有全球影响力的科技创新中心目标，在中关村示范区大力开展中关村知识产权领军培育计划。构建中关村一区十六园知识产权工作体系，主动开展一园一策知识产权个性化服务。加快建设中关村专利导航产业发展实验区，制定实验区建设总体规划，建立核心专利储备运营机制和产业专利协同运用网络。加快实验区知识产权金融创新，建立实验区企业知识产权融资需求收集反馈机制，促成企业与金融机构的供需对接。扩大专利保护试点范围，发挥专利保险的保障作用。建立审查员实践基地实验分园区及针对不同园区的重点产业提供精准匹配的审查资源。选取中关村10个重点细分产业领域开展专利布局研究和关键技术专利分析。深化中关村知识产权服务联盟建设，鼓励产业链上中下游机构的合作，实现知识产权服务业全流程服务。选取移动互联网和北斗卫星导航两个重点领域的知识产权评议成果进行宣传推广。

六是瞄准国际领先水准，推动知识产权服务业高端发展。落实《关于促进首都知识产权服务业发展的规划》，制定年度实施和推进计划。争取国家知识产权局的支持，适当放宽条件，吸引海外优秀服务机构在京设立分支机构，拓展服务内容，完善服务链条。开展中关村国家知识产权服务业集聚发展实验区建设和品牌机构培育工作。加强和中关村管委会、海淀区政府的沟通合作，引导服务机构向中关村核心区聚集，将打造知识产权和标准化一条街提升到战略高度，将其作为知识产权价值从隐性变显性的有效载体，将其打造为支撑中关村核心区升级换代的前沿阵地。继续加大专利代理实务人才培养力度，推动2～3所在京高校开设知识产权服务业相关课程。

七是坚持知识产权首善标准，净化首都创新环境。充分发挥知识产权办公会议作用，调动全市各知识产权执法部门力量，集中打击侵犯知识产权和制售假冒商品行为。促进专利行政执法与司法衔接，尝试推动知识产权纠纷调解仲裁工作，加快形成司法审判、行政执法、调解仲裁多渠道维权保护模式。力争设立知识产权法院，完善知识产权保护法治环境。继续推进跨区域专利行政执法协作机制。协助解决本市企业在外省市发展遇到的知识产权侵权纠纷。加强中国北京朝阳（设计服务业）知识产权快速维权中心建设，并发挥示范带动作用。加强专业市场知识产权保护，形成一批无假冒专利商品专业市场。继续做好京交会、科博会等重点展会知识产权保护工作，充分调动专业协会、商会参与展会知识产权保护的积极性。继续推动知识产权保护特色街区建设。

八是促进全市知识产权意识提升,注重知识产权文化建设。以新修订的《北京市专利保护和促进条例》颁布实施为契机,大力开展知识产权宣传。借助“4·26”世界知识产权日、中国专利周、北京科技周等重大活动树立知识产权宣传品牌,努力建立“政府引导、新闻媒体支持、社会公众广泛参与”的知识产权宣传普及和教育文化建设体系,着力增强公众尊重和保护知识产权的意识。在首都知识产权战略实施五周年之际,从政策布局、产业发展、融入区域经济等多方面展示战略实施五年来首都知识产权事业的重要进展和突出成就。在第三届发明专利奖前期工作的基础上,按照程序组织好评选、颁奖等后续工作,充分发挥奖项的宣传带动效应。

九是加强知识产权国际交流与合作,展示首都开放新形象。把世界知识产权组织中国办事处正式运行作为一项重大的政治任务来抓好抓实。以世界知识产权组织中国办事处落户为契机,继续扩大国际交流与合作,为我市企业走出去发展创造条件,在已有工作机制和工作基础下,与市工商局等相关单位密切合作,并就日常涉外知识产权工作协调、重大涉外知识产权问题会商等事项建立规范化机制,提升我市涉外知识产权统筹协调工作的规范性和可操作性。开通北京市知识产权英文网站,畅通对外交流渠道。借鉴北京外国语大学及北京经济技术开发区知识产权国际交流合作基地的有益经验,再开拓两家国际交流合作基地,并依托基地开展辅导培训、信息咨询、交流研讨、专题调研等方面工作。

十是加强基层基础工作,提升知识产权服务能力和水平。以知识产权如何更好地融入区域发展为出发点,深化知识产权助推区域发展专项和实力评估工作,以点带面推动区县知识产权工作整体发展。在去年开展中医药领域知识产权保护工程的基础上,借鉴经验,2014 年在整个医药领域推进知识产权保护相关工作。加快知识产权公共信息服务体系建设,规范推进信息平台二期工程建设工作,确保年底上线试运行。加强专利信息传播利用基地服务能力建设,开展专利信息助推重点产业创新发展试点,促进新兴产业和重大投资项目中的专利信息深度利用与服务。

北京市科学技术协会
2013 年工作总结和 2014 年工作安排

北京市科学技术协会

一、2013 年科协工作开展情况

2013 年,市科协以贯彻党的十八大和北京市第十一次党代会精神为主线,以深入开展党的群众路线教育实践活动为动力,自觉把科协工作融入全市工作大局,把科协组织的优势、特色和不可替代的作用更加充分地发挥出来,各项工作取得新进展,全面完成了市科协八届二次全委会确定的任务。

(一)以党的十八大精神为指导,认真贯彻落实中央和市委的决策部署

党的十八大,对新的时代条件下推进中国特色社会主义事业做出了全面部署。习近平总书记

系列重要讲话，提出了治国理政的新思想、新观点、新论断、新要求。党的十八届三中全会，开启了全面深化改革的新征程。市科协把学习宣传贯彻党的十八大、习近平总书记系列重要讲话和十八届三中全会精神作为首要政治任务，及时召开党组会，研究部署科协系统的学习贯彻工作。在年初召开的系统工作会上，对学习贯彻党的十八大精神再次做出安排和部署，下发了《关于开展“中国梦”学习教育活动的安排意见》《关于学习贯彻党的十八届三中全会精神的通知》。组织开展了“贯彻党的十八大精神 共圆中国梦”学习交流活动，协助中国科协和市政府举办了“弘扬科学道德、践行‘三个倡导’、奋力实现中国梦”报告会，在国家博物馆承办了由中国科协等六部委主办的“中国梦·科技梦——中国现代科学家主题展”，同市社科联共同举办了“创新驱动，转型发展，实现中国梦”自然科学界和社会科学界高峰论坛，举办了科协系统党的十八届三中全会精神辅导报告会。通过学习教育活动，科协系统的干部职工和广大科技工作者增强了为实现中国梦贡献力量的责任感，坚定了全面深化改革的信心和决心，提高了中国特色社会主义的道路自信、理论自信、制度自信。

党的十八大后，中央制定了关于改进工作作风、密切联系群众的八项规定，市委制定了15条实施意见，市科协认真贯彻落实，并结合实际制定了10条实施办法，进一步健全完善了调查研究制度和领导干部基层联系点制度。驻会领导带头转变工作方式，切实改进文风会风，开短会、讲短话，精简文件、工作简报；规范出访活动，改进新闻报道，大力宣传科技工作者和基层工作经验。经过共同努力，科协系统工作作风得到明显改进。

在全党深入开展党的群众路线教育实践活动，是党的十八大做出的一项重大部署。市科协作为北京市党的群众路线教育实践活动第一批参加单位，在市委的统一部署下，高度重视，第一时间成立了教育实践活动领导小组及工作机构，加强组织领导和统筹协调；成立了市科协督导组，指导所属事业单位教育实践活动同步开展；制定了活动方案，明确了重点内容和工作步骤。在教育实践活动中，做到了规定动作不走样，自选动作有特色。坚持把学习教育贯穿始终，认真学习了中央和市委规定的学习材料，组织观看了专题教育片，参观了复兴之路展览、反腐倡廉警示教育基地等，深化党员干部对党的群众路线的认识，对“四风”危害性的认识，对教育实践活动重要性的认识。坚持开门搞活动，广泛听取意见。采取访谈、座谈会、书面征求意见、设置意见箱等形式，面向科协系统和市政协科协界委员、市人大科技界代表以及部分离退休老同志征求意见。收到意见和建议162条，涉及领导班子的109条，其中“四风”方面47条；涉及班子成员的53条。坚持领导带头，认真开展谈心活动、撰写对照检查材料、召开专题民主生活会、开展批评与自我批评。针对查找出的问题，归纳出29项整改任务，制定了整改方案，明确了领导分工、责任部门和完成时限。市委督导组对市科协群众路线教育实践活动给予充分肯定。广大党员干部通过教育实践活动，深化了对党的群众路线的认识，思想和灵魂受到震撼，自觉加强与科技工作者的工作联系和情感交流，转作风接地气，为完成科协各项工作提供了坚强保证。

（二）发挥组织优势，服务首都创新发展

努力把科协的组织特色和优势转化为服务经济发展的具体行动，推动三个服务体系建设，促进科技与经济紧密结合。

1. 推动面向企业的科技创新服务支撑体系建设。重点搭建了五个平台：一是搭建高端智力资源与企业自主创新对接平台。探索创新院士专家工作站运行模式，引导工作站健康发展。全年新成立22个院士专家工作站和3个院士专家服务中心。累计成立企业院士专家工作站60个，院士专家服务中心6个，进站院士111位，开展科研和技术攻关项目108项。其中10项获国家科技奖，57项获市级奖或行业奖，申请专利1347项，获专利授权632项，直接经济效益357亿元。二是搭建国外专利推介服务平台。合理利用发达国家专利信息，开展引进吸收再创新服务工作。根据企业需求,举办了7场专利信息推介会和6场知识产权工程师培训。三是搭建创新理论培训平台。重点开展科技人员创新理论培训,举办了6场创新方法培训,培训中关村企业技术人员500人,高校大学生、研究生200人,培训效果显著。以北京汽车研究总院为例,去年平均每个工作日申报专利4项,与2009年全年专利申报数持平。四是搭建海外智力成果转化平台。推动海智专家参与首都战略性产业关键技术研发和成果转化,举办了海智项目洽谈活动47次,实现海智项目对接187个。举办第七届北京—意大利科技经贸周,103家意方企业与200家中方科研机构和企事业单位进行交流研讨和对接洽谈。五是搭建科技研发创新与应用服务平台。积极探讨新形势下金桥工程的内涵和定位,突出了新兴产业发展、民生改善等创新技术,发挥种子资金的启动作用。全年投入种子资金62万元,支持项目50个,带动相关科研项目经费2600万元,预期直接经济效益8.64亿元。

2. 推动面向"三农"的首都农业科技推广服务体系建设。去年的科技套餐工程,汇集46家涉农学会的专家,重点在10个涉农区县各建立一个"都市型现代农业示范基站",打造具有鲜明地区特色和都市型现代农业特征的示范"样板"。一是建立都市型现代农业示范基地,引入全国乃至国际先进的科研成果和技术,搭建产学研一体化农业科技服务创新平台;二是建立农业专家工作站,开展农民素质培训和技术指导、产业发展规划等专业化服务,打造区域农业科技服务"枢纽"。林克庆副市长为首批"基站"授牌。大兴区"基站"突出科技农业、高效农业,以"工厂化集约育苗"为切入点,蔬菜学会、土壤学会等涉农学会联合进行指导,100余位专家提供技术服务。核心基地面积2000亩,辐射面积达20000亩,助力当地蔬菜产业发展。其中,生菜采用基质育苗后,发病率减少了50%,产量增加了26%。加强科普惠农兴村计划奖补对象的评审、验收、培训工作,提升惠农实效。指导延庆等区县成立农技协,共同推进区域农业产业发展。

3. 推动面向领导的决策咨询服务体系建设。积极开展决策咨询工作,形成了以科技思想库、决策咨询沙龙、课题调研、政协提案、人大建议案等为基本形式的决策咨询工作格局。扎实推进国家级科技思想库试点工作,基本完成技术平台建设,八个数据库采集基础信息81万条(项),并开始内部试运行。建立了百人专家咨询团,研究推出《首都"安全农业"品牌打造路径研究》等12项思想库课题和《科技工作者建议》等6种思想库产品。在中国科协考核中,北京市科协科技思想库建设位居全国前列。同市社科联一起在北京工商大学等6个高校、科研机构成立协同创新研究基地,促进自然科学、社会科学两界科技工作者共同为首都发展贡献力量。同市政协科技委共同举办推进首都科技孵化器建设座谈会,组织专家参加京津冀晋蒙环首都区域生态建设研究,围绕环首都地区环境建设的难点问题建言献策。支持密云、石景山等6个区县科协创办决策咨询刊物。海淀区科协报送的《关于发展城市现代有轨电车的建议》,受到张德江同志的重视。

(三)围绕《纲要》实施中期评估,扎实推进全民科学素质建设

充分发挥科协组织科普工作主要力量的作用,广泛搭建平台、促进资源共享,组织开展多种形式的群众性科普活动。

1. 切实履行科学素质纲要办公室职责。制定全市科学素质纲要实施年度计划,协调各成员单位共同抓好落实。以《纲要》实施中期评估为契机,对16个区县进行专题调研,全面了解科学素质建设的基本条件、工作现状、发展规划。指导区县做好中期评估工作,组织开展评估培训,摸清公民科学素质底数,查找薄弱环节,加强改进工作。推动市政府与中国科协签署《落实全民科学素质行动计划纲要共建协议》,确定北京到2015年实现公民具备基本科学素质比例超过13.04%的目标。

2. 发挥主题科普活动的品牌作用,服务全市中心工作。刘云山等新一届中央书记处领导和郭金龙等北京市领导,同首都群众一起参加全国科普日北京主场活动。举办第三届北京科学嘉年华,来自13个国家的科普组织和120多家国内科普机构,开展了300项科技互动活动和近百场的科学实验秀及科普讲座。首次举办北京国际科学节圆桌会议,在科普资源共享、合作开发、创立培育品

牌活动等方面达成了合作意向,9 个国家的代表现场签订了合作备忘录。各区县科协、科普教育基地、市属学会,结合社会热点问题,组织展览展示、科普讲座等 144 项科普活动。北京科学传播创新与发展论坛等 7 项活动,被中国科协评为全国科普日优秀特色活动。

配合市政府重点项目第九届园博会,市科协与丰台区科协共同举办"北京园博会科普主题展览",丰富了园博会的科普内涵。举办了第二届首都大学生科技创新作品与专利成果展示推介会,41 所高校的 372 件大学生专利、科技创新、文化创意作品参加了展示推介。围绕中心工作,精心组织了北京科技周、科普之夏、科学传播人颁奖礼、诺贝尔获奖者北京论坛主题展、首都科学讲堂等科普品牌活动。

3. 加强科普资源集成和基础设施建设,满足公众科普需求。发挥北京科普资源联盟作用,整合科普资源 13 万件。完成了"蝌蚪五线谱"网站优化升级,形成热点科评、百蝌争游等品牌栏目。北京科普创作出版专项资金资助出版《漫虫记》等 13 项图书和音像作品。积极推进北京科学中心建设,场馆交接、可研报告编制、工程立项审批、展教大纲编写等工作正在按计划抓紧进行。怀柔、平谷等区县启动了数字科普视窗工程,房山科技活动中心投入使用,科普设施条件有新的改善。

4. 以实施重点人群科学素质行动计划为先导,深入开展面向基层的科普服务。围绕科技后备人才培养,继续组织开展北京青少年科技创新大赛、青少年机器人竞赛、明天小小科学家等高水平赛事,并在全国各项科技竞赛中取得优异成绩。科技创新大赛有 1785 项学生作品、11 个国家和地区的国际项目参赛,规模和影响不断扩大。积极探索青少年素质教育新模式,精心策划"科学家进校园"活动,组织专题调研,制订活动方案并得到市委领导批准,在市教委的大力支持下,目前试点的准备工作基本就绪。围绕社区居民和农民科学素质提升,努力打造综合性强、示范效应好的科普社区。以公务员科学素质大讲堂为重点,持续推动领导干部和公务员科学素质的提升。举办百万家庭数字生活技能大赛,突出了家庭的参赛主体地位,参与活动的市民达到 70 万人。申维辰、徐延豪等中国科协领导对此项活动开展十年的经验做出批示。

5. 加强科普志愿者队伍建设。积极推进北京科普志愿服务总队建设,指导高校科普志愿服务分队开展活动,支持学会建立专家志愿者队伍,引导社区组建居民志愿者队伍,目前,科协系统登记在册的科普志愿者达到 11500 人。朝阳区科协联合区内科研院所、高等院校、科普教育基地、区属学会成立了"科普工作志愿者联盟",建立了 3000 余人的科普专家数据库,组建了 300 人的健康科普讲师团,43 个街乡普遍建立了科普志愿者队伍。

(四)积极创造条件,为科技工作者服务

坚持以科技工作者为本,努力建设科技工作者之家,认真做好科技人才的发现、培养、举荐工作。

1. 搭建学术交流平台,广泛开展学术交流活动。举办以"科技惠民生,助力中国梦"为主题的第 16 届北京科技交流学术月。市科协及所属科技社团,围绕生态环境、防灾减灾等民生科技的重点领域,集中举办了 116 项学术活动。全年共资助 131 家科技社团开展学术交流活动 613 项。推动学术交流与首都重大科技需求对接,支持光华设计发展基金会与大兴区政府、北京经济技术开发区共同主办第八届中国设计节,并长期落户大兴,促成基金会在大兴建设中国设计瑰谷,形成大兴"一谷一节五园"的设计产业发展格局。举办"双 S 学术沙龙",促进自然科学工作者和社会科学工作者学术上的交流,推动科学精神与人文精神融合。举办京台青年科学家论坛,促进两岸青年科技工作者沟通交流。实施精品科技期刊工程,组织了对学会主办的 20 种科技期刊的审读,组织期刊编辑人员参加第九届中国科技期刊发展论坛。

2. 举荐、表彰和宣传优秀科技工作者。发挥科协组织人才举荐重要通道的作用,积极举荐优秀科技工作者。去年共推荐北京学者、中国青年科技奖、求是杰出青年成果转化奖、中国青年女科学家奖候选人17人,其中,4人获奖。组织开展茅以升北京青年科技奖、青少年科技创新市长奖评选工作。资助学会举办青年学术活动108项,资助青年科技工作者参加19项国际学术会议,支持青年学者出版学术著作6部。41家学会、高校科协、企业科协的科技工作者参加了青年学术演讲比赛。59家社团1859篇学术论文参加了青年科技论文评选。与北京科技报等媒体合作,宣传了王绶琯、贾立群等优秀科技工作者的先进事迹。

3. 加大青少年科技人才培养力度。实施第十三期青少年科技后备人才早期培养计划,选拔500名优秀学生,走进140个国家和市级重点实验室。大力开展科学讲堂、科学名家讲座、校园科普、野外科学考察和优秀项目资助活动,2万多名中学生参加。实施"英才计划",选拔培养有潜质的中学生100名,探索青少年科技创新人才的成长规律,建立了高校、科协组织、中学共同培养创新人才的工作机制。

4. 重视发挥老科技工作者的作用。举办老年科技日活动,为老年科技工作者参与首都经济社会建设,创造条件、搭建平台。指导延庆等区县成立老年科技工作者分会。支持北京老科技工作者总会联合北京老教育工作者总会、北京老医药卫生工作者协会成立"三老"社团联盟,为老专业技术人员发挥作用提供更大的空间和舞台。

5. 深入开展科学道德和学风建设宣讲教育工作。承办了在人民大会堂举办的全国科学道德和学风建设宣讲教育活动,首都高校和科研院所的近6000名研究生新生现场聆听了郑哲华、张海鹏、杜祥琬三位科学家的报告。在北京工业大学等高校和科研院所举办了四场北京地区宣讲教育报告会,严纯华、王越、吴常信、王乃彦四位院士分别做主题报告,受到与会师生的欢迎。全年共举办高校宣讲教育报告会、研究生导师专场报告会、相关学术活动等7100余场,受教育人数达38万人次。再版《科学道德和学风建设简明读本》10万册,向新入学研究生免费发放。

6. 积极开展会员日活动。中国科协会员日是科技工作者的节日,也是科协组织联系服务科技工作者的重要载体。会员日期间,全市层面举办了科技社团秘书长沙龙、"科学人拍科学"摄影展、新经济组织科技人员职称评审政策和奖励政策宣讲会等活动,协助中国科协在北大方正组织召开了科技工作者座谈会,申维辰等中国科协书记处领导看望慰问首都科技工作者,一起座谈交流工作体会,听取对科协工作的意见建议。市委市政府对科技工作者十分重视和关心,戴均良副市长代表市委、市政府到神华集团院士专家工作站看望慰问科技工作者,就提升企业自主创新能力,推动创新驱动发展问题听取意见和建议,并鼓励科技工作者为首都转型发展多做贡献。会员日期间,各区县科协、学会和基层组织也开展了内容丰富的活动。

(五)努力加强科协团体建设

围绕发挥桥梁纽带和"枢纽型"社会组织作用,积极探索新形势下加强科协组织建设的新模式,促进团体健康发展。

1. 务实开展市科协成立50周年纪念活动。纪念活动以"一会五进"为主要内容。召开了纪念座谈会,参会领导和专家共同筹划科协事业的新未来,中国科协和市委领导对市科协工作提出新要求,寄予新期望。组织进社区、进学校、进企业、进农村、进军营系列科普活动160项,用服务社会、服务人民的实际行动纪念市科协成立50周年。各学会、区县科协、基层组织以及首都广大科技工作者广泛参与纪念活动。

2. 加强科技社团党建工作。积极探索在科技社团中开展党建工作的长效机制,扎实推进党的组织和党的工作全覆盖。定期召开社会组织党建工作委员会会议,研究部署社会组织党建工作。在学会理事会中,新批准建立党的工作机构10个,条件成熟待批准成立党的工作机构的学会40个,累计达到132个。社会组织党建研究取得新进展,《北京市科技类社会组织党建工作研究》结题,摸清了科技社团党建工作现状,明确了科技社团党建工作的基本任务、基本原则、主要内容和主要措施,为科技社团开展党的工作提供了理论支持。科技社团党总支和各基层党支部,积极开展党建活动,申报活动项目40个,获得党建工作经费资助56万元。

3. 加强科协对外交流能力。不断拓宽对外交流领域,与31个国家和地区的63家科技组织建立了长期合作关系。与德国智能技术尖端集群等14家发达国家科技组织就科学普及、科技服务等工作签署了合作意向书和备忘录。在第二届北京·澳门合作交流洽谈会上,王安顺市长和崔世安特首见证了市科协与澳门科学技术协进会签署合作协议。双方在科技交流、科学普及、青少年科技教育、人才培养等领域将开展合作。

4. 加强学会能力建设。以实施"百强社团"计划为抓手,聚焦学会服务会员、服务社会、服务自身发展、服务科技创新四个能力建设。支持学会承接政府购买社会组织服务项目14个、社会组织管理岗位22个,促进学会在服务社会管理中增强自身活力。建立联络员制度,完善枢纽型组织信息化平台,促进了学会之间的工作交流。举办科技社团能力提升高级研修班,提升学会干部队伍素质。

5. 加强区县科协、基层组织能力建设。指导区县科协开展特色科技服务,创建优秀科普区县。支持高校科协开展科普活动,建设志愿者队伍,提高了高校科协在大学生中的影响力。加强企业科协建设,新批准成立企业科协16个,企业科协总量达到314个。

二、2014年工作安排

2014年,市科协要围绕学习贯彻习近平总书记系列重要讲话和党的十八届三中全会精神这条主线,团结凝聚首都科技工作者,转作风、促改革,全面推进科协建设,积极服务首都科学发展,为实现中华民族伟大复兴的"中国梦"努力奋斗。

(一)认真学习贯彻党的十八届三中全会精神

按照科协系统学习贯彻党的十八届三中全会精神的统一部署,认真抓好学习教育的落实。组织好全系统的学习教育和处以上干部的培训轮训,精心组织面向科技工作者的宣讲教育,举办报告会、辅导宣讲、座谈交流,全面理解三中全会提出的新思想、新观点、新论断,准确把握全会精神的核心内容,凝聚组织上下的改革共识,将全会的精神贯彻落实到科协各项工作之中,努力推动科协事业实现新发展。

(二)服务经济社会发展方面的重点工作

一是推动科技创新服务支撑体系建设。促进高端智力资源与企业自主创新对接。进一步落实与中关村管委会、市工商联、市知识产权局等部门的战略合作协议;推进院士专家工作站建设和运行管理,计划新成立20个院士专家工作站,4个院士专家服务中心;深入开展"讲比"活动,激发一线科技人员创新热情。

做好国外专利推介服务。调研企业需求,增强专利推介服务的针对性;举办知识产权工程师培训活动,培养典型企业。

加强创新理论培训。拓展培训覆盖范围,增强培训的针对性和实效性。收集整理创新理论培训成效显著的典型企业案例及成果,做好宣传推广。

促进海外智力成果转化。依托海智工作平台,开展国际及港澳台民间科技交流与合作。积极主办、承办高水平国际及港澳台科技交流合作项目和有国际影响力的科技展览、论坛、研讨会,鼓励和支持科技团体申办国际组织的会议。

做好科技研发创新与应用服务。创新金桥工程运行模式,丰富项目资源和网络发展体系,扩大种子资金的支持范围,推进示范基地的建设,做好优秀项目评审和表彰。

二是推动首都农业科技推广服务体系建设。整合套餐工程、科普惠农兴村计划、农技协、涉农学会联席会议资源，服务“三农”的发展。加强都市型现代农业示范基站的建设发展工作，实施好“科普惠农兴村计划”。加强涉农学会联席会议、农技协等组织对广大农民的指导和培训。推动区县成立农技协组织。

三是推动决策咨询服务体系建设。发挥科技思想库资源作用，实现技术平台上线运行，组织100家单位进行试用，进一步完善数据库功能。加强思想库专家咨询团建设，培育智库专家队伍，建立思想库产品的评价与反馈机制，推出一批具有重要参考价值的思想库产品。发挥决策咨询委员会的作用，组织开展科技工作者建议征集、重大重点课题调研、政协提案、人大议案等工作。开展优秀调研成果评选，完善科技工作者状况调查制度，推动区县科协开展决策咨询工作。

（三）服务全民科学素质提升方面的重点工作

一是加快推进全民科学素质建设。依据全市科学素质中期评估情况，查找薄弱环节，有针对性地加强改进工作。协助市政府与各区县政府签订《落实全民科学素质行动计划纲要共建协议》。

二是大力实施重点人群科学素质行动。推进“科学家进校园”工作，认真做好试点，按计划逐步覆盖全市1081所小学72万名小学生。组织青少年科技创新大赛、机器人竞赛等科技赛事。实施社区科普益民计划、科普惠农兴村计划，推动建立科普示范社区。继续举办公务员科学素质大讲堂和科学素质竞赛活动。

三是广泛开展主题科普活动。组织好北京科技周、全国科普日、科学嘉年华、大学生科技创新作品与专利成果展示推介会、百万家庭数字技能大赛等品牌科普活动。落实全市气象现代化工作会议要求，积极做好科普宣传工作。

四是加强科普基础设施建设和资源共享。高质量完成北京科学中心建设，认真做好装修改造、功能设计和展陈布置工作。探索蝌蚪五线谱网站运营模式，加强“小蝌蚪科学乐园”平台建设。支持科普创作出版，大力宣传推介优秀科普作品。

（四）服务科技工作者方面的重点工作

一是大力实施“百强社团”计划。围绕学会能力提升，探索科技类社会组织改革；指导学会开展学术交流、承接政府职能、推动产业发展、参与科学普及。指导学会开展百强社团创建。举办京津冀晋蒙区域协作论坛、两界联席会议高峰论坛、政协科技委市科协专题座谈会。继续推进光华设计发展基金会与大兴区政府、北京经济技术开发区合作建设设计产业基地。

二是积极培养优秀科技人才。发挥学术月活动的引领和示范作用，继续开展多学科、综合性、开放式学术交流。支持、资助青年科技人才参评优秀科技论文、出版学术专著、参加国际学术交流。整合青少年科技后备人才培养计划、英才计划、高校科学营，突出抓好青少年科技人才培养。组织开展老科技工作者“四技”活动，推动区县建立老科技工作者分会。

三是加强优秀科技人才的举荐、表彰和宣传。做好国家和北京市重要奖项候选人推荐工作，组织实施科协系统的表彰奖励，探索设立具有区域影响力的人才奖项。举办北京青年学术演讲比赛，北京青年优秀科技论文评选。加强优秀科技人才事迹宣传。

四是优化科技人才成长环境。按照“全覆盖、制度化、重实效”要求，深入推进科学道德和学风建设宣讲教育工作，推出一批优秀宣讲教育案例。广泛开展“建家交友”活动，做好科技人员职称评定的政策宣传和服务工作。

（五）加强自身建设方面的重点工作

一是加强思想建设。坚持把思想建设放在工作的首位，用科学理论武装、科学制度保障、科学方法推进科协各项工作。加强学习型组织建设，坚持并完善党组中心组学习、党员学习制度。坚持以党建促发展、聚人心、增活力，有序推进科技社团党建工作，深入开展创先争优活动。

二是加强组织建设。加强“枢纽型”社会组织建设，完善科技社团参与社会管理的工作机制，规范学会管理。深入调查研究，推动解决区县科协建设中存在的突出问题，指导区县科协开展特色工作，服务区域经济社会发展。推进高校和企业成立科协组织，研究探索基层组织的服务与管理。加强科普志愿服务总队建设，做好高校科普志愿者的注册和管理，推动区县建立科普志愿者服务队伍。

三是加强科协机关建设。认真落实党的群众路线教育实践活动整改任务，巩固深化教育实践活动成果。开展服务型机关建设，不断改进工作作风。进一步加强科协领导班子建设和干部队伍建设，解放思想、开拓创新、求真务实，带动科协系统整体建设。稳步推进事业单位改革。加快推进办公信息化，建设资源节约型机关。加强精神文明建设，树立科协的良好形象。

大事记

2013 年北京市科学技术大事记

1 月

6 日,北京市与宁夏回族自治区在京正式签署科技合作协议。北京利用丰富的科技资源,通过技术转移和科技合作,推动科技成果在宁夏转化落地;宁夏回族自治区利用联系中西亚的区位优势,为北京科技成果提供市场环境,实现互利共赢。北京市副市长苟仲文、宁夏回族自治区副主席屈冬玉代表两地政府签署《北京市人民政府 宁夏回族自治区人民政府科技合作框架协议》。北京市科委和宁夏回族自治区科技厅分别作为联络单位,负责双方合作的日常工作,推动、落实具体合作事宜。

15 日,中国首家 3D 打印体验馆在北京 DRC 工业设计创意产业基地开业。体验馆以数字化三维扫描技术和 3D 打印技术为核心,面向社会提供 3D 照相、3D 产品打印、个性化定制以及 3D 产品、设备选购等服务,是中国首个在线 3D 打印服务平台叁迪网的线下体验店。

17 日,北京科技大学和北京北超伺服技术有限公司签署校企全面合作协议并举行签约仪式。北超伺服公司向北京科技大学捐赠奖学金,用于鼓励在校学生深入参与科学技术创新等社会实践活动,未来双方将全面开展战略合作,促进共同发展。

22 日,"翱翔计划"2011 级(第四批)学员结业典礼暨第六批学员开课仪式举行。

24 日,糖尿病防治研究北京市重点实验室首届学术会议及揭牌活动在同仁医院学术报告厅举行。该实验室依托首都医科大学附属北京同仁医院组建,主要开展胰岛功能相关研究、糖尿病视网膜病变与糖尿病肾病研究、糖尿病早期预防研究等。

25 日,由北京双卉新华园艺有限公司承担的"切花菊保鲜储运关键技术研究与应用"课题通过了市科委组织的专家验收。该课题围绕切花菊产品采后保鲜品质的提高,企业联合高校组建研发团队,开展了配方施肥技术、关键生育期水分管理、光温调控技术和采后保鲜技术研究,形成了配套技术规程,并建立"企业 + 农户"切花菊产业发展模式,切花菊年产量已达 800 万枝,出口价格提高了 10%,带动农户 150 户。

28 日,北京新一代移动通信产业创新联盟(4G 联盟)召开 4G 联盟 2013 年第一次会员大会,工信部电信研究院、大唐移动、百度等联盟各会员单位代表共计 40 余人参会。

30 日,2013 新春驻华外交官科技合作通报会在北京国际会议中心召开。会上,北京市启动第二批国际科技合作基地建设,并向这些基地的国际合作伙伴颁发了"北京市国际科技合作基地杰出国际合作伙伴"证书。

2 月

3 日,中波 e - bus 项目签约仪式在北京理工大学举行。根据协议,北京理工大学将与北京电巴新能源科技有限公司、中信国安盟固利新能源科技有限公司等单位 2 年内在波兰 5 个城市开展 780 辆纯电动大巴示范运行合作,建立包括大客车整车、动力电池快换机器人系统、电池充/换电站和应急服务系统的电动公共交通系统，并计划逐步在其他欧盟成员国和周边邻国的推广实施。

5日，科技部在北京农科城召开“一城两区”农业科技协同创新重点工作推进会。科技部副部长张来武、市科委主任闫傲霜参加会议。会上，张来武就“一城两区”农业科技协同创新战略结盟的“9+1”重点任务做了部署和安排，包括建立“一城两区”联席会议及政策联动机制、开展南繁种业结盟试点和种业科技成果托管中心试点、实施“渤海粮仓”科技工程、研究种业布局、加快推进新农村发展研究院、构建“121”工程基金群、建立种业产权技术交易所和农村信息化平台等。

6日，首都医科大学附属北京佑安医院针对甲型流感相关研究取得重要进展，研究结果发表在美国呼吸病权威杂志《美国呼吸与危重病》(*American journal of respiratory and critical care medicine*)和1月29日的《自然·通讯》(*Nature Communications*)杂志上。本研究为国际首次报道甲型流感病毒感染人体后机体的特异性T细胞免疫反应，对临床医生评价疾病进展及探索新型治疗策略提供理论依据。该研究依托市科委“北京重大疾病临床数据和样本资源库建设”重大科技项目收集的临床信息和样本资源，与英国牛津大学分子医学研究所合作完成。

6日，首都儿科研究所于2010年承担的市科委“微创治疗先天畸形和肿瘤技术的临床应用研究”专项课题通过专家验收。该课题以探索腹腔镜下治疗消化道和泌尿道畸形以及小儿肿瘤安全、可靠的技术方法为研究切入点，开展一整套小儿腹腔镜外科诊断和治疗技术，完成微创手术近500例，改进微创腹腔镜技术治疗先天畸形以及小儿肿瘤的技术常规，并提出新手术方法。

21日，北京市召开科学技术奖励大会暨2013年科技工作会议，表彰获得2012年度北京市科学技术奖的184项科技创新成果，部署2013年工作。根据《北京市科学技术奖励办法》(市政府令第222号)的规定，决定授予由中芯国际集成电路制造(北京)有限公司等单位共同完成的“超大规模集成电路65—40纳米成套产品工艺研发与产业化”等27项科技成果为北京市科学技术奖一等奖；决定授予由中国科学院计算技术研究所等单位共同完成的“面向国家骨干互联网的安全监测技术及其应用”等53项科技成果为北京市科学技术奖二等奖；决定授予由北京京能热电股份有限公司等单位共同完成的“燃煤电厂氮氧化物控制综合技术与低品位余热综合利用技术研究示范”等104项科技成果为北京市科学技术奖三等奖。

28日，由市科委与中国医学科学院共同主办的“G20企业、医科院药物研究院项目对接会”在中国医学科学院药物研究所举行。康辰药业、甘李药业等20余家G20企业项目引进负责人与医科院药物研究院的科学家针对34项新药项目(其中具有自主知识产权的一类新药19项)进行了一对一的洽谈和交流，并就治疗帕金森症、抗肿瘤等十余个新药项目初步达成合作意向。

3　月

4日，北京美尔斯通科技发展股份有限公司承担的北京市重大科技成果转化项目“新型骨传导助听器产业化”通过专家验收。美尔斯通公司开发出具有自主知识产权的新型骨传导助听器，课题实施期间共申请相关专利9项，5项获得授权，该产品2012年上市后即实现销售收入1000万元。

11日，市科委组织申报的高新技术领域6个课题获得2013年度国家科技支撑计划支持，共涉及2个项目，分别为“海量电视内容云计算智能处理技术的研发与产业化”和“中关村数字图形图像关键技术服务及应用示范”，资金总量达1.01亿元，其中国家科技资金支持为1605万元。课题将对海量电视内容分析制作、新媒体传播应用以及创新设计资源库、中关村版权交易等进行研究，预计形成相关技术标准2项、申请发明专利23项、取得软件著作权11项、发表论文6篇以上。

11日，市人大常委会教科文卫体办公室召开市十四届人大科技代表小组成立会议。科技代表小组共有20名成员，主要由来自科技企业、科研院所、高等学校、科技园区、科技中介组织、社会群众组织、社会科学研究机构，以及党政机关的代表组成。科技代表小组设组长一名，副组长两名。

11日，"一城两区"农业科技协同创新战略结盟第一次联席会议在香山首农会议中心召开。会上，通过了"一城两区"农业科技协同创新战略结盟工作领导小组名单、督导小组名单，形成了"一城两区"农业科技协同创新实施规则框架，并确定了2013—2015年"一城两区"联席会轮值主席单位。

19日，由市科委立项支持的2010年度"立体显示技术的舒适度与健康评价研究"项目通过专家验收。课题组构建了适合我国国情的3D技术标准体系，研究并提出关于我国立体显示技术产品的舒适度与健康评价标准，建立了眼科立体视觉实验室检测平台，形成国家标准2项、行业标准4项、国家认证规范1项，同时向ISO/TC176和IEC/TC100委员会申请提交了2项关于设立3D立体视觉健康国际标准工作组及其相应国际标准的提案。

19日，福布斯中国发布2013中国潜力上市、非上市公司百强名单。舒泰神（300204）、利德曼（300289）入选2013福布斯中国潜力上市公司100强，九强生物、甘李药业入选2013福布斯中国非上市公司100强，占榜单中全国生物医药企业数量的三分之一。4家企业2009—2011年度净利润复合增长率分别达到85.2%、40%、58.6%、101.2%。

22—24日，第33届北京青少年科技创新大赛在顺义区牛栏山一中举行，本届大赛以"发现科学的乐趣"为主题，初赛活动的学生达30余万人，另有来自美国、德国、丹麦、韩国等11个国家和香港地区的14个代表团31个国际项目参赛。经过决赛，共产生"第十一届北京青少年科技创新市长奖"10名、优秀项目一等奖92项、二等奖109项，国际优秀项目一等奖15项、二等奖16项，还有十佳科技教师奖及北汽专项奖。大赛由市科协、市教委、市科委、市知识产权局和顺义区政府主办，北京汽车股份有限公司支持。

27日，韩国设计振兴院中国办事处揭牌暨中韩设计论坛在北京设计之都大厦（中国设计交易市场）举行。中国办事处（KIDP CHINA）是韩国设计振兴院在海外的首家办事机构，其占地面积近400平方米。主要职责是开发和推进中韩设计产业合作项目，为中韩两国企业提供当地市场信息及交易平台，促进中韩两国设计公司和中小型制造企业开展对接。

28日，G20企业北京科兴生物制品有限公司自主研发的手足口病EV71疫苗临床Ⅲ期试验揭盲。初步结果显示，疫苗具有良好的安全性和有效性，对EV71病毒导致的疾病保护率达到95%。该项目于2008年启动，并于2010年12月获得国家食品药品监督管理局颁发的临床研究批件，是全球首批获准开展临床实验研究的EV71型灭活疫苗。

4 月

1日，国内最大规模的临床样本资源库——北京生物银行正式成立。该生物银行能够实现样本采集、流转、冻存可追溯，具有病种多、规模大、参与机构多等特点。目前，已收集12个疾病种类、5.59万病例，样本数达32.25万份，可为我国自主知识产权的创新性药物研发与评价、重大疾病诊疗新技术和新方法研究提供原始性基础资源。该生物银行由首都医科大学牵头建立"信息平台"，301医院、天坛医院和佑安医院等11家医疗机构分别建设"十大疾病样本库"（肝炎、艾滋病、结核、新发突发传染病、心脑血管疾病、糖尿病、宫颈癌和乳腺癌、抑郁症、慢性肾病、脊椎和骨关节病)，总建设面积超过 4000 平方米。该生物银行已获得专利 12 项，形成国家级行业标准 4 项，同时申请省部级项目 30 余项，总经费超过 1.3 亿元。

2 日，清华大学体育与健康科学研究中心与瑞德医疗(中国)投资有限公司在清华大学马约翰纪念馆签订合作协议，共建非手术脊柱减压系统(SDS)研究平台。双方将依托平台，利用各自跨学科技术研发创新优势，针对 SDS 的操作使用、功能研发、诊断治疗、数据采集、处理与分析等方面开展合作研究，并推动科研成果在京产业化，为脊骨神经医学检测、诊断、治疗和亚健康风险评估、疾病信息预警、运动干预等提供理论和治疗指导。

3 日，由市科委评选的 2013 年度“科技北京”百名领军人才培养工程揭晓。经公示最终确定入选人员 30 名，分布于电子信息、装备制造、节能环保、城建交通、农业、设计、生物制药、医学、新材料、新能源等 10 余个重点专业领域。其中男性 28 人，女性 2 人；最小 36 岁，最大 51 岁，平均年龄 46.8 岁；本科 1 人，硕士 7 人，博士 22 人；来自高校 5 人，医院 3 人，科研院所 8 人，企业 14 人；中央单位 12 人，地方单位 18 人；海外归国人才 8 人，本土人才 22 人。截至目前，共有三批 90 名高端创新型人才及其团队入选该工程，入选人员均承担着国家和北京市重大科技计划项目。

8 日，通州区政府与中国农业大学共建种苗健康北京市工程研究中心签约仪式在中国农大举行。仪式上，双方与北京中农大地科技发展有限公司三方签署了关于使用中国农业大学部分无形资产组建种苗健康北京市工程研究中心的协议。

13 日，《第三次工业革命》作者保罗·麦基里考察北京 3D 打印产业，参观了北京隆源、太尔时代等企业。

19 日，“2013 中国科学仪器发展年会”(ACCSI 2013)在京召开。首都科技条件平台检测与认证领域中心与仪器信息网共同举办的首届“仪器研发及核心部件论坛”在北京京仪大酒店举行。

22 日，市科委举行为四川雅安地震灾区捐款仪式。770 余名市科委系统党员干部，共捐款达 11 万元。

25 日，耐药结核病研究北京市重点实验室首届学术会议暨揭牌启动仪式在首都医科大学附属北京胸科医院举行。

25—26 日，“2013 北京跨国技术转移大会”在国际饭店会议中心举行。大会由北京市科委、科技部国际合作司、科技部火炬高技术产业开发中心共同主办。大会以“创新驱动、合作共赢”为主题，安排了两场专题讨论，举办了全球创新高端论坛、国际技术转移协作网络年会、中意技术创新专场等 3 场平行会议。同时针对新能源汽车、低碳环保、生物医药、生态城市和绿色建筑、生物农业与绿色食品等 5 个领域，安排了美国、韩国、南非、加拿大、德国、以色列等 6 个重点合作国家参加的 16 个专场项目交流与对接活动。来自美国、意大利、法国、韩国、丹麦等约 40 个国家的政府高层和专家教授，以及来自全国 15 个省市的 1000 多名国内代表参加了大会。

5　月

8 日，诺和诺德中国研发中心新实验楼启用仪式在中关村生命科学园诺和诺德中国研发中心举行，诺和诺德在丹麦本土外最大研发中心正式投入运营。诺和诺德中国研发中心新实验楼投资 2.1 亿元，总面积 1.21 万平方米。

8 日，市十四届人大教科文卫体委员会召开第二次(扩大)会议审议《关于首都科技创新体系建设情况的报告》(征求意见稿)。会议由市人大教科文卫体委员会主任委员孙世超主持。会上，市科委副主任伍建民代表市科委报告了关于首都科技创新体系建设情况，市人大教科文卫体委员会副主任委员颜振军代表市十四届人大教科文卫体委员会报告了关于对市政府首都科技创新体系建设工作的意见和建议。

10日,2013年北京市科普工作联席会议在市政府会议室召开。市科普工作联席会议副主席、市科委主任闫傲霜主持会议,市科普工作联席会议主席、副市长苟仲文出席会议并讲话。2012年,全市共开展了北京科技周、科学嘉年华等市级大型科普活动30余项;举办科普讲座1.97万场;放映科教影视片4.6万场;举办科技竞赛1471场;新命名科普基地243家;出版科技类图书500余种;表彰奖励了50家科普工作先进集体和110名先进个人。

13—15日,市科委组织北京技术交易促进中心、市农林科学院信息所、北京农学院等单位赴新疆和田开展调研和工作对接。

19日,市科委和市旅游委联合命名首批北京市科技旅游示范景点和示范园区。北京奥林匹克公园(含中国科学技术馆、鸟巢、水立方、北京奥运规划馆、奥林匹克森林公园等景点)、北京张裕爱斐堡国际酒庄、七彩蝶园、怀柔影视基地、北京通信电信博物馆、北京曼可顿食品科技有限公司等6家单位入选首批北京科技旅游示范园区及示范景点。

19日,由市科委主办的2013北京市科普基地授牌暨百家科普基地对接百家社区活动在全国农业展览馆新馆启动。市科委与市科协先后开展了五批科普基地命名工作,北京市科普基地达到243家,其中169家免费开放,场馆建筑面积、展厅面积分别达到80万平方米和31万平方米,每万人拥有科普场馆展示面积177.8平方米。自2010年启动百家科普基地对接百家科普社区(学校)活动以来,共有125家科普基地对接社区247个,开展活动1300余次,参与者达6.6万人次。

19—25日,2013年全国科技活动周暨北京科技周主场在全国农业展览馆新馆举行。展览面积达1.3万平方米,重点展示了450余项高端的科技成果和与生活相关的科普项目。活动吸引了12万人到现场参观,另有26万人通过电视观看北京电视台科技周现场直播。新浪网“科技北京”官方微博发布信息100余条,科技周期间粉丝量增加2万人,总粉丝量突破60万人。在科技周主场,还举行了第十九届北京科普电影周暨北京科技旅游季启动仪式、“科学穿衣,扮靓四季”高科技服装T台秀等24场活动。

20日,由北京发明协会主办的“中国移动杯”暨第七届北京发明创新大赛在全国农业展览馆新馆隆重颁奖。中国发明协会理事长朱丽兰、副理事长兼秘书长鹿大汉、市科委主任闫傲霜等领导出席颁奖仪式。本届大赛以“弘扬北京精神 科技改变生活”为主题,收到来自全国28个省市地区176个市的1072项发明项目,其中北京地区项目331项,占31%;个人参赛项目969项,占90%;单位参赛项目102项,占10%。经过初赛、复赛、决赛三个环节,最终评选出发明创新奖200项,其中特等奖1项,金奖29项,银奖70项,铜奖100项;还评选出鼓励奖328项。同时9家单位设立了10类专项奖,共奖励50个项目。

22日,北京渲染平台应邀出席微软在上海世博园举行的“云速未来:Windows Azure进入中国”正式发布会并做主题发言。此次发布会标志着微软Windows Azure公有云平台及服务正式落地中国,同时也标志着北京渲染平台作为微软Windows Azure重要用户,正式联手微软拉开中国基于云平台3D渲染服务的序幕。

22—26日,第十六届中国北京国际科技产业博览会在京举行。科博会共举办高新技术展览会、论坛、科技成果项目推介三大系列40余场活动,集中展示了中国科技创新的最新成果和重大突破,推动了一大批技术成果转化和重大产业项目合作。共有来自国内外的23万人次参加了科博会活动。其间,签署科技产业基地建设、技术合作和贸易等项目123个,协议总金额860.23亿元。

24日,市科委、市教委、中关村管委会共同主办的北京市科技企业孵化器及大学科技园工作会议在北京创业大厦召开。与会领导为战略性新兴产业孵育基地和创新型孵化器授牌,并举行了孵化器与产业基地、金融机构、科研机构的签约仪式。

29日,中国工商银行北京市分行与市科

委签订全面战略合作协议。工行拟在2013—2015年为全市科技型企业提供不少于500亿元人民币的意向性综合授信支持，同时承诺对北京市科技型中小微企业提供优惠利率，并优先支持承担国家及全市科技计划项目的企业。

30日，市十四届人大常委会召开第四次会议。会议听取和审议了市政府关于首都科技创新体系建设情况的报告。会上，市科委主任闫傲霜受市政府委托，做关于首都科技创新体系建设情况的报告。随后，市人大教育科技文化卫生体育委员会主任委员、市人大常委会教科文卫体办公室主任孙世超代表市人大教育科技文化卫生体育委员会做关于对市政府首都科技创新体系建设工作的意见和建议的报告。在随后的分组讨论中，与会代表对上述两个报告一致认同，对首都科技创新体系建设工作给予了充分肯定和高度评价，同时也针对下一步如何更有效地推进首都科技创新体系建设提出了一些补充意见和建议。

31日，市科委与清华大学共同举行中关村国家自主创新示范区重大科技成果——清华脑起搏器推广应用启动会。由清华大学研发，北京品驰医疗设备有限公司生产的拥有自主知识产权的脑起搏器，正式获得国家食品药品监督管理总局颁发的产品注册证，标志着我国在神经调控领域打破了全球市场被美国产品独家垄断的局面。会上，市科委、清华大学、北京天坛医院、北京协和医院、解放军总医院（301医院）、北京宣武医院、北京三博脑科医院等共同签署了联合推动脑起搏器临床应用合作意向书，推动清华脑起搏器惠及更多的帕金森病患者。

6　月

1日，为期5天的第二届中国（北京）国际服务贸易交易会（“京交会”）落下帷幕，本届京交会共达成签约项目415个，签约额786.9亿美元，比首届增长30.9%，其中国际项目114个，签约额108.9亿美元。本届京交会共有来自117个国家和地区的2.65万名注册客商及参会代表，参会国家和地区总数同比增长41%。会议期间，参会客商及代表累计达13.8万人次，同比增长35.3%。第二届京交会共举办峰会、专业大会、推介洽谈等共计148场活动。

3日，市科委副主任朱世龙、纪检书记李京瑞会见了阿根廷科技创新代表团一行8人，与阿根廷科学、技术与生产创新部长巴拉尼奥、阿根廷驻华使馆大使马蒂诺等进行了深入洽谈。双方就北京与阿根廷技术转移与创新合作达成共识，现场签署关于北京市科委与阿根廷科学技术与生产创新部的合作备忘录，共同推动北京与阿根廷在生物技术与医药、新能源、节能环保、纳米材料、现代农业、信息通信技术等领域的技术交流与创新合作，拟建立中阿技术转移中心平台，更好地推动双方技术创新交流。

3日，由市科委主办的第二期G20工程高级研讨班在市委党校开班。本次研讨班是根据G20工程实施过程中面临的产业规模小、企业创新能力不足、对民生改善的支撑作用尚有差距等严峻形势，应企业家的迫切要求，针对以G20企业家为代表的创新创业人才对宏观经济发展环境的把握、产业发展形势的认识等现实需求而举行的。

5日，中组部组织的全国乡镇长学习班学员一行60多人来北京国家现代农业科技城参观学习。学员们分别参观了北京市农林科学院温室示范基地、北京农科城网络服务中心及农业动漫展示。

7日，由市科委主办，中国农科院生物技术研究所、北京生物医药中心以及首都籽种产业科技创新服务联盟共同承办的第六届国际生物技术与农业峰会暨农业生物技术百人论坛在京召开。农业部副部长、中国农科院院长李家洋出席。

22 日,乐普医疗与河南新帅克制药股份有限公司及其控股股东在北京举行收购股权合作签字仪式,拟以 3.9 亿元现金正式收购新帅克 60% 股权,并将在市场销售、产品研发和服务等领域进行全方位的整合和优化。乐普医疗将拥有新帅克公司核心产品硫酸氢氯吡格雷片等全部知识产权,预计新增净利润 3853 万元。

28 日,由市科委组织承担的国家科技支撑计划项目"十二五"国家科技支撑计划"汽车产品研发与工业设计服务业共性关键技术研究开发及示范应用工程"通过验收。该项目由北京工业设计促进中心、北京迪希工业设计创意开发有限公司、阿尔特汽车技术股份有限公司、北京第二机床厂等 10 家单位共同承担。经过 2 年的时间,研究完成了"产品设计服务创新模式和总体设计需求及高性能计算服务能力研究报告",搭建了"一库一平台两室"的汽车产品研发与工业设计共性关键技术服务平台,并形成《电动汽车造型设计开发流程与规范》《油泥模型中仿真件使用规定》等企业标准 4 项,新产品 17 项;申请专利 33 项,其中发明专利 12 项;发表论文 12 篇;获省部级奖励 1 项。

30 日,由市科委主办、首都医科大学附属北京天坛医院承办的"CHANCE 研究及亚组研究结果发布会"在国家会议中心召开。CHANCE 是中文研究名称"氯吡格雷治疗急性非致残性脑血管事件高危人群的疗效研究"(Clopidogrel in High - risk patients with Acute Non - disabling Cerebrovascular Events)的英文缩写,研究结果表明:氯吡格雷合并阿司匹林的治疗方案,将使得轻微脑血管病患者复发为致残、致死的严重脑血管病的概率减少 32%,这将为我国每年至少减少 10 万例再发卒中。以每例卒中病人直接住院医疗费用约 2.5 万元计算,可使我国每年节省直接住院医疗费用约 25 亿元。该项研究由首都十大疾病脑血管病领域领衔专家、首都医科大学附属北京天坛医院王拥军教授担任牵头人,由北京、天津、浙江、广州等全国 17 个省市 114 家医疗机构历时 5 年共同合作完成。

7 月

1 日,市教委、市科委在清华附小召开"建课程 促创新——雏鹰推进现场会"。中科院院士陈佳洱、林群,清华大学副校长谢维和等有关专家与会。

2 日,北京国家现代农业科技城生物燃气产业商业模式应用推进现场会在延庆召开。全国政协副主席、科技部部长万钢现场考察了北京国家现代农业科技城德青源生物燃气科技产业化基地、延庆县前黑龙庙生物燃气科技示范村。

16 日,市科委与美国国际工程会议组织(ECI)共同主办"第十八届生物化学与分子工程国际大会(BME XⅧ)",此次大会是首次在欧美以外国家举办的 BME 会议,会议主题为"东西方交汇——生物设计、合成生物学和生物过程工程国际前沿",共设立 12 个分会,包括生物工程、生物能源、生物材料、环境科学等诸多战略新兴产业的前沿领域。

16 日,北京现代农业科技创新服务联盟筹备成立大会召开。会上,选举出大北农为联盟理事长单位、市科委农村发展中心为秘书长单位,市农林科学院、首农集团等 15 家单位为常务理事单位。

17 日,第 30 届全国医药工业信息年会在上海举行,会议发布了 2012 年度中国医药工业百强企业榜。北京进入百强的 12 家企业中 G20 企业达 8 家,占北京入选企业的 2/3,其中 5 家排名上升。拜耳医药继续保持第 9 位;四环制药、泰德制药首次强势入榜,分列 50 位和 96 位;悦康药业从去年 92 位急速上升 52 位至 40 位;同仁堂健康、赛诺菲排名稳步前进,分别上升 17 位和 5 位,排名 80 位和 91 位。

25 日,利亚德光电股份有限公司在北京举行了 LED 系列电视产品发布会,会上展示了公司产品——全球最大的288英寸4K超高清LED电视、144英寸LED3D电视、110英寸触摸/非触摸LED电视等。该公司通过自主创新,解决了大尺寸电视的小间距自主发光显示、高清显示、3D显示、无缝拼接等系列技术问题,研制了像素间距最小可达1.6mm,显示屏可达288英寸等多型号LED电视。课题已申请国内外专利50余项,其中发明专利19项,实用新型22项,2013年预计实现产值5亿元。

30日,韩国设计振兴院在中国设计交易市场举办2013韩国Illustration(插画)学会北京邀请展,展出了韩国60位设计师、中国30位艺术家的插画作品。

31日,由市基金办主办的首都科技前沿论坛系列活动正式启动。第一次论坛由市基金办与市科委社发处联合举办,聚焦"北京地区大气细颗粒物污染防控"问题。

8 月

6—8日,由科技部和内蒙古自治区政府联合举办的"赤峰·中国北方农业科技成果博览会"在内蒙古赤峰市举行。应农博会邀请,市科委组织农科城网络服务中心、农科城通州种业园、昌平园、顺义园3个园区的北京神舟绿鹏农业科技有限公司、北京市花木有限公司等20家企业赴赤峰参展,成果涉及现代种业、食品安全、农业机械与智能装备、环保型投入品、农业信息化等5大领域,共计60余项。

7日,市科委举行北京无人机航空应用服务创新与产业培育工作会。会上,市科委针对北京无人机应用服务产业链各环节合作不够紧密、尚未形成产业集聚等问题,组织中航工业、航天科技、天下图等20余家企事业单位,共同发起成立了覆盖无人机全产业链的无人机与航空应用服务产业技术创新联盟。该联盟将着力促进产业整合,促进产业链协同创新,加强各环节合作,加速科技成果转化,创新商业模式。

13日,由市科委、北京未来科技城管委会主办,北京新能源汽车发展促进中心、北汽新能源汽车公司承办的电动汽车开进未来科技城活动正式在拉菲特城堡酒店启动。会上,北汽新能源汽车公司向未来科技城管委会提供了北汽E150EV电动汽车,该车将在园区内示范运营,为未来科技城内的科研机构及企业提供绿色出行服务。

16日,由北京国家现代农业科技城等单位承办的第二届中国农业科技创新创业大赛北京赛区赛事正式启动。来自北京赛区100多家涉农企业和数十家知名投资机构的代表200余人参加了启动仪式。会上,展出北京农科城三年来的建设成果,展示20余家农业企业优秀创新成果。

26—29日,由中国工程院、中国食品土畜进出口商会主办,北京农科城昌平园协办的第七届国际药用菌大会在昌平园举行,大会共吸引了来自全球30多个国家和地区的800余名代表参加。大会期间,举办了中国工程院国际工程科技发展战略高端论坛。

9 月

6日,北京现代农业科技创新服务联盟、北京合众世纪投资有限公司和中国农村科技杂志社在北京国际饭店共同举办了第四届(北京)现代农业与资本发展国际论坛(ACF)。

7日,首都科技条件平台贵阳合作站、北京技术市场贵阳服务平台揭牌仪式在贵阳举行。

8日,市科委、贵阳市政府战略合作框架协议签约仪式在贵阳举行。会上,市经信委、中关村管委会还与贵阳市政府签署了合作框架协议,北京市政协主席吉林与贵州省省长陈敏尔为中关村贵阳科技园揭牌。

9日,联合国教科文组织世界地质公园网

络执行局在韩国济州岛召开了世界地质公园评审会，经与会专家投票表决，北京延庆地质公园成功入选联合国教科文组织世界地质公园网络名录，被授予“中国延庆世界地质公园”称号。

11日，由北京吉天仪器有限公司承担的市科技计划课题“快速加压溶剂萃取仪研制”顺利通过专家验收。该公司成功研制出了集成快速萃取、净化、浓缩和定容等预处理功能的快速加压溶剂萃取仪。该成果突破了在线预浓缩等关键技术，简化了繁杂的前处理过程，提高了工作效率，在食品检测等领域具有较好的应用前景。

13日，由科技部主办，北京市科委组织管理的“东盟科技园（开发区）培训班”在北京国际会议中心举行结业式。来自越南、菲律宾、伊朗、巴基斯坦、蒙古、哈萨克斯坦、埃及、斯里兰卡、孟加拉、印度尼西亚、阿曼、阿尔及利亚等14个国家及地区的30名学员顺利结业，并领取了培训结业证书。

13日，市政府联合科技部在北京召开部市共建国家技术转移集聚区工作会议。科技部党组成员、副部长曹健林，北京市副市长张工出席会议并签署《科技部北京市人民政府共同建设国家技术转移集聚区合作框架协议》。会上，双方还共同为国家技术转移集聚区、中国国际技术转移中心揭牌。

17日，由北京高技术创业服务中心、北京创业孵育协会主办，清华科技园启迪创业孵化器承办的北京市战略性新兴产业孵育基地新产品发布会纳米专场暨启迪纳米专业孵化器揭牌仪式在清华科技园成功举行。

18日，市科委主任闫傲霜会见了来京参加“首都国际癌症论坛2013”的美国杜克大学赫伯特·金·莱尔利（Herbert Kim Lyerly）教授。

20—24日，中航工业杯——第二届国际无人飞行器创新大奖赛在密云机场举行。本届大赛共有117支队伍参赛，49支队伍获奖，总奖金额为162万元，其中100万元奖金由华彬文化基金赞助支持。沈阳航空航天大学代表队、中科院沈阳自动化研究所、中国航空工业集团公司西安飞机设计研究所分别获得固定翼赛、旋翼赛、像真遥控模型赛的一等奖，并分别获得15万元的奖金，南京航空航天大学代表队的作品获得创意赛大奖，获得15万元的奖金。

25日，“设计之都·2013设计之旅启动活动暨2013首都文化金融服务季设计服务融资专场”在设计之都大厦开幕。设计之旅活动作为北京国际设计周的看点之一，在9月25日至10月23日向公众集中呈现，形成以设计之都大厦为起点，连接中华世纪坛、751时尚设计广场、DRC工业设计基地、三里屯和大栅栏等6～8条特色旅游路线，覆盖全市118家设计站点。

26—27日，由市科委、北京有色金属研究总院、北京理工大学共同主办，北京新材料发展中心、新材料产业杂志社承办的2013（第八届）北京动力锂离子电池技术及产业发展国际论坛在首都大酒店举行。

27日，同时举行了中国农业大学种子质量检验丰台测试中心、北京市种子质量检测服务中心、中国农业大学牧草种子实验室——国际种子检验协会（ISTA）认可实验室丰台基地、北京市丰台区种子质量监督检验站的揭牌活动，今后，丰台区将具备国际标准的种质检测能力。

30日，第二届北京重大疾病临床资源库标准化建设国际会议在北京诺林大酒店召开。会议邀请了国际生物和环境样本库协会（ISBER）、英国生物样本库（UK Biobank）、上海医药临床研究中心、华大基因等国内外多家机构的知名专家做主题报告。

10 月

10日，北京市科技新星工作会在北京国际饭店会议中心举行。北京市委常委、组织部部长姜志刚出席会议并讲话。市科委主任闫傲霜在会上做了北京市科技新星计划实施20年工作报告。科研单位代表和科技新星计划入选者代表做大会发言。副市长张工主持会议，共有近百家首都地区科研单位和企业代表、300余位历年入选新星参加会议。

10 日,由中国宋庆龄基金会主办的“中国少年儿童视听安全系列公益科普活动”启动大会在北京国际会议中心举行。

20—23 日,由联合国教科文组织、教育部、中国联合国教科文组织全国委员会、北京市政府共同主办的首届联合国教科文组织创意城市北京峰会举行。来自 32 个城市的 20 余位市长级代表等 60 余人,出席了 22 日在设计之都大厦召开的圆桌会议,会上发布了本次峰会成果性文件《北京议程》。

21 日,中共中央政治局委员、北京市委书记郭金龙会见联合国教科文组织总干事伊琳娜·博科娃一行。

21 日,第十七届北京国际生物医药产业发展论坛在北京隆重开幕。论坛还围绕“大数据时代的医药产业创新”“国际药品研发的药审要求及注册”“金融助推 G20 工程创新发展”“京区生物医药资源对接”“三小时创新合作”等问题召开了专题研讨会。

21 日,科技部和北京市科委在北京召开了国家科技支撑计划“多轴轮边驱动大通道低地板电动公交客车研发与示范”项目的可行性论证会。与会专家一致同意通过可行性论证,并建议尽快启动该项目。

24 日,由市科委、香港贸易发展局共同主办,香港创投及私募投资协会、北京创投协会、北京科技金融促进会共同协办的第十七届京港会“科技型中小企业融资项目发布会”在北京国际饭店举行,来自京港两地的投资机构、在京科技型中小企业代表 100 余人参加了本次会议。项目发布会上,代表生物医药、电子信息、新材料、节能环保、现代农业、惠民领域的 8 个科技型中小企业融资项目依次进行了路演。此次会议共收录科技型中小企业科技成果转化与产业化融资类项目 26 个,项目总投资约 20 亿元,拟吸引资金约 9 亿元,参会的在京在港投资机构达 22 家。

28 日,电弧等离子应用装备北京市重点实验室挂牌成立。该实验室依托中国航天空气动力技术研究院的高温气体动力学实验室而建,研究电弧等离子技术在工艺过程中的作用机理及效能,为垃圾焚烧,固、液废弃物处理和新材料制备等提供新的技术方法。

29 日,市自然科学基金委员会和市科学技术研究院签署了联合资助试点合作框架协议和 2014 年度联合资助试点合作协议,并成立了试点工作管理小组。联合试点工作首次将社会资金引入北京市自然科学基金,是基础研究多元化投入模式的进一步探索。

11　月

11 日,清华大学化工系魏飞教授团队与清华大学微纳米力学与多学科交叉创新研究中心、北京大学信息学院合作,在世界上首次检测到了大气环境下厘米以上长度碳纳米管管层间的超润滑现象。所实现的超润滑尺度比以前报道结果的最高值高出 3 个数量级,同时所得到的摩擦剪切强度比以前报道结果的最低值降低了 4 个数量级。相关成果发表在国际纳米领域权威学术期刊《自然·纳米技术》上。

13 日,由国内著名民调机构零点研究咨询集团主办的第三届零点民声金铃奖颁奖典礼在北京海航万豪酒店举行。12396 北京新农村科技服务热线获得了倾听民意政府奖之“民意畅达奖”。

14 日,由人民日报社、市科委共同主办的首都科技界学习贯彻党的十八届三中全会精神座谈会在人民日报社召开。座谈会上,首都科技界高校院所专家、科技企业代表就学习贯彻党的十八届三中全会精神踊跃发言,并从各自的专业研究领域出发,分别就如何抢占高技术服务产业制高点、优化政府职能释放科技活力等议题发言提出意见和建议。

15 日,由科技部、意大利教育大学和科研部主办,北京市科委承办的“第四届中意创新论坛”在市科委举行。科技部部长万钢、科技部副部长曹健林、北京市副市长张工、意大利教育大学和科研部部长玛利亚·卡罗扎等出席活动。本次论坛吸引了60余家意大利企业的100余名企业家，以及来自全国10个省市的200余位代表参加。论坛以“智慧城市和新兴产业创新合作”为主题，举行了一场中意双边创新合作对话，两场智慧城市和新兴产业合作专题论坛，四场圆桌会议，涵盖八大领域的企业对接，以及重点园区、企业参加对接等活动。

22日，京产桌面级3D打印机获国际MAKE杂志“消费者最易使用奖”（Best in Class：Just Hit Print）第一名。该3D打印机由北京太尔时代科技有限公司自主研制，具备打印平台自动水平校准和喷嘴与打印平台间自动对高功能。

25日，依托北京嘉博文生物科技有限公司建设的北京市有机废弃物资源化工程技术研究中心的发明专利“采用餐厨废弃物制备生物腐殖酸的技术与工艺”获得第十五届中国专利奖金奖，该奖项被誉为中国知识产权界“奥斯卡”，这也是垃圾资源化利用技术领域首次荣获中国专利奖金奖。

25日，中国自然科学博物馆协会名誉理事长、原中国科技馆馆长、北京市科委特聘科普专家李象益，在巴西召开的第六届世界科学中心大会上，被授予联合国教科文组织颁发的卡林加奖。

26日，首都科技条件平台京蒙合作站签约暨揭牌仪式在呼和浩特举行。北京市科委与内蒙古自治区科技厅签订了首都科技条件平台京蒙合作站合作协议书，并举行了揭牌仪式。

28日，应急救援装备产业技术创新战略联盟国家试点联盟揭牌仪式在北京举行。市科委主任闫傲霜受邀发表了题为“建设技术创新联盟 全面提升应急救援能力和水平”的主题讲话。

28日，中国国际技术转移中心联合科威国际技术转移公司、莫斯科国立大学科技园举办了中俄技术对接会。来自俄罗斯的OptoSystems、Microphone arrays、Lactocore 、EcoCat等13家企业，与市产业技术创新联盟及相关企业的20余位代表进行了技术对接和洽谈。中俄企业在生物医药、食品、环保等领域达成了4项合作意向。

30日，第四届重大疾病防治科技创新高峰论坛在国家会议中心召开。本届论坛设置了包括生命科学基础研究与北京临床资源优势互补、生物银行的应用与发展、国际指南与我国临床实践的差异、临床研究中先进性和实用性的平衡、临床研究顶层设计与质量监控、real - world study方法及案例解析等六大主题，着重突出临床转化应用研究的重要性。

12 月

4日，依托北京林业大学建设的精准林业北京市重点实验室研制出的“电子测树枪”通过专家验收，该设备实现了森林计测的数字化、多功能和精准化。该设备可精准测量单木树高、林分平均高、株数密度、任意高度直径等数据，便携性好，计测参数均以数字化方式存储，配合GPS、GIS，可以实现内外业一体化作业。

5日，北京市科委、山西省科技厅与阳泉市政府在充分沟通的基础上，在太原签署《关于推进阳泉与北京科技合作的协议》。

10日，北京三元食品股份有限公司启动“安全健康婴幼儿配方乳粉研究与产业化”项目研究，旨在解决乳粉产业核心技术和共性技术问题，实现高端婴幼儿配方乳粉的自主开发与国产化，振兴国产乳粉产业，保障消费者身体健康、推动行业的健康发展。

10日，科技部政策法规司发布了《关于印发2013年全国科技活动周总结交流会会议纪要的通知》，2013年全国科技活动周总结交流会通过无记名投票方式，对各地科技活动周的组织工作进行了综合评价，北京、上海、重庆等11个市、区得到与会代表的一致好评，北京位居全国首位。

10 日,美国物理学会网站公布,中科院北京纳米能源与系统研究所首席科学家王中林院士荣获美国物理学会 2014 年"詹姆斯 · C · 麦高第新材料奖"(James C. McGroddy Prize for New Materials)。

12 日,2013 中国设计红星奖颁奖在北京设计之都大厦举行。本届"红星奖"共有 5567 件产品参评,数量创奖项设立 8 年来历史新高,继续超过德国红点奖全球参评数量总和。经国内外设计专家评审团初评、终评两次评审,共有 280 件产品获奖,其中包括:至尊金奖 1 项、金奖 8 项、银奖 10 项、最佳团队奖 1 项、最佳新人奖 1 项。此外,旨在鼓励创新概念设计的"红星原创奖"颁奖同期举行,《翼》坐具等 6 件作品获银奖,陈书琴以"环保纸屏风"设计获优秀设计师奖,范石钟、黄思宇两位设计师获未来之星奖。

12 日,市科委与北京出入境检验检疫局签署协议——共建首都科技条件平台检测与认证领域中心,标志着由市科委、市质监局、北京出入境检验检疫局三方共建的检测与认证领域中心进入新的运行阶段。北京出入境检验检疫局加入平台后将为条件平台的各个建设单位及其服务对象提供有效的咨询服务,同时在平台内各种重点实验室的资质认证、产品认证等方面提供相关的专业服务。

16 日,中科院理化所与海杰亚(北京)医疗器械有限公司共同开发的肿瘤微创高低温复式治疗设备"康博刀"在北京东方医院首次进入临床试验。该设备采用液氮代替稀有的氩氦气进行降温的技术原理,使手术探针低温达到负 190℃以下,高温达到 80℃以上,在国内外首次成功开创了冷冻和热疗相结合的微创手术方法。

18 日,中国国际技术转移中心邀请诺贝尔奖获得者吕克 · 蒙塔尼耶博士访问中心,并就 HIV 及 AIDS 预防与治疗技术最新进展开展交流与座谈。此次活动首次将在京艾滋病及病毒学领域的科研和临床方面的专家学者与世界顶级专家汇聚一堂进行交流。

19 日,中国科学院和中国工程院相继公布了 2013 年两院院士增选结果,医学领域新增两院院士共计 10 名,7 名院士来自北京地区,分别从事心血管病、呼吸病学、肿瘤流行病学、胸外科、神经外科以及耳鼻咽喉领域的研究。纳米领域新增两名院士,OLED 材料专家、清华大学化学系邱勇教授,微纳器件专家、清华大学精密仪器系尤政教授分别当选为中国科学院院士和中国工程院院士。

20 日,2013 年北京市科普基地讲解员大赛在中国科学院文献情报中心举行决赛。这是首届针对北京市科普基地讲解员的职业技能开展的比赛。来自中国铁道博物馆的孙旭捷获得一等奖,中国农业博物馆的马莎莎、中国电影博物馆的王曦、索尼探梦科技馆的白彦宏格等获得二等奖,中关村示范区展示交易中心的包牧等 6 人获得三等奖。同时,大赛还对荣获一、二、三等奖的选手授予"北京市科普基地十佳讲解员"称号;北京市古代钱币展览馆的靳莎等 10 名选手荣获"北京市科普基地优秀讲解员"称号。

20 日,中国第一个专门的摄影展览馆——中国摄影展览馆进驻设计之都大厦并正式开馆,展览馆由北京设计之都发展有限公司和中国摄影家协会合作共建。"同筑中国梦百年跨越史——中国摄影与科技"大型影像展作为开馆首展同时开幕并对公众开放,展期 1 个月。展览以图片结合实物的方式,展示我国百年影像发展进程。展览共分为摄影术、中国照相机、摄影文献选和新华典藏与中国典藏四部分。

27 日,京豫科技合作工作座谈会在京召开。会上北京市科委与河南省科技厅正式签订《北京市科学技术委员会 河南省科学技术厅合作协议》。双方就豫京两地需求、共建综合服务平台和优化创新资源配置三方面合作进行座谈。

28 日,由市科委、市教委、市科协主办的第十九届北京市中小学生自然科学知识竞赛决赛在北京市科学技术研究院落下帷幕。北京天文馆为本次竞赛设置了天文星光奖,周口店北京人遗址博物馆设置了周口店奖学金。最后,高中组"天文星光奖"被西城区代表队摘走,初中组和小学组的这一奖项分别由东城区代表队和通州区代表夺得,“周口店遗址小卫士”奖由昌平区代表队(初中组)获得。高中组、初中组和小学组冠军分别由西城区代表队、石景山区代表队和东城区代表队夺得。

31日,市科委召开首都科技界学习贯彻党的十八届三中全会精神宣讲会,十八届三中全会中央宣讲团成员、科技部党组书记、副部长王志刚做了宣讲解读,北京市副市长张工主持会议。高校、科研院所、企业、区县政府及区县科委等单位约300人参加。

科技管理与服务

综合管理

【市科协社会组织党建委召开会议】 1月6日，市科协社会组织党建委2013年第一次会议召开。会议研究了2012年工作总结和2013年工作要点；批准北京实验动物学学会、城市管理科技协会、声学学会、数学会、康复医学会、运筹学会、药理学会、免疫学会、表面工程学会、航空航天学会、图学学会、振动工程学会、农业工程学会、遗传学会、老年痴呆学会、植物学会、烹饪协会、工艺美术学会、长江药学发展基金会、岐黄中医药科学发展基金会、乐器学会、市吴秉铨病理学发展基金会、物理学会、自然辩证法研究会、抗癌学会、市刘光鼎地球物理科学基金会、金属学会、青少年科技教育协会、青少年科学基金会、预防医学会等30个社会组织党建工作小组成立。通过了《市科协社会组织党建工作课题研究管理办法》和项目经费安排；听取了“关于市科协社会组织基层党支部建设情况调研报告”和“市科技类社会组织加强党建工作研究”课题汇报。

（市科协）

【184项创新成果获市科学技术奖】 2月21日，市科学技术奖励大会暨2013年科技工作会议召开，表彰获得2012年度北京市科学技术奖的184项科技创新成果，部署2013年工作。市委书记郭金龙出席大会，市委副书记、市长王安顺讲话。市委常委、常务副市长李士祥主持大会，副市长苟仲文宣读奖励决定，中芯国际的吴汉明博士代表获奖单位和个人发言。王安顺在讲话中说，加快科技进步和创新，事关首都发展全局，事关服务国家长远发展。我们要加快提升科技自主创新能力，强化企业技术创新主体地位，力争在重大关键技术上取得突破；加快发展战略性新兴产业，建立要素投入聚焦机制，促进科技成果向现实生产力转化；加快推进中关村示范区建设，促进重大项目落地，努力建设具有全球影响力的科技创新中心和高技术产业基地；加快优化首都区域创新环境，在全社会形成崇尚科学、尊重知识、尊重创造的良好风尚。市领导赵凤桐、陈刚、孙康林、闫仲秋出席会议。

（市科委科宣处）

【首都科研院所改革发展工作交流会召开】 2月21日，2013年市科委系统劳模新春座谈会召开，市科委直属机关工会邀请市科委系统全国劳模、省部级劳模以及劳模先进集体的代表参加。参会的劳模围绕在落实十八大精神和“科技北京”工作中如何发挥劳模示范带头作用进行了研讨，结合国家和市科技创新大会以及科技工作会精神，在发挥政府职能、加强集成创新、更好地发挥机关工会对市科委中心工作的促进作用等方面提出了宝贵建议。

（市科委机关工会）

【市科协系统工作会议召开】 2月28日，2013年北京市科协系统工作会议在北京会议中心召开，市学会、基金会，区县科协、基层组织，市科协机关各部门和事业单位的负责人等500余人参加会议。会议表彰了2012年在各方面工作取得优异成绩的先进集体和个人，其中30项荣获2012年度北京市科协系统优秀科技工作者建议的作者受到表彰。北京食品学会副理事长黄圣明、大兴区科协主席王存金、大北农集团副总裁宋维平分别就学会能力建设、决策咨询工作、院士专家工作站建设做大会交流发言。会议强调全年做好6个方面的重点工作：①充分发挥科协组织凝聚智力资源的优势，为企业自主创新和都市型现代农业发展提供智力支撑。②充分发挥科协组织的科技思想库功能，着力提高决策咨询能力。③认真履行科学素质建设工作牵头单位职责，协调推动首都公众科学素质稳步提升。④继续加强学会能力建设，推动首都学术交流繁荣发展。⑤切实履行好市人才工作领导小组成员单位职责，大力培养举荐优秀科技人才。⑥组织好市科协成立50周年纪念活动。

（市科协）

【2013年度市科技奖励推荐工作启动】 3月1日，2013年度北京市科学技术奖推荐工作启动

会召开,180 多家推荐单位的科技管理人员参加会议。为保障奖励评审的公平公正,2013 年将在创新奖励评审工作机制、规范管理、实行"阳光操作"的基础上,进一步运用"制度 + 科技"等手段,针对专家选聘、专业组评审、保密等核心关键环节,强化对奖励评审工作全流程的监管,提高奖励评审的权威性和公信力。同时,将分期分批地召开面向完成单位、完成人的申报培训会。2013 年度北京市科学技术奖励推荐系统于 3 月 4 日正式开通。

(市科委计划处)

【2013 中国设计红星奖征集】 中国设计红星奖征集时间为 3 月 15 日至 6 月 28 日,红星原创奖的征集时间为 3 月 11 日至 6 月 21 日。为推广和褒扬设计创新精神, 红星奖可以为参评企业和机构提供助力企业品牌推广、提供更为广阔的市场机会和提升企业核心竞争力三方面的服务。

(市科委高新处)

【市十四届人大科技代表小组成立】 3 月 11 日,市人大常委会教科文卫体办公室召开市十四届人大科技代表小组成立会议。会议由市人大教科文卫体委员会主任委员孙世超主持,市人大常委会副主任孙康林出席会议并讲话。孙世超介绍了科技代表小组组建情况。科技代表小组共有 20 名成员,主要由来自科技企业、科研院所、高等学校、科技园区、科技中介组织、社会群众组织、社会科学研究机构以及党政机关的代表组成。科技代表小组设组长一名、副组长两名。会上,科技代表小组还就市人大常委会听取和审议市政府关于首都科技创新体系建设情况报告的工作方案进行了讨论。与会代表就改革政府管理模式和组织方式、加大财政科技投入、加强科技资源整合、改善科技创新环境、促进产学研用相结合等方面的问题提出了意见和建议。

(市科委法规处)

【市科委与市药监局联手推进 G20 二期工程】 3 月 11 日,为深入推进北京生物医药产业跨越发展工程(G20 工程)二期工程实施,市科委与市药监局召开工作对接会。双方初步确定,在 3 个方面展开合作:一是加强 G20 工程与北京生物医药创新促进平台的对接,制定合作机制,固化对接流程,形成上游"项目培育"和下游"注册审批"的联动,促进成果在京转化;二是共同关注儿童用药、医疗器械等重点新兴领域的发展,加强引导,合力促进一批成果研发和产业化;三是共同推动完善产业环境,在药品注册、GLP/GMP 资质认证、原料药生产基地建设等方面提高服务企业的效率。

(市科委生物医药处)

【科技管理干部队伍素质提升工作启动部署会召开】 3 月 15 日,市科委召开科技管理干部队伍素质提升工作启动部署大会。市科委党组书记、副主任杨伟光结合委系统干部队伍建设做主题报告和动员部署。会议由市科委纪检组组长、直属机关党委常务副书记李京瑞主持。机关全体干部、直属单位处级领导和部分中层干部代表参加了会议。

(市科委人教处)

【2013 年行政审批培训工作会议召开】 3 月 19 日,市科委政策法规与体制改革处和监察处共同召开 2013 年行政审批培训工作会议,市科委系统涉及行政审批事项的相关业务部门负责人和工作人员参加会议。培训会邀请市监察局、市经济信息中心相关负责人对行政审批网上填报的工作要求和注意要点进行了讲解,从行政审批网上监察体系建设、行政审批网上填报流程优化、行政审批网上填报易出现的问题等几个方面进行了重点讲解,并与相关业务负责人进行了沟通交流。

(市科委监察处)

【技术合同认定登记情况执法检查工作结束】 3 月 19 日至 4 月 24 日,北京技术市场管理办公室成立检查组,出动人员 160 余人次,对全市 38 家登记机构 2012 年度的技术合同认定登记工作情况进行全面检查。此次检查内容涉及 2012 年度技术合同审查情况、专项资助经费使用情况、统计指标录入和分类情况、奖酬金单和技术性收入核定表使用情况以及登记机构的管理情况。检查组同时调研了各个技术合同认定登记机构在"营改增"新形势下遇到的新情况和新问题，就进一步加强技术合同认定登记工作的管理、促进技术成果转化、规范技术市场发展等问题与各登记机构负责人进行了广泛的交流和沟通，并对登记机构负责人和登记员提出了更高的要求。

（北京技术市场管理办公室）

【科技部调研北京国家现代农业科技城建设】 3月22日，全国政协副主席、科技部部长万钢到北京调研指导北京国家现代农业科技城建设工作，万钢视察了通州国际种业科技园总体进展及企业发展情况，听取了北京农科城进展情况汇报，并与园区企业及科研单位的负责人进行座谈。科技部副部长张来武、科技日报社社长王志学、市委常委陈刚、副市长林克庆等陪同调研，市科委主任闫傲霜主持座谈会。

（市科委农村处）

【市自然基金委五届五次常务工作会召开】 3月25日，市自然科学基金委五届五次常务工作会议召开。市科委主任、市自然科学基金委主任闫傲霜参加并主持会议。市科委党组书记、副主任、市自然科学基金委副主任杨伟光等参加会议。会议听取了《北京市自然科学基金工作的几点设想》，审议了《2013年度市基金不资助项目复审工作报告》，讨论并审定了2014年度北京市自然科学基金申报工作有关事项。

（北京科学技术开发交流中心）

【公务员电子政务培训考试举行】 3—11月，市科学技术进修学院与市人社局教育培训科共同组织对北京市公务员开展电子政务培训和考试。培训内容主要围绕电子政务模块、信息安全模块、信息技术模块展开。各区县的1456名公务员在西城经济科学大学、海淀考试培训中心等处接受45场次培训和考试。通过电子政务培训，使公务员掌握了电子政务的相关知识，预防、排除网络安全隐患的相关技术及办公软件的高级应用技巧，进一步增强了公务员的网络安全意识，提高了公务员运用信息化为公众提供服务的水平和效率。

（市科协）

【30人入选2013年“科技北京”百名领军人才培养工程】 4月3日，由市科委评选的2013年度“科技北京”百名领军人才培养工程揭晓。经公示无异议最终确定入选人员30名，分布于电子信息、装备制造、节能环保、城建交通、农业、设计、生物制药、医学、新材料、新能源等10余个重点专业领域。其中男性28人，女性2人；最小36岁，最大51岁，平均年龄46.8岁；本科1人，硕士7人，博士22人；来自高校5人，医院3人，科研院所8人，企业14人；中央单位12人，地方单位18人；海外归国人才8人，本土人才22人。已有三批90名高端创新型人才及其团队入选该工程，入选人员均承担着国家和北京市重大科技计划项目。

（市科委人教处）

【科技部副部长曹健林调研国家技术转移集聚区】 4月3日，科技部副部长曹健林带领科技部政策法规司、计划司、国际合作司、火炬中心等部门的相关负责人，到北京调研国家技术转移集聚区工作。他们视察了中国技术交易所、创新工场、国际技术转移中心及相关机构，听取了国家技术转移集聚区情况汇报，并与集聚区相关机构的负责人座谈。市科委主任闫傲霜等陪同调研。曹健林充分肯定了国家技术转移集聚区建设相关工作，希望集聚区为重大技术成果提供展示的地点，为全国各地高新区提供展示的窗口。

（市科委高新处）

【市领导到通州国际种业科技园调研】 4月18日，市委书记郭金龙，市委副书记、市长王安顺等市领导，到北京国家现代农业科技城通州国际种业科技园调研。市领导牛有成、陈刚、苟仲文、林克庆，市政府秘书长李伟一同调研。

（市科委农村处）

【市科委党员干部为雅安灾区捐款】 4月22日，市科委举行党员干部为四川雅安地震灾区捐款仪式，778名党员干部共捐款111520元。

（市科委机关党委）

【中关村高研班培养高端人才发展】 4月24日，中关村管委会与市科委共同举办“中关村创新创业（海归）人才高级研修班”。作为本期高级培训班重点课程之一，市科委政策法规与体制改革处处长杨仁全做题为“创新驱动、科学发展”的主题报告。中关村高研班已开展六期。本期学员36名，包括中关村园区内入选“千人计划”“海聚工程”“高聚工程”的高层次人才；获得“海创资金专项支持”“留学人员科技活动项目择优资助”“留创企业开办费”资助项目以及雏鹰基地入驻企业的海归创业企业的创始人、董事长、总经理以及留学人员创业园的核心管理人员。涵盖电子信息、生物医药、新材料、新能源及节能环保等领域。其中，电子信息领域企业所占比率超过50%，生物医药领域企业所占比率约20%。

（市科委法规处）

【区县科协工作会召开】 4月25日，市科协召开了区县科协工作会。16个区县科协领导及相关部门负责人50余人参加会议。各区县科协领导围绕“纲要实施工作”“北京科技周”“惠农、益民计划”“院士专家工作站”等方面讨论交流了2012年工作亮点和2013年工作思路。市科协青少年部、北京科普发展中心、北京科技咨询中心、北京科技进修学院、北京市农村专业技术协会等单位分别对青少年科技后备人才培养、发挥科普联盟作用、院士专家工作站、科普之夏、农业农村科技人才培养、农技协组织建设等工作进行了通报交流。

（市科协）

【市人大审议《关于首都科技创新体系建设情况的报告》】 5月8日，市十四届人大教科文卫体委员会召开第二次（扩大）会议，审议《关于首都科技创新体系建设情况的报告》（征求意见稿）。会议由市人大教科文卫体委员会主任委员孙世超主持。市人大常委会副主任孙康林出席会议并讲话。市十四届人大教科文卫体委员会委员和科技代表小组部分代表参加会议。会上，市科委副主任伍建民代表市科委报告了关于首都科技创新体系建设情况，市人大教科文卫体委员会副主任委员颜振军代表市十四届人大教科文卫体委员会报告了关于对市政府首都科技创新体系建设工作的意见和建议。与会委员、代表认为，市政府在推进首都科技创新体系建设方面做了大量工作，取得了积极进展。在下一步的工作中，要进一步整合创新资源，促进产学研用有机融合；充分发挥政府在规划、组织、政策、规范等方面的作用和市场在资源配置中的基础性作用；优化创新创业环境，培育、吸引高端人才聚集；加快构建符合科技创新规律和特点的首都科技创新体系。

（市科委科宣处）

【2013年科普工作联席会议召开】 5月10日，2013年北京市科普工作联席会议在市政府会议室召开。市科普工作联席会议主席、副市长苟仲文出席会议，市科普工作联席会议副主席、市科委主任闫傲霜主持会议。市科普工作联席会议成员单位的主管负责人参加了会议，会议还邀请科技部政策法规司人才与科普处调研员邱成利参加。会上播放了2012年全市科普工作总结光盘，市科委汇报了2013年全市科普工作要点和任务分工，市科协汇报了2013年市全民科学素质行动计划任务分工，科技部介绍了2013年全国科技活动周方案，市科协汇报了2013年北京科技周总体方案，市科委汇报了2013年全国科技活动周暨北京科技周主场方案。会议对2012年的科普工作及全民科学素质纲要实施工作予以充分肯定，并就2013年全市科普工作要点、任务分工、全民科学素质行动计划任务分工、北京科技周方案进行了讨论。

（市科委科宣处）

【市自然基金委五届四次全体委员会议召开】 5月13日，市自然科学基金委员会五届四次全体委员会议在市科委会召开。会议审议通过了2013年北京市自然科学基金委员会工作要点、2014—2015年度市基金重点项目指南、增设青年科学基金、基金管理改革试点工作方案等有关事项，对基金全年工作进行了部署。针对增设青年科学基金项目，委员们认为，加大对35岁以下青年科技人员的培养力度，支持青年科技人员尽早独立开展创新研究意义重大，有利于推进首都基础研究人才培养及团队建设，并全票通过了此项决议。此外，对联合社会力量资助基础研究工作的改革试点，委员们给予了充分肯定，希望自然基金积极调动社会资源面向首都需求和重点发展方向开展联合资助工作，为建立和完善多元化基金投入体系奠定基础。

（市自然科学基金委员办公室）

【**举办科学素养调查培训班**】 5月14日，市科技进修学院与市科协科普部，在北京市科技进修学院举办区县公民科学素养调查工作培训班。16个区县科协主席和分管全民科学素质纲要工作的负责人共23人参加了此次培训。培训主要讲解了公民科学素养调查的意义、公民科学素养调查的流程、如何提高公民科学素养等内容。培训提高了区县科协主席对全民科学素质纲要和科学素养调查的深入理解，为促进市科协对区县公民科学素养调查工作的顺利开展做了铺垫工作，也对区县开展科普活动和北京市在“十二五”末公民科学素养水平达到13.04%的目标起到推进作用。

（市科协）

【**依法行政培训班走进法庭**】 5月16—17日，市科委举办市科技系统2013第一期依法行政培训班。市科委机关、直属事业单位及区县科委相关部门负责人共70余人参加了本次培训。培训班邀请了市政府法制办执法监督处王明东做题为“行政执法现状及执法理念的建立”的专题讲座。本次培训班分别安排了北京市第一中级人民法院的法庭庭审观摩和中国政法大学的模拟法庭庭审案例旁听。

（市科委法规处）

【**科技企业孵化器及大学科技园工作会召开**】 5月24日，北京市科技企业孵化器及大学科技园工作会议在北京创业大厦举行。共有来自全市百余家科技企业孵化器、大学科技园的近200名代表参会。本次大会由市科委、市教委、中关村管委会共同主办。会上，市科委副主任张继红做全市科技企业孵化器及大学科技园发展报告，深入总结了全市科技企业孵化机构建设成就、发展特色，介绍了市相关部门对孵化机构的支持和工作措施，并提出下一步工作举措。与会领导为战略性新兴产业孵育基地和创新型孵化器进行了授牌，并举行孵化器与产业基地、金融机构、科研机构的签约仪式。来自中关村软件园孵化器、36氪以及北京银行的代表分别从发挥孵化机构平台及载体作用、对接社会资本、深入实施科技金融等方面进行了经验交流和成果分享。

（北京高技术创业服务中心）

【**市人大审议关于首都科技创新体系建设情况的报告**】 5月30日，市十四届人大常委会召开第四次会议，听取和审议了市政府关于首都科技创新体系建设情况的报告。市人大常委会组成人员出席会议，常务副市长李士祥列席会议。会上，市科委主任闫傲霜受市政府委托，做关于首都科技创新体系建设情况的报告。随后，市人大教科文卫体委员会主任委员、市人大常委会教科文卫体办公室主任孙世超代表市人大教科文卫体委员会做关于对市政府首都科技创新体系建设工作的意见和建议的报告。建议市政府在制定北京技术创新行动计划（2013—2017）和组织实施重大技术创新项目的过程中，注意以下几个方面的问题：一是坚持需求导向，确定“行动计划”所包含的领域和技术创新项目；二是切实加强市政府的统筹协调，调动各方面的力量共同推动行动计划的制定和实施；三是加强体制机制创新，研究确定分类组织实施的方式方法；四是完善政策、改善环境，为行动计划的实施提供保障。

（市科委法规处）

【**北京市公务员科学素质大讲堂举行**】 5—11月，市科协与市人社局共同主办，市科技进修学院承办的北京市公务员科学素质大讲堂举行，北京市公务员科学素质大讲堂是针对公务员开展的科普活动。课程定位在“讲战略、讲特色、讲科技”，内容围绕节能减排、创新思维、环境与健康、信息安全等13个方面。全年共举行19场讲座，全市16区县和部分委办局的7200名公务员参加。

（市科协）

【**北京纳米科技产业园通过国家高新基地论证**】 6月18日，科技部高新司在北京纳米科技产业园召开北京国家纳米高新技术产业化基地申报专家论证会，评审专家经过质询和讨论一致认为：基地建设指导思想明确，管理构架清晰，产业基础扎实，地方扶持政策有力，符合国家高新技术产业化基地认定要求，同意通过论证。同时,建议基地进一步完善引进人才的个人激励机制,提高企业科技创新能力,加快推动纳米技术成果转化和产业化。

（市科委双新处）

【三大措施确保市科技奖"阳光操作"】　6 月,2013 年北京市科学技术奖推荐工作结束,共有 609 项推荐项目通过形式审查正式受理,受理项目数比上年增长 28%。受理项目已在市科委、奖励办网站公布,专业评审委员会评审工作将于近期启动。为保证评审工作的公平公正,北京市科技奖励工作通过完善制度,引入技术手段等一系列"制度 + 科技"的举措,有效实现了对奖励工作全流程的监管,提升了奖励评审工作的管理水平,主要措施包括以下三方面:一是完善奖励评审网络化工作平台;二是充实专家库,保障专家遴选的科学性;三是加强过程管理与监督。

（市科学技术奖励工作办公室）

【京区国家科技奖初评视频评审工作结束】　6 月,北京地区 2013 年度国家科学技术奖初评视频评审工作结束。此次视频评审包括国家自然科学奖、技术发明奖、科技进步奖三大奖项,涉及北京地区 143 个项目(课题)、111 家在京单位。此次是国家科学技术奖第二年采用网络视频的方式进行评审,为国家科学技术奖的储备、评选提供了公平、高效的保障。

（市科委计划处）

【举办 2013 年科协系统专兼职干部高级研修班】　6—10 月,市科协举办了以"科技社团能力提升"为主题的科协系统专兼职干部高级研修班。参加这次研修的主要是在科技社团任职时间较长,具有较丰富工作经验和理论研究能力的科技社团负责人。研修采用理论学习与实地调研相结合的方式。学员按照服务科技创新、参与社会管理创新、创新学会科普工作和学会自身建设 4 个调研方向分为 4 个组,开展研修学习。各组提出调研计划并实施。这次研修班共调研了京内外共 54 家单位,回收调查问卷 300 多份。在调研、自学和小组讨论的基础上,共完成 4 份调研报告:《关于学会促进科技成果转化的调研报告》《承接政府转移职能、拓展学会发展的调研报告》《创建北京科普联盟,携手发挥科学传播中的主力军作用——关于如何创新科技社团科普工作的调研报告》《学会内部管理及制度建设情况研修报告》。

（市科协）

【举办 2013 年科协系统专兼职干部培训班】　7 月 2—5 日,市科协在北京西峰山庄举办了以"创新工作"为主题的 2013 年北京市科协系统专兼职干部培训班。来自市学会、协会、研究会、基金会、区县科协、企业科协、高校科协的专兼职干部以及市科协机关、事业单位干部近 100 人参加了培训。本期培训班安排了科协的历史沿革与事业发展、科技热点专题报告——3D 打印、情绪管理、提升学会能力及发挥学会职能、如何提高办文办会办事能力、公众科学素质与科学传播、扎实推进科技思想库建设 7 次专家讲座,1 次以"如何在本职工作中实现创新"为主题的小班研讨,2 次经验交流,1 次工作研讨和 1 次体验式教学。在培训期间,首次开展风采展示活动,实现各单位资源共享。此外,还在科普在线网开通 6 门远程学习课程供学员学习。

（市科协）

【推进小营电动公交场站建设协调会召开】　7 月 12 日,为落实新能源汽车联席会议精神,加快推进小营电动公交场站建设和投运,市政府副秘书长戴卫现场召开推进小营电动公交场站建设协调会。会议要求朝阳区政府尽快完成场站内树木的挪移等工作,市公交集团、市电力公司等相关单位尽快进场并推进小营电动公交场站及换电站建设,争取年底前完成场站建设并投运。

（市科委双新处）

【北京现代农业科技创新服务联盟筹备成立大会召开】　7 月 16 日,市科委农村发展中心召开北京现代农业科技创新服务联盟筹备成立大会。来自农业企业、科研院所、大专院校及中介机构等单位的代表 70 余人参加了会议。会上,市民政局相关人员宣读准予北京现代农业科技创新服务联盟筹备的批复。联盟成员审阅并表决通过了《联盟章程草案》和《会费收取办法》,

选举出大北农为联盟理事长单位、农村中心为秘书长单位，市农林科学院、首农集团等15家单位为常务理事单位。联盟是由现代农业领域的骨干企业、科研院所、高等院校及中介服务机构等49家单位组成，经北京市民政局核准登记的非营利性社会联盟法人。

（市科委农村发展中心）

【市科委对口支援和区域合作工作座谈会召开】 7月17日，市科委对口支援和区域合作工作座谈会召开。16个区县的科委主任和17个市科委直属中心的主任分别介绍了各区县和中心对口支援和科技合作工作开展情况以及各自工作范围内可用于支持对口支援和区域科技合作工作的资源，并对《关于对口支援与区域科技合作工作方案》（征求意见稿）进行了讨论。

（市科委办公室）

【2013中国设计红星奖初评在京举行】 7月24日，2013中国设计红星奖初评在北京DRC工业设计创意产业基地举行。来自北京、浙江和台湾等6个省、市及地区的11位评委对2013年的参评产品进行了评审。共有来自1281家企业的5567件产品参评，继续超过德国红点奖4662件的征集数量，同时也成为全球参评数量最多的产品设计奖项。2013年参评产品呈现出以下特点：一是参评数量多；二是涵盖范围广；三是总体水平提升快。专家认为，今年红星奖更加强调实用性，尤其装备制造领域产品表现突出，有些提出了比较系统的整体解决方案。10月下旬将邀请10余位国际设计大师和专家对初评入围产品进行最终评审，评审结果将于11月颁奖典礼揭晓。

（北京工业设计促进中心）

【纪念市科协成立50周年座谈会召开】 7月29日，市科协在北京科技活动中心召开成立50周年纪念座谈会。市委常委苟仲文等领导和来自学会、区县科协、基层组织、科技工作者的代表等近100人出席座谈会。与会者回顾了市科协的光辉历史和优良传统，畅谈新时期对科协工作的新期待、新要求。中国科协和市委领导做了讲话，高度评价了广大科技工作者为首都科学发展、不断提高自主创新能力做出的贡献，充分肯定了科协组织在为首都经济社会发展服务，为提高全民科学素质服务，为科技工作者服务以及加强自身建设方面取得的显著成绩。同时，站在“实施创新驱动发展战略，加快建设创新型国家，推动实现中国梦”的高度，对市科协的工作和科协事业的发展提出了重要指导意见和具体要求。

（市科协）

【2013中国设计红星原创奖评审举行】 8月14日，2013中国设计红星原创奖评审在北京DRC工业设计创意产业基地举行。来自清华美院、中央美院、同济大学、中国家具协会等教育研究机构、行业协会、知名设计单位的7位评委参加评审。2013中国设计红星原创奖针对家居类作品进行征集，共征集到267家单位的625件作品。尔沃设计、欧琳、九牧厨卫、美的、牧高笛等企业以及广州美院、四川美术学院、鲁迅美术学院等院校单位积极参评，参评产品涉及食品安全检测、弱势群体关爱、环境生态保护、灾区建设等领域。评审结果于年底举行的颁奖典礼上公布。

（北京工业设计促进中心）

【新兴产业科技成果转化基地座谈会举行】 8月22日，北京市战略性新兴产业科技成果转化基地座谈会在北京创业大厦举行。2012年起认定的16家基地的负责人出席座谈会。这16家基地规划总面积达7305.60公顷，落地项目总计3990项，上年度工业总产值总计3232亿元，销售收入总计6499亿元，出口创汇总计35亿美元，缴纳各项税费总额856亿元，税后利润685亿元。基地内企业及科研机构共承担了50余项国家863科研计划，获得支持资金10余亿元。座谈会后，市科委向16家基地颁发“北京市战略性新兴产业科技成果转化基地”牌匾。

（市科委高新处）

【科普基地管理者培训班举行】 8月28—30日，市科委举办2013年北京市科普基地管理者培训班。来自市级科普基地（博物馆、科技馆类）的管理者近60人参与了此次培训活动。本次培训采用了专家讲座、座谈讨论、参观学习等多种形式。培训过程中，科技部政策法规司人才与科普处调研员邱成利、北京市文物局博物馆处处长哈骏、北京自然博物馆馆长孟庆金和东高地青少年科技馆科技教师张光分别为学员讲授了“加强科普能力，建设特色科普基地”“关于对北京地区博物馆科普工作的几点思考”“有效提升博物馆科普能力的实践与思考”和“飞天梦永不失重 科学梦张力无限——航天科普教育活动促进青少年科技素质提升”等课程。9月4—6日，市科委与市人力社保局共同举办了2013年北京市科普工作管理者培训班，30多家成员单位的40余名管理人员参加了培训。本期培训是为期3天的脱产培训，共计20学时，培训学时纳入公务员和专业技术人员继续教育学时。科技部政策法规司人才与科普处调研员邱成利、中科院大学教授李大光、中国科普研究所所长任福君、果壳网副主编吴欧、中国科普研究所研究员翟立原分别为学员讲授“加强科普能力建设，开展特色科普活动”“中西国家科普机制模式与实践方式”“新媒体科普的发展现状与趋势”“怎样结合社会热点开展科普活动”和“科普与首都创新城市建设”等课程。

（市科委科宣处）

【2013年北京市区县科技进步考核工作完成】 8月，市科委召开2013年北京市区县科技进步考核专家评审会，对京郊11个区县的科技进步情况进行考核。专家组成员先后听取了11个区县科技主管副区县长的介绍，包括本区县2011年和2012年科技工作的做法、效果、科技投入等情况的自查报告，并根据考核标准对内容不详、数据不实的材料，以及需要进一步了解和把握的问题做了进一步的质询和严格的审核，对各区县的科技综合实力、科技进步水平以及科技推动经济与社会发展的成效等情况做出综合评价，对每个区县的14项定性指标进行了客观公正的考核打分，最终形成了评审意见。

（市科委农村处）

【北京市科技新星工作会召开】 10月10日，北京市科技新星工作会在北京国际饭店会议中心举行。市委常委、组织部部长姜志刚出席会议并讲话。市科委主任闫傲霜在会上做北京市科技新星计划实施20年工作报告。科研单位代表和科技新星计划入选者代表发言。副市长张工主持会议，共有近百家首都地区科研单位和企业代表、300余位历年入选新星参加了会议。科技新星计划自1993年设立，通过科技计划项目的形式，重点培养和资助35岁以下的青年科技人员，迄今共有21批1820人入选并获得立项支持，实施20年来已成为首都青年科技人才培养的工作品牌。

（市科委人教处）

【市基金委与北科院联合资助试点工作启动】 10月29日，市自然科学基金委员会与市科学技术研究院召开工作会议，正式启动了双方联合资助试点工作。会上，双方共同签署了《联合资助试点合作框架协议》和《2014年度联合资助试点合作协议》，并成立了试点工作管理小组。联合试点工作首次将社会资金引入北京市自然科学基金，是基础研究多元化投入模式的进一步探索。

（市自然科学基金委员会）

【首都科技界学习贯彻党的十八届三中全会精神座谈会召开】 11月14日，由人民日报社、市科委联合主办的首都科技界学习贯彻党的十八届三中全会精神座谈会在人民日报社召开。座谈会上，首都科技界高校院所专家、科技企业代表就学习贯彻党的十八届三中全会精神踊跃发言，并从各自的专业研究领域出发，分别就如何抢占高技术服务产业制高点、优化政府职能释放科技活力、加大对民营企业创新的支持力度、加快完善以需求为导向的创新体系、培育战略性新兴产业、做强首都籽种产业、推广建筑节能技术、加快生物医药产业发展等议题发言，提出意见和建议。

（市科委科宣处）

【11个区县通过2013年全国县（市）科技进步考核】 11月15日，科技部公布2013年全国县（市）科技进步考核的复核结果，全国共有2467个县（市）通过这次考核，其中北京市密云

县、海淀区、朝阳区、西城区、丰台区、石景山、东城区、昌平区、顺义区、平谷区、门头沟区等11个区县通过了本次考核。本次考核的重点是党委政府重视科技工作、科技管理部门机构建设和科技经费投入三项"一票否决"指标。

（市科委科宣处）

【市科委集中监理19个涉农转化资金项目】 11月20日，根据科技部和财政部联合发布的《农业科技成果转化资金项目管理暂行办法》和科技部《农业科技成果转化资金项目监理和验收办法》，市科委组织专家对2012年度立项的19个农业科技成果转化资金项目进行了集中会议监理。会上，专家组依据农业科技成果转化资金项目合同书，听取了项目负责人的汇报。专家组审阅了相关材料，经过质询和讨论，提出了具体意见及建议，形成专家监理意见。集中监理的项目涉及生物种业、农业与农村信息化、农机装备及农业设施等6个领域。

（市科委农村处）

【2014年创新资金项目验收启动会召开】 11月21日，市科委召开2014年创新资金项目验收启动会。共有125家市级创新资金和国家创新基金的承担单位参加会议。会上，北京高技术创业服务中心根据《北京市科技型中小企业技术创新资金管理办法》及科技部科技型中小企业技术基金项目验收的有关规定，介绍了验收程序、规范、注意事项等相关工作，并邀请创业中心科技金融部和审计事务所做了讲解，为企业开展下一步验收工作指明方向。

（市科委高新处）

【市科委开展课题成果转化应用效果跟踪调查工作】 12月12日，市科委发展计划处开展2013年度北京市科技计划课题成果转化应用效果跟踪调查工作。市统计局数据中心、北京科技统计信息中心相关负责人以及相关项目（课题）承担单位的代表参加了会议。会上，计划处对调查工作进行了总体部署。会议对调查具体方案与时间安排、调查表格、成果转化应用所处阶段的标准做了说明，对在线填报系统进行了演示。

（市科委计划处）

【北京科技创新基地新增8名院士】 12月19日，2013年中科院和中国工程院院士增选结果发布，中科院新增选院士53名，中国工程院新增选院士51名。其中，北京市重点实验室、北京市工程技术研究中心等科技创新基地新增选8名院士，科技创新基地已拥有两院院士64人。

（北京技术交易促进中心）

【医学领域新增10名院士7名出自北京】 12月19日，中科院和中国工程院相继公布了2013年两院院士增选结果，医学领域新增两院院士共计10名，7名院士来自北京地区，分别从事心血管病、呼吸病学、肿瘤流行病学、胸外科、神经外科以及耳鼻咽喉科的研究。此次北京当选总人数居全国各地区之首，同时也是北京近10年来在两院院士增选中入选人数最多的一年。本次入选的7位医学院士均参与了首都十大疾病科技攻关规划的制定和组织实施，其中，王辰院士还担任了首都十大疾病新发突发传染病领域的领衔专家。

（市科委生物医药处）

【国家重大科学仪器设备开发专项视频培训会召开】 12月27日，由科技部组织的国家重大科学仪器设备开发专项相关培训工作视频会议召开。市科委作为分会场之一，北京地区项目承担单位以及部分其他地区项目在京参加单位的项目负责人、主要技术骨干、产业化负责人、技术专家组组长、项目监理组组长等120余人参加了培训。会上，河北工业大学檀润华教授、工信部电子五所谢少锋研究员、中物院高性能数值模拟软件中心莫则尧研究员、国家标准委处长李治平、国家科技图书文献中心副主任吴波尔、条财司会计监督处杜清海调研员和条财司金融处处长沈文京分别讲授了"科学仪器创新方法工作""科学仪器设备可靠性开发""科学仪器设备软系统开发""科技计划研制技术标准工作""科技信息服务仪器专项""科学仪器仪器专项经费管理"和"科技和金融结合加快实施自主创新"。

（市科委条财处）

【首都科技界学习贯彻党的十八届三中全会精神宣讲会召开】 12月31日，市科委召开首都科技界学习贯彻党的十八届三中全会精神宣讲会，十八届三中全会中央宣讲团成员、科技部党组书记、副部长王志刚做宣讲解读，北京市副市长张工主持会议。科技部政策法规司司长徐建培、高新技术产业化司司长赵玉海、北京市委副秘书长傅华、北京市科委主任闫傲霜、北京市科委党组书记杨伟光、北京市政协科技委主任申建军等参加会议，北京市有关部门、高校、科研院所、企业、区县政府及区县科委等单位的相关负责人约300人参加。王志刚就“深化科技体制改革，加快创新驱动发展”向首都科技界进行了宣讲。他强调，深化科技体制改革、加快创新驱动发展是科技界和有关方面的重大责任。随后，举行北京市科技体制改革实践与探索座谈会，市科委主任闫傲霜向科技部汇报北京市科技体制改革实践与探索情况。

（市科委办公室）

【高新技术领域六课题获国家支持】　年内，市科委组织申报的高新技术领域6个课题获得2013年度国家科技支撑计划支持，共涉及2个项目，分别为“海量电视内容云计算智能处理技术的研发与产业化”和“中关村数字图形图像关键技术服务及应用示范”，支持资金总量达1.01亿元，其中国家科技资金支持为1605万元。课题对海量电视内容分析制作、新媒体传播应用以及创新设计资源库、中关村版权交易等进行研究。

（市科委计划处）

【京区2014国家科技计划视频评审工作结束】年内，北京地区2014年度国家973计划、重大科学研究计划视频评审工作结束。国家科技计划视频评审是市科委服务中央在京单位的重要举措，也是科技计划管理体制改革的创新性工作之一。2014年度973计划视频评审共涉及77个项目（课题）、37家在京单位；国家重大科学研究计划视频评审共涉及46个项目、18家在京单位。视频评审为国家计划项目的储备、筛选提供了公平、高效的保障。

（市科委计划处）

计划实施

【9家医院联手攻关骨科常见病】　5月，市科委以提高全市骨科康复医学水平、促进患者机体功能恢复为目的的科技攻关重大项目——骨科常见疾病术后康复模式和临床路径研究——正式启动实施，该项目由北京地区9家具有骨科和康复学科优势的医院共同合作开展，以骨科常见疾病腰椎退行性疾病手术和四肢关节周围骨折内固定手术患者为研究对象，通过引进国际先进的康复医学理念，采用团队（由骨科医师、康复医师、康复治疗师、康复评定师和护士组成）治疗、康复早期介入骨科围术期的模式将骨科手术治疗和康复治疗融为一体，制定符合我国国情的三级医院骨科术后康复模式及术后康复临床路径，同时，探索三级医院—二级医院—社区—家庭的分级康复方案。

（市科委生物医药处）

【“主要果树新品种选育”项目推进会召开】　6月15日，市农林科学院林业果树研究所牵头组织实施的“十二五”国家科技支撑计划“主要果树新品种选育”项目推进会召开。该项目聚集了全国30多家高校及科研院所的600多名科研人员。项目负责人王玉柱介绍了项目的立项背景以及任务目标，并对项目下一步工作进行了安排。项目咨询专家进行了点评，建议果树育种工作要承前启后，在已有研究基础上根据产业发展和市场需求，选育一批拥有自主知识产权的高产、优质、高抗的果树新品种并进行推广应用，提高我国种业国际竞争力和种业可持续发展，促进果树产业持续健康发展。

（市科委农村发展中心）

【2014年度618个自然科学基金资助项目通过评审】　12月17—18日，市自然科学基金委员会五届五次全体委员会议召开。会议审议了关于市自然科学基金申请项目、重点项目（B类）

暨市教委科技发展计划重点项目的评审工作报告，听取了学科评审组建议资助重点项目答辩。经讨论、投票，通过了2014年度市自然科学基金资助项目618项，其中重点项目26项，面上项目363项，预探索39项，青年190项；市自然科学基金重点项目（B类）暨市教委科技发展计划重点项目30项。

（市自然科学基金委员会办公室）

【2014年度国家863计划京区备选项目评审工作结束】 年内，2014年度国家863计划北京地区备选项目评审工作结束。此次863计划评审涉及高新技术（新材料、交通、先进能源、先进制造、信息、地球观测与导航6个子领域）、社会发展（资源与环境、生物和医药、人口与健康、海洋4个子领域）和现代农业三大领域，共涉及北京地区303个项目（课题）、65家在京单位。此次评审主要采用网络视频评审方式，为国家863计划备选项目的评选、入库和储备提供公平、高效的保障。

（市科委计划处）

【“延缓慢性肾脏病进展的中西医综合策略研究”项目启动】 年内，北京市科技计划重大项目“延缓慢性肾脏病进展的中西医综合策略研究”正式启动。慢性肾脏病是首都十大疾病科技攻关主要内容之一，一期工作（2010—2012年）从慢性肾脏病诊断、治疗、管理和应用推广等环节进行科研布局，构建了以陈香美院士为领衔专家，包括北京20余家医院在内，患者覆盖率近70%的科技支撑体系，并启动了肾脏病临床样本资源库的建设。通过邀标方式确定由解放军总医院牵头，北京地区8家肾脏病领域优势单位承担，支撑体系内的20多家医院参与的研究团队。该项目将在一期工作基础上，进一步发挥中医在慢性肾脏病治疗中的优势，深入开展中西医结合治疗方案的研究，从慢性肾脏病的早期诊断、国际指南优化、新的病理分型（北京分型）研究、社区卫生服务机构—二级医院—三级医院分层管理、中西医结合临床研究方案探索等方面进行科技攻关，为减少CKD的发生、延缓CKD的进展、降低医疗费用提供科技支撑。

（市科委生物医药处）

【“食品安全科技监管追溯体系的构建及示范应用”推进会召开】 年内，市科委以加强物联网技术的应用与示范为契机，以加强新技术在民生问题方面的应用为出发点，从食品安全监管关键技术研究与示范入手，召开了“食品安全科技监管追溯体系的构建及示范应用”重大项目推进会，了解项目阶段进展，落实企业需求。会上，“食品安全科技监管追溯体系的构建及示范应用”重大项目的4个课题组承担单位分别对课题主要研究任务、考核指标、经费分配情况进行了汇报，并针对下一步重点工作进行了详细的部署和安排。

（市科委农村发展中心）

【一批3D打印“三航”领域重大项目启动】 年内，市科委围绕以北航王华明教授为领衔专家的“三航”（航空、航天、航海）团队，启动了一批重大项目。项目整合了北航、中航天地、索为高科、奥瑞视、航材院等多家单位优势资源，产学研用紧密结合，从钛合金、超高强度钢、高性能铝合金等三个材料体系的工艺研究、软件开发、装备制造及检测验证等全产业链推进3D打印技术的研究及应用。

（市科委电装处）

【四企业获“中欧中小企业节能减排科研合作”项目支持】 年内，北京4家企业获得科技部“中欧中小企业节能减排科研合作”项目支持，分别是中节能绿洲（北京）太阳能科技有限公司“小区智能微网混合供电系统研究与示范”项目；东润环能（北京）科技有限公司“基于供需互动的智能微电网研究与应用”项目；北京澄通光电股份有限公司“LED智能照明控制系统及灯具创意设计研发”项目；北京科技大学设计研究院有限公司“高温连铸坯表面缺陷在线检测技术”项目。项目涵盖建筑节能、可再生能源技术及照明节能、工业节能与能效三大领域。

（市科委国际合作处）

【北京跨境食品冷链电商平台构建与应用课题启动】 年内，由北京马坊物流基础设施开发建设有限公司、平谷区科委承担的“北京跨境食品农产品冷链电商公共服务平台构建与应用”课题启动。该课题将突破食品农产品冷链电商关键技术，显著提升平谷国际陆港高端食品农产品落地交易、展示、配送、结算等配套服务水平，提高马坊物流服务进出口企业的能力，推动马坊物流基地高端食品农产品电子贸易及冷链配送业务的快速发展，打造平谷国际陆港高端食品农产品冷链电商服务品牌，为平谷国际陆港形成及稳固京津冀物流集散中心地位奠定基础。

（市科委农村处）

【三农社会化网络服务科技示范工程项目启动】 年内，北京农信通科技有限公司等单位承担的“北京农科城三农社会化网络服务科技示范工程”项目启动。项目将开发云端信息服务产品10个，研发农产品电子商务销售平台一套和农产品电子商务平台手机客户端一个，构建一套农产品包装体系，有效地发挥农业信息化引领和先导示范作用，优化三农网络信息化服务建设、促进产学研融合发展，更好地发挥北京农科城先导示范作用，引领全国三农信息化产业发展。

（市科委农村处）

【三元开展婴幼儿配方乳粉创新】 年内，市科委支持北京三元食品股份有限公司开展“安全健康婴幼儿配方乳粉研究与产业化”项目。该项目通过构建集母婴乳品基础研究、配料制备、新产品开发与加工、市场推广于一体的婴幼儿配方乳粉产业科技创新平台，系统开展母乳组成与活性成分、婴幼儿营养组学研究，将建立和完善一个中国母乳数据库和一套婴幼儿乳粉质量安全评价体系，并通过建设乳粉安全风险监测与预警平台，实现示范线产品安全风险预警与全程可追溯。项目的实施将积极推进乳粉配料与高端配方乳粉国产化进程，形成具有自主知识产权的3～5种配料和配方乳粉，1～2种婴幼儿乳粉实现产业化，规模生产20000吨，预计实现销售收入15亿元。

（市科委农村处）

【天敌昆虫产业化技术研究与示范工程项目启动】 年内，市科委启动“都市型现代农业天敌昆虫产业化技术研究与示范工程”重大项目。项目将开展天敌昆虫周年工厂化生产及蔬菜害虫综合防治关键技术研究与应用、寄生蜂和捕食螨产品产业化开发、天敌昆虫产品应用与示范。通过研究优势天敌昆虫产业化生产和标准化应用关键技术，为天敌昆虫商品化生产提供种质和生产技术支撑，解决果蔬上主要害虫持续为害的难题，实现天敌昆虫产品产业化生产和应用，并通过建立生物防治示范区培训、推广生物防治技术。

（市科委农村处）

【高新技术领域六课题获国家支持】 年内，市科委组织申报的高新技术领域6个课题获得2013年度国家科技支撑计划支持，共涉及2个项目，分别为“海量电视内容云计算智能处理技术的研发与产业化”和“中关村数字图形图像关键技术服务及应用示范”，资金总量达1.01亿元，其中国家科技资金支持为1605万元。课题将对海量电视内容分析制作、新媒体传播应用以及创新设计资源库、中关村版权交易等进行研究，预计形成相关技术标准2项、申请发明专利23项、取得软件著作权11项、发表论文6篇以上。

（市科委计划处）

【项目支撑高校创新农技推广模式】 年内，市科委支持中国农业大学实施“都市农业先导技术集成示范与大学农技推广模式构建”重大项目。该项目将创建“大学主导型网络式农技推广模式”“‘1+1+X’农业科技推广模式”“科技资本—校—企联动农技推广模式”3个服务都市型农业的高校农技推广新模式，并建设一批教授工作站、实验示范基地、综合服务基地，拟转化科技成果200项，年实现转化收入2000万元；在通州种业科技示范园和昌平园分别建立农业节水科技示范基地和设施蔬菜先导技术核心示范基地，促进科技成果的集成转化与应用等。

（市科委农村处　农村发展中心）

辅助决策

【北京科协界政协委员座谈会召开】 1月17日,2013年科协界政协委员座谈会在市科协召开。会上,市科协第八届委员会副主席景晓东介绍了科协界、科协团体参政议政的有关情况,市科协调宣部部长李金涛介绍了市科协集体提案以及委员个人备选建议的来源。各位委员就如何履行政协委员职责、发挥科协界委员作用、做好提案提交工作交流了意见和想法,并对市科协下一步做好提案工作提出了建议。

(市科协)

【市人大调研新兴产业项目进展】 4月15—17日,部分市人大常委会委员、市人大教科文卫体委员会委员及市人大代表一行先后对全市轨道交通项目、生物医药产业跨越发展工程(G20工程)、新能源汽车项目进行了专题调研。委员和代表们参观了北京交控科技有限公司和北京交通大学共同开发的"基于通信的列车自动控制系统"(CBTC系统)全功能仿真测试平台,就如何进一步推动CBTC系统的产业化与各相关部门交换了意见;先后参观了北京泰德制药股份有限公司的靶向药物制剂生产基地、北京同仁堂股份有限公司现代中药生产线并进行了座谈,认真听取了企业关于下一步政府如何推动生物医药产业发展的若干建议;走访了北京汽车新能源汽车有限公司,就全市推动新能源汽车的研发、产业化及示范运营情况进行了详细调研,就新能源汽车的定价、充换电、示范运营情况等问题与市相关部门负责人进行了深入交流。

(市科委法规处)

【市人大调研首都十大疾病科技攻关与管理工作】 4月19日,市人大常委会副主任孙康林带队赴北京天坛医院,就首都十大疾病科技攻关与管理工作开展了调研。孙康林一行实地考察了北京天坛脑血管病中心、国家"重大新药创制"专项脑血管病创新药物临床评价技术平台、北京脑血管病临床数据和样本资源库,并召开座谈会听取了市科委、市卫生局等相关部门的汇报,以及北京天坛医院、解放军总医院、首都医科大学等单位的情况介绍。调研后,孙康林提出4点要求:一是这项工作既是民生工程,又关系到产业发展;二是打造大舞台,打造拳头产品;三是做好卫生科技成果的转化工作;四是总结和梳理前一阶段工作的经验和问题。

(市科委生物医药处)

【市人大调研北斗导航、海水淡化等项目进展】 4月22—23日,部分市人大常委会委员、市人大教科文卫体委员会委员及市人大代表一行对北斗导航、海水淡化项目进行了专题调研。市科委副主任伍建民及市经信委、市水务局等单位相关负责人陪同调研。22日,委员和代表们参观了北京北斗星通导航技术股份有限公司生产的多系统多频率高性能SoC芯片、北斗天璇N200存储型接收机等实物展品、北斗一号信息服务系统和相关技术产品在应急通信及实时指挥工作中的应用情况,就如何进一步推动北斗导航核心技术和产业化与各相关部门交换了意见。23日,委员和代表们走访了北控水务集团有限公司,听取了市科委推动海水淡化产业发展的汇报和市水务局关于全市水资源配置整体情况及海水淡化利用情况的汇报,并与北控水务集团有限公司、中冶海水淡化投资有限公司、首钢集团、中国电子工程设计院、赛诺水务、碧水源、清华大学、北京化工大学等企业和高校院所代表就北京海水淡化产业政策、淡水定价机制、水资源调配和管理体系、海水淡化装备的关键技术突破等问题进行了沟通和交流,并认真听取了企业及高校院所关于下一步政府如何推动海水淡化产业发展的建议。

(市科委法规处)

【市人大调研国有企业】 4月24日和26日,部分市人大常委会委员、市人大教科文卫体委员会委员及市人大代表一行对全市国有企业创新及新型创业服务业进行了专题调研。市科委副主任伍建民及市国资委、中关村管委会等单位相关负责人陪同调研。24 日，委员和代表们实地调研了北京电子控股有限责任公司子公司北京七星华创电子股份有限公司，在听取了北京电子控股、金隅集团、京城机电、同仁堂等市属国有企业在推动自主创新方面的做法、经验和问题后，委员和代表就如何激发市属国有企业创新动力，以及通过内部、外部激励和约束机制加强国有企业自主创新能力与企业进行了沟通和交流。26 日，委员和代表一行参观了厚德创新谷，听取了市科委及中关村管委会关于中关村创业服务业总体发展情况和支持措施的汇报，并与新型创业孵化器厚德创新谷、36 氪、天使汇、中关村国际数字设计中心的代表进行交流，听取企业有关促进创业服务业发展的建议。委员和代表们在调研中建议本市要进一步加大政策研究力度，强化部门之间的协同合作，全力推进新型孵化器的快速发展，为创新创业提供政策支撑。

（市科委法规处）

【“第三次工业革命与北京机遇”研讨会召开】 5 月 19 日，市科委组织宏观发展、3D 打印/增材制造、机器人、材料研发等 4 个领域的专家从不同角度讨论了“第三次工业革命与北京机遇”。与会专家就第三次工业革命的本质与内涵、北京在国际范围内的优势和发展机遇及北京发展抓住机遇应开展哪些举措等方面展开讨论。专家认为经过不断的积累，第三次工业革命萌芽已显现，北京在科技资源、产业基础、人才聚集等方面具有明显优势，政府要加强平台建设，积极做好引领，积极推动新型产业的发展，同时要抓尖端，重点突破，并注重对传统产业的改造。

（市科委电装处）

【“促进文化科技融合”课题专家研讨会召开】 7 月 11 日，市科委高新处召开“北京市促进文化科技融合的模式与路径研究”课题研讨会，组织相关专家对课题研究内容及成果等进行交流研讨。会上，课题承担单位北京科学学研究中心介绍了课题进展情况。专家建议：一是进一步梳理北京资源特色及发展优势，总结提炼北京区别于其他城市的文化科技融合发展特色及独特优势；二是树立北京推进文化科技融合发展的国际化理念，通过引入国内外前沿技术并加以集成创新，实现北京文化科技融合的国际化发展；三是创新财政经费支持方式，综合采用后补助、产业引导基金等多种方式支持企业开展科技创新；四是加强统筹机制建设，北京推进文化科技融合发展应有大统筹的概念，要整合各部门资源，形成跨部门统筹协调机制共同推进文化科技融合发展。同时进一步加大对重大项目、领军人才等的支持力度。

（市科委高新处）

【“百家实验室进千家企业”对接会召开】 7 月 11 日，市科委农村发展中心召开 2014 年“首都科技条件平台百家重点实验室进千家企业”对接会，现代农业领域企业代表、重点实验室和工程中心代表 50 余人参加此次对接会。会上，为更好地实现对接服务，中科院与延庆县果品中心、市农林科学院蔬菜所与天安农业公司、市农林科学院植环所与房山区种植业中心、普析公司工程中心与平谷区工作站、北京农学院与德青源及勤邦生物公司、北京林业大学与东方诺贝公司分别签订了合作协议。

（市科委农村处）

【市人大调研科技服务业】 7 月 15 日，市人大常委会副主任孙康林带领市人大常委会教科文卫体办公室、市人大常委会财经办公室相关人员和市人大科技代表，以及市发展改革委等部门的有关负责人，就北京市科技服务业工作开展调研。孙康林一行视察创新工场、中国国际技术转移中心，听取市科委关于北京市科技服务业总体发展情况的汇报，以及大北农集团、立思辰科技股份有限公司、诺赛基因组研究中心等企业的介绍。市人大科技代表建议进一步研究科技服务业的内涵、外延、统计指标等内容，优化公共服务水平，建立公共服务平台，提高平台的公共服务效率。同时对科技服务业进行重点扶持，尤其是加强对中小型科技企业的支持，着重提高中小企业的自主创新能力。孙康林肯定了北京市科技服务业发展取得的成效，提出四点要求：一是抓好基础性工作；二是抓好整体设计工作；三是抓好政策研究工作；四是抓好协作共赢工作。

（市科委高新处）

【第一次首都科技前沿论坛举行】 7月31日，由市自然科学基金委员会办公室主办的“首都科技前沿论坛”系列活动正式启动。随后，市基金办与市科委社发处共同举行第一次论坛，聚焦北京地区大气细颗粒物污染防控。中科院大气物理研究所王跃思研究员、中国环科院白志鹏研究员分别就北京大气PM2.5/霾污染的新特点及调控策略和综合防治技术政策做主题报告，市环保局科技处处长李铁军从政府需求角度提出首都大气污染控制与治理的科技需求。针对首都地区大气污染防治，与会专家经过讨论达成共识，建议应从以下几个方面提供科技支撑或前瞻战略部署：当务之急要结合首都实际，明确大气污染排放清单，特别是氨排放及控制对策等研究并开展动态溯源；燃油总量控制、重柴油车的替代技术和机动车排放的监管技术研究要继续深入开展；农村燃煤和餐饮业大气污染控制等研究刻不容缓。

（市基金办）

【“知识产权服务业发展情况”专题研讨会召开】 7月，市科委高新处会同海淀园管委会知识产权处共同召开“知识产权服务业发展情况”专题研讨会，组织相关专家研讨全市知识产权发展情况、存在问题，以及促进知识产权服务业在技术交易和转移中发挥作用等工作。会上，专家一致认为建设技术交易和技术转移聚集区，活跃技术交易和转移市场，应当加强知识产权在技术交易和转移中的作用。专家提出三项政策建议：①建议通过资金补贴、促进服务模式创新等方式加大对知识产权服务业，尤其是新兴服务业态的支持；②加强知识产权服务业高端人才队伍培养，设立相关优惠政策，吸引优秀人才进入知识产权服务业；③针对北京市重点产业，打造专业化的技术转移服务链。

（市科委高新处）

【高性能金属构件科技创新与产业发展工作会举行】 8月28日，北京高性能金属构件激光增材制造科技创新与产业发展工作会举行。领衔专家北京航空航天大学王华明教授出席，海宝金属、数码大方、索为高科、京城控股、南京煜宸、航材院、奥瑞视等10余家京内外单位的20余位专家与会。会议讨论了北京市高性能金属构件激光增材制造产业发展目标、工作计划及组建研究院的方案。专家一致认为，通过组建领衔专家团队，建立增材制造创造研究院机制，是协同推进北京高性能金属构件激光增材制造科技创新与产业发展的重要举措。

（市科委电装处）

【高端决策专题研讨会举行】 9月27日，由市科协与中关村管委会共同承办的以“提升中关村核心竞争力”为主题的高端决策专题研讨会在中关村管委会召开，市政府副秘书长朱炎主持会议。市委常委苟仲文、副市长张工等领导出席会议。中关村企业家顾问委员会主任委员柳传志、常务副主任委员王小兰等12位专家结合当今世界发展带来的机遇和挑战，针对中关村目前发展状况，深入探讨了中关村未来发展方向。同时围绕环保、移动互联网、大数据等中关村重点产业的未来发展思路和政策需要，对企业创新驱动机制、创业环境建设、知识产权保护、核心人才引进、政府扶持政策及体制创新等方面进行了研讨交流，提出了进一步提升中关村核心竞争力的意见和建议。

（市科协）

【空间信息应用创新和产业培育研讨会召开】 10月16日，北斗、遥感等空间信息细分领域应用创新和产业培育研讨会在市科委召开，业内专家对导航遥感领域的发展现状、存在的问题和工作建议进行研讨，对空间信息产业创新和应用服务的前景做了大量分析，讨论了空间信息应用服务创新的产业发展瓶颈问题。专家提出了3点建议：一是推动融合发展，包括导航与通信技术融合、北斗与GPS融合、天机与地机融合、时空一体化融合以及室内外无缝定位技术的融合；二是重点考虑推动北斗在解决北京交通拥堵、网购物流行业和老年关爱等领域的应用；三是卫星遥感数据太专业，信息量丰富，需要建立平台支撑。北京市需侧重推动跨界合作。

（市科委电装处）

【第五代移动通信技术(5G)专家研讨会召开】 10月17日,北京4G联盟秘书处配合市科委电装处在大唐移动召开第五代移动通信技术(5G)专家研讨会。会上,来自北大、北邮、北交、中科院计算所、赛迪顾问、大唐移动、大唐电信的专家出席本次会议。经过讨论,专家一致认为随着中国经济的发展,中国在研究5G方面具有很大的经济优势、技术优势。5G技术还处在技术研讨的初始阶段,多天线技术,密集网络技术,全双工、低时延高可靠性网络技术及新型的网络架构技术将是研究和突破的一个方向。建议市科委加强组织创新,促进北京高校、科研机构与企业优势资源的有效结合,推动我国5G相关技术的发展,促进我国通信信息化的建设。

(市科委电装处)

【北京市软件产业发展研讨会召开】 10月18日,市科委召开北京市软件产业发展研讨会,邀请企业代表和高等院所、联盟机构的专家参加研讨。业内专家对北京市软件产业的发展现状、存在的问题和工作建议进行研讨,对软件产业的创新前景做了大量分析,讨论了产业发展的瓶颈问题。与会专家认为,移动化、平台化、服务化是未来软件产业发展的主要趋势,互联网、移动互联网企业近年来发展迅速。综合专家提出的意见,软件产业处于高度创新发展的态势,业态呈现高度融合,北京市的龙头企业应做好准备,发展转型,保持北京在软件产业的优势地位。下一步市科委将结合基于移动通信和互联网的应用创新服务及产业培育计划,进一步有效实际地推动软件产业的发展,并加强软件技术与各行业的融合。

(市科委电装处)

【第四届北京城市发展战略论坛举行】 10月19日,市科协主办、北京自然辩证法研究会承办的第四届北京城市发展战略论坛在北京工业大学举行。与会专家就建设首都绿色城市、城镇化发展、城市文化、食品安全、完善城市排水系统、提高健康素养等内容做了报告。

(市科协)

【首都圈巨灾应对高峰论坛举行】 10月31日,由市科协主办、北京减灾协会承办的"首都圈巨灾应对高峰论坛——综合减灾的精细化管理"在中国科技会堂举行。市气象局局长姚学祥、国家气候中心姜彤研究员、市消防局副局长李进、北京建筑设计研究院研究员金磊、北京大学首都发展研究院副院长万鹏飞、北京理工大学危机管理研究中心刘铁忠副教授、中国农业大学环境资源学院郑大玮教授,以"综合减灾的精细化管理"为主题,分别就从"7·21"后的气象灾害管理、加强气象灾害风险管理与适应气候、石景山喜隆多火灾、北京城市综合减灾精细化管理问题研究、趋向精细化的综合减灾、社区防控防灾风险评估、加强首都圈综合减灾等方面,做大会报告。大会论文集收录论文23篇。相关领域的专家学者、科技人员130余人参加论坛活动。

(市科协)

【实施创新驱动发展战略专家座谈会召开】 11月6日,为贯彻落实中共中央总书记习近平"9·30"讲话精神,市科协和市委办公厅信息处共同召开实施创新驱动发展战略专家座谈会。中关村企业家顾问委员会常务副主任王小兰、中国科学技术发展战略研究院副院长杨起全等9位专家参加座谈。与会专家对北京在科技创新体制机制、中关村未来发展定位、特区人才建设、科技金融等领域存在的问题进行了研讨,提出了对策建议。

(市科协)

【加快首都科技型孵化器建设座谈会召开】 11月8日,由市政协科技委员会和市科协共同举办的加快首都科技型孵化器建设专题座谈会在市政协召开。会上,市政协科技委主任申建军介绍了2013年市政协科技委专题调研首都科技型孵化器的情况。国务院发展研究中心技术经济部部长吕薇,中科院科技政策与管理科学研究所刘海波研究员,中国科技发展研究院投资所所长郭戎,中关村科技企业家协会执行会长兼秘书长、原四通集团总裁朱希铎,北京科学学研究中心张士运研究员,石景山区常青藤创业园总经理刘刚,车库咖啡联合创始人苏药等围绕调研报告所提出的建议,从完善政策支持、创新管理运营模式以及国际化发展等角度分别发表了意见。与会者畅谈了首都科技型孵化器的模式、路径和措施,纷纷对首都科技孵化器的创新发展出谋划策。相关单位的专家学者和企业负责人出席。

(市科协)

【产业技术联盟座谈会召开】 11月22日,市科委召开产业技术联盟座谈会,与半导体照明、闪联、长风、首都籽种产业等22家联盟和协会的负责人进行交流。会上,各联盟围绕促进技术创新和产业发展的先进做法和成效进行广泛交流,就如何更好地搭建政府与企业间的第三方服务平台进行探讨,并在联盟的注册、配套政策、标准推广、国际化发展等方面提出了意见和建议。

(市科委高新处)

【"首都临床特色应用研究"专项座谈会召开】 11月22日,市科委召开"首都临床特色应用研究"专项座谈会,北京地区部分医院主管科研的院领导、科研管理负责人、课题负责人及临床设计专家等与会。"首都特色"专项是市科委面向北京地区所有医疗机构公开征集,以支持创新型研究为宗旨的临床研究专项。自2010年启动以来,已投入科技经费1亿元,立项课题542项。座谈会上,专家认为专项满足了北京地区医疗机构创新发展的需要,为临床科技人员搭建了很好的平台,并提出建议:加强顶层评估、指导,成立包括战略专家和领域专家在内的专家组;建议加大专项整体投入,扩大覆盖范围;定期组织方法学培训,加强对课题实施的监督和指导;加强成果应用导向及宣传;对于有进一步研究潜质的优秀成果和课题,进行滚动资助。

(市科委生物医药处)

【市人大代表调研北京纳米科技产业园】 11月25日,市人大常委会委员、财经委副主任委员赵巨鹏,市人大常委会委员强新,市人大财经委副主任委员、市人大常委会财经办副主任程晓君等市人大代表一行9人到北京纳米科技产业园就战略性新兴产业发展进行专题调研。市人大代表到中科纳新、中科纳通和碧水源等企业考察纳米绿色制版、纳米印刷和水处理膜等科技成果转化与产业化发展情况,到园区管委会参观"北京纳米科技产业跃升工程"成果展示,并与相关部门负责人、企业负责人进行座谈。人大代表指出,应充分利用北京纳米领域优势资源,加大纳米科技成果转化力度,进一步破解影响产业发展的制约性因素,从政策、资金、土地、税收、示范应用、行业准入标准制定等方面对纳米科技成果落地和企业发展进行扶持,加快推动全市纳米科技产业发展。

(市科委双新处)

【2013两界联席会议高峰论坛举行】 12月12日,以"创新驱动,转型发展,实现中国梦"为主题的2013北京自然科学界和社会科学界联席会议高峰论坛在北京科技活动中心举行。来自首都自然科学界和社会科学界的相关专家学者、社团代表70余人出席。北京粘接学会理事长、市化工研究院总工程师钱志国,全国技术市场协会常务理事、北京工业大学特聘教授林耕,对外经济贸易大学国际商务与经济合作系书记、教授梁蓓,首都师范大学资源环境系教授魏明建,中关村科技企业家协会会长、北京绿创环保集团有限公司董事长姜鹏明,北京联合大学旅游学院刘啸副教授等6位专家学者围绕论坛主题,分别从发挥市属科研院所作用,服务首都科技创新;知识产权管理在科技体制创新中的应用;智慧城市与社会管理创新;首都圈生态文明建设之区域合作社会机制创新;充分发挥企业在科技体制创新中的主体作用以及关于解决北京交通拥挤的新思路等角度发表主题演讲。

(市科协)

【首都科研院所改革发展工作交流会召开】 年内,首都科研院所联谊会、文化协会联合召开市属科研院所改革发展工作交流会,就贯彻落实党的十八大和全国科技创新大会精神、深化科技体制改革、推进首都创新体系建设进行深入研讨。科技部政策法规司副司长翟立新、市科委副主任伍建民在交流会上做专题报告。来自首都科研院所的80多位院(所)长、书记及特邀专家代表出席会议。市劳保研究所、北京机电院高技术股份有限公司、市农林科学院农业科技信息研究所、北京建筑材料科学研究总院、市营养源研究所等在会上做了经验介绍。

（市科委法规处）

【市自然科学基金2014年度重点项目指南编制研讨会召开】 年内，为完成北京市自然科学基金2014年度重点项目指南编制工作，加强市自然科学基金工作与市科技计划的衔接，更好地发挥重点项目指南的引导作用，市基金办分别召开5次重点项目指南编制研讨会，就化学与材料、机械工程、能源、信息、生物、农业、医药等领域重点项目指南编制工作进行深入的讨论。市基金委顾问解思深院士、市基金委委员孟安明院士、李宁院士，71位相关领域专家和市科委相关处室及中心的领导出席了会议。与会者围绕新一代信息技术产业、北京生物医药产业、高端设备制造产业等相关领域的研究现状、关键科学问题和发展趋势进行了广泛而深入的研讨，提炼出北京市自然科学基金今后重点关注的基础研究科学问题，为北京市自然科学基金2014年度重点项目指南的编制提供了意见和建议。

（市自然科学基金委员会办公室）

【"首都生物燃气产业科技示范工程方案"研讨会召开】 年内，市科委组织有关领域专家对"首都生物燃气产业科技示范工程方案"进行研讨。市发展改革委、市农业局、市园林绿化局、市燃气集团研究院等有关单位参加研讨会。会上，市科委农村处介绍了"首都生物燃气产业科技示范工程方案"的具体内容。与会专家就方案的总体思路、可行性、发展目标、保障措施等重点内容进行了交流。与会专家认为，首都生物燃气产业科技示范工程符合我国目前的形势与需求，有助于节能和减排。

（市科委农村处）

【农科城"五中心多园"建设工作研讨会召开】 年内，市科委农村发展中心召开北京农科城"五中心多园"建设工作研讨会，重点研究如何推进北京农科城建设和北京都市型现代农业发展。会上，市科委农村发展中心副主任李志军介绍了北京农科城"五中心多园"的总体建设情况及下一步重点工作。平谷区科委、密云县科委、延庆县科委、德青源公司、新发地市场的负责人分别介绍了园区筹建的情况，并希望尽快成为北京农科城"多园"中的一员。中国农业大学卢凤君教授表示，北京农科城应大力推动"多园"队伍的建设，各区县应该结合自身的资源禀赋和北京市的功能分区，建设具有地方特色并符合北京农科城"多园"要求的特色园区。

（市科委农村处）

【高端装备04专项可靠性专家研讨会召开】 年内，市科委电装处与北京生产力促进中心共同召开高端装备04专项可靠性专家研讨会。会议邀请中国机床工具工业协会、北京航空航天大学、中国机械工业联合会、北京信息科技大学等单位的专家参会。经讨论，与会专家一致认为高端装备的可靠性是个系统性的工程，贯穿于整个产业链；04专项的关注点从2012年开始由可靠性技术理论研究为主转变为以应用为主，偏重于可靠性技术应用、产品性能提升。专家建议北京市先做好顶层设计，明确未来3～5年的工作重点，并分阶段、分层次展开工作；可先结合04专项成果推进各主机厂和功能部件厂落实可靠性方面的标准、规范研究。

（市科委电装处）

科技条件

【企业院士专家工作站建设】 1月9日，华夏空能机械科学研究院院士专家工作站成立。中科院院士、瑞典皇家工程科学院外籍院士卢强成为进驻院士专家工作站的首位院士。4月16日，北京市电力公司院士专家工作站授牌仪式在北京电力科学研究院举行，卢强院士和梅生伟教授成为首批进驻院士专家工作站的专家。5月16日，朝阳区院士专家服务中心暨企业院士专家工作站揭牌仪式举行。国际欧亚科学院院士刘燕华、彭公炳、何昌垂、何建邦、崔伟宏被聘为进站院士专家。6月13日，中国医药集团院士专家服务中心暨集团企业院士专家工作站授牌仪式举行。中国工程院院士赵铠被聘为进站院士。7月2日，市交通委院士专家服务中心、院士专家工作站授牌仪式举行，中科院、中国工程院院士陈俊亮，北京邮电大学副教授章洋、程渤被聘首批进站院士专家。7月26日，新元科技园驻园企业北京泽天盛海石油工程技术有限公司院士专家工作站授牌仪式举行，中国工程院院士罗平亚被聘为进站院士。9月4日，北京经济技术开发区驻区企业院士专家工作站授牌仪式举行，中国工程院院士姚穆、谭天伟被聘为进站院士。11月11日，百度院士专家工作站揭牌暨科技创新报告会举行，中国工程院院士倪光南，中科院院士、北京航空航天大学校长怀进鹏，中国工程院院士、北京大学教授、国家自然科学基金委员会副主任高文被聘为进站院士。11月12日，中节能六合天融环保科技有限公司院士专家工作站授牌仪式举行，中国工程院院士段宁、任南琪被聘为进站院士。11月28日，中关村丰台科技园区驻区企业院士专家工作站授牌仪式举行，中国工程院院士徐滨士、清华大学副研究员李建民、浙江大学热能物理研究所副教授单选户被聘为进站院士专家。12月25日，海淀园企业院士专家工作站授牌仪式举行，中国工程院院士苏义脑、何德全、张文海被聘为进站院士。12月27日，中冶建筑研究总院有限公司院士专家工作站授牌仪式举行，中国工程院院士、清华大学教授聂建国被聘为进站院士。

（市科协）

【首都科技条件平台工作研讨会召开】 1月17—18日，首都科技条件平台2013年工作研讨会召开。2012年首都科技条件平台以需求为导向，深度整合开放科技资源，共促进15亿元的仪器设备向社会开放共享，使开放的科技资源总量达到166亿元，同时强化过程业务活动，促进资源和需求有效对接，有10855家企业享受首都科技条件平台的各类服务，服务合同额达21.1亿元，满足了科技企业不同层次的创新需求。条件平台各领域中心、研发实验服务基地和工作站围绕着2013年如何创新科技资源统筹机制、实现北京科技向首都科技的转变、进一步推进条件平台建设方面进行深入讨论。

（市科委条财处）

【第三方软件质量保障平台创新运营模式】 2月21日，“基于协同的第三方软件质量保障平台”获得2012年度北京市科学技术三等奖。该平台由市科委软件检测中心和北京市产品质量监督检验所共同建设，平台建立了668套行业测试用例，开展了7000余个测试项目，向1000余家客户提供服务并培训2000余人次。利用平台开展的测试业务获得直接经济效益5868万元，实现了第三方公益检测平台的市场化运营模式，突破了一般公益性平台的生命力瓶颈问题，探索出一条公益性平台可持续发展的运营新模式。

（北京软件产品质量检测检验中心）

【瑞德医疗与清华大学共建产学研合作平台】 4月2日，清华大学体育与健康科学研究中心和瑞德医疗（中国）投资有限公司在清华大学马约翰纪念馆签订合作协议，共建非手术脊柱减压系统（SDS）研究平台。双方将依托平台，利用各自跨学科技术研发创新优势，针对SDS的操作使用、功能研发、诊断治疗、数据采集、处理与分析等方面开展合作研究，并推动科研成果在京产业化，为脊骨神经医学检测、诊断、治疗和亚健康风险评估、疾病信息预警、运动干预等提供理论和治疗指导。

（北京生物技术和新医药产业促进中心）

【种苗健康北京市工程研究中心成立】 4月8日，通州区政府与中国农业大学共建的种苗健康北京市工程研究中心在中国农大举行签约仪式，并与北京中农大地科技发展有限公司三方签署“关于使用中国农业大学部分无形资产组建种苗健康北京市工程研究中心”的协议。

（市科委农村发展中心）

【首都科技条件平台新增2家成员单位】 4月16日，市科委与北京航空航天大学联合共建“首都科技条件平台北京航空航天大学研发实验服务基地”；9月10日，市科委与北京经济技术开发区管委会共建首都科技条件平台经济技术开发区工作站。

（市科委条财处）

【首届仪器研发及核心部件论坛举行】 4月19日，作为2013中国科学仪器发展年会（ACCSI 2013）重要组成部分的首届仪器研发及核心部件论坛在北京京仪大酒店举行。该论坛由首都科技条件平台检测与认证领域中心、仪器信息网共同举行。来自仪器生产企业、核心部件供应商、仪器研发专家、仪器应用专家等150余人参加论坛。论坛上，从事仪器研发的专家与大家分享了研发中的难点和突破口；仪器资深用户从仪器使用者角度提出对仪器研发的需求；仪器核心部件供应商介绍其产品架构和应用，与仪器制造商供需双方面对面深入交流；还有协会、学会的领导，分析当前新形势下科学仪器的发展方向。本次论坛联合分析仪器生产商与核心部件供应商、投资商共同聚焦仪器研发、设计、生产中的难题，为各方搭建信息沟通的桥梁。

（北京科学仪器装备协作服务中心）

【车路协同与安全控制实验室召开学术会议】 4月20日，依托北京航空航天大学建立的车路协同与安全控制北京市重点实验室在京召开第一届学术委员会第二次会议，会议由实验室学术委员会主任、中国工程院院士郭孔辉主持。北京航空航天大学副校长张军向与会专家介绍了北航交通运输工程一级学科的发展建设情况，实验室主任王云鹏教授介绍了实验室未来的发展方向与目标，实验室副主任田大新副教授汇报了实验室2012年度工作情况和2013年度工作计划。各位委员围绕实验室的定位与发展、人才团队建设等方面提出了富有前瞻性和战略性的建议。最后，各位委员对实验室开放基金项目进行了评审。

（市科委法规处）

【检测与认证领域中心召开技术交流与需求对接研讨会】 4月25日，首都科技条件平台检测与认证领域中心组织中心成员单位30余家，联合北京大学研发实验服务基地共赴北京普析通用仪器有限公司开展技术交流与需求对接研讨会。本次技术交流研讨会是首都科技条件平台检测与认证领域中心积极推动平台内实验室进企业的一次重要实践。通过本次交流活动，首都科技条件平台检测与认证领域中心一方面可以深入企业征集需求，推动更多的科技资源进入首都科技条件平台和开放实验室工程；另一方面，领域中心进一步整合资源，为分析测试行业在标准制定、应用方法开发、仪器设备验证以及国产仪器的研发和创新方面进行研究与探索，为企业的技术创新提供更加有力的支撑。

（北京科学仪器装备协作服务中心）

【帕金森病研究北京市重点实验室揭牌仪式举行】 5月20日，依托首都医科大学附属北京宣武医院建设的帕金森病研究北京市重点实验室揭牌仪式暨2013年学术研讨会举行。会上，重点实验室主任陈彪教授介绍了帕金森病研究北京市重点实验室的定位、主要研究方向和内容、前期研究成果以及发展规划。实验室各研究课题组负责人分别介绍了课题研究进展。会议还特别邀请了研究型制药AbbVie公司Gerard Fox博士做了转化医学方面的专题讲座。学术委员会委员专家审议了实验室定位和发展规划，并提出意见和建议。

（市科委法规处）

【市科委与开发区签署共建平台合作协议】 5月30日，市科委与北京经济技术开发区签署《共建科技创新及成果转化应用平台合作协议》。根据协议，双方将建立领导定期会晤机制；市科委对开发区科技创新、成果转化、产业布局等工作加强指导；市科委收集汇总全市各类科技成果，筛选有转化需求的科技成果向开发区管委会推荐，开发区管委会负责做好科技成果落地承接工作；市科委加强先行先试政策在开发区落地实施，在开发区优先布局科技成果转化基地等。

（市科委科宣处）

【通州种业园高通量育种平台建设项目启动】 6月27日，“现代农作物高通量育种技术服务平台建设”项目在通州国际种业科技园区正式启动。项目将以“推进北京农科城良种创制与种业交易中心及通州种业园建设，打造高通量育种公共服务平台”为核心,积极探索种质资源共享交流机制和商业化育种模式,为种业企业和科研机构开展优质高产多抗作物新品种培育提供快捷、高效、高通量的科技支撑服务,进而提高其育种水平和产业化能力。

（市科委农村发展中心）

【北京市重点实验室创新发展研讨会召开】 7月3日,中国医学科学院药物研究所举行“北京市重点实验室创新发展研讨会”,集中展示药物所5个北京市重点实验室自认定以来所取得的科研成果和项目落地情况。会上,依托药物所建设的新药作用机制研究与药效评价北京市重点实验室等5个重点实验室主任分别介绍实验室科研进展、成果产出等情况,相关重大成果转化项目的负责人详细介绍“紫杉醇新型脂肪乳”等4个重大在京落户项目的进展情况,市科委法规处宣讲“十二五”规划关于科技创新基地有关政策。

（市科委法规处）

【市水处理环保材料工程技术中心成立】 7月5—6日,污染水体修复与水环境管理信息化技术论坛与观摩会暨北京市水处理环保材料工程技术中心揭牌仪式在北京化工大学举行。论坛围绕“污染水体修复”与“水环境管理信息化技术”两个主题,分别邀请了中国水产科学研究院淡水渔业研究中心谢骏研究员,北京化工大学海热提教授、赵东林教授,北京工业大学张永祥教授,中科宇图(北京)资源环境科学研究院院长刘锐等领域专家进行专题报告,就环保材料在水产养殖水体修复与净化中的应用、污水处理厂水质提标的现状和研究进展,以及水环境管理信息化等相关内容与现场来宾进行了研讨与交流。期间,举行了北京市水处理环保材料工程技术中心揭牌仪式。

（市科委法规处）

【未名兴旺前沿实验室学术指导委员会成立】 7月16日,未名兴旺系统作物设计前沿实验室(北京)有限公司在中关村高端人才创业基地举行前沿实验室国际学术指导委员会成立仪式。会上,许智宏院士、Peter Quail院士、董欣年院士、朱玉贤院士和邓兴旺院士5位中美科学院院士共同组成了前沿实验室国际指导学术指导委员会并接受聘书。此举旨在加大国际顶尖科学家间的交流合作,提升未名兴旺研发水平,使之成为具有国际影响力的农业生物技术研究中心。

（市科委法规处）

【交通数据分析与挖掘北京市重点实验室揭牌】 8月3日,依托北京交通大学建设的交通数据分析与挖掘北京市重点实验室举行第一次学术委员会会议暨揭牌仪式。北京交通大学校长宁滨,中国工程院院士、实验室学术委员会主任何新贵出席并为实验室揭牌。首次学术委员会会议由学术委员会主任何新贵院士主持,实验室主任于剑教授代表实验室做了实验室发展规划报告。

（市科委法规处）

【金属材料表征重点实验室学术委员会召开】 8月30日,金属材料表征北京市重点实验室召开学术委员会第一次全体会议。清华大学王崇愚院士、北科院丁辉院长、北科大刘杰民教授、矿冶院李华昌研究员、冶金院孙彦广教授、安泰公司周少雄教授、钢铁研究总院贾云海教授和高怡斐教授等学术委员参加会议。实验室依托单位及上级主管部门有关负责人参加会议。

（市科委法规处）

【北京数控装备创新联盟成员达40家】 9月12日,北京数控装备创新联盟2013年度工作会举行。会议通过了北超伺服、联合大学、北京微纳、京城华德、机床检验中心5家单位的入会申请,联盟规模发展到40家,进一步提升了联盟对高端装备产业的支撑作用。

（市科委电装处）

【纳米专业孵化器成立】 9月17日,由北京高技术创业服务中心、北京创业孵育协会主办,清华科技园启迪创业孵化器承办的北京市战略性新兴产业孵育基地新产品发布会纳米专场暨启迪纳米专业孵化器揭牌仪式在清华科技园举行,来自市科委、中关村海淀园管委会、纳米行业企业代表、纳米研究机构、投融资机构、创业服务机构、科技园及孵化器等单位的代表近100人参加活动。会上,清华—富士康纳米科技研究中心刘亮博士做题为“碳纳米管从基础研究走向产业化”的主题演讲，集盛星泰、联飞翔、华卓精科、浩瀚清杰等4家公司介绍了公司的新产品。

（市科委双新处）

【国际标准种子质量检测中心在京揭牌】 9月27日，在丰台区种子管理站检验楼里，同时举行了中国农业大学种子质量检验丰台测试中心、北京市种子质量检测服务中心、中国农业大学牧草种子实验室——国际种子检验协会（ISTA）认可实验室丰台基地、北京市丰台区种子质量监督检验站的揭牌活动，今后，丰台区将具备国际标准的种子检测能力。

（市科委农村发展中心）

【清控科创在美国硅谷设立孵化器】 美国旧金山时间10月19日，清控科创控股股份有限公司在美国硅谷设立的孵化器举行了开幕仪式。孵化器位于美国加利福尼亚州硅谷地区，拥有近5000平方米孵化面积，致力于整合全球高端创新资源，跟踪全球科技创新中心前沿，推动全球创新要素集成与流通，帮助海内外科技创业企业发展，打造最具特色的国际孵化服务平台。孵化器采取国际孵化服务“双载体＋双基金”模式，即本土孵化器与海外孵化器联动发展、人民币与美元两只基金协同运作，建立国际孵化3i服务体系——信息（information）服务、孵化（incubation）服务、投资（investment）服务，为国内外创业企业量身打造包括创业导师、创业交流、创业投资、创业培训、创业环境咨询、落地承接及推介、注册代理及配套服务、市场资源对接、办公空间、虚拟办公等国际国内孵化服务。孵化器已经先后吸引了10余家项目入驻，在开幕仪式上，孵化器与首批入孵企业代表签署孵化服务意向协议。

（市科委高新处）

【检测中心获得ISCCC信息安全风险评估服务资质认证】 10月22日，北京软件产品质量检测检验中心获得中国信息安全认证中心颁发的ISCCC信息安全风险评估服务（三级）认证资质。

（北京软件产品质量检测检验中心）

【电弧等离子应用装备北京市重点实验室揭牌】 10月28日，依托中国航天空气动力技术研究院建设的电弧等离子应用装备北京市重点实验室在中国航天空气动力技术研究院举行了揭牌仪式。该实验室将充分利用依托单位在空气动力学、等离子物理学和工程热物理等综合性学科的交叉优势，利用电弧等离子喷枪的高温和气氛可控的特点，研究航空航天技术在垃圾焚烧、固体废弃物处理等经济民生领域的应用。

（市科委法规处）

【应急救援装备联盟国家试点联盟揭牌仪式举行】 11月28日，应急救援装备产业技术创新战略联盟国家试点联盟揭牌仪式在北京举行。市科委主任闫傲霜受邀在揭牌仪式上发表“建设技术创新联盟 全面提升应急救援能力和水平”的主题讲话。应急救援装备产业技术创新战略联盟成员包括国内应急救援领域政、产、学、研、军优势单位24家，形成国家重点实验室、工程技术研究中心、企业技术中心等13个科技创新平台，在应急救援科技创新和产业发展中发挥积极的促进作用。

（市科委重大办）

【老年病医疗研究中心搭建技术研发平台】 12月3日，由市老年病医疗研究中心主建，联合市双鹭立生医药科技有限公司共建的北京市神经药物工程技术研究中心挂牌仪式在宣武医院举行。该工程技术研究中心将针对老年性痴呆、帕金森病、脑血管病等神经系统重大疾病开展防治新药的研发及技术平台的建设。

（市科委法规处）

【首都科技条件平台检测与认证领域中心签署共建协议】 12月12日，首都科技条件平台检测与认证领域中心签署共建协议，标志着由市科委、市质监局、北京出入境检验检疫局三方共建的检测与认证领域中心进入新的运行阶段。北京出入境检验检疫局加入平台后为条件平台的各个建设单位及其服务对象提供有效的咨询服务，同时在平台内各种重点实验室的资质认证、产品认证等方面提供相关的专业服务。该局的加入，是首都科技条件平台深化为企业服务的重要举措，是提升平台科技资源服务社会能力的重要途径。

（市科委条财处）

【一批国家级科技特派员创业链等通过科技部认定】 12月13日，科技部发布《关于公布国家级科技特派员创业链创业基地和创业培训基地名单的通知》，北京市科委推荐的一批国家级科技特派员创业链、创业基地和创业培训基地通过认定。其中，北京油鸡产业国家科技特派员创业链、北京板栗产业国家科技特派员创业链和北京乳品产业国家科技特派员创业链为第二批国家级科技特派员创业链；北京通州国家科技特派员创业基地、北京延庆国家科技特派员创业基地、北京昌平国家科技特派员创业基地和北京顺义国家科技特派员创业基地为第一批国家级科技特派员创业基地；中国农业大学新农村发展研究院国家科技特派员创业培训基地、北京昌平国家科技特派员创业培训基地和北京大兴国家科技特派员创业培训基地为第二批国家级科技特派员创业培训基地。

（市科委农村处）

【北京地区3个国家重点实验室通过科技部验收】 12月30日，科技部公布通过验收的全国19个企业类国家重点实验室。其中固废资源化利用与节能建材国家重点实验室、数字出版技术国家重点实验室、饲用微生物工程国家重点实验室3个重点实验室是由北京市科委重点支持并推荐的。目前，北京市共拥有国家重点实验室111个，占比全国30.9%，国家工程技术研究中心66个，占比全国19.1%。

（北京技术交易促进中心）

【医疗器械研发测试技术服务平台建设成效显著】 年内，北京市医疗器械检验所历时3年，建立X线机、呼吸麻醉机等医疗器械产品的标准和关键技术指标，解决北京市高端医疗器械研发中普遍存在的电磁兼容设计与验证的困难；研究制定植入式医疗器械检测、检验技术方案，搭建测试平台，解决我国有源植入式产品研发无据可依、无法进行设计验证的困难；研制氰化高铁血红蛋白（HiCN）等4个国家二级标准物质，实现体外诊断产品中血细胞产品的溯源和校准，从产品源头上实现结果的可比性；基于国际心电图数据库结构、内容及数据格式，初步建立了中国人异常心电图数据库，将为诊断、心电设备质量评价提供依据。

（市科委生物医药处）

【国家半导体泵浦激光工程技术研究中心启动】 年内，国家半导体泵浦激光工程技术研究中心启动会议召开。该研究中心依托北京国科世纪激光技术有限公司和中科院光电研究院共同组建。在工程技术开发方面，针对全固态激光行业共性关键问题研制专用生产工装；在关键技术研发方面，开展3项面向我国重大需求的工程化关键技术研究，5个系列面向先进制造业和先进科学仪器行业需求的激光器产品及生产工艺，建立激光技术研发、制造与检测相关的企业标准20项。

（市科委法规处）

【软件检测中心通过信息安全测评能力验证】 年内，北京软件产品质量检测检验中心通过了中国合格评定国家认可委员会（CNAS）在全国范围内组织的T0680信息系统安全等级保护测评能力验证活动，标志着检测中心正式具备信息安全等级保护测评标准（GB/T 22239—2008）和风险评估标准（GB/T 20984—2007）的检查实验室资质。本次能力验证计划是依据《信息安全技术 信息系统安全等级保护基本要求》（GB/T 22239—2008）对样品模拟系统进行测试与评估，判断样品模拟系统是否符合标准中第三级基本技术要求所涉及的网络安全、主机安全、应用安全和数据安全及备份恢复要求。全国共有67家实验室参加了此能力验证计划。

（北京软件产品质量检测检验中心）

【靶向抗肿瘤新药创制基地建设取得成效】 年内，依托百济神州（北京）生物科技有限公司的“靶向抗肿瘤新药创制”北京市国际科技合作基地建设取得成效：吸引超过140位国内外药物研究与开发人才，其中1人入选国家“千人计划”、4人入选北京市“海聚工程”等领军人才、1人入选中关村高端领军人才；与知名跨国企业开展战略合作，百济神州与德国默克雪兰诺公司签署了抗黑色素瘤新药BGB－283

全球合作开发和销售协议。药品开发成功并产业化后，公司将可能获得高达2.33亿美元的收益。

（市科委国际合作处）

【“饲用微生物工程国家重点实验室”项目通过验收】 年内，依托北京大北农科技集团股份有限公司建设的“饲用微生物工程国家重点实验室”通过了科技部验收，成为行业内国家级的关键共性技术平台。

（市科委法规处）

【北京雷力等4家机构获批科技部国际合作基地】 年内，4家北京市国际科技合作基地获批科技部国际科技合作基地，分别是北京雷力农用化学有限公司的海藻生物肥料技术及应用国际科技合作基地、北京城市气象工程技术研究中心的城市气象研究国际科技合作基地、中国中医科学院西苑医院的中澳中医药国际联合研究中心和北京高创天成国际企业孵化器有限公司的北京科技企业孵化器国际技术转移中心。此外，北京经济技术开发区经市政府推荐，被认定为“北京国家生物医药国际创新园”。

（北京生产力促进中心）

【普析通用获批设立博士后科研工作站】 年内，北京普析通用仪器有限责任公司被批准设立博士后科研工作站，开展博士后工作，成为平谷区首家获批设立博士后科研工作站的区属高新技术企业。

（市科委农村发展中心）

【农业生物技术基地建设取得进展】 年内，依托北京大北农科技集团股份有限公司建设的“农业生物技术”北京市国际科技合作基地建设进展顺利。基地在生物饲料、作物育种、生物疫苗、种猪等领域与国外10多家知名机构建立了长期稳定的合作关系，目前已在猪PSE症功能基因异常表达数据库、作物抗旱和抗胁迫基因、种猪选育数据库建立方面取得合作成果4项，有效增强了企业技术创新能力。大北农集团已吸引和引进海外高端人才6名，其中2位入选国家“千人计划”、4人入选北京市“海聚工程”、1名入选中关村“高聚工程”。

（北京生产力促进中心）

【奶牛遗传育种与繁殖北京市重点实验室挂牌】 年内，依托北京奶牛中心建设的奶牛遗传育种与繁殖北京市重点实验室正式挂牌。该实验室以奶牛遗传改良与繁育为目标，以应用基础研究为主，向基础研究和应用研究双维度延伸，重点研究奶牛遗传育种与繁殖的科学发展趋势、奶牛养殖产业发展中的重大科学技术问题与需求；深入研究奶牛的主要经济性状遗传规律和形成机理，繁殖育种新理论、新方法和新技术，旨在对北京地区奶牛遗传育种与繁殖发展起积极推动作用，并为行业培养专业人才。

（市科委法规处）

【中芬基于Living Lab的智慧设计创新网络平台通过验收】 年内，由北京邮电大学承担的科技部国际科技合作项目“中芬基于Living Lab的智慧设计创新网络平台研发与应用示范”通过专家验收。该项目与芬兰阿尔托大学合作实施以来，面向实际生活需求，建设中芬智慧设计Living Lab联合实验室和Living Lab社区工作基地，推动成立北京老龄服务产业创新联盟和中芬智慧校园创新孵化联盟，为加速产品设计推向市场提供了用户参与、设计带动方面的支撑。同时，在Web of Things等开放式物联网平台的研发中取得了技术突破，并在绿色节能楼宇服务、移动泛在教育服务、二维码教育教学服务、物联网实验教学服务等方面进行了应用示范。

（市科委国际合作处）

【北京市轨道交通工程技术研究中心揭牌】 年内，由市轨道交通设计研究院主建，联合北京市轨道交通建设管理有限公司及北京城建设计研究总院共建的北京市轨道交通工程技术研究中心举行揭牌仪式。该工程技术研究中心面向城市轨道交通网络化发展的现实需求，将建立北京轨道交通产业公共研发与技术服务平台，制定相关建设标准，开展轨道交通建设运营中关键技术研究，加快新产品、新技术的开发和推广应用，为首都轨道交通建设、运营维护、升级改造提供自主创新的技术、设备和服务，实现北京城市轨道交通行业快速发展及对国内行业的引领、带动作用。

（市科委法规处）

科技服务

【构建协同创新平台 推进首都种业发展】 1月17日，首都籽种产业科技创新服务联盟召开以“构建协同创新平台 推进首都种业发展”为主题的联盟年会暨良种创制与种业交易中心策划专题研讨会。会上，联盟做2012年工作总结、介绍首都籽种产业协同创新服务平台及农科城种业成果托管平台建设进展情况，邀请专家重点解读《全国现代农作物种业发展规划（2012—2020年）》，介绍市科委有关联盟方面的扶持政策。会议就北京农科城良种创制与种业交易中心策划方案、联盟2013年重点工作任务、2013年中国现代农业产业投融资峰会籽种产业分论坛等主题展开讨论。

（市科委农村发展中心）

【首都生物饲料科技创新服务联盟年会召开】 1月17日，2012年首都生物饲料科技创新服务联盟年会召开。会上，介绍了2012年首都生物饲料科技服务创新联盟工作，联盟理事长汇报2012年首都生物饲料产业发展报告编写情况，阐述了联盟2013年工作思路。随后，联盟理事会对7个理事单位申报的2013年北京市科技计划储备项目进行研讨和推荐。

（市科委农村发展中心）

【中央在京转制院所科技创新政策宣讲会召开】 1月18日，促进中央在京转制院所科技创新政策宣讲会在首都科技成果产业化公共服务平台召开。来自北京玻钢院复合材料有限公司、中国食品发酵工业研究院、中国钢研科技集团有限公司等20余家中央在京转制院所的科技部门负责人等40多人参加会议。与会代表围绕中央在京转制院所在获得市科技政策支持方面遇到的具体问题，与市属科研机构、企业进行充分交流。

（市科委法规处）

【G20工程企业与医科院药物研究院项目对接会召开】 2月28日，G20企业、医科院药物研究院项目对接会在中国医学科学院药物研究所举行。康辰药业、甘李药业等20余家G20企业项目引进负责人与医科院药物研究院的科学家针对34项新药项目（其中具有自主知识产权的一类新药19项）进行了一对一的洽谈和交流，并就治疗帕金森症、抗肿瘤等10余个新药项目初步达成合作意向。

（市科委生物医药处）

【涉农重大科技项目财务培训会举行】 3月1日，“首都农资”惠农科技支撑工程重大项目财务培训会在北京农科大厦召开。课题的负责人、财务负责人及课题相关人员参加了培训，培训包括经费使用讲解和答疑两个部分。会上，中天昱（北京）会计事务所的会计师根据审计规范要点，讲解了预算各科目应注意的事项，并结合案例，列举以往其他项目中发现的问题，对本项目有针对性地提出建议：项目要严格按照预算执行，独立核算，专款专用；事业单位、企业单位要注意账目的设立问题；注意经费使用周期、实际支出与预算差异的问题；差旅、会议、劳务费要严格执行北京财政政策等。

（市科委农村处）

【2013年科技项目经费管理培训班举行】 3月6—8日，市科委连续举办三期2013年北京市科委项目（课题）经费管理培训班，分别就北京市科技计划管理相关情况、项目（课题）经费管理办法和科技项目经费管理审计要点等内容进行讲解和讨论。承担市科技项目（课题）的1600余名来自科研院所、高校、企事业单位的科技管理人员和财务人员参加本次培训。

（市科委条财处）

【2012年新星计划入选人员项目管理培训班举行】 3月22—23日，市科委举办2012年新星计划入选人员项目管理培训班，2012年新入选人员80余人参加了培训。此次培训班针对2012年新入选人员的需求，全面介绍了新星计划整体情况、项目管理、经费使用及审计要求等相关内容，介绍了新星计划的人才培养目标，进行项目管理和自我提升的方法和技巧。同时为

了增进新入选人员之间的了解，培训班安排了团队拓展、分组交流等环节，通过多种手段让新入选人员加强互动，建立良好的沟通渠道，为日后进一步开展交流合作奠定良好的基础。

（市科委人教处）

【金融助力新兴产业系列对接活动举行】 3月下旬，由市科委条财处主办，北京高技术创业中心和北京市科技金融促进会承办的金融助力战略性新兴产业发展专题宣讲及系列对接活动举行。此次系列对接工作，旨在向银行、保险、担保和投资等金融机构介绍市科委在电子信息和高端装备制造、新材料等战略性新兴产业领域的动态和支持政策，促成金融机构与各战略性新兴产业促进领域中心达成合作关系，探索可持续发展的商业模式，建立支持战略性新兴产业发展的科技金融融资服务体系。

（市科委条财处）

【市科学技术奖申报推荐培训会召开】 3月27日，北京4G联盟与无人机联盟共同召开2013年北京市科学技术奖申报推荐培训会。联盟成员单位代表50余人参加培训。培训会邀请市科学技术奖励工作办公室相关负责人介绍申报北京市科学技术奖单位应具备的条件，讲解了申报推荐书填写流程、注意事项、申报推荐材料报送具体要求等。会后，科学技术奖励办公室工作人员就参会联盟企业在申报中遇到的问题做答疑。

（北京市科学技术奖励工作办公室）

【检测中心开展"进园区 送服务"活动】 4月9—11日，北京软件产品质量检测检验中心开展了为期三天的"进园区、送服务"软件质量培训咨询服务活动。期间，检测中心针对"软件测试对软件企业的重要性"，从正确理解和把握软件质量、建立完整的质量保障体系、企业引用第三方软件测试的重要性3个方面阐述了"质量就是企业生命线"的理念。本次活动中，检测中心共为中关村园区及亦庄经济技术开发区近400家企业提供现场软件质量咨询服务。

（北京软件产品质量检测检验中心）

【科技政策法规宣讲团走进清华科技园】 4月18日，市科委、市经信委和清华科技园共同召开北京科技政策法规宣讲团走进清华科技园政策宣讲会。来自清华科技园的百余名中小企业负责人参加会议。针对参会企业多为创新性强的中小企业对整体政策不够了解的特点，宣讲团分别就市科委支持企业发展的科技政策、市经信委支持中小企业发展的政策措施进行了全面介绍，并在会后与企业围绕专利、国际合作、科技服务业等问题进行了讨论交流。

（北京生物技术和新医药产业促进中心）

【2013年科技人员"技术创新人才"培训举行】 4月23日，市科学技术进修学院邀请工信部电信研究院规划设计研究所所长胡坚波在望京新兴产业区综合开发有限公司报告厅为该公司70余名中层以上管理人员做题为"信息通信产业发展现状及趋势展望"的讲座。胡坚波所长根据多年工作和学习的经验，结合时事和学员需求，以宽带和移动互联网为切入点，用深入浅出的语言，多角度、多层次地为学员介绍了信息通信产业的现状及发展趋势，同时，针对园区的需求，特别着重以企业为案例进行讲解。本讲座是2013年科技人员"技术创新人才"培训的首场讲座。此次培训对普及信息通信知识发挥了积极作用，对园区相关工作开展具有一定启迪意义，得到学员和园区领导的充分肯定。

（市科协）

【第二届北京市科技企业孵化器从业人员培训班举行】 4月底，第二届北京市科技企业孵化器从业人员培训班举行。在为期一周的培训中，60多名学员聆听了国家科技企业孵化器"十二五"发展规划及科技企业孵化器政策体系、科技企业孵化器运营与管理、科技创业与孵化的机会、专业孵化器和创业投资、科技企业孵化器企业服务、创业导师行动开展的演讲，并参加"中小企业创新'加速器'与国际技术转移合作发展"主题论坛专场。此次培训课程由科技部火炬中心统一制定大纲、统一编撰教材、统一建立师资库、统一进行考试。培训内容分为必修和选修两部分。考试合格后，由科技部火炬中心指定的国家级行业协会颁发科技企业孵化器从业人员资格证书，结业学员信息由科技部火炬中心统一备案并建档。

（北京科学仪器装备协作服务中心）

【科技项目管理政策宣讲会召开】 5月8日，北京科技政策法规宣讲团与北京技术交易促进中心共同召开科技项目管理政策宣讲会。百余家科技项目承担单位的项目及财务负责人参加会议。会上，宣讲团就科技计划管理政策、财政科技经费审计要点和北京科技研究开发机构认定政策等内容进行详细解读，并与参会人员围绕科技项目管理及经费审计过程中出现的问题进行深入交流。

（市科委法规处）

【市科委调研大宝日化厂】 5月8日，市科委直属机关工会主席李京瑞带领市科委系统干部职工一行33人前往北京市大宝日化厂进行调研座谈。大宝日化厂厂长刘卫重点就大宝日化厂创名牌、谋发展工作进展以及企业目前科研生产、销售等工作做报告。李京瑞一行深入生产车间和研发部门了解生产和新产品开发情况，现场解答了大宝日化厂提出的科研发展中的问题，要求相关处室和中心更多地关注基层科技需求、对接科技资源给予大力支持，进一步依靠科技创新，推动企业发展壮大。

（市科委直属机关工会）

【中小企业技术创新资金政策专题培训会召开】 5月9日，市科委和清华科技园共同召开科技型中小企业技术创新资金政策培训会，来自园区内外的中小企业负责人200余人参加会议。会上，市科委高新处围绕2013年度科技型中小企业技术创新资金的基本情况、申报要点、注意事项等内容进行详细解读，并与参会人员交流。参会人员表示，创新资金为科技型中小企业的发展提供了关键的资金支持，但由于对信息关注不及时、对政策不了解，导致错过申报或者申报质量不高。本次培训在资金申报通知发布的第一时间为企业送来面对面的辅导，解答企业对政策的诸多疑问，为后续申报架好桥铺好路。

（市科委法规处）

【科技政策法规宣讲团进联盟】 5月10日，北京科技政策法规宣讲团针对4G联盟、无人机联盟和长风联盟召开政策专题宣讲会。来自联盟会员企业的百余名财务及管理人员参加会议。会上，分别就北京市重大科技成果转化和产业化项目统筹资金、北京企业科技研究开发机构认定、产业技术创新战略联盟建设科技专项、“营改增”相关知识等重点内容进行了详细解读。参会人员就“营改增”、市统筹资金及科技研究开发机构认定政策中遇到的问题与宣讲团进行交流。同时，在广大创新主体的呼吁下，宣讲团将针对创新主体需求建立市科委宣讲团QQ群，为创新主体和政策宣讲团搭建会后的政策交流平台，使政策疑问和困难能够及时得到解决，同时也能够更加直接地收集创新反馈意见，为政策的修订和制定提供依据，进一步完善政策的增值服务链条。

（市科委法规处）

【“创新方法进企业”活动拉开帷幕】 5月28日，市科委在北京经济技术开发区博大大厦拉开“创新方法进企业——亦庄行”活动帷幕，正式启动实施创新方法推广与应用“双百工程”，即面向百家企业开展创新方法推广工作，培养百名创新方法应用的技术骨干。本次活动邀请创新方法研究会常务理事张武城教授、北京科学学研究中心张国会研究员、市科委法规处主管工程师李萍等做了“TRIZ应用及案例”“创新方法服务平台介绍”“企业科技研发机构政策解读”等讲座。通过本次活动，与企业建立了联系，为随后向企业提供公益性的创新方法系统培训与专业咨询服务打通了沟通渠道，奠定了工作基础。

（市科委法规处）

【市科委与工行北京分行签署战略合作协议】 5月29日，工商银行北京市分行与市科委签订全面战略合作协议。工行拟在未来三年（2013—2015年）为全市科技型企业提供不少于人民币500亿元的意向性综合授信支持，同时承诺对北京市科技型中小微企业提供优惠利率，并优先支持承担国家及本市科技计划项目的企业。本次活动是市科委与工行为了共同开展科技金融工作，深入全面支持科技创新的重要举措，双方将在支持科技型中小微企业创新创业融资、重大科技项目实施、战略新兴产业的融资方面开展广泛合作。

（市科委条财处）

【工业设计技术服务对接会召开】 5月29日，“工业设计技术服务对接会暨百家实验室进千家企业”活动在第二届京交会上举行。市科委高新处、北京工业设计促进中心组织10余家重点实验室及60家领域成员单位参加活动，其中包括了上拓3D打印体验馆、北京印刷学院数字媒体艺术实验室、北京绿色印刷包装产业技术研究院、DRC基地Living Lab用户体验实验室等机构。对接合作范围涉及3D打印技术、虚拟现实技术、用户体验技术三大研发设计领域。涵盖服务模式研究、创新产品研发、数字样机制造、成果产业化、设计创新平台建设等方面。至2013年年初，通过首都科技条件平台工业设计领域平台共整合技术设备903台套、开放高校及研发机构36个实验室，汇集社会需求350项，服务企业300余家，已实现服务合同5600.52万元。

（市科委高新处）

【“百家实验室进千家企业”专题活动成效显著】 5—7月，市科委组织首都科技条件平台各研发实验服务基地、领域中心和工作站开展“首都科技条件平台百家重点实验室进千家企业”专题活动，各领域中心和区县工作站共收集987家企业的1531项需求，在前期对接的基础上，召开39场各种形式的供需对接会，促进434家企业与26家研发实验服务基地的87家开放实验室进行面对面的对接。共促成企业与开放实验室合作项目181项，其中具体项目109项，签订长效合作协议68项，共建实验室4个，促成合同金额1.22亿元。此外，还有164个供需有对接意向，正在进一步对接和商讨合作细节，总结出典型服务案例30余项。

（市科委条财处）

【第二期G20工程高级研讨班开班】 6月3日，在市委组织部、市人力社保局的支持下，由市科委主办的第二期G20工程高级研讨班在市委党校开班。本次研讨班是根据G20工程实施过程中面临的产业规模小、企业创新能力不足、对民生改善的支撑作用尚有差距等严峻形势，应企业家的迫切要求，针对以G20企业家为代表的创新创业人才在宏观经济发展环境的把握、产业发展形势的认识等现实需求而举办的。国家卫生与计划生育委员会副主任、“重大新药创制及重大传染病防治专项”行政负责人刘谦以“实施科技重大专项，带动医药产业发展”为题，围绕医药科技重大专项“十一五”实施情况、“十二五”工作思路以及委市合作共推首都生物医药产业发展等内容，为第二期G20工程高级研讨班讲授第一课。

（北京生物技术和新医药产业促进中心）

【设计产业促进科技政策专题培训会召开】 6月6日，市科委和清华科技园共同召开设计产业促进科技政策专题培训会，来自园区内外的企业负责人百余人参加会议。会上，市科委高新处就首都设计产业促进相关的北京市设计创新中心认定、首都设计提升计划、中国设计红星奖，以及正在申报的2013年首都设计提升计划项目的基本情况、申报要点、注意事项等内容进行了详细解读，并与参会人员进行了深入交流。

（市科委法规处）

【“启迪创业行”走进纳米科技园】 6月25日，清华科技园启迪孵化器组织18家纳米领域相关企业到北京纳米科技产业园实地考察，这是继2013年5月24日双方签订战略合作协议后举行的首次深度对接。活动中，与会企业先后考察了怀柔国际会都和园区入驻企业中科纳新，观看纳米科技产业园沙盘，听取市科委、怀柔区相关人员关于北京纳米科技产业园发展情况及市区两级扶持政策介绍。

（北京新材料发展中心）

【北京市3D打印产业发展路径研究研讨会召开】 6月25日，北京数字化制造产业技术创新联盟召集清华大学、中航工业北京航空制造工程研究所、隆源公司、太尔时代等联盟成员单位，在北航召开北京市3D打印产业发展路径研究研讨会。会上，与会专家从优先发展领域、企业发展的主要问题、政府部门资金支持的方式、项目采购的倾向性、政府应大力支持发展的环节、对3D打印企业的优惠政策6个方面展开研讨,为发展3D打印产业提供决策依据。

（市科委高新处）

【光机电领域高科技成果对接会召开】 6月25—27日,2013年高科技成果项目对接洽谈会暨第五届中国(北京)国际光电展览会召开。期间,北京技术交易促进中心与中国高科技产业化研究会产学研合作部共同举行了北京科技创新基地光机电领域高科技成果对接会。对接会共组织北京市重点实验室、北京市工程技术研究中心、企业研发机构和产业技术创新战略联盟等光机电领域40余家单位参加,遴选清华大学、中科院半导体研究所、北京工业大学、中国航天空气动力技术研究院、中国航空工业集团公司等单位12个重点实验室/工程技术研究中心进行了项目成果对接。

（北京技术交易促进中心）

【高新企业认定及复审政策专题培训会召开】 6月27日,市科委和清华科技园共同召开高新技术企业认定及复审政策专题培训会,来自园区内外的企业负责人150余人参加会议。会上,北京高技术创业服务中心就2013年高新技术企业认定及复审相关的政策信息、申报要点、注意事项等内容进行了详细解读,并与参会人员进行深入交流。参会人员对申请认定和复审的时间把握、知识产权归属、企业成立的时间和规模、高新技术产品的定义、研发费用的归集等方面的问题表示关注。

（市科委法规处）

【北京生物燃气产业商业模式应用推进现场会召开】 7月2日,北京国家现代农业科技城生物燃气产业商业模式应用推进现场会在延庆召开。全国政协副主席、科技部部长万钢现场考察了北京国家现代农业科技城德青源生物燃气科技产业化基地、延庆县前黑龙庙生物燃气科技示范村,并与使用生物燃气的农民群众进行交流,与专家和企业代表进行了座谈。科技部党组成员、副部长张来武,科技部党组成员、科技日报社社长王志学,北京市委常委牛有成等领导共同参加考察和座谈交流。来自中科院、清华大学、新奥集团公司、杭州能源环境工程有限公司、北京德青源农业科技股份有限公司等科研院所、高校和企业的代表60余人参加了座谈交流。座谈会由北京市科委主任闫傲霜主持。

（市科委农村处）

【科技政策法规宣讲团走进望京留创园】 7月3日,市科委与望京留学人员创业园共同举行了“北京科技政策法规宣讲团走进望京留创园”政策专题宣讲会。来自园区企业高管或技术负责人近60人参加了此次会议。会上,宣讲团分别就企业关心的北京市支持科技成果转化和产业化政策、高新技术企业科技政策、北京市科技计划管理等内容进行了详细的解读和答疑。会后,与会人员围绕近期项目申报工作与宣讲团进行了深入交流。

（北京科委人才交流中心）

【“纳米创业沙龙——纳米绿色印刷产业化之路”活动举行】 7月4日,市科委与清华科技园在启迪纳米专业孵化器共同举行“纳米创业沙龙——纳米绿色印刷产业化之路”主题活动。北京中科纳新公司总经理梁青围绕科技成果与商业机会、科技成果与商业模式、科技成果与产品开发、科技成果与发展路径4个方面,介绍了纳米绿色印刷技术如何从原创技术到制版样机再到产品的过程,并回答了与会人员关心的如何将技术产业化、如何将产品市场化、如何让企业在市场中站稳脚跟等问题。市科委工作人员结合纳米绿色印刷技术产业化案例,介绍市科委“全链条、全要素、全社会”支持纳米绿色印刷技术产业化已开展的工作,解读北京市纳米科技产业跃升工程、市科委支持纳米科技产业发展政策。

（北京新材料发展中心）

【首场战略性新兴产业孵育基地新产品发布会举行】 7月12日,北京市战略性新兴产业孵育基地新产品发布会首场系列活动——中关村软件园孵化器专场举行。活动由北京高技术创业服务中心、北京创业孵育协会主办,中关村软件园孵化器承办。来自18家北京市战略性新兴产业孵育基地及企业、投融资机构代表参加活动。发布会推出一批通过自主创新显著提高企业核心竞争力、引领孵育基地创新的新典型——博思廷、数字绿土、金双狐、恒信启华、天耀宏图、中交远洲6家战略性新兴产业培育企业负责人分别做主题演讲，重点介绍并展示了其最新产品和创新技术。包括博思廷公司“智慧城市智能视频分析预警系统”、数字绿土公司“数字三维景观重建”、金双狐公司“地质成图系统”、恒信启华公司“企业资产管理EAM完整解决方案”、天耀宏图公司“云GIS产品”、中交远洲公司“公路布局咨询解决方案”等。

（市科委高新处）

【“质量提升”系列培训活动举行】 7月30日，由首都科技条件平台检测与认证领域中心主办的“质量提升”系列培训及教育示范活动启动。来自首都科技条件平台各研发实验服务基地、领域中心和区县工作站的100余名科研人员参加了培训。本次活动采用现场面授和远程在线两种方式，远程在线培训共3个月，8—10月实施。培训课程包括卓越管理体系、能源管理体系、质量战略、质量文化、认证与管理体系实用内容。

（市科委条财处）

【中关村新技术新产品认定政策培训会召开】 8月1日，市科委和清华科技园共同召开中关村国家自主创新示范区新技术新产品（服务）认定政策培训会。来自园区内外的企业负责人150余人参加会议。会上，北京科技政策法规宣讲团就中关村国家自主创新示范区新技术新产品（服务）认定申报流程、新技术新产品和首台（套）保险申报流程和险种、首台（套）重大技术装备试验、示范项目申报流程等内容进行了详细解读，并与参会人员进行了深入交流。

（市科委法规处）

【科技政策法规宣讲团走进包装行业】 8月6日，市科委与北京包装技术协会共同召开“北京科技政策法规宣讲团走进包装行业”政策专题宣讲会。北京奥瑞金制罐股份有限公司、北京万源多贝克包装印刷机械有限公司、北京北大方正电子有限公司、盈创再生资源有限公司等40多家北京包装技术协会骨干会员企业的高层科技管理人员参加会议。会上，宣讲团分别就企业关心的北京市科技人才激励政策、北京市支持企业技术创新的相关政策、北京市促进高新技术企业发展的综合政策以及科技金融政策等内容进行了深入解读。会后，宣讲团与参会人员就政策使用中遇到的问题进行了深入交流。

（市科委法规处）

【部市联动服务首都医疗器械行业发展】 8月9日，市科委邀请国家药监总局器械审评中心、市药监局围绕北京医疗器械行业发展情况及企业发展需求进行专题调研。调研组实地考察了北京爱康仪诚医疗器械有限公司、乐普（北京）医疗器械股份有限公司的研发生产、产品注册情况，并与品驰医疗、华脉泰科等10家代表企业负责人进行座谈。与会企业提出在研发实践中遇到的焦点问题及需求建议，希望能够得到有效解决，也希望北京市能够为企业与审评部门构建常态化信息交流平台。国家药监总局器械审评中心和市药监局的负责人对有关问题现场落实，并表示将积极研究采纳企业提出的建议和意见。

（市科委生物医药处）

【“电动汽车开进未来科技城”活动启动】 8月13日，“电动汽车开进未来科技城”活动正式在拉菲特城堡酒店启动。未来科技城管委会及15家进驻的央企、市电力公司等单位的代表约40人出席活动。会上，北汽新能源汽车公司向未来科技城管委会提供北汽E150EV电动汽车进行园区内示范运营。下一步拟通过电动汽车租赁、集团客户购买以及私人购买等多种服务方式，探索适应未来科技城发展的电动汽车商业运营模式，为未来科技城内的科研机构及企业提供绿色出行服务。

（北京新能源汽车发展促进中心）

【北京新材料领域重点企业科技需求研讨会召开】 8月14日，市科委新能源与新材料处、北京新材料发展中心共同召开北京市新材料领域重点企业科技需求研讨会，钢研高纳、有研硅股、蓝星新材等30余家新材料领域上市公司和重点企业的近50位企业代表参加此次研讨。会上，市科委法规处就“北京科技成果转化和产业化”相关政策和“科技项目的申报政策和流程"向企业代表做解读。双新处就当前新材料领域工作重点做阐释,并与参会企业代表就新材料企业的科技需求进行了互动交流。

(北京新材料发展中心)

【高新企业资格认定及高新人才引进政策培训会召开】 8月14日,国家高新技术企业资格认定及高新人才引进相关政策培训会召开。海淀区近300家高新技术企业代表参加会议。会上,海淀园科技处就科技处相关工作职能以及2013年海淀区高新技术企业资格认定申报流程、受理时间做了详细说明,并希望广大企业积极参加海淀园组织的高新技术企业认定培训,正确理解和把握有关政策。市科委高新处着重解读了高新技术企业认定管理办法及优惠政策,同时对企业申报过程中的操作细节、注意事项及关注热点问题逐一进行了解答。海淀区人才服务中心企业服务部详细介绍了针对高新技术企业的"人才引进"相关政策及"工作居住证"最新政策和办理流程。

(市科委法规处)

【北京4G联盟召开SDN/OpenFlow技术沙龙】 8月20日,北京4G联盟召开SDN/OPenFlow技术沙龙活动。会上,来自清华大学网络体系结构和ipv6研究室主任毕军教授,中国联通网络技术研究院互联网新技术研究室主任周光涛以及会员单位神州数码、天地互连等企业的专家为联盟会员介绍SDN(software defined network,软件定义网络)技术发展及应用。来自星河亮点、赛尔网络、天元网络、中科声学所、方正带宽等十几家联盟会员代表参加了本次沙龙活动。活动中,大家围绕健全SDN技术标准体系、向SDN网络迁移以及SDN应用需求等议题展开交流讨论。与会代表认为SDN这一新型网络体系架构具有控制和转发分离、设备资源虚拟化、软硬件可编程等优点,有望在今后几年快速发展。

(市科技信息中心)

【产业技术创新联盟标准制定培训研讨会召开】 8月26日,由市科委高新处、北京技术交易促进中心、中国标准化研究院标准化理论与战略研究所、中关村产品检测和质量认证服务中心共同举办的产业技术创新联盟标准制定培训研讨会在鼎好大厦国际技术转移中心召开,北京市50余名联盟代表参会。会上,中国标准化研究院标准化理论与战略研究所所长王益谊对联盟标准的定位、制定程序、重点问题及如何向国家标准转化等进行了详细的讲解;中关村产品检测和质量认证服务中心主任左家平全面介绍了中关村标准检测认证公共服务平台建设情况;半导体联盟标委会执行秘书高伟和长风联盟技术总监刘致杰分别介绍了本联盟在联盟标准制定及推广等方面的经验,给予了各参会联盟较好的启示。

(北京技术交易促进中心)

【高新企业资格认定及海关优惠政策培训会召开】 8月30日,北京科技政策法规宣讲团、海淀园管委会科技处和北京中关村高新技术企业协会共同举办国家高新技术企业资格认定及海关相关优惠政策培训会。海淀区近200家高新技术企业代表参加会议。主办方分别就2013年高新技术企业资格认定政策及企业申报过程中的操作细节和注意事项,中关村海关的工作职能、关税政策和通关申报相关流程,以及北京中关村高新技术企业协会服务事项进行详细解读。

(市科委法规处)

【2014年度国家星火计划项目申报动员会召开】 9月,市科委农村处、农村中心召开2014年度国家星火计划项目申报动员会。各区县科委、国家农业科技园区以及北京现代农业科技创新服务联盟的代表参加了会议。会上,市科委农村处副处长赵静围绕科技部关于星火计划项目的申报要求和北京国家现代农业科技城建设工作目标,部署2014年度星火计划项目的申报要点。

(市科委农村发展中心)

【生命所与301医院召开合作需求对接会】 9月,市科委组织北京生命科学研究所与301医院召开合作需求对接。近20名临床专家和科学家出席了对接会,涵盖了细胞凋亡、肝炎、耳聋、儿童发育及炎症坏死等领域。双方就联合研究、人才交流、技术平台开放等方面达成合作共识。

（市科委生物医药处）

【“电动北京伙伴计划”校园行活动启动】 9月10日，市科委在北京理工大学举行“电动北京伙伴计划”校园行启动仪式，首批100辆电动汽车在北京理工大学、北京交通大学、清华大学3所高校设立电动汽车租赁点。下一步，市科委将整合电动车全链条资源，采用市场化运作，力争到2017年实现“电动北京伙伴计划”双百工程，亦即在全市100个科技园区、100所学校（院所）实现电动汽车租赁全覆盖，建成公共“校园”电动共享租赁网络。

（北京市新能源汽车发展促进中心）

【设计之都·2013设计之旅活动启动】 9月25日，由市科委与市委宣传部、市金融工作局共同主办，北京工业设计促进中心等单位承办的设计之都·2013设计之旅启动活动暨2013首都文化金融服务季设计服务融资专场在设计之都大厦开幕。10余家金融机构及40余家设计服务企业参加。活动首次将综合化金融服务引入了设计行业，为金融机构与设计文化企业进行现场对接。活动现场同时进行由韩国振兴设计院带来的优秀设计产品展览。设计之旅活动作为北京国际设计周的最大看点之一，形成以设计之都大厦为起点，连接中华世纪坛、751时尚设计广场、DRC工业设计基地、三里屯和大栅栏等6～8条特色旅游路线，覆盖全市118家设计站点，涉及工业设计、平面设计、多媒体设计、建筑设计、服装设计、动漫设计等多个创意设计门类，为公众在十一黄金周期间推出一道设计旅游大餐。

（北京工业设计促进中心）

【纳米膜材料应用技术对接会召开】 9月26日，市科委召开纳米膜材料在出租车领域应用技术对接会。会上，市交委运输管理出租处负责人、北汽出租车公司、房山房安出租车公司等结合出租车行业特点，以及出租车行业管理规定，明确提出解决夏季出租车司机暴晒问题的具体要求；中科东亚、首科纳米、康得新公司分别介绍了各自的产品并进行了现场演示；中科院化学所、理化所纳米膜材料研究团队介绍了目前纳米膜材料的研究进展。通过交流，技术需求方出租车公司与产品提供方纳米膜公司、技术提供方中科院研究团队初步达成合作意向。

（北京新材料发展中心）

【3D打印共性服务平台建设研讨会顺利召开】 9月，市科委电装处与北京生产力促进中心共同召开面向创意设计和生物医疗领域3D打印共性服务平台建设研讨会。数码大方、上拓科技、北京隆源、纳通医疗、清华大学、中科院自动化所、中科院计算所、北工大等10余家企业及高校院所的20余位代表参加会议。会上，与会代表介绍各自单位的技术优势及相关资源，并围绕文化创意及生物医疗两大领域的共性技术、服务平台建设的必要性等内容展开讨论。

（市科委电装处）

【高端装备制造6家企业与北京银行对接】 9月，为解决北京高端装备制造领域企业融资需求，推进银行业金融机构加大对高端装备企业的信贷支持，北京生产力促进中心组织东方精益、微纳、工道风行等6家单位与北京银行对接。会上，北京银行就与数控联盟达成的科技金融意向合作协议及特为高端装备制造企业开发的“科技贷”等相关金融产品进行了介绍，并与各参会企业上市资质评级贷款、技术研发投入、土地购买资金等具体金融需求进行深入洽谈。

（市科委电装处）

【四农业研究院校召开科技服务工作交流会】 10月24日，市科委农村发展中心组织中国农大、市农林科学院、北京农学院、市农职院在北京农学院召开了科技服务工作交流会，旨在贯彻落实党的群众路线教育实践活动精神，进一步了解“三院”联动科技服务工作情况。会上，中国农大及“三院”相关领导从探索科技服务新模式与新机制、转变科技服务培训对象、与企业合作推动成果转化、企业需求引导科学研究等方面介绍了各自经验，参会人员进行了讨论。

（市科委农村发展中心）

【2013北京科技旅游培训班举行】 10月30日，由市科委、市旅游委共同主办，北京科普基

地联盟承办的2013北京科技旅游培训班在中国消防博物馆举行。科普基地和科技旅游景点单位的代表参加了培训。培训班上,主办方对2012年"科技北京"作品征集大赛情况做总结并向部分获奖单位颁发了证书。邀请北京旅游学院洪华副教授做题为"开放单位游览活动与线路的设计"的讲座。

(市科委科宣处)

【开展新型农业农村科技人才队伍培训班】 11月11—17日、12月2—8日,市科技进修学院与北京市科协学会联合办公室、市园林绿化局林业推广站、市残联残疾人就业服务中心,在房山区良乡镇农业函授大学共同举办2013年农民职业技能培训班。培训班针对果树工和果品加工工两个工种,开展为期7天的封闭式脱产培训学习,随后进行职业技能鉴定考核。培训班150余名学员,其中147名学员考核通过,取得资格证书。此次培训通过协调农业广播学校,特别邀请了多名北京农业职业学院、北京林业大学、中国农科院信息化研究所等单位的专家、教授,针对学员的实际情况和具体需求,多角度、多形式、多途径提高林果乡土专家和务农残疾人员的农业理论素养和农业生产能力。通过这次培训和学习,学员实现了结业证、技能证、中专证三证合一,为今后的生产实践提供了保障。

(市科协)

【科技金融企业科技政策专题宣讲会召开】 11月21日,建行中关村分行与市科委共同召开科技金融企业科技政策专题宣讲会,来自建行中关村分行推荐的50余名科技企业负责人参会。

(市科委条财处)

【搭建联盟对接平台,构筑食品安全体系】 11月25日,市科委农村中心召开"首都食品安全服务联盟与北京市食品安全企业联盟工作对接会"。两大联盟就食品安全领域产业需求、技术标准、科技保障等方面进行了交流,在构建食品安全检测体系、搭建服务渠道、依托资源平台共享检测数据、加强内部风险防控、为企业提供制度、法规的指南模板等方面找到工作对接点,并达成在产业推动层面需要有抓手、在组织机制层面需要有新载体、以检测服务平台形式推动食品安全工作的共识。

(市科委农村发展中心)

【北京技术转移机构负责人培训班举行】 11月28—29日,由北京技术市场管理办公室主办,北京技术市场协会承办的北京技术转移机构负责人培训班举行。邀请科技部原副部长刘燕华、北京大学产业技术研究院院长陈东敏、中央民族大学李冰教授、北京中科纳新公司总经理梁青等4位专家分别就创新方法、国际技术转移、核心竞争力的智慧佩剑、从科技创新到商业运营等内容做了讲解。与会人员还就北京技术转移机构执行北京《技术转移服务规范》地方标准情况、技术转移人才现状和需求等开展了分组讨论。北京技术转移机构负责人100余人参加此次培训。

(市科委高新处)

【北京市科学道德和学风建设宣讲系列报告会举行】 11月29日,由北京市科学道德和学风建设宣讲教育领导小组、北京工业大学共同主办的北京市科学道德和学风建设宣讲系列报告会在北京工业大学举行。两院院士、北京理工大学名誉校长王越以"社会发展与人才建设简论"为题,阐述了"人才"与"人生"的辩证关系。有关院校近700名学生参加了报告会。12月5日,市科学道德和学风建设宣讲教育领导小组、北京建筑大学共同举办的北京市科学道德和学风建设宣讲系列报告会在北京建筑大学举行。中科院院士、原国家自然科学基金委员会副主任王乃彦以"科研工作中的诚信"为主题,从不同角度阐释了科学精神的真谛和加强科学道德与学风建设的重要意义,指出了科技工作者要对社会尽到应有的责任,要以优良的学风促进创新进步。有关院校近700名学生参加了报告会。12月12日,北京市科学道德和学风建设宣讲教育领导小组、市农林科学院共同举办的北京市科学道德和学风建设集中宣讲系列报告会在市农林科学院报告厅举行。中科院院士、中国农业大学吴常信教授以"科研诚信与学术规范"为题,从科研诚信与社会诚信、学术不端与学术不端行为、学术失范几方面入手，结合专业特点和自身经历，向听众阐述了科研诚信和学术规范中的相关问题。来自有关院校的300余名学生参加报告会。

（市科协）

【4G联盟召开专利政策专题培训交流会】 12月11日，北京4G联盟召开北京4G联盟专利政策培训交流会。邀请专业的专利代理人为联盟会员单位现场讲解计算机程序的发明专利申请的可专利性最新进展、挖掘专利信息的价值及专利信息检索分析技巧等。4G联盟、无人机联盟及其他联盟的会员单位代表50余人参加了本次培训会。

（市科委电装处）

【政策宣讲活动走进未来科技城】 12月12—14日，市科委与未来科技城管委会共同召开申报政策宣讲会，帮助科技城入驻央企了解掌握相关政策，为企业开展申报工作做好服务。共有15家入驻央企的30余位负责人参加会议。

（市科委法规处）

【2013年科技信贷情况通报及2014年工作研讨会召开】 12月19日，市科委与人行营业管理部共同召开2013年科技信贷情况通报及2014年工作研讨会，来自首都辖区32家中资银行、8家担保机构以及市科委直属事业单位的科技金融工作负责人参加了会议。会议对2013年各银行开展的科技信贷情况、绩效考核指标以及涌现出适应科技企业特点的金融产品进行通报。各银行还针对市科委的风险备偿金、业务补助金政策以及在2014年如何开展科技信贷工作提出了建议。

（市科委条财处）

【“金融激励”助推生物医药产业贷款破百亿】 年内，由市科委、人行营业管理部、北京银监局联合出台并推动实施的《推动北京生物医药产业跨越发展的金融激励试点方案及工作管理办法》取得了显著成效，累计突破100亿元，支持生物医药科技创新型企业260余家，充分体现了科技“信号源”、金融“放大器”的作用。

（市科委生物医药处）

【系列奖励政策宣讲培训会举行】 年内，自2013年度北京市科学技术奖推荐工作启动以来，市科委陆续举行10余次奖励政策宣讲培训会，累计约1500名科技工作者参加。举行面向企业、高校科研院所、医疗机构的专场培训会，同时深入区县、企业、行业管理机构等，根据不同类型单位的不同需求，有针对性、有侧重点地进行了科技奖励政策解读与申报培训。

（市科委计划处）

【G20工程专场招聘会举行】 年内，市科委生物医药中心组织包括泰德制药、义翘神州等10家G20/ABO企业参加的G20工程生物医药——北京理工大学专场招聘会，提供百余个岗位。招聘会吸引北京理工大学、北京化工大学和北京城市学院三所高校近150余名应届毕业生参加。

（北京生物技术和新医药产业促进中心）

【G20企业和京区临床药理基地对接会召开】 年内，市科委召开G20企业和京区临床药理基地对接会。组织企业和临床药理基地对接交流是市科委发挥京区新药研发临床资源，以医促药的重点工作之一。本次对接会以“单位对接、项目对接交流”为主题，邀请到301医院、协和医院、北医三院等30多家临床药理基地负责人和13家G20企业代表共60余人参会。会上，临床药理基地代表介绍了重点学科及与北京企业的合作情况，与会企业提出了10项新药和90项诊断产品的临床试验需求。双方就开展临床试验进行了对接交流。市科委将推动更多产品临床试验在京完成。

（北京生物技术和新医药产业促进中心）

【全程露地蔬菜生产机械化现场观摩会召开】 年内，首都设施农业科技创新服务联盟组织成员单位开展全程露地蔬菜生产机械化现场观摩会。国家蔬菜工程技术研究中心、北京京鹏环球科技股份有限公司、中农先飞（北京）农业工程技术有限公司、北京格林格力温室工程技术有限公司等8家联盟成员单位参加观摩。与会人员现场参观北京国际都市农业科技园最新农业科技成果、农业示范用高效设施，详细了解全程露地蔬菜新型农业机械化装备，如苗盘播种机、整地作畦机、弓架弯折机、收获拖车等的技术性能和作业效率,观摩国外引进的全程露地蔬菜生产机械现场演示。

(市科委农村发展中心)

【“12396”热线专家应时应季现场指导农技员】 年内,“12396”科技服务热线专家应时应季现场指导培训实施以来,开展蔬菜田间管理,果树病害、畜禽疫病防治等技术操作指导近20次,直接现场培训农技员480余名,及时解决实际生产技术问题100多个,既培训了广大村级全科农技员,又切实解决了农业生产过程中的疑难问题,受到了农技员和农户们的欢迎。

(市科委农村发展中心)

【科技政策法规宣讲团走进中航集团】 年内,市科委与中国航空规划建设集团共同召开“北京科技政策法规宣讲团走进中国航空规划建设”政策专题宣讲会。来自中国航空规划建设集团30余名高层科技管理人员参加会议。会上,宣讲团分别就企业关心的北京市自然科学基金项目管理办法、北京市科技计划项目(课题)管理体系、储备制度及重点支持领域、北京市工程技术研究中心及企业科技研究开发机构认定政策以及北京市支持科技服务业发展的思路和政策等内容进行了深入解读。会后,企业管理人员围绕近期将要开展的申报工作,如企业科技研究开发机构认定、北京市工程技术研究中心认定、自然科学基金、首都设计提升计划项目、北京设计创新中心、企业研发项目鉴定等,与讲师团进行了深入交流。

(市科委法规处)

【“深加工专利数据库在中药创新中的应用”讲座举行】 年内,市科委举办“深加工专利数据库在中药创新中的应用”讲座,承担过市科技计划项目的25家中药企业及5家中医医院参加。此次讲座邀请北京东方灵盾科技有限公司总裁孙瑞阳做专题讲座。会上,孙瑞阳总裁对专利信息的重要性、未经深加工的专利数据存在的问题,以及东方灵盾自主开发的国内首个涉及世界各国天然药物专利的经过深加工的中英文双语专利数据库——世界传统药物专利数据库做介绍。该数据库是我国第一个涉及世界各国天然药物专利的经过深度加工标引的中英文双语种专利数据库,收录了1985年以来世界上20余个国家2个国际组织的以中药为核心的所有天然药物及其提取物方面的专利信息。目前,该数据库包含已经深度标引的专利数据20万余条,同族专利信息50万余条。该数据库经过深度标引之后,所有数据均可实现中英文双语检索,从根本上克服了语言障碍,填补了世界传统药物领域数据深加工的空白。

(市科委生物医药处)

【“CNESA液流电池”公益沙龙举行】 年内,中关村储能产业技术联盟首次以“CNESA液流电池”为主题的公益沙龙在中国国际技术转移中心举行。活动邀请国家973液流储能电池重大基础研究项目首席科学家、中科院大连化学物理研究所张华民教授做主讲嘉宾。中关村储能产业技术联盟、中国工程院防化研究院、普能公司、百能汇通、国电南自、美能公司等40多家业的代表参加此次活动。与会代表针对液流电池成本以及未来下降的空间进行探讨。代表希望在储能技术升级方面得到国家产业政策的支持,包括研发资金投入,加大支持有能力的储能企业等,为建立良好有序的液流电池市场环境奠定基础。

(北京技术交易促进中心)

【北京市农业科技项目管理培训会召开】 年内,市科委农村发展中心召开北京市农业科技计划项目管理培训会。2014年农村领域重大项目主持单位及各课题承担单位共100余人参加了此次会议。会上,市科委条财处针对2014年北京市科技计划项目(课题)市财政科技经费预算评审原则进行了讲解;市科委农村处针对财政预算评审过程中的典型案例进行了分析;市科委农村发展中心对项目全过程管理注意事项进行介绍,并针对各项目主持单位、课题承担单位提出的疑问进行现场答疑。

(市科委农村发展中心)

研究与开发

基础研究

【糖尿病防治研究北京市重点实验室举行首届学术会议】 1月24日，依托首都医科大学附属北京同仁医院内分泌科建设的糖尿病防治研究北京市重点实验室首届学术会议及揭牌仪式在同仁医院学术报告厅举行。会上，重点实验室主任杨金奎教授介绍了糖尿病防治研究北京市重点实验室的定位、主要研究方向和内容、前期研究成果以及三年发展规划，学术委员会委员审议了实验室定位和发展规划。

（市科委法规处）

【"新型定量肝组织弹性成像方法研究"取得进展】 3月29日，市自然科学基金资助重点项目"新型定量肝组织弹性成像方法研究"（项目编号:3111003）通过专家验收。该项目由清华大学白净教授承担，项目研究取得了阶段性成果。项目建立了不同硬度肝组织的有限元弹性力学模型和声学模型；研究了新型定量肝组织弹性成像方法；研制开发了检测软件、关键部件及功能样机，并在中日友好医院对功能样机进行临床试验，验证其安全性、可靠性和有效性。临床试验结果表明，项目研制出的功能样机同国外目前的瞬时弹性成像设备相比具有很高的一致性；与肝穿活检结果对比，肝脏弹性值与肝穿活检纤维化分级结果在统计学意义上显著相关。

（北京市自然科学基金委员会办公室）

【国内最大规模的临床样本资源库——北京生物银行建成】 4月1日，市科委宣布，国内最大规模的临床样本资源库——北京生物银行正式建成。该生物银行能够实现样本采集、流转、冻存可追溯，具有病种多、规模大、参与机构多等特点，已收集12个疾病种类、5.59万病例，样本数达32.25万份，可为我国自主知识产权的创新性药物研发与评价、重大疾病诊疗新技术和新方法研究提供大量、高质量的原始性基础资源，促进北京生物医药产业跨越发展工程（G20工程）和首都十大疾病科技攻关工作的组织实施。市科委于2009年正式立项启动了临床样本资源库——北京生物银行的建设，并得到了国家发展改革委的大力支持。该生物银行对重大疾病科技攻关和生物医药产业发展的成效已初步显现，依托这些资源已获得专利12项，形成国家级行业标准4项，同时申请省部级项目30余项，总经费超过1.3亿元，国际合作及医疗机构与制药企业之间的合作正陆续展开。9月，北京生物银行二期建设正式启动。二期建设的周期为2013—2015年，二期建设的目标是扩大规模，在一期基础上增加1倍，达到病例10万份，样本100万份；完善公共信息发布平台，为研究提供疾病资源检索展示和数据挖掘服务；进一步推动疾病资源的共享与利用，发挥北京生物银行在医药产业和临床研究中的应用价值。

（市科委生物医药处）

【磁共振成像脑信息学学术会议召开】 4月22日，依托首都医科大学附属宣武医院建设的磁共振成像脑信息学北京市重点实验室首届学术会议及揭牌仪式举行。实验室学术委员会委员审议了实验室定位和发展规划。

（北京交易促进中心）

【"甾体皂苷药靶研究"取得进展】 4月24日，中国人民解放军军事医学科学院放射与辐射医学研究所马百平教授承担的市自然科学基金资助项目"基于化学基因组学的甾体皂苷药靶发现与结构优化研究"（项目编号:7090001）通过专家验收。该项目构建了含有230余种单体化合物的甾体皂苷化合物库，通过筛选明确了诱导或抑制血小板聚集、收缩或舒张平滑肌的甾体皂苷化合物基本结构特征及构效关系。探讨了知母皂苷AⅢ和偏诺皂苷Tg的作用机制，首次阐述了偏诺皂苷Tg的止血作用机制。通过结构优化和筛选，确定了抗血栓新药开发的系列候选药物，进行了活性评价及临床前研究。其中，代号TSA的候选药物目前已转让给北京四环制药有限公司开发应用。

（北京市自然科学基金委员会办公室）

【耐药结核病研究实验室召开首届学术会议】 4月25日，耐药结核病研究北京市重点实验室首届学术会议及揭牌启动仪式在首都医科大学附属北京胸科医院举行。市科委、市卫生局、首都医科大学、中国疾控中心结核病预防控制中心、北京胸科医院等相关部门领导和重点实验室学术委员会委员出席启动仪式并为重点实验室揭牌。耐药结核病研究北京市重点实验室作为目前北京市唯一一家结核病相关研究重点实验室，致力于耐药结核病控制的耐药机制、耐药结核病的快速诊断、药物作用机理等3个关键环节的研究。

（北京技术交易促进中心）

【CO_2 资源化利用与地质封存研究取得进展】 4月，由清华大学二氧化碳资源利用与减排技术北京市重点实验室承担的2011年度阶梯计划项目“CO_2 资源化利用与地质封存中关键基础问题研究”项目通过专家验收。经过研究取得的进展包括：得到了 CO_2 和水在多孔岩心中的定量化分布特征以及封存过程中的迁移规律；确定了有效封存系数模型；得出了以水为工质的增强型地热系统（water - EGS）驱动的ORC循环工质的一般选择原则，并对 CO_2 - EGS的运行参数进行了优化；研制了 CO_2 热泵热水器样机；研究了高温下SOEC电解 H_2O、电解 CO_2，高温下电解 CO_2/H_2O 生成 CH_4 的特性以及多尺度多物理场耦合基元反应模型。该项目为未来实现规模化低能耗 CO_2 减排和安全封存、深化和拓展 CO_2 资源化利用提供了重要的理论基础和有效技术途径，对于国家节能环保具有重大意义。

（市科委法规处）

【慢性肝病肝纤维化诊断研究成果研讨会召开】 5月9日，由市自然科学基金委办公室和清华大学科研院共同主办的慢性肝病肝纤维化诊断研究成果研讨会在清华大学召开。来自清华大学科研院、清华大学医学院临床医院以及高等院校、科研机构、企业及市基金办等单位的20多人参加了研讨会。会上，清华大学白净教授领导的研究团队介绍了前期承担的北京市自然科学基金重点项目“新型定量肝组织弹性成像方法研究”取得的研究成果以及后续研究计划，并演示了功能样机的检测功能。与会专家对项目组研究成果进行了讨论，建议该研究成果尽快扩大临床研究，加速进行推广，尽快服务于医院和病人；建议研究团队建设该领域内国际前沿的基础研究平台，加强该领域基础研究工作。专家一致认为，该项研究成果能为国内外众多慢性肝病患者的肝纤维化诊断提供新型无创诊断工具，具有重要推广价值和产业化前景。

（北京市自然科学基金委员会办公室）

【药物临床试验质量管理规范论坛召开】 9月2日，由市科委主办，北京朝阳医院承办的药物临床试验质量管理规范论坛召开。本次论坛以“提高企业临床研究水平”为主题，从企业角度设置演讲主题，解决临床研究过程中的实际问题，对提高北京生物医药临床开发效率和水平具有重要意义。论坛邀请了来自朝阳医院、协和医院等单位的临床研究专家就临床试验质量管理规范发展历程、临床试验关键问题、数据分析处理方法和药物临床试验申报流程等内容进行演讲和沟通。论坛发放了市科委组织编制的《北京市药物临床试验机构名录》，帮助企业全面了解北京地区药物临床试验机构的专业设置情况。来自38家北京生物医药企业的百余名代表出席论坛。

（市科委生物医药处）

【“促进文化科技融合”项目通过验收】 9月3日，由北京科学学研究中心承担的“北京市促进文化科技融合的模式与路径研究”项目通过专家验收。该项目创造性地将文化、科技分别按照物质层、制度层、精神层进行划分，并提出科技文化两两融合的9种理论模式。专家组经过讨论，认为课题组对文化与科技融合的理论框架、动力机制等进行了较为系统的研究，提出的融合理论模式具有创新性，对于深化认识文化与科技融合的内在规律具有重要作用。总结了北京市文化与科技融合中存在的问题，在借鉴国内外实践经验基础上，提出的北京市推动文化与科技融合的发展模式、技术路径和政策建议，对于北京市推进文化与科技融合工作具有一定的参考价值。

(北京生产力促进中心)

【数字化技术助力颧骨整形发展】 年内,中国医学科学院整形外科医院承担的"运用数字化技术对颧骨L型截骨术的探索性研究"项目取得进展。该项目利用先进的二维与三维数字化影像学技术,对患者颧部骨性结构进行定量分析,总结高颧骨畸形患者、半侧颜面短小患者颧部的骨性特征及规律。项目组获得国家发明专利2项,实用新型专利2项,其中自主研制的头影测量定位摄影椅,在放射科的实际拍摄过程中,明显减轻了患者拍摄时的痛苦,提高了患者的舒适度和配合度。该研究为进一步开展颧面部个体化和精细化整形手术奠定了基础。

(市科委生物医药处)

【世界传统药物专利数据库日趋完善】 年内,为进一步完善世界传统药物专利数据库的功能,使其更好地服务于新药开发,市科委组织10余家开展中药研发的企业、院所试用该数据库。该数据库是北京东方灵盾科技有限公司自主研发的我国首个涉及各国天然药物专利的数据库,包含已经深度标引的专利数据20万余条,所有数据均可实现中英文双语检索,填补了世界传统药物领域数据深加工的空白,结束了只能依赖国外数据库检索专利信息的时代。

(市科委生物医药处)

【"北京科技咨询年度发展报告(2011)"课题通过验收】 年内,北京科技咨询业协会承担的"北京科技咨询年度发展报告(2011)"软课题通过验收。课题组围绕北京市科技咨询业及科技服务业的发展现状,从行业总体规模、发展趋势及存在问题等方面进行分析和研究。研究指出,北京市科技咨询业规模增长快速,截至2011年,规模以上(年收入500万元以上)科技咨询企业1459家,同比增长11.12%;收入总额为941.66亿元,同比增长26.45%;从业人数为14.24万人,同比增长16.55%;上缴税金43.77亿元,同比增长23.38%。

(市科委高新处 北京生产力促进中心)

【食管癌早期诊断标志物研究取得进展】 年内,依托北京友谊医院组建的消化疾病癌前病变北京市重点实验室关于上皮特异性转录因子(ESE3)在食管早期癌变中的作用与分子机制的研究取得进展。研究结果证实了ESE3异常胞质定位可能是食管上皮癌变的早期分子事件,并发现其在癌细胞的增殖和克隆能力方面有显著影响,为临床食管癌早期诊断手段的开发提供了重要参考。

(北京技术交易促进中心)

【胎儿颅脑畸形发病机制研究取得进展】 年内,依托首都儿科研究所建设的儿童发育营养组学北京市重点实验室关于胎儿颅脑畸形发病机制的研究取得进展。实验室研究成果详细阐述了神经管畸形发病机制中表观遗传修饰与一碳营养环境交互作用机理,首次证明了神经管畸形病例中组蛋白甲基化修饰发生的变化,且该变化主要与低叶酸的环境因素密切相关。该研究为神经管畸形病诊断标志物的确立及防治提供了有益的参考,揭示营养素影响儿童发育的科学规律。

(北京技术交易促进中心)

【单细胞测序新技术应用取得重要研究进展】 年内,《细胞》(*Cell*)及美国《国家科学院院刊》杂志上相继报道了单细胞测序技术应用取得的2项重要研究进展:一是北大第三医院生殖中心乔杰团队通过对极体细胞进行单细胞测序,可无损地为人工体外授精选择出基因正常的胚胎。该方法应用于临床有望提供一项安全、准确且廉价的胚胎筛选方法,大大提高现有试管婴儿技术的成功率(30%提高到60%)。二是北大肿瘤医院胸内科主任王洁通过单细胞测序手段,实现了癌症病人外周血单个肿瘤细胞(CTCs)的全基因组及外显子组测序。癌症病人CTCs基因组分析对于揭示癌症转移的分子机制具有重要意义,同时提供了一种非侵袭性检测手段,为肿瘤的疗效评价、预后判断以及个体化诊断治疗提供及时可靠的依据。

(北京生物技术和新医药产业促进中心)

【研究发现腺病毒55型为北方获得性肺炎重要病原体】 年内,由首都医科大学附属北京朝阳医院和中国CDC病毒所合作完成的腺病毒55型肺炎临床和病毒学研究论文被国际呼吸领域权威杂志——《美国胸科杂志》(*Chest*)接收。该发现基于由首都医科大学北京朝阳医院等12家三级和二级医院共同参与的多哨点新发突发传染病监测网络。通过两年多的监测研究发现腺病毒55型已经成为中国北方地区社区获得性肺炎重要病原体。腺病毒肺炎占成人社区获得性肺炎(CAP)的5%,其中腺病毒55型最多见(占43.8%),其他型别依次为:7型,3型,14型和50型。腺病毒55型肺炎患者比其他型别肺炎发病年龄大10岁。发病高峰集中每年2—3月份(流感季节刚刚结束的两个月份)。

(市科委生物医药处)

社会发展科技

【人工影响天气学术交流会召开】　4月2—3日,依托北京市人工影响天气办公室建设的云降水物理研究与云水资源开发北京市重点实验室第一届学术交流会在京召开,此次会议由北京市气象局主办。中国工程院院士李泽椿、美国国家大气研究中心教授铁学熙、以色列耶路撒冷希伯来大学罗森费尔德教授以及该实验室学术委员会的专家,国内气象部门和单位的有关领导和专家及人工影响天气工作者160余人参加了会议。开幕式还围绕云降水物理研究、雾霾天气观测和机理研究以及人工影响天气技术研究等主题进行专家主题报告和研讨交流活动。

(市科委法规处)

【密云新农村科技示范工程成功打造华润希望小镇】　9月13日,由密云县穆家峪镇政府实施的“密云县华润希望小镇新农村科技示范工程”课题通过验收。该课题通过组织设计,实现节能、新型能源产品与建筑的有效结合,以及广泛应用先进农村景观设计技术美化绿化环境,完成了一批集“新户型、新能源、新建材”为一体的生态民居示范工程,成功打造了自然、城镇与农民互相融合的华润希望小镇。该课题运用新型墙体材料和新能源技术,解决民居防火、抗震和冬季采暖等问题,并降低建筑成本;运用新材料建设雨水回用系统、采用新型污水处理技术,多方位支撑生态民居科技示范区建设;引进新品种、新技术进行生态村落建设,全面展示科技对新农村建设强有力的支撑作用。

(市科委农村处)

【国产绿色住宅电梯取得重大突破】　年内,北京升华电梯公司承担的“绿色住宅电梯的研发及产业化”项目通过验收。该项目通过采用变频、减振技术,改进结构设计,降低了电梯运行噪声、实现了标准担架的放置;采用了能量回收再利用技术,达到了节能效果,并设计使用了停电平层及故障报警等技术和装置,完成了绿色住宅电梯的研制,形成了批量生产能力。

(市科委电装处)

【北京“万村千乡”市场工程物联网应用见成效】　年内,市商务委承担的科技项目“北京‘万村千乡’市场工程物联网应用建设”通过专家验收。该项目经过两年的实施,集成了平台软件、平台编码转换和条码识别、物流配送、移动订货、电子商务等技术,开发了一套适合商业领域流通网络体系的物联网应用平台,并应用于北京“万村千乡”市场工程流通体系。通过物联网技术在京郊流通体系中的推广应用,实现了从供应商到京郊联合采购中心、配送企业、连锁店铺的供销一条龙服务,其中,供应商达到32家,配送企业的自有供应商超过1000家,物流配送企业达到13家,连锁店铺/企业达10218家。

(市科委农村处　市科委农村发展中心)

【汽车排放控制技术取得阶段性成果】　年内,北京工业大学何洪教授承担的北京市自然科学基金资助重点项目“高效低成本汽车排放控制技术及其关键材料研究”(项目编号:2101002)通过专家验收。该项目建立了贵金属纳米粒子合成新方法——超声膜扩散法,实现了贵金属纳米粒子、储氧材料和纳米三效催化剂的千克级制备,采用该技术制备的新型催化剂比原催化剂节约成本20%以上。该项目研究的高性能催化剂关键材料应用于汽车生产中,可减少汽车尾气中氮氧化物(NOx)的排放量。项目的研究成果对于推动汽车环保技术发展、有效控制城市环境中PM2.5排放量等方面具有重要的意义。

(北京市自然科学基金委员会办公室)

【食品安全现场检测装置研制成功】 年内,由中国检验检疫科学研究院食品安全研究所承担的“食品安全现场检测样品前处理装置及相关材料研发”项目通过专家验收,实现了肉类和蔬菜类食品安全的快速样品处理,能够替代进口的同类产品,具有广阔的市场前景。该项目研制出了快速样品制备、涡旋离心、QuEChERS方法前处理三台仪器样机,并将其研制的甲砜霉素等7种胶体金试纸条应用于肉制品、蔬菜类食品进行安全检测,检测限可达到国标要求,解决了北京市民的后顾之忧;研发了便携式生物安全柜和便携式培养箱各1台,可以进行肉类和蔬菜类食品中兽药残留和病原微生物的快速处理、产品检测;获得了盐酸克伦特罗、氯霉素、恩诺沙星、大肠杆菌O157:H7、李斯特菌5种免疫磁珠产品,并形成了市场化能力,多方位保障北京地区的食品安全。

(市科委农村发展中心)

【食品安全检测仪器研发获重大进展】 年内,由北京普析通用仪器有限责任公司承担的“北京食品安全检测仪器研发与产业化示范”重大科技项目通过专家验收。项目下设北京食品安全检测企业自主创新平台建设、国产食品安全检测仪器研发与产业化示范、食品安全现场检测样品前处理装置及相关材料研发与产业化、食品安全快速检测试剂研发与产业化4个课题。通过项目的实施,建设以企业为主体的自主创新平台,研制了多气源原子吸收光谱仪、多功能食品安全现场快速检测仪等9种食品安全检测装备;开发了20余种快速检测试剂和样品处理材料,技术指标满足农业部相关要求,并通过了多家资质实验室复核认证;建成了北京食品安全检测装备工程技术研究中心,完成第三方检测实验室组建,获得了三项资质认证,开发了食品安全检测解决方案决策咨询系统。建立了4条仪器生产线,改扩建了试剂盒和试纸条生产线,实现产值1亿余元。开发了57种快速检测试剂/方法,形成3套解决方案;申请专利31项,农业部新产品备案10项,主持和参与制定国家标准5项。项目取得的成果在毒胶囊事件、食品安全检测网络建设中发挥了重要作用。

(市科委农村发展中心)

【“有机污染物治理工程技术示范”课题通过验收】 年内,由北京美能环保科技有限公司承担的“有机污染物治理工程技术示范”课题通过专家验收。课题通过对污灌区三块农田有机污染物的组成和含量的检测,确定了污染区域土壤中的主要污染物为多环芳烃;研制了类球红细菌和多黏类芽孢杆菌农用微生物菌剂,并进行了菌剂的中试生产,为污灌区污染土壤治理提供了重要的修复材料;通过应用微生物菌剂,配套种植小麦玉米,研发应用了生物修复有机污染土壤技术,使20亩核心示范区中度污染的农田土壤中的多环芳烃(PAHs)含量降低到了无污染的水平(<0.2 mg/kg)。

(市科委农村发展中心)

【“农村住宅清洁能源供暖系统”研究获突破】 年内,清华大学联合北京市可持续发展促进会、中科院电工所、格力空调等单位开展“农村住宅清洁能源多能互补集成供暖系统”联合攻关,开发了“太阳能空气集热+低温空气源热泵补热”等多种农宅供暖关键技术及其集成供暖模式,通过建筑保温与可再生能源的合理匹配利用,可将室内维持在16℃以上的舒适温度,满足北方农村冬季采暖需求。该系统能够替代小型燃煤锅炉满足农宅供暖需求,抑制农村用能的高碳化发展趋势;同时也解决了现阶段太阳能热水采暖、常规热泵空调等新型供暖系统存在的投资运行成本高、低温环境运行困难等问题。未来如在农村顺利推广,每替代10%的农宅采暖燃煤,每年的商品能耗可降低900万吨标煤,相应的CO_2、SO_2、NOx和烟尘排放量将分别减少1875.8万吨、23.1万吨、10.5万吨和17.8万吨,节能减排效果显著。该系统技术较成熟,正处于示范推广的关键阶段。

(市科委科宣处)

【SSW 车载激光建模测量系统参与美国湖泊污染治理】 年内,依托首都师范大学建设的城市环境过程与数字模拟国家重点实验室培育基地自主研发的 SSW 车载激光建模测量系统参与了美国五大湖污染源定位相关科研项目,并与纽约州高速公路管理局合作采集纽约州部分高速公路的相关数据。作为国内推出的第一个激光道路测量车产品,该系统首次提出并实现了基于 360°的激光扫描仪设计方案,促成了国产测量型激光的诞生,填补了国产测量型惯导技术应用于测绘领域的空白,打破了国外公司的技术封锁;同时该系统突破了道路高程测量2 厘米的精度指标,解决了高速公路改扩建精密测量的关键技术,其所配备的后处理软件,可无须人工干预,自动完成三维建模和地物分类及实体化功能。该系统已经在北京、河北、内蒙古、福建、海南等地高速公路改扩建上实现产业化应用,产生直接经济效益 5000 余万元。

(市科委双新处)

【生物质成型设备让废弃物变废为宝】 年内,9SYX 系列生物质致密成型成套设备是首个通过农业部成型机耐久性测试的设备。该设备由北京奥科瑞丰新能源股份有限公司设计研发。该设备对原料的水分含量要求比同类产品放宽150%,并且突破了原有环模成型设备在结构设计上的局限性,在国内率先实现了环模平放结构的设计,使设备的产能有较大提高,其易损件的使用寿命也在原基础上提高 50% 以上,尤其是成型模块采用了特殊工艺处理后,模块首次更换前可加工成型燃料 500 吨,并取得 7 项专利(含发明专利 1 项)和 3 项软件著作权。已在平谷建立了年产 1 万吨生物质固体成型燃料加工运营中心,设备投资达 365.1 万元,销售生物质固体成型燃料 19296 吨,推广成型设备 10 余台,实现销售收入 1109.7 万元。

(市科委农村发展中心)

【“瘦肉精”快速检测系列产品研制出成果】 年内,北京维德维康生物技术有限公司承担的国家农业成果转化项目“畜产品中新型‘瘦肉精’快速检测产品中试及产业化”取得进展,已完成新型“瘦肉精”的胶体金快速检测卡和试剂盒产品的生产工艺优化以及中试生产。该项目主要研究苯乙醇胺 A、齐帕特罗、赛庚啶等新型“瘦肉精”的检测技术,研发出用于定性、定量检测畜产品中沙丁胺醇、莱克多巴胺、苯乙醇胺 A、溴布特罗等食品安全快速检测试剂盒和检测卡产品,并通过中试形成产业化,为农业检疫、卫生检疫、工商监测、农产品加工生产企业等提供特异性好、灵敏度高、科学可靠的检测方法和快速筛选检测产品。

(市科委农村处 市科委农村发展中心)

【车辆强度试验室投入使用】 年内,南车二七车辆有限公司承担的“车辆强度试验室”课题通过专家验收。课题针对重载提速货车检测需求,搭建了车体静强度试验台、转向架参数测试试验台,适合对重载、快捷铁路货车进行试验。车体静强度试验台可适应最大轴重 40 吨的四轴车辆和长大货车(车体最长 26 米)等特种车辆的静强度试验要求;转向架参数测试台可检测轴重 21 ~ 23.5 吨两轴货车转向架的相对摩擦系数、最大转角及抗菱刚度等参数。

(市科委电装处 北京生产力促进中心)

【果蔬增值服务体系建设课题促新发地经营模式升级】 年内,北京新发地批发市场承担的2011 年国家星火计划“北京绿色农产品(果蔬)供应链科技示范”项目子课题“绿色农产品(果蔬)增值服务体系建设”取得进展。通过课题的实施,进一步提高了新发地市场和供应链内企业的赢利能力和赋税能力,使新发地市场从单纯的以租赁摊位和收取交易费为主的赢利模式,转变为包括交易费、物流服务费、信息流服务费、资金流服务费和商流服务费在内的多元化的经营模式,大大提高了市场盈利能力。

(市科委农村发展中心)

【新发地食品安全责任保险模式初步建立】 年内,北京顺驰天创信息技术有限公司承担的2011 年国家星火计划“北京绿色农产品(果蔬)供应链科技示范”项目子课题“品牌终端市场服务体系”研发出保险监管系统,实现了对农产品生产和经营环节质量安全的控制。课题通过对投保、应付、结算、理赔等环节的研究,初步建立了新发地食品安全责任保险模式,构建了以保险监管系统为支撑、以农产品质量安全责任保险为核心、以农产品批发商户为依托的应用示范链条,实现了对农产品生产和经营环节质量安全的控制。

(市科委农村发展中心)

【信用信息管理系统和农产品网上博览会系统建设取得进展】 年内,中科院软件所承担的2011年国家星火计划“北京绿色农产品(果蔬)供应链科技示范”项目子课题“信用信息管理系统和农产品网上博览会系统建设”取得进展,开发了农产品网上博览会系统,实现对供应链各个环节的展示和管理,为供应链内企业提供一站式服务,实现了供应链企业信息共享、资源整合、品牌培育和业务协同等功能。课题还研究了信用评价模型,构建了会员信息管理系统,实现对农产品供应链内不同类型企业信用信息的收集、评价和管理,建立了企业的诚信经营和农产品安全信用体系,完成了信用交易和信用融资等功能,取得了2项软件著作权。

(市科委农村发展中心)

【“地铁隧道内着火的安全控制研究”项目取得进展】 年内,北京交通大学毛军副教授承担的北京市自然科学基金重点项目“地铁列车在隧道内着火后继续行驶的火灾安全控制研究”取得阶段性成果。研究团队发明了隧道内运动体火灾模拟实验装置,通过静止火源和运动火源模型实验和数值模拟完成了对地铁隧道列车火灾的燃烧特性和烟气流动规律的研究,重点研究了回燃产生的决定因素、临界条件和突变特征,并提出了火灾时隧道内地铁列车合理运行车速。

(市自然科学基金委员会办公室)

【“环境监测方法合作研究”项目通过专家验收】 年内,由北京市国际科技合作基地联盟成员单位北京工业大学承担的国家国际科技合作专项“纳米技术与理论计算相结合的环境监测方法合作研究”通过专家组验收。该项目与意大利图西亚大学(Tuscia)合作实施。通过与意方在生物科学检测领域合作,有效利用了反向虚拟筛选技术,针对污染物分子,筛选出可结合二噁英、多氯联苯、滴滴涕有机污染物分子的潜在蛋白质靶标。项目在研究期间共申请国家发明专利8项,其中3项已授权,3项通过初审,3项已经受理。学术论文发表17篇,其中13篇被CSI收录。培养博士后1名,博士研究生6名、硕士研究生13名。在基地联盟的推动下,项目后续研究及产业化应用工作也正在逐步进行。

(市科委国际科技合作处)

【乳化沥青冷再生关键技术研究取得进展】 年内,依托北京市政路桥建材集团建设的北京市市政路桥绿色建材工程技术研究中心对乳化沥青冷再生关键技术的研究取得了突破性进展。该中心提出了基于混合料性能的乳化沥青配方优选及调整方法以及乳化沥青混合料施工的三阶段压实度控制方法,并开发出多种适合不同基质沥青、不同应用条件的乳化沥青产品。乳化沥青冷再生混合料筑路技术可实现将废旧沥青路面材料100%循环利用。

(北京技术交易促进中心)

【睾酮贴剂产业化开发取得进展】 年内,依托北京市紫竹药业有限公司组建的生殖避孕药物工程技术研究中心在睾酮贴剂产业化开发过程中取得进展。工程中心积极与药物制剂国家工程研究中心等机构开展产学研合作,实现睾酮贴剂的产品改进升级,完成了药品注册官方检验和标准复核,实现了产品升级换代和二次产业化的开发条件。

(北京技术交易促进中心)

【大型电站锅炉高含尘烟气脱硝研究取得进展】 年内,依托北京国电龙源环保工程有限公司建设的北京市火电厂烟气净化工程技术研究中心对高灰烟气影响催化剂性能的研究取得重要成果。该中心将研究成果集成应用于我国典型大型电站锅炉高含尘烟气脱硝工程,经第三方检测,示范工程脱硝效率为83.9%,出口氮氧化物浓度为71.7mg/m^3,各项性能指标均优于国家排放标准,满足了国内火电厂烟气净化过程中选择性催化还原脱硝产业的要求。

(北京技术交易促进中心)

农业科技

【切花菊保鲜储运技术取得突破】 1月25日，由北京双卉新华园艺有限公司承担“切花菊保鲜储运关键技术研究与应用”项目通过专家验收。该项目围绕切花菊产品采后保鲜品质的提高，企业联合高校组建研发团队，开展了配方施肥技术、关键生育期水分管理、光温调控技术和采后保鲜技术研究，形成了配套技术规程，并建立“企业+农户”切花菊产业发展模式，切花菊年产量达800万枝，出口价格提高了10%，带动农户150户，户均纯收入达到1万元/667米^2、增收20%，解决了切花菊保鲜储运技术的瓶颈问题。

（市科委农村发展中心）

【首都设施农业科技创新服务联盟年会召开】 1月28日，以“深化科技创新服务 推进首都设施农业发展”为主题的首都设施农业科技创新服务联盟年会召开。会上，联盟秘书处对联盟2012年工作做了总结，并邀请专家重点解读了《全国现代农业发展规划（2011—2015年）》《促进设施农业发展实施细则》等相关政策。

（市科委农村发展中心）

【科技套餐服务供需对接会召开】 3月19日，2013年科技套餐工程科技服务供需对接会在北京科技活动中心召开。会上，市科协学会联办主任张鸿博代表科技套餐工程办公室报告2012年的工作，对2013年的工作进行部署。北京农学会、北京水产学会、北京生理科学会分别从优新科技成果推广、农民素质提升和会院合作等方面介绍实施科技套餐工程的经验。来自40多家科技社团的负责人与来自13个区县120多名基层代表进行座谈沟通，达成科技服务供需对接项目意向近百项。

（市科协）

【“京科糯928”玉米栽培现场会召开】 4月18日，科技套餐工程“京科糯928”玉米栽培技术现场会在怀柔召开。北京农学会理事长陶铁男介绍了年内在全市扩大到113.3公顷（1700亩）的种植示范计划，并对播种前地块的安排及处理进行了现场指导。怀柔区科协副主席于乃京介绍了在怀柔区试验种植的经验，市农林科学院玉米研究中心鲜食玉米研发部主任卢柏山研究员详细讲解该品种的种植技术要点，市农林科学院玉米研究中心主任赵久然全面介绍了该品种的优良性状及推广情况，种植户代表介绍了去年试种后的感受。科技套餐工程向10个区县赠送了1300千克“京科糯928”试验种子。

（市科协）

【全市建成15家乡土专家示范园】 年内，由市林业工作总站承担的“北京市林果乡土专家科技示范园基地建设”项目通过专家验收。该项目在全市范围内筛选出15家各具特色的乡土专家示范园，并进行了有机栽培、节水灌溉、土壤改良、精细修剪、病虫害综合防治5种技术模式示范和推广。采取农民进城培训、专家进村指导、热线电话咨询、网站答疑解惑、观摩交流座谈等方式，对首批林果乡土专家的重点种植大户进行科技服务，共组织现场培训班40次，不同果树类乡土专家观摩、经验交流会30次，新培养乡土专家300名，其中有58名乡土专家取得了中专学历。乡土专家示范基地年均亩收入达到12000元，较之前提高40%，辐射带动果农10万余户，为果农创造直接经济效益累计增加1000多万元。

（市科委农村发展中心）

【科普宣讲团走进密云】 年内，北京科学技术开发交流中心将科技宣讲团带进密云县古北口村，向村民及时宣传贯彻党的十八大精神，展示“科技北京”行动计划启动以来的科技成果。活动中，科普宣讲团工作组向古北口村村民赠送了科普光盘、科普图书和扑克牌、钥匙链等纪念品近600件。

（北京科学技术开发交流中心）

【优质玉米系列新品种产业化推广取得进展】 年内，北京国家现代农业科技城在推动首都种业的发展，尤其是在优质玉米系列新品种产业化推广取得了良好成效。其中"农华101"是北京金色农华种业科技有限公司自主选育、独家开发经营,"联创5号"是北京联创种业有限公司自主选育、独家开发经营,"锐步1号"由北京德农种业有限公司独家买断品种权。3家公司通力合作在北京和甘肃建立了2条玉米种子精选加工生产线,年生产能力达2500万千克。在全国建立实验示范基地550个,示范推广面积超过58.7万公顷(881万亩),累计销售收入22919万元,净利润4881万元,产生了良好的经济、社会和生态效益。

(市科委农村发展中心)

【通州搭建育种服务平台】 年内,市科委启动实施"通州种业园现代农作物高通量育种技术服务平台建设"项目,将提升北京农科城种业科技创新和高端产业培育能力,推进通州园及良种创制与种业交易中心建设。项目将推动园区种业企业及科研机构培育出5~10个优良玉米新品种,10~20个优良蔬菜新品种;建设作物新品种展示基地26.7公顷(400亩)以上,建设高效节能日光温室6000平方米,为国内外50家以上企业及科研院所提供小麦、玉米、蔬菜品种展示达到3000个;联合国内3家典型生态区展示基地建成网络展示共享平台;建设6000平方米高标准种质资源共享交流库1个;建立"一站式"的种质资源服务大厅系统;培养熟练掌握高通量分子育种技术的专业化人才等。

(市科委农村发展中心)

【高产优质"京椒"系列品种推广加速】 年内,市农林科学院依托高端育种服务平台,扩大并完善了"京椒"系列品种的良种繁育体系以及种子检测技术和质量控制标准体系建设。"京椒"系列品种表现出适应性强、综合商品性状优良、抗病性较强、产量高等特质,符合市场需求,最终实现了替代进口种子的目标。根据市场及实际生产需求,育成新品种5个,近两年累计生产和销售种子5000千克以上,产值500万元以上,利润285万元以上,推广面积达到0.67万公顷(10万亩)左右,实现效益4.5~7亿元,新增收入6500万元以上。

(市科委农村发展中心)

【蛋品加工关键技术研究取得进展】 年内,由北京德青源农业科技股份有限公司承担的"蛋品加工关键技术研究与产业化示范"课题通过专家验收。为解决蛋品加工中存在的技术难、产品附加值低、废弃物污染严重等问题,市科委支持德青源在延庆县建立了国内首个集试验、生产、加工于一体的蛋品加工产业链示范基地,开展了液态蛋加工、专用蛋粉加工、蛋源功能成分提取、蛋壳综合利用、蛋品加工操作规范及标准5个方面的关键技术的研究,建成了蛋粉、液蛋生产线各一条,开发的巴氏杀菌全蛋液、巴氏杀菌蛋白液、巴氏杀菌蛋黄液、巴氏杀菌加盐蛋黄液、巴氏杀菌加盐全蛋液等产品已实现产业化,年产液蛋1万吨,产值增加了1.18亿元。

(市科委农村发展中心)

【房山区特色种养业替代传统煤矿业】 年内,市科委实施"房山区关闭煤矿替代产业科技示范"课题,扶持和促进新的主导产业替代传统的煤矿开采业,推动产业转型。通过课题实施,在房山区建立了仁用杏新品种种植基地33.3公顷(500亩),标准化种植基地337.3公顷(5060亩),推广适合当地种植的新品种3个;制定了仁用杏栽培技术规程,开发冷榨杏仁油、杏仁粉、杏仁乳糖豆、杏仁布丁等加工制品4个,建设杏仁加工综合利用生产线1条,实现年产值1427万元。建立仿野生黄芩标准化种植基地200公顷(3000亩),引进推广新品种2个,制定相关技术规程,开发黄芩毛峰、黄芩芯茶、黄芩养生茶3个品种,年销售额达到200万元。建立肉鸽养殖示范基地4个,乳鸽全程人工孵化示范生产线1条,制定了饲养技术、人工孵化、防疫技术等5项标准,年出栏乳鸽75.5万只。

(市科委农村发展中心)

【北京市第一家国家级食用菌设施标准园建成】 年内,由房山区政府承担的"食用菌菌种和标准化技术优化及产业升级"项目通过专家验收。项目依托房山区农科所及所属北京市弘科农场,建成了食用菌新品种繁育基地兼科技成果展示基地和北京市第一家国家级食用菌设施标准园,建立了食用菌科技服务体系。此外,还壮大和培育了3家专业合作组织、7个龙头企业,形成了工厂、山洞、林地、设施种植等四种食用菌特色产业发展模式,有力地促进了房山区食用菌的规模化发展。通过项目的实施,培训持证上岗技术人员300人,培训指导农户2.2万余人次,解决劳动力就业900多人,实现日产鲜菇68吨;设施标准化生产的规模约133公顷(2000余亩),平均每亩创造经济效益2.5万元,创造直接经济效益达5000万元;建设了3个千亩园、5个百亩园、42个食用菌种植基地,使食用菌的栽培扩大到了14个乡镇7000多农户,户均增收万元以上,实现了农民增收致富。

(市科委农村发展中心)

【狼毒素:京郊果品植物源杀螨新农药】 年内,北京农学院开展"植物瑞香狼毒素杀螨剂中试与示范"项目研究。通过研究,课题组从瑞香狼毒植物中获得了17种化合物,已经鉴定了12种化合物,其中,洋芹素、甾烯醇等化合物都具有不同程度的杀螨活性,以此化合物为母药,以商品名"狼毒素"进行了剂型的研究,并与企业合作开展了中试与示范,与农药生产企业进行了农药甾烯醇母药及水分散剂的农药申报认证工作,为植物源杀螨新农药产品的产业化生产奠定了基础。

(市科委农村发展中心)

【科技支撑昌平区设施农业发展】 年内,昌平区科委农村科技发展中心承担的"昌平区设施农业科技提升示范工程"项目通过专家验收。该项目研发了农业智能化监控管理系统,建造4套具备温泉采摘功能的新型休闲日光温室,建设4亩现代设施农业示范展示基地,辐射带动面积142.67公顷(约2140亩)的200个日光温室应用现代设施技术,累计增收935万元;培训设施农业基层技术人员500人次,对昌平设施农业发展起到了示范推动作用。

(市科委农村发展中心)

【农产品现代物流科技示范项目成效显著】 年内,市科委支持新发地批发市场开展"新发地农产品现代物流科技示范"项目研究。课题组以信息化为手段,对重点食品实现了从种植、养殖、屠宰加工、销售环节的全过程可追溯,提升了流通领域食品安全管理水平,保障首都食品的供应安全。通过课题的实施,成立了北京国家现代农业科技城流通研究院,出版《中国农产品流通产业发展报告2012》。

(市科委农村发展中心)

【真菌病害高效生防微生物制剂研制取得突破】 年内,市科委组织实施的"真菌病害高效生防微生物制剂研制关键技术研究"课题,通过关键技术攻关和对菌株的遗传改良,目前已经获得2株适于灰霉病和镰刀菌枯萎病生防制剂工业化生产的高产菌株,优化了利迪链霉菌A02及其遗传改良菌株G117的发酵工艺,研制出农抗A02的1.5%NA微囊悬浮剂,完成了农抗A02产品研制的技术体系建设工作,为开发新型的、环境友好的安全高效植保替代投入品提供了良好的技术支撑。

(市科委农村发展中心)

【科技助力京郊沟域经济发展】 年内,市科委组织实施的"农林(养)复合系统支撑沟域经济发展的关键技术集成与示范"重大科技项目取得进展,在怀柔区形成了"板栗—核桃、果—草—禽、板栗—中草药(金银花)—栗蘑"模式,在房山区形成了"蜂—花—果—药、林—菌、林—草莓、林—山野菜和果—草—禽"模式,在门头沟区王平镇形成的园林型生态果园、"林—草(蛆)—鸡、果—药、林—菌"模式,效果显著。通过对以上3个区选取4条典型沟域,探索并建立了"果—粮""林—特"和"果—草—禽"三大类共12种农林(养)模式,为山区沟域引进新优品种(系)230多种,经过3年多的试验、示范和推广,使农林(养)模式沟域示范面积达到210公顷(3150亩),辐射面积达到0.2万公顷(3万亩)以上,覆盖农户5000余户,新增经济效益5000万元以上,培训1500户农民,为沟域生态经济模式建立和结构转型提供了有力的技术支撑。

(市科委农村发展中心)

【乳制品加工关键技术被攻克】 年内,由北京三元食品股份有限公司承担的"乳制品加工关键技术研究与产业化"项目通过专家验收。该项目解决了干酪加工核心原辅料、加工设备及干酪乳清综合利用的一些关键性技术难题，实现了从基础研究、原辅料生产、产品开发与产业化相结合的奶业全产业链一体化模式。该项目经过3年实施，集成开发了电子鼻系统、原料乳储运动态监控系统、生乳收集全自动监测与采样系统3个乳品质量控制系统；建立了原料乳成分指纹图谱模型和原料乳质量评价体系各1套；实现了对9个标准化养殖小区示范基地10.5万吨优质原料乳标准化生产的质量监控，奶农增加收入5200万元，并解决了1000余人就业问题。

（市科委农村发展中心）

【科技为2014年世界种子大会提供支撑】 年内，由丰台区农委、种子管理站承担的“2014年世界种子大会新优和高新技术展示”课题通过专家验收。课题依据北京地区蔬菜生产对种苗的需求，开展西瓜、番茄、黄瓜、茄子、辣椒等作物的种苗集约化生产技术展示，建立种苗生产标准化体系。在王佐镇建立了国际种业特色展示园，建设了20公顷（300亩）农作物品种试验展示基地、18栋日光温室和16栋春秋大棚，以及25000平方米连栋温室，筛选出适宜北京种植的58个品种；建立2~3个作物种类的种苗生产标准化技术规程。在展示基地形成了种业科技创新及企业孵化、品种交易、科普教育培训和种业信息服务四大平台，为2014年世界种子大会配套的品种展示基地的建设提供了科技支撑。

（市科委农村发展中心）

【农业物联网关键技术示范显成效】 年内，国家农业信息化工程技术研究中心等单位承担的“农业物联网关键技术集成与应用示范”项目通过专家验收。该项目突破了农产品生产和流通中的信息感知、传感器集成、数据交换与共享、信息智能决策与管理四大关键技术，在新发地和京东商城等农产品物流环节，以及延庆绿富隆有机蔬菜基地和金六环农业示范园等农产品生产基地的应用示范，搭建了农业物联网技术应用支撑平台，实现了农产品在“生产基地—批发市场—超市”的全程供应链物联网技术监管和农产品质量安全保障。这是农业物联网技术首次在农产品生产流通领域应用，在农业传感器信息融合、数据接入和可视化溯源等方面具有重要意义。

（市科委农村发展中心）

【农业物联网技术在网购中得到示范应用】 年内，北京京东世纪贸易有限公司承担的“农业物联网技术在网购型物流商城中的应用示范”项目通过专家验收。该项目将农业物联网关键技术集成的成果在京东商城示范应用，重点解决农产品和农资产品的产地标识、生产辅助决策、物流管理和产品质量追溯的难题，实现农业物联网技术在网购型物流商城中的集中应用，达到物流商城增效、生产企业增收、消费者得实惠的目的。通过项目的实施，在京东商城开通了食品饮料电子销售专栏，吸引了20多家农业企业加盟，实现农产品销售千万元，增加就业近百人，初步构建了农产品电商销售模式。

（市科委农村发展中心）

【茸鹿增光增茸增值技术惠农富农】 年内，怀柔区北京绿神鹿业有限责任公司承担的2011年国家星火计划“茸鹿增光增茸增值技术示范推广”项目通过专家验收。项目根据茸鹿增光要求对增光圈舍进行了设计，更加科学合理地制定了增光程序，使之能够满足鹿茸生长的光照要求，并按照茸鹿的生茸生理特点和所处季节，有针对性地确定了茸鹿控光期的饲料配方，研制了以中药材为主要组分的控光增茸专用的饲料添加剂。经过试验，采用增光增茸技术并配以饲料配方及添加剂可使梅花鹿三杈鹿茸平均增产2.73千克/只，增产幅度超过100%。项目采用“参观学习、技术培训、科技示范带动”相结合的方式进行技术示范，利用农民田间学校等形式组织技术培训，参加人数达409人次，技术推广数量707只次，增加效益450.37万元。

（市科委农村发展中心）

【“蔬菜良种科技增效工程”项目显成效】 年内，市科委启动的“蔬菜良种科技增效工程”项目取得进展。项目从蔬菜高端品种创制、良种繁育与质量控制、种苗标准集约化生产技术示范、'十百千万'示范体系建设、安全高效生产技术模式集成示范、人才培训全产业链6个方面攻关，创制优良自交系或雄性不育系群117份，选育茄果瓜类蔬菜、反季节速生叶菜和精细特色蔬菜高端品种68个；建立设施原种生产试验基地20.8公顷（312亩），良种繁育基地605.67公顷(9085亩)，生产蔬菜良种64.45万千克；建立专业化蔬菜育苗工厂16个，示范推广蔬菜种苗标准集约化生产技术，示范生产蔬菜种苗5030万株；从国内外引进10类938个蔬菜品种，筛选出139个适宜京郊种植的蔬菜新品种；在全市63个乡镇蔬菜主产区建立蔬菜优良品种综合示范点980个，示范面积达到826.67公顷(12400亩)；推广应用蔬菜新品种0.67万公顷(10万亩)，辐射带动1万公顷(15万亩)，平均亩增产200千克，总增产0.5亿千克；开展蔬菜新品种及种植技术培训和现场观摩36次，培训蔬菜种植技术人员3874人次，发放技术资料、图册3000余册。

（市科委农村发展中心）

【饲用添加剂胍基乙酸实现应用转化】 年内，2011年农业科技成果转化资金项目“饲用添加剂胍基乙酸的产业化开发与推广”取得进展，由北京君德同创农牧科技股份有限公司承担的该项目已开发形成一套成熟、完善的饲用胍基乙酸高效合成制备技术，并实现应用转化。已建成年产200吨胍基乙酸产品的中试生产车间，完成相关设备的安装、调试；获得1项国家发明专利，实现了胍基乙酸的规模化制备；开发出的胍基乙酸产品应用技术，在饲料中使用后显著提高了畜禽生长速度和饲料转化效率；建立12个胍基乙酸添加剂养殖示范基地，公司累计实现销售收入1200万元，净利润150万元，累计缴税总额22.5万元。

（市科委农村发展中心）

【天然饲料添加剂产品应用前景广阔】 年内，2011年农业科技成果转化资金项目“安全肉生产用天然饲料添加剂产品中试与应用示范”取得进展。该项目由北京挑战农业科技有限公司承担，通过对安全肉生产用天然饲料添加剂中试车间进行改造，对设备和工艺进行安全调试，将天然植物和矿物质相结合加工制成的天然物饲料添加剂应用于畜禽类养殖中，不仅完全替代传统饲料中添加的促生长类抗生素和化学合成药物，还提高了动物生产性能，生产出优质安全肉食品。已组建完成1条年产300吨安全肉生产用天然饲料添加剂中试生产线，建立1个安全肉生产用天然饲料添加剂产品企业质量标准，获得肉鸡、肉鸭、商品猪生产用3种天然饲料添加剂和3套应用技术，建立6个肉鸡、肉鸭、商品猪示范点，并进行天然饲料添加剂产品推广应用示范，生产安全肉263.6吨，新增产值177.8万元，具有广泛的市场前景。

（市科委农村发展中心）

【穴盘苗移栽装备系列化新产品研发成功】 年内，北京市农业机械研究所承担的2010年度国家星火计划项目“温室穴盘苗自动化移栽装备的新产品推广”通过专家验收。该项目对穴盘苗自动化移栽设备制造通用性、适应性、模块互换性等关键技术进行开发，研制出高性能、低成本的设施苗木自动化移栽设备；并对不同作业对象的适应性与工艺进行了深入研究，开发出系列化、模块化的温室穴盘苗自动化移栽设备，使生产成本大大下降，其性价比高于国外同类产品的2倍。

（市科委农村发展中心）

【系列特色芦笋新品种示范取得成效】 年内，市农林科学院种业科技有限公司承担的2011年农业科技成果转化资金项目“系列特色芦笋新品种示范及产业化”，建立了芦笋新品种种子繁育、良种良法配套栽培技术和优质高产高效生产技术服务为一体的芦笋产业化体系，获国家发明专利1项，发表论文3篇，出版专著1部；建立新品种种子繁育基地13.33公顷(200亩)，其中京绿芦1号10.67公顷(160亩)，京紫芦2号0.13公顷(2亩)，京绿芦3号2.4公顷(36亩)，京绿芦4号0.13公顷(2亩)。其中，具有自主知识产权的芦笋全雄品种(京绿芦4号)已开始大面积推广，累计生产芦笋种子2500千克，实现销售收入1000万元，已建立种子示范基地(点)50多个，累计推广面积达到0.33万公顷(5万多亩)，带动农户5000户以上,创经济效益1亿元以上。

(市科委农村发展中心)

【海藻生物有机肥规模化生产效益显著】 年内,由北京雷力农用化学有限公司承担的2011年农业科技成果转化资金项目“新型高效海藻生物有机肥规模化生产关键技术开发与产业化推广”实施两年来取得一定成效。项目升级改造海藻生物有机肥生产线1条,研究掌握海藻生物有机肥规模化生产的工艺参数,具备了集成转化农业技术成果能力和规模化生产能力,年生产能力达到5万吨;转化技术成果3项,开发新产品套餐5款,申报国家专利5项,示范推广面积达10万公顷(150万亩),累计实现销售收入1.75亿元。

(市科委农村发展中心)

【玉米抗除草剂新种质的创制取得进展】 年内,由未名兴旺系统作物设计前沿实验室(北京)有限公司承担的2012年度科技创新基地培育与发展专项——企业研发机构创新能力提升计划项目“玉米抗除草剂新种质的创制”通过专家验收。该项目建成了玉米全基因组化学诱变的突变体库,可以满足抗除草剂的玉米种质资源的筛选需要,为开展玉米其他农艺性状的遗传改良奠定了基础;建立了田间喷洒除草剂筛选抗除草剂玉米突变体的技术体系,并从玉米突变体库中筛选得到抗除草剂的玉米突变体3株;对筛选到的抗除草剂玉米进行分子水平鉴定,分离到突变后获得除草剂抗性的基因,为抗除草剂玉米新品种研制打好基础。

(市科委法规处　北京技术交易促进中心)

【北京农科城“六平台一系统”建成】 年内,北京农科城农业科技网络服务中心建成“六平台一系统”,汇聚农业科技信息数据资源总量超过2.7TB,以信息化推动农业现代化。“六平台一系统”是指云服务平台、三农呼叫指挥服务平台、农业物联网综合应用服务平台、成果数据源检索服务平台、种业科技成果托管平台和多媒体视频会议交互平台,以及全国农产品市场行情信息服务系统,实时掌握全国主要农产品的实时价格行情数据,为各地政府、企业和种养大户提供不同地区不同类型农产品价格及分析服务。

(市科委农村发展中心)

【“设施草莓高效生产”项目通过验收】 年内,由北京市小汤山现代农业科技示范园有限公司承担的2011年国家星火计划项目“设施草莓高效生产技术应用与示范”通过专家验收。该项目集成了节能环保、低碳等多项保温技术,实现了连栋温室在冬季不加温条件下草莓的正常生产。温室内采用搭建8米跨度的折弯式保温棉被和内保温膜等多层保温技术,实现了温室内白天平均温度不低于16℃、夜间平均温度不低于5℃。通过在北京农科城昌平园示范应用,为第七届世界草莓大会提供备份种苗12万株、种植草莓10万株。

(市科委农村发展中心)

【“首都‘菜篮子’安全加工配送”项目取得进展】 年内,由北京天安农业发展有限公司承担的2013年重大项目“首都‘菜篮子’安全加工配送科技示范”取得阶段成果。一是完成了鲜切蔬菜消毒液优化选择和消毒效果的比较、蔬菜流通保鲜等试验,集成切分、护色、气调包装、超高压等技术。利用鲜切菜HACCP管理体系,开发出切分菜3个品种、沙拉菜3个品种、超高压莲藕1个品种、汤汁2个品种,部分产品已投放华堂超市销售。二是完成了网上商城、智能配送柜、温室管家和视频监控等系统的安装和调试。

(市科委农村发展中心)

【“食用菌工厂化高效生产节能技术”项目通过验收】 年内,由北京市小汤山现代农业科技示范园有限公司承担的2011年国家星火计划项目“食用菌工厂化高效生产节能技术集成与示范”通过专家验收。该项目针对食用菌工厂化生产,集成湿帘调温、地热能源高效利用以及菌渣燃料高效利用等节能增效技术,实现了核心示范区能源利用率提高30%。项目在北京农科城昌平园示范推广栽培规模达2000万瓶(袋),实现总产量3000吨,销售收入3300万元,年节约标准煤1972吨。辐射带动江苏、河南、北京3家食用菌产业化企业。

(市科委农村发展中心)

【娃娃菜和快菜种子加快替代进口】 年内，市农林科学院蔬菜研究中心2012年承担的国家农业科技成果转化资金项目“娃娃菜和快菜系列品种的示范推广”加快了国产种子替代进口种子的步伐。项目转化的娃娃菜品种“京春娃2号”直立、株型小、黄心、叶球等粗，抗病、冬性强，成为国际娃娃菜市场有力竞争品种；快菜品种“京研快菜”叶色深绿、光泽多、耐热、品质佳；“京研快菜4号”叶色浅绿、帮宽、帮白、耐抽薹，分别成为快菜市场深绿色和耐抽薹的代表品种。通过项目实施，已在北京、河北、甘肃、新疆、云南、湖北、广西、福建等省市建立示范基地10个，示范面积13.33公顷（200亩）；建立规模化、标准化的良繁基地3个，基地规模100公顷（1500亩），种子年生产能力达到10万千克以上。

（市科委农村发展中心）

【梨小食心虫迷向散发器助“三农”提质增效】 年内，北京中捷四方生物科技有限公司承担的2012年农业科技成果转化资金项目“梨小食心虫迷向散发器的生产和推广”取得进展。梨小食心虫迷向散发器信息素用量微小[3～7克/(180天·667米^2)]，大量减少或不使用化学农药，可从根本上解决农残、土壤污染问题，确保果品安全生产。迷向散发器每年仅需悬挂两次，产品成本50～60元/667米^2，低于化学防治成本。2011年新疆库尔勒香梨、阿克苏苹果等大面积示范的结果表明，虫口减退率达80%以上，每亩商品果产量增加120千克。该技术先后在新疆、北京、山东、安徽、山西等地进行了推广示范，面积约0.67万公顷（10余万亩），各示范点的迷向率均在90%～95%以上，同时可以减少农药使用量0.6～1千克/667米^2。

（市科委农村发展中心）

【首都生物肥料创新平台建设取得进展】 年内，由北京世纪阿姆斯农业科技有限公司承担的“生物肥料创新平台建设及耐盐高活性微生物菌剂的开发”课题取得了阶段性成果。该课题联合中国农业微生物菌种保藏管理中心等3家科研单位和17家生物肥料企业，完成了首都生物肥料创新平台建设，建成了1个开放实验室、1条年产2000吨微生物菌剂的生产线，在平谷区大华山镇、夏各庄镇龙家务村和海淀区凤凰岭梁家园建立了3个总计10公顷（150亩）的生物肥料示范基地，带动了周边地区生物肥料行业及种植业的发展，此外还开发出了1个高活性耐盐复合微生物菌剂产品和1套生产技术规程，目前已在北京地区完成实验，逐步开展推广应用工作。

（市科委农村发展中心）

【“农产品安全生产基地培育”研究取得进展】 年内，北京农产品质量安全学会承担的2011年国家星火计划“北京绿色农产品（果蔬）供应链科技示范”项目子课题“农产品安全生产基地培育”研究取得进展。该课题建立了农业投入品评价方法和实用查询系统，开展了标准贯彻、基地自律能力提升和技术人员培训等示范推广工作。课题培育进口农产品企业达13家，具有出口潜力的京郊农产品生产基地20家，对10个生产基地和10个经营企业进行农产品农药残留抽样检测，形成具有CMA资质的检测报告61份。课题明确了京郊农业投入品使用和残留规律，开发了可供公共查询的农产品安全污染限量查询系统。

（市科委农村发展中心）

【两种禽用新疫苗在全国示范推广】 年内，由市农林科学院畜牧兽医研究所承担的2010年国家农业科技成果转化资金项目“禽用新疫苗中试与生产应用”取得进展。该项目成果在北京、上海、山东等地示范推广。该项目在北京华都诗华生物制品有限公司建立了自动化鸡胚接种与收获、病毒抗原超滤浓缩及乳化罐乳化等新型工艺技术流程，使疫苗生产效率提高了10～20倍。项目中试基地北京华都诗华生物制品有限公司和上海海利生物技术股份有限公司在获得“鸡新城疫、禽流感（H9亚型）二联灭活疫苗”和“鸡新城疫、传染性支气管炎、减蛋综合征三联灭活疫苗”两种疫苗的生产文号后，分别对其进行了产业化生产。这两种新疫苗已在全国范围内应用，免疫鸡达10.08亿羽以上，有效地控制了鸡新城疫、传染性支气管炎、减蛋综合征和禽流感（H9亚型）4种重要家禽疫病的发生与流行。

（市科委农村发展中心）

【农产品安全生产基地培训助力安全生产】 年内，北京市星火科技培训中心承担的2011年国家星火计划“北京绿色农产品（果蔬）供应链科技示范”项目“农产品安全生产基地培训”课题，面向供应链内的企业和个人，以及京郊农业合作社、全国主要农产品（果蔬）生产基地，开展了以产地准出技术标准制定培训、标准宣贯培训等为主要内容的农产品安全生产培训，共组织了240人次参加4期培训，编写了8套培训教材和10个动漫课件，辅助完成了33家农产品基地认证工作，帮助农产品生产和物流企业培育了一批农产品安全技术人员，43人获得了劳动人事部颁发的食品检验工职业证书，切实提高了基地安全生产和检测水平。

（市科委农村发展中心）

【设施栽培传输装备技术研究取得进展】 年内，北京市植物工厂工程技术研究中心承担的2012年度阶梯计划项目“设施农业栽培传输一体化系统的研究与示范”通过专家验收。该项目研制出一套设施农业栽培传输一体化系统，价格仅为国外同类产品的三分之一。该系统在北京都市型现代农业科技与农机产业创新示范园的温室进行了示范推广，工作效率是传统方式的6~10倍。该系统显著减少了人工劳动强度，提高了水肥资源利用率及作物生产效率，提升了我国设施栽培传输装备水平。

（市科委农村处）

【甜玉米北方加代技术取得进展】 年内，由北京华耐农业发展有限公司承担的2011年国家星火计划项目“甜玉米北方加代技术与示范”取得进展。该项目通过加代技术选育出6个自交系和3个组合；从播期、育苗、环境调控、肥水管理、病虫防治等方面进行了研究，初步提出了北方甜玉米加代技术规范；并在昌平区建立了一个占地6.67公顷（100亩）的甜玉米加代育种示范基地，其中，50个大棚用于加代繁育，2栋温室用于早春育苗。利用设施成功收获两次种子，降低成本40%。该项目在北京地区利用大棚温室设施，实现甜玉米种子生产的加代，减少去海南加代的传统做法；加快了育种进程和原种繁育的速度，操作方便，减少了投资，提高了种子纯度，降低了种子生产风险。

（市科委农村发展中心）

【农业国际合作交流资源服务平台建设取得成效】 年内，由中国农科院承担的市科委“农业国际合作交流资源服务平台建设”课题取得成效。该课题通过建立北京农科城国际合作交流资源服务平台，在国内率先建立基于先进的WEB GIS地图管理系统绘制的农业资源“分布图谱”，实现了“分布图谱”数据库自助建库、统一检索、农业技术供需对接功能，包含有8大类17个数据库，数据量达20多万条；通过建立农业知识产权价值评估技术体系模型，使用专家打分法和层次分析法来确定农业专利和农业植物新品种权的权重，进而对专利和品种权的价值做出决策；提出了北京国家现代农业科技城农业科技成果与技术转化模式和运行机制。

（市科委农村发展中心）

【热风微波真空组合干燥技术与装备助力果蔬加工业】 年内，由中国农机研究院承担的2011年农业科技成果转化资金项目“热风微波真空组合干燥技术与装备中试”，采用热风微波真空组合干燥技术替代传统热风干燥技术，有效提高干燥效率，降低能耗，显著提高脱水果蔬产品品质。转化的连续式微波真空干燥设备及热风微波真空组合干燥集成成套设备是国内企业亟须的节能环保、高效安全的干燥设备，是对传统热风干燥技术及设备的革命性突破。其干燥产品品质介于热风和冷冻干燥之间，且大幅度降低能耗，给干燥加工企业带来显著效益。项目示范生产线设计年产200吨脱水果蔬，已签订销售收入105万元合作协议。

（市科委农村发展中心）

【首都粮食应急保障关键技术研究与示范取得实效】 年内，市粮食局、国家粮食局科学研究院等单位共同承担的“首都粮食应急保障关键技术研究与示范”课题完成了预期目标。课题针对应急储备成品粮（大米）过程中的重要关键技术和难点进行了深入研究和示范，在储藏技术、出入仓技术与设备、真菌毒素快速检测技术、绿色保质技术、应急保障供应体系等方面取得一批研究成果，其中基于可唤醒技术的温湿度检测技术、基于胶体金技术的呕吐毒素和玉米赤霉烯酮快速检测技术在粮食仓储行业处于领先水平。

（市科委农村发展中心）

【特色油鸡生态循环产业链示范体系研究取得进展】 年内，北京百年栗园生态农业有限公司承担的“特色油鸡生态循环产业链示范体系”研究取得进展。课题采用视频智能分析技术、生物安全控制技术、远程监控技术等实现健康养殖新型一条龙高科技管理模式，建立了智能监控体系和北京油鸡质量追溯系统，实现了产品全程质量的可追溯和全程链的可控可查，有效保障了食品安全。已建成 10 万套种鸡场 1 座，沼气站经过扩建和设施整改已拥有沼气罐 3 个，提高了 3000 立方米的沼气发酵工程的利用率，为 1000 户农户提供清洁能源。

（市科委农村发展中心）

【少数民族乡村产业促进科技服务工程取得实效】 年内，由市民委等单位承担的科技项目“北京市少数民族乡村产业促进科技服务工程”课题取得进展。该课题在密云县太师庄村和延庆县东官坊村、慈母川村建立了依靠科技进步促进产业发展的 3 个示范基地，通过引进板栗、草莓、蔬菜等新品种，在板栗园示范推广了林粮、林菌、林药等多种林下经济种植模式，以及无土栽培、草莓立体种植等多项技术。辐射带动 11 个少数民族村和 8 个其他村的产业发展，提高了示范区和辐射区的经济和生态效益；建立了一支相对稳定的专家队伍，开展各类培训 56 次，培训农民 3200 人次。

（市科委农村发展中心）

【小麦新品种“山农 22 号”推广效果显著】 年内，由中国种子集团有限公司承担的 2012 年农业科技成果转化资金项目“小麦新品种‘山农 22 号’高产高效原种生产及栽培技术体系研究与示范推广”取得阶段性成效。该项目建立和配套了原种生产企业技术规程和高产优质栽培技术体系。其具有高产稳产、优质广适的特点，单产 580 千克/667 米^2 以上。该品种重点在山东省、河北省中南部及山西省中南部开展产业化推广，并分别建立了规模化原种基地 72.67 公顷（1090 亩）、良种基地 1092.27 公顷（16384 亩）和商品粮基地 1.67 万公顷（25 万亩）；共销售原种 395.47 万千克、良种 1630 万千克，种子销售收入 5216 万元。

（市科委农村发展中心）

【玉米新品种农华 101、中单 808 实现精益生产】 年内，由北京金色农华种业科技有限公司承担的 2011 年国家星火计划项目“玉米新品种精益生产与精准推广农华 101、中单 808”，在实施中取得了良好的经济和社会效益。该项目形成了 3 条玉米新品种农华 101、中单 808 种子生产新工艺，并筛选出适宜繁制种基地，制订了配套制种调控方案、生产加工与检测方案；在甘肃、新疆建立玉米制种基地 5333.3 公顷（8 万亩），制种 4000 万千克；在东华北、黄淮海、西南三大玉米主产区的 10 个省区示范了这两个玉米新品种，建设了 300 个县级网络、1000 个试验点、10000 块科技示范田，累计示范面积 3333.33 公顷（5 万亩），辐射带动 1000 万农户致富、3200 人就业，培训 36.4 万人次。

（市科委农村发展中心）

高新技术及其产业

电子信息技术

【4G 联盟会员大会召开】 1月28日,4G联盟召开4G联盟2013年第一次会员大会,工信部电信研究院、大唐移动、百度等联盟各会员单位代表共计40余人参会。联盟秘书处对联盟2012年工作情况进行了总结,联盟现有会员单位涵盖了北京市4G产业链各环节重点单位。随后,会议选举了联盟2013届理事长和秘书长。

(北京市科技信息中心)

【"应用服务创新计划"推进4G创新应用商业化进程】 9—10月,市科委支持的"基于移动通信与互联网的应用服务创新和产业培育计划"公开征集创新应用服务平台,经严格评审,选定百度、小米、用友、联想4个创新应用平台,采用科技资金后补贴的方式对其进行资助,投入科技引导资金1500万元,撬动4家企业共投入资金5.3亿元,开放2870台服务器资源,为中小企业或个人开发者提供培训7600人次,共吸引第三方开发者超过8万人,形成4200个市场前景好、经济效益显著的创新应用成果,第三方开发者通过平台收益分成达到6.84亿元。

(市科委电装处)

【4G 工程主要产业基地规模扩大】 年内,北京新一代移动通信技术及产品突破工程(4G工程)主要产业基地规模扩大,集群效应显现。中关村软件园签约入驻的IBM、东软等企业共计281家。2012年总产值为1096亿元,其中国际业务规模达到68亿元。中关村石景山园入驻搜狐畅游、千橡人人网等企业2075家,以文化和科技融合发展的数字娱乐产业为特色,2012年园区实现收入突破800亿元。亦庄移动硅谷有中电华通、京芯半导体、中航物联等龙头企业入驻,入驻企业已有10余家,现有约4万平方米的研发办公楼可供出租及出售。

(市科委电装处)

【智能电表芯片研发及产业化研究取得进展】 年内,中国电力科学研究院承担的"智能电表芯片产业化建设"项目,成功研制出拥有自主知识产权的智能电表芯片。该项目的实施打破了国外的技术垄断,截至上年底销量已突破1.3亿枚,完全占领国内智能电表芯片市场,获工信部第七届"中国芯"评选"最佳市场表现奖"。

(市科委电装处)

【面向 IMT - Advanced 等宽带无线通信系统相关研究取得进展】 年内,依托中科院微电子研究所组建的新一代通信射频芯片技术北京市重点实验室,联芯科技有限公司、北京邮电大学共同承担的国家科技重大专项03专项"面向IMT - Advanced等宽带无线通信系统的射频芯片、器件与模块研发"课题,完成了面向IMT - Advanced等宽带无线通信系统的射频芯片与器件的设计与流片。通过专项研发的用于IMT - Advanced等宽带无线通信系统的射频芯片、器件与模块,可以满足2×4 MIMO和4×4 MIMO、100MHz带宽的通信系统需求,对于改善和优化产业结构,摆脱国内高端芯片严重依赖进口的局面,进一步促进我国新一代移动通信事业的发展具有十分重要的意义。

(市科委法规处)

【"微型支付终端"课题通过验收】 年内,北京银联商务有限公司承担的"基于金融行业'三通'工程平台的微型支付终端"项目通过专家验收。该项目针对公众对便民缴费的需求,完成了微型支付终端的研制、前置系统的研发和客户端软件的开发,并通过开展行业应用验证,实现基于金融行业"三通"工程平台的便民缴费服务,将"三通"平台由单一的便民缴费服务平台拓展到便民综合服务平台,使得平台便民服务业务全面延伸到持卡人,进一步拓展和完善创新支付通道,支撑市民随时、随地、随心支付。

(市科委电装处)

【数字电视可选字幕关键技术取得进展】 年内,依托新奥特(北京)视频技术有限公司建设的北京市数字视频工程技术研究中心完成了数字可选字幕系统的关键技术开发和演示。该系统的研发成功为进一步推广应用奠定良好的技术基础，对于服务听力残障人士、服务国内外多语种民族，增进国内外文化交流，促进首都科技文化创新起到重要的促进作用。

（市科委法规处）

【4G 联盟成员达 77 家】 年内，4G 联盟已有 77 家会员，涵盖中移动研究院、工信部电信研究院、大唐移动、百度、联想、普天、北邮、中科院计算所等龙头企业、高校和研究院所，覆盖了芯片、终端及操作系统、基站设备、测试仪器仪表、应用服务等 4G 产业链关键环节。

（市科委电装处）

先进制造技术

【中国首家 3D 打印体验馆开业】 1 月 15 日，中国首家 3D 打印体验馆在北京 DRC 工业设计创意产业基地开业。体验馆以数字化三维扫描技术和 3D 打印技术为核心，面向社会提供 3D 照相、3D 产品打印、个性化定制以及 3D 产品、设备选购等服务，是中国首个在线 3D 打印服务平台叁迪网的线下体验店。DRC 基地建设以北京上拓科技等龙头企业为核心的 3D 打印技术条件平台，汇聚美国、以色列技术设备 25 台套，提供从 3D 创作到打印的全过程服务。同时进行人体数据扫描存储，为人们提供衣服、鞋子、眼镜、创意礼品等个性化数字定制服务。

（北京工业设计促进中心）

【北京科技大学与北超伺服开展全面战略合作】 1 月 17 日，北京科技大学和北京北超伺服技术有限公司签订校企全面合作协议并举行签约仪式。双方在仪式上达成共识，北超伺服公司向北京科技大学捐赠奖学金，用于鼓励在校学生深入参与科学技术创新等社会实践活动，未来双方将全面开展相关合作，促进共同发展。

（北京生产力促进中心）

【北矿院研制的大型浮选机获国家科技进步二等奖】 1 月 18 日，北京矿冶研究总院的“浮选机大型化关键技术研究及工业化应用”项目成果荣获国家科学技术进步二等奖。该项目对大型浮选机矿化理论、设计技术及设备结构进行了创新，成功研制世界最大的 320 立方米浮选机等一系列产品，实现了大规模工业化应用，使我国成为世界上掌握大型浮选机关键技术的三个国家之一。该成果近三年产生直接经济效益 10 多亿元，间接经济效益 30 多亿元，带动了整个行业的科技进步。

（北京生产力促进中心）

【清华脑起搏器推广应用启动会召开】 5 月 31 日，市科委与清华大学共同举行中关村国家自主创新示范区重大科技成果——清华脑起搏器推广应用启动会。由科技部、北京市科委大力支持，清华大学研发、北京品驰医疗设备有限公司生产的自主知识产权脑起搏器，于 5 月正式获得国家食品药品监督管理总局颁发的产品注册证，这意味着我国生物医药领域又一重大科技成果成功进入市场应用，标志着我国在神经调控领域打破了全球市场被美国产品独家垄断的局面。启动会上，市科委、清华大学、北京天坛医院、北京协和医院、解放军总医院（301 医院）、北京宣武医院、北京三博脑科医院等共同签署了联合推动脑起搏器临床应用合作意向书，推动清华脑起搏器惠及更多的帕金森病患者。

（北京生物技术和新医药产业促进中心）

【半导体照明技术成果发布及转化签约会召开】 6 月 10 日，半导体照明联合创新国家重点实验室技术成果发布及转化签约会在广州召开。实验室对成立一年来在“智能路灯控制系统”“LED 室内定位系统”“CoF 基于柔性基板的低成本大幅面第三代光电半导体技术”“LED 照明产品加速衰减试验方法”等技术成果及半导体照明规格接口等联盟标准进行首次集中发布。其中，CoF 项目以革新性的 LED 封装技术，为基于 LED 技术的高维度光源提供了一种面向高附加值市场的低成本的解决方案，进一步推动LED在照明领域的创新应用。智能路灯控制系统在现有照明效果基础上再节能40%，符合未来“智慧城市”发展需求。规格接口项目联合企业共同制定LED照明应用接口要求系列规范，发布了CSA016标准，为各企业间产品实现互换提供了参考和技术支撑。同时，实验室还与黑龙江省爱普照明电器有限公司、中国LED应用推广中心分别签订了路灯智能控制系统工程应用转化协议和LED室内定位系统入驻中国LED应用推广中心合作框架协议。

（北京技术交易促进中心）

【超高压果品加工生产线建成】 6月21日，由中国农业大学食品科学与营养工程学院承担的“超高压技术在果品加工中的应用研究及示范”项目通过专家验收。该课题建成了一条年产能5000吨超高压果品生产线，开发了8个超高压产品，在国内首次实现了超高压技术在果品加工中的工业化应用；突破了超高压果品加工关键技术与工艺，研制出具有自主知识产权的300升大型超高压设备，设备已出口到美国、韩国、泰国等国家，创汇近千万美元，带动全市3000户果农增收。

（市科委农村发展中心）

【“汽车关键技术研发及示范应用”项目通过验收】 6月28日，“十二五”国家科技支撑计划项目“汽车产品研发与工业设计服务业共性关键技术研究开发及示范应用工程”通过专家验收。该项目由北京工业设计促进中心、北京迪希工业设计创意开发有限公司、阿尔特汽车技术股份有限公司、北京第二机床厂等共10家单位共同承担，研究完成了“产品设计服务创新模式和总体设计需求及高性能计算服务能力研究报告”，搭建了“一库一平台两室”的汽车产品研发与工业设计共性关键技术服务平台，包括参与式创新智库、云计算服务平台、虚拟现实仿真评价实验室、用户体验评价实验室，可重点面向汽车及高端装备产品研发提供全链条技术服务，并形成《电动汽车造型设计开发流程与规范》《油泥模型中仿真件使用规定》等企业标准4项，新产品17项；申请专利33项，其中发明专利12项；发表论文12篇；获省部级奖励1项。已为阿尔特汽车、北汽集团、北二机床厂、北车、陕汽、三一重工等60余家企业提供技术服务，直接经济效益达900万元。

（市科委高新处）

【全球首台4K超大高清LED电视在京研制成功】 7月25日，利亚德光电股份有限公司在北京举行了LED系列电视产品发布会，会上展示了公司产品——全球最大的288英寸4K超高清LED电视、144英寸LED3D电视、110英寸触摸/非触摸LED电视等。该公司通过自主创新，解决了大尺寸电视的小间距自主发光显示、高清显示、3D显示、无缝拼接等系列技术问题，研制了像素间距最小可达1.6毫米，显示屏可达288英寸等多型号LED电视。课题已申请国内外发明专利和实用新型专利50余项，2013年预计实现产值5亿元。

（市科委电装处）

【北京力推无人机航空应用服务产业创新】 8月7日，市科委召开北京无人机航空应用服务创新与产业培育工作会。会上，市科委针对北京无人机应用服务产业链各环节合作不够紧密、尚未形成产业集聚等问题，组织了中航工业、航天科技、天下图等20余家企事业单位，共同发起成立了覆盖无人机全产业链的“无人机与航空应用服务产业技术创新联盟”。该联盟将着力促进产业整合，促进产业链协同创新，加强各环节合作，加速科技成果转化，创新商业模式。

（北京生产力促进中心）

【“快速加压溶剂萃取仪”在京研制成功】 9月11日，由北京吉天仪器有限公司承担的北京市科技计划课题“快速加压溶剂萃取仪研制”通过专家验收。样品前处理技术相对后续检测技术的发展滞后，成为化学分析技术发展的瓶颈。针对国内食品安全检测的迫切需求，市科委支持北京吉天仪器有限公司开展了食品样品前处理技术攻关，成功研制出了集成快速萃取、净化、浓缩和定容等预处理功能的快速加压溶剂萃取仪。该成果突破了在线预浓缩等关键技术，简化了繁杂的前处理过程，提高了工作效率，在食品检测等领域具有较好的应用前景，对当前高端前处理集成设备的开发，在软硬件方面具有很好的示范作用。

（北京生产力促进中心）

【国内首个18米大通道电动公交客车项目获科技部支持】 10月21日，科技部和北京市科委共同召开国家科技支撑计划“多轴轮边驱动大通道低地板电动公交客车研发与示范”项目的可行性论证会。与会专家一致认为，项目组织管理机制合理，实施方案可行，同意通过可行性论证，并建议尽快启动。这标志着国内首个18米大通道电动公交客车项目获得科技部支持。18米铰接式多轴轮边独立驱动大通道低地板电动公交客车将在长安街等主要干道进行示范运行，有效降低PM2.5等有害气体和颗粒物的排放。该车辆还具备低地板、轮椅导板功能，方便老年乘客和残疾乘客乘车。项目依托北汽福田汽车股份有限公司，联合北京理工大学、北京理工华创电动车技术有限公司、精进电动科技（北京）有限公司、北京华商三优新能源科技有限公司、北京公共交通控股（集团）有限公司等单位共同承担。

（市科委双新处）

【护理型机器人研发及产业化项目启动】 年内，北京博创兴盛科技有限公司联合北京航空航天大学启动“多功能智能护理床椅”和“保姆型护理机器人”研制工作。该项目在前期科技部智能护理床椅成果基础上，将集成智能护理系统，实现抬背屈腿、柔性翻身按摩、生理监测等照顾卧床老人的功能。研制成功后，该成果将在四季青养老院进行应用验证，逐步由博创对成果进行产业化生产推广，实现护理服务机器人从研发到产业化的全链条推动。

（北京生产力促进中心）

【赛福斯特引进瑞士ABB集团重载机器人】 年内，中航工业北京赛福斯特技术有限公司引进了国际知名工业机器人企业瑞士ABB集团的重载机器人，与其自主研发的大型数控搅拌摩擦焊装备集成为搅拌摩擦焊系统，可大幅提升装备的焊接适应性和自动化性能，焊接材料厚度从2毫米提升到7毫米，焊接方向从原来的单向焊接改进为双向焊接。

（北京生产力促进中心）

【国内首台500W准连续全固态激光器研制成功】 年内，依托中科院半导体研究所建设的北京市全固态激光先进制造工程技术研究中心2012年阶梯计划项目“500W准连续全固态激光器研究”通过专家验收。该课题在前期工作的基础上，经过深入研究，完成了国内首台平均输出功率大于500瓦的准连续全固态激光器的样机研制，打破了德国罗芬在工业领域的垄断，并成功入选“2013年度国家重点战略新产品”。该样机通过科技查新得出结论：“在国内同类研究中，未见其他文献报道的准连续全固态激光器，采用了与该查新项目完全相同的技术以得到相同的功率（平均功率1020瓦，峰值功率560千瓦）。”

（北京技术交易促进中心）

【“城轨运行控制系统”基地国际科技合作取得进展】 年内，“城轨运行控制系统”北京市国际科技合作基地通过与德国布伦瑞克工业大学全球唯一的太赫兹（THz）标准研究组组长托马斯·库耐（Thomas Kuerner）教授及其团队的合作，引入了采用射线追踪法的信道测量技术，该项技术是国内太赫兹（Thz）无线通信传输信道建模研究中迫切需要的。基地享有该项技术的使用及开发权。在此基础上，基地还与库耐教授及其团队联合开发了基于射线跟踪法的确定性建模仿真器。双方计划在2015年提出全球首个MIMO THz移动超宽带信道模型。该基地利用产学研用模式研制出我国第一套具有完全自主知识产权的基于第三代移动通信系统的城市轨道交通列车运行控制系统CBTC，并已在北京亦庄线、昌平线投入正式运营。基地现阶段正投入研发基于第四代移动通信系统的CBTC项目。

（市科委国际科技合作处）

【国内首台医院中子照射器入选“中国十大核科技进展”】 年内，北京凯佰特科技有限公司成功研制的国内首台“医院中子照射器示范装置”被我国核科技界最具影响力的中国核学会评为“中国十大核科技进展”，该装置是用于治疗恶性肿瘤的医疗专用中子照射器，整套设计拥有全部自主知识产权。该企业正在与瑞典Hammercap公司、湘雅三医院开展合作，准备进行第一例病人临床应用。

（北京生产力促进中心）

【“风力发电机组动态建模”国际项目通过验收】 年内，由北京市国际科技合作基地联盟成员单位北京交通大学承担的科技部国际科技合作项目“风力发电机组动态建模”通过专家组验收。该项目与丹麦奥尔堡大学能源技术科技学院合作。项目搭建了风电机组半实物仿真平台，对整机部件相互影响及优化控制策略进行了研究，可以将发电量提升2%。设计了具备独立知识产权的1.5兆瓦双馈风电变流器、2兆瓦直驱风电变流器、3兆瓦/3千瓦高压风电变流器，并得到风电场批量装机使用，创造产值近亿元。在基地联盟的推动下，项目成果在北京能高自动化技术股份有限公司实现了产业化。通过基地联盟对接外专局高端外国专家计划，引进了国际知名专家瓦斯里奥·安吉里狄（Vassilios Agelidis）教授，此外还引进了著名风电公司Vestas建设部经理叶豪东研究员。

（市科委国际科技合作处）

【京东方4K巨幕获得吉尼斯世界纪录认证】 年内，京东方有着“4K巨幕”之称的110英寸超高清ADSDS显示屏，在第五十三届德国柏林国际电子消费品展上，获得了吉尼斯世界纪录认证中心颁发的“世界最大的液晶电视”证书。该“4K巨幕”最高分辨率可达3840×2160（4K×2K标准），相当于全高清（1080P）的4倍，拥有上、下、左、右均为178°的超宽广视角。显示屏亮度高达1000nits，在室外公共显示场所能够实现高品质显示，10bit色彩技术可呈现10.7亿色，远高于主流显示色彩数，使得色彩更加丰富艳丽，在最大程度上还原了真实色彩。这款产品由京东方北京8.5代线研制生产，该产品集众多大尺寸面板的高端技术于一体，包括超大尺寸面板拼接曝光技术、超大尺寸先进工艺制程技术、高帧速面板设计技术、超大尺寸拼接镜像同步扫描技术等。京东方有望推出研发的8K×4K超高清显示屏，主要定位于高端公共显示市场。

（北京技术交易促进中心）

【“铁路机车关键部件研究示范平台”项目通过验收】 年内，由北京光电技术研究所承担的国家国际科技合作专项“建立铁路机车组关键部件先进制造应用研究示范平台”项目通过专家组验收。项目外方合作单位为德国弗劳恩霍夫应用技术研究院，中方合作单位为清华大学、中国北车集团二七车辆厂。项目成功引进3项关键技术：激光加工工业化应用光束变换和过程检测控制、系统组合和安全配套设施的技术理念。通过消化吸收和再创新，实现了短波长红外激光强化的技术突破，避免了采用CO_2激光强化时的过程不稳定性和二次污染问题，解决了气缸套/活塞环/活塞环槽配副失效的关键技术问题。项目共完成国家标准5项，其中1项为强制性标准；在相关期刊发表论文7篇，其中SCI收录3篇。

（北京生产力促进中心）

【世界首台“便携式原子荧光光谱仪”研制成功】 年内，北京瑞利分析仪器有限公司成功研制出世界首台“便携式原子荧光光谱仪”。其体积仅为0.03立方米，功率仅为12瓦，重量仅为10千克，分别为传统原子荧光光谱仪的1/5、1/6和1/20。该成果突破了高度集成低功耗进样系统、微型低功耗原子化系统等10余项关键技术。该成果可直接应用于食品安全、环保和水文等领域的重金属污染应急监测，对于增强我国重金属污染的现场应急监测能力，具有显著的社会效益。

（北京生产力促进中心）

【新型系列激光精平设备产业化示范项目取得进展】 年内，由市农林科学院承担的2012年农业科技成果转化资金项目“新型系列激光精平设备产业化示范”进展顺利。项目转化的激光精平设备，包括激光平地控制系统和液压铲运装置。该成果可进行土地精细平整作业，作业精度高、适应性强，为土地整治工程和农田基本建设提供了一种先进实用的技术产品。项目形成了4种型号的1PJ系列激光平地机产品，在全国推广应用12台激光平地机，提高了耕地的平整度，使地面平整度达到正负误差2厘米，可节水30%以上，化肥利用率提高10%以上，确保了农作物的出苗率。已实现销售收入106.44万元，缴税总额20万元，净利润22万元。

（市科委农村发展中心）

【“电子测树枪”项目成果推广应用】 年内，依托北京林业大学建设的精准林业北京市重点实验室研制出的“电子测树枪”实现了森林计测的数字化、多功能和精准化。该设备可精准测量单木树高、林分平均高、株数密度、任意高度直径等数据，便携性好，计测参数均以数字化方式存储，配合GPS、GIS可以实现内外业一体化作业。该设备已经开始逐步在林业部门中推广应用，产生了良好的社会、经济和生态效益。

（北京技术交易促进中心）

【装备诊断技术护航北京天然气输送】 年内，依托北京化工大学建设的高端机械装备健康监控与自愈化北京市重点实验室研发出往复压缩机故障自动诊断专家系统，为解决大型往复压缩机组故障诊断和早期预警难题提供了有效技术途径。该系统在中石油北京天然气管道有限公司天津大港分公司多个地下储气库大型燃驱往复压缩机组上进行监测试运行，累计发现和避免重大故障6起，非故障停机比例降低30%，早期典型故障预警率达到90%以上，确保储气站安全稳定生产，保障华北地区天然气安全稳定供给。往复压缩机组是输送天然气的核心设备。

（北京技术交易促进中心）

【烟气检测关键设备实现国产化】 年内，依托北京航天益来电子科技有限公司组建的北京市气环境监测工程技术研究中心研制出具有自主知识产权的气环境监测重要设备紫外差分光谱烟气分析仪，打破了在低浓度测量领域分析仪表过度依赖进口产品的局面，降低了烟气连续排放监测系统的生产和维护成本。

（北京技术交易促进中心）

【市科委积极支持三一集团在京发展】 年内，市科委积极支持三一集团在工程机械、消防救援等领域开展新型整机研发，成功研制高层消防救援装备等国内首创高端整机。市科委推动本市大型焊接机器人等科技成果用于三一重机生产，自动化水平提高至90%，使其产能得到有效提升。联合地铁轨道公司等单位在地铁6号线二期工程推广应用三一盾构机等产品；组织该集团与北京工业大学合作研制直径6米自行走地下工程掘进机。市科委支持三一集团建设市级工程技术研究中心和国际科技合作基地。目前，三一集团已建设三一产业园、三一北京制造中心两个生产基地，8家子公司和分支机构落户，到2020年，将形成辐射周边100千米、销售规模超1000亿元的高端装备制造业和零部件制造集群。

（市科委电装处）

【中航天地激光科技有限公司正式入驻昌平区】 年内，中航天地激光科技有限公司正式入驻昌平区，该公司为增材制造（3D打印）龙头企业，注册资金1.1亿元，将在昌平区百善镇建设研发生产基地，主要从事大型钛合金、高强钢等高性能金属结构件激光快速成形技术的研发、生产和销售，力争在5年内建设成高水平的高性能材料大型复杂结构件激光成形研发及生产基地。

（市科委电装处）

【市科委多举措推动3D打印产业发展】 年内，市科委采取多项举措推动北京市3D打印产业发展：①以政府采购形式向16个区县科普基地赠送3D打印机，普及3D打印知识，培育3D打印市场。②加强3D打印创新平台建设，在清华大学等单位新认定一批市级重点实验室和工程技术研究中心。③组织成立北京数字化制造产业技术创新联盟，加快技术攻关和成果转化，打造以3D打印为代表的首都数字化制造产业链。④推动建设北京数字化制造产业聚集区，促进本市3D打印产业优势资源有序聚集，培育新的经济增长点。

（市科委电装处）

【智能装备领域关键功能部件取得进展】 年内，“精机工程”智能装备领域关键功能部件取得突破性进展。“精机工程”智能装备领域重点参与单位北京信息科技大学，在国内首次突破承受11000g以上过载的技术瓶颈，成功研制高动态高速率陀螺，填补了国内空白，已通过用户试验验证，可广泛应用于智能机器人、高速列车、隧道挖掘、武器装备等领域。同时信息科技大学在国际上首次提出可抗20000g过载的钟形振子式角速率陀螺，得到北京市学术创新人才项目、国家自然基金重点项目及总装“十二五”预研的支持，已完成功能样机研制，对解决高速列车、精确制导等技术需求具有重要意义。

（北京生产力促进中心）

【轻型自走式高地隙喷杆喷雾机迈向产业化】 年内，中国农机院自主研发的3WZG－650型高地隙自走式喷杆喷雾机，填补了国内轻型高地隙自走式施药机械的空白。该设备为有效解决苗中后期病虫害防治技术装备提供了高效、低污染的先进机具，对提高农药有效利用率、减少环境污染、促进农业可持续发展具有重要意义，已形成批量生产能力。

（市科委农村发展中心）

【6种食品安全检测仪产业化】 年内，北京普析通用仪器有限责任公司、海淀区产品质量监督检验所等单位合作完成的“国产食品安全检测仪器研发与产业化”项目通过专家验收。课题组研制出6种食品安全检测仪器与样品前处理设备，其中原子吸收光谱仪、多功能食品安全现场快速检测仪器取得了计量器具生产制造许可证，其他设备均通过了第三方使用测试；针对农药残留检测、兽药残留检测、重金属检测，开发出57种快速检测试剂及方法，形成了3套集成方案；申报专利12项，其中已授权实用新型专利7项、外观设计专利1项，发表论文4篇；建立了多气源原子吸收、多功能食品安全检测仪等4条生产线，在全国销售200余台套产品，实现产值9500万元。

（市科委农村发展中心）

【智能机器人研制取得进展】 年内，“精机工程”企业北京中电华强焊接工程技术有限公司联合北航、首钢莫托曼研制出了中厚板空间轨迹焊接机器人，填补了我国对中厚板空间轨迹焊接研究的空白。通过研究，掌握了多层多道焊接工艺，在多层多道排布策略和路径规划、焊接工艺规范参数自动生成技术等方面具有创新性，达连续焊接120层，突破了国际上通常3～4层的水平。中电华强将积极与上海锅炉厂、哈尔滨锅炉厂等企业洽谈合作事宜。

（北京生产力促进中心）

【国产钬激光微创治疗机研制成功】 年内，中国电子科技集团公司第十一研究所和爱科凯能科技（北京）有限公司承担的市科技计划课题“钬激光微创治疗机研制”通过专家验收。第十一研究所自主研制了大功率激光耦合器、医用斩波式激光电源、大能量脉冲氙灯、钬激光晶体棒等关键部件，形成了自主知识产权。在此基础上，爱科凯能开发了小型化便携式钬激光和多波长激光治疗机，通过了第三方检测，完成了钬激光治疗机软组织、多波长激光治疗机碎石的临床验证工作，并提交了医疗器械产品注册申请。治疗机已销往越南、印度等国家近40台，销售额约90万美元。爱科凯能将积极开展国内市场推广，完善工艺优化等研究，逐步形成小批量生产。该课题充分利用产学研合作的模式，实现了科技成果在京转化落地。

（北京生产力促进中心）

【“高效智能五轴联动机床”研制成功】 年内，在“精机工程”实施过程中，为积极推进国家重大专项的优秀成果在京落地，市科委支持北京市电加工研究所、北京迪蒙数控技术有限责任公司在专项成果基础上进一步攻关，联合研制出“高效（800毫米^3/分）智能五轴联动精密数控电火花成形加工机床”，实现了效率倍增。该课题攻克了全浸液精密数控回转工作台、精密脉冲电源及控制系统等关键技术，解决了钛合金、耐热合金等难加工材料加工过程中易炭化等难题，形成了自主知识产权，并交付用户实现成功应用。

（北京生产力促进中心）

【0.5μm级主轴类零件精密磨削设备在京研制成功】 年内，北京第二机床厂有限公司承担的“0.5μm级主轴类零件精密磨削设备研制”课题通过专家验收。课题以高速空气静压电主

轴关键零件（超高精度主轴、套筒）加工为主要研究对象，攻克了柔性复合磨削等关键技术，完成了 0.5μm 级主轴类零件精密设备——专用高精度柔性复合数控磨床的研制，并在北京中电科电子装备有限公司实现了应用验证。

（北京生产力促进中心）

【三一重机开展国产工业机器人研制及应用】 年内，针对北京市三一重机有限公司旋挖钻机中桅杆焊接、切割装备及生产线自动化水平提升的需求，北京机器人领域骨干企业——北京中电华强焊接工程技术有限公司、北京林克曼数控技术股份有限公司共同承担了北京市科技重点项目“旋挖钻机中桅杆焊接、切割工业机器人研制与生产线自动化水平提升”，主要开展具有自主知识产权的大型多轴焊接机器人及坡口切割机器人的研制及应用。这是三一重机首次采用具有自主知识产权的京产工业机器人。

（北京生产力促进中心）

【橡胶密封件国产化取得技术性突破】 年内，“高温高压 H_2S/CO_2 环境用石油装备密封橡胶的开发”项目通过专家验收。该项目是由依托中国石油大学（北京）组建的油气装备材料失效与腐蚀防护北京市重点实验室承担的 2012 年度科技创新基地培育与发展专项—阶梯计划项目。项目开发具有自主知识产权，研究成果应用于中油管道机械制造有限责任公司等多家单位。

（北京技术交易促进中心）

生物工程与新医药技术

【乐普医疗收购“新帅克”制药】 6 月 22 日，乐普医疗与河南新帅克制药股份有限公司及其控股股东在北京举行收购股权合作签字仪式，拟以 3.9 亿元现金正式收购新帅克 60% 股权，并将在市场销售、产品研发和服务等领域进行全方位的整合和优化。乐普医疗将拥有新帅克公司核心产品硫酸氢氯吡格雷片等全部知识产权，预计新增净利润 3853 万元。

（市科委生物医药处）

【我国脑血管病重大研究结果发布会召开】 6 月 30 日，由市科委主办、首都医科大学附属北京天坛医院承办的 CHANCE 研究及亚组研究结果发布会在国家会议中心召开。该项研究由首都十大疾病脑血管病领域领衔专家、首都医科大学附属北京天坛医院院长王拥军教授担任牵头人，由北京、天津、浙江、广东等全国 17 个省市 114 家医疗机构历时 5 年共同合作完成。北京时间 2013 年 6 月 27 日凌晨 5 点，《新英格兰医学》杂志发表了该篇论文。CHANCE 是中文研究名称“氯吡格雷治疗急性非致残性脑血管事件高危人群的疗效研究”（Clopidogrel in High – risk patients with Acute Non – disabling Cerebrovascular Events）的英文缩写。研究结果表明：氯吡格雷合并阿司匹林的治疗方案，使轻微脑血管病患者复发为致残、致死的严重脑血管病的概率减少 32%，这将为我国每年至少减少 10 万例再发卒中。以每例卒中病人直接住院医疗费用约 2.5 万元计算，可使我国每年节省直接住院医疗费用约 25 亿元。

（市科委生物医药处）

【北京 12 家医药企业入选全国百强】 7 月 17 日，第三十届全国医药工业信息年会在上海举行，会议发布了 2012 年度中国医药工业百强企业榜。北京进入百强的 12 家企业中 G20 企业达 8 家，占北京入选企业的 2/3，其中 5 家排名上升。拜耳医药继续保持第 9 位；四环制药、泰德制药首次强势入榜，分列 50 位和 96 位；悦康药业由去年的 92 位急速上升 52 位至 40 位；同仁堂健康、赛诺菲排名稳步前进，分别上升 17 位和 5 位，排名 80 位和 91 位。

（市科委生物医药处　北京生物技术和新医药产业促进中心）

【“脑卒中诊疗技术规范研究”项目取得成果】 7 月 26 日，“脑卒中诊疗技术规范研究”项目通过专家验收。该项目是我委启动首都十大疾病科技攻关工作以来脑血管病领域设立的第一个重大项目，由脑血管病领域领衔专家、首都医科大学附属北京天坛医院院长王拥军教授牵头，京区22家医院共同参与完成。与会专家一致认为，通过该项目的实施，不仅提高了北京脑血管病医疗质量、改善患者生活质量，而且显著提升了北京脑血管病临床研究水平。该项目取得的重要研究成果：一是建立了13项脑血管病诊疗技术规范，开发了适合各级医疗机构使用的诊疗路径与标准的操作流程并由卫生部国家脑卒中医疗质量控制中心向全国颁布；二是制定的《缺血性脑卒中诊断和诊疗质量控制标准》成为卫生部行业标准并向全国推广；三是搭建了统一的、与国际接轨的北京脑血管病临床研究公共平台；四是在重大科技项目组织模式上进行了创新。

（市科委生物医药处）

【肿瘤微创高低温复式治疗设备进入临床试验】 12月16日，中科院理化所与海杰亚（北京）医疗器械有限公司联合开发的肿瘤微创高低温复式治疗设备“康博刀”在北京东方医院首次进入临床试验。该设备采用液氮代替稀有的氩氦气进行降温的技术原理，使手术探针低温达到-190℃以下，高温达到80℃以上，开创了冷冻和热疗相结合的微创手术方法。

（市科委生物医药处）

【国际合作研究甲型流感取得进展】 年内，首都医科大学附属北京佑安医院针对甲型流感相关研究取得重要进展，研究结果发表在美国呼吸病权威杂志《美国呼吸与危重病》（*American journal of respiratory and critical care medicine*）和1月29日的《自然·通讯》（*Nature Communications*）杂志上。该研究为国际首次报道甲型流感病毒感染人体后机体的特异性T细胞免疫反应，对临床医生评价疾病进展及探索新型治疗策略提供理论依据。该研究依托“北京重大疾病临床数据和样本资源库建设”重大科技项目收集的临床信息和样本资源，与英国牛津大学分子医学研究所合作完成。研究发现甲型流感重症患者外周血中流感特异性$CD4^+$ T细胞反应明显高于普通患者，有助于早期发现流感重症患者；流感患者病毒特异性$CD8^+$ T细胞的数量在肺脏明显高于外周血，提示单纯检测外周血中$CD8^+$ T细胞的数量和功能不足以反应机体整体的免疫功能状态。

（市科委生物医药处）

【昭衍（北京）新药研究中心收购拜耳研发生产基地】 年内，中国生物技术创新服务联盟（ABO联盟）成员昭衍（北京）新药研究中心有限公司收购了拜耳制药在美国旧金山的研发和生产基地。公司将依托该基地投资建设美国昭衍创新园，为硅谷中小型生物医药创新企业提供企业孵化、技术支撑、国际合作等服务。

（市科委生物医药处）

【角膜移植替代物探索性研究取得阶段性进展】 年内，北京大学第三医院承担的“XACM联合自体BMSCs移植治疗角膜损伤的临床研究”专项课题通过专家验收。通过研究发现，对于角膜内皮细胞完好的角膜盲患者如提供适当的光学支架和种子细胞，无须进行穿透性角膜移植，即可使角膜损伤得到有效修复。该院以构建理想的角膜移植替代物为研究切入点，从眼表结构重建、光学特性恢复和细胞分化水平等角度探讨角膜损伤的临床治疗。研究收集5例符合条件的角膜疾病患者，依照患者角膜状况评价标准，建立术前角膜信息库，并行板层角膜移植术，植片于手术后3月呈现透明状态，并且未见新生血管长入，植片生长状况良好。

（市科委生物医药处）

【微创治疗先天畸形和肿瘤技术实现改进】 年内，首都儿科研究所于2010年承担的“微创治疗先天畸形和肿瘤技术的临床应用研究”专项课题通过专家验收。该项目以探索腹腔镜下治疗消化道和泌尿道畸形以及小儿肿瘤安全、可靠的技术方法为研究切入点，开展一整套小儿腹腔镜外科诊断和治疗技术，完成微创手术近500例，改进微创腹腔镜技术治疗先天畸形以及小儿肿瘤的技术常规，并提出新手术方法。该成果已推广至30余家单位，培训医生200余名，对我国小儿腹腔镜外科的发展和成熟起到推动作用。

（市科委生物医药处）

【新型骨传导助听器产业化取得进展】 年内，

由北京美尔斯通科技发展股份有限公司承担的市重大科技成果转化项目“新型骨传导助听器产业化”通过专家验收。该公司开发出国内唯一的具有自主知识产权的新型骨传导助听器，共申请相关专利9项，5项获得授权，该产品上年上市后即实现销售收入1000万元，全年达到8000万元。

（市科委生物医药处）

【项目引领3D技术标准体系建立】 年内，由市科委立项支持的2010年度“立体显示技术的舒适度与健康评价研究”项目通过专家验收。该项目整合了北京地区眼科立体视觉研究、标准化研究、数字医疗研发单位、3D立体企业等单位优势资源，由北京大恒医疗设备有限公司、北京市眼科研究所和中国标准化研究院3家单位共同承担。课题组历时2年，构建了适合我国国情的3D技术标准体系，研究并提出关于我国立体显示技术产品的舒适度与健康评价标准，建立了眼科立体视觉实验室检测平台，形成国家标准2项、行业标准4项、国家认证规范1项，同时向ISO/TC176和IEC/TC100委员会申请提交了2项关于设立3D立体视觉健康国际标准工作组及其相应国际标准的提案。

（市科委生物医药处）

【4家京区药企入选福布斯中国潜力公司百强】 年内，福布斯中国发布2013中国潜力上市、非上市公司百强名单。舒泰神（300204）、利德曼（300289）入选2013福布斯中国潜力上市公司100强，九强生物、甘李药业入选2013福布斯中国非上市公司100强，占榜单中全国生物医药企业数量的1/3。4家企业2009—2011年度净利润复合增长率分别达到85.2%、40%、58.6%、101.2%。4家企业中3家为G20企业。

（市科委生物医药处）

【科兴手足口病EV71型疫苗研发取得进展】 年内，G20企业北京科兴生物制品有限公司自主研发的手足口病EV71疫苗临床Ⅲ期试验揭盲。初步结果显示，疫苗具有良好的安全性和有效性，对EV71病毒导致的疾病保护率达到95%。临床Ⅲ期研究的顺利完成，为疫苗上市、有效预防EV71型手足口病奠定了坚实的基础。该项目于2008年启动，并于2010年12月获得国家食品药品监督管理局颁发的临床研究批件，是全球首批获准开展临床实验研究的EV71型灭活疫苗。

（市科委生物医药处）

【首都十大疾病科技成果推广成效显著】 2011年以来，首都十大疾病科技攻关工作运用新模式对61项科技成果进行了推广，在16个区县累计推广至800家（次）医疗机构，对基层医疗卫生机构、基层医务工作者以及患者本身都产生了良好的效果。通过对本市6区县（通州、怀柔、昌平、西城、朝阳、海淀）5家妇幼保健院和海军总医院进行为期1年的胎儿心脏畸形超声筛查技术的推广，使复杂心脏畸形的总体检出率由50%提高到87.5%，复杂畸形引产后尸检结果显示被推广单位的复杂心脏畸形筛查准确率达100%；通过对本市4区县（丰台、密云、东城、朝阳）5家医院（北京电力医院、北京密云县医院、北京普仁医院、北京第六医院和北京桓兴肿瘤医院）椎间盘疼痛微创介入治疗技术的推广，提高了疼痛科医生的专业疼痛诊疗水平，增加微创介入手术的数量30%以上，实现了患者的就近诊疗。

（市科委生物医药处）

【中国人黑色素瘤靶向治疗取得进展】 年内，北京肿瘤医院2011年承担的“中国黑色素瘤个体化靶向治疗模式的探索”专项课题研究取得进展。课题对中国黑色素瘤患者遗传学特点进行了深入分析，发现C－KIT基因和BRAF基因的突变是我国黑色素瘤主要独立预后因素，并对C－KIT基因变异的晚期黑色素瘤患者进行靶向治疗，取得突破进展，其有效率较标准化疗提高了近4倍，且患者的无进展生存期明显延长。此项研究成果已被《美国NCCN黑色素瘤指南（2013版）》采纳。课题组开展的BRAF基因突变的转移性黑色素瘤患者进入Ⅱ期临床研究，其总体客观有效率达55%，疾病控制率达到了100%，为中国黑色素瘤患者的个体化靶向治疗标准模式的建立奠定了坚实基础。

（市科委生物医药处）

【口服液体脊灰疫苗获得生产批件】　年内，天坛生物获得了由 SFDA 颁发的“口服脊髓灰质炎减毒活疫苗”（液体 OPV）生产批件，标志着天坛生物与盖茨基金会合作开展的 OPV 国际采购合作项目取得了重要进展。口服脊髓灰质炎减毒活疫苗（OPV）国际采购项目是天坛生物与盖茨基金会全球健康合作项目的重要组成部分。公司下一步将在亦庄疫苗产业基地实现 OPV 扩产，并在通过 WHO 预认证后，每年向联合国儿童基金会供应至少 1.6 亿剂 OPV，用于支持 WHO 全球消灭脊灰行动计划。

（市科委生物医药处）

【眼前后节同时成像 OCT 研发成功】　年内，由国家眼科诊断与治疗设备工程技术研究中心承担的国家“十二五”科技支撑计划“眼用功能与结构综合成像相干光断层扫描仪关键技术及工程化研究”课题通过科技部组织的中期评审。课题组研发的全球首创无须更换镜头而实现眼前后节同时成像的 OCT 获得了与会专家一致好评。该设备在传统 OCT 的基础上实现了无创眼轴长度测量，在不散瞳的情况下就可以实现青少年真假性近视的鉴别及屈光度的测量，为研究青少年近视的发生、发展机制提供了有力的测量工具。

（市科委法规处）

【新技术治疗脑胶质瘤临床应用研究取得阶段性进展】　年内，解放军总医院开展的“高场强术中核磁和功能神经导航治疗脑胶质瘤临床应用研究”取得了阶段性进展。该项研究 2011 年获得“首都临床特色应用研究”专项支持，以 200 例颞、枕叶脑实质内胶质瘤导致视野缺损或语言障碍患者为研究对象，对试验组患者采用术中磁共振系统（iMRI）和功能神经导航辅助手术，对照组患者采用传统方法进行手术，对照分析了两组患者术前及术后 3 个月的影像数据，并对视皮层、视放射、语言区和弓状束的最佳成像方法、扫描参数和重建算法做出评价。研究结果显示，iMRI 和功能神经导航对治疗脑胶质瘤具有临床应用价值，可在保证患者在神经功能不受影响的情况下最大限度地切除肿瘤，提高了辨认残留肿瘤、纠正脑移位的准确性，降低了手术并发症。

（市科委生物医药处）

【“选择性 S1P1 受体激动剂及其适药化研究”取得进展】　年内，依托中国医学科学院药物研究所组建的活性物质发现与适药化北京市重点实验室通过药物发现与生物大分子计算模拟平台，建立了基于已报道 S1P1 和 S1P3 受体活性化合物的定量药效团模型和毒理模型，进行分子设计，发现新型的选择性 S1P1 受体激动剂。通过对该系列化合物的生物活性评价，发现化合物 SYL927 对于淋巴细胞数量降低的作用与 FTY720 相当，但对于心率的影响比 FTY720 明显降低。化合物 SYL927 作为全新结构的高选择性 S1P1 受体激动剂，已经申请了国内发明专利 1 项，申请国际 PCT 专利 1 项。其临床适应证拟定位于治疗类风湿关节炎、银屑病。

（市科委法规处）

【中医治疗银屑病研究取得重大进展】　年内，市科委 2009 年启动的重大科技项目“中医治疗顽固性疾病——银屑病研究”取得进展。该项目由首都医科大学附属北京中医医院牵头，联合协和医院、北京大学第一医院、中日友好医院、空军总医院、朝阳医院等 10 余家三甲医院共同完成。该项研究首次制定了运用中医理论制定、西医认可并应用于临床的银屑病诊断分型标准，真正实现了中西医的融会贯通；优化了中医治疗银屑病方案并制定银屑病治疗指南；应用该项研究的成果可使银屑病治疗有效率由 59% 上升到 77%，1 年复发率由 25% 下降到 20%。另外，研究成果不仅适用于三甲医院，基层医院也能熟练掌握并应用，已在北京良乡医院、北京平谷区医院、北京延庆县中医院等基层医院进行了很好的推广。

（市科委生物医药处）

【京美时生物科技有限公司在京注册成立】　年内，京美时生物科技有限公司在中关村海淀园注册成立。公司注册资金 1800 万元。该公司由美时医疗等机构投资，主要致力于 7T 及以上超导磁共振生化检测谱仪系统及动物可成像整机的研究、开发、设计、制造与销售。该类设备属于科研仪器，无须国家药品及食品监督总局审批，研发及上市周期快，预计2年内可投向市场，上市3年后有望成为10亿元大品种，与德国布鲁克、美国安捷伦公司同类产品形成有力竞争。

（市科委生物医药处）

新材料与新能源技术

【国家科技奖纳米领域北京数量居首】 1月18日，2012年度国家科学技术奖励大会在人民大会堂举行。北京在纳米领域共有6个项目获奖：国家自然科学奖二等奖3项，国家技术发明奖二等奖2项，国家科学技术进步奖二等奖1项；获奖的高校2家、研究院所7家。获奖项目是全国纳米领域通用项目获奖总数的55%，彰显了北京在纳米科技领域的强大的自主创新能力。

（市科委双新处）

【北京新材料领域骨干上市企业座谈会召开】 1月31日，北京新材料领域骨干上市企业座谈会召开。会议邀请了东方雨虹、北京利尔、江河幕墙、碧水源、高盟新材、海尔科化、康得新以及三聚环保等10多家上市企业参加。参会企业就北京市新材料产业发展面临的现实问题进行了讨论，这些问题主要表现在：产学研用相互脱节，新材料推广应用困难，产业发展模式不完善；新材料产业缺乏统筹规划和政策引导，自主开发能力比较薄弱，大型材料企业创新动力不足等方面。同时，参会企业也对政府部门的工作提出中肯的建议，希望政府切实关注企业人才资源紧张、测试服务平台不完善等制约企业发展的关键因素并给予帮助。

（北京新材料发展中心）

【东土时代与铜牛集团签署战略合作协议】 4月25日，无捻复合纱线技术持有公司——北京东土时代纺纱有限公司与铜牛集团签署战略合作协议。根据合作协议，东土公司负责研发生产无捻复合针织纱线，铜牛集团负责研发生产无捻纱针织面料、内衣。双方将共建无捻复合纱针织产品研发中心，制定无捻复合纱针织产品技术标准，开展产品市场推广合作。

（市科委双新处）

【碳纳米管产业化项目落户纳米科技产业园】 6月18日，清华—富士康纳米科技研究中心超顺排碳纳米管阵列产业化项目正式签约入驻北京纳米科技产业园，这是继纳米绿色印刷项目之后又一个纳米重大科技成果落户纳米科技产业园。至此，纳米科技产业园纳米成果转化和产业化项目已达29项，成为国内重要的纳米创新高地和产业聚集地。

（市科委双新处）

【纳米压印重大项目入驻北京纳米科技产业园】 8月16日，美国工程院院士、普林斯顿大学终身教授周郁团队携"纳米压印LED图形衬底产业化"项目与北京纳米科技产业园签订意向入驻协议，这是继纳米绿色印刷、超顺排碳纳米管项目入园之后的又一重量级项目。北京纳米科技产业园已通过科技部北京国家纳米科技产业化基地专家评审，纳米成果转化和产业化项目达30项，是国内重要的纳米创新高地和产业聚集地。

（市科委双新处）

【2014年纳米专项项目征集座谈会召开】 12月11日，市科委双新处、北京新材料发展中心共同召开2014年"北京纳米科技产业园建设专项"项目征集座谈会——投融资分场。启迪创投、中科招商、国科投资等8家投融资机构负责人参加了会议。为了推动北京市纳米科技成果转化及产业化进程，探索纳米科技成果批量转化模式，市科委在长期跟踪和调研的基础上，于2012年启动纳米科技专项。专项实施以来，已布局纳米领域科技研发、成果转化和支撑平台建设等课题31项，形成了"世界最长的碳纳米管""16纳米碳纳米管CMOS器件""碳基集成电路"等20多项纳米科技成果，超顺排碳纳米管阵列、纳米绿色制版等项目已实现产业化。

（北京新材料发展中心）

【非晶节能材料产业技术创新战略联盟理事大会举行】 12月24日,非晶节能材料产业技术创新战略联盟理事大会在京举行。联盟理事长、中国钢研科技集团董事长才让,以及南瑞集团、北京中机联供公司、精进电动公司等30多家成员单位的近80位代表参加了会议,共同商议加快非晶产业发展的战略部署。北京非晶产业链创新联盟成员单位已增加到41家,2013年非晶带材产量达到1.5万吨,成员单位非晶产品相关产值超过120亿元。预计未来3年中,国产非晶带材将达到年产10万吨的产能,国内市场占有率达到50%以上,产值达到400亿元。

(北京新材料发展中心)

【"纳米材料绿色印刷报业推广示范应用研究"项目启动】 年内,市科委启动"纳米材料绿色印刷报业推广示范应用研究"项目,确立项目承担主体为纳米绿色印刷技术应用方——北京日报社,支持纳米绿色印刷技术在北京日报社旗下的主流媒体《北京日报》《北京晚报》《京郊日报》等累计进行1500万印张报纸印制,进一步优化制版设备和参数调控,摸索最佳印版制备工艺,提高制版质量和速度,形成商业化的制版印刷工艺流程,加快纳米绿色制版技术在报业领域的推广速度,实现市场化的良性循环。

(北京新材料发展中心)

【世界上单根长度达半米以上的碳纳米管诞生】 年内,清华大学魏飞教授团队成功制备出单根长度达半米以上的碳纳米管,创造了新世界纪录。相关文章近日发表在国际著名期刊《美国化学会纳米》上,得到国际同行的高度评价。魏飞团队在制造设备、制备工艺方面进行大量改进和创新,将生长每毫米长度碳纳米管的催化剂活性概率提高到99.5%以上,最终制备出单根长度超过半米的碳纳米管。

(市科委双新处)

【可控单壁碳纳米管的宏量制备技术研究取得进展】 年内,清华大学魏飞教授团队承担的"高纯度单壁碳纳米管及其超级电容研制"课题通过验收。研究团队针对高端超级电容器应用的需求,开发了低成本的流化床法连续制备超高纯、超高比表面积、形貌和结构可控单壁碳纳米管的宏量制备技术。使用该技术制备的碳材料具有比表面积大、导电性好、孔结构可调等特点。已在清华建立一条批量制备(产量3千克/时)生产线。使用这种材料制作超级电容器电极材料,能量密度可达15~20瓦时/千克,功率密度达到10千瓦/千克,并可实现50万次的循环。

(市科委双新处)

【建筑中太阳能采暖和热水组合系统研究取得进展】 年内,北京市太阳能热利用工程技术研究中心承担的科技部国际合作项目"在建筑中太阳能采暖和热水组合系统的优化研究"通过验收。该项目是中国和丹麦政府技术合作项目。项目针对太阳能采暖系统关键技术开展研究和优化设计,通过对水箱温度分层的模拟,确定了影响水箱分层的关键因素及参数,开发了双层盖板的高效平板集热器,搭建了太阳能热水和采暖组合示范系统,并成功研制出适用于太阳能采暖系统的相变储热材料。

(北京生产力促进中心)

【清华大学宏观尺度超润滑研究取得重大突破】 年内,清华大学化工系魏飞教授团队与清华大学微纳米力学与多学科交叉创新研究中心、北京大学信息学院合作,在超润滑领域取得重大突破,在世界上首次检测到了大气环境下厘米以上长度碳纳米管管层间的超润滑现象。所实现的超润滑尺度比以前报道结果的最高值高出3个数量级,同时所得到的摩擦剪切强度比以前报道结果的最低值降低了4个数量级。相关成果发表在国际纳米领域权威学术期刊《自然·纳米技术》(*Nature Nanotechnology*)上。这项工作被《自然·纳米技术》杂志审稿人评价为里程碑式原创性工作,对于研究和控制摩擦力做出了重大的、创造性的贡献,为下一代全碳电子器件构筑、超润滑机械开发以及超高速微纳米机械、电子器件制备奠定了基础。

(北京新材料发展中心)

【高能锂离子电池正极材料实现产业化发展】 年内,依托北大先行科技产业有限公司建设的北京市动力锂离子电池工程技术研究中心经过一年的技术攻关,掌握了低电压电池正极材料磷酸铁锰锂的中试技术工艺路线,开发了高电压电池正极材料钴酸锂和高电压三元素,锂离子电池正极材料综合年生产能力达到6000吨。通过与北京普莱德新能源电池科技有限公司上下游合作,已经将电池成功应用在首都电动公交车、电动环卫清洁车和电动出租车等近3400辆电动汽车上,并成为苹果公司手机电池正极材料全球两家认证企业之一。

(北京技术交易促进中心)

【国产人工骨产业化取得突破性进展】 年内,依托北京纳通科技集团有限公司组建的北京医用内植物工程技术研究中心成功研发了具有自主知识产权的人工骨,并通过了国家食品药品监督管理局指定的检测中心的理化性能检测。该研究中心解决了国产人工骨产业化过程中的关键技术难题,建立了产业化技术平台,大幅降低了产品成本,提升了国产人工骨在国内外骨组织修复替代材料市场的竞争力。

(北京技术交易促进中心)

【新型全铅单液流电池关键技术取得进展】 年内,依托解放军防化研究院建设的先进规模蓄电技术与材料北京市重点实验室开展的新型全铅单液流电池关键技术研究取得进展。该研究阐明了电解液功能组分和电解液添加剂对电极电化学性能的影响规律,并首次提出通过电解液中添加电解二氧化铅(PbO_2)来提高全铅电池性能,研究结果较英国研究的同类电池循环寿命提高1倍,能量效率提高10%。

(市科委法规处)

【新型过滤膜支撑体为烟囱、锅炉装上“过滤嘴”】 年内,依托中国钢研科技集团有限公司建设的特种陶瓷与耐火材料北京市重点实验室就面向高温工业烟气PM2.5排放的过滤膜支撑体莫来石进行了创新研究,掌握了该原料的特性与成型工艺之间的对应关系,制备出了均质莫来石多孔陶瓷过滤膜支撑体材料。该过滤膜支撑体可用于吸附钢铁冶金等高温工业铁前系统烟气排放中尺寸小于2.5微米的颗粒物,以及烟囱、锅炉等高温烟气的排放物,将打破目前企业广泛使用的除尘工艺对于细小可吸入颗粒吸附效果有限的技术瓶颈。

(北京技术交易促进中心)

知识产权

专利管理与服务

【北京市专利代理人协会正式成立】 1月8日，北京市专利代理人协会成立暨第一届会员代表大会召开，标志着北京市专利代理人协会正式成立。市知识产权局局长汪洪出席大会并讲话。会议宣读了市知识产权局同意设立市专利代理人协会的批复以及市民政局同意协会筹备成立的行政许可决定，会员代表投票通过了协会《章程》以及《会费收取和管理办法》，选举了第一届理事会、监事会，崔晓光当选协会第一任会长。

（市知识产权局）

【区域专利信息服务体系建设大会】 1月10日，国家知识产权局推进专利信息传播利用工作暨北京市区域专利信息服务体系建设大会在亦庄生物医药园召开。会上，举行了国家知识产权局（北京）专利信息传播利用基地授牌仪式。随后，市知识产权局信息中心与16个区县和亦庄开发区知识产权局签署《专利信息服务合作框架协议》。16个区县和亦庄开发区知识产权局相关负责人及来自企业的近100人参加了会议。

（市知识产权局）

【首个战略性新兴产业专利评议报告完成】 3月26日，中关村知识产权促进局承接的国家知识产权局委托项目“中关村北斗卫星导航产业专利评议”通过专家评审。该项目围绕该领域核心技术进行了调研和专利分析，厘清了北斗卫星导航产业专利布局概况以及竞争态势，为相关企业明确了后续研发方向，同时也为全市相关部门制定促进北斗导航产业发展的政策措施提出了建议。

（市知识产权局）

【全市“4·26世界知识产权日”相关活动举行】 4月20日，市知识产权局、团市委、市志愿者联合会、首都保护知识产权志愿服务总队在751北京时尚设计广场开展以“知识产权与世界城市同行，志愿服务弘扬创新文化”为主题的志愿宣传咨询活动。市委常委陈刚、市委副秘书长傅华、市知识产权局局长汪洪和副局长付晓辉、朝阳区副区长汪洋及团市委机关党委书记、市志愿服务指导中心主任郭新保出席活动。在活动现场，志愿团体设立了咨询台，由首都知识产权10位有影响力的人物和来自各志愿团队的保护知识产权志愿者，向过往游客解答咨询，通过互动项目、散发传单等方式宣传知识产权知识。座谈会上，陈刚与分别从企业、高校、律所、法院、政府部门等社会各个层面评选出的北京市知识产权10位有影响力的人物代表进行了交流，并向他们颁发了聘书，同时为北京市保护知识产权志愿者751服务站进行了颁牌。

（市知识产权局）

【千件专利企事业单位培育工作会召开】 4月20日，市知识产权局联合市教委、市经信委、市国资委和中关村管委会召开北京千件专利企事业单位培育工作会并启动知识产权宣传周。会上，市知识产权局副局长周砚介绍了《北京市千件专利企业培植计划》实施和千件专利企事业单位培育情况。与会领导共同为中国石油、国家电网、清华大学等2012年度千件专利企事业单位颁发匾牌。

（市知识产权局）

【姜颖法官知识产权法律服务团队成立】 4月22日，姜颖法官知识产权法律服务团队成立暨签约仪式在北京市第一中级人民法院举行。该团队将为有需求的中关村企业开展知识产权法律宣传和培训，合作开展知识产权法律调研，以及为确有特殊困难需要帮助的中关村企业提供知识产权法律咨询服务。中关村知识产权促进局、中国互联网协会、国家知识产权局知识产权培训中心负责人分别与姜颖法官知识产权服务团队签署合作协议。

（市知识产权局）

【通州国际种业科技园知识产权公共服务平台启动】 4月25日，市知识产权局服务中心、北京“12330”和通州区知识产权局共同举行通州国际种业科技园知识产权公共服务平台启动仪式暨北京“12330”通州分中心、种业科技园工作站揭牌仪式。平台建成后，市知识产权局服务中心、北京“12330”和通州区知识产权局将共同为园区种业企业提供知识产权数据分析、维权援助、培训等服务。

（市知识产权局）

【2013年首期北京市专利代理人实务技能培训班举办】 6月5—7日，市知识产权局举行2013年首期北京市专利代理人实务技能培训班，来自在京专利代理机构的近200名专利代理人参训。根据工作计划安排，全年市专利代理人实务技能培训共举办4期，首期培训的技术领域为机械行业。

（市知识产权局）

【企业知识产权管理标准推行工作会召开】 8月27日，市知识产权局召开2013年北京企业知识产权管理标准推行工作会，标志着2013年北京推行《企业知识产权管理规范》国家标准工作进入实质性阶段。会上，市知识产权局副局长周砚总结了2012年北京推行《企业知识产权管理规范》国家标准的工作情况，并部署了2013年标准推行工作。与会领导为2012年首批63家通过企业知识产权管理标准评审的企事业单位以及2012年、2013年参加企业知识产权管理标准化工作的知识产权服务机构颁发了“企业知识产权管理标准化单位”和“企业知识产权管理标准辅导机构”牌匾。

（市知识产权局）

【专利复审和无效宣告电子请求系统在京率先推广】 年内，国家知识产权局审查业务部、专利复审委员会、北京市知识产权局在京举行首届专利复审和无效宣告电子请求系统培训会。会议对“复审和无效案件形式审查”和“电子请求系统”进行了详细培训，来自全市120余家代理机构的200余名从业人员参加了当天的培训。通过该系统，专利申请人提出的专利复审请求、任何单位或者个人提出的宣告专利权无效请求都可以以电子文件形式递交。

（市知识产权局）

【14家机构入选首批知识产权分析评议服务示范创建机构】 年内，国家知识产权局公示了首批26家知识产权分析评议服务示范创建机构。北京地区有14家机构入选，分别是：北京大成律师事务所、知识产权出版社、北京三聚阳光知识产权代理有限公司、北京路浩知识产权代理有限公司、中国国际贸易促进委员会专利商标事务所、中国技术交易所有限公司、中国专利技术开发公司、北京国之专利预警咨询中心、中国船舶工业综合技术经济研究院、中国国际技术智力合作公司、北京纲正知识产权事务咨询服务有限公司、中国航天科工集团第三研究院第三一〇研究所、中科院国家科学图书馆、隆天国际知识产权代理有限公司。

（市知识产权局）

【中关村成为全国首批国家专利导航产业发展实验区】 年内，国家知识产权局发布《关于确定国家专利导航产业发展实验区的通知》，中关村科技园区等8家国家级开发区成功获批国家知识产权局首批专利导航产业发展实验区。实验区建设期到2018年8月截止，期间，国家知识产权局将建立跟踪管理机制和核心指标统计制度，并组建专家指导委员会跟踪指导。中关村专利导航产业发展实验区将以中关村知识产权促进局为基础成立实验区办公室，负责处理实验区建设中的具体事务并承担各项日常工作。

（市知识产权局）

专利保护

【“12330”进驻第十六届中国汽车用品展】 3月1—4日，北京“12330”全程进驻第十六届中国汽车用品暨改装汽车展览会，设立展会知识产权举报投诉服务工作站，为参展商及观众提供知识产权保护服务。展会期间，展会工作站共接到知识产权投诉9件，主要为汽车脚垫、坐垫、洗车设备等产品外观设计专利侵权。此外，工作站还解答涉及注册商标、展位设计侵权判定、维权途径等相关问题的咨询20余件。

（市知识产权局）

【北京农业嘉年华设立知识产权保护办公室】 3月23日至5月12日，首届北京农业嘉年华在昌平草莓博览园举行。为了维护嘉年华知识产权的良好环境，市知识产权局根据《北京市知识产权展会保护办法》牵头设立了知识产权保护办公室，专利执法处派员进驻展会，负责接待专利咨询、调处专利纠纷和查处假冒专利行为等工作。同时，执法人员在农产品展销、新奇特品种栽培等区域，对农业产品销售、农业栽培方法展示进行了重点巡查。

（市知识产权局）

【市知产局与市高院签署合作协议】 3月28日，市知识产权局与市高级人民法院在市高院新闻发布厅签署合作协议。本次签约就进一步完善协调会商机制、完善信息共享机制、加强司法委托调解工作、开展多形式业务交流、强化热点问题研究、营造良好的知识产权法治环境等内容达成合作意向。

（市知识产权局）

【专利行政执法走向高端专业市场】 5月2日，市知识产权局组织受委托执法区县共18名执法人员兵分六路，针对北京市高端家居市场进行了执法检查。高端专业市场是北京市建设世界城市的窗口，其知识产权保护环境的好坏直接影响首都国际形象。此次统一执法行动拉开了市知识产权局专利行政执法走向高端市场的序幕。本次行动分别对5个红星美凯龙和1个蓝景丽家市场进行执法检查，共检查出16个专利标注不规范行为。

（市知识产权局）

【专利行政委托执法实现区县全覆盖】 6月28日，市知识产权局副局长潘新胜与延庆县知识产权局局长史绍全签署《专利行政委托执法协议》。以此为标志，全市区县全部获得了专利行政执法权，负责查处本区域内发生的假冒专利案件，调解专利侵权纠纷案件。通过开展委托执法工作，全市形成了市区两级专利行政执法工作体系。上半年，市区两级强化执法协作，全市专利行政执法案件立案78件，接近2012年全年立案量82件。

（市知识产权局）

知识产权统筹协调

【电力节能环保产业知识产权联盟筹备会召开】 2月27日，电力节能环保产业知识产权联盟筹备工作会召开。该联盟由华北电力大学、国家电网智能电网研究院、北京三得普华科技有限责任公司、北京国电清新环保技术股份有限公司和北京国电智尧科技发展有限公司等8家电力节能环保产业龙头单位联合发起，是首家致力推进电力节能环保领域知识产权联合创新和专利对接转化的知识产权联盟。会上，各联盟发起单位研讨通过了联盟章程，并就联盟本年度工作计划进行了重点讨论。

（市知识产权局）

【知识产权服务业创新政策建议座谈会召开】 3月19日，中关村知识产权促进局、北京市代理人协会共同召开知识产权服务业创新政策建议座谈会。来自港专、柳沈、贸促会、三友、集佳、金杜、安博达和天悦等8家知识产权代理机构负责人参加座谈。会上，中关村知识产权促进局负责人首先介绍了中关村建设国家知识产权服务业集聚发展试验区的背景情况，以及下一步筹建中关村知识产权服务业联盟和培育中关村知识产权服务品牌机构的重点举措。与会代表围绕知识产权服务业发展所面临的问题与现实需求进行了深入探讨，针对构建知识产权服务一站式平台、培育优秀知识产权人才、提升知识产权服务质量和降低专利代理人执业风险等方面提出了建设性意见。

（市知识产权局）

【2013年全市知识产权工作会召开】 3月21日，2013年全市知识产权工作会召开，国家知

识产权局局长田力普、北京市副市长苟仲文出席会议并讲话。会上，市知识产权局局长汪洪做了题为“加强统筹，深化服务，加快推动知识产权工作融入经济建设主战场”的工作报告。报告指出，2012 年，全市知识产权系统按照中国特色世界城市建设和“双轮驱动”的总体要求，抢抓机遇，开拓创新，扎实工作，圆满完成了全年各项任务目标。2013 年是贯彻落实党的十八大精神的关键一年，首都知识产权工作在凝聚力量推进战略实施、提升中关村示范区知识产权综合能力等 10 个方面实现新的突破。会上，中关村管委会、小米科技有限公司、集佳知识产权代理有限公司 3 家单位分别代表政府、企业和中介机构进行了发言。来自全市知识产权试点和示范企业、大专院校和科研机构以及知识产权服务机构的代表 300 余人参加大会。

（市知识产权局）

【联合推进知识产权“聚核工程”框架协议签订】 4 月 2 日，市知识产权局与海淀区政府共同签订了联合推进知识产权“聚核工程”框架协议。根据“聚核工程”框架协议，市知识产权局将与海淀区以聚集高端创新要素为抓手，从提升核心区创新驱动能力、凸显核心区专利引领作用、优化核心区知识产权环境三方面制定了 9 个专项 30 项具体工作措施，力争到 2015 年实现全面提升核心区知识产权综合运用水平、激发核心区创新潜能、营造良好知识产权环境的发展目标。

（市知识产权局）

【知识产权保护状况新闻发布会召开】 4 月 10 日，在第十三个世界知识产权日来临之际，北京市知识产权办公会议与市政府新闻办公室共同召开北京市知识产权保护状况新闻发布会。会上，市知识产权局副局长付晓辉宣读了《2012 年北京知识产权保护状况》。2012 年，北京市注重完善知识产权保护政策布局，相继制定并下发了《首都标准化战略纲要重点任务分解方案》《关于部分知识产权案件适用简易程序进行审理的规定（试行）》《北京海关促进首都贸易稳定增长、支持企业健康发展的实施办法》等文件，并通过进驻首届中国（北京）国际服务贸易交易会、中国北京国际文化创意产业博览会等重大展会，加强知识产权执法。

（市知识产权局）

【第三批首都保护知识产权志愿服务总队校园服务站成立】 4 月 16 日，北京市第三批首都保护知识产权志愿服务总队校园服务站成立仪式在北京联合大学举行。北京联合大学党委书记徐永利，市知识产权局党组成员、纪检组长刘卫东，市志愿服务指导中心副主任张楠及北京“12330”主任王连洁等领导出席成立仪式。至此，首都保护知识产权志愿服务总队校园服务站共计 16 所，志愿者超过 1000 人。

（市知识产权局）

【2013 年中关村知识产权推进大会召开】 4 月 23 日，市知识产权局与中关村管委会共同召开 2013 年中关村知识产权推进大会。会上，市知识产权局局长汪洪宣读了《中关村 2012 年度专利分析报告》和《2013—2015 年中关村知识产权推进计划》。他指出，未来 3 年，将在中关村部署实施“战略性新兴产业知识产权导航计划”“知识产权金融产品和金融服务创新”等 5 个方面 18 项重点工作。到 2015 年，力争实现中关村企业年专利申请量突破 4 万件、形成 2～3 个拥有知识产权主导权的产业集群等八大目标。国家知识产权局规划发展司司长龚亚麟宣读了《国家知识产权局办公室关于同意在北京中关村设立国家知识产权服务业集聚发展试验区的函》，大会还为中关村国家知识产权服务业集聚发展试验区揭牌，对 10 家 2012 年度中关村优秀知识产权服务机构进行了表彰。来自中关村一区十六园管委会、园区企业和知识产权服务机构的代表 200 余人参加会议。

（市知识产权局）

【首都知识产权国际化战略基地启动】 4 月 26 日，市知识产权局与北京外国语大学合作创建的首都知识产权国际化战略基地正式启动。仪式上，双方签订了首都知识产权国际化战略基地合作协议。这是市政府部门与高校在知识产权国际化领域的首次携手,基地作为双方开展一系列具体合作事项的运行平台,将在知识产权人才教育与培养、专利代理实务培训、知识产权国际沙龙、国际交流合作、知识产权研究、知识产权志愿者服务和知识产权普法等多方面进行合作。

(市知识产权局)

【全国首家知识产权服务业联盟】 7月30日,中关村知识产权服务业联盟成立大会暨知识产权融资战略合作签约仪式在中关村国家自主创新示范区展示交易中心会议中心举行。会上,国家知识产权局规划发展司司长龚亚麟和中关村管委会主任郭洪共同为中关村知识产权服务业联盟揭牌,标志着全国首家知识产权服务业联盟——中关村知识产权服务业联盟正式成立,53家知识产权服务机构成为中关村知识产权服务业联盟首批成员单位。市知识产权局与中国银行、建设银行、北京银行、光大银行、交通银行、民生银行、华夏银行等7家银行签署了中关村知识产权融资战略合作协议。按照协议约定,这7家银行总授信额度达到创历史新高的260亿元,并在拓展知识产权金融保险服务、促进企业需求与金融产品对接等方面为中关村企业提供金融支持。普天信息技术研究院有限公司与北京银行共同签署了知识产权融资服务合作协议,将以专利权作为质押,一次性从北京银行获得2亿元的贷款融资。会上,还举行了中关村管委会专利促进资金发放仪式,10家企业代表上台领取资助金。

(市知识产权局)

【市人大表决通过新修订的《北京市专利保护和促进条例》】 9月27日,市十四届人大常委会第六次会议表决通过了新修订的《北京市专利保护和促进条例》。市人大常委会主任杜德印主持会议。这是《条例》2005年5月颁布以来的一次重大修改,进一步明确规定了本市专利的保护、促进及相关活动。修订后的《条例》包括总则、专利保护、专利促进、法律责任、附则共五章51条,增加了13条,更加注重建立全社会共同保护和促进专利的体系,形成行政部门、权利人、行业协会等相关社会主体共同保护和促进全市专利事业的发展格局。新修订的《条例》注重专利工作的项层设计;注重提升涉及专利的政府决策科学化水平;注重激励发明创造,以奖酬、产权、财政资助、指标考核等方式激励创新主体进行发明创造;注重专利应用和价值实现;注重构建多方参与的专利保护体系;注重重点对象的专利保护;注重培育和规范专利社会化服务组织;注重专利公共服务平台构建和基础条件建设等。新修订的《条例》将于2014年3月1日起施行。

(市知识产权局)

【首届知识产权中关村国际论坛举行】 10月16日,由中关村知识产权服务业联盟成员单位——中关村知识产权法律保护研究院主办的首届知识产权中关村国际论坛举行。本次论坛以"创新驱动发展与知识产权保护"为主题,邀请中国知识产权法研究会会长刘春田教授、中科院李顺德教授、美国巡回上诉法院院长雷德大法官等国内外多名专家学者就商标法律制度的完善、知识产权交易现状与推进、技术标准与专利池、网络著作权保护等当下知识产权热点问题做主题演讲。来自政府部门、高校、研究机构等单位的领导、专家及部分企业代表260余人参加了论坛。

(市知识产权局)

【郭金龙会见世界知识产权组织总干事弗朗西斯·高锐】 11月12日,市委书记郭金龙会见来访的世界知识产权组织总干事弗朗西斯·高锐博士、副总干事王彬颖一行,双方就北京市与世界知识产权组织在知识产权保护领域开展合作进行了会谈。副市长戴均良、市政府外办主任赵会民、市知识产权局局长汪洪参加会见。

(市知识产权局)

【市知识产权局确定全年13个方面60项重点工作】 年内,《北京市知识产权局2013年重点工作计划》正式印发实施。全年重点工作经过多次研讨和修改,局长办公会研究确定了13个方面60项重点工作,并将任务逐项分解到各处室、各单位。

(市知识产权局)

【市知识产权局与高校联合培养专利代理人工作启动】 年内,市知识产权局分别与清华大学法学院、中国科学院大学工程管理与信息技术学院签订了专利代理人才培养合作协议。按协议安排,专利代理人才培养工作将在2013年第一学期正式开始。清华大学法学院设置专利信息利用和专利代理实务两门课程供法学院研究生学习,同时其他学生也可以选修这两门课程。中科院大学是国内招收理工科类研究生和博士生规模最大的学校。

（市知识产权局）

质量技术监督

标准化

【2013 年中关村标准化推动会召开】 1 月 10 日，由市质监局、中国电子工业标准化协会共同主办，中关村标准创新服务中心承办，以“推动技术自主创新，促进产业转型升级”为主题的 2013 年中关村标准化推动会召开。首批中关村标准创新试点园区和第二批中关村标准创新试点企业、产业联盟名单在会上发布。市质监局副局长姚娉出席会议。会议围绕中关村企业如何通过标准创新推动战略性新兴产业发展进行了深入分析和探讨，并指出，在“十二五”发展的中坚阶段，要充分发挥中关村在科技创新、产业联合驱动发展等方面的优势，进一步完善信息技术、节能环保、生物医药等领域的标准化工作体系，进一步推进我国自主创新技术成为国际标准。市质监局副局长姚娉强调，中关村要发挥优势，要结合北京市“十二五”时期标准化发展规划，围绕战略性新兴产业和优势主导产业，培育一批创制先进标准的企业和标准联盟，打造中关村标准品牌。中国工程院副院长邬贺铨院士、工信部相关负责人分别以“移动互联网及产业变革”“以战略性新兴产业为引领，加快推进工业转型升级”为题做了专题发言；中关村标准创新试点单位，天地互连和四维图新企业负责人分别就“IEEE1888 国际标准及产业化”“导航电子地图标准的应用及发展”内容进行经验交流。国家标准委、工信部、中国工程院、中关村管委会、市质监局有关领导、专家，各区县质监部门与示范区各分园负责人，标准创新试点单位、部分示范区企业及标准促进机构代表近 300 人参加会议。

（钟锌章）

【中关村数字电视产业联盟积极推动 DTMB 平台在海外推广】 1 月 14 日，布隆迪官方签署正式公函，表示采用我国地面数字电视传输标准 DTMB，并同意在布从事地面数字电视广播运营。中关村数字电视产业联盟一直致力于 DTMB 国际推广及应用，积极组建国标 DTMB 海外推广投融资平台，该平台主要负责国标海外市场拓展、DTMB 覆盖网络建设。同时，联盟还组建联盟内应用分组，集中国内运营商在运营管理、资金、人才等方面的资源、联盟企业的技术、产品资源等，共同推进 DTMB 海外推广应用工作。

（李　资　钟锌章）

【首都标准化委员会召开第一次全体会议】 1 月 17 日，市政府召开首都标准化委员会第一次全体会议。首都标准化委员会主任、副市长洪峰，国家质检总局党组成员、国家标准委主任陈钢出席会议并讲话。首都标准化委员会常务副主任、市政府副秘书长戴卫主持会议。北京市 33 个委办局以及河北省、天津市质监局相关负责人参加会议。会上，戴卫副秘书长宣读了市编委关于成立首都标准化委员会的批复。首都标准化委员会副主任、市质监局局长赵长山通报了 2011 年 8 月市政府批准发布《首都标准化战略纲要》以来的实施进展情况，并重点汇报了《2013 年全市标准化工作要点》（送审稿）。市质监局副局长姚娉通报了《首都标准化委员会工作规则》（送审稿）。会议对首都标准化战略实施情况给予肯定，审议并原则通过了《首都标准化委员会工作规则》和《2013 年北京市标准化工作要点》。国家质检总局党组成员、国家标准委主任陈钢对首都标准化委员会的成立表示祝贺，首都标准化委员会主任、副市长洪峰在讲话中指出，近年来，在市委、市政府的领导和国家标准委等中央部委的关心指导下，首都标准化工作和质量发展工作取得了长足进展。要以首都标准化委员会的正式成立为新的起点，加强首都质量和标准化资源的统筹协调服务工作，充分发挥平台作用，认真履行贯彻落实、调查研究、组织推进、督查检查等核心职责，全面贯彻落实《质量发展纲要》，大力推进实施《首都标准化战略》，为建设中国特色世界城市做出新的贡献。

（李　资　钟锌章）

【《图像信息管理系统技术规范》系列标准获中国标准创新贡献奖】　2月8日，由市质监局、市公安局、市标准化研究院、市经济和信息化委员会、市产品质量监督检验所等单位编制的DB11/T 384—2009《图像信息管理系统技术规范》系列获国家质检总局和国家标准委2013年中国标准创新贡献奖项目奖二等奖。该标准体系包括9个部分，分别是：总体平台结构、视频格式与编码、通信控制协议、传输网络、图像质量要求与评价方法、图像存储与回放要求、工程要求与验收、危险场所施工与验收、图像资源及系统设备编码与管理，共计18项标准。

（李晓林）

【中关村企业7项标准获2013年中国标准创新贡献奖】　2月8日，以大唐电信为代表的8家单位编制的7个标准项目荣获2013年中国标准创新贡献奖。此次表彰共设置58个标准项目奖，中关村企业占全国获奖比例的12%。其中由大唐电信科技产业集团牵头创制的国际电联ITU第四代移动通信的国际标准TD—LTE—Advanced荣获中国标准创新贡献奖一等奖，占一等奖的12.5%；由中国铁道科学研究院、中机生产力促进中心等四家单位创制的3个项目荣获二等奖；由北京中棉机械成套设备有限公司、中国电子工程设计院等4家单位创制的3个项目分获三等奖。中国标准创新贡献奖由国家质检总局、国家标准委主办，分别对技术水平和编写质量高、实施后经济社会效益突出的标准化项目的主要完成者给予奖励，对国际国内标准化工作中贡献突出、成效显著的组织和个人进行表彰。

（李　资　钟锌章）

【市质监局召开北京市国家级服务业标准化试点工作推进会】　2月22日，市质监局召开北京市国家级服务业标准化试点工作推进会。市质监局副局长姚娉出席会议并讲话。2009年、2011年、2012年度国家级服务业标准化试点项目承担单位，市民政局、市旅游委等委办局，东城、西城、海淀、顺义、石景山、丰台等区县质监局和相关部门，市标准化所、市标准化协会相关领导参加会议。会议交流了2009年度试点项目经验，汇报了2011年度试点项目进展情况，对2011年度、2012年度试点项目开展做了工作部署。市发展改革委产业发展处负责人介绍了北京市服务业发展总体情况，对开展标准化试点工作提出了建议。国家标准委服务业部地方处负责人对北京市服务业标准化试点工作给予肯定，就试点工作中需要注意的问题进行了指导。

（钟锌章）

【大唐电信主导的LTE－Hi在国际标准化组织3GPP立项】　2月，大唐电信集团主导的LTE－Hi标准在国际标准化组织3GPP立项。LTE－Hi技术是由我国主导、大唐电信集团拥有核心技术和专利的4G技术TD－LTE－Advanced的演进技术，是一种高频段、大容量、小覆盖的室内/热点宽带接入的解决方案，预计2013年年底可研制出样机，2014年具备进行规模网络试验条件。

（李　资　钟锌章）

【国际标准IEEE P1888.4立项】　3月6日，天地互连参与的IEEE P1888.4《绿色智能家居控制网络协议》标准在国际电气和电子工程师协会标准协会（IEEE－SA）正式立项。此标准为家庭和住宅小区提供了能源计量和智能控制网络协议，推动家庭社区可以更加自如地实现绿色、智能功能。同时，该标准以“一网到底”的目标，对网络设备进行了系统应用定义，还包含数据格式定义配置和管理功能，数据格式定义部署和控制导向的功能等。

（宋　阳）

【第一届中国—古巴哈瓦那数字电视国际论坛召开】　3月19—21日，由中关村数字电视产业联盟理事长单位数字电视国家工程实验室（北京）与古巴国家电信研究所共同主办的第一届中国—古巴哈瓦那数字电视国际论坛在古巴哈瓦那召开。会上成功展示了中国DTMB和AVS双国标在古巴的推广应用成果，对拉美地区数字电视产业发展影响深远。由联盟成员单位海尔集团主导的哈瓦那示范区建设已初具规模，由数字电视国家工程实验室（北京）捐赠设备，并联合古巴国家电信研究所成立的中古数字电视联合实验室将投入运营。

（李 资 钟锌章）

【中关村标准创新试点2013年第一期标准培训会举行】 3月20日，中关村标准创新试点2013年第一期（总第五期）标准培训会举行。来自中关村标准创新试点联盟、企业以及各园区管委会、各区县质监局等近百家单位的150余位代表参加。本次培训围绕标准检索和北京市标准资助政策解读两部分展开。会上，授课专家对企业提出的问题进行了现场解答，并与企业进行交流。

（李 资 钟锌章）

【2013年北京市标准化工作会议召开】 3月29日，市政府召开2013年北京市标准化工作会议。副市长苟仲文、国家标准委副主任孙波、市质监局局长赵长山出席。中关村管委会、中关村标准创新服务中心、首都标准委成员及联络员，各区县负责人，标准化示范试点企业代表，标准化技术机构负责人参加会议。会议指出：一要充分利用首都的资源优势，拓展工作视野，提升首都标准化工作层次，推动标准化事业发展再上新台阶；二要将标准化工作与服务首都创新发展紧密结合，发挥标准化在推进科技创新、文化创新、城市管理创新等方面的引领作用；三要将标准化工作深入基层开展，围绕新技术突破和城市精细化管理等重点，将标准化工作抓实；四要充分发挥标准化工作人员的主动性、创造性，按照建设社会主义首善之区和中国特色世界城市的目标要求，不断提高工作质量，为推进本市标准化工作健康发展贡献力量。

（李 资 钟锌章）

【中机生产力促进中心参加ISO/TC24/SC4第四十四次会议】 4月21日至5月1日，ISO/TC24/SC4第四十四次会议在德国召开，中机生产力促进中心作为全国颗粒表征与分检及筛网标准化技术委员会（SAC/TC168）秘书处参会。会上讨论通过了3项新标准建议、1项技术报告和3项标准的阶段审查，确定了WG6新召集人。

（李 资 钟锌章）

【法国标准化知识专题讲座举行】 4月26日，由市质监局主办、中关村标准创新服务中心承办的法国标准化知识专题讲座举行。国家标准委国际合作部相关领导出席，来自国家标准委、各区县质监局、企业的代表80余人参加了此次讲座。市质监局副局长姚娉出席并主持。来自法国标准化协会首席执行官、ISO副主席奥利沃·皮亚特（Olivier Peyrat）就法国标准化协会的概况、法国标协与政府机关的关系、其内部的组织结构和工作模式、利益相关者与标准化工作、标准化的全球互动等重要议题进行了详细的阐述；并向中关村企业阐述了标准化、创新和专利之间的关系，以及中小企业如何参与标准化工作。此次讲座让中关村企业有机会了解国际标准化活动的相关知识和发展动态，不仅学习到国际上先进的标准化工作经验和做法，更重要的是唤醒了很多企业的国际标准化意识，标准化将成为中关村企业未来国际发展道路上重要的工具和科学的手段。

（李 资 钟锌章）

【利亚德参与制定的国家标准GB/T 29458—2012发布实施】 5月1日，利亚德光电股份有限公司参与制定的国家标准《体育场馆LED显示屏使用要求及检验方法》（GB/T 29458—2012）由国家质检总局和国家标准委发布并正式实施。该标准规定了体育场馆用LED显示屏的分类、要求、检验方法及合格判定规则。标准制定过程中，参考了国际游泳运动联合会、国际田径运动联合会和国际篮球运动联合会等国际单项运动组织的竞赛规则，引用了电子行业《LED显示屏通用规范》中的内容，适用于固定安装在体育场、综合体育馆和游泳跳水馆的LED显示屏，首次为体育场馆LED显示屏的设计提供了国家标准参考和依据。

（王 杏）

【电梯物联网技术应用标准发布实施】 5月1日，《电梯运行安全监测信息管理系统技术规范》（DB11/T948—2013）系列标准正式实施。该技术规范分为：系统总体结构、电梯基础信息与数据格式、采集设备编码规则、采集设备和凭条的通信协议与数据格式、传输网络要求、监测数据存储要求、图像子系统技术要求、采集设备技术要求、电梯运行数据格式与输出要求、采集设备安装验收规范、平台急速要求、系统信息安全规范、平台维护要求等13个部分。

（王　杏）

【联合示范区龙头企业，共商技术标准新政】 5月9日，中关村标准创新服务中心与创业板董事长俱乐部联合组织针对标准前瞻布局和修订办法的交流培训会。碧水源、启明星辰、拓尔思、旋极信息、泰宁、利亚德和拉卡拉等示范区龙头企业的负责人参会。会上对中关村技术标准资助相关政策及“中关村标准行动计划”工作思路进行了介绍。中关村从全球科技发展趋势入手，开展技术标准的前瞻性部署，对示范区培育战略性新兴产业，驱动形成具有全球技术主导权的重点领域起到积极的作用。新出台的对标准前瞻布局和示范推广的资助，将有利于推进龙头企业开展技术标准创新，引领世界科技发展的方向。

（李　资　钟锌章）

【北京民协会员专场技术标准培训会举行】 5月23日，中关村标准创新服务中心联合北京市民营科技实业家协会召开技术标准资助政策交流会。中星微电子、荣之联、中科龙芯、伟嘉人等40多家北京民协会员企业的50多名科研人员参会。中关村标准创新服务中心就中关村标准创新工作及中心情况进行了介绍，并针对中关村标准资助政策进行了详细的讲解。通过本次专场培训交流，激发了北京民协会员企业参与标准创新的积极性，一些企业当场表示将申请加入标准创新试点，同时有利于标准创新服务中心与北京民协开展更加深入的交流与合作。

（李　资　钟锌章）

【中关村标准创新沙龙“齐聚中关村，走近IEEE”举行】 5月30日，中关村标准创新服务中心举行中关村标准创新沙龙——“齐聚中关村，走近IEEE”主题活动。市质监局标准化处负责人及10余家企业代表出席。本次活动邀请IEEE国际业务发展总监、中国代表处首席代表华宁做主讲嘉宾，分别从IEEE标准协会的组织框架及工作内容、IEEE标准涉及的领域及制定流程、IEEE标准在中国的发展情况等方面多角度、分层次地向大家详细介绍了IEEE。参会代表畅所欲言，并就IEEE会员的权利和义务、IEEE与其他标准组织的互认、标准投票环节的设计及IEEE标准推广方法等问题与华宁进行了交流与探讨。

（李　资　钟锌章）

【中关村标准创新试点企业标准化知识系列培训活动举行】 6—9月，中关村标准创新服务中心共举办了四期中关村标准创新试点企业标准化知识系列培训活动。学员主要来自中关村标准创新试点联盟、企业以及各园区管委会、各区县质监局等单位，累计培训600余人次。来自中国计量学院洪生伟教授担任主讲嘉宾，结合前期企业调研和多年的工作经验，向大家讲授了《企业标准化教程》及《企业知识产权管理规范》(GB/T29490—2013)等相关内容。本次活动注重知识的系统性、实用性，有利于中关村园区企业标准化人才业务水平的提高。

（李　资　钟锌章）

【《中关村国家自主创新示范区标准化行动计划(2013—2015)》发布】 7月3日，中关村管委会、市质监局发布了《中关村国家自主创新示范区标准化行动计划(2013—2015)》，该计划提出2013—2015年中关村标准创新驱动和引领经济社会转型发展方面的战略思维、工作理念、指导思想、基本原则和保障措施。围绕中关村自主创新能力的显著增强及自主创新示范价值的有效增创这两大中心主题，细化、强化和全面部署了中关村建成“先进标准创制的引领辐射区”的各项主要工作。

（钟锌章）

【“中关村标准运行机制与实施方案研究”课题通过验收】 7月5日，中关村标准创新服务中心承担的“中关村标准运行机制与实施方案研究”课题通过结题验收。该课题立足中关村的战略定位，创新性地提出了“中关村标准”这一概念，对中关村标准实施的必要性进行充分论证，并从操作层面对中关村标准运行机制和实施方案做了设计和规划。

（李　资　钟锌章）

【紫光测控主导编制标准填补国内电压保护标准空白】 7月19日，由北京紫光测控有限公司主导编制的《量度继电器和保护装置 第127部分：过/欠电压保护功能要求》(GB/T 14598.127—2013)由国家标准委正式批准发布，并于12月2日开始实施。该标准填补了我国电压保护的空白，对于规范国家电网电压保护起到了重要作用。

（梁馨玉）

【英国标准协会(BSI)“标准在城市管理服务中的角色”讲座召开】 7月25日，首都标准委办公室邀请英国BSI标准总裁斯科特·斯迪曼博士为中关村企业做“标准在城市管理服务中的角色”专题讲座。国家标准委副主任于欣丽、国家标准委国际部主任王宗龄、国家标准委服务业部主任杨泽世和外专局有关负责人出席会议，市质监局副局长姚娉主持会议。来自国家标准委、中国标准化研究院、北京市社会科学院、北京市标准化研究院、中关村标准创新服务中心、首都标准委各成员单位、各区县质监局的相关工作人员，以及中关村高新技术企业的代表参加会议。斯科特·斯迪曼博士从经济的竞争能力、治理结构、社区和社会福利服务、教育、住房和医疗、安全和安保等角度，分析了未来城市面临的人口、社区和经济发展诸多挑战。他还结合北京实际，阐述了网络高速发展形势下，标准对未来智慧城市管理的重要作用，并与听众进行了互动。讲座之后，斯科特·斯迪曼博士一行还参观了北京轨道交通指挥中心，对其用标准化手段加强轨道交通指挥管理给予了充分肯定。

（李　资　钟锌章）

【全国城市公共设施服务标准化技术委员会(SAC/TC537)成立】 7月30日，全国城市公共设施服务标准化技术委员会(SAC/TC537)成立大会暨全体委员第一次工作会议在北京召开。市质监局副局长姚娉出席会议并致辞。国家标准委服务业部、市规划委、市住房城乡建设委、市市政市容委、市交通委相关负责人以及全国城市公共设施服务标准化技术委员会的全体委员参加会议。根据国家标准委的批复，第一届全国城市公共设施服务标准化技术委员会(SAC/TC537)由29名委员组成，北京市标准化研究院承担秘书处工作。

（钟锌章）

【首项中国主导制定的鞋类国际标准发布实施】 8月1日，《鞋类和鞋类部件 抗细菌性能评估试验方法》(ISO 16187)标准正式发布实施，该标准项目负责人为全国制鞋标准化技术委员会秘书长戚晓霞。该标准对规范抗菌鞋类市场，使其更加健康快速地发展具有重要的推动作用，并对我国进一步在国际鞋类领域的标准化主导和参与意义深远。

（陈　谌）

【闪联参与电子行业标准《数字电视交互应用接口规范》制定工作】 8月27—29日，电子行业标准《数字电视交互应用接口》第二次会议在京召开。闪联作为多屏互动领域我国自主知识产权的国际标准主导单位，全程参与了这一标准的制定，并在标准制定中承担了重要的工作。《数字电视交互应用接口》电子行业标准是根据《工业和信息化部办公厅关于印发2012年第四批行业标准制修订计划的通知》(工信厅科〔2012〕252号)的要求，由全国音频、视频及多媒体系统与设备标准化技术委员会归口，由电子标准化研究院牵头开展的标准化制定工作，该行业标准获得计划号2012－2400T－SJ，标准名称为《数字电视交互应用接口规范》，完成年限为2014年年底。作为中国自主的多屏互动技术标准代表性单位，闪联在会上介绍了闪联已有的成熟的解决方案和应用场景，在与会专家的同意下，与海信、康佳、京东方等企业共同承担了音视频交互、文件交互两大场景的标准化工作，并且对文件交互、控制和附属信息交互等应用场景提出了自己的见解。闪联将进一步积极参加这一标准化工作，争取早日完成和发布此项标准，并推进我国数字电视交互应用产业的发展。

（李　资　钟锌章）

【国家标准委赴中关村调研技术标准创新工作】 9月6日，国家标准委综合业务管理部、国际合作部、服务业部，中国电子技术标准化研究院及中国标准化研究院等单位相关人员和专家组成调研组，赴中关村标准创新服务中心调研,考察中关村技术标准创新工作。调研组听取了中心负责人对中关村标准化工作当前形势、特点、主要措施以及标准化创新发展工作思路的介绍,与市质监局、市标准化研究院及中关村标准创新服务中心的有关负责人探讨依托中关村国家自主创新示范区,建设中关村国家技术标准创新基地的必要性和可行性,以及基地的目标定位和功能任务等。调研组希望在中关村标准创新服务中心的积极推动和北京市有关部门的大力支持下,围绕中关村技术和产业优势,打造技术标准创新公共服务平台,协调产学研用等各方面资源,促进科技创新、标准研制与产业升级协同发展,丰富和完善国家自主创新体系。

（李　资　钟锌章）

【第二期实施首都标准化战略专题研讨班举行】　9月9—13日,市委组织部、市质监局、市委党校一分校共同举办第二期实施首都标准化战略专题研讨班。首都标准化委员会成员单位、各区县政府及区县质监局相关负责人共计55人参加研讨班。国家质检总局、国家标准委、中国标准化研究院、北京市质监局、广东省标准化研究院等单位的领导和专家学者就创新发展、城市精细化管理、节能减排、创建中国特色世界城市、综合运用计量检测认证手段做好质量工作等热点问题围绕标准化工作的作用进行了讲解,并回答了学员们关心的问题。研讨班还到东城区政府就运用标准化手段做好政府服务管理工作进行了现场教学。

（钟锌章）

【中关村取得智能电视新媒体应用领域国际标准化成果】　9月27日,在深圳召开的国际电工委员会音频、视频和多媒体系统与设备委员会(IEC/TC100)2013年全会上,由中国代表团提出的《智能电视集成服务框架》国际标准正式获IEC组织国际标准项目立项,这标志着我国在新一代数字电视新媒体技术标准制定领域进入世界前列。《智能电视集成服务框架》标准由中关村数字视频产业技术创新联盟牵头研制,具体提案工作由联盟核心成员单位全国新标委秘书处、工信部中国电子技术标准化研究院等单位的IEC代表负责,这是我国文化与科技机构联合制定新媒体技术标准并主导国际产业标准制定的成功案例,是中关村园区产业联盟近年来首次在数字媒体产业和新媒体领域获得国际标准化成果。该标准借鉴工业界“集成服务”理念,运用云计算、大数据等关键技术,聚焦智能电视新媒体业务需求,提出了智能电视新媒体应用的各类服务产业模型、应用场景、技术架构、终端接口、媒体格式及相关测试方法,将为国际智能电视产业的各类机构提供权威技术指导,促进全球智能电视产业链的协调发展,推动我国智能电视领域的产学研机构参与国际竞争,为数字电视产业转型升级及国际化奠定重要基础。

（李　资　钟锌章）

【国际标准IEEE Std 1888.1—2013正式发布】　10月7日,经国际电气和电子工程师协会标准协会(IEEE-SA)批准,由天地互连参与制定的《泛在绿色社区控制网络协议:控制和管理》(IEEE Std 1888.1—2013)正式发布,此举标志着我国在绿色ICT标准制定方面取得重大突破。该标准定义了绿色节能服务网络架构,解决了利用ICT技术提供绿色节能服务的运营技术机制,实现绿色节能网络的可管可控,使得规模化构建绿色节能运营服务成为可能。该标准作为新一代信息技术和节能减排技术的高效聚合,符合我国政府战略性新兴产业发展规划,将使越来越多的行业和应用实现ICT嵌入与节约化管理,对节能环保及信息技术领域有关产业的发展产生积极影响,并促进中国绿色产业的国际化进程。

（宋　阳）

【我国首家国家技术标准创新基地落户中关村】　10月14日,世界标准日暨全国标准开放服务日活动在北京中关村展示中心举行。会上,国家标准委宣布批准筹建国家技术标准创新基地(中关村),这是首家获批筹建的国家技术标准创新基地。国家标准委批复指出,中关村高新技术产业密集,创新资源优势明显,标准化工作基础扎实,为进一步推进技术标准与科技创新、产业升级协同发展,促进科技创新成果产业化、市场化,增强中关村自主创新能力,筹建国家技术标准创新基地(中关村)。国家将在标准制修订、标准化科研、参与国际标准化活动、标准信息资源、人才培养等方面给予支持。市标准化研究院(中关村标准创新服务中心)将在市政府的大力支持下,市质监局、中关村科技园区管委会的指导下做好基地筹建工作。基地筹建期为2年。

(李　资　钟锌章)

【世界标准日暨全国标准开放服务日活动在京举行】 10月14日,国家质检总局、国家标准委、北京市政府在中关村国家自主创新示范区展示中心共同举行纪念世界标准日暨全国标准开放服务日活动启动仪式。国家质检总局局长支树平、国家质检总局副局长陈钢,国家标准委主任田世宏,市政府副秘书长、首都标准委常务副主任戴卫,国际标准化组织(ISO)主席特里·希尔,候任主席张晓刚,市质监局局长赵长山、副局长姚娉、副巡视员张庆华,中关村管委会副主任杨建华以及中央部委、北京市相关部门及区县质监局负责人100余人出席活动。活动仪式上,国家质检总局局长支树平授予中关村科技园区全国软件与信息产业知名品牌创建示范区牌匾。与会领导为近两年获得国际标准化组织奖项的标准化工作者颁奖。会后,支树平一行参观了中关村科技园区展示中心、纪念世界标准日暨全国标准开放服务日活动主题展,听取了市质监局、中关村标准创新服务中心实施首都标准化战略、技术标准助推中关村园区创新发展的工作并给予充分肯定。

(李　资　钟锌章)

【国家标准《医院安全技术防范系统要求》(送审稿)通过审查】 10月18日,由北京声迅电子股份有限公司参与编制的国家标准《医院安全技术防范系统要求》(送审稿)通过审查。标准起草组根据当前医院安全防范工作的迫切需要,总结北京、上海、浙江、广东等地的医院安全技术防范系统建设经验,经过认真研究和广泛征求意见,提出的送审稿可操作性和适用性较强。该标准的制定和贯彻实施,将为我国医院安全技术防范系统建设提供必要的技术支撑,对提高医院安全防范水平,保护医务人员和患者的生命、财产安全,维护医院正常秩序具有重要意义。

(李　资　钟锌章)

【北京起重运输设计研究院主导制定的标准获中国机械工业科学技术奖三等奖】 10月25日由北京起重运输机械设计研究院承担的机械行业标准《平衡重式叉车 整机试验方法》(JB/T 3300—2010)获得了中国机械工业科学技术奖三等奖。本标准是平衡重式叉车整机试验方法的基本准则和共同遵守的技术依据,是总结国内叉车行业长期设计、制造、试验工作成果的结晶,标准内容及时跟踪转化了对口的国外先进标准,实现与标准接轨,突破和跨越技术壁垒,为工业车辆产品参与国际竞争创造条件。

(王墨洋)

【闪联荣获中国计算机学会2013CCF科技进步二等奖】 10月25日,2013年中国计算机大会在湖南长沙举行。为了表彰闪联信息技术工程中心在推进闪联标准的关键技术研究及产业化应用方面所取得的成绩,中国计算机学会CCF正式授予闪联信息技术工程中心的"面向3C融合的闪联标准关键技术研究及重大产业化应用"项目2013CCF科技进步二等奖。闪联标准是3C协同领域的我国第一个行业标准、国家标准和第一个国际标准,是我国集成创新和标准战略实施的典范,为国内企业抢占全球信息产业高端奠定了坚实的基础。闪联标准技术构造出"终端+服务"的全新网络架构和服务模式,为传统3C产品的改造和升级提供了广阔的空间,促进了我国计算机、通信和消费电子产品在国际市场的竞争力,提升了产品附加值,有效带动了数字内容、网络运营和新型服务业的发展。

(孙志勇)

【北京市第五社会福利院国家级服务业标准化试点通过考核评估】 10月29—30日,受国家标准委委托,市质监局按照《服务业标准化试点实施细则》要求,组织考核评估组对国家级服务业标准化试点项目——北京市第五社会福利院养老服务业标准化试点进行评估。评估组通过听取试点单位工作汇报,查阅相关资料,观看影像图片，查看服务现场，走访服务对象，进行满意度调查，对试点单位服务标准化工作情况进行了评估。考核评估组认为，试点单位完成了任务书规定的各项计划任务，工作符合《服务业标准化试点实施细则》的要求，经评估，试点单位综合得分97.5分，一致同意通过评估。

（钟锌章）

【闪联孙育宁荣获2013年度标准化十佳人物】 10月，由中国标准化协会和中国标准化杂志社共同举办的2013年度标准化十佳人物评选活动落幕，闪联信息技术工程中心有限公司总裁孙育宁荣获2013年度标准化十佳人物、十佳管理者。

（李　资　钟锌章）

【推动IEEE 1888向ISO/IEC国际标准转化】 10月，在重庆召开的ISO/IEC JTC1 SC6 WG7中期会议上，IEEE 1888工作组与WG7成员展开深入交流与合作，双方在IEEE 1888标准，特别是IEEE 1888的更新版本上达成共识，进一步扩大了IEEE 1888标准在国际上的影响力，正式确定了双方将在ISO/IEEE的PSDO协议框架下，实现IEEE 1888标准向ISO/IEC国际标准的转化。

（宋　阳）

【有研亿金两人分获有色金属标准主审专家及标准化先进工作者称号】 11月4日，在2013年度全国有色金属标准化技术委员会暨轻金属、重金属、稀有金属、粉末冶金和贵金属分标委会年会上，有研亿金副总经理熊晓东获聘为有色金属标准主审专家，何金江博士获得2013年度有色标委会“标准化先进工作者”荣誉称号。

（朱晓光）

【北京矿冶研究总院2人获全国有色金属标准化技术委员会表彰】 11月4—7日，全国有色金属标准化技术委员会2013年年会在桂林召开。会上，北京矿冶研究总院李华昌、冯先进分别荣获“有色金属标准化工作特殊贡献奖”和“有色金属标准化先进工作者”称号。全国有色金属标准化技术委员会是由国家标准化管委会批准成立，从事全国性标准化工作的技术组织，负责有色金属标准化的技术归口工作，并承担国际标准化组织相应技术委员会的国内对口工作。

（赵　浩）

【IEC国际标准化综合知识培训活动在京举行】 11月5日，由国家标准委和国际电工委员会（IEC）共同主办，市标准化研究院（中关村标准创新服务中心）承办的IEC国际标准化综合知识培训活动在京举行。市质监局副局长姚娉主持培训活动，国家标准委国际合作部副主任郭晨光致辞，市、区质监局，市标准院，中关村企业及IEC国内技术对口单位的120余位代表参加培训。IEC事务协调官杨－恩里克·泰德曼（Jan－Henrik Tiedemann）和IEC亚太地区中心主任丹尼斯·周（Dennis Chew）详细介绍了IEC组织机构、IEC国际标准制修订程序及相关技术工作等情况。代表们就关心的问题与主讲嘉宾进行了沟通交流。截至6月，中关村共有19家企业和1家联盟参与IEC标准共41项（包括ISO/IEC标准15项，IEC标准26项）。

（钟锌章）

【北京矿冶研究总院参与完成的两项标准荣获2013年度中国有色金属工业科学技术二等奖】 11月7—10日，由中国有色金属工业协会主办的2013年度中国有色金属工业科学技术奖评审会在广西南宁召开。其中由北京矿冶研究总院参与完成的《锑精矿化学分析方法》和《钴化学分析方法》标准荣获2013年度中国有色金属工业科学技术二等奖。《锑精矿化学分析方法》标准在对YS/T556.1～9—2006标准修订、补充的基础上，根据目前市场需要和工作中的实际情况，新制定了8项分析方法标准，从而形成了完善的锑精矿分析方法系列标准，满足了生产和贸易中对锑精矿中锑、砷、铅、锌、硒、汞、硫、金、铜、镉、铋、镍、银及湿存水等的测定的需要。《钴化学分析方法》标准是对YS/T281.1～16—1994的修订和补充，与原标准相比，新标准利用新的检测手段，引入了新方法。该系列标准方法中，不仅包含了传统的萃取—分光光度法、原子吸收光谱法，还应用了氢化物发生—原子荧光光谱法、直流电弧原子发射光谱法、电感耦合等离子体质谱法、电感耦合等离子体发射光谱法等先进的仪器分析方法,能够完全满足钴中各杂质元素的准确、快速分析的要求。

(赵 浩)

【北京中关村科教文化游国家级服务业标准化试点通过考核评估】 11月12—13日,受国家标准委委托,市质监局按照《服务业标准化试点实施细则》要求,组织考核评估组对国家级服务业标准化试点项目——北京中关村科教文化游服务业标准化试点进行评估。国家标准委服务业标准部主任杨泽世、市质监局副局长姚娉、海淀区副区长陈双、市旅游委相关部门负责人参加了考核评估。考核评估组听取了海淀区旅游委、海淀区质监局关于试点建设情况汇报,进行了质询,审阅了资料和文件,实地察看了中科院计算机网络信息中心、北京体育大学等试点现场。考核评估组认为,北京中关村科教文化游服务业标准化试点完成了任务书确定的目标,在科教文化游标准化领域勇于创新、大胆实践、成效显著,具有推广、示范作用,一致同意通过考核评估。

(钟锌章)

【国家标准委工业二部与中关村管委会交流会议召开】 11月27日,国家标准委工业二部主任戴红调研中关村标准化工作交流会在中关村管委会召开。中关村管委会委员刘航主持会议。会上,双方就如何更好地推进标准化工作进行了交流。中关村将充分利用好国家标准化管理部门的资源,深入推进各项工作,创新标准化工作机制,试行中关村团体标准,促使标准更快速地反映市场需求,逐步形成以市场为导向的标准化良好发展环境。力争为企业开好绿色通道;并对重点标准需求、标准计划进行梳理、分类。同时要组建专家组在重点联盟的标准化制定中给予指导帮助,抓好原始创新工作,真正把中关村标准化工作落到实处。

(李 资 钟锌章)

【兆易创新成功立项串口NAND Flash行业标准】 12月2日,北京兆易创新科技股份有限公司提交的SPI NAND Flash行业标准(SFI)正式立项。随着智能手机和SSD(固态硬盘)的迅速普及发展,NAND Flash成为发展最快的半导体存储器类型,具有战略地位。兆易创新目前是中国第一、世界第三的SPI NOR Flash厂商,率先推出的全球首颗WSON封装的高性能SPI NAND Flash产品系列受到业内好评。串口NAND Flash行业标准的制定,将有效规范Flash生产厂商、主芯片厂商及最终系统厂商,保证该新型存储器产业健康发展。

(何 卫 苏志强)

【McWiLL®空对地飞机移动通信技术正式成为ITU国际标准】 12月3日,在瑞士日内瓦结束的国际电信联盟(ITU)第五研究组全会上,北京信威通信技术股份有限公司在工信部、科技部、中国通信标准化协会以及中国商用飞机有限责任公司等单位的大力支持下,代表中国向ITU提出的基于信威McWiLL®技术的空对地飞机移动通信标准提案ITU - R m.[LMS. ATG] Systems for public mobile communications with aircraft《航空机上公众移动通信系统》,被大会采纳并一致通过,正式成为全球空对地飞机移动通信国际标准。

(李 资 钟锌章)

【国际标准IEEE Std 1888.3—2013正式发布】 12月6日,经国际电气和电子工程师协会标准协会(IEEE - SA)批准,由天地互连主导制定的IEEE Std 1888.3—2013标准《泛在绿色社区控制网络协议:安全》正式发布,这标志着IEEE 1888标准体系得到了进一步的丰富和完善。作为IEEE 1888标准在安全领域中的关键环节,该标准规范了增强的安全管理功能,对应用IEEE 1888通信网络时可能面临的潜在的安全威胁进行了研究,并在此基础上定义了安全需求,提出了系统安全架构,规范了完整的安全协议以及实现方法。通过该标准,可以防止数据泄露以及资源的非法接入,提供对信息的保护,在IEEE 1888系统中实现双向认证、接入控制、消息完整性、数据机密性等安全服务,从而提供一个安全可靠的传输环境。在互联网、大数据时代,网络与信息安全问题受到了越来越多的关注。IEEE 1888.3 标准的颁布和实施，将为 IEEE 1888 系统中数据的可靠传输提供有效保障，促使越来越多的企业推出符合 IEEE 1888 标准的产品。通过标准化的安全解决方案，可将 ICT 技术融入建筑、能源、交通、农业等各个领域中去，从而建设绿色楼宇、绿色园区、绿色社区、绿色城市、绿色农业乃至绿色中国，使我国成为全球节能减排的楷模。

（宋　阳）

【国家标准：泛在绿色社区控制网络协议完成立项】　12 月 10 日，天地互联主导编制的《信息技术 系统间远程通信和信息交换 泛在绿色社区控制网络协议》正式通过工信部立项申请。IEEE 1888 作为中国自主创新的国际标准，也开创了快速抢占国际标准，等同转化为国家标准的新模式，并在 2013 年有了实质性的突破。IEEE 1888 标准主席单位天地互连，联合中国电信和中国电子技术标准化研究院 CESI，于 2013 年 1 月份正式提交了 IEEE 1888 等同转化为国家标准《信息技术 系统间远程通信和信息交换 泛在绿色社区控制网络协议》的立项申请，成功在 TC28 立项。

（宋　阳）

【2013 年度十大创新标准专家评审会召开】　12 月 12 日，中关村标准创新服务中心组织中国标准化研究院、中科院、北京机电研究所、中国人民大学、北京市医疗器械检验所、北京数字信息产业基地等单位的 19 位专家，会同中关村管委会等领导就 2013 年度十大创新标准进行评议，最终产生 20 个优秀项目进入终审，其中高端装备与通用航空、轨道交通 4 项；移动互联网和新一代移动通信、下一代互联网、卫星应用 5 项；现代服务业、新能源和新能源汽车 3 项；生物和健康、新材料领域 4 项；节能环保 4 项。涉及国际标准 3 项、国家标准 9 项、行业标准 8 项。

（李　资　钟锌章）

【超图软件两项国家标准获批发布】　12 月 17 日，北京超图软件股份有限公司主导编制的《地理空间数据库访问接口》（GB/T 30320—2013）和《地理信息基于位置服务多模式路径规划与导航》（GB/T 30321—2013）两项测绘地理信息国家标准获批发布，并均于 2014 年 6 月 1 日正式实施。《地理空间数据库访问接口》标准起源于国家高技术研究发展计划（863 计划）地球观测与导航技术领域网格地理信息系统软件及其重大应用项目的研究，该标准很好地解决了异构 GIS 软件之间的数据互联互访互操作问题。《地理信息基于位置服务多模式路径规划与导航》标准引用国际标准 ISO 19134—2007，制定了用于实现路径规划和导航的多模式位置服务的数据类型以及与这些数据类型相关联的操作规范，为依此而衍生的网络服务产品生产提供标准，并为实现相关单位的资源共享奠定基础。

（胡加艳）

【中关村管委会、市质监局领导视察中关村标准创新试点工作】　12 月 18 日，中关村管委会副主任杨建华、委员刘航，市质监局副局长姚娉等领导到中关村标准创新服务中心视察工作。中关村管委会创新处、市质监局标准化处相关负责人陪同。座谈会上，中标创中心负责人就 2013 年度中关村标准化工作进行了详细汇报，并就中关村标准、标准基地建设提出了工作思路。姚娉强调中关村标准的核心问题是法律地位的问题，在建设初期应与企业标准定位一致，加强政府政策引导，充分发挥市场主导作用，探索市场运作方式，通过中关村标准激发企业进入市场的活力。在基地建设方面，要紧密结合产业发展需求，解决好标准前期预研和后期实施问题。杨建华要求在推动标准化工作过程中，要用好现有政策，并争取更多国家政策；加强基础数据的研究，摸清中关村在国际标准化过程中所处的位置和阶段，结合“641”领域，分析中关村标准在国际标准和国家标准中扮演的角色，结合现有产业集群深挖产业背后的标准集群。

（李　资　钟锌章）

【北京市园林绿化标准化技术委员会成立】　12 月 26 日，北京市园林绿化标准化技术委员会成立大会召开。市质监局副局长姚娉、市园林绿化局（首都绿化办）副主任甘敬出席会议并讲话。来自国家和市园林绿化主管部门、科研院所、高校、企业的39位委员参加会议。

（钟锌章）

【四维图新主导编制的两项国家标准获批】 12月31日，由北京四维图新科技股份有限公司主导编制的《基于网络传输的导航电子地图数据更新规范 第1部分：应用于车载终端编译的增量更新模式》（GB/T 30289.1—2013）、《个人位置导航电子地图物理存储格式》（GB/T 30292—2013）两项国家标准由国家标准委正式批准发布，于2014年7月15日正式实施。

（徐　静）

【中关村企业积极参与标准创制工作】 年内，中关村企业共创制标准221项，其中，国际标准23项（发布6项、立项17项）、国家标准97项、行业标准80项、地方标准21项。

（李　资　钟锌章）

【全年北京市发布地方标准163项，废止地方标准47项】 年内，北京市发布地方标准163项，其中，城市管理与公共服务地方标准24项、环境保护地方标准13项、资源节约与利用地方标准28项、服务业地方标准15项，公共安全地方标准8项，工程建设地方标准33项、农业与园林绿化36项；文物保护、民防、邮政服务等领域首次发布地方标准。地方标准覆盖范围进一步扩大。北京市还废止地方标准47项，地方标准质量得到明显改善。

（钟锌章）

计　量

【市质监局开展重点用能单位能源计量工作试点审查】 1月4日，市质监局对北京卷烟厂开展能源计量工作试点审查工作。审查组详细听取了卷烟厂能源计量工作情况介绍，并按照《重点用能单位能源计量审查规范》（JJF 1356—2012），对卷烟厂的能源计量管理、能源计量人员、能源计量器具配备以及能源计量数据管理4个方面进行了试点审查。

（刘　勇）

【2013年全市计量工作会议召开】 1月30日，市质监局召开2013年全市计量工作会议。国家质检总局计量司副司长宋伟、市质监局副局长姚娉出席会议并讲话。市质监局计量处负责人做了题为“求真务实、开拓创新，推动计量事业科学发展”的工作报告，总结了2012年全市计量工作，部署了2013年计量工作。西城区质监局、丰台区质监局、燕京啤酒、北京卷烟厂的代表分别做了典型发言。会上，宋伟对市质监局2012年计量工作给予了充分肯定。他介绍了计量司在中国计量发展规划、计量军民统筹规划建设等方面的工作情况，强调了“抓质量、保安全、促发展、强质检”十二字方针，提出加强能源计量、民生计量和基础能力建设等方面的工作要求。

（张晓辉）

【市质监局开展春节前计量监督专项检查】 1—2月，元旦、春节期间，为保护消费者合法权益，严厉打击各类计量违法行为，维护首都市场计量秩序稳定，市质监局组织全市各区县质监局开展了节前计量监督专项检查。经检查，加油站、集贸市场、超市、餐饮店、出租汽车计量器具检定情况良好，对部分预包装商品的净含量超出国家规定的负偏差现象，执法人员要求其立即整改。检查过程中，执法人员加强计量法律法规宣传，向消费者普及了计量知识，同时介绍了计量投诉的方法和渠道，受到了商户和消费者的好评。

（杨利民）

【市质监局开展《重点用能单位能源计量审查规范》宣贯培训】 3月14—15日，市质监局开展了《重点用能单位能源计量审查规范》宣贯培训，各区县质监局80余位计量人员参加培训。在宣贯培训中，市局计量管理人员就用能单位能源计量审查工作内容的相关规定进行了详细讲解。

（刘　勇）

【市质监局开展计量认证能力验证工作】 3—6月，市质监局组织全市甲醛检测82家、总挥发性有机化合物(TVOC)检测61家计量认证获证单位参加能力验证,在全市树立了甲醛检测、TVOC检测的标杆实验室,全面促进和提升了清洁空气相关实验室的检测能力。通过开展能力验证活动进一步提高了实验室的质量管理水平和质量控制能力,为数据的准确、可靠提供了外部的质量保证。

(周宏伟)

【市质监局召开《计量发展规划(2013—2020年)》研讨会】 4月3日,市质监局召开了贯彻落实国务院《计量发展规划(2013—2020年)》研讨会,会议明确了贯彻落实《计量发展规划(2013—2020年)》的基本思路、任务分工及工作重点。会上,市质监局计量处负责人介绍了国务院《计量发展规划(2013—2020年)》出台的背景和主要内容,提出了本市贯彻落实国务院《计量发展规划(2013—2020年)》的主要内容和工作要求。与会人员进行了研讨。

(谭云超)

【市质监局召开一季度计量风险管理工作会】 4月10日,市质监局召开一季度计量风险管理工作会。会议分析了计量监测数据和监测工作中存在的问题,解读了一季度计量风险监测报告。与会者就计量风险监测工作和计量风险监测分析报告有关内容进行了交流,提出改进建议及意见。会议对下一步计量风险监测、工作机制、监测数据等方面工作提出了具体要求。

(杨利民)

【市教育系统能源计量工作宣贯活动启动】 4月11日,市质监局与市教委开展了北京市教育系统能源计量工作宣贯活动。在活动中,市质监局计量处负责人就各院校加强节能减排精细量化管理、完善能源计量制度、依法合理做好能源计量器具配备、科学应用能源计量数据等方面内容提出了意见和要求。北京市能源计量监测中心负责人做了题为"加强能源计量管理,促进院校节能减排"的专题讲座。市质监局发放了《重点用能单位能源计量审查规范》学习材料。

(刘　勇)

【市质监局开展五一前计量监督专项检查】 4—5月,市质监局开展了五一节计量监督检查活动。共出动执法人员1200余人次,共检查460余家单位;抽查计价秤(含公平秤)、电子天平、加油机、出租车计价器等计量器具4469台件;抽查米面油、干果、水果、蔬菜、水产品、肉制品等节供定量包装和预包装商品555批次;受理计量投诉33起,解决33起。检查中,对计量违法行为,执法人员给予了现场处罚和立案处理。

(杨利民)

【市质监局开展区县青年计量技术骨干培训工作】 4—7月,市质监局组织全市各区县选调8名区县青年技术骨干赴计量院参加为期3个月的计量培训。培训利用市计量院现有的科研、实验、检测条件和人才、设备优势,采取计量院集中理论学习、专业实验室专业技术学习和本单位自学相结合的方式进行。通过培训,营造了北京市法定计量检测技术机构崇尚科学、注重学习的氛围,培养了区县基层计量检测技术骨干和学科带头人。

(谭云超)

【市质监局开展法定计量检定机构服务窗口能力建设】 4—9月,市质监局开展全市法定计量检定机构服务窗口能力建设,从信息公开、依法办事、服务质量、管理制度、服务环境、上门服务等6个方面规范服务接待大厅。通过开展此项工作,进一步梳理了计量检定机构的仪器收发工作流程,完善了服务制度;进一步完善了计量检定窗口的服务设施,改善了服务环境;进一步提高了工作人员的服务意识,改进了服务质量;各计量检定机构推出的具体服务措施结合了区域经济发展情况,有效地服务了企业。

(谭云超)

【电动出租车计价器现场检定装置启用仪式举行】 5月15日,市质监局联合市科委和市交通委,举行以"计量·科技·交通·生活"为主题的电动出租车计价器现场检定装置启用仪式,向社会广泛宣传"计量与科技、计量与交通、计量与生活"科普知识。国家质检总局计量司副司长宋伟、市质监局副局长姚娉、市科委副主任张继红、房山区副区长曹蕾出席启用仪式。市交通委运输管理局、市质监局计量监督处、市计量检测科学研究院、房山区质监局等单位相关负责人参加了启用仪式。启用仪式上，市质监局副局长姚娉宣布《出租车计价器（行车测距法）》北京市地方计量检定规程正式批准发布实施，北京市电动出租汽车计价器现场检定装置正式启用。市计量检测科学研究院负责人简要介绍了“移动式电动出租车计价器检测系统开发”和“北斗卫星导航检测平台建设”两个市科委绿色通道项目的进展情况。北京房安出租汽车有限公司负责人宣读“诚信计量承诺书”，向社会郑重做出诚信计量承诺。

（刘　勇）

【市质监局开展“5·20世界计量日”计量检测咨询服务活动】 5月15日，以“计量与生活”“关注民生、计量惠民”为主题的“5·20世界计量日”计量检测咨询服务活动在房山区北潞园小区举行。活动现场向过往居民免费发放了计量宣传彩页、质量知识手册、计量文化扑克和体温计等宣传纪念品，免费提供电子血压计、水银血压计、体重秤等计量器具检测服务，现场设立的防作弊秤咨询台、计量法律法规咨询台、计量维权服务台、民用四表咨询台，吸引了许多市民参观咨询。通过宣传展板、现场答题、作弊秤展示等多种宣传形式，向广大市民普及了计量知识，宣传了民生计量工作的重要作用和实际意义，受到了群众的一致欢迎。

（刘　勇）

【市质监局开展各区县法定计量检定机构复查考核工作】 5—7月，市质监局开展各区县法定计量检定机构复查考核工作。共完成了全市16家法定计量技术机构考核换证，提升了法定计量检定机构的管理水平、服务能力和服务质量，增强了法定机构的公信力。

（谭云超）

【北京市大型商场能源计量、能效对标分析暨经验交流观摩会召开】 6月14日，市质监局、市商务委召开北京市大型商场能源计量、能效对标分析暨经验交流观摩会，北京市70家大型商场相关负责人参加了会议。会议总结了2012年70家大型商场能源计量检测服务工作，进行了能效对标分析，提出了能源计量管理和节能增效措施。翠微大厦做经验介绍。市商务委相关部门负责人就全市节能减排形势、行业状况、国家政策等内容对本市商场能源计量工作提出建议。

（刘　勇）

【市质监局顺利完成全市出租车计价器调整计量保障任务】 6月10—21日，市质监局圆满完成全市出租车调价的计价器调整计量保障任务，共调整65631台出租车计价器。为保障调价工作的顺利进行，市质监局积极与发展改革委、交通、运管和国税等部门协调，制订了工作方案和应急预案，制发了实验大纲，指导企业对实验样机进行调整，并多次召开计价器检测部门和计价器厂家的协调会，对调价工作进行部署。在调价期间，市质监局派出2个场地工作组和6个流动工作组，共计100余人，参与计价器调整的保障工作。为解决计价器调整中的难题，市质监局加强现场指导，并启动相关应急预案，保证全市出租车计价器调整任务顺利完成。

（吴俊彪）

【市质监局召开2013年上半年计量工作座谈会】 7月18日，市质监局召开2013年上半年计量工作座谈会，会议总结通报了2013年上半年全市计量工作的总体情况，部署了计量风险管理、能源计量、诚信计量等重点工作。与会人员就落实下半年计量重点工作和北京市“十二五”时期计量发展规划等项内容进行了交流。

（张晓辉）

【“百家医院能源计量器具配备符合审查和能效计量比对”活动启动】 7月26日，市质监局、市卫生局共同召开会议，启动2013年“百家医院能源计量器具配备符合审查和能效计量比对”活动，全市138家医疗卫生机构及各区县计量科相关负责人参加会议。会议要求各有关单位高度重视此次审查和比对活动，积极参与和配合两局对此次活动的工作部署和安排。

（刘　勇）

【市质监局召开血压计计量风险分析专题会】 9月12日，市质监局召开血压计计量风险分析专题会，会议总结了今年以来全市血压计风险监测情况，按月和区域分析了风险信息，对风险监测中的问题提出了风险预警，与会人员就风险产生的因素进行了研讨，并提出了相应的对策和建议。

（杨利民）

【市质监局召开定量包装商品生产企业诚信计量管理宣贯会】 9月26日，市质监局召开定量包装商品生产企业诚信计量管理宣贯会。会议部署了本市定量包装生产企业计量保证能力评价工作，宣贯了《定量包装商品计量监督管理规定》《定量包装商品生产企业计量保证能力评价规范》《定量包装商品净含量计量检验规则》等有关文件。

（刘 勇）

【市质监局开展计量认证评审员培训考核工作】 9月，市质监局开展了两次新进评审员的培训考核工作，新颁发资质认定评审员证书236份，宣贯了《北京市实验室资质认定评审工作指导书》，充实了计量认证专家队伍，规范评审程序和行为以及评审员的管理。

（周宏伟）

【市质监局开展中秋、国庆计量监督专项检查】 9—10月，中秋、国庆两节期间，市质监系统执法人员围绕与百姓生活密切相关的商场超市、农贸市场、餐饮酒店、旅游场所、加油站等领域计量器具和出租车计价器进行了计量检查，重点检查了加油机、公平秤、出租车计价器和月饼等节供预包装商品情况。全市质监系统出动执法人员和计量技术人员1131人次，检查商场超市103家、农贸市场69家、餐饮酒店70余家、重点旅游场所20个、主要道路沿线加油站123家、出租车公司51家；抽查贸易结算用衡器（含公平秤）5462台、加油机848台、出租车计价器846台、压力表662块、其他计量器具183件、计时计费装置6件，抽查全市8个领域的在用强检计量器具总体合格率为94%；检查月饼、酒类、茶叶等节供定量包装商品271批次，净含量合格率97%；受理计量投诉30件，已全部解决；对计量违法行为立案处罚9件，现场处罚2件。

（杨利民）

【市质监局开展计量比对工作】 9—11月，市质监局开展全市精密压力表计量比对工作。以北京市计量检测科学研究院为主导实验室，全市17家法定计量检定机构和5家计量授权单位开展了计量比对活动，各单位比对结果均为满意。通过计量比对，提升法定计量检定机构精密压力表的检测工作水平。

（谭云超）

【市质监局开展计量认证监督检查工作】 年内，市质监局开展获证实验室监督检查工作，在企业自查的基础上，各区县质监局分别派出检查组，按照依法经营、制度建设、管理体系运行的有效性等几方面内容，从仪器设备、人员、检测报告、原始记录等几点入手，对全市180家获证实验室进行检查。市质监局在此基础上结合国家认监委提出的检查重点和监督评审计划安排，对食品、建材、农资等关系民生的31家实验室开展了监督抽查。通过此项工作，进一步提升实验室向社会出具公正、客观、准确数据和结果的法治意识、管理水平和技术能力。

（周宏伟）

【市质监局开展计量认证监督评审工作】 年内，市质监局派出21个评审组，对2011年首次取证的38家获证实验室开展监督评审工作。对2家取消、暂停或限制部分授权签字人签字领域，对8家单位取消或修改的检测能力项目/参数，通过此项工作，进一步增强了实验室管理体系运行的有效性，提升了检测能力，保障了检测质量。

（周宏伟）

产品质量监督

【基于协同的第三方软件质量保障平台获科学技术奖】 1月5日，通过北京市科学技术奖励评审委员会的评审，经市政府审定，北京软件产品质量检测中心、北京市产品质量监督检验院完成的“基于协同的第三方软件质量保障平台”被评为2012年度北京市科学技术三等奖。

（赵树斌）

【木材鉴定图像分析系统获专利权】 2月13日，国家知识产权局授权公告了发明专利号为ZL 2012 2 0327668.3的实用新型专利“木材鉴定图像分析系统”授予专利权，并颁发了实用新型专利证书，有效期为10年。

（赵树斌）

【左家平获中国标准创新贡献奖】 2月，国家标准委依据《图像信息管理系统技术规范 第1部分：总体平台结构》（DB11/T 384.1—2009）等18项标准，分别授予北京市产品质量监督检验院及该院左家平中国标准创新贡献奖二等奖，并颁发证书。

（赵树斌）

【北京市产品质量监督检验院成立合作实验室】 10月22日，市质检院与岛津企业管理（中国）有限公司合作实验室签字仪式在北京质检院顺义基地举行，市质监局科技和认证监管处副处长杨政、岛津企业管理（中国）有限公司董事长兼总经理古泽宏二、分析仪器事业部副事业部长兼市场部经理曹磊及市质检院院长孙路伟、副院长李强等人出席了合作实验室签字仪式。市质检院院长孙路伟回顾近5年的合作历程，感谢岛津（中国）有限公司在仪器及技术等方面给予市质检院的支持，提出在汽车检验、教育产品等多方面日用消费品开拓新的合作检测领域的宏伟蓝图，古泽宏二表示今后将进一步与市质检院合作，在仪器开发、方法研究、人员培训等多领域广泛交流，在双方新的合作平台下积极开拓检验技术，完善检验能力，在发展中壮大市质检院，在发展中完善市质检院，更好地服务于首都经济发展、服务与民生保障工作。

（赵树斌）

高校科技

【科研情况概述】 年内，北京地区高校开展科研活动的单位共95个，北京地区高校及附属医院共有教学与科研人员102191人，其中科研活动人员68558人；科研经费总投入222.78亿元；承担研究项目81599项；发表学术论文113220篇、出版著作3260部；获省部级及以上奖励861项；现有研究机构776个，当年经费内部支出82.7亿元，年末固定资产原值144.4亿元。

（张　豫）

【科技人员及投入】 年内，北京地区65所设有理工农医类高校（含25所附属医院）共有教学与科研人员70189人，其中具有教授职称7617人，具有高级职称8021人；研究与发展人员36556人；科技经费投入共203.97亿元，其中政府资金投入133.14亿元，企事业单位委托投入65.61亿元。市属35所设有理工农医类高校（含16所附属医院）共有教学与科研人员29496人，其中具有教授职称1299人，具有高级职称3986人；研究与发展人员12561人；科技经费投入共24.48亿元，其中政府资金投入17.5亿元，企事业单位委托投入6亿元。

（张　豫）

【科技活动】 年内，北京地区65所设有理工农医类高校（含25所附属医院）共有科研活动机构552个；开展科技课题50777项，其中研究与发展课题45509项，研究与发展成果应用及科技服务课题5268项；派遣进修访问学者4958人次，接受进修访问学者4607人次；出席国际学术会议30835人次，交流论文17418篇。市属35所设有理工农医类高校（含16所附属医院）共有科研活动机构102个；开展科技课题9180项，其中研究与发展课题8839项，研究与发展成果应用及科技服务课题341项；派遣进修访问学者571人次，接受进修访问学者632人次；出席国际学术会议6120人次，交流论文2932篇。

（张　豫）

【科技产出】 年内，北京地区高校共出版科技专著472部，大专院校教科书491部，编著361部；发表学术论文79814篇，其中在国外学术刊物发表25703篇，SCI（科学引文索引）收录论文19338篇、EI（工程索引）17879篇、ISTP（科技会议索引）6495篇；鉴定成果213项，获奖成果482项，其中国家级奖61项，省部级奖318项。市属高校出版科技专著133部，大专院校教科书215部，编著91部；发表学术论文17885篇，其中国外学术刊物发表3891篇，SCI（科学引文索引）收录论文2263篇、EI（工程索引）2230篇、ISTP（科技会议索引）1029篇；鉴定成果10项，获奖成果55项，其中国家级4项，省部级34项。

（张　豫）

【科技推广】 年内，北京地区高校共签订技术转让合同1022项，总金额9.4亿元，实际收入6.9亿元；专利出售193项，合同金额1.7亿元，实际收入1.1亿元；申请专利11998项，授权7645项，其中申请发明专利10285项，授权5913项。市属高校签订技术转让合同188项，总金额0.99亿元，实际收入0.42亿元；专利出售27项，合同金额785万元，实际收入611.5万元；申请专利2131项，授权1205项，其中申请发明专利1695项，授权666项。

（张　豫）

【社科人员及投入】 年内，北京地区65所设有人文社科全日制普通本科的高校有人文社会科学活动人员32002人，研究与发展人员36347人；市属高校人文社会科学活动人员10616人，研究与发展人员11199人。北京地区高校共筹集人文社科研究经费18.8亿元，其中企事业单位委托经费10.3亿元，其他资金经费8.55亿元；市属高校当年筹集社科研究经费3.4亿元，其中政府资金2.38亿元，企事业单位委托经费0.89亿元，其他资金经费1300万元。

（张　豫）

【社科活动】 年内，北京地区65所设有人文社科全日制普通本科的高校共有在研人文社科课题30822项，当年投入人员折合7865.1人年，拨入经费14亿元；举行学术会议904个，参加学术会议33510人次，提交论文11570篇；受聘讲学派出3484人次，来校受聘讲学4691人次。进修学习派出2294人次，来校进修学习

2788人次。合作研究课题909项。市属高校当年在研课题7215项，当年投入人员折合2288.8人年，拨入经费1.93亿元；市属高校当年举行学术会议162个，参加学术会议5014人次，提交论文2415篇。受聘讲学派出557人次，来校讲学912人次；进修学习派出1130人次，来校进修学习729人次；合作研究课题167项。

（张　豫）

【人文社科研究成果】　年内，北京地区65所设有人文社科全日制普通本科的高校共发表学术论文33406篇，出版著作4447部，获奖成果379项。市属高校发表学术论文8726篇，出版著作1170部，获奖成果56项。

（张　豫）

【特色教育资源库建设项目影响力提升】　年内，北京市属高校特色教育资源库建设项目在整理项目成果、调研项目共建共享方案基础上，完善了项目管理流程和文件，完成了10所高校此项目申报、中检及验收工作，有序推进了专项试点项目“高等学校特色专业优质资源共建共享机制探索”的实施。截至2013年年底，已建成396个涵盖服装、电影等11个领域的主题资源包，整合图片208.4万张，音视频8.3万个，文字3620.6万字，网页设计14.4万个，特色资源精品建设取得新进展，民国服饰研究资源库、安徽花鼓灯、民族文化奇葩——景泰蓝艺术、中国古塔（二期）等15个主题资源包被评为2012年度优秀主题资源包，特色资源在学院教学和科研中深入应用，促成了一批特色教育资源建设研究成果，教育价值与社会效益进一步凸显。

（张　豫）

【北京市教育委员会科研计划2014年度项目确定】　年内，市教委完成2013年科研计划项目审批。根据科技发展计划项目管理办法、人文社会科学研究计划项目管理办法，经过项目申请、学校初选推荐、市教委评审等程序，共批准来自30所高校的科研项目479个。其中，“科技发展计划”重点项目38个、面上项目248个，“人文社会科学研究计划”重点项目25个、面上项目168个。批准项目资助经费总额6573万元，其中“科技发展计划”项目经费5339万元，“人文社会科学研究计划”项目经费1234万元。

（翟　昊　车庆珍）

【新增3个北京实验室】　年内，除北京理工大学牵头的新能源汽车北京实验室、北京交通大学牵头的城市轨道交通北京实验室、北京科技大学牵头的现代交通金属材料与加工技术北京实验室、中国农业大学牵头的食品质量与安全北京实验室外，北京航空航天大学牵头的通用航空技术北京实验室、北京化工大学牵头的生物医用材料北京实验室和清华大学牵头的生物医学检测技术及仪器北京实验室也开始建设，进展顺利。7个北京实验室紧密结合国家及北京经济社会发展需求，依托具有较强应用基础研究能力的高等院校，采取产学研合作的方式进行建设，有效避免了资源的重复配置和浪费，提高了科技资源整合能力和科技活动组织能力。

（李善廷）

【高校实验室信息统计】　年内，北京地区96所高校参加教育部高等学校实验室信息统计。其中：普通本科62所、高职高专25所、成人高校9所。96所高校共有单价800元以上教学科研仪器设备195.3万台件，价值326.7亿元，其中：单价10万元以上设备3.98万台件，价值149.01亿元；单价40万元以上“仪器仪表”类精密贵重仪器设备5936台件，总价值62.43亿元。北京地区96所高校共有教学、科研实验室3551个，实验室使用面积206.3万平方米。本学年实验室投入经费46亿元。61所本科高校实验室共开出教学实验46327个，科研任务承担课题及服务项目32172项。实验室工作人员17810名，其中实验教师5105名、实验技术人员3950名。取得的成果：论文数48232篇，教师获奖与成果数4869个，学生获奖数5451个。市管26所本科高校共开出教学实验项目数23091个，科研任务与服务项目数6626个，实验室工作人员4088名，其中实验教师1027名、实验技术人员913名。取得的成果：论文数为6498篇，教师获奖与成果数为916个，学生获奖数为2006个。

（高 飞）

【首次启动市属高校创新能力提升计划项目】 4月，为强化市属高校与北京经济社会发展的联系，增强需求导向意识，以服务求发展，以贡献求支持，加快科技创新和哲学社会科学研究成果转化落地，提高科学研究水平，加强承接北京市和国家重大科技专项的能力，市教委联合市发展改革委、市科委、市财政局、市人力社保局、市知识产权局等有关单位，出台《关于实施市属高校创新能力提升计划项目的意见》（京教研〔2013〕4号），启动实施首批市属高校创新能力提升计划项目。经立项程序，确定了2013年度提升计划资助项目53项，实施周期3年，总投入约1.28亿元。项目瞄准北京市发展需求，一方面围绕北京市战略性新兴产业发展的关键共性技术问题，采取产学研合作的方式，加速市属高校科技成果转化落地，有力推动北京市产业技术升级和经济结构转型；另一方面，哲学社会科学项目关注教育、城乡发展、文化创意产业等热点问题，将为政府的科学决策提供有力支撑。

（高 飞）

【开展2013年度北京市级大学科技园认定工作】 年内，市教委为进一步加强北京市大学科技园建设，按照《北京市大学科技园管理实施办法（试行）》，联合市科委、中关村管委会开展2013年度北京市大学科技园认定申报工作，经过申报、专家评审和现场考评，认定北京电影学院科技园、北京服装学院科技园、北京物资学院科技园为北京市级大学科技园。

（高 飞）

【增列北京市哲学社会科学研究基地】 年内，市哲学社会科学规划办公室与市教委在高等学校批准建立了4个北京市哲学社会科学研究基地：依托中国戏曲学院建设的北京戏曲文化传承与发展研究基地；依托北京青年政治学院建设的北京青少年教育与发展研究基地；依托北京财贸职业学院建设的北京国际商贸中心研究基地；依托北京城市学院建设的首都城市环境建设研究基地。截至12月底，在普通高等学校中市社科规划办和市教委已经联合建立了46个北京市哲学社会科学研究基地。

（车庆珍）

【3所独立学院4个专业获得学士学位授予权】 6月6日，第四届北京市学位委员会第一次会议在市政府5号楼大会议室召开。会上，新一届委员听取了市教委副主任付志峰和教育部评估中心专业评估处副处长盛敏关于北京独立学院学士学位审核工作相关政策背景以及评估工作情况，在充分讨论后，对评估结果进行了投票表决，一致同意给予3所独立学院申请的4个学士学位专业授予权：北京邮电大学世纪学院的财务管理专业；北京工商大学嘉华学院的艺术设计专业；首都师范大学科德学院的表演专业、会展艺术与技术专业。

（侯东云）

【3所高校增补为研究生联合培养基地】 年内，根据《关于实施北京高校科学技术及研究生教育创新工程的意见》（京教研〔2008〕1号）精神，经高校申请、专家评议、市教委审核，增补中国石油大学（北京）、北京印刷学院为北京高校产学研联合研究生培养基地，华北电力大学为北京高校国内外联合研究生培养基地。

（侯东云）

【北京市中小学科技教师培训（专题班）举行】 8月27—29日，由市教委、市科协共同主办，北京科技教育促进会承办的北京市中小学科技教师培训（专题班）在顺义区安利隆生态农业山庄举行。来自10个郊区县的100名科技教师参加培训。此次培训以“科技教育实践活动的策划与组织”为主题，紧紧围绕如何开展学校的科技教师活动和参与科技竞赛的内容，安排了科技教育实践活动的设计与实施、科技教育现状与发展趋势、科技教育实践活动的创新与特色等课程。培训根据中小学的科技教育的发展需求，设置了小学教师与中学教师分别组班的培训形式。科技教育专家利用案例与点评的讲解方式，为教师答疑解惑，提高了科技教师的教学能力。

（市科协）

【首次实施中央在京高校重大成果转化项目】 11月,为充分发挥中央在京高校优质科教智力资源优势,促使中央在京高校重大成果在京实现转化和产业化,服务北京经济社会发展,市教委下发《关于组织申报2014年度中央在京高校重大成果转化项目的通知》,启动面向中央在京高校的重大成果转化项目。经立项程序,最终确定了15项2014年度中央在京高校重大成果转化项目给予支持,实施周期3年,总投入约2.38亿元,项目均围绕北京市发展需求,与首都经济发展方式转变结合,与区县发展结合、与企业技术需求结合,更加贴近实际、贴近生活、贴近群众、服务社会。

（高　飞）

【北京市评选出59篇优秀博士学位论文】 年内,2013年北京市优秀博士学位论文评选工作自3月8日下发《北京市教育委员会关于做好2013年北京市优秀博士学位论文评选工作的通知》后正式启动。经过学位授予单位初选、同行专家通信评议、学科评选组专家会议评审、评选专家委员会评审,最后从63个博士单位申报的170篇博士学位论文中评选出59篇北京市优秀博士学位论文。在入选的59篇优秀博士学位论文中,涉及25个博士单位,其中中央高校50篇,市属高校5篇,科研机构4篇。

（侯东云）

【26篇论文被评为全国百篇优秀博士学位论文】 12月25日,教育部、国务院学位委员会公示2013年全国优秀博士学位论文名单100篇。北京地区共有10个博士学位授予单位的26篇博士学位论文入选全国优秀博士学位论文,占全国的26%,与上年相比,入选论文多1篇,但获奖单位数少3个。入选的26篇中,有16篇是北京市优秀博士学位论文,比上年多1篇。

（侯东云）

合作与交流

国内合作与交流

【"一城两区"协同创新推进会召开】 2月5日,科技部副部长张来武在北京召开"一城两区"农业科技协同创新重点工作推进会。市科委主任闫傲霜参加会议。会上,张来武强调了"一城两区"(北京现代农业科技城、杨凌国家农业高新技术产业示范区、黄河三角洲国家现代农业科技示范区)农业科技协同创新战略结盟的重要意义,并就结盟的"9+1"重点任务分别做了部署和安排,包括建立"一城两区"联席会议及政策联动机制、开展南繁种业结盟试点和种业科技成果托管中心试点、实施"渤海粮仓"科技工程、研究种业布局、加快推进新农村发展研究院、构建"121"工程基金群、建立种业产权技术交易所和农村信息化平台等。

(市科委农村发展中心)

【"一城两区"农业科技协同创新战略结盟第一次联席会议召开】 3月11日,"一城两区"农业科技协同创新战略结盟第一次联席会议在香山首农会议中心召开,来自"一城两区"领导小组和督导小组成员,北京农科城、杨凌示范区、黄河三角洲示范区以及海南、新疆科技厅等单位的负责人参加会议。会上,通过了"一城两区"农业科技协同创新战略结盟工作领导小组名单、督导小组名单,形成了"一城两区"农业科技协同创新实施规则框架,讨论了"一城两区"农业科技协同创新战略结盟政策联动机制、《种业科技特派员创业专项行动总体方案》《海南南繁国家种业科技园区策划方案》《第二次农业大赛基金方案和种业母基金方案》,并确定了2013—2015年"一城两区"联席会轮值主席单位。此次会议标志着"一城两区"农业科技协同创新战略结盟操作格局的形成。确定2013年轮值主席由北京农科城担任,北京农科城将行使职权,进行第一轮网联办公会议,协同落实"9+1"项目。

(市科委农村发展中心)

【北京农科城辐射效应初见端倪】 3月26—27日,北京国家现代农业科技城相继迎来了广西百色国家农业科技园区和新疆和田科技局前来调研和学习。广西百色市一行9人考察了北京农科城通州国际种业科技园,并针对北京农科城在建设理念、运行机制和经验做法等方面进行了深度交流与探讨。新疆和田科技局及新疆和田农业科技园区相关人员一行15人观看了北京农科城农业科技网络服务中心物联网技术应用系统、"12396"呼叫中心系统等演示,听取了北京农科城的进展情况汇报,并就北京农科城与五中心多园的相互关系及加入百园的优惠政策、"一城两区"结盟等一系列问题进行了交流,同时结合新疆和田地区自身的农业科技园区发展现状,与北京农科城相关人员进行了深度交流与探讨,并表达了要积极参与建设"121"工程的强烈愿望。

(市科委农村发展中心)

【天文科普大篷车走进贵州】 4月16日,应贵州省黔南布依族苗族自治州科协和国家天文台的邀请,北京天文馆科普大篷车来到黔南州开展天文知识科普活动。活动启动仪式在福泉市福泉中学举行。本次活动在黔南州5个县(市)举行为期20余天的巡演活动,为当地中小学生及群众带来丰富多彩的天文科普活动。

(北京天文馆)

【2013中国科学仪器发展年会在京召开】 4月19日,首都科技条件平台组织13家单位40余位代表参加了在北京举行的2013中国科学仪器发展年会。年会上,首都科技条件平台的工作人员向参会嘉宾详细介绍了各领域中心和研发实验服务基地同首都科技条件平台对接,依托信息系统,受理需求、对接资源、畅通渠道、服务各方的功能和特色。工作人员向来自全国各地的仪器生产企业及仪器用户宣传首都科技条件平台为成员单位提供的4类科技服务,即财政科技支持项目的培育推荐、科技金融融资项目的培育推荐、科技研发支持服务(测试检测认证、专家咨询培训)、技术转移服务(技术

研发、转让)。

（市科委条财处）

【全国县(市)科技进步考核工作部署会召开】 4月23日,市科委农村处召开2013年全国县(市)科技进步考核工作会。科技部农村司基层处调研员秦卫东、科技部农村中心地方处处长杨经学、市科委农村处处级调研员马金旺等出席会议,来自北京16个区县科委相关负责人参加了会议。会上,秦卫东介绍了2013年科技进步考核工作特点和意义;杨经学就4个直辖市的科技机构建设、先进率、通过率及科技投入等方面进行了对比,找出了北京的优势和不足。昌平区、密云县科委相关人员分别介绍了科技进步考核先进工作经验。

（市科委农村发展中心）

【第二届生物肥料产业发展论坛召开】 4月25—27日,由北京国家现代农业科技城首都生物肥料科技创新服务联盟、全国新型肥料协作组及河北巨微生物肥料工程有限公司共同主办的第二届生物肥料产业发展论坛在保定召开,来自全国各地近百余名专家学者和企业代表参加。该论坛以“掌握核心技术,形成产业内生发展能力”为主题,集中展示了联盟成立至今取得的主要成果。在听取了联盟秘书长就首都生物肥料科技创新服务联盟发展历程、工作成效及发展目标等内容所做的工作报告后,与会的行业主管领导、相关专家学者及杰出企业家针对国内外行业发展形势、生物肥料政策取向、新兴技术及生物肥料对农业可持续发展的影响等议题进行了深入的探讨和分析。

（市科委农村发展中心）

【转制院所交流座谈会召开】 5月10日,北京科技协作中心召开在京中央转制院所、市属科研院所交流座谈会。北京科技协作中心主任、首都科技服务业协会理事长刘东威出席会议并做主旨讲话。来自中国农机院、北京矿冶研究总院、北京玻钢院复合材料有限公司、北京建筑机械化研究院、北京一轻研究院、北京佳讯飞鸿电气股份有限公司等近40家科研院所、企业的60余名代表参加座谈。座谈会的召开不仅能够拓展在京中央转制院所与北京市的联系渠道,也能促进与北京市属科研院所、企业的交流合作。

（北京科技协作中心）

【对口支援和田项目取得进展】 5月13—15日,市科委组织北京技术交易促进中心、市农林科学院信息所、北京农学院等单位赴新疆和田开展调研和工作对接,各项科技合作项目取得进展:一是在洛浦县科技示范园区内开展的现代农业种植试验与推广项目成果初见成效,进入实际操作阶段;二是洛浦县农业科技示范园作为此次援助项目人员培训的主要场所,工作组对基地的培训条件进行了实地考察,与当地相关部门沟通后制订了和田地区科技人才培训计划,预计6—8月份依次开始;三是科技信息平台项目的基础条件逐一落实;四是工作组实地调研了和田市两所中小学,科普进校园项目已进入设计与施工阶段。

（市科委办公室）

【海峡两岸生物多样性保护摄影展开展】 5月22日,由中国生物多样性保护与绿色发展基金会绿色之源专项基金管委会、台湾自然生态保育协会、台湾特有生物研究保育中心共同举办的海峡两岸生物多样性保护图片展暨第六届生物多样性保护与利用数码摄影赛优秀作品展在国家动物博物馆开展。此次展览的作品由台湾自然生态保育协会、台湾特有生物研究保育中心和中国生物多样性保护与利用数码摄影赛组委会提供。展览主要以保护生物物种图片为主,展示中国美丽生态的生物多样性,即生态系统多样性、物种丰富多样性、遗传多样性。每年5月22日是世界生物多样性日,中国是生物多样性公约履约国之一,每年由环保部牵头,在各地举行丰富多样的纪念活动。此次展览也是活动中的一个重要组成部分,在北京市与台北市同时举行。

（国家动物博物馆）

【北京渲染平台联手微软演绎云未来】 5月22日,北京渲染平台应邀出席微软在上海世博园举行的“云速未来:Windows Azure进入中国”发布会,并做主题发言。此次发布会标志着微软Windows Azure公有云平台及服务正式落地中国，同时也标志着北京渲染平台作为微软Windows Azure重要用户，正式联手微软拉开中国基于云平台3D渲染服务的序幕。

（北京软件产品质量检测检验中心）

【2013北京农科城通州良种展举行】 6月4—6日，市农林科学院和通州区政府在北京通州国际种业科技园区以“良种改变世界，科技创造未来”为主题，共同举行2013年春季北京国家现代农业科技城通州良种展。良种展示活动依托种业科技成果托管平台、市农林科学院蔬菜研究中心和北京京研益农科技发展中心，集中展示了210余家国内外知名种子企业、科研院所、农业院校等育种单位的名特优新蔬菜品种及特色作物品种，共四大类5000余个，其中茄果类1219个、叶菜类1029个、瓜类1039个，展示面积共26.67公顷(400亩)。

（市科委农村发展中心）

【第六届中国技术市场协会金桥奖颁奖】 6月16日，以“科技创新推动西部经济大发展”为主题的科技创新振兴西部经济高层报告会暨第六届中国技术市场协会金桥奖颁奖大会在陕西省杨凌召开。北京技术市场协会推荐的中科宇图天下科技有限公司等21家单位被评为先进集体；颜海波等16人被评为先进个人；华电重工股份有限公司完成的“直接空冷国产化研究及应用”等11个项目被评为优秀项目。

（北京技术市场管理办公室）

【科技援助和田第二期培训班举行】 6月18—21日，市科委组织市农林科学院、北京农学院的专家，在洛浦县北京农业科技示范园区农业服务中心举办北京援助和田第二期培训班(现代农业技术)。来自洛浦县、墨玉县、和田市、和田县、和田地区等地的农技中心站长、研究员、高级农艺师、农艺师、助理农艺师、技术员50余人参加培训。专家就节水灌溉与高效施肥技术、五色甘薯品种与栽培技术、日光温室设计与建造、特色作物品种与栽培技术等进行专题授课。课后的交流时间，专家解答了学员提出的生产中的实际问题，并针对和田地区蔬菜生产和设施农业发展提出了改进的建议。培训班还安排了实地观摩，带领学员参观洛浦县北京生态农业科技示范园及援疆项目基地，观摩日光温室的番茄生产。授课专家和基地技术人员对番茄、甘薯、马铃薯、胡萝卜、西瓜等作物的种植进行指导。

（市科委办公室）

【数字化联盟参加上海国际印刷周3D打印展示】 7月10—13日，北京数字化制造产业技术创新联盟联合北京印刷学院，组织联盟成员单位太尔时代、隆源、上拓、数码大方、爱康宜诚、625所等单位，共同参展2013上海国际印刷周3D打印展示区，并组织7位领域专家参加3D打印与数字化制造论坛，进行3D打印技术及应用方面的演讲。会上，数字化联盟展示了3D打印从设计到整机再到应用服务的产业链各环节成果，共展示展品40余个，各式3D打印机4台。

（北京新材料发展中心）

【京宁科技合作对接座谈会召开】 7月18日，北京市科委与宁夏回族自治区科技厅、宁夏中卫市政府就京宁科技合作进行对接座谈。市科委党组书记、副主任杨伟光会前与宁夏来宾进行了会谈。对接会上，宁夏回族自治区科技厅副厅长马希荣，中卫市市委常委、副市长周明新介绍了宁夏回族自治区科技合作工作开展情况和中卫市的部分科技合作需求，提出在推动中卫云基地项目合作的同时，进一步加强北京国家现代农业科技城、G20等与宁夏的对接、合作，不断丰富京宁科技合作内容。市科委电装处处长万荣、市高技术创业服务中心主任季小兵、市科技信息中心主任秦颖分别介绍了各自领域的科技资源以及目前与宁夏开展科技合作等有关情况。北京数码大方科技股份有限公司等6家企业的代表分别介绍了与宁夏开展合作的情况和需求，并表示将与宁夏方面开展下一步具体合作。

（市科委办公室）

【京蒙农业技术转移交流座谈会召开】 7月18日，北京市科委与内蒙古自治区科技厅在京共同举行京蒙农业技术转移“信服通”示范工程典型观摩与交流对接座谈会。北京市科委委员王建新、内蒙古科技厅副巡视员云涛、市科委办公室、北京"信服通"管理团队及典型站点代表、内蒙古"信服通"管理团队、基层典型站点代表等 50 人参加座谈。

（市科委办公室）

【北京·山西阳泉科技项目对接座谈会召开】 7 月 19 日，市科委邀请来自首都科技条件平台多家研发实验服务基地的 13 名专家，在市科委举行北京·山西阳泉科技项目对接座谈会。市科委委员王建新、阳泉市副市长徐芃等领导出席会议。会上，阳泉市阳泉阀门股份有限公司、山西京宇天成科技有限公司的代表分别介绍了企业具体技术需求，来自条件平台研发实验服务基地的北京科技大学新材料技术研究院、中科院微电子所专用集成电路与系统实验室的专家就阳泉企业提出的技术问题进行了初步沟通。双方商定会后继续加强沟通交流，力争一周内达成一批技术合作意向，为后续的项目签约奠定基础。

（北京技术交易促进中心）

【北京农科城成果亮相赤峰农博会】 8 月 6—8 日，由科技部和内蒙古自治区政府共同举办的赤峰·中国北方农业科技成果博览会在内蒙古赤峰市举行。应农博会邀请，市科委组织农科城网络服务中心，农科城通州种业园、昌平园、顺义园 3 个园区里的北京神舟绿鹏农业科技有限公司、北京市花木有限公司等 20 家北京农科城园区企业赴赤峰参展，成果涉及现代种业、食品安全、农业机械与智能装备、环保型投入品、农业信息化等五大领域，共计 60 余项。期间，召开了京蒙科技合作洽谈会，市科委委员王建新、内蒙古自治区科技厅副巡视员巴根那和双方企业代表参加座谈。京蒙两地企业分别介绍了各自合作优势，并表达了合作愿望。随后，北京多家企业赴巴林左旗实地调研了赤峰科技企业。

（市科委办公室）

【福建省科技厅调研中国国际技术转移中心】 8 月 8 日，福建省科技厅党组书记、厅长陈秋立带领省科技厅技术市场处、高技术创业服务中心等部门负责人调研中国国际技术转移中心。陈秋立一行首先调研了厚德创新谷，并与董事长秦君座谈交流国内新型孵化器的建设经验。随后参观了中意技术转移中心、北京大学科技开发部等入驻机构。座谈会上，市科委高新处介绍了中国国际技术转移中心的建设背景、发展目标、工作进展，以及国家技术转移集聚区的建设情况等。入驻机构代表葡萄牙仕博创新管理咨询公司、聚思睿管理咨询有限公司和中国医药成果转化中心的相关负责人分别介绍了国际技术转移的工作进展和经验。双方还就国际技术转移人才培养、技术转移政策、对接会的形式、国际技术转移存在的问题等进行了沟通和交流。

（北京技术交易促进中心）

【第二届中国农业科技创新创业大赛北京赛区启动】 8 月 16 日，由科技部、教育部、农业部、中国证监会、比尔及梅琳达·盖茨基金会等单位共同指导，北京国家现代农业科技城等单位具体承办的第二届中国农业科技创新创业大赛北京赛区赛事正式启动。来自北京赛区 100 多家涉农企业和数十家知名投资机构的代表 200 余人出席仪式。大赛执委会副主任、中农科创资产管理有限公司董事长李骥表示，大赛组委会特选定北京市作为大赛分赛区之一，负责北京、天津、河北、山西、内蒙古、黑龙江、吉林、辽宁等地区获得复赛资格参赛企业的复赛组织工作。大赛组委会批准成立了北京分赛区领导小组，负责北京分赛区的策划筹建工作。

（市科委农村发展中心）

【京台青年科学家论坛举行】 8 月 19—24 日，2013 年京台青年科学家论坛在京举行。活动由市台办、市科协主办，北京农业信息技术研究中心、北京农业信息化学会、北京测绘学会、北京水利学会、市水科学技术研究院承办。论坛期间，两岸青年科学家围绕农产品物流和食品安全、测绘与地理信息技术、水资源管理等城市发展热点问题进行探讨。论坛将物联网、测绘技术等信息科技领域学科与农业、水利等学科相结合，将新兴技术与传统产业相结合，对新技术的推广应用和传统产业的转型升级起到积极作用。北京测绘学会和台湾宜兰大学，北京瑞正园农庄和台湾台一生态休闲农场签署合作协议。100多位来自台湾相关农会、企业、院校、研究机构的学者，与300余位北京同行进行研讨和展示交流。

（市科协）

【“京青区域合作”对口支援工作展开】 8月27日，北京生物技术和新医药产业促进中心为落实市科委关于对口支援与区域科技合作的工作安排，组织同仁堂、世纪坛医院、北京师范大学等单位专程赴青海与青海省科技厅就“京青区域合作”方案进行深入交流。双方就以科技为抓手的“京青区域合作”机制达成共识，需立足各自产业资源优势，积极推动以企业为核心的区域合作方式。

（北京生物技术和新医药产业促进中心）

【贵阳市领导赴北京农科城通州种业园调研】 8月，贵阳市市委委员、副市长高卫东等一行10余人到北京农科城通州国际种业园，就北京农科城产业化发展情况进行调研。双方就园区运营模式、农业产业化发展等相关问题进行了深入的探讨。

（市科委农村发展中心）

【京筑联合共建“一站一台”在贵阳揭牌】 9月7日，首都科技条件平台贵阳合作站、北京技术市场贵阳服务平台揭牌仪式在贵阳举行。贵州省委常委、贵阳市委书记陈刚出席揭牌仪式并讲话。北京市科委主任闫傲霜，贵阳市委副书记、市长李再勇为合作站和服务平台揭牌。会上，北京技术交易促进中心、北京技术市场管理办公室相关负责人分别就首都科技条件平台、北京技术市场合同登记进行路演。首都科技条件平台贵阳合作站和北京技术市场贵阳服务平台是北京市科委、贵阳市政府共同搭建的跨区域信息共享、机构促进、人才培养、示范推进等科技综合平台，旨在依托北京的科技资源优势和贵阳地处西南中枢的地缘优势和资源禀赋，广泛开展技术、成果、项目、人才、科技条件等方面的交流合作，推动北京、贵阳共同实现创新驱动发展，增强两地的核心竞争能力和可持续发展能力。

（市科委办公室）

【京筑签订战略合作框架协议】 9月8日，北京市科委、贵阳市政府战略合作框架协议签约仪式在贵阳举行。贵州省委常委、贵阳市委书记陈刚主持签约仪式。北京市科委主任闫傲霜，贵阳市委副书记、市长李再勇代表双方签约。科技部火炬中心有关负责人，北京市党政代表团成员、贵州省委省政府有关领导、北京部分企业家以及贵阳市相关负责人出席签约仪式。依据双方的战略合作框架协议，北京市科委和贵阳市政府在今后5年将本着“优势互补、资源共享、注重实效、共赢发展”的原则，探索有效工作机制，开展实施重大科技研发和产业化项目、推进科技园区和产业基地建设、促进科技资源开放共享与对接、搭建科技交流平台、开展科技人才交流等方面的合作。会上，北京市经信委、中关村管委会还与贵阳市政府签署了合作框架协议，北京市政协主席吉林与贵州省省长陈敏尔为中关村贵阳科技园揭牌。

（市科委办公室）

【“一城两区”战略结盟第二次联席会议召开】 9月9日，科技部“一城两区”农业科技协同创新战略结盟第二次联席会议在杨凌农业高新技术产业示范区召开。会议由“一城两区”联席会轮值主席、北京市科委主任闫傲霜主持，科技部副部长张来武出席会议并做讲话。会上，北京农科城、杨凌农高区、黄河三角洲农业示范区分别汇报了国家农业科技园区协同创新战略联盟组建框架、“121”工程现代农业创业投资基金框架、“一城两区”农业科技协同创新实施规则的完善意见，与会代表进行了热烈的讨论，并一致通过了三项议题。

（市科委农村发展中心）

【京蒙“信服通”示范工程专项推进活动举行】 9月9—12日，北京技术交易促进中心与内蒙古成果转化中心在赤峰市共同召开京蒙农业技术转移“信服通”示范工程专项推进活动。活动针对赤峰市一期“信服通”10家站点的技术需求，对其网络管理员进行网站功能优化培训。活动中，北京“信服通”团队还深入赤峰荣兴堂药业有限公司、赤峰三泰种业有限公司、赤峰和润农业高新科技产业开发有限公司、内蒙古康绿源蔬菜产业有限责任公司等“信服通”基层站点，走访、了解“信服通”运行情况，收集改进意见。

（市科委办公室）

【2013环渤海技术转移联盟年会在天津召开】 9月17—18日，2013环渤海技术转移联盟年会暨环渤海技术转移合作交流座谈会在天津召开。作为联盟成员单位之一，北京技术市场管理办公室组织了北京地区部分国家技术转移示范机构、创新驿站站点参加了此次论坛。此次会议的主题为“激发创新活力，推动区域协作一体化”。会上，北京市场办主任王金勇介绍了环渤海地区2012年的技术交易情况和北京地区技术市场发展的现状，特别就如何发挥首都的科技资源优势，服务环渤海地区乃至全国的经济社会建设以及“营改增”对技术市场的影响和与会的各省、市、区的技术市场管理部门领导进行了交流。

（北京技术市场管理办公室）

【“生物农药及植物病害绿色防控”学术沙龙举行】 9月16日，由北京植物病理学会、中国科协科技导报社、首都生物农药科技创新服务联盟主办，北京市农林科学院植保环保所承办，主题为“生物农药及植物病害绿色防控”的学术沙龙在市农林科学院举行。国内相关高校与科研院所的老中青三代专家、教授100余人参会。会上，生物农药领域的相关专家、教授围绕“生物农药及植物病害绿色防控”分别对团队研究领域中芽孢杆菌生防制剂的研究进展、植物内生真菌及其应用、对假单胞杆菌与植物病害生物防治等做专题报告。会上全面总结和交流了我国生物农药及植物病害绿色防控领域的最新研究进展和成果，同时对本领域的前沿科技进行专题讨论。

（市科委农村发展中心）

【内蒙古科技合作管理培训班在京举行】 9月23—27日，根据北京市对口支援和经济合作工作领导小组的整体部署，北京市科委办公室、北京技术交易促进中心举办内蒙古自治区科技合作管理培训班。来自内蒙古科技厅、内蒙古对外科技交流中心、内蒙古科技大学、内蒙古农牧业科学院、呼和浩特科技局、鄂尔多斯科技局、乌兰察布科技局、呼伦贝尔科技局、通辽市生产力促进中心等内蒙古科技系统的30名学员参加了培训。培训以“对外科技合作与交流”为主题，邀请了北京市科委、教育部国际合作司的有关专家作为培训老师进行授课。

（市科委办公室）

【贵州省科技厅厅长到北京农科城参观调研】 9月24日，贵州省科技厅厅长陈坚一行来到北京农科城参观调研。这是北京市与贵阳市开展“北京·贵阳创新驱动区域合作”系列活动推动下的又一积极合作的探索。在北京农科城农业科技网络服务中心，陈坚一行观看了物联网的演示，听取了网络中心建设的进展与成效，并详细询问了农业专家资源的共享与智能调配等有关农业科技信息服务的具体情况。双方还就信息化建设与对口支援等相关问题进行了深入的探讨。

（市科委农村发展中心）

【第十一届中国菊花展览会举行】 9月26日，由北京国际鲜花港作为主会场的第十一届中国菊花展览会举行。顺义园是北京国家现代农业科技城多园之一。此次展览会在39个特色展园选用了60余个系列、200多个花卉品种，打造了20万平方米的壮美花海。展会融入了结构模型、三维多媒体影像、虚拟环境投影系统、雾幕、LED屏幕等最具前瞻性的视觉展示技术，同时把北京最具传统的历史文化和建筑美学囊括其中，全方位展示了菊花领域最新的研究成果。

（市科委农村发展中心）

【京津冀晋蒙环首都区域生态建设座谈会举行】 10月16日，由京津冀晋蒙五地科协共同举办的京津冀晋蒙环首都区域生态建设座谈会在石家庄市举行。会议旨在集合专家智慧，形成对策建议，服务国家相关部门决策。中国工程院院士徐祥德、任阵海和来自京津冀晋蒙五地的26位专家学者，围绕环首都地区环境建设中的重点、难点问题展开了充分交流，重点研讨京津冀晋蒙大气污染的主要成因和依靠科技解决污染的主要途径，积极为治理环首都区域大气污染建言献策。北京环境科学学会专家谢绍东和程水源分别做“北京地区大气污染成因”和“北京及近周边典型城市 PM2.5 污染特征、成因与控制策略”的主题发言。

（市科协）

【第十五届北京分析测试学术报告会暨展览会举行】 10月23—26日，第十五届北京分析测试学术报告会暨展览会在北京展览馆举行。展会上，首都科技条件平台通过展板、视频、实物等方式重点展示分析测试领域内的仪器设备和科技成果。10月25日，检测与认证领域中心举行快速检测技术学术论坛，邀请行业内的仪器厂商、科研人员和专家学者做报告。

（市科委条财处）

【首都科技条件平台贵阳合作站项目对接会召开】 11月5日，北京市科委和贵阳市科技局在北京召开首都科技条件平台贵阳合作站2013年科技项目对接会。贵阳企业代表、首都科技条件平台成员单位相关负责人及专家共计近70人参加了会议。会议采取需求发布的形式，贵州枫阳液压有限责任公司等14家企业详细介绍了液压工程机械、装备制造、轮胎制造机械加工、新材料等领域的22项技术需求，并与首都科技条件平台清华大学、北京科技大学等9家成员单位的28个开放实验室以及4G产业联盟等的3家成员单位进行了现场对接。最后，22个需求中有7个项目现场达成合作意向，11个项目需进一步沟通。

（北京技术交易促进中心）

【垃圾资源化利用技术首获中国专利奖金奖】 11月11日，依托北京嘉博文生物科技有限公司建设的北京市有机废弃物资源化工程技术研究中心发明的专利——“采用餐厨废弃物制备生物腐殖酸的技术与工艺”获得第十五届中国专利奖金奖，该奖项是垃圾资源化利用技术领域首次荣获中国专利奖金奖。

（北京技术交易促进中心）

【“12396”新农村科技服务热线喜获零点民声金铃奖】 11月13日，由国内著名民调机构零点研究咨询集团主办的第三届零点民声金铃奖颁奖典礼在北京海航万豪酒店举行。“12396”北京新农村科技服务热线获得了倾听民意政府奖之民意畅达奖。这是第一个由民间评选，为在民意倾听、用户倾听以及民意传播中有突出表现的机构而颁发的奖项，涵盖百余个政府部门、五大行业（房地产、消费品、汽车、电子商务和金融）的500多家企业和百余家媒体，收集的上千个案例全部来自公开的传播渠道。

（市科委农村发展中心）

【南京市科委调研首都科技条件平台】 11月18日，南京市科委组织部分南京公共技术服务平台、南京市开放实验室有关人员赴北京就首都科技条件平台调研学习。北京市科委条财处负责人就首都科技条件平台的组织体系、体制机制建设、业务运营模式、服务功能和特色以及服务成效等方面向南京市科委相关人员做详细介绍，分享了开展科技资源共享服务的经验和做法。随后，南京市科委一行深入首都科技条件平台北京师范大学研发实验服务基地调研，并就基地市场化运作模式与利益分配机制等问题进行了座谈交流。

（北京技术交易促进中心）

【核安全文化论坛在京举行】 11月25日，“核安全文化的科学传播——核之魅·核之危”主题论坛在北京师范大学举行。主办方九三学社中央委员会和国际科学与和平周中国委员会发出倡议，呼吁全社会关注核能开发和核技术应用，共同倡导核安全知识的普及，促进核安全文化在全社会的科学传播。活动现场，中国工程院院士叶奇蓁结合历史上3次重大核事故，向师生们阐述了核电厂实践与核事故应急处理。中国工程院院士徐銤站在行业发展前沿，介绍了“纳冷快堆”的相关知识；中国原子能科学研究院副院长刘森林围绕内陆核电站的建设、我国电离辐射照射水平和提升核安全文化等问题，呼吁公众以积极的心态看待核应用。此外，来自清华大学、北京大学、北京师范大学等高校的专家学者还就辐射食品安全、核文化传播等与公众生活密切相关的话题，与现场师生展开互动交流。本次论坛是第二十五届中国国际科学与和平周活动的一部分。

（九三学社北京市委社会工作部）

【首都科技条件平台京蒙合作站成立】 11月

26 日，首都科技条件平台京蒙合作站签约暨揭牌仪式在呼和浩特举行。北京市科委与内蒙古自治区科技厅签订首都科技条件平台京蒙合作站合作协议书，并举行了揭牌仪式。协议规定，由北京市科委和内蒙古自治区科技厅联合共建首都科技条件平台京蒙合作站，以首都科技条件平台资源为核心，利用首都科技条件平台信息服务系统，搭建畅通的供需对接渠道；有效组织首都科技条件平台内开放的仪器设备、成果、专家等科技资源，有针对性地对内蒙古自治区提出的企业创新需求提供服务；同时每年对内蒙古自治区选定的细分产业领域需求做深度对接，有效推动资源互动和协调发展；联合组织人才培训、实地考察、经验交流等各种活动，促进供需有效对接和人才的交流和互动。

（市科委条财处）

【北京专家赴贵阳市开展科技合作交流】 11 月 27—29 日，北京市科委委员张虹与相关专家一行 4 人赴贵州对贵阳山区生态农业科技创新区、贵阳市现代生态农业发展情况、白云现代农业示范园区、清镇市国家现代农业示范区等进行考察交流。经过研究与探讨，并结合贵阳需求，确定了下一步合作内容：一是北京市科委、贵州省科技厅、贵阳市三方共建贵阳山区生态农业科技创新区。二是搭建京筑科技合作平台，互补科技优势资源。三是帮助贵阳市充分应用国家科技扶持政策，注重调整产业布局，利用生态环境、生物制药、有机食品等优势资源，加强与全国各农业科技园区的交流与合作，形成同各地优势互补、深度合作、创新发展的新模式。

（市科委农村发展中心）

【第四届重大疾病防治科技创新高峰论坛召开】 11 月 30 日，第四届重大疾病防治科技创新高峰论坛在国家会议中心召开。科技部、国家卫生计生委，辽宁、山东、贵州等省科技厅，北京市相关委办局、京区各大医院、科研院所、G20 企业等单位的 600 余名专家学者和企业代表出席。开幕式上，市科委主任闫傲霜对首都医疗卫生科技工作整体的组织情况进行了介绍，同时展示了年内遴选出的“2013 首都十大疾病科技攻关年度成果”及“优秀组织管理团队”。本届论坛设置了包括生命科学基础研究与北京临床资源优势互补、生物银行的应用与发展、国际指南与我国临床实践的差异、临床研究中先进性和实用性的平衡、临床研究顶层设计与质量监控、real - world study 方法及案例解析等六大主题，着重突出临床转化应用研究的重要性。

（市科委生物医药处）

【首都科技条件平台京津合作站成立】 11 月 30 日，北京市科委与天津市科委共建首都科技条件平台京津合作站，充分发挥首都科技资源的辐射带动作用，全力支持区域经济社会发展，建立长效工作机制，搭建畅通供需对接渠道，促进区域协同创新发展。

（市科委条财处）

【阳泉与北京科技合作协议在太原签约】 12 月 5 日，北京市科委、山西省科技厅与阳泉市政府在充分沟通的基础上，在太原签署《关于推进阳泉与北京科技合作的协议》。科技部党组成员、科技日报社社长王志学，山西省副省长张复明出席签约仪式。北京市科委党组书记杨伟光、山西省科技厅厅长贺天才、阳泉市市长陈永奇代表合作三方在协议上签字。

（市科委办公室）

【京豫科技合作工作座谈会召开】 12 月 27 日，京豫科技合作工作座谈会在京召开。会上，北京市科委与河南省科技厅正式签订《北京市科学技术委员会 河南省科学技术厅合作协议》。双方重点在京豫两地需求、共建综合服务平台和优化创新资源配置三方面合作展开座谈。

【国家农业科技园区协同创新战略联盟正式成立】 12 月 30 日，科技部联合有关部门在京召开国家农业科技园区协同创新推进会。全国政协副主席、科技部部长万钢，科技部党组书记、副部长王志刚以及教育部、北京市有关领导出席会议。会议选举产生国家农业科技园区协同创新战略联盟执行主席、常任主席、秘书长和副秘书长。北京市科委主任闫傲霜作为“一城两区”联席会轮值主席，在会上代表“一城两区”

从3个方面汇报了建设国家农业科技园区协同创新战略联盟的工作情况，一是总结“一城两区”结盟经验，提出建设国家农业科技园区协同创新战略联盟的构想；二是加强统筹协调，开展联盟筹备相关工作；三是围绕园区联盟建设，筹建农业科技园区产业投资基金。

（市科委农村处）

【成都市科技局领导来北京农科城调研】 年内，成都市科技局副局长李志毅一行7人来京调研北京农科城建设工作，观看了北京农科城农业科技网络服务中心物联网技术应用系统、云服务平台、“12396”呼叫中心系统的功能演示，与北京农科城相关人员就体制机制探索、产业链建设、运行模式等方面进行了交流与探讨，并希望北京农科城农业科技网络服务中心对接成都科技服务平台资源。

（市科委农村发展中心）

【市科委组织“北京专家与企业和田行”活动】 年内，市科委委员王建新带领市科委机关处室和直属中心以及首都高校、院所、企业赴和田地区深入开展调研考察和技术对接活动。在和田前方指挥部副总指挥姚忠阳的陪同下，王建新实地考察了和田地区北京工业园区、和田昌和枣业有限公司（自治区龙头扶贫企业）及洛浦县北京生态农业科技示范园，并就“和田与北京技术对接及交流培训”项目的建设内容进行探讨和研究，明确了项目承接单位和实施主体及各单位在项目中的分工。同时双方就设施农业、特色种植、林果业、耐阴粮食作物、农业科技培训等领域开展深入对接、洽谈。

（市科委办公室）

【科技援疆首期培训班举行】 年内，市科委组织2013年对口支援新疆和田地区第一期培训班。来自新疆维吾尔自治区科技情报所、和田地区科技局、和田市科技局等9家单位的11名科技管理干部参加培训。

（市科委办公室）

【京鲁探讨种业合作意向】 年内，山东省科技厅副厅长郭九成、黄河三角洲国家现代农业科技示范区共建工作协调小组办公室主任曹一化，以及滨州园区、东营园区相关负责人一行10人到北京农科城通州种业园进行调研与交流。郭九成一行参观了通州种业园区规划沙盘、中国农业大学通州试验站、花仙子万花园和核心示范区，就园区招商、税收、农民就业、土地等问题进行了探讨，并希望双方探索建立专家院士、科研机构的长期合作机制，实现北京与山东的种业优势互补、强强联合的美好愿望，继续加强“一城两区”结盟工作，更好地发挥北京农科城示范引领作用。

（市科委农村发展中心）

【淮安市领导赴北京农科城考察】 年内，江苏省淮安市副书记练月琴率团参观考察北京国家现代农业科技城。北京市科委委员王建新等陪同考察。练月琴一行先后参观了北京国际鲜花港、通州国际种业科技园，随后双方还就北京农科城建设工作座谈交流，练月琴认为北京农科城突破传统园区的示范、转化、生产加工功能，通过科技与服务相结合，以现代服务业引领现代农业发展，对淮安农业科技工作具有很强的借鉴意义，并希望今后双方加强沟通，紧密合作，实现共赢。

（市科委农村发展中心）

国际合作与交流

【新春驻华外交官科技合作通报会召开】 1月30日，2013新春驻华外交官科技合作通报会在北京国际会议中心召开。会上，北京市启动第二批国际科技合作基地建设，并向这些基地的国际合作伙伴颁发了“北京市国际科技合作基地杰出国际合作伙伴”证书。

（市科委国际科技合作处）

【北京电动大客车迈步走向欧盟】 2月3日，中波e－bus项目签约仪式在北京理工大学举行。根据协议，2年内，北京理工大学将与北京电巴新能源科技有限公司、中信国安盟固利新能源科技有限公司等单位在波兰5个城市开展

780 辆纯电动大巴示范运行合作，建立包括大客车整车、动力电池快换机器人系统、电池充/换电站和应急服务系统的电动公共交通系统，并计划逐步在其他欧盟成员国和周边邻国推广实施。

（北京市新能源汽车发展促进中心）

【意大利驻华大使访问中意技术转移中心】 3 月 19 日，意大利驻华大使白达宁、意大利驻华科技参赞易诺晨、意大利科学技术与工业改革参赞饶塞佩应邀访问中意技术转移中心。北京市科委副主任朱世龙出席了会议。双方回顾了中意技术转移中心的发展史，并就中意中心的工作模式及未来发展方向交换意见。会后，意方代表参观了中意技术转移中心鼎好大厦办公室。

（市科委国际合作处）

【韩国设计振兴院中国办事处在京揭牌】 3 月 27 日，韩国设计振兴院中国办事处揭牌及中韩设计论坛在北京设计之都大厦（中国设计交易市场）举行。韩国设计振兴院院长李泰镕介绍，在韩国设计公司进行交易的国际市场中，中国的占有率为 58.3%，美洲地区 35.2%，欧洲地区 31.7%，东南亚地区 9.8%，日本 6.5%。中国已成为韩国设计公司的第一大海外交流国家，其中北京的设计产业发展基础雄厚，设计公司数量众多，拥有 CIDA（中国工业设计设计协会）、BIDC（北京工业设计促进中心）等公共机构，这些都为中韩双方合作以及韩国设计企业扩大在华事业提供了良好的环境。因此，北京成为其海外办公室的最佳选择地。

（北京工业设计促进中心）

【《第三次工业革命》作者考察 3D 打印企业】 4 月 13 日，《第三次工业革命》作者保罗·麦基里考察了北京 3D 打印产业，参观了北京隆源、太尔时代等企业，并与市科委就北京 3D 打印产业发展进行了交流讨论。市科委介绍了北京发展 3D 打印产业的优势以及在 3D 打印领域已开展的工作及下一步工作计划。对此，麦基里给予高度肯定和认可。同时麦基里也指出低廉的劳动力价格将不再是未来中国的竞争优势，中国应充分利用 3D 打印、机器人等新技术来增强自身的竞争力，巩固在装备制造领域的世界地位，为迎接第三次工业革命做好准备。

（北京生产力促进中心）

【2013 北京跨国技术转移大会举行】 4 月 25 日，由北京市科委、科技部国际合作司、科技部火炬高技术产业开发中心共同主办的 2013 北京跨国技术转移大会在北京国际饭店会议中心开幕。北京市委常委陈刚、北京市委副秘书长傅华、科技部国际合作司副司长陈霖豪、科学部火炬高技术产业开发中心副主任杨跃承等领导出席大会。本次大会吸引了来自美国、英国、意大利等约 40 个国家的科技部门高层或驻华使节参加，北京市相关委办局代表以及中外企业代表出席。大会共实现了 28 个项目签约，总签约金额达 510 亿元，其中值得关注的是，为解决国际先进技术引进和产业化所需资金问题，北京市科委与国家开发银行北京分行将正式签署协议，签约金额 500 亿元，国家开发银行北京分行将专门设立用于支持北京国际化创新合作的资金。此外，本次大会签订的合作协议中还包括政府主导的战略合作协议、专业机构间跨国技术转移平台建设的框架性协议，以及针对具体技术和产品的合作协议。例如，由北京彩比特显示技术有限公司与美国公司签订的“大尺寸新型显示设备和工艺技术产业化”项目，使我国在新一代显示技术领域实现了跨越；“天通泰中以文化科技园项目”将打造集人才和技术引进、先进应用示范、文化交流于一体的基地。

（市科委国际科技合作处）

【诺和诺德中国研发中心新实验楼启用】 5 月 8 日，诺和诺德中国研发中心新实验楼启用仪式在中关村生命科学园诺和诺德中国研发中心举行，诺和诺德丹麦本土外最大研发中心正式投入运营。丹麦驻华大使裴德森、诺和诺德全球副总裁库尔茨斯出席并致辞。诺和诺德中国研发中心新实验楼投资 2.1 亿元，总面积 12100 平方米，包括拥有与诺和诺德丹麦本土一样的实验室设施和环境的生物研发实验室，是中国首家符合欧洲标准的示范性大型动物饲养中心，该标准超过北美标准。诺和诺德中国研发中心的总投资额将于年底达到6.3亿元，同时还将扩展在中国的研发团队，组建专门从事糖尿病晚期并发症药物发现的团队。

（市科委生物医药处）

【第十六届北京科博会举行】 5月22—26日，第十六届中国北京国际科技产业博览会在京举行。科博会共举办高新技术展览会、论坛、科技成果项目推介三大系列40余场活动，集中展示了中国科技创新的最新成果和重大突破，推动一大批技术成果转化和重大产业项目合作。共有来自国内外的23万人次参加了科博会活动。签署科技产业基地建设、技术合作和贸易等项目123个，协议总金额860.23亿元。“科技北京”专题展区围绕“科技支撑产业发展”主题，以科技创新为主线，以战略性新兴产业、北京国家现代农业科技城、科技企业孵化器、科学技术奖获奖项目、科技与文化等五大板块为重点内容，充分展示北京市实施“科技北京”行动计划以来，科技创新产业集群发展方面取得的140余项重大科技成果和前沿科技成果，突出体现科技对首都经济社会发展所发挥的支撑引领作用。其中，战略性新兴产业展区展示了测绘无人机，3D打印，OLED照明，C70、C30纯电动汽车及配套电机、智能充电设备，光核仪等市科委重点支持的4G工程、精机工程、纳米科技、新能源汽车、G20工程、十大疾病科技攻关等六大产业工程的科技创新成果。获得北京市科学技术奖2011年重大科技创新奖的水晶石智能交互系统和2012年一等奖的智能安保机器人项目也在展馆亮相。

（市科委科宣处）

【北京天文馆与韩国果川国立科技馆签订备忘录】 5月28日，韩国果川国立科技馆馆长崔殷哲一行4人来访北京天文馆。北京天文馆馆长朱进与崔殷哲共同签署了双方友好备忘录。

（北京天文馆）

【百济神州与德国默克签署全球合作协议】 5月31日，北京生物研发公司百济神州（北京）生物科技有限公司与德国达姆施塔特的默克雪兰诺公司签署BeiGene－283全球合作开发和销售协议。该化合物是一种用于治疗癌症的第二代BRAF抑制剂。BeiGene－283是由百济神州承担的北京市科委统筹项目“靶向抗肿瘤新药的自主创新与成果转化”研发，处于临床前开发阶段，如果临床开发成功，百济神州将获得高达2.33亿美元收益。由王晓东团队领导的百济神州保留该创新药完整的全球知识产权。

（市科委生物医药处）

【北京生物医药代表团对接美国UCSF】 5月，北京生物医药代表团一行访问了世界著名的美国加利福尼亚州立大学旧金山分校（University of California，San Francisco，简称UCSF），就生物医药成果转化、人才引进等问题对接交流。代表团与UCSF执行副校长助理Janhavi Bonville博士、企业合同部主任Jim Kiriakis博士、创新技术和联盟办公室专家Han Li博士等就成果转化及对接等问题进行了深入探讨。其后，代表团一行与UCSF中国青年学者、博士后进行座谈，其中两位青年学者当即提出希望自己的项目能与北京合作研发并产业化。

（市科委生物医药处）

【北京生物医药代表团在美举行项目对接会】 5月，北京生物医药代表团在位于美国加利福尼亚州的硅谷瀚海科技园举行项目对接会，与Starch Medical Inc.等硅谷留学创业企业，就项目引进、政策法规、合作机制、资源支持等问题进行了深入交流。4家企业均表示出与北京合作的强烈愿望：Starch Medical Inc.独创的高分子凝血剂已在欧盟上市，希望拿出中国市场的权益与北京合作；Aviscera Bioscience Inc.已研发近百种肿瘤、肥胖蛋白标志物，希望合作开拓国内市场；GentureDx、Adepthera LLC正在开展创新抗体药物和医疗器械研发，希望在国内寻求合作伙伴。市科委表示，将通过成果驿站、ABO联盟、成果转化基金等专业手段，帮助这些项目与G20企业为代表的企业和相关资源进行对接，争取早日实现项目落地。

（市科委生物医药处）

【“研发设计服务”展区亮相京交会】 6月1日，为期5天的第二届中国（北京）国际服务贸易交易会落下帷幕。北京工业设计促进中心承办的“研发设计服务”展区，重点展现科技引领创新、展现研发设计服务的新态势。板块参展面积400平方米，参展机构主要包括中国设计交易市场、中国设计红星奖、韩国设计振兴院、小米科技、上拓科技、郎迪锋科技、斯巴科设计等14家中韩设计研发企业，涉及产品研发、设计技术、成果交易等方面。该展区共有近50个研发服务类项目签约，交易额近5亿元。本届京交会共达成签约项目415个，签约额累积786.9亿美元，比首届增长30.9%，其中国际项目114个，签约额108.9亿美元。本届京交会共有来自117个国家和地区的2.65万名注册客商及参会代表，参会国家和地区总数同比增长41%。会议期间，参会客商及代表累计达13.8万人次，同比增长35.3%。第二届京交会共举行峰会、专业大会、推介洽谈等共计148场活动。

（市科委高新处）

【第六届国际生物农业峰会召开】 6月7日，第六届国际生物技术与农业峰会暨农业生物技术百人论坛在北京召开。该峰会由北京市科委主办，中国农科院生物技术研究所、北京生物技术和新医药产业促进中心以及首都籽种产业科技创新服务联盟共同承办。农业部副部长李家洋、中国农村技术开发中心主任贾敬敦等出席峰会。本届峰会以“技术创新驱动农业现代化”为主题，邀请百位生物农业领域专家深入探讨中国生物农业未来发展趋势，交流农业现代化的若干热点问题，共同推动企业与院所之间的合作新机制，为推动农业现代化搭建高端对话平台。中国工程院院士范云六、北京市农林科学院院长李云伏、杜邦先锋农业生物技术副总裁Lightner、先正达中国区总裁Cohadon、大北农集团高级副总裁宋维平等业内资深专家，围绕生物技术提升种业核心竞争力、国际合作加快农业新品种产业化等话题进行了主题演讲和专题讨论。

（市科委农村发展中心）

【第十八届生物化学与分子工程国际大会召开】 6月16日，市科委与美国国际工程会议组织（ECI）共同主办的第十八届生物化学与分子工程国际大会（BME ⅩⅧ）在京召开，这是首次在欧美以外国家举行的BME会议。本次会议以“东西交融——生物设计、合成生物学和生物过程工程国际前沿”为主题，共设16个专题分会，为北京生物化学领域构建了与国际顶级专家交流、探讨的平台，直接推动北京乃至中国与国际前沿的对接。大会吸引了全球15个国家和地区116家机构的374位嘉宾参加，是BME有史以来规模最大的会议。美国、加拿大、韩国、瑞士、中国的9位知名院士，麻省理工、耶鲁、韩国科学技术院、日本筑波大学等世界知名院所的70余名教授学者，安进、杜邦、默沙东、基因泰克、勃林格殷格翰、诺和诺德等跨国公司的20余名高管到会，就合成生物学前沿热点进行充分沟通和探讨，会议达成5点共识：一是合成生物学是未来生命科学领域的重要方向；二是华人科学家众多，国内研究面基本覆盖了国际研究的领域；三是国外产业界对合成生物学高度关注；四是新工艺、新技术、新方法、新思路助推科技成果产业化；五是国内产业界对合成生物学的融入程度亟待加强。

（市科委生物医药处）

【7家企业入选中国制药工业百强榜】 6月18日，第八届中国制药工业百强年会在昆明举行。北京7家企业入选，包括悦康药业集团有限公司、北京同仁堂股份有限公司、华润双鹤药业股份有限公司、北京天坛生物制品股份有限公司、北京嘉林药业股份有限公司、北京双鹭药业股份有限公司6家G20企业和中国医药工业有限公司。百强榜中，有21家京外企业在京建立了研发中心、生产基地或总部，累计投资金额达到104.2亿，包括江苏扬子江药业、吉林修正药业、陕西步长制药、广东康美药业4家前十强企业，其中15家为G20工程实施后重点推动落地企业；21家企业中已有8家企业实现产品在京投产上市，2012年营业收入超过15亿，将成为北京生物医药产业未来发展的重要力量。

（市科委生物医药处）

【首都生物肥料联盟亮相国际农业展】 6月19—21日，由首都生物肥料创新服务联盟协办的2013中国国际农业生产资料博览会在南京市举行。白俄罗斯钾肥、中农控股、江苏华昌等

80多家中外企业踊跃参展，吸引了来自泰国农业部、古巴食品工业部、马尔代夫渔业农业部的代表及国内农资生产、流通、科研、服务领域的业内人士到会交流并洽谈合作。首都生物肥料科技创新服务联盟也组织了强大的阵容参展，包括北京世纪阿姆斯生物技术股份有限公司、上凌生物技术（北京）有限公司、华远丰农（北京）生物科技有限公司、湖北吾尔利生物工程有限责任公司、北京百德翠丰农业科技发展有限公司等都拿出了各自雄厚的农业生产关键技术、安全生物肥料产品等优势资源，加强了联盟与国内外同行的交流。

（市科委农村发展中心）

【法国—中国北京高科技项目展示和视频洽谈会召开】　7月27日，由北京市科协联合全法学人创新创业大赛组委会、法国海外留学人员创业者协会、中法孵化园等海外华人科技团体共同召开法国—中国北京高科技项目展示和视频洽谈会。大会通过前置评估、前置对接，项目同步异步同期发布等措施，推动在京25家科研机构、科技企业和风险投资机构，与法国21支项目团队利用线上和线下两种方式进行务实交流和沟通，初步达成合作意向28项。

（市科协）

【韩国设计振兴院在北京举办设计展】　7月30日，韩国设计振兴院在中国设计交易市场举办2013韩国Illustration（插画）学会北京邀请展，展出了韩国60位设计师、中国30位艺术家的插画作品。

（北京工业设计促进中心）

【市科委与以色列IDE公司探讨海水淡化】　8月15日，北京市科委主任闫傲霜会见了以色列IDE海水淡化技术有限公司全球销售总监罗尼先生，就未来在海水淡化领域的合作与以方交换了意见。北控水务集团有限公司副总经理景晓东参加了会见。北控水务集团有限公司与IDE公司在海水淡化领域已形成战略合作关系，与IDE公司共同致力于将热膜耦合海水淡化及盐水制盐技术应用于北京的海水淡化产业。在会谈中，闫傲霜主任对IDE与北控水务能够共同开展海水淡化合作表示支持，并提出，希望通过双方合作提高北京在海水淡化方面的技术水平与研发能力，建立较为完善的海水淡化产业链，逐渐与国际先进水平接轨，共同推动北京海水淡化产业发展，并共同开拓国内海水淡化市场。

（市科委国际科技合作处）

【第七届国际药用菌大会在京举行】　8月26—29日，由中国工程院、中国食品土畜进出口商会主办，北京农科城昌平园协办的第七届国际药用菌大会在昌平园举行，大会共吸引了来自全球30多个国家和地区的800余名代表参加，国际著名蕈菌学家张树庭教授、中国工程院副院长旭日干院士、《国际药用菌》杂志主编瓦瑟教授，以及中科院、中国工程院的7位院士出席开幕式。大会期间，举行了中国工程院国际工程科技发展战略高端论坛。

（市科委农村发展中心）

【葡萄牙有关徐日升神父的工作坊研讨会召开】　9月2日，葡萄牙国家文化中心代表团有关徐日升神父的工作坊研讨会在古观象台召开。代表团由葡萄牙国家文化中心主席列尔梅·德·奥利韦拉·马丁斯亲自带队，一行40余人。此次研讨会是代表团访华北京站的重要行程之一。此次研讨会主要缅怀葡萄牙传教士徐日升神父为中葡文化交流做出的贡献，并对今后中葡文化交流进行了探讨。葡萄牙国家文化中心主席列尔梅·德·奥利韦拉·马丁斯在会上做"北京古观象台的启示"的主旨发言，与参会人员共同缅怀徐日升神父，对其在古观象台的工作给予肯定，并对其为中葡文化、科技交流做出的贡献给予高度评价。

（北京天文馆　曹　燕）

【第四届（北京）现代农业与资本发展国际论坛举行】　9月6日，北京现代农业科技创新服务联盟、北京合众世纪投资有限公司和中国农村科技杂志社在北京国际饭店共同举行第四届（北京）现代农业与资本发展国际论坛（ACF）。来自联盟成员、农业企业、高等院校、科研院所等有关单位400余人参加了论坛。本届论坛就我国农业的产业化、"走出去"等发展战略，结合产业并购与金融资本等话题展开，下设农业品牌与消费、农业风险投资、休闲与观光农业3个专题论坛，并评选出2013年度中国农业产业最具投资价值企业及最具科技创新能力企业TOP10。论坛还发起了百家企业食品安全倡议，由北京现代农业科技创新服务联盟、首都食品安全创新服务联盟，与全国青少年儿童食品安全行动领导小组联合百家知名企业共同发布食品安全倡议，承诺不生产、不加工、不销售不安全农产品。

（市科委农村发展中心）

【碳纳米材料与应用产业发展论坛举行】 9月12日，由国务院发展研究中心、中科院和北京市政府主办，北京市科委承办的2013年诺贝尔奖获得者北京论坛碳纳米材料与应用产业发展论坛在京举行。150多位相关领域的知名专家、产业界代表以及部分青年学生参加论坛。论坛邀请了国际科学院组织联席主席、欧洲科学咨询委员会前主席、德国科学院前院长沃尔克·莫伊伦做报告，还特别邀请了清华大学纳米科技中心主任范守善院士、北京大学电子系系主任彭练矛教授、国家纳米科学中心副主任赵宇亮研究员、清华大学魏飞教授、中科院物理所凝聚态物理国家实验室副主任戴希研究员等5位在国内外具有重要影响的科学家、产业界代表做报告。

（北京新材料发展中心）

【第三届北京科普嘉年华举行】 9月12日，作为2013诺贝尔奖获得者北京论坛活动之一，第三届北京科学嘉年华在奥林匹克公园拉开帷幕，由13个国家、29个国际科普组织、121个机构提供的292个互动体验项目与观众见面。这场主题为“相聚嘉年华 放飞科学梦”的科技狂欢持续到9月16日，免费向市民开放，其间还举行夜场活动。本届嘉年华活动场地总面积1万平方米，展区可使用实际面积约7000平方米，按不同领域及功能划分为14个主题活动区及功能区。

（市科协）

【北京国际科学节圆桌会议】 9月12日，首届北京国际科学节圆桌会议在北京科技活动中心召开，来自中国、德国、美国、瑞典、葡萄牙、瑞士、澳大利亚、南非等国家的13位各国科学节组织代表参加了会议。会上，各位科学节代表先后发言，介绍了各自科学节的情况及特点，提出了与各国科学节机构合作的意愿与诉求，就科学节国际合作的愿景、机制、途径、规划和策略等议题发表了意见及见解。会议最后，各方代表就开展交流研讨专题会议、共享优质科普资源、合作开发科普资源、创立培育品牌活动等合作意向达成了共识，并签订了合作谅解备忘录。合作谅解备忘录的签订，促进了各国科技文化的沟通与了解，有力推动世界科学传播事业可持续发展。

（市科协）

【我国首个国家技术转移集聚区正式揭牌】 9月13日，北京市政府与科技部共同召开部市共建国家技术转移集聚区工作会议，科技部党组成员、副部长曹健林，北京市副市长张工、市委副秘书长傅华、市政府副秘书长朱炎等，以及入驻机构代表100多人出席。会议由北京市科委主任闫傲霜主持。闫傲霜首先介绍了国家技术转移集聚区和中国国际技术转移中心建设背景。2012年3月，市科委与海淀区政府签署协议在鼎好大厦共建国际技术转移中心，集聚国际技术转移高端资源，打造跨国技术转移的战略高地。在双方共同推动下，已有49家国际创新服务机构入驻，服务国际技术转移作用初显。同年，科技部与北京市共同谋划在中关村西区以国际技术转移中心为核心建设国家技术转移集聚区，统筹政府与市场、中央与地方、科技与经济等各类资源与要素，优化创新环境，推动首都创新体系建设，为国家创新体系建设探索经验与路径。会上，曹健林、张工分别代表科技部和北京市签署了《科技部 北京市人民政府共同建设国家技术转移集聚区合作框架协议》，并正式为国家技术转移集聚区和中国国际技术转移中心揭牌。

（北京技术交易促进中心）

【第十一届北京科学传播创新与发展论坛举行】 9月13日，由市科委、市科协主办，北京科普发展中心等单位承办的第十一届北京科学传播创新与发展论坛暨2013北京科学嘉年华国际论坛在中国科技馆召开。论坛由市科协副主席、中国科普研究所所长任福君主持，中科院院士刘嘉麒、中国自然科学博物馆协会名誉理事长李象益、市科协副主席周立军、德国科学日主席乔吉姆·勒奇等国内外知名科普专家、学者进行了主题演讲，中国科技馆副馆长欧建成出席本届论坛。来自中国、美国、德国、葡萄牙、瑞士、澳大利亚等国家的10余位科学传播领域专家参与了人物会客厅，北京天文馆馆长朱进、北京大学医学部教授钮文异、欧洲科普活动协会执行董事杨励思、美国世界科学节组委会主席朱迪思·考克斯等中外科普专家围绕议题各抒己见。

（市科协）

【东盟科技园（开发区）培训班结业式举行】 9月13日，由科技部主办，北京市科委组织管理，北京市长城企业战略研究所承办的东盟科技园（开发区）培训班在北京国际会议中心举行结业式。来自越南、菲律宾、伊朗、巴基斯坦、蒙古、哈萨克斯坦、埃及、斯里兰卡、孟加拉、印度尼西亚、阿曼、阿尔及利亚等14个国家及地区的30名学员顺利结业，并领取了培训结业证书。此次培训形式多样，包括科技及科技园政策讲座、中国科技园及高新区专题案例分析、参观中关村科技园区及研讨会等。通过培训还促成了阿曼国立科技园与根源投资集团达成了项目合作意向。此外，北京市长城企业战略研究所还将分别与蒙古科技部、巴基斯坦国立科技大学科技园、孟加拉国农业大学就园区建设开展进一步咨询合作。

（市科委国际科技合作处）

【国际科技合作基地需求对接研讨会召开】 9月17日，市科委国际合作处会同北京生产力促进中心召开北京市国际科技合作基地需求对接暨工作交流研讨会。会上，市科委介绍了北京国际科技合作整体思路以及科技部国际科技合作计划项目相关情况。国际科技合作基地联盟秘书处汇报了联盟整体运行情况及发展思路设想，提出将联盟章程作为讨论事项。研讨会特邀北京市外专局、国家开发银行、交通银行、汇丰银行等单位共同探讨为基地单位提供人才政策服务及金融资源对接。会议还针对企业在技术、产品、资本、品牌等“走出去”与“引进来”的过程中遇到的问题及现实需求进行了交流讨论。

（北京生产力促进中心）

【第二届国际无人飞行器创新大奖赛在京举行】 9月20—24日，中航工业杯——第二届国际无人飞行器创新大奖赛在密云机场举行。作为国内首创的无人机创新盛会，本届大赛由中国航空工业集团公司、中国航空学会、市科委共同举行，共有117支队伍参赛，49支队伍获奖，总奖金额为162万元，其中100万元人民币奖金由华彬文化基金赞助支持。沈阳航空航天大学、中科院沈阳自动化研究所、中国航空工业集团公司西安飞机设计研究所分别获得固定翼赛、旋翼赛、像真遥控模型赛的一等奖，并分别获得15万元的奖金；南京航空航天大学的作品获得创意赛大奖，获得15万元的奖金。

（市科委电装处）

【第八届北京动力锂离子电池技术及产业国际论坛召开】 9月26—27日，2013（第八届）北京动力锂离子电池技术及产业发展国际论坛在北京首都大酒店顺利召开。陈立泉、屠海令、陈清泉、杨裕生、郭孔辉、钟志华等6位中国工程院院士出席会议并发言。本次论坛以“锂离子电池的安全性及其发展”为主题，共吸引了来自中国、美国、日本、英国、韩国等全球知名的锂离子电池领域相关政府部门、投资机构、媒体等单位代表及专家、企业家300人出席，共同探讨了高容量动力锂离子电池材料体系、动力汽车安全性设计及评价，以及下一代锂离子电池技术等的最新动态。

（北京新材料发展中心）

【美国综合网络视频项目对接会召开】 9月27日，由北京市科协和中美创新协会共同主办的美国综合网络视频项目对接会在北京市科协海智计划现代农业工作基地举行。本次视频会议结合首都经济社会发展的需求实际，遴选出涉及新一代信息技术、生物医药和节能环保领域的16个项目进行了现场发布，3个项目进行了异步发布。活动通过会前前置评估、前置对接，项目同步异步同期发布等一系列措施，有效推动36家在京科研机构、科技企业和风险投资机构的代表，与美加海智专家利用线上和线下两种方式进行了务实交流和沟通，目前初步达成合作意向49项。

（市科协）

【“3D欢乐季”亮相2013北京国际设计周】 9月27日，北京象清物华科技有限公司承办的“3D欢乐季”在2013北京国际设计周开幕。此次“3D欢乐季”位于751时尚设计广场，展区分为数字自我、3D打印、增强现实、3D工坊4部分，集中为来访嘉宾和文化创意产业的设计师们展示了先进的3D打印和虚拟现实技术，并为建筑师、时尚设计师和工业设计师等提供实际的技术指导和技术服务。

（北京生产力促进中心）

【第二届北京重大疾病临床资源库建设国际会议召开】 9月30日，由市科委主办、首都医科大学承办的第二届北京重大疾病临床资源库标准化建设国际会议在北京诺林大酒店召开。会议邀请国际生物和环境样本库协会（ISBER）、英国生物样本库（UK Biobank）、上海医药临床研究中心、华大基因等国内外多家机构的知名专家做主题报告，北京生物银行各疾病库建设医院的领导和专业人员也出席了此次会议，会议规模100余人。会议由北京重大疾病临床数据和样本资源库建设管理办公室主任王彭教授主持。会议包括12个主题报告，围绕生物样本库设计与维护、标准化工作流程、自动化建设与信息化管理、质量控制体系和资质认证、相关法律与伦理学问题等展开讨论，并就以肿瘤、心脑血管疾病、慢性肾病以及感染性疾病等为主的重大疾病生物样本库和特色样本库建设以及生物样本库在转化医学中的应用等进行学术交流。

（市科委生物医药处）

【市科委主任会见美国杜克大学莱尔利教授】 10月18日，市科委主任闫傲霜会见了来京参加“首都国际癌症论坛2013”的美国杜克大学赫伯特·金·莱尔利（Herbert Kim Iyerly）教授。莱尔利是美国杜克大学医学院外科终身教授，杜克大学应用治疗中心主任，美国国家癌症顾问委员会全美肿瘤中心分委会主席，是肿瘤研究与治疗领域杰出的科学家，也是北京世纪坛医院—杜克大学联合肿瘤研究所的积极推动者和参与者，对促成首都医科大学与美国杜克大学的合作起到了关键作用。会谈中，闫傲霜对莱尔利推动杜克大学和世纪坛医院的合作做出的努力表示赞赏，并表示市科委将从营造政府环境方面做出积极努力，推动政产学研及国际合作创新要素的整合。北京世纪坛医院院长徐建立、北京世纪坛医院院长助理兼肿瘤中心主任任军、肿瘤转化医学研究中心主任杨化兵和北京拜西欧斯生物技术有限公司董事长田秋平等参加了会议。

（市科委生物医药处）

【首届联合国教科文组织创意城市北京峰会在京召开】 10月20—23日，由联合国教科文组织、教育部、中国联合国教科文组织全国委员会、北京市政府共同主办的首届联合国教科文组织创意城市北京峰会在京召开。本次峰会以“魅力创意·美丽城市”为主题，由开幕式，首届国际学习型城市大会、创意·创新·发展论坛和创意城市网络市长圆桌会议、首届艺术与创意城市北京论坛3个主要会议，以及相关展览等三大板块内容组成。来自32个城市的20余位市长级代表等60余人，出席了22日在设计之都大厦召开的圆桌会议，会上发布了本次峰会成果性文件之一《北京议程》。

（市科委高新处）

【第十七届北京国际生物医药产业发展论坛召开】 10月21日，由市科委和科技日报社共同主办，北京生物技术和新医药产业促进中心承办的第十七届北京国际生物医药产业发展论坛在北京开幕。本届论坛以“跨界融合，生物医药发展的新机遇”为主题，吸引了先声药业、四环集团、扬子江海燕药业、美国辉瑞公司、美国默沙东公司、德国拜耳医药、瑞士诺华制药等众多国内外优秀企业，共同探讨创新驱动生物医药产业跨越发展的重大命题。会上，科技部国际合作司刘志明提出在生物医药领域要以全球视野谋划创新，以齐心协作实现技术突破；美国新基生物技术制药公司(Celegene)高级副总裁Graham H. Burton重点介绍企业如何从创立之初发展成为全球整合型多元文化的生物制药企业;四环医药控股集团有限公司董事会主席兼CEO车冯升和创新药物百家汇公司董事长兼先声药业董事长任晋生从多角度解析国内生物医药产业发展的新机遇。论坛还围绕大数据时代的医药产业创新、国际药品研发的药审要求及注册、金融助推G20工程创新发展、京区生物医药资源对接、抗体产业发展、医疗器械企业发展策略、三小时创新合作等召开专题研讨会。

(市科委生物医药处)

【2013麻省理工学院中国论坛在京举行】 10月30—31日,2013麻省理工学院中国论坛在京举行。北京生产力促进中心作为北京市国际科技合作基地联盟秘书处积极组织联盟成员参会。北京有色金属研究总院、北京交通发展研究中心、北京邮电大学等成员单位参加了此次论坛。有研总院副总工程师杜军作为嘉宾在MIT企业会员讨论会上发言,介绍了有色院在新能源方面的电池、太阳能及氢能3个主攻方向的研究成果。

(北京生产力促进中心)

【北京国际民间友好论坛举行】 11月14日,2013北京国际民间友好论坛召开。论坛围绕城市建设管理、教育、文化等当下社会热点问题,以"民间合作关注城市发展、人文交流促进社会繁荣"为主题,设置了主题论坛、分论坛和成果交流展示三大板块。20个国家80多家单位、近百个国内组织的300余位嘉宾参加。"城市建设和管理"分论坛由市科协承办,北京城市规划学会、生产力学会、环境科学学会、地质学会、减灾学会等协办。市城市规划设计研究院副院长杜立群,日本明治大学教授、前东京都副知事青山佾,西城区市政市容委主任刘成东,美国建筑师学会纽约分会执行董事瑞克·贝尔,北京城市规划学会名誉理事长赵知敬,及加拿大、墨西哥、韩国、德国和法国的10余位中外学者,就北京城市规划发展和市政市容管理、纽约市历史沿革变迁和城市建筑设计、东京都规划和道路交通、墨西哥城工业区建设、城市垃圾收集转化处理技术、城市紧急救援系统建设等展开研讨。期间,展示了北京民间国际交流成果。北京规划学会等单位的"规划中的北京城"和"四合院风貌保护和修缮"参展。20个国家80多家国际机构和国内的代表300余人参会。

(市科协)

【第四届中意创新论坛举行】 11月15日,由科技部、意大利教育大学科研部、中意技术转移中心等机构联合主办,北京市科委承办的第四届中意创新论坛在市科委举行。科技部部长万钢、科技部副部长曹健林、北京市副市长张工、意大利教育大学和科研部部长玛利亚·卡罗扎,以及意大利驻华使馆临时代办李大为等出席活动。60余家意大利企业的100余名企业家、北京市相关委办局领导,以及来自全国10个省市的200余位代表参加。论坛以"智慧城市和新兴产业创新合作"为主题,包括一场中意双边创新合作对话、两场智慧城市和新兴产业合作专题论坛、四场圆桌会议、涵盖八大领域的企业对接以及重点园区、企业的参观对接等活动。该论坛推动中意双方企业进行了3000余项的技术对接,在能源环保、生物医药、文物保护等领域形成了368项合作意向、50余项合作项目,实现经济效益近30亿元。

(市科委国际科技合作处)

【三维显示与成像国际研讨会召开】 11月20—21日,依托北京理工大学建设的北京市混合显示与新型显示工程技术研究中心联合中国光学学会全息专业委员会共同主办了三维显示与成像国际研讨会。中国工程院院士金国藩出席并致辞。邀请了来自美国、英国、日本、新加坡、以色列、波兰、俄罗斯、加拿大等国和中国台湾地区的20余位国际知名专家与会,国内在本领域从事研究工作的35家高校、科研单位和企业的140余人参加会议,包括国家973项目"新型高分辨率三维显示器件与系统的基础研究"、国家自然科学基金重点项目"高分辨真彩色动态全息三维显示关键技术的研究"的全部参与单位。

(北京技术交易促进中心)

【科普专家李象益获联合国卡林加奖】 11月

25日，中国自然科学博物馆协会名誉理事长、原中国科技馆馆长、北京市科委特聘科普专家李象益，在巴西召开的第六届世界科学中心大会上，被授予联合国教科文组织颁发的卡林加奖。这是中国科学家首次获此殊荣，该奖是科普领域的国际最高奖项。

（市科委科宣处）

【中俄技术对接会举行】 11月28日，中国国际技术转移中心联合科威国际技术转移公司、莫斯科国立大学科技园举行了中俄技术对接会，来自俄罗斯的OptoSystems、Microphone arrays、Lactocore、EcoCat等13家企业，与北京市产业技术创新联盟及相关企业的20余位代表进行了技术对接和洽谈。中俄企业在生物医药、食品、环保等领域达成了4项合作意向。

（北京技术交易促进中心）

【2013中国设计红星奖颁奖】 12月12日，全球视野 国家利益——2013中国设计红星奖颁奖在北京设计之都大厦举行。中国工业设计协会会长朱焘、市科委主任闫傲霜等领导出席并颁奖，获奖企业代表、设计专家约200人参加。红星奖执行主席陈冬亮在会上发布“红星观点”。本届红星奖共有5567件产品参评，经国内外设计专家评审团初评、终评两次严格评审，共有280件产品获奖，其中包括：至尊金奖1名、金奖8名、银奖10名、最佳团队奖1名、最佳新人奖1名。此外，旨在鼓励创新概念设计的红星原创奖颁奖同期举行，《翼》坐具等6件作品获银奖，陈书琴以“环保纸屏风”设计获优秀设计师奖，范石钟、黄思宇两位设计师获未来之星奖。

（市科委高新处）

【“清华大学创客马拉松”举行】 12月12—14日，“清华大学创客马拉松”在清华大学美术学院举行。来自全国各地的60多位创客参赛。开幕式上，清华大学教务处副处长孙宏斌表示，清华大学正在大力推进创意、创新和创业教育，创客活动已经成为清华“三创”教育的一种重要模式。11月29日，清华大学设立了第一个创客日。清华大学基础工业训练中心杨建新副教授介绍了清华大学创客空间“i－Center”的建设情况。参赛的近30支团队，18支完成了可行性的演示原型。

（北京生产力促进中心）

【诺贝尔奖获得者吕克·蒙塔尼耶访问国际技术转移中心】 12月18日，中国国际技术转移中心邀请诺贝尔奖获得者吕克·蒙塔尼耶博士来访，并就HIV及AIDS预防与治疗技术最新进展开展交流与座谈，来自军事医学科学院微生物流行病研究所、中国食品药品检定研究院、中国疾病预防控制中心病毒病预防控制所、中国中医科学院中医药防治艾滋病中心、北京地坛医院、北京佑安医院、北京工业大学、首都医科大学、海淀医院、病毒学报、亚洲产业科技创新联盟等近30位专家学者参与此次座谈。

（北京技术交易促进中心）

【G20工程国际化行动显实效】 年内，赛科药业等一批G20企业的生产线在国内率先通过欧盟EUGMP及美国cGMP认证；国药恒瑞美联与美国Novaray Medical合作开发第三代光子探测血管造影系统；神威药业“塞络通胶囊”启动在中国、澳大利亚、英国的临床二期研究，成为我国第一个进行国际多中心临床研究的创新中药。悦康药业多种药品已出口俄罗斯及中东、东南亚等国家和地区；协和药厂的联苯双酯滴丸和酞丁安软膏出口埃及、印度尼西亚等国家；谊安医疗呼吸机和麻醉机系列产品出口到拉美等新兴市场的100余个国家和地区。泰德制药、纳通医疗等通过并购、投资、合作开发、海外上市等多种方式，开拓国际市场，实现产业链全球布局；双鹭药业、世桥生物通过合资等方式分别在加拿大和美国建立研发中心和生产线。乐普医疗收购荷兰从事心血管介入和外科医疗器械销售的Comed公司，建立了进入欧洲市场的跳板；G20企业义翘神州通过整合市场资源开拓国际市场，成为全球最大的生物试剂公司美国Life Technologies公司中国首个全球合作伙伴，以“义翘神州”品牌在全球销售其重组蛋白和抗体产品。

（北京生物技术和新医药产业促进中心）

【书生公司SurDoc获美国创新大奖】 年内，

美国 *Cloud Computing* 杂志公布了十大云存储技术卓越奖，北京书生电子技术有限公司自主知识产权的 SurDoc（电子文档云服务平台）是获奖中唯一的“中国创造”。SurDoc 支持云服务和移动终端，基于国际标准 UOML，是目前全球唯一能让用户无须安装 Office、PDF 或其他软件就能阅读所有格式文档的产品。SurDoc 由书生公司具有自主知识产权，是中国第一次输出先进软件技术到美国。其中 SurCloud 云存储技术，比当前国际主流的 Hadoop 技术更可靠、性能更好且成本更低。

（市科委法规处）

【哥斯达黎加农业部到北京农科城参观交流】 年内，哥斯达黎加农业及畜牧业部部长格洛里亚·亚伯拉罕女士（Gloria Abraham）一行 14 人到北京农科城参观并与北京农科城联合办公室主任、科技部农村中心主任贾敬敦等领导进行座谈交流。贾敬敦向来宾介绍了北京农科城高端服务平台在推动农业科技创新、发展现代农业并辐射带动全国发展方面发挥的重要作用，以及北京农科城通州国际种业科技园的运行机制和新发地农产品贸易情况。随后，格洛里亚一行参观了北京农科城育种平台温室蔬菜种植大棚。格洛里亚对蔬菜大棚先进的技术设施和美丽的景色显示出浓厚的兴趣，希望加强与北京农科城在蔬菜培育与研发方面的深入合作和两国在农产品进出口贸易方面的交流。双方还就政府如何发挥资源配置作用、农业科技园区运行机制等相互关注的热点问题展开了讨论。

（市科委农村发展中心）

【数字化联盟成员与美国宾州州立大学交流】 年内，北京数字化联盟组织成员在北京生产力促进中心与美国宾州州立大学进行了交流。中科院自动化所、北京航空制造所、北京信息科大、北京隆源公司等“精机工程”单位听取了美国宾州州立大学张佳蓉教授介绍的以 3D 打印为代表的制造系统中的数据采集、处理等技术研发的最新进展和服务案例，张佳蓉还表达了在技术突破、与产业界合作、人才培养等方面的合作愿望。与会单位就 3D 打印材料、质量管理、数据处理等方面的合作进行了探讨，中科院自动化所在 3D 打印传感等方面提出了需求及合作意向。

（北京生产力促进中心）

【欧洲科学院院士汪兆琦受邀来京做讲座】 年内，中国国际技术转移中心邀请欧洲科学院院士汪兆琦教授在该中心举办了题为“DNA 损伤修复，细胞周期调控影响人类疾病发生”专题讲座。汪兆琦就生物医学领域专业知识进行了阐述，并就高端科技如何进入应用领域的过程及特点与参会代表进行了讨论。

（北京技术交易促进中心）

【中航工业巩水利博士荣获布鲁克奖】 年内，中航工业北京航空制造工程研究所（高能束流金属增量制造技术与装备北京市重点实验室）巩水利博士荣获焊接领域国际最高学术奖励布鲁克奖（Brooker Award），成为继关桥院士后全球第二位获此殊荣的华人。巩水利博士带领团队在高能束流焊接与去除、增材制造、表面工程等 3 个技术方向取得长足进步。

（北京生产力促进中心）

【“北京市自然基金对外合作交流活动基金”项目促进国际交流】 年内，北京市国际科技合作基地联盟成员单位积极申报“北京市自然科学基金对外合作交流活动基金”项目，先后有北京大北农科技集团股份有限公司、百济神州（北京）生物科技有限公司、中国建筑科学研究院等 7 家符合条件的联盟成员单位申报了第二届中关村全球农业生物技术创新论坛、全球病毒网络中心科技论坛、第六届既有建筑改造技术交流研讨会等 7 个在京举行的大型论坛及研讨会，涉及农业、生物医药、环境保护三大领域。参会人员包括美国科学院院士、美国艺术与科学院院士等相关领域的世界知名科学家，以及默克雪兰诺总裁、杜邦全球副总裁在内的多位世界 500 强企业的主要负责人。该专项资金重点支持 2013 年 11 月至 2014 年 10 月间在京举行的科技论坛及研讨会。

（市科委国际科技合作处）

【京产桌面级 3D 打印机获国际 MAKE 杂志大奖】 年内，京产桌面级 3D 打印机获国际

MAKE 杂志“消费者最易使用奖”(Best in Class: Just Hit Print)第一名。该3D打印机由北京太尔时代科技有限公司自主研制,在参评的23种来自全球的桌面级3D打印机中脱颖而出,具备打印平台自动水平校准和喷嘴与打印平台间自动对高这两项功能,是桌面级3D打印机领域的重大突破。

(北京生产力促进中心)

【王中林院士获美国物理学会新材料大奖】 年内,中科院北京纳米能源与系统研究所首席科学家王中林院士荣获美国物理学会2014年詹姆斯·C. 麦高第新材料奖(James C. McGroddy Prize for New Materials)。该奖项创建于1997年,由IBM资助,是材料领域的高级别奖项,主要用于奖励在新材料领域做出杰出贡献的科学家。

(北京新材料发展中心)

科学技术普及

城乡科普

【2012 首博志愿者工作总结表彰大会召开】 1月19日，首都博物馆2012年度志愿者工作总结表彰大会在首都博物馆多功能厅召开，共有90余位志愿者参会。会上，首都博物馆总结了2012年度的志愿者工作，同时从讲解服务的预约方式、志愿者的招募及培训、志愿者的基本服务要求等几方面对2013年的志愿者工作内容进行了说明。随后大会颁发2012年度优秀志愿者及十佳志愿者奖项。在首都博物馆百余位讲解、教育互动区、开放服务区志愿者中，共有30位获得"优秀志愿者"称号，任丽琴、杨祥云、吴玲玲、王志新、白佳音、徐隐鸾、耿小平、夏晓明、张夙利、朱宝兰10位志愿者荣获"十佳志愿者"称号。大会结束后，志愿者们现场签署了《首都博物馆志愿者服务协议》。

（首都博物馆）

【北京动物园举办"蛇影寻踪"生肖文化展】 1月30日，北京动物园邀请动物园形象大使英达及50余家新闻媒体参加了"蛇影寻踪"2013年主题生肖文化展开幕仪式。此次生肖展以展板、图片、视频等多种形式，围绕蛇的起源、蛇的文化、蛇的传说等多角度全方位介绍、展示蛇类。共展出展板30余块，蛇卵、蛇蜕、标本若干，同时还展出了民间艺术大师白大成先生收藏的20件蛇生肖造型艺术作品。展览于2月28日结束。

（北京动物园）

【黄松峪和云蒙山被命名为国家地质公园】 2月16日，国土资源部批复了北京市国土资源局《关于申请验收命名北京平谷黄松峪、密云云蒙山国家地质公园的请示》（京国土环〔2012〕436号）。批复意见内容包括：①同意命名北京平谷黄松峪国家地质公园和北京密云云蒙山国家地质公园。②北京平谷黄松峪国家地质公园和北京密云云蒙山国家地质公园要以科学发展观为指导，遵循"在保护中开发，在开发中保护"的原则，做好园区内地质遗迹资源的保护和开发利用，开展公众地学科普教育和科学研究，并按照国土资源部相关规定和国家地质公园建设指南要求，加强国家地质公园管理，完善国家地质公园建设，为建设生态文明，促进地方资源、环境和经济的协调发展做出贡献。同时要求北京市国土局要加强对北京平谷黄松峪国家地质公园和北京密云云蒙山国家地质公园建设的指导，监督和检查地质公园及其主管部门按照国家相关法律规范开展各项活动。

（肖　健）

【古生物化石特展"走进鸟的故乡"开展】 3月1日，"建昌古生物化石进京特展——走进鸟的故乡"在北京自然博物馆开展。此次特展由北京自然博物馆和建昌县政府主办，中科院古脊椎动物与古人类研究所、辽宁省化石资源保护管理局、辽宁古生物博物馆、沈阳师范大学古生物学院和啄木鸟科学小组协办，展期为1个月，展出数十件出自于建昌地区的珍贵、稀有的古生物化石模式标本及对应的绘制精美、逼真的化石复原图。展品包括被誉为"代表鸟类起源研究一个全新的、国际性的重大突破"的赫氏近鸟龙，有"来自中国的侏罗纪母亲"美誉的中华侏罗兽，以及郑氏晓廷龙、孔子天宇龙、强壮建昌颌龙、李氏凤凰翼龙、模块达尔文翼龙、李氏悟空翼龙、中国鲲鹏翼龙、顾氏小盗龙、隐居森林翼龙、建昌孔子鸟、杨氏钟健鸟、小齿建昌鸟、胡氏辽尖齿兽、建昌辽龟等化石，同时由著名的复原画家赵闯为这些珍贵的化石绘制了精美的科学复原配图。

（北京自然博物馆　张玉光）

【市科协秘书长沙龙系列活动】 3月20日，2013年市科协第一次秘书长沙龙活动在中国原子能科学研究院举行，来自市科协所属社会组织的100余名专兼职干部参与了此次活动。邀请了中国工程院院士、中国核工业集团公司快堆首席专家徐銤做关于快堆和我国核能可持续发展的报告。徐院士的报告深入浅出，系统讲述了核能开发利用的最新成果和未来前景，并就大家关心的核安全等问题做了解答。参会人员还参观了中国原子能研究院快堆核反应堆。6月1日，由北京市科协主办，学会联办和北京光华设计发展基金会承办的设计助力科技成果转化论坛暨市科协 2013 年第二期秘书长沙龙活动在亦庄博大大厦举行。此次活动也是“2013 中国设计节”系列活动之一。来自海内外的约瑟夫、林鑫保等4位设计界的专家以“设计助力科技成果转化”为主题，结合设计方面的成功案例，进行了精彩演讲。北京知识产权局杨晋以“数字时代设计产品知识产权保护”为题，阐述了知识产权保护在设计业中的重要作用。市科协社会组织、大兴区部分企业代表和外国设计师共 150 余人参加了此次活动。7月29日，在市科协成立 50 周年之际，以“寄语我们的家”为主题的 2013 年第三期学会秘书长沙龙活动在市科协举行。12月17日，以“激发组织活力，服务创新发展”为主题的 2013 年第四期学会秘书长沙龙活动举行。中关村科技企业家协会执行会长兼秘书长朱希铎、北京图像图形学会秘书长马惠敏分别做了“以创新为动力，以服务为己任”“发挥自身优势，承接政府购买服务”的主题报告。市科协科技社团能力提升高级研修班的4个课题组，就研修成果与参会代表进行了互动交流。

（市科协）

【北京自然博物馆为北京青少年科技创新大赛设奖】 3月21日，第三十三届北京青少年科技创新大赛开赛。本届创新大赛北京自然博物馆依旧设立了自然与生命探索奖。北京自然博物馆组织各学科专家对自然科学类项目进行了评审，9个表现优秀的项目获得北京自然博物馆专家的一致肯定，分获一、二、三等奖。其中，由牛栏山一中史宇彤、李鹏颖、秦乐提交的“南美斑潜蝇在北京郊区对常见蔬菜的选择性研究”荣获一等奖，获得北京自然博物馆设立的自然与生命探索一等奖证书及奖学金 6000 元。3月23日，北京自然博物馆书记兼副馆长李健文参加了创新大赛专项奖颁奖晚会，并向获奖集体和个人颁发了奖金和证书。

（北京自然博物馆　金　森）

【北京市野生动物救护中心成为全国科普教育基地】 3月26日，中国野生动物保护协会秘书长臧春林和市园林局副局长高士武，共同为北京市野生动物救护中心全国科普教育基地揭牌。继 2010 年 11 月，中国野生动物保护协会确定北京市野生动物救护中心为全国野生动物保护科普教育基地后，经中国野生动物保护协会的推荐，2012 年 10 月，中国科协确定北京市野生动物救护中心为 2012—2016 年度全国科普教育基地。北京市野生动物救护中心位于顺义区潮白河畔，占地面积 16 公顷，拥有鸟类、兽类、两栖类、爬行类野生动物笼舍 100 余间，总面积1万多平方米；同时拥有先进的野生动物救护、繁育和科研设备。

（北京市野生动物救治中心）

【星巴如期而至，打开非洲壮阔画卷】 4月6日，著名非洲野生动物保护专家星巴如约而至，为北京自然博物馆科学大讲堂的观众们带来“与狮同行——分享星巴在非洲的野保生活”讲座。星巴以大量鲜活的、纪实性的图片，向在场观众生动描述了自己在非洲从事野保工作的经历和见闻，并以第一手的资料向听众传播了拒绝野生动物消费、爱护野生动物、珍惜地球环境的主题。

（北京自然博物馆　郑　钰）

【BTV 百姓最喜爱的发明项目评选拉开帷幕】 4月，为鼓励百姓参与科技创新，市科委和北京电视台在 2013 年科技周期间联合推出 BTV 百姓最喜爱的发明项目评选活动，将从活动入围项目中选出 10 项颁发“BTV 百姓最喜爱的发明项目”证书，欢迎广大群众投票，投票者将有机会获得大赛纪念奖。入围项目于4月2日开始，陆续在 BTV 科教频道以“我的发明”为题，全时段、多频次播出，投票网站为北京发明协会网站。

（北京发明协会）

【中国科技馆举办“盐的故事”科普展】 5月9日，“盐的故事”大型科普展在中国科技馆拉开帷幕。展览利用文字、图片、视频、展品、模型等多种形式，从“盐从哪里来”“盐与生命”“盐与生活”“盐与社会”“盐业现代化”5个角度，向参观者展示了盐的文化、用途及制造过程。2013年是我国开展“防治碘缺乏病日”活动20周年。在“盐与生命”章节，展览重点介绍了20年来食盐加碘对消除碘缺乏病危害所起的巨大作用，并宣传了如何科学食用碘盐等健康知识。此次展览由中国盐业协会、中国盐业总公司、北京中盐盐文化传播中心、中国科技馆联合主办，将持续开放至7月31日。

（肖　健）

【第二十三个全国助残日纪念展开展】 5月11日，北京自然博物馆与中国盲人协会合作推出了“触摸自然——第二十三个全国助残日纪念展”。展览是继卢浮宫“触摸”特展在我国短期展出之后，首个由国内博物馆为盲人策划制作的展览，也是首个自然主题的以盲人为主要受众的展览。北京自然博物馆为展览精心挑选逾20件精美且珍贵的展品，包含恐龙、恐龙蛋等古生物化石，鳄鱼、斑马等大型动物标本，龟类、贝类中小型动物标本以及部分植物化石及标本，较为全面地涵盖了自然史各发展阶段的代表物种，为盲人受众提供依靠触摸从而认知自然世界的可能。博物馆除了展览说明牌配以盲文外，还安排了10名专业讲解员和志愿者讲解员，从盲人观众踏进博物馆大门开始就有专人为其提供细致的引导、全面的介绍和深入的讲解。展览将从5月11日开放至19日（全国助残日）且仅向盲人开放。

（北京自然博物馆）

【中国科技馆旧馆交接会议在市科协举行】 5月14日，中国科技馆旧馆交接联合工作组第一次会议在市科协举行。会议研讨了中国科技馆旧馆交接联合工作组组成及工作规则，并就《中国科技馆旧馆交接工作方案》中涉及的资料交接、资产处置、旧馆家属区停车方案、用电及供暖方案、1万平方米土地划拨等事项进行了深入的讨论。为保证中国科技馆旧馆交接和北京科学中心装修工程顺利进行，中国科技馆和北京市科协成立了联合工作组，落实中国科协与市政府签订的《关于中国科技馆旧馆产权交接有关事宜的协议》，并制订了《工作方案》。

（市科协）

【北京园博会科普主题展览开展】 5月17日，以“科普助力园博会”为主题的北京园博会科普主题展览在西单科普画廊开展。此次展览充分发挥丰台区独有的科普资源优势，丰台区科协与西城区科协以及园博会市场开发部、绿植供应商、科普图书供应商、展览公司等多方科普资源，统筹整合、强化合作、精心策划，从科普角度向公众介绍北京园博会。此次展览实现了市、区两级资源共享。

（市科协）

【首批市级科技旅游示范景点和示范园区命名】 5月19日，市科委和市旅游委联合命名了首批北京市科技旅游示范景点和示范园区。北京奥林匹克公园（含中国科学技术馆、鸟巢、水立方、北京奥运规划馆、奥林匹克森林公园等景点）、北京张裕爱斐堡国际酒庄、七彩蝶园、怀柔影视基地、北京通信电信博物馆、北京曼可顿食品科技有限公司等6家单位入选首批北京科技旅游示范园区及示范景点。

（市科委科宣处）

【第十九届北京科普电影周举行】 5月19日，在全国科技活动周暨北京科技周主场“科技博览”现场，举行了以“科技创新 美好生活”为主题的第十九届北京科普电影周启动仪式。电影周由市科委、市广播电影电视局、市科协主办，北京新影联影业有限责任公司承办，中国科学技术馆、北京天文馆协办。启动仪式上，主办方向学生代表赠送了包含17部科普影视片的《科普影视集萃》，聘请了两位活动形象大使，向市民正式推出国内首款“科普电影 科技旅游一卡通”文化产品。本届科普电影周参映影片包括在新影联院线旗下的首都、时代、百老汇、长虹等20多家影院连续放映的《科技北京》宣传片及5月院线公映的《钢铁侠3D》《遗落战境》、《星际迷航：暗黑无界3D》等科幻类故事影片；在中国科学技术馆巨幕影院放映的《土星之战3D》《大峡谷3D》，球幕影院放映的《极限飞跃》《尼罗河之谜》《空间时代的曙光》《银河铁道之夜》，4D影院的《小鱼迪普》《小王子梦幻之旅》及动感影院放映的《疯狂冰车》《海底大冒险》；在北京天文馆A馆天象厅放映的《天上的宫殿》《宇宙探秘》《奇妙的星空》《星空音乐会》《大鸟探险记》《银河铁道之夜》、B 馆 4D 科普剧场放映的《海龟之旅》《穿越寒武纪》《小强的故事》、B 馆 3D 动感世界的《2312 空间历险》等。

（市科委科宣处）

【科普基地对接百家社区活动启动】 5 月 19 日，由市科委主办的 2013 北京市科普基地授牌暨百家科普基地对接百家社区活动在全国农业展览馆新馆启动。市科委与市科协先后开展了五批科普基地命名工作，北京市科普基地达到 243 家，其中 169 家免费开放，场馆建筑面积、展厅面积分别达到 80 万平方米和 31 万平方米，每万人拥有科普场馆展示面积 177.8 平方米。自 2010 年启动百家科普基地对接百家科普社区（学校）活动以来，共有 125 家科普基地对接社区 247 个，开展活动 1300 余次，参与者达 6.6 万人次。

（市科委科宣处）

【第七届北京发明创新大赛颁奖】 5 月 20 日，由北京发明协会主办的"中国移动杯"暨第七届北京发明创新大赛在全国农业展览馆新馆颁奖。中国发明协会理事长朱丽兰、副理事长兼秘书长鹿大汉、市科委主任闫傲霜等领导出席颁奖仪式。本届大赛以"弘扬北京精神 科技改变生活"为主题，收到来自全国 28 个省（市、地区）176 个市的 1072 项发明项目，其中北京地区项目 331 项，占 31%；个人参赛项目 969 项，占 90%；单位参赛项目 102 项，占 10%。经过初赛、复赛、决赛三个环节，最终评选出发明创新奖 200 项，其中特等奖 1 项，金奖 29 项，银奖 70 项，铜奖 100 项；还评选出鼓励奖 328 项。同时 9 家单位设立了 10 类专项奖，共奖励 50 个项目。

（北京发明协会）

【2013 年北京数字博物馆研讨会召开】 5 月 30—31 日，2013 年北京数字博物馆研讨会在首都博物馆举行。来自北京、上海、浙江、西藏、甘肃等省、市、自治区的 240 多位与数字博物馆（科技馆）建设相关的专家学者参加了研讨会。大会共收到投稿论文 70 多篇，中国传媒大学出版社正式出版论文集《数字博物馆发展新趋势》。同时举办北京数字博物馆推动文化创造活力展，并进校园巡展。

（市科协）

【2013 年北京百万家庭数字生活技能大赛举行】 5—8 月，2013 年北京百万家庭数字生活技能大赛举行。期间，开展了网上知识竞赛、数码摄影竞赛、区县家庭赛选拔赛、家庭赛决赛、提高全民信息能力培训、展览与咨询、海报进社区等活动，内容涵盖智慧北京、物联网、三网融合、智能家居、移动数字终端、数字电视等知识，受到市民的喜爱。家庭赛决赛于 8 月在中国传媒大学举行，着重考察选手对智慧北京、三网融合、物联网、智能家居、宽带应用、智能手机、数字电视等知识的掌握水平，通过 5 个环节的比赛，朝阳区获得一等奖。据统计，本次大赛参与人数达 70 万人，其中，网上知识竞赛参与人数达 33 万人。宣传海报在全市 1000 多个社区进行了张贴，在全市的社区、学校、军营举办 100 多场培训、讲座、咨询、展览等活动，活动期间有 50 多家媒体对大赛进行报道。

（市科协）

【硬币上的世界铁路展在北京开幕】 6 月 18 日，由中国钱币博物馆主办的硬币上的世界铁路展在北京开幕。展览展出了 43 个国家和地区所发行的铁路主题币实物 120 枚，另附展各国铁路纪念章精品，希望广大观众观后不仅对各国铁路知识有一个生动的了解，还能提高对铁路币中蕴藏的艺术性的欣赏水平。本次展览展品全部由中国铁道科学院研究员、博士生导师钱立新提供，展览面积 400 平方米。展览持续至 8 月 18 日。

（中国钱币博物馆）

【第六届北京市优秀科普作品奖评选结果揭晓】 7 月 17 日，由市委宣传部、市科协、市新闻出版局、市科委、市广播电影电视局共同举行的第六届北京市优秀科普作品奖评选活动，经过征集、初评、终评、公示，最终评出 8 种科普图书、6 篇报刊科普文章、4 部广播电视科普节目和 10 篇科技新闻获得最佳奖，13 种科普图书、12 篇报刊科普文章、6 部广播电视科普节目和

20篇科技新闻获得优秀奖。

（市科协）

【第五届首都创新论坛举行】 7月18日，第五届首都创新论坛在北京经济技术开发区博大大厦举行。市科协副主席周立军、北京经济技术开发区管委会杜新安巡视员出席活动，来自清华大学国家级实验室的8位专家同150余家园区企业代表参加了本次活动。本届首都创新论坛以“促节能减排，还碧水蓝天”为主题，通过专家对话、科研成果发布和成果展示等环节，促进首都政产学研互动，为加快科技成果转化搭建平台。中国社科院齐建国研究员、北京大学环境学院谢绍东教授、清华大学化学工程系胡山鹰教授、紫光博瑞有限公司总经理刘军就企业如何实施科技创新、如何兼顾环境保护与经济效益、政府如何治理污染等议题进行了充分探讨，并同企业代表积极互动。

（市科协）

【第十一届北京地区博物馆科普培训班举行】 7月23—27日，由市科委、市文物局共同主办，北京文博交流馆承办的第十一届北京地区博物馆科普（文博科技）培训班召开。来自文博行业、科普基地的72家单位共计120余人参加培训。本期培训的主题为“博物馆展陈与多媒体技术”。采取了在北京集中授课、互动讨论与赴承德考察博物馆等多种形式。邀请李象益、晏斌、程旭、高小龙等专家讲授博物馆科普工作创新理念和方法、多媒体和博物馆的冲突与融合、博物馆展示与新技术、微媒体在博物馆科普宣传中的应用等课程。

（市科委科宣处）

【如何创新学会科普工作研讨会召开】 8月16日，科技社团能力提升高级研修班第三组如何创新学会科普工作研讨会在北京科技活动中心会议室召开。研讨会围绕科技社团在科协系统科普活动中的地位、科技社团科普项目申报途径和办法、规范科普管理、科普人员准入机制的建立、学会参与政府科普项目的渠道、科技项目的科普化、北京市科技奖项中是否涉及科普项目、科普知识进教材、教材中科普知识的更新、科技社团如何在科普中体现地位、如何利用网络开展科普宣传等问题进行了深入的研讨。大家畅所欲言，各抒己见，既增进了相互之间的了解，也在很多问题上达成了一致。

（市科协）

【“弘扬科学道德 实现中国梦”报告会举行】 8月22日，由中国科协与北京市政府共同举行的“弘扬科学道德、践行‘三个倡导’、奋力实现中国梦”报告会在北京会议中心举行。报告会由副市长戴均良主持，中国科协副主席程东红致辞。钱学森亲属钱永刚回顾了钱学森人生追梦历程中的5次选择，以及他献身中国航天事业的科学报国精神；中国载人航天工程总设计师周建平介绍了中国航天人21年的逐梦之路；中华预防医学会会长王陇德院士，介绍了近10年来在疾病防控和国民健康促进工作中的一些思路、工作策略和措施。报告从不同角度讲述了科技工作者弘扬科学道德，自觉践行社会主义核心价值体系，为国家科技事业做出的巨大贡献，为实现中华民族伟大复兴的“中国梦”贡献智慧和力量、不懈奋斗的辉煌事迹。市科协全体党员干部、中国科协及全国性学会的负责人，市直机关党政干部、首都科技工作者1300人聆听了报告。

（市科协）

【中关村论坛年会科技改变生活分论坛举行】 9月12日，由北京市科协承办的第七届中关村论坛年会第一分论坛科技改变生活举行。论坛围绕“新能源、新应用”、“新人才、新方法”、“新思路、新生活”三个主题依次展开。论坛邀请了7位国内外知名专家学者：被誉为“太阳能之父”的澳大利亚科学家马丁·格林；瑞典可再生能源理事会主席、瑞典能源署前署长托马斯·克伯格；丹麦绿色国度联盟执行董事芬恩·莫滕森；国际创新方法协会执行总监马克·巴坎；中国创新方法研究会常务理事张武城教授；澳大利亚科技工业协会执行总监邓肯·琼斯；意大利IDIS基金会—科学城首席执行官温森佐·里帕尔蒂做演讲。此外，来自瑞典的科学家、欧盟10亿欧元未来新兴旗舰技术项目“超薄石墨烯”负责人、瑞典查默斯大学加里·凯纳雷特教授也亲临第一分论坛现场参与活动。几位专家就世界最先进的可再生能源技术及其应用，以及中国企业如何利用可再生能源促进社会经济的可持续发展展开了讨论，为首都企业的科技创新、人才培养等提供最宝贵的经验支持。来自企业、高校、科研院所、中关村园区的 140 余人参加活动。

（市科协）

【第十六届北京科技交流学术月举行】 9 月 15 日至 10 月 31 日，以“科技惠民生，助力中国梦”为主题的第十六届北京科技交流学术月举行。期间，市科协及所属团体将组织首都地区科技工作者，举行各类活动 115 项。除 7 项综合活动外，还有科技民生领域的 108 项专题活动，围绕生态环境、防灾减灾、社会发展、产业进步、食品安全和全民健康等不同领域展开。本届学术月，秉承学术月活动宗旨，积极整合科协系统资源，充分发挥科协组织人才优势，以科技发展促进社会全面进步为着力点，以提高学术交流活动质量和实效为主导，激发和调动广大科技工作者的积极性，围绕科技创新前沿、民生科技重点以及首都科学发展的关键问题和热点问题举行各类学术交流活动。

（市科协）

【“天文中秋”精彩纷呈】 9 月 19 日，中秋佳节当晚，北京天文馆 A 馆大门前架起 4 台天文望远镜，供前来参加活动的公众赏月。望远镜观月是“天文中秋”活动的重中之重，从一开始就赢得了众多观众的关注，吸引了 1000 余名观众参加。活动期间 A 馆展厅也对外开放，很多观众都反映在夜间来天文馆参观有着不同以往的奇妙感觉。同时，A 馆天象厅举行的三场星空讲解场场爆满。北京天文馆馆长朱进亲自上阵，利用最先进的蔡司光学天象仪投射出的模拟星空，为观众介绍当晚可以观测到的亮星和星座。

（北京天文馆）

【首都高校科学道德和学风建设宣讲教育报告会举行】 9 月 24 日，2013 年首都高校科学道德和学风建设宣讲教育报告会在人民大会堂举行。报告会由中国科协、教育部、中科院、中国社科院、中国工程院、北京市政府共同主办，北京市科协、市委教育工委、市教委承办。全国政协副主席、中国科协主席韩启德院士出席并讲话。郑哲敏、张海鹏、杜祥琬 3 位科学家做宣讲报告。国家最高科技奖获得者、中科院院士、中国工程院院士、中科院力学所原所长郑哲敏结合自己的人生经历，从钱学森教授的教诲谈起，提出了培养兴趣、严守诚信、重视学术交流等建议，他希望广大研究生不怕困难，努力学知识、学本领、学做人。中国社科院学部委员、中国史学会会长、中国社科院近代史所原所长张海鹏结合老一辈学者的治学精神，强调做学问要脚踏实地、甘于寂寞，从打基础下功夫，形成良好风气，容不得半点造假行为。国家能源专家咨询委员会副主任、国家气候变化专家委员会主任、中国工程院原副院长杜祥琬院士分析了“恪守底线、追求卓越”的重要性，讲述了邓稼先、郭永怀、王淦昌等“两弹一星”元勋献身科研的感人事迹和他们求真务实、淡泊名利的高尚品质。杜祥琬希望广大研究生深入思考科学研究之路，做出正确的人生选择。首都高校和科研院所 6000 余名研究生、新生到场聆听。

（市科协）

【脊椎动物身体结构探秘展在自然博物馆开幕】 9 月 24 日，北京自然博物馆推出的脊椎动物身体结构探秘展。展览是以大量塑化的动物标本，包括骨骼、韧带、肌肉、皮肤等完整的动物个体呈现给观众，并从科学角度，以图文并茂的形式，真实再现了部分动物体内脏器和骨骼肌肉的构造，从而揭示出动物生存本能的真谛。

（北京自然博物馆）

【中国少年儿童视听安全系列公益科普活动启动】 10 月 10 日，由中国宋庆龄基金会主办，中国宋庆龄基金会事业发展中心、中国宋庆龄早期教育促进会承办，北京生产力促进中心协办的中国少年儿童视听安全系列公益科普活动启动大会在北京国际会议中心召开。该活动是一项以关注中国少年儿童精神健康为核心的公益项目。活动内容包括设立救助基金，救助因模仿影视内容而致伤、致残、致死的儿童及其家庭；开展系列国际交流活动，研讨中国少年儿童视听安全问题与对策；设立中国少年儿童视听安全标准委员会，研究制定、推广实施中国少年儿童视听安全方面科学的分类标准与方法，促使各类视听内容与产品规范化，并促进中国少年儿童视听安全的相关政策法规的出台与实施等。

（北京生产力促进中心）

【“三老”社团联盟成立大会暨首届高峰论坛举行】 10月11日，“三老”社团联盟成立大会暨首届高峰论坛举行。会议宣布北京老科技工作者总会、北京老教育工作者总会、北京老医药卫生工作者协会联合成立“三老”社团联盟，并向广大老专业技术人员发出了《积极行动起来，奉献光和热，共筑中国梦》的倡议书。参加会议的老专业技术人员总结了老年团体发挥的情况作用，反映了老年团体在工作中遇到的问题并提出了建议。

（市科协）

【第九届老年科技日举行】 10月13日，由市科协主办、北京老科技工作者总会承办的第九届老年科技日启动仪式举行。清华大学法学院邓尚元教授对新修订的《中华人民共和国老年人权益保障法》进行了解读。北京航空航天大学老年航模队举行了航模表演；北京老医药卫生工作者协会、北京听力学会的专家进行了现场义诊。同时，举行了宝石鉴定，老科技工作者书画、摄影作品展，科普展板有奖问答等活动。北京老科技工作者总会所属分会还举办了30多场分会场活动。1000多名会员参加了活动。

（市科协）

【湿地科普宣教建设合作协议签字仪式举行】 10月17日，市园林绿化局与九三学社北京市委《北京市湿地科普宣教建设合作协议》签字仪式在汉石桥湿地举行，并将落地汉石桥湿地。根据合作协议，市园林绿化局成立北京湿地科普宣教建设协调组，在工作场所、政策与资金方面提供支持，九三学社北京市委成立北京湿地科普宣教建设专家组，在湿地科普宣教规划设计、活动策划、技术指导和相关培训等方面提供支持。汉石桥湿地提供场所，并给予配合，取得的成果将在全市推广应用。签字仪式后，中国林业科学研究院湿地研究所的专家及来自台湾地区的4名湿地专家对汉石桥湿地有关人员进行为期3天的培训。培训内容包括湿地科普学习场所的发展与构建、环境教育课程体验、湿地学习中心的经营要素与核心工作等。

（顺义区汉石桥湿地自然保护区管理办公室）

【首期自然讲解师培训班开班】 10月17日，由市园林绿化局主办，市林业碳汇工作办公室（国际合作办）、北京林学会、自然之友三家单位联合承办的首期自然讲解师培训班开班。来自市园林绿化系统的林场、森林公园、苗圃、城市公园、科普基地的30家单位的38名学员参加首期培训。培训分为理论、实践、考核三部分，采取修学分的形式完成。本次理论学习将于10月25日结束，在未来的一年时间内，各位学员必须结合本单位实际情况，完成5次以上的自我实践工作，达到标准者可获得自然讲解师资格证。自然讲解师培训班计划每年举办一期，不仅可以为本市园林绿化系统培养生态园林文化建设的专业队伍，同时也为森林文化建设的健康有序发展奠定良好的基础。

（市园林绿化局）

【《中国星空》新闻发布会召开】 10月20日，大型纪录电影《中国星空》新闻发布会在北京天文馆举行。纪录电影《中国星空》是我国第一部以星空为题材的大型自然、地理、人文纪录片，是国内首次大规模专业拍摄星空。时间维度上，《中国星空》记录了一年四季的星空轨迹；在空间维度上，该片结合我国不同地区特色地景，容纳山川地理、名胜古迹、当代建筑等，涵盖以北京为中心、北起黑龙江漠河、南至海南三沙、西至新疆西藏、东至大海的广阔地域，汇聚了中国各地的壮美星空，具有重要的开拓和创新意义。

（北京天文馆）

【“嫦娥三号”中国月球车模型落户北京天文馆】 11月26日，国防科技工业局举行新闻发布会，正式宣布将“嫦娥三号”月球车命名为“玉兔号”，并宣布由嫦娥奔月航天科技（北京）有限责任公司向北京天文馆捐赠2台“嫦娥三号”中国月球车模型，北京天文馆馆长朱进接受了捐赠。这2台编号分别为10002和10006

的“嫦娥三号”月球车模型，由探月与航天工程中心唯一授权、唯一监制，严格按照与“嫦娥三号”中国月球车1∶8的比例精确制造而成，是全球首次公开发行的按比例制作的月球车，见证了中国探月工程的辉煌成就。北京天文馆将适时推出“嫦娥三号”探月相关展览。

（北京天文馆）

【中国汽车工业奠基人饶斌塑像揭幕】 12月4日，中共中央政治局原常委、国务院原副总理李岚清，中共中央政治局原委员、十一届全国人大原副委员长王兆国，以及工信部部长苗圩等领导，在北京汽车博物馆为中国汽车工业杰出的奠基人和开拓者饶斌的塑像揭幕。饶斌的塑像安放在北京汽车博物馆二层“像火一样的激情年代”展区，塑像展示了饶斌生前用献身式的顽强拼搏为我国的汽车工业发展做出突出贡献的感人形象，塑像基座上镌刻着饶斌生平及事迹简介。

（北京汽车博物馆）

【中国摄影与科技大型影像展开幕】 12月20日，中国第一个专门的摄影展览馆——中国摄影展览馆进驻设计之都大厦并正式开馆，展览馆由北京设计之都发展有限公司和中国摄影家协会合作共建。“同筑中国梦百年跨越史——中国摄影与科技”大型影像展作为开馆首展于同期开幕并对公众开放，展期1个月。展览共分为摄影术、中国照相机、摄影文献选和新华典藏与中国典藏4个部分。1840年以来的200余幅摄影作品（部分老照片为原作展）和百余台极具收藏价值的照相机通过展览在国内首次亮相，代表当今科技与摄影艺术结合的3D打印设备也在现场进行展示，观众可以体验立体照片的新奇感受和3D影像打印技术的神奇。

（市科委高新处　北京工业设计促进中心）

【首届北京市科普基地讲解员大赛决赛举行】 12月20日，由市科委主办，北京科普基地联盟承办的2013年北京市科普基地讲解员大赛在中科院文献情报中心举行决赛。决赛共有从预赛50多名选手中晋级的20名选手参加，并有来自其他科普基地的代表观摩。中国铁道博物馆孙旭捷获得一等奖，中国农业博物馆马莎莎、中国电影博物馆王曦、索尼探梦科技馆白彦宏格等获得二等奖，中关村示范区展示交易中心包牧等6名选手获得三等奖。同时，大赛还对荣获一、二、三等奖的选手授予“北京市科普基地十佳讲解员”称号；北京市古代钱币展览馆的靳莎等10名选手荣获“北京市科普基地优秀讲解员”称号。

（市科委科宣处）

【“牵手蓝天”科技引领低碳生活大型公益系列活动启动】 12月31日，北京电视台新闻频道和市科委共同举行的环保行暨“牵手蓝天”科技引领低碳生活大型公益系列活动启动，50名由北京林业大学等高校组成的“牵手蓝天”环保志愿者，来到市科委新落成的科技展厅，深入了解即将改变我们未来生活的环保新科技。

（市科委科宣处）

【“大师讲堂”进高校活动举行】 年内，北京新材料发展中心联合朝阳区科委与朝阳区高校联盟合作，在北京工业大学举行了一场“大师讲堂”活动。活动特邀国家纳米中心任红轩教授为北京工业大学材料学院研究生们讲解纳米领域最新知识、解析纳米科技领域前沿动态。

（北京新材料发展中心）

【2013年北京科普创作出版专项资金资助项目完成】 年内，通过选题征集、初审、初评、答辩指导和终评各阶段工作任务，共征集选题138个，较2012年增长48.4%，同时，选题质量较往年也有一定提升，经过多轮筛选，最终13个选题受到资助，资助选题分别为《从鱼到人——中国脊椎动物生命之旅》《新概念地震学》《防治老年期痴呆百问百答》《“科学达人书系”小手玩出创造力丛书》《我们爱科学·科学故事会丛书之雨林系列》《从源头到龙头：水好人安康》《小学生最感兴趣的奇思妙问丛书》《家庭保健员中医健康教育手册》《奇妙的世界科学图书系列》《湖景——宇宙和现实世界》《看不见的森林》《漫虫记》《智慧兜逃生记》。

（市科协）

【北京科技周评比效果位居全国首位】 年内，科技部政策法规司发布了《关于印发2013年全国科技活动周总结交流会会议纪要的通知》，

2013年全国科技活动周总结交流会通过无记名投票方式，对各地科技活动周的组织工作进行了综合评价，北京、上海、重庆、湖南、山东、四川、陕西、广州、黑龙江、贵州、西藏等11个省（市、自治区）因良好的组织和富有特色的科普活动而得到与会代表的一致好评，北京位居全国首位。

（市科委科宣处）

【提高全民信息能力培训活动举行】 年内，由市科协主办，市科协信息中心承办的北京市提高全民信息能力培训活动陆续举行。培训以“信息惠民、健康生活”为主题，紧紧结合智慧北京及智慧城市建设，组织有关专家为社区居民、农民科技人员、青少年、驻区部队和残疾人开展提高全民信息能力培训活动，向广大市民宣传普及信息科普知识。根据各区县科协的个性化培训需求，先后举办了“利用信息技术促进旅游发展”“信息技术与科技创新”“科技摄影与百姓生活”“网络科普与生活”“节能环保与健康生活”“中老年人常见病防治”和“青少年多媒体作品设计”等内容的知识讲座，共举办信息培训80余场，受益人数达15000余人次。培训期间以信息科普五进基层的形式先后组织北京科技周信息科普大型展示活动，信息科普进山区、进农村、进社区、进学校、进公园等活动。培训期间举办信息科普讲座、信息科普展览、信息科普知识竞赛和信息科普大篷车活动，开展信息技能、数码产品、环保健康、汽车安全、农村信息化、阳台蔬菜种植、青少年多媒体作品制作和康复医疗专家咨询。发放信息科普图书、信息科普环保宣传袋等各类信息技能宣传材料18000余（册）份，受益人数达35000余人次。

（市科协）

【2013年全国优秀科普作品揭晓】 年内，由科技部主办的2013年全国优秀科普作品揭晓。由北京市科委科普专项经费资助的《小布丁科普知识漫画》（丛书）、《北京科普旅游丛书》《美丽成长系列科普绘本》《全民健康十万个为什么》（科普系列丛书）、《从农田到餐桌：食品安全的真相与误区》5部作品，推荐的《妙趣科学》、《小意外，大发明——50个误打误撞的妙发现》2部作品入选，数量上居各省、直辖市与部委推荐获奖作品之首。此次公布的优秀科普作品共计50部。

（市科委科宣处）

青少年科普工作

【“翱翔计划”2011级学员结业典礼等活动举行】 1月22日，“翱翔计划”2011级（第四批）学员结业典礼、第六批学员开课仪式暨北京市第五届高中课程改革学生论坛、基地对接工作会、科学家报告会举行。会议由北京市教委主办，北京教科院、北京青少年科技创新学院承办，东城区教委与东直门中学协办。来自社会各界的700余人参加了大会。北京教科院副院长方中雄以“创新发展 实践推动”为题全面总结了2012年创新人才培养工作，并提出了2013年进一步深化工作的重点。翱翔培养基地北京十二中和清华大学核能与新能源技术研究院精细陶瓷北京市重点实验室所培养的学员、潞河中学学生董泊宁代表学员发言，与大家分享自己与同伴完成科研探究的故事与感悟。副院长臧铁军受北京青少年科技创新学院名誉院长陈佳洱院士、院长罗洁的委托，宣布168名2011级（第四批）学员结业。与会领导、专家为2011级（第四批）学员代表颁发了结业证书。北京教育学院副院长杨志成宣读了对在第四批学员培养过程中付出辛勤努力的高校和科研院所实验室优秀指导教师、基地学校和生源学校优秀指导教师及优秀志愿者的表彰决定。第四批学员代表将《我们在科学家身边成长“翱翔计划”2011级（第四批）学员探究作品集》赠予第六批学员代表，以他们的学习、探究经历与收获启迪第六批学员。随着“翱翔计划”第六批学员开课仪式的启动，全市16个区县及燕山区的101所高中校的225名被录取的“翱翔计划”第六批培养学员及其所在学校领导、教师，分别参加了由29所培养基地牵头的分组对接工作会，与相关高校和科研院所实验室、培养基地实现对接，为正式进入“翱翔计划”4个培养领域进行学习与探究奠定基础。

（北京教育科学研究院）

【青年汇“新青年城市体验营”走进消防总队培训基地】 1月27日，团市委联合北京市公安局消防局开展“社区青年汇新青年城市体验营走进北京市公安消防总队培训基地”活动。团市委书记常宇、市公安局消防局政委吴志强等出席活动。来自全市50家示范社区青年汇的近1000名青年市民和团市委机关全体干部参加了活动。活动中，青年们首先观看了北京市消防宣传片和重大灾害事故应急救援综合演练纪实片，聆听了“全国十大杰出消防卫士”——北京市公安消防总队丰台支队西客站特勤中队中队长王伟所做的事迹报告。

（团市委）

【丰台区首届青少年科普游园会举行】 1月27日，丰台区劳技中心举行了“科学头脑我拥有、动手实践我能行”为主题的科普游园会。近千名青少年学生参加体验了索尼探梦科学实验、机器人搭建、电子百拼、智能机床、四驱车组装、城市生态环境问答等科技类活动，电子打靶、科技谜语、DIY科普体验玩具、魔方竞技等游戏活动吸引大批青少年参与。活动得到了市科协、北京气象科普馆、北京教学植物园、丰台区科协、区科技馆、方庄街道办事处、索尼探梦的大力支持。

（丰台区劳动技术教育中心）

【“蝌蚪之夜”跨界科学沙龙举行】 2月1日，一场别开生面的跨界科学沙龙——“蝌蚪之夜”之“科学青年的餐桌”举行。中国食品发酵工业研究院副主任郭新光、中国营养学会秘书长贾健斌、中粮集团国家级品酒师于朔、《中国葡萄酒杂志》品牌开发部经理赵娜以及150多位科技期刊的媒体人、来自各界的“科学吃货”网友共同开启了一场妙趣横生的食物之旅。活动由蝌蚪五线谱网站主办、北京科学技术期刊学会承办。

（北京科学技术期刊学会）

【第十三届未来伙伴北京青少年机器人竞赛举行】 2月1—3日，由市科协和通州区政府主办，北京青少年科技活动中心、通州区科协承办的第十三届未来伙伴北京青少年机器人竞赛于通州三中举行。本届竞赛以“诚信伴我成长，科技创造未来”为主题。东城区、西城区、朝阳区分获前三名。本届竞赛6个比赛项目，共产生56个一等奖、60个二等奖，18个冠军队来自8个区县，远郊区县的队伍数明显增多，成绩提高显著。其中5个项目获得各组第一名的15支代表队，将代表北京市参加今年7月在长春举行的第十三届中国青少年机器人竞赛。首次举行的ASC能力挑战赛是参赛队伍最多的项目。闭幕式上还颁发了西觅亚科学奖、保罗科技优秀教师奖等专项奖。此次比赛吸引了来自全市16个区县180支代表队470多名选手参加。本届竞赛首次推出难度适宜的ASC机器人能力挑战赛，着力推动机器人活动在全市，尤其是郊区的开展与普及，从而吸引更多的学校及学生参与，全面促进首都青少年科学素质的提高。

（市科协）

【“世界湿地日”主题宣传活动开展】 2月2日，是第17个“世界湿地日”，市园林绿化局和中国林科院共同主办“保护湿地资源，建设美丽北京”世界湿地日学术报告会及湿地知识竞赛活动。市人大农村办、市环保局、市水务局、市农业局有关部门负责人，各区县园林绿化局负责人以及人大附中学生代表等近百人参加活动。活动邀请中国林科院湿地所两位专家就湿地与水、湿地与城市热岛效应做专题报告。市园林绿化局和中国林科院湿地所组成的4支队伍开展了“湿地知识竞赛”活动。

（市园林绿化局）

【美国太空与火箭中心访问东高地青少年科技馆】 3月15日，在东高地青少年科技馆新馆（钱学森青少年航天科学院）二层报告厅，东高地教育集群的140名师生迎来了美国太空与火箭中心的运营副总裁迈克尔·弗拉克巴特

(Micheal. Flachbart)和太空营项目训练教官凯瑟琳·洛特曼(Catherine B. Rotman)。在中国区首席代表安娜的陪同翻译下,与同学们展开了生动有趣的互动交流。

(东高地青少年科技馆 陈 曦)

【第三十三届北京青少年科技创新大赛举行】 3月22—24日,由市科协、市教委、市科委、市知识产权局和顺义区政府主办,北京汽车股份有限公司协办的第三十三届北京青少年科技创新大赛在顺义区牛栏山一中举行。本届大赛以"发现科学的乐趣"为主题,初赛活动的学生达30余万人,经学校推荐、区县评审,共有1785项优秀学生竞赛作品参加市级初评。其中竞赛项目875项,少年儿童科学幻想画709幅,有201个中学创新项目进入终评答辩;10项青少年科技实践活动,30幅少年儿童科学幻想绘画参加终评展示。教师板块共收到科技辅导员创新成果133项。各区县均有项目进入市级决赛。本届大赛进一步与国际接轨,来自11个国家和中国香港特别行政区的14个代表团共31个国际项目,79名外宾全程参与大赛。国家和地区覆盖面扩大,增加了1个国家、1个代表队和11个人。大赛青少年创新项目邀请初评评委43位,终评评委42位,国际竞赛评委5位(法籍1位),分成六大评审组,本着"公平、公正、公开"的原则,按13个学科进行答辩,最终评选出小学生科技创新项目一等奖29项,二等奖55项,三等奖79项;中学生科技创新项目一等奖92项,二等奖193项,三等奖256项;国际组5个项目竞赛,评出一等奖15项,二等奖16项;少年儿童科学幻想绘画项目邀请9位评委,评选出一等奖100项(前30名报送全国大赛),二等奖167项,三等奖271项;青少年科技实践活动6位评委,评出一等奖10项,二等奖26项,三等奖28项;科技辅导员创新成果竞赛项目9位评委,评出发明类18项作品,一等奖4项,二等奖8项,三等奖6项;方案类77项作品获奖,一等奖20项,二等奖23项,三等奖34项;制作类28项获奖,一等奖6项,二等奖14项,三等奖8项;并评选出十佳科技辅导员。

(市科协)

【2013年钱学森青少年航天奖揭晓】 3月23日,在顺义区牛栏山一中礼堂举行的第三十三届安捷伦北京青少年科技创新大赛颁奖典礼暨闭幕式上,揭晓了本年度钱学森青少年航天奖的获奖名单。来自北京二中分校初二年级茹一、施漪、闫齐谕同学的"会报警的食品安全储运箱"(学科分类:工程学)、北京师范大学附属实验中学高二年级陈杰昊同学的"可分离式连续体机械臂"(学科分类:工程学)、陈经纶中学初三年级刘师垚同学的"触角式可防月尘的太空舱辅助舱门研究"(学科分类:工程学),以及北京十二中高二年级刘亚同学的"掀开世纪微笑的面纱"(学科分类:物理学)在众多参赛项目中脱颖而出,获得本年度钱学森青少年航天奖。丰台区教委体美外科科长程良为获奖学生颁奖,奖学金各5000元。

(东高地青少年科技馆 陈 曦)

【大钟寺古钟博物馆走进风华爱心希望小学】 4月11日,大钟寺古钟博物馆志愿者服务团队联合北京市科技大学材料学院志愿者走进风华爱心希望小学,并举行巡展系列活动。该小学是位于海淀区肖家河附近的一所农民工子弟学校。学校由来自河北的一对夫妻创办,已走过14个年头。学校条件简陋、师资短缺,但为590多个孩子提供了上学的机会。期间,志愿者带领孩子进行小钟钟模铸造的互动活动,并向五年级和六年级的小学生讲授永乐大钟运钟、铸钟等相关的文化和科技知识。

(大钟寺古钟博物馆 顾兴立)

【京城首个学前儿童天文启蒙实践教育基地成立】 5月30日,京城首个学前儿童天文启蒙实践教育基地授牌仪式在中国儿童中心实验幼儿园举行。中国儿童中心实验幼儿园作为北京天文馆第一个学前儿童天文启蒙实践教育基地,在天文馆和幼儿园老师的共同努力下,项目初见成效,已经开发出包括"星星是我的好朋友"、"仰望星空,宇宙畅想"、"我和星空有个约会"、"月亮日记"、"星星小剧场"等多项主题活动,小朋友不仅能够在天文馆内观看《大鸟探险记》《宇宙少年侦探团》等专门为少年儿童制作的节目,还可以进行纸工模型制作、天空美术绘画,以及亲子互动等各项体验活动。

（北京天文馆）

【首届北京高校博物馆巡展拉开帷幕】 6月14日,由北京市高校博物馆专业委员会、北京市高校博物馆联盟主办,首都16所高校共同承办的“高校藏珍——北京高校博物馆巡礼”暨首都高校博物馆联盟网站启动仪式在中国传媒大学传媒博物馆举行。市文物局、市教委、北京博物馆学会以及来自首都16所高校博物馆的相关负责人出席启动仪式。仪式上,与会嘉宾按下水晶球共同启动北京高校博物馆巡展和高校博物馆联盟官方网站。自此,北京市高校博物馆联盟官方网站正式上线服务;北京高校博物馆巡展活动正式启动,第一站落脚中国传媒大学,此后将在首都16家高校巡回展出,展览于12月底结束。

（肖　健）

【北京天文馆设立太空授课地面分课堂】 6月20日,北京天文馆二层大厅人声鼎沸,来自北京市文兴街小学的数十名学生和天文馆周边社区居民围坐在大屏幕前,兴致勃勃地观看神舟十号航天员在中国首个目标飞行器天宫一号上进行“太空授课”。航天员们在距离地球300多公里外的太空搭建起“讲台”,用视频通话技术为“地球观众”讲授了一堂与众不同的物理课。

（北京天文馆）

【“节约粮食,从我做起”科学调查体验活动】 6月20日,2013年北京市青少年“节约粮食,从我做起”科学调查体验活动启动仪式在北京育才学校举行。来自16个区县教师代表、北京育才学校学生代表以及北京电视台等10余家新闻媒体的200余人参加活动。2013年北京市青少年科学调查体验活动包括学习与体验活动、科学调查活动、优秀活动与作品评选、“节约粮食、从我做起”宣传接力暨万人签名活动等内容。同时,在全国科普日期间,在北京主场活动——北京科学嘉年华会场设置“节约粮食,从我做起”科学调查体验活动展区,面向社会公众开展爱粮节粮宣传教育活动,并进行学校科学调查体验活动成果的展示。

（市科协）

【“建课程 促创新——雏鹰推进现场会”举行】 7月1日,市教委、市科委在清华附小召开了“建课程 促创新——雏鹰推进现场会”。中科院院士陈佳洱、林群,清华大学副校长谢维和等有关专家和领导,以及部分市人大代表、政协委员等在内的500余人参加了会议。现场会上,清华附小、黑芝麻小学等学校的教师及中科院、国家气象局专家现场呈现的月相的变化、机器人、科普气象站等课程,体现了科技资源教学化开发的成果及其对教师、学生发展的促进作用。东城、海淀等区县联合东交民巷小学、东直门中学等学校,现场发出开展“发热与健康”“科学用眼”等主题建言的倡议。与会专家和领导共同为在科技资源教学化开发、“雏鹰建言行动”中表现突出的区县、学校及师生代表颁发了证书。

（市科委科宣处）

【北京青少年称冠第十三届中国机器人竞赛】 7月16—20日,第十三届中国青少年机器人竞赛在长春市举行。全国33个地区的526支参赛队、1517名学生、526名随队教练员参加比赛。北京派出110名选手的庞大阵容,参加了机器人创意、足球、综合技能、FLL工程挑战赛和VEX工程挑战赛全部5项比赛。在总领队、总教练的严格要求、周密组织下,参赛队员精心准备,专注竞赛,最终取得14枚金牌、15枚银牌、7枚铜牌的好成绩,同时获得5个专项奖,金牌及专项奖总数全国第一。朝阳区表现出色荣获4枚金牌,西城区、昌平区各获3枚金牌,海淀区获2枚金牌,东城区、丰台区各获1枚金牌。通州区科协被评为优秀组织单位。

（市科协）

【北京天文馆带队参加国际天文奥赛夺取佳绩】 7月27日至8月5日,由北京天文馆副馆长左代辉、业务办李昕带队,组织来自全国4个省、市区的5名高中生,赴希腊参加第七届国际天文与天体物理奥林匹克竞赛(IOAA)。本届赛事规模空前,来自五大洲、36个国家的200余名选手参加比赛,创下了国际天文奥赛参赛国数、参赛选手数、参赛队伍数等多项纪录。比赛分为理论竞赛、观测竞赛、数据分析竞赛和团体赛等多个环节,5名中国队员不畏强手,在各轮比赛中均有出色表现,最终夺得1金(大庆实验中学孙凤梧)、1银(中国人民大学附属中学孟舜英)、3铜(北京四中张尚嘉、福州市第一中学黎旭翔、华南师范大学附属中学张天鹏)的优异成绩。

(北京天文馆)

【2013北京青少年高校科学营活动举行】 7月31日,随着最后一批北京化工大学分营的江西营员坐上了返程的列车,由中国科协、教育部主办,中科院协办的2013年青少年高校科学营北京营活动圆满落幕。7天的时间里,来自全国31个省市及新疆生产建设兵团的2200名学生、220名教师,来自港澳台地区的513名学生、50名教师,共计2983人参加了10个分营和3个专题营活动。营员们聆听了饶毅、薛其坤、王乃彦等24名院士、专家的励志报告,参观了新金属材料国家重点实验室、轨道交通控制与安全国家重点实验室、中科院计算技术研究所龙芯实验室等约20个国家、省部级重点实验室和教学场所,参加了近20个主题科技实践活动,与在校大学生开展了10余场次的科技交流。在航天营、兵器营和天文营3个专题营也举行了走进航天城、参观轻武器博物馆、参观兴隆天文观测基地等特色鲜明的活动。

(北京青少年高校科学营管理办公室)

【第三十一届北京学生科技节开幕式举行】 8月4日,北京学生科技文化节暨第三十一届北京学生科技节开幕式在武警警种学院隆重举行。波音(中国)公司总裁马爱仑代表波音公司再次为学生科技节的重点活动项目“北京市学生机器人智能大赛”捐助20万美元,以企业资助的方式支持北京学生科普教育活动的开展。来自北京明圆学校大兴分校的范玲玲同学代表外来务工人员子弟发言,她希望在之后的活动中与同学们相互交流、互相学习,体验科学奥秘,享受成长快乐。最后,参加活动的领导宣布“北京学生科技文化节暨第三十一届北京学生科技节开幕”,并与与会领导共同启动火箭发射按钮,标志着科技文化节正式拉开帷幕。

(北京学生活动管理中心)

【首届戴尔希望工程全国青少年21世纪技能大赛举行】 8月9日,来自北京、上海、天津、大连、杭州、厦门、武汉、三亚、南京、郑州、成都、广州、保定等城市的农民工子弟及香港特别行政区欠发达社区的200名师生齐聚北京,参加了由中国青少年发展基金会与戴尔公司共同举行的2012戴尔筑梦成真夏令营暨2012首届戴尔希望工程全国青少年21世纪技能大赛。这是国内第一个针对农民工子弟的21世纪技能培训项目,也是中国青少年发展基金会和戴尔公司首次举行Scratch编程大赛和安全技能竞赛,为来自国内农村及欠发达社区的孩子提供了一个与世界先进教育接轨的免费平台,帮助他们获取在未来职业竞争中所需的21世纪技能。来自四川省德阳市东汽八一中学及来自南京百年农民工子弟职业学校的参赛选手齐心协力、表现优异,分别取得了本次大赛的冠、亚军,并将代表希望工程于11月拜访位于香港的创意科艺工程计划中心,与香港优秀学生代表进行互动与交流。

(肖　健)

【北京天文馆带队参加国际天文奥赛夺取佳绩】 8月13日,由北京天文馆、天文爱好者杂志社主办的第九届星空大会在北京古观象台落幕。本次活动为期3天,吸引了50多名来自全国各地的铁杆天文爱好者参加。期间,科普讲座、天文游戏、天文观测等各项丰富多彩的活动赢得了参与者的好评。由北京大学吴鑫基教授主讲的开幕式报告“中国人的太空梦”,让大家了解到了中国航天的发展史、未来的中国空间站的构想。星空大会已经成为北京天文馆一项科普品牌活动,在全国天文爱好者中间有着广泛的影响力。从2005年至今,星空大会已连续举行9届,活动足迹遍布张北草原、南京、敦煌、内蒙古、云南等地,观测内容涵盖了日环食、日全食、流星雨等重要天象。

(北京天文馆)

【“再现二十四水闸”模型比赛举行】 9月26日,由西城区文委、西城区教委共同举办,北京郭守敬纪念馆承办的“再现二十四水闸”模型比赛活动进入评选阶段。郭守敬纪念馆邀请水利专家和相关工作人员，对6所中、小学校参加比赛的水闸模型作品进行评选。评委们依照“积极参与，发挥想象，科技创新，科学环保”等方面进行评定。最终结果为——中学组一等奖：北京市裕中中学；二等奖：六十二中、十三中。小学组一等奖：阜外一小；二等奖：西单小学、育才学校。

（北京郭守敬纪念馆）

【“高校藏珍——北京高校博物馆巡礼”活动举行】 9月29日，为期13天的“高校藏珍——北京高校博物馆巡礼”在中医药博物馆四层展厅落幕。此次巡展是由北京市高校博物馆联盟、北京市高校博物馆专业委员会主办，中国传媒大学传媒博物馆承办的北京高校博物馆推介展。此次巡展以展板形式呈现，每块展板重点推介一所高校博物馆。这些博物馆涵盖历史、人文、艺术、科技、生物、中医药等各个领域，内容丰富，特色突出。

（中医药博物馆）

【首个小学水生动植物保护科普图书室成立】 10月22日，在朝阳区弘善学校的操场上，由北京市水生野生动植物救护中心与全国水生野生动物保护分会共同开展的水生野生动物保护科普宣传活动举行。活动是为贯彻农业部《关于开展2013年水生野生动物保护科普宣传月活动的通知》精神，进一步提高全社会生态环境保护意识而开展的，重点内容是向学校捐助水生动植物保护相关的500余册科普读物，建立图书室。这是北京市小学学校成立的首个水生动植物保护专项科普图书室。

（北京市水生野生动植物救护中心）

【2013年北京青少年“动手做”科技竞赛举行】 10—12月，由北京青少年科技中心主办的2013年北京青少年“动手做”科技竞赛举行。本届竞赛全市共有15个区县及北京市学生活动管理中心共计16家组织单位进行申报，255所学校的18474名学生参加初级竞赛，收到多媒体作品415件。经过评审，获得一等奖119项、二等奖301项、三等奖341项。

（市科协）

【第二届首都大学生科技创新作品与专利成果展示推介会举行】 11月23—24日，由市科协联合市教委、市总工会、团市委、中关村管委会、市知识产权局和市工商联，共同举行了第二届首都大学生科技创新作品与专利成果展示推介会，推介会在北京工商大学良乡校区文体馆举行。开幕式上，中国工程院院士、市科协常委、北京工商大学副校长孙宝国推介大学生科技创新成果项目；市知识产权局副局长付晓辉接受解放军装甲兵工程学院、北京工商大学、北京邮电大学、首都师范大学4名学生的专利申请；北京燕京啤酒集团和南昊集团·南昊（北京）科技有限公司分别与北京工商大学、北京交通大学学生代表就两项科技创新成果签订合作意向书；国建正坤公司与北京航空航天大学、北京建筑大学学生代表就两项智慧城市领域专利及创新成果签订合作意向协议。市科协党组书记、常务副主席夏强为获得展示推介会创新金奖的9名获奖学生颁奖。推介会展览展示了来自41所高校的138项专利成果、142项科技创新作品、47份创业计划书、105份文化创意作品和103份论文，共535件科技创新成果，涵盖了电子、机械、生物、医药、环保、新材料及新能源等领域。期间，还安排了丰富多彩的论坛和对接洽谈活动。两天的活动共有来清华大学、装甲兵工程学院、北京中医药大学等42所高校的2000多名学生以及200多名企业代表参加。

（市科协）

【“全国青少年科学调查体验活动”结束】 11月，由教育部、中央文明办、共青团中央、国家粮食局和中国科协联合举行的“节约粮食，从我做起——2013年青少年科学调查体验活动”顺利结束。在活动中，北京科学调查活动努力整合社会各界资源，通过组织交流活动、实践体验及宣传接力暨万人签名活动，吸引了广大师生的积极参与，覆盖北京16个区县166所学校、20万人次参加。159所学校约13000名学生提交科学调查数据；收集食品盒创意、科幻画、手抄报、金点子和种子画等3万余份作品；北京自然博物馆、北京教学植物园等科普场馆积极参与活动。在全国开展的综合评审、教师类作品及学生类作品所获成绩均位列全国第一。在全国综合评审中,北京获得最佳组织单位;在教师类获奖作品评选中,北京市各区县老师提交的“节约粮食,我的责任”等13份科技实践活动报告获教师类作品一等奖;在学生类获奖作品评选中,“多彩食品礼品袋”等12个食品包装创意作品获全国一等奖;“新型环保粮食包装”等6个食品包装创意作品获得全国二等奖。

(市科协)

【参加“明天小小科学家”奖励活动】 12月16日,由教育部、中国科协和香港周凯旋基金会共同主办的第十三届“明天小小科学家”奖励活动在北京二中落下帷幕。第十三届活动从8月启动,共有308名高二学生提交了正式申报材料,最终100名同学进入终评。在为期6天的终评活动中,96位学生先后经过知识水平测试、项目答辩、综合素质考察等一系列环节考验。经来自中科院、国内重点大学的40多位院士、教授组成的评审委员会评审,最终确定了“明天小小科学家”称号3名、一等奖12名、二等奖35名和三等奖46名。北京共有38位同学参加终评,是历年参与人数最多的一届。北京师范大学附属实验中学的万若萌同学凭借“为什么海洋藻类中只有绿藻成功进化为陆生植物”赢得“明天小小科学家”称号。还有5位同学获一等奖,16位同学获二等奖,16位同学获三等奖,较去年获奖人数有所提高,北京队蝉联全国第一。

(市科协)

【第十九届北京市中小学生自然科学知识竞赛举行】 12月28日,由市科委、市教委、市科协主办,北京自然博物馆和北京青少年科技活动中心承办,中国地质博物馆等7家单位协办的第十九届北京市中小学生自然科学知识竞赛决赛在北京市科学技术研究院落下帷幕。全市共有约11.78万名中小学生参加了网上答题,1.5万余名学生走进各家科普场馆参观,听取专家讲座,最终来自全市12个区县的31支代表队参加了本次比赛。比赛分高中、初中、小学3个组进行,题目类型包括:必答题、抢答题、快速答题、竞猜题、动手题和科普剧表演。为鼓励同学们学习自然科学知识,北京天文馆为本次竞赛设置了天文星光奖,周口店北京人遗址博物馆设置了周口店奖学金。最后,高中组天文星光奖被西城区代表队摘走,初中组和小学组的这一奖项分别由东城区代表队和通州区代表队夺得,周口店遗址小卫士奖由昌平区代表队(初中组)获得。经过激烈的角逐,高中组、初中组和小学组冠军分别由西城区代表队、石景山区代表队和东城区代表队夺得。

(市科委科宣处)

【“体验科技北京,畅想世界城市”系列活动开展】 年内,2013年,由市科委、市教委主办,北京科技教育促进会承办的以“体验科技北京,传递科学梦想”为年度主题的北京市中小学生“体验科技北京,畅想世界城市”系列活动在全市16个区县全面开展。全年共举行了157场科学大讲堂活动、9场科技创意体验活动,金点子征集活动征集近1.1万个金点子,科普摄影作品征集活动征集3000多幅科普摄影作品,科技北京之旅活动组织了130多场活动,3万多名学生走进各类场馆开展科技活动。其中41场科学大讲堂、6场“我来做活动”在郊区县举行。

(北京科技教育促进会)

【《科学用光 健康照明》图书出版】 年内,由北京市科学技术普及专项经费资助项目资助、李光男编著的《科学用光 健康照明》由蓝天出版社出版。全书分两篇,共20章,内容是教会读者如何在生活与工作中正确使用光。

(肖 健)

【北京天文馆晋级国家4A级旅游景区】 年内,北京天文馆成功晋级国家4A级旅游景区。为方便更多公众参观,北京天文馆从7月13日到9月1日连续开馆51天,周一、周二不闭馆,同时将开放时间延长为早9:00至晚5:00。为保证开放质量,天文馆从各普通高校应届毕业生中引入实习生37名,及时进行岗前培训,随后投入紧张的岗位实践中。随着他们的到来,开放部全体员工数量已达86人,平均年龄22岁,这支年轻的队伍将为游客做好参观引导服务工作。

(北京天文馆)

【《彩图少儿科学百科》出版】 年内，由市科委科普专项经费资助，美国国家地理学会出品，彩图少儿科学百科翻译组翻译、金城出版社出版的《彩图少儿科学百科》正式对外发行。该书汇聚了简单、生动、有趣的科学现象，解析人类科学领域最前沿、最深邃的研究成果，将艰涩复杂的知识呈现为简单、直观的形象世界。百种学科、千条专业术语、万个知识点，科学归纳为六大知识板块，为青少年构建一个简明的知识体系。

（肖 健）

重点科普活动

【第十一届北京青少年科技创新市长奖评选揭晓】 3月24日，以“星光·未来”为主题的第三十三届北京汽车北京青少年科技创新大赛颁奖典礼暨闭幕式在顺义区牛栏山一中落幕。参加本届大赛初赛活动的学生达30余万人，经学校推荐、区县评审，共有1785项优秀学生竞赛作品参加市级初评、201个项目进入终评答辩、10项青少年科技实践活动及30幅少年儿童科学幻想绘画参加终评展示，各区县在初赛基础上均有项目进入市级决赛。来自美国、德国、丹麦、韩国等11个国家和香港特别行政区的14个代表团31个国际项目参赛。现场首先颁发了第十一届北京青少年科技创新市长奖，陈佳洱院士宣读评审结果，市委常委陈刚为10名荣获奖学生颁奖并致闭幕词。经过3天决赛，现场颁发优秀项目一等奖92项、二等奖109项，国际优秀项目一等奖15项、二等奖16项，现场还颁发了十佳科技教师奖及北汽专项奖。20位来自实验室和基地学校的代表领取了北京青少年科技后备人才早期培养计划科研实践基地和基地学校牌匾。交接会旗仪式中，房山区常务副区长李江从大赛组委会主任夏强手中接过第三十四届北京青少年科技创新大赛旗帜。

（市科委科宣处）

【2013北京科普之旅扬帆起航】 5月19日，在全国科技活动周暨北京科技周主场“科技博览”现场，举行了以“美丽北京 创新之旅”为主题的2013北京科普之旅启动仪式。科普之旅由市科委、市旅游委主办，北京科普基地联盟承办，东城区、西城区等16个区县科委、旅游委协办。时间为5月19日至9月30日。2013北京科普之旅整合了北京地区200余家科普基地和科技旅游景点资源，推出14条科技旅游一日游线路与九大旅游板块，举行“我眼中的科技北京作品征集大赛”及科技旅游培训等特色活动。

（市科委科宣处）

【全国科技活动周暨北京科技周主场活动举行】 5月19—25日，2013年全国科技活动周暨北京科技周主场活动在全国农业展览馆新馆举行。中共中央政治局委员、国务院副总理刘延东，中共中央政治局委员、北京市委书记郭金龙参加活动。全国政协副主席、科技部部长万钢，科技部党组书记、副部长王志刚等一同出席。中央国务院有关部门，北京市委、市政府相关负责人和首都科技教育工作者、科普专家、青少年学生、社区居民等参加科普博览活动。此次大型科普博览活动以“科技创新 美好生活”为主题，展示了提振民族信心、支撑经济发展、促进民生改善的重大科技成果，促进公众理解和支持科技创新。在百姓关注的食品安全、生态环保、应急避险、低碳节能、健康生活等热点领域，普及科学知识，增强科技意识。活动以“科普星光大道”为展示主线，贯穿科技让国家更富强、科技让城市更美丽、科技让生活更美好、科普影院、未来工程师博览与竞赛、环球科普行等8个板块，包括450项科普展项、26项活动、40余部科教电影、500多种科普图书或音像制品等，展览面积达到1.3万平方米。展览采用实物展品、仿真模型、视频图片、微博墙、科普邮局、体验活动等形式，强调趣味性和互动性。主场活动共吸引了12万人到现场参观，另有26万人通过电视观看了北京电视台科技周现场直播。新浪网“科技北京”官方微博发布信息100余条，科技周期间粉丝量增加2万人，总粉丝量突破60万人。除主场活动外，在全市范围内，组织开展了大型标志性科普活动13项、重点科普活动70项，基层活动近600项，各区县主场活动16项。

（市科委科宣处）

【北京科普之夏活动举行】 7月16日，第十五届北京科普之夏暨电动汽车进社区活动启动仪式在海淀区世纪金源时代购物中心南广场举行。本届科普之夏活动从7月开始到9月全国科普日结束，各区县科协精心组织，各乡镇、街道、社区积极行动，全市16区县科协、科普教育基地、市属学协会及市科协有关单位等机构随后陆续组织开展活动，其中区县重点科普活动150余项，为社区居民呈现了一份丰富的盛夏科普大餐。

（市科协）

【第二届科学传播人颁奖盛典举行】 7月29日，第二届科学传播人颁奖典礼在国家话剧团先锋剧场举行。第十二届全国政协副主席、中国科协主席韩启德，中国科协书记处书记徐延豪，中国自然科学博物馆协会理事长徐善衍等领导和2012年度国家最高科技奖获得者郑哲敏、神舟飞船首任设计师戚发轫等十几位两院院士出席并为获奖者颁奖。老百姓的贴身健康顾问——“12320”卫生热线的带头人崔颖获得2012年度新锐科学传播人奖。唯一一项由网络投票选举产生的公众最喜爱的科学传播人奖，由北京大学医学部公共卫生学院社会医学与健康教育系副主任钮文异获得。北京大学生命科学学院教授饶毅获得2012科学传播人国际奉献奖。中科院国家天文台研究员、科普作家卞毓麟，中科院院士、中国科普作家协会理事长刘嘉麒，嫦娥探月工程首席科学家、中科院院士欧阳自远获得2012年度科学传播人物大奖。科普作家叶永烈获科学传播人优秀科普作家奖。韩启德为我国天文馆事业的开阔者、天文科普事业的推动者、88岁高龄的中国科普研究所研究员李元颁发科学传播人终身成就奖。

（市科协）

【第二十八届全国青少年创新大赛北京成绩突出】 8月6日，第二十八届全国青少年科技创新大赛在南京市落下帷幕，本届大赛共有31个省、市、自治区和新疆生产建设兵团，以及香港、澳门特别行政区，军队子女学校共35支代表队的487名学生、200名科技辅导员参赛。经过4天的比赛，共评选出65项一等奖、143项二等奖、152项三等奖。北京代表队此次大赛成绩居历届之最，并连续12届荣获全国第一的好成绩。学生项目共有22项，27名学生参加终评，获得一等奖14项、二等奖5项、三等奖5项（其中有两项初评为三等奖）。中国人民大学附属中学辛琦荣获中国科协主席奖。科技辅导员项目成绩优异，4名科技辅导员项目获得一等奖，7名科技辅导员项目获得二等奖、5名科技辅导员项目获得三等奖。第二实验小学甄奕、北京市实验职业学校杨西明获得十佳科技辅导员奖。北京四中和北京市第二实验小学荣获十佳教育创新学校奖。同时，北京四中还荣获十佳科技教育创新校之星。青少年科技实践活动方面也表现不俗，6项获得科技实践活动一等奖、5项获得二等奖，西城区三里河第三小学荣获十佳科技实践活动奖。北京还有3名学生获得英特尔英才奖。

（市科协青少部）

【检查验收2012年度北京市级科普惠农益民计划项目】 8月28日至9月3日，市科协组织中国科协农村专业技术服务中心、中国科普研究所、市农村专业技术协会等单位的专家组成评审组，对2012年度北京市级科普惠农益民计划项目进行检查验收。工作分为实地抽查和材料评审两个部分。在实地抽查中，获奖补项目负责人对计划实施做详细汇报，专家查看了相关材料及购置的科普设施，针对资金使用成效等进行审查，并认真听取各区县开展自查情况的报告及反映计划实施过程中存在的问题。而后，专家组按照《关于实施北京市社区科普益民计划的通知》和《关于实施科普惠农兴村计划的通知》《北京市社区科普益民计划专项资金管理办法（试行）》和《北京市科普惠农兴村计划专项资金管理办法（试行）》的各项要求，对各区县奖补项目材料逐一审查，并将实地抽查过程中的情况进行讨论、汇总，对各区县科普惠农益民计划实施情况进行评议、打分。通过检查工作，展示了各区县科普惠农益民计划的成果，同时也找出了项目实施中存在的一些问题，对以后科普惠农益民计划更加规范、高效实施，提高公民科学素质发挥更大作用。

（市科协）

【落实全民科学素质行动计划纲要共建协议签署】 9月11日，中国科协党组成员、书记处书记徐延豪，北京市副市长戴均良分别代表中国科协和北京市政府签署落实全民科学素质行动计划纲要共建协议。共建目标：北京市到2015年实现本辖区公民具备基本科学素质比例超过13.04%。北京市政府的责任：一是将《科学素质纲要》实施工作纳入政府的重要议事日程；二是加大投入，为本地区公民科学素质建设提供有力保障；三是扎实推进公民科学素质各项任务在本辖区的落实；四是确保本辖区公民科学素质建设目标的实现。国家全民科学素质纲要实施有关部门的责任：一是加强政策引导和指导督促；二是大力推动重点人群科学素质行动；三是大力提升全民科学素质工作的公共服务能力；四是推动公民科学素质建设的长效机制建设。

（市科协）

【2013年北京市全国科普日活动举行】 9月12日—10月24日，2013年北京市全国科普日活动紧扣“保护生态环境，建设美丽中国”的活动主题，在全市开展了各类丰富多彩、形式多样的科普活动。活动主要涉及两个方面，一是按照中国科协统一部署，落实全国科普日北京主场部分展区的展览展示和领导专场的观众组织工作；二是举行第三届北京科学嘉年华活动，为首都公众打造一个高端、互动，集聚国内外优质科普资源、充满创意和欢乐的科学体验平台，包括北京科学嘉年华主场活动、第三届北京国际科技电影展、第十一届北京科学传播创新与发展论坛暨2013北京科学嘉年华国际论坛、首届北京国际科学节圆桌会议、诺贝尔奖获得者北京论坛主题展览及开幕式、诺贝尔奖获得者北京论坛——首都科学讲堂专场、中关村论坛——“科技改变生活”专场活动以及全市基层活动等。第三届北京科学嘉年华主场活动期间，来自境外13个国家的29个国际科普组织与来自中国的121家机构推出近300个互动科普项目，观众突破10万人次；全市基层活动共有91家单位举行了144项活动。

（市科协）

【2013北京社会科学普及周开幕】 9月17日，由市委宣传部、市科委、市社会科学界联合会共同主办的2013北京社会科学普及周在北京奥林匹克公园开幕。来自社会科学界各领域的专家学者及社区群众500多人出席开幕式和参加社科普及活动。开幕式上，与会领导为北京市第三批社科普及试验基地颁牌。同时，向大学生、市民代表赠送了《正道沧桑——社会主义500年》等书籍和科普读物。主会场展出了“中国梦”和党的十八大精神为主要内容的图片展览。本届社会科学普及周还在西城区设立了分会场，由西城区社科联承办。分会场与主会场活动同时启动，实现市区联动、优势互补、资源共享，发挥社会科学普及活动的辐射和带动作用。

（市社科联）

区县科技

东城区

【东城区11个项目获市科技奖】 2月21日，北京市召开科学技术奖励大会暨2013年科技工作会议，表彰获得2012年度北京市科学技术奖的184项科技创新成果。东城区内单位北京起重运输机械设计研究院研发的“全自动控制垃圾搬运起重机关键技术研究及应用”等11个项目分别获得北京市科学技术奖二、三等奖。

（解佳涛）

【埃及知识产权代表团访问珐琅厂】 3月6日，埃及专利局局长阿代尔·埃韦达、阿勒旺大学区域知识产权学院院长侯塞梅丁·艾莎吉尔等一行四人参观访问北京市珐琅厂。国家知识产权局、市知识产权局、东城区科委(区知识产权局)等单位领导陪同。来宾参观景泰蓝制作工艺流程后，听取北京市珐琅厂关于景泰蓝知识产权保护情况等的介绍，交流研讨传统文化技艺的保存和传播、加强非物质文化遗产知识产权保护等问题。双方表示将进一步加强传统文化的交流与合作。

（解佳涛）

【东城区科技计划项目】 3月7—8日，东城区科技计划项目专家评审会召开，9位专家组成3个专家组对征集到的69个上会项目进行评审(医疗卫生项目单独评审)。年内，东城区科技计划项目共征集144个项目，经过专家评审、项目考察、区科委主任办公会(扩大)讨论、公示等环节，立项43项，其中立项资金支持38项，占申报总数的26.3%，支持资金共287万元。4月25日，召开年度东城区科技计划项目交办会。承担区科技计划项目的43家单位项目负责人参加会议。北京玻璃研究院、北京鼓楼中医院的领导分别代表项目承担单位与区科委(区知识产权局)签署《东城区科技计划项目任务书》。8月15日至9月15日，对年度立项的区科技计划项目组织书面中期检查。8月7日，召开2011年及上年度区科技计划项目结题验收会，需结题的46个项目全部通过验收。

（解佳涛）

【成立科普志愿者服务队】 3月20日，东城区科普志愿者服务队成立大会在北京自然博物馆4D影院举行，来自区卫生局、区红十字会、和平里街道等各相关单位的科普志愿者60余人参加了大会。会上，区科委介绍了东城区科普志愿者服务队的组建过程。北京自然博物馆志愿者代表宣读《东城区科普志愿者服务队倡议书》，用自己的行动去谱写奉献的乐章。市领导为志愿者代表授队旗，发放服务手册及队徽。东城区科普志愿者服务队的成立，标志着东城区科普志愿服务工作更加规范化和专业化。

（解佳涛）

【市知识产权局调研东城区知识产权工作】 4月12日，市知识产权局副局长潘新胜等调研南锣鼓巷知识产权保护示范街区创建工作。区科委(区知识产权局)、交道口街道办事处等单位领导陪同。潘新胜一行先后调研3家创意文化特色店，听取南锣鼓巷知识产权保护特色街区创建工作汇报，并参加南锣鼓巷商标保护及运用等相关知识产权发展战略规划讨论。

（解佳涛）

【故宫文物修复工作会】 4月17日，故宫博物院文保科技部与区科委(区知识产权局)在故宫西玉河基地共同召开“平安故宫”项目文物抢救性保护修复联席工作会。区内8家相关企业参会。会上，故宫博物院各文物修复工作室负责人介绍各项待修复文物的基本情况、修复方式、修复要求等，并与到会企业就如何开展修复工作进行深入沟通、讨论，双方对下一步修复工作提出建议。故宫博物院文保科技部与区科委(区知识产权局)分别做总结，并对文物修复工作做出安排。

（解佳涛）

【知识产权宣传活动】 4月23日，东城区知识产权领导小组办公室协调交道口街道办事处、区法院、区工商分局、区文化委等区知识产权领导小组成员单位在南锣鼓巷开展主题为“尊重知识产权，维护市场秩序”的知识产权宣传咨询活动。市知识产权局执法处、北京“12330”也参加了活动。活动共发放《知识产权基本知识》《北京市及东城区知识产权政策汇编》等宣传材料2000余份，并开展专利申请、商标注册、知识产权司法保护等知识产权问题的咨询解答。

（解佳涛）

【科技进步考核工作部署会召开】 4月23日，区科委（区知识产权局）召开2013年东城区科技进步考核工作部署会，区内24家相关委办局及街道办事处参会。区科委（区知识产权局）党组书记邱少军主持，副区长许汇讲话。会议传达了科技部、市科委科技进步考核工作要求，部署本年东城区科技进步考核工作安排，对重点指标进行分析和讲解，明确各部门责任分工。

（解佳涛）

【百项园林绿化科技成果集中展示】 4月28日至5月24日，绿色科技、多彩生活——2013园林绿化科技创新暨科学普及活动月在东城区龙潭公园举行。这次活动涉及园林绿化与市民息息相关的文化、生态、民生、健康、防灾减灾、日常生活等六大领域。活动共有来自国内外的科研院所、大专院校和具有研发实力的企事业单位60余家参展，展出园林绿化废弃物资源化利用、彩色树种引进繁育与栽植、湿地保护与恢复等园林绿化科技成果100多项。活动月由“园林绿化与百姓生活”“园林绿化与森林体验”“园林绿化与防灾减灾”和“园林绿化与文化感知”4个活动周组成。活动期间，市民可以现场体验检测蔬菜重金属、农药残留，学习插花、花卉培植技术，还可以参加“旧花盆换花”等活动。

（市科委科宣处）

【科普工作联席会扩大会召开】 5月22日，区科委（区知识产权局）在青蓝大厦召开东城区科普工作联席会扩大会。联席会成员单位、区属市级科普基地等66家单位参会。会上，部署东城区上年度全国科普统计申报、区级科普基地申报、科普可持续发展资金项目申报等工作。重点加强和支持区级科普基地认定及科普志愿者队伍建设。

（解佳涛）

【区领导调研知识产权工作】 7月11日，副区长许汇带领区科委（区知识产权局）、区产促局、雍和园管委会、龙潭湖体育产业园、区体育局等部门负责人调研北京瑞盖科技有限公司。听取公司知识产权工作等情况介绍后，许汇指出，体育产业发展过程中必然会出现知识产权保护等新问题，企业要增强自我保护意识，区相关职能部门要相互配合，提供更有针对性的服务，为企业营造良好发展环境。8月28日，副区长许汇调研北京市珐琅厂有限责任公司，区科委（区知识产权局）领导陪同。听取主题计划项目“景泰蓝工艺提升与创新（二期）”课题研究成果汇报，肯定了现代科技与传统手工艺制作融合对于大幅提升企业经济效益的重要意义。

（解佳涛）

【科普行活动举行】 9月5日，市科委主办的科普行活动——走进和平里社区暨科普行活动启动仪式在和平里街道社区服务中心举行。北京市软件产品质量检测检验中心及区科委（区知识产权局）协办，近百名社区居民参与。活动以“科技创新——创造美好生活，体验创新科技，建设美丽城市”为主题，通过播放科普电影、举办科普知识讲座、发放科普图书等形式，向居民传播科普知识。

（解佳涛）

【科普工作者培训班举办】 9月12—13日，区科委（区知识产权局）在崇文青少年科技馆举办科普工作者培训班，北京市科普基地、区科普联席会成员单位、各街道社区科普干部近百人参加培训。紧急救援训练中心老师讲解野外生存技巧及紧急救护知识，首都师范大学老师讲解社区科技制作活动的设计与实施课程，并教学员科技小制作。

（解佳涛）

【市相关领导调研知识产权工作】 10月17日，市知识产权局副局长王淑贤、市中医药管理局副局长罗增刚等调研同仁堂科技股份公司，区科委（区知识产权局）领导陪同，参观药品生产线、中药检测室及同仁堂博物馆，听取同仁堂科技公司知识产权保护等情况的汇报后，深入讨论中医药企业专利挖掘、专利申请、商标注册、产学研结合、知识产权维权保护等议题。针对企业面临的知识产权保护等问题，王淑贤表示，市知识产权局将进一步统筹协调市中医药管理局、市工商分局等职能部门，通过完善知识产权公共信息服务平台建设、加强联合执法、出台相关扶持政策等为企业发展提供更多支持和帮助。

（解佳涛）

【“12330”东城区胡同创意工厂工作站成立】 11月8日，北京市文化创意产业项目签约仪式暨北京“12330”工作站授牌仪式在第八届北京文博会主场馆举行。市文化局副局长关宇、市知识产权局副局长王淑贤及区科委（区知识产权局）领导等参加签约仪式。北京“12330”东城区胡同创意工厂工作站获得授牌。至此，东城区建成一个分中心（东城区分中心）、三个工作站（南锣鼓巷工作站、北京东方雍和国际版权交易中心工作站、东城区胡同创意工厂工作站），初步形成覆盖园区、特色街区、中小企业的知识产权举报投诉服务体系。

（解佳涛）

【科技政策法规培训会举行】 11月13日，区科委（区知识产权局）举行本年度科技政策法规培训会。百余家科技企业负责人参加培训。会上，北京网络多媒体实验室常务副主任庄梓新、北京市技术市场管理办公室专家宫文友、北京市知识产权信息中心信息资源部丽娜博士等专家分别讲授如何提高科技项目申报的成功率、技术合同认定登记规则、专利信息检索的理论与实践等内容。

（解佳涛）

【“牵手蓝天”科技引领低碳生活大型公益活动举行】 11月30日，由市科委与北京电视台主办，北京软件产品质量检测检验中心、区科委（区知识产权局）、区园林局、北新桥街道办事处共同承办的“牵手蓝天”科技引领低碳生活大型公益系列活动在南馆公园举行，8组社区家庭参加。活动设置寻找节能环保设施环节，向市民普及低碳知识，倡导绿色生活理念，号召市民参与环境保护和治理，为生态文明建设献计献策。

（解佳涛）

【景泰蓝工艺提升与创新（二期）课题结题验收】 12月12日，景泰蓝工艺提升与创新（二期）课题结题验收会在北京市珐琅厂召开。市科委主持验收会，专家组听取课题组汇报、审阅相关材料、观看景泰蓝工艺技术互动展示系统演示、实地考察设备应用现场后，一致同意通过验收。

（解佳涛）

【科普工作联席会工作会召开】 12月13日，区科委（区知识产权局）召开东城区科普工作联席会工作会，联席会成员单位主管领导和区科普基地代表、区十佳科普志愿者参会。会议全面总结本年区科普工作并部署下年工作，对区级科普基地和十佳科普志愿者分别授予牌匾和名册。联席会成员单位代表、区科普基地代表和十佳科普志愿者代表进行工作经验交流。

（解佳涛）

西城区

【西城区科委获全国科技先进集体】 1月15日，人社部、科技部发布《关于表彰全国科技管理系统先进集体和先进工作者的决定》（人社部发〔2013〕4号），西城区科学技术委员被授予“全国科技管理系统先进集体”称号。

（闫　肃）

【科普宣讲团走进西城】 1月18日，“学习宣传贯彻党的十八大精神，科普宣讲团进西城暨科普工作培训会”正式启动。市科委、西城区科委向西城区各街道代表赠送了《科技让生活更美好》《科技北京在行动》等科普图书。中科院郭曰方教授作为宣讲嘉宾，针对文化及文化素养、科学与人文、创新文化等几个问题进行阐述，具有强烈的震撼力，使在场观众对于文化创新、科学与文化之间的关系有了更深的认识与理解。

（北京工业设计促进中心）

【区县科技专项通过验收】 1月31日，市科委组织专家对由西城区科委承担的区县科技专项"西城区科技服务能力提升及城市运行与社会管理平台建设研究与示范"项目进行结题验收。该项目包含"西城区科技资源调查、西城区城市精细化管理的科技需求调研、西城区文化创意产业科技需求调查研究、西城区科技协调员体系建设长效机制研究、西城区社会管理科学化创新模式研究、大栅栏商业街城市运行与社会管理平台建设研究与示范"6个子课题。经过专家质询，一致通过验收。课题研究历时一年多，形成了一系列科技成果，目前部分成果已得到应用。

（闫　肃）

【"全民低碳行动与实践"讲座举行】 2月16日，西城区图书馆集体视听室举行"2013年生态文明与环境保护可持续发展系列公益讲座"第二讲——酷中国全民低碳行动与实践，特邀主讲人为美国环保协会中国项目经理张灵鸽。本次讲座由区委宣传部、区图书馆、区环保局、区图书馆管理协会共同举办。张灵鸽分别从酷中国项目背景、酷中国项目目标、酷中国项目实施内容、酷中国项目未来发展4个方面向到场的60多名听众做了解读。她介绍，美国环保协会与中国环境保护部宣教中心合作开展了"酷中国——全民低碳行动计划"，就是致力于中国低碳社区活动的开展、家庭碳排放调查研究和宣传倡导。经过4年的酷中国项目推动工作，项目组较详细地掌握了中国典型社区和家庭的碳排放概况，对于家庭碳减排也做了初步倡导，取得了一定的成效。

（西城区科协）

【西城33个项目获市科学技术奖】 2月21日，北京市召开科学技术奖励大会，表彰获得2012年度北京市科学技术奖的184项科技创新成果。西城区有33项成果获得奖励，其中一等奖6项、二等奖6项、三等奖27项。

（闫　肃）

【设计服务交易平台项目通过验收】 3月15日，市科委绿色通道项目"北京历史文化衍生产品关键技术研发和创意设计综合服务示范推广平台"通过结题验收。该项目立足于历史文化衍生品研发设计的市场需求，融合科技文化元素，通过关键技术研发，建成集产品设计、产品实现、市场验证、展示交易为一体的设计服务与展示交易示范平台，研发成果应用于国家大剧院、北京天文馆、中国科技馆等多家区内文化资源单位和设计机构，形成包括《光辉的历程——中央档案馆馆藏档案资料选编》、北京建都纪念阙、红学渊源（笔筒）等30款历史文化衍生品设计示范产品，其中《光辉的历程——中央档案馆馆藏档案资料选编》被新闻出版总署选定为迎接党的十八大主题出版重点出版物，项目在实施过程中形成并申报11项专利。

（闫　肃）

【北京古代建筑博物馆"祭先农礼仪展演"活动举行】 4月2日，由北京古代建筑博物馆和北京宣南文化博物馆共同主办、西城区文化馆和西城区宣武文化馆联合协办的"祭先农礼仪展演"活动在北京古代建筑博物馆举行。活动历时一个小时，分为登坛、迎神、初献、亚献、终献、彻馔、送神7个部分，再现了清代皇帝祭祀先农礼仪的场景。活动现场吸引了300余名观众观看。

（北京古代建筑博物馆）

【知识产权投诉服务分中心成立】 4月19日，北京市保护知识产权举报投诉服务中心（北京"12330"）西城区分中心及康华伟业孵化器工作站正式成立，市知识产权局纪检组长刘卫东、副区长陈宁、北京"12330"主任王连洁、区知识产权局局长张炳田、中关村西城园管委会常务副主任台峰等领导出席揭牌仪式。

（闫　肃）

【文保区节能环保示范项目通过验收】 4月25日，市科委绿色通道项目"历史文化保护区房屋保护修缮节能环保技术集成示范"通过专家组结题验收。该项目历时3年半,完成了历史文化保护区节能环保技术应用设计方案研究、节能环保技术在历史文化保护修缮中的应用研究及应用效果综合评价体系研究、分类实施历史文化保护区节能环保改造示范、节能环保技术集成应用推广模式的研究等工作。项目的实施对北京市历史文化保护区房屋保护修缮节能环保技术集成应用具有重要的指导价值和示范意义。

(闫　肃)

【知识产权宣传日活动】 4月26日,区知识产权局邀请外观、材料、商标等方面的知识产权专家到鼎盛陶琦(北京)艺术品有限公司,开展了“世界知识产权日”研讨交流活动。知识产权办工作人员和专家为该公司“京彩瓷”产品的专利申请进行指导及法律咨询服务。

(闫　肃)

【组织参加第十六届科博会】 5月22—26日,第十六届科技博览会在中国国际展览中心举行。区科委组织协调24家企业参展。西城区展团以“创新驱动发展,设计改变生活”为主题,展出的48个项目及新产品,吸引了众多参观者,获得了科博会优秀组织奖。

(闫　肃)

【“低碳生活,从我做起”中小学生手工作品比赛举行】 5月24日,西长安街街道文化科联合辖区学校以及13个社区举行了以“低碳生活,从我做起”为主题的中小学生手工制作比赛暨作品展示活动。活动地点在西长安街的科普展室。这次活动是该展室建成后第一次活动。在选出的33件作品中,作者年龄最小的5岁,最大的14岁,作品的原材料有废纸盒、浴液瓶、鸡蛋壳、废纸板、废卡片等。此次活动经过大家的公开投票,最后选出了一等奖2项,分别是光明社区的贾卓娅小朋友用酸奶盒和旧纸板制作的温暖之家和光明社区的张静怡小朋友用废旧纸盒制作的小汽车。此外,还选出二等奖5项,三等奖8项。

(西城区科协)

【参加市科技周活动】 5月25日,区科委组织辖区200余名科普干部和社区居民参加以“科技创新·美好生活”为主题的北京市2013届科技周主会场活动。活动中,向居民发放了科普宣传资料、书籍及科技小产品。

(闫　肃)

【区县科技专项立项】 7月19日,区科委组织相关领域专家对2013年度北京市区县科技专项“西城区公共区域与重点产业科技支撑研究与示范”课题实施方案进行论证。此课题着眼于西城区经济持续健康发展及城市公共安全科技支撑能力提升,以促进重点产业和公共区域应急管理关键信息技术应用为目的,以“商、旅、居”公共区域客流应急疏散系统、钢铁产品电子交易平台、科技社区建设模式为重点,为区域经济社会发展建设提供决策支撑,促进西城区区域经济社会持续、稳定、快速发展,为北京市其他区县经济社会发展提供有益借鉴。专家指出项目任务明确、方案可行、基础扎实、预算合理,同意立项。

(闫　肃)

【科普电子行走进椿树街道】 7月24日,北京科学技术开发交流中心赴椿树园街道开展电子科普行活动。活动邀请“12316”农业服务热线首席蔬菜专家曹华为来自椿树街道7个社区的居民代表100余人讲授了阳台菜园和阳台盆栽菜的种植技巧,解答居民有关家庭种植等问题。市科委向社区居民代表赠送《北京市科普基地畅游手册》《科普地图》《阳台种菜彩图详解科》等科普书籍以及《科技北京在行动》《科普影视集萃》科普光盘。此次活动向参加活动的社区居民发放油菜、苦菊等蔬菜种子以及相关科普书籍等纪念品650余份。

(北京科学技术开发交流中心)

【市知识产权局到西城区民企调研】 7月24日,市知识产权局副局长周砚到区内北京恒华伟业科技股份有限公司调研。在听取了董事长江春华关于企业技术开发并申请知识产权工作的汇报后,周砚指出:作为优质企业应进一步加强知识产权部门建设,要有一批专业人员打理企业的知识产权工作,建议成立知识产权委员会,整合行业专家的意见,并将客户需求、行业未来发展走向融入企业的整体发展规划与建设。市知识产权局宣教处处长张志豹、产业处处长张伯友做具体指导,区知识产权局局长张炳田陪同调研。

(闫　肃)

【开展“一对一”上门服务】 8月8日,市知识产权保护举报投诉服务中心(北京市“12330”)及西城区知识产权局邀请外观、材料、商标等方面的知识产权专家到西城区鼎盛陶琦艺术品有限公司,开展专家、企业“一对一”上门服务。专家团针对仿古瓷在传承、发展及创新中遇到的知识产权方面的问题与公司负责人进行了深入研讨和交流。北京市“12330”中心主任王连洁和区知识产权局局长张炳田参与了交流。

(闫　肃)

【月坛街道举行首届“环保达人秀”活动】 11月13日,以“倡导低碳生活,推进绿色行动”为主题的月坛街道首届“环保达人秀”活动在月坛社区教育学校(西城区青少年科技馆)报告厅举行。科普工作者、科普志愿者、热爱环保事业的居民代表80余人参加活动。在月坛街道26个社区和有关部门的配合下,经过前期的推选、评定产生了13位环保达人和组合,包括绿色出行达人3名,低碳生活家庭3户,环保达人个人4名,以及环保达人组合2个。活动现场,主办方通过视频、图片和达人的现场展示、自述等多种形式,全方位展示了工作、学习和生活在月坛地区的人们崇尚绿色低碳生活、节约资源、保护生态环境、变废为宝创意生活的实践行动。

(西城区科协)

【获“全国科技进步先进区”称号】 11月21日,科技部发布《关于2013年全国县(市)科技进步考核先进县(市)、先进个人和优秀组织单位名单的通知》,西城区获“全国科技进步先进区”称号,区长王少峰、副区长陈宁、区科委副主任王爱军及区科委科技规划与政策研究室科长郭志娥被授予“全国县(市)科技进步考核先进个人”称号。

(闫　肃)

【输出技术成交额增长】 年内,西城区输出技术合同成交6123项,同比增长26.72%。输出技术成交额116.24亿,同比增长8.86%。

(闫　肃)

【专利申请及授权量增长】 年内,西城区共申请专利23258件,同比增长252.8%。其中申请发明专利11121件,同比增长177.7%,占申请总量的47.8%;企业申请21305件,同比增长352.9%,占申请总量的91.6%。全年授权专利7739件,同比增长133.6%,其中授权发明专利1088件,占授权总量的14.1%。

(闫　肃)

【西城区科技计划项目组织申报】 年内,区科委组织申报科技计划项目,共征集电子信息、光机电一体化、生物医药、新材料、新能源与环境保护、高技术服务等6大类140个项目,经过专家评审、组织审查核准等工作程序,确定支持项目38项,支持金额420万元。

(闫　肃)

【确定年度可持续发展项目】 年内,区科委将科技惠民计划列入2013年可持续项目征集指南。围绕特殊群体扶助、可持续发展能力建设、生态环境与低碳建设等民生领域开展科技项目示范,确定37项可持续发展项目,支持金额1470万元。

(闫　肃)

【西城区科技条件平台工作站建设】 年内,区科委组织30余家企业与北京邮电大学和北京大学研发实验服务基地实现对接。截至年底,已达成15项长期合作意向,西城区工作站成员单位达到50家,较上年新增20家,聚集了价值4700万元的仪器设备并向社会开放。

(闫　肃)

【科技人才资助】 年内,9个项目获得西城区优秀人才培养资助,资助金额为42万元。

(闫　肃)

【高新技术企业发展】 年内,西城区有国家高新技术企业354家。截至11月底,西城园规模以上高新技术企业181家,实现总收入741.5亿元,同比增长17%。

(闫　肃)

海淀区

【科普宣讲团进海淀活动启动】 3月22日，科技“走·转·改”——学习宣传贯彻党的十八大精神，科普宣讲团进海淀活动在区内北京中科汇联信息技术有限公司正式启动。海淀区高新技术企业代表以及北京中科汇联信息技术有限公司部分员工40余人参加启动仪式。启动仪式最后播放了科普宣传片，并向高新技术企业代表赠送了《科技让生活更美好》《科技北京在行动》等科普光盘及图书资料以及纪念品。

（北京科学技术开发交流中心）

【科普宣讲团进海淀活动举行】 4月10日，科技“走·转·改”——学习宣传贯彻党的十八大精神，科普宣讲团进海淀活动在区内北京得实达康系统集成有限公司举行。北京科技开发交流中心领导，海淀区高新技术企业代表以及北京得实达康系统集成有限公司部分员工50余人参加此次活动。活动中，北京得实达康系统集成有限公司总经理刘玉璋对公司做了介绍，阐明隶属于得实达康公司的万步网，以“日行万步，健康长驻”为理念，通过倡导“每天一万步”让人们从强迫地走到自觉、科学、快乐地走，最终走出亚健康，享受日行万步的健康生活。同时以科技手段、科学方法、科技装备和科学辅导为健走爱好者提供健走系统指导与服务。启动仪式最后播放科普宣传片，并向高新技术企业代表赠送《科技让生活更美好》《科技北京在行动》等科普光盘及图书资料以及纪念品。

（北京科学技术开发交流中心）

【海淀区创意设计沙龙举行】 7月11日，海淀科技中心协助海淀区文化创意产业协会举行海淀区创意设计沙龙。海淀区文化创意产业协会近20家企业负责人参加了沙龙活动。此次活动旨在为政府、协会和企业共同打造“海淀创意数码转化平台”提供支持。文创协会负责人和企业代表分别阐述了平台的筹备情况和各自的意向、诉求。代表们对平台的建设建言献策，围绕“平台如何为设计企业服务”展开讨论和交流。此外，科技中心的领导还向有关企业介绍了科技中心的工作，通报了园区相关部门的科技项目和科技中心的科普项目。

（海淀科技中心）

【“电动汽车进社区”活动启动】 7月16日，第十五届北京科普之夏暨“电动汽车进社区”启动仪式在海淀区世纪金源时代购物中心南广场正式举行。活动以“电动北京 共献蓝天”为主题，宣传展示有关新能源汽车的知识及相关政策。本届科普之夏活动从7开始到9月全国科普日结束，各区县科协精心组织，各乡镇、街道、社区积极行动，广大市民踊跃参与，让“提高科学素养”成为这个夏天的流行语，让科学的清凉吹走酷暑，带给大家快乐和感动。

（市科委双新处）

【东升乡实施中关村都市型花卉园艺中心建设取得成效】 年内，北京东升爱科生态环境科技发展有限公司承担的2011年国家星火计划项目“中关村都市型花卉园艺中心建设与示范”取得显著成效。该项目依托中关村花园中心，应用多项国际先进技术，建成国内最大跨度玻璃温室，根据花卉不同生长条件，温室将钢化玻璃与保温板结合使用，可以降低能源消耗。项目引进新优花卉品种230个，提供就业岗位180个，举办公益性讲座25场、培训10次，免费发放宣传材料10万册，接纳公益性参观5万人次，无偿为花店及生产基地提供了技术支持和专业服务，社会效益显著。

（市科委农村处　市科委农村发展中心）

朝阳区

【朝阳区—高校发展合作联盟成立】 1月6日，朝阳区—高校发展合作联盟成立大会在北京工业大学建国饭店举行。市、区领导及高校代表为联盟揭牌。朝阳区社会办、北京东方艾迪普科技发展有限公司等5家区内单位分别与北京青年政治学院、北京工业大学等5家高校签订合作协议,在社区工作者培训、人才培养基地共建、技术研发、残疾人劳动与就业服务等领域开展合作。联盟成员单位包括朝阳区政府、15家驻区高校与1家科研院所。随后,联盟举行区校合作共建委员会第一次会议。会议议定北京工业大学为2013年度联盟轮值高校。

(李小骏)

【科技“走·转·改”——科普宣讲】 1月15日,由市科委大力支持,北京新材料发展中心与区科委、小关街道共同举行的科技“走·转·改”——学习宣传贯彻党的十八大精神,朝阳区科普宣讲活动启动仪式在小关街道文体中心举行。小关街道社区居民及朝阳区创新型科普社区代表参加活动。活动以纳米科技成果为焦点,现场设置了纳米口腔修复产品、OLED照明设备、新型长效水果保鲜纳米材料小型展台,通过展台设置、宣传资料发放、专家现场讲解等方式,向公众展示纳米科技的最新成果及给生活带来的便捷,让高深的纳米科技走进社区,贴近市民。

(李小骏)

【“科技下乡 科普惠民”活动开展】 1月28—30日,区科委以“科技下乡 科普惠民”为主题,开展了科技下乡系列活动。一是注重科技下乡与贯彻落实党的十八大、科技创新大会精神紧密结合,科普宣传内容围绕科普惠民、知识产权强区工程实施等内容制作。二是注重科技下乡的载体和方式与百姓需求的结合,以科普书籍、科普宣传单、易拉宝、年历、环保购物袋、便携笔记本等多种形式,发放各类宣传资料超过7000份,发放笔记本、年历、购物袋等共2000余份,直接受众超过3000人次。三是充分利用高校、院所专家资源,开展专家咨询活动。区科委与区动物疫病预防控制中心、北京园林科研所、北京联合大学等单位合作,借助专业力量,在科技下乡科普宣传的同时,针对居民生活中存在的宠物饲养、花卉种植、食品安全等方面的专业问题进行现场咨询解答。

(朝阳区科委)

【知识产权试点城市考核验收】 3月21日,国家知识产权局专利管理司副司长雷筱云、市知识产权局副局长王淑贤率考核验收组,考核验收国家知识产权试点城市(城区)——朝阳区。通过听汇报、查资料、现场答辩等环节,考核验收组现场打分评议,确定朝阳区通过国家知识产权试点城市(城区)验收。

(李小骏)

【科普统计】 年内,区科委组织区教委、组织部、宣传部、农委、文化委及街乡、科普基地等200余个单位及直属机构参加2012年度科普数据统计,并完成数据的收集、汇总、录入工作。统计数据显示,2012年全区有科普人员3900人,科普经费筹集额9800万元,全区共有各类科普场馆66个,出版科普图书、期刊21种,年出版总数93万册,发放科普读物和资料330余万份,全年举办科普(技)讲座7300余次,受众超过62万人次。

(李小骏)

【“百家实验室进千家企业”走进北工大】 5月29日,区科委与北京工业大学共同举行首都科技条件平台“百家实验室进千家企业”朝阳工作站与北京工业大学研发实验服务基地对接交流会。北京工业大学环能学院、软件学院、材料学院的开放实验室专家与参会的精进电动、北京北齿、华德创业等企业对接交流。

(李小骏)

【涉外知识产权专家问诊会召开】 7月26日,市知识产权局国际交流合作处和朝阳区知识产权局共同举行朝阳区企事业单位涉外知识产权专家问诊会。区内工业大学、化工大学、中科院微电子研究所、蓝星集团、握奇数据、鼎桥通信、奇智软件等16家企事业单位的20余名知识产权主管参加会议。

(李小骏)

【科技孵化机构建设工作座谈会召开】 8月29日,区科委组织辖区20家孵化器园区、机构和企业,召开科技孵化机构建设工作座谈会,望京科技园、瀚海智业孵化器、北京牡丹创新科技孵化器有限公司、北内孵化器、尚巴(北京)文化集团、中国传媒大学文化创意园、莱锦创意园、光华集团孵化机构等区内具有影响力的企业孵育孵化园区及机构参加会议。

(李小骏)

【知识产权资产评估业务培训会召开】 9月22日,市知识产权局与朝阳区知识产权局在蟹岛度假村共同举行知识产权资产评估业务培训及专利投融资项目对接会。市、区相关领导出席会议,朝阳区专利试点、示范单位、专利项目实施单位、高新技术企业等140余名知识产权主管领导和负责人参加会议。

(李小骏)

【外观设计专利申请与保护培训会举行】 11月26日,北京"12330"与"12330"朝阳分中心共同举行设计服务业外观设计专利申请与保护培训会。驻区70余家企业参加培训。

(李小骏)

【朝阳区列入科技进步考核先进县(市)】 年内,根据科技部《关于2013年全国县(市)科技进步考核通过名单公示的通知》文件精神,朝阳区正式列入2013年全国县(市)科技进步考核先进县(市),区长吴桂英、副区长汪洋、区科委主任冯守华获评2013年全国县(市)科技进步考核先进个人。

(李小骏)

【项目验收】 年内,由北京奥林匹克公园管委会、北京环境保护科学研究所共同承担的区级可持续发展与城乡一体化促进计划项目"北京奥林匹克公园龙形水系水质修复与保持技术研究"通过专家验收。

(李小骏)

【区知识产权局获人才工作先进集体称号】 年内,国家知识产权局办公室下发《关于表扬全国知识产权系统知识产权人才工作先进集体和先进个人的通知》,朝阳区知识产权局获全国知识产权系统人才工作先进集体称号。

(李小骏)

【"知识产权宣传月"系列活动开展】 年内,区知识产权局联合区内相关单位策划组织以"实施知识产权战略 支撑创新驱动发展"为主题的2013年朝阳区"知识产权宣传月"系列活动。活动包括知识产权宣传月启动仪式、知识产权知识竞赛、知识产权案件庭审旁听、商标现场宣传、文化创意产业领域知识产权宣传等。活动中发放宣传材料5000余份,直接受众2000多人次。朝阳有线、《朝阳报》《朝阳科技》等媒体集中报道宣传。

(李小骏)

【获市科学技术奖】 年内,朝阳区34个项目获2012年度北京市科学技术奖,占全市获奖总数的18.5%。

(李小骏)

【14家企业进行知识产权质押贷款】 年内,14家企业进行知识产权质押贷款备案,贷款总额1.139亿元,其中纯知识产权质押贷款总额9559万元。经审核,14家企业均符合资助条件,区知识产权局给予贴息资金237.42万元。

(李小骏)

【资助技术标准制(修)订】 年内,区科委联合区质监局开展2013年朝阳区技术标准制(修)订资助工作。京东方科技集团股份有限公司等21家单位、84项技术标准符合资助条件,其中国际标准1项、国家标准18项、行业标准59项、地方标准6项,总资助额为200.2万元。

(李小骏)

【专利资助及奖励】 年内,2013年专利资助和奖励受理符合条件的申请5281件,比上年增长22%,涉及167家单位(144家企业和23家高校、科研机构)和32名个人。经审核,符合条件的授权奖励2573件、年费资助2706件、配套奖励2件,总计资助奖励金额445.9055万元。

(李小骏)

【专利试点单位考核验收】 年内,市知识产权局考核验收朝阳区专利试点申报单位,北京布莱迪测控仪表有限公司等26家企事业单位通过验收考核,成为北京市专利试点单位。至年底,朝阳区专利试点单位总数168家。

(李小骏)

【专利示范单位认定】 年内,朝阳区推荐的中科院微电子研究所等5家企业被北京市知识产权局认定为"北京市专利示范单位"。截至年底,全区“北京市专利示范单位”累计 22 家。

（李小骏）

【高新技术企业认定及复审】 年内,区科委受理高新技术企业复审 42 家,审核推荐申报园区外高新技术企业 88 家,全年高新技术企业推荐数量 130 家,认证企业 115 家,园区外高新技术企业保有量突破 500 家。

（李小骏）

【33 个单位获市级科普基地命名】 年内,市科委与市科协共同命名 243 家单位为北京市科普基地,命名周期为 2013—2015 年,并颁发北京市科普基地证书和牌匾。朝阳区 33 家单位被命名授牌,其中包括中国科学技术馆等 28 家科普教育基地,北京科技报等 4 家科普传媒基地和北京凯来美气候技术咨询有限公司 1 家科普研发基地。

（李小骏）

【区级科技项目立项】 年内,确立高新技术产业发展计划 23 项,安排科技经费 680 万元;研发投入资助计划 18 项,安排科技经费 480 万元;社会发展与可持续促进计划项目（课题）23 项,安排科技经费 600 万元。

（李小骏）

【市级以上科技项目评审】 年内,开展国家重点新产品、火炬计划的征集工作,推荐 18 个项目申报该计划。推荐“北京 798 艺术区艺术品交易平台”“多波段区域安全防护及预警系统”和“朝阳区科技成果承接与转化平台”项目入围市科委 2013 年度“重大科技成果转化落地培育”专项评审评估。“朝阳区产学研协同创新服务体系建设”“CBD 地区高层商务楼宇的安全监管与事故应急救援系统开发”“北京 798 艺术区交易服务平台——在线 798 云平台”“朝阳区典型生物技术水质改善试验研究与示范”4 个项目获市科委近 900 万元重大项目资金支持。

（李小骏）

【2 名人才入选创新创业人才】 年内,区科委承担的“产学研联合人才开发模式研究及试点推进”项目被区委组织部列为 2013 年重大人才项目。2 名人才入选北京市科委创新创业人才。

（李小骏）

【知识产权人才培训】 年内,开展知识产权人才培训工作,全年累计培训 340 余人次。

（李小骏）

【入选“十百千工程”】 年内,9 家企业入选中关村“十百千工程”重点培育企业,朝阳区累计 24 家企业入选。这 9 家企业分别是:北京中电华大电子设计有限责任公司、人民网股份有限公司、安世亚太科技股份有限公司、华润赛科药业有限责任公司、北京奥科瑞丰新能源股份有限公司、西门子（中国）有限公司、北京兆维电子（集团）有限责任公司、北京蓝色光标品牌管理顾问股份有限公司、艺龙网信息技术（北京）有限公司。

（李小骏）

【朝阳区获国家级文化和科技融合示范基地认定】 年内,朝阳区国家级文化和科技融合示范基地获得科技部等四部委联合认定。根据《关于认定第二批国家级文化和科技融合示范基地的通知》,2013 年共有 18 家单位被认定为第二批国家级文化和科技融合示范基地。朝阳区纳入北京中关村国家级文化和科技融合示范基地,作为其中一园,享受相关政策。北京国家级文化和科技融合示范基地已包括海淀区、东城区、西城区、石景山区、朝阳区 5 个区,初步形成了以数字内容、新闻出版、创意设计、游戏动漫、文化传媒为特色的差异化发展集群。

（市科委高新处　北京生产力促进中心）

丰台区

【丰台区科技企业孵化器座谈会召开】 1 月 11 日,区科委召开丰台区科技企业孵化器座谈会。中关村科技园区丰台园科技创业服务中心、北京赛欧科园科技孵化中心等 13 家孵化器领导出席,共议丰台区孵化器未来发展。与会人员就区委、区政府新近出台的《关于加强丰台区科技创新能力建设的若干意见》、区科委重新制定的《丰台区科技企业孵化器认定和管理办法》及丰台区孵化器发展方向进行了认真研讨，并提出良好建议。

（张博轩）

【北京天文馆“科普大篷车”开进】 1月31日，区科技馆邀请北京天文馆“科普大篷车”开进科技馆，共同举行了“天文科普冬令营”活动，正阳北里社区、永善社区、东安街头条社区、63号院社区的200多名青少年参加了此次冬令营活动。北京天文馆带来的“科普大篷车”在多功能厅展出，近20件天文互动仪器和30余块天文基础知识展板，包括天文万花筒、活动星图、月球秤、月球仪、天球仪，以及铁陨石、石陨石的展示最受孩子们欢迎。

（丰台区科技馆）

【2013年知识产权宣传周启动仪式举行】 4月26日，由区科委（区知识产权局）与区知识产权办公会议成员单位共同主办，马家堡街道办事处承办的2013年丰台区知识产权宣传周启动仪式在马家堡街道戏曲文化中心举行。此次宣传周的活动主题是“实施知识产权战略，支撑创新驱动发展”。来自马家堡街道各社区的近200名群众参加了启动仪式。“4·26”知识产权宣传周期间，丰台区将积极开展知识产权宣传“四进”活动，即知识产权宣传进社区、进乡镇、进企业、进学校，进一步提高社会公众对知识产权的认知度，大力推进知识产权文化建设。

（刘萌萌）

【“百家重点实验室进千家企业”对接会举行】 6月28日，由丰台区科委主办，丰台生产力促进中心、丰台区科技企业孵化器协会、北京赛欧科园孵化中心共同承办的首都科技条件平台“百家重点实验室进千家企业”对接会在北京赛欧科园孵化中心举行。在企业需求对接环节，会议采用了“一对一，一对多”的对接形式：一个需求至少对应一个重点实验室，一个重点实验室可以对接多个需求。征图新视、威标至远、阳光凯讯等所有参会企业都提出了企业创新需求，并与各研发实验室的专家进行交流和讨论，交换材料和联系信息。最后，在12家企业的14个需求中有12个需求找到了相应的对接实验室或领域中心。

（丰台区科委）

【三角地第二社区“国家地震安全示范社区”授牌仪式举行】 7月25日，丰台区召开东高地街道三角地第二社区“国家地震安全示范社区”授牌仪式暨经验交流会。仪式会上，三角地第二社区代表介绍了“国家地震安全示范社区”的创建工作经验，区地震局局长吕广生宣读中国地震局《关于授予北京市西城区丰汇园社区等64个社区国家地震安全示范社区称号的通报》，市地震局副局长胡平对三角地第二社区荣获“国家地震安全示范社区”称号表示祝贺，并向大家介绍了北京市的历史地震及地震构造背景，强调了地震安全示范社区创建工作的重要性和必要性。中国地震局副司长黎益仕为角二社区授牌。

（北京市地震局）

【丰台区在全市率先建立科技文创孵化中心】 8月22日，区科委在北京首家文化科技企业孵化器——北京京辰瑞达科技文创孵化中心召开文化科技孵化器座谈会，探索文创企业发展的孵化途径。座谈会后，举行了北京京辰瑞达科技文创孵化中心授牌仪式。京辰瑞达科技文创孵化中心总经理詹建国介绍了孵化器情况。

（丰台区科委）

【丰台区首个学生科普活动室在王佐学校建成】 11月21日，区科委、区教委、区科技馆共同在王佐学校举行王佐学校科普活动室成立暨授牌仪式。区科技馆向王佐学校赠送科普图书250册、科普光盘30张，同时还开展DIY益智玩具拼装、制作小火箭、航模车模组装和互动展品，并聘请北京英纳超导技术有限公司做超导演示实验。

（田凤兰）

【丰台区专业技术人员继续教育培训班开班】 11月25日，丰台区专业技术人员继续教育培训班在区科技馆多功能厅开班。本次培训为丰台区专业技术人员必须接受的公共知识继续教育课程。继续教育培训为期5天,培训对象涉及丰台区工程系列、经济系列、医药系列及除指定牵头系列以外的其他系列(含档案存放在丰台人才)的专业技术人员和管理人员,约100人接受此次培训。本次培训邀请到国防大学战略第一军事训练室主任王洪福教授、中科院心理研究所副教授关梅林博士等专家,分别就“我国周边军事安全”“加强心理建设,幸福高效生活”“中国特色城镇化建设发展战略与城市经济”“中国文化与经济发展”“区域经济社会发展分析”“隐藏的智慧——与庄子对话”“交互作用分析”“人才潜能开发学”等方面进行授课和互动。

(丰台区科委)

【丰台轨道交通产业集群成为科技部培育试点】 年内,科技部发布了2013年度创新型产业集群试点(培育)名单,全国共有29家产业集群入围,丰台轨道交通产业集群成为北京市唯一一家入选单位。

(丰台区科委)

【丰台区生产力促进中心顺利通过ISO9000监督审核】 年内,兴原认证中心专家对丰台区生产力促进中心ISO9000质量管理体系进行了外部监督审核。经过严格审核,专家对该中心的ISO9000质量管理体系运行情况给予肯定。会后审核专家通过抽查文件、记录、询问、谈话等形式,对中心管理层、办公室、信息部的各项工作进行了审核。专家按照中心的质量管理手册、程序文件及工作指导书中工作流程,对涉及的重点条款进行了抽查审核。

(王向军)

石景山区

【石景山游戏企业荣获多项大奖】 1月7—9日,2012年度中国游戏产业年会在江苏举行,石景山区重点游戏企业蓝港在线(北京)科技有限公司、完美世界(北京)网络技术有限公司、北京畅游天下网络技术有限公司、呈天游(北京)信息技术有限公司、趣游科技集团有限公司分别荣获年度中国十大最受欢迎网页游戏、十大最受欢迎原创网络游戏、十大最受欢迎网络游戏、十大最受欢迎原创移动游戏和十大海外拓展游戏企业等18项大奖。

(石景山区科委)

【道从科技挂牌新三板】 1月8日,中关村示范区10家企业进入股份报价转让系统(俗称新三板)集体挂牌仪式在中关村软件园举行。中关村科技园区石景山园企业——北京道从交通安全科技股份有限公司成为10家挂牌企业之一,证券简称“道从科技”,股票代码“430181”。石景山园已有5家企业挂牌新三板。

(石景山区科委)

【中关村十大系列评选榜单揭晓】 1月16日,2012年度中关村十大系列评选榜单揭晓。石景山区趣游科技董事长玉红与小米科技雷军、联想集团杨元庆等共同荣获中关村十大人物殊荣。暴风影音与联想、新浪等知名品牌荣获中关村十大卓越品牌殊荣。趣游科技、博韩伟业2家企业获中关村新锐十强企业殊荣。

(石景山区科委)

【游艺春秋向区政府赠送锦旗】 2月28日,园区企业游艺春秋向区政府赠送锦旗,感谢区政府及相关部门服务企业联合破获游戏产品受侵权一案。副区长李艳参加赠旗仪式。游艺春秋公司向区政府赠送了“真诚服务为企业 廉明高效促发展”的锦旗,向区公安分局赠送了“雷霆出击企业卫士 保驾护航维权先锋”的锦旗,向区科技园区赠送了“助成长排忧解难 办实事温暖人心”的锦旗。

(石景山区科委)

【北京畅游公司向区政府赠送锦旗】 3月12日下午,北京畅游公司向石景山区政府赠送锦旗,感谢区政府及相关部门在企业旗下网络游戏《天龙八部》账号封停问题处理过程中给予的大力支持。副区长李艳出席会议并接受锦旗。

(石景山区科委)

【**石景山园科技金融服务联盟成立大会举行**】 3月26日，石景山园管委会在万商花园酒店主持举行中关村石景山园科技金融服务推进会暨中关村石景山园科技金融服务联盟成立大会。50余家金融机构及百余家园区重点企业参会。市知识产权局副局长王淑贤、中关村管委会主任助理焦晓宁，石景山区副区长李艳出席会议并为联盟揭牌。

（石景山区科委）

【**2013年科普工作会召开**】 4月2日，石景山区科委在科技馆报告厅召开2013年科普工作会。会议总结2012年度科普工作，部署2013年工作重点，表彰2012年度石景山区创新科普工作室、北京市2012年度社区科普益民计划先进集体单位并颁牌，还为石景山区科技馆全国科普教育基地揭牌。

（石景山区科委）

【**中交机电工程局有限公司落户石景山园**】 4月16日，中交机电工程局有限公司正式落户石景山园。该公司为中国交通建设股份有限公司的全资子公司，注册资金5亿元，与现有的中国交通建设股份有限公司总承包经营分公司实行“一套人马，两块牌子”的运营模式。该公司成立后，将整合中交股份内部机电成套工程业务，着力成为涵盖总体策划、设计、采购、安装、调试、运营、售后服务等全产业链的一体化机电成套工程业务系统服务商。预计3年内收入规模将达50亿元。

（石景山区科委）

【**2013年知识产权联席会议工作会召开**】 4月17日，石景山区召开2013年知识产权联席会议工作会，会议对中国科学院大学、北京易华录信息技术股份有限公司等10家2012年度石景山区知识产权工作先进单位进行表彰，区公安分局做典型发言，市知识产权局副局长王淑贤、副区长李艳共同为“国家专利产业化试点基地”揭牌。

（石景山区科委）

【**工程实践教育中心入选国家级实践教育基地**】 5月7日，中关村石景山园与北方工业大学共同申报的北方工业大学—中关村科技园区石景山园工程实践教育中心入选国家级“本科教学工程”大学生校外实践教育基地。

（石景山区科委）

【**科技政策法规宣讲团走进石景山**】 5月16日，市科委和石景山区科委共同组织“北京科技政策法规宣讲团走进石景山”政策专题宣讲会。来自石景山各园区企业的100余名企业高管和项目负责人参会。会上，宣讲团分别就企业所关注的北京科技政策法规宣讲团的基本情况和提供的服务、北京市科技工作思路和支持企业发展的科技政策，高新技术企业科技政策以及中关村国家自主创新示范区促进高新技术产业发展的政策等重点内容进行了深入解读。会后，参会人员就本市科技创新基地建设、高新技术成果转化项目认定、设计产业促进、工程技术服务促进、中关村“十百千”企业认定等政策与宣讲团成员进行了深入交流。

（市科委法规处）

【**金融产业联盟系列活动开展**】 6月18—19日，由中关村石景山园金融产业联盟携手创业公社、华海基业、中国银行、21世纪天使投资等多家机构在石景山区科技馆连续举行企飞京西——雏鹰人才基地金融专场、游戏动漫类项目投融资对接会等金融产业联盟系列活动。会上，2家优质企业获得中国银行无抵押信用贷款，金额合计500万元，共有百余家企业和80余家金融机构参会，多家企业与参会金融机构达成意向合同。

（石景山区科委）

【**专利行政执法委托协议签署**】 6月26日，市知识产权局与石景山区知识产权局签署专利行政执法委托协议，市知识产权局副局长潘新胜出席，区知识产权联席会议成员单位区公安分局、区法院、区工商分局、区商务委、区文委等参加。

（石景山区科委）

【**北京市首家毕业生创业基地揭牌**】 7月9日，由石景山区人力社保局主办的北京市首家毕业生创业基地在玉泉大厦常青藤创业研究中心（蒲公英国际青年创业驿站）举行揭牌仪式。

基地由区政府与蒲公英国际青年创业驿站合作建立，面向国内有创业意愿的毕业生，提供教育、融资、团队指导等创业支持一条龙服务。毕业生入驻基地后，每年交纳4000元，即可获得办公场所、电脑、电话等配套办公设备及经费、场地、税费等方面的政策优惠。首批60名高校毕业生创业者已签约入驻，聘请的创业导师将为青年创业者提供各项决策指导，帮助他们规避创业风险，走好人生创业第一步。

（石景山区科委）

【检查组到国家可持续发展实验区检查工作】 7月17日，科技部国家可持续发展实验区办公室和北京市科委可持续发展实验区管理办公室组织检查组到石景山区进行国家可持续发展实验区中期检查。在实地考察了智慧石景山、趣游科技集团有限公司、区自来水公司可持续发展供节水信息平台、新首钢高端产业综合服务区建设和永定河生态绿色景观升级改造工程，听取了建设国家可持续发展实验区中期工作总结及下一步工作计划，并就实验区建设进行了提问和座谈后，检查组对石景山区建设国家可持续发展实验区所取得的成效给予肯定，并认为石景山区实验区建设规划的执行情况达到预期要求。

（石景山区科委）

【国家级保险产业园将落户石景山】 8月1日，中国保监会与市政府正式签订战略合作备忘录，明确提出联合在石景山区打造国家级保险产业园区，借助各自优势共同构建保险业集中发展区域。产业园以中国保险信息技术有限公司为核心，吸引全国各类保险业态及新兴金融机构入住产业园。产业园选址在中关村石景山园北一区，占地面积64.5公顷。产业园吸引各类保险机构聚集，支持各保险公司设立数据中心、结算中心等机构，打造为国家保险产业聚集区、保险创新示范区和保险文化引领区。

（石景山区科委）

【布雷尔利挂牌新三板】 8月9日，石景山园区企业——布雷尔利（北京）金属家居用品股份有限公司挂牌全国中小企业股份转让系统（俗称新三板），证券简称“布雷尔利”，股票代码“430260”。布雷尔利公司是一家集家居装饰设计、生产、销售为一体的行业领先企业，致力于为客户提供专业化、个性化、高品质的家居装饰设计方案和产品。该公司是园区孵化器孵育的第二家挂牌新三板的小微企业，园区新三板挂牌企业已达6家。

（石景山区科委）

【2012年度科学技术奖励评审会召开】 8月14日，石景山区召开2012年度科学技术奖励评审会。区科委做关于2012年度石景山区科学技术奖励工作和评审工作的汇报。按照评审程序，获奖项目将在评审会后进行为期15天的公示。

（石景山区科委）

【骑士动画电影全产业链平台落户石景山】 8月20日，动画电影全产业链运营平台——骑士平台举行启动仪式。这是石景山区打造首都休闲娱乐中心（CRD）的重要举措。该平台是全国首家针对国产动画电影作品的全产业链运营平台，由制片管理平台、全媒体传播平台、院线发行平台、版权销售平台、整合营销平台和衍生品销售平台等六大子平台组成。该平台已与央视动画达成动画业务的战略合作，与天津静海达成产业园合作，与少先队事业发展中心、腾讯儿童达成项目渠道推广合作，与义利、北冰洋达成品牌推广合作，与中国木偶剧院达成儿童乐园及舞台剧项目合作。该平台旗下有弹匣创设、黑帆和Summerplan等3个原创动画工作室，并在外部投资合作了8家工作室，培育吸引了一批优秀的国内原创艺术家。已有两部动画系列电影和3部动画剧集在平台上线。

（石景山区科委）

【石景山园成为首批战略性新兴产业科技成果转化基地】 8月22日，石景山园成为首批北京市战略性新兴产业科技成果转化基地，园区的Q3D游戏引擎研发项目、基于国标的高清节目制作系统项目和物联网无线感知技术服务平台建设项目成为北京市战略性新兴产业科技成果转化项目。

（石景山区科委）

【石景山区成为国家知识产权试点城市】 8月28日，国家知识产权局正式批准石景山区成为国家知识产权试点城市，石景山区成为继海淀区、朝阳区之后全市第三个获此殊荣的区县，标志着石景山区知识产权工作进入新的阶段。

【石景山区建立北京互联网金融产业基地】 8月30日，石景山区宣布建立北京互联网金融产业基地。该基地将依托中关村科技园区石景山园的西山汇、北一区和新首钢高端产业综合服务区的部分区域，形成建筑规模20万平方米的互联网金融产业基地。

（石景山区科委）

【基石国际创立大会暨一届一次董事会召开】 8月30日，基石国际融资租赁有限公司主办的基石国际融资租赁有限公司创立大会暨一届一次董事会在朝阳区京投大厦召开。该公司是由北京市基础设施投资有限公司旗下京投（香港）有限公司出资设立，初期注册资本1250万美元，融资租赁规模达31亿元。其主要业务是为轨道交通相关企业提供融资租赁服务，打造轨道交通行业“境内融资融物，境外投资融资”闭环资金链条。基础设施公司副总经理郝伟亚任基石租赁首届董事长。

（石景山区科委）

【2013首都文化金融服务季——动漫游戏专场举行】 9月6日，2013首都文化金融服务季——动漫游戏专场在区科技馆举行。市金融局副局长柯永果出席活动。该活动由市委宣传部、市金融局、石景山区政府等多家单位联合主办，中关村石景山园、华海基业孵化器、华夏时报社等单位承办。14家金融机构及40余家游戏动漫企业参加。

（石景山区科委）

【两家公司获认定，三家公司获2013年度首都设计提升计划支持】 9月，北京首钢国际工程技术有限公司和北京漫游谷信息技术有限公司获得2013年度北京市设计创新中心认定，北京首钢国际工程技术有限公司获得创新环境培育支持，北京帷幄三谛数码科技有限公司、北京华录亿动科技发展有限公司和北京信力筑正新能源技术股份有限公司三家公司的项目分别获得2013年度首都设计提升计划支持。

（石景山区科委）

【猫妹微电影基金正式启动】 10月9日，猫妹微电影在中关村石景山园西山汇正式开业。同时，总额为5000万元的猫妹微电影基金正式启动。猫妹一款集移动投影、充电、播放于一体的后移动时代新概念终端发布，《布袋中国》开机。工信部、科技部、北京市侨办、中关村及石景山区相关领导出席启动仪式。

（石景山区科委）

【北京中关村云能态投资管理有限公司成立】 10月16日，由中关村国际环保产业促进中心等6家单位发起成立的北京中关村云能态投资管理有限公司落户中关村石景山园。

（石景山区科委）

【西山汇迎来第一家银行】 10月16日，广发银行股份有限公司北京石景山支行在西山汇正式开业。这是广发银行在石景山区建设的第一家营业网点，也是进驻园区西山汇的第一家银行。

（石景山区科委）

【第十七届京港会举行新首钢推介会】 10月24日，第十七届北京·香港经济合作研讨洽谈会，北京市石景山区国家服务业综合改革试点区暨新首钢推介会在石景山区举行。会上，石景山区分别与中意赛达产业发展集团和香港国誉置业有限公司签署了战略框架合作协议。

（石景山区科委）

【中关村数字媒体产业联盟成立】 11月8日，由中关村石景山园企业新媒联盟（北京）文化传播有限公司、搜狐畅游、华录出版传媒等发起的中关村数字媒体产业联盟正式宣告成立。成立仪式上，共有来自数字媒体、互联网、IT咨询、研究机构等行业的30多家理事单位代表出席。这是石景山园又一特色产业联盟。

（石景山区科委）

【腾讯移动开发者沙龙举行】 11月14日，以“孵化·成长”为主题的腾讯移动开发者沙龙暨腾讯（北京）创业基地启动仪式在国家会议中心举行。腾讯集团、石景山雏鹰人才创业基地、石景山区科委园相关负责人以及创业企业、媒体代表等出席活动。

（石景山区科委）

【中关村先行先试政策宣讲会召开】 11月19日，中关村先行先试政策宣讲会在石景山园召开，宣讲团由中关村管委会与市科委、市财政局、市地税局和市国税局组成。会议重点介绍了中关村推进落实“新四条”政策工作方案。

（石景山区科委）

【“飞圣达”品牌获“北京市著名商标”称号】 11月，石景山区又新增一家北京市著名商标企业，石景山区高新技术企业北京奥力助兴石化有限公司“飞圣达”品牌喜获“北京市著名商标”称号。

（石景山区科委）

【石景山区2家文化创意企业获出口基地称号】 12月5日，市商务委召开北京市外贸转型升级示范基地工作会议，石景山区2家文化创意企业——趣游科技集团有限公司、北京华录百纳影视股份有限公司分别获得“趣游集团游戏出口基地”“华录百纳影视文化产品出口基地”称号。

（石景山区科委）

【2013年度（第十届）中国游戏行业年会召开】 12月7日，2013年度（第十届）中国游戏行业年会在安徽召开，石景山园企业获得22个奖项中的9项大奖。其中，北京畅游时代数码技术有限公司总裁陈德文、北京漫游谷信息技术有限公司首席执行官张福茂、蓝港在线（北京）科技有限公司董事长王峰、北京海游科技有限公司总裁李捷、北京乐动卓越科技有限公司首席执行官邢山虎、趣游科技集团有限公司首席执行官玉红荣获“2013年度优秀企业家”奖项；北京畅游时代数码有限公司首席运营官洪晓建、蓝港在线（北京）科技有限公司总裁廖明香、北京昱天时空信息技术有限公司首席运营官韩静荣获“2013年度新锐人物”奖项；北京畅游时代数码技术有限公司、北京漫游谷信息技术有限公司、蓝港在线（北京）科技有限公司、北京海游科技有限公司、北京乐动卓越科技有限公司、趣游科技集团有限公司荣获“2013年度优秀企业”奖项；北京漫游谷信息技术有限公司、蓝港在线（北京）科技有限公司、北京乐动卓越科技有限公司荣获“2013年度产品研发先进单位”奖项；蓝港在线（北京）科技有限公司游戏《苍穹之剑》、北京乐动卓越科技有限公司游戏《佣兵天下》荣获“2013年度最受期待手机游戏”奖项；北京乐动卓越科技有限公司游戏《我叫MT》、蓝港在线（北京）科技有限公司游戏《王者之剑》荣获“2013年度优秀手机游戏”奖项；趣游科技集团有限公司游戏《横扫天下》荣获“2013年度优秀网页游戏”奖项；北京畅游时代数码技术有限公司游戏《蛮荒搜神记》荣获“2013年度最受期待网络游戏”奖项；北京畅游时代数码技术有限公司游戏《新天龙八部》荣获“2013年度优秀网络游戏”奖项。

（石景山区科委）

【7人获北京市博士后科研活动经费资助】 年内，中关村科技园石景山园博士后（青年英才）创新实践基地7名博士获得北京市博士后科研活动经费资助30万元，为石景山区全面实施重点人才工程，进一步吸引高学历、高素质人才提供了新动力。

（石景山区科委）

大兴区

【9家企业获得“工业科技旅游示范企业”称号】 1月6日，区旅游委、区科委、区科协召开2012年工业科技旅游示范企业颁牌暨总结交流会。会上，区旅游委主任颜淑敏、区科委主任王自学先后为北京三元食品股份有限公司、中国影视大乐园、北京雪莲羊绒股份有限公司等9家“工业科技旅游示范企业”颁牌。

（大兴区科委）

【科普工作座谈会召开】 1月22日，区科协科普工作座谈会在科技大厦召开。各镇、街道科普工作负责人参加了座谈会。会上，各镇、街道分别汇报了2012年科普工作情况、2013年科普工作思路及重点，大家围绕如何有效开展科技培训、加强科普社区建设、加大科普工作者培训、创新科普工作方式、提升农民和社区居民科学素质进行了交流，提出了建设性意见。区科协表示，将进一步创新方式，提高能力，凝聚各方力量，重点搭建三个服务平台，抓好五个方面工作，打造“一书、一队、一站、一点、一窗、一莱”六个一工程，通过三个加强促进自身建设，推动新区科普事业取得新的发展。

（大兴区科协）

【2012年度市财政科普项目实施会议召开】 1月23日，区科协召开2012年度市财政科普项目实施会议。会上，区科协强调了市财政科普项目的重要意义，要求各项目实施单位结合自身实际，一是严格按照市财政下发的《专项项目审核明细表》实施项目，充分利用市财政专项资金广泛开展科普活动；二是由各项目实施单位自行委托设计和施工单位，并签订合同；三是提出了合同签订及验收的最后时间；四是对施工合同中应包括的主要内容及购买全媒体科普视窗等事宜做了简要说明。

（大兴区科协）

【知识产权管理与战略运用培训班举行】 1月29日，北京市专利试点单位负责人企业知识产权管理与战略运用培训班在北京工大建国饭店举行，大兴区知识产权局组织区内31家北京市专利试点企业负责人50余人参加了培训。此次培训是作为试点企业年终考核的一项重要环节。在培训会上与会专家针对试点培养期企业知识产权管理与战略运用问题做了专题讲座，并与企业负责人进行深入交流与探讨，此次培训进一步提升了试点单位的知识产权综合运用水平和自主创新能力。

（大兴区科委）

【科普宣讲团走进大兴】 1月31日，“学习宣传贯彻党的十八大精神，科普宣讲团进大兴”启动仪式在大兴区科技大厦举行。

（大兴区科委）

【大兴区高新技术企业整体发展态势良好】 2月19日，大兴区科委完成了对区内高新技术企业情况的统计年报调查工作。173家参加统计的高新技术企业2012年度实现工业总产值157.07亿元，总收入179.18亿元，其中主营产品销售收入155.5亿元，进出口总额1.41亿美元，净利润12.76亿元，实际上缴税费总额9.943亿元，其中享受高新技术企业所得税减免1.142亿元，研发加计扣除所得税减免2018万元，企业内部用于科技活动的非政府经费支出10.8亿元，企业内部用于科技活动的非政府经费当年形成的固定资产9840万元，年末从业人员数23338人，其中大专以上学历科技人员数为12811人，占总数的54.9%，企业办科技机构数109个。

（大兴区科委）

【企业研发中心创新能力提升项目汇报会召开】 2月27日，大兴区企业研发中心创新能力提升项目汇报会在区科委召开，区内14家重点企业参会，并分别就各自承担的企业研发中心项目做汇报。本项目主要通过对国内及北京市企业研发中心相关支持政策体系进行深入梳理研究，并与区内企业研发中心的创新能力现状调研成果进行分析，制定区内企业研发中心认定标准。

（大兴区科委）

【宣讲团走进亦庄生物医药园】 3月26日，市科委和北京亦庄生物医药园共同召开2013年第一期北京亦庄生物医药产业创新与发展论坛。来自北京经济技术开发区及北京市生物医药相关企业、科研院所、高等学校的技术、市场和管理部门负责人百余人参加会议。北京科技政策法规宣讲团围绕生物医药产业的创新模式、科技型中小企业技术创新资金和北京生物医药产业相关项目申报、医药工业“十二五”规划、经信委中小企业发展专项资金及创业引导基金和产业扶植项目、生物医药企业投资、智能制造装备发展专项等重点内容做解读。

（市科委法规处　北京生物技术和新医药产业促进中心）

【区知识产权局成为北京市专利行政委托执法单位】　4月2日，北京市专利行政委托执法工作会在卧佛山庄召开。会上，区知识产权局与市知识产权局签署了专利行政委托执法协议。标志着区知识产权局进入北京市第二批专利行政委托执法单位。

（大兴区科委）

【绿色通道专项取得成果】　4月10日，市科委组织专家对北京市阀门总厂（集团）有限公司承担的市科委绿色通道专项“超（超）临界火电机组关键阀门国产化研制与开发”课题进行验收。该课题重点进行了超（超）临界火电机组关键阀门的设计机理的研究，界定了产品设计、性能仿真和参数指标，研制了主蒸汽闸阀、主蒸汽管道疏水阀、二级过热器出口疏水阀、给水泵汽轮机排汽蝶阀4种产品，完成关键阀门产品的应用示范。开展了超（超）临界火电机组关键阀门的设计机理和实现手段的研究，进行了关键阀门数字样机的建立及性能分析和可制造性分析，完成了设计改进和试制检测，掌握了核心技术。推动了该类阀门的国产化研究应用与示范，为产业化生产打下了基础。

（大兴区科委）

【大兴区百村百名蔬菜农民技术员工作会召开】　4月19日，大兴区种植中心蔬菜站召开2013年大兴区百村百名蔬菜农民技术员工作会。全区9个镇的41名农民蔬菜技术员参加了会议。会上，蔬菜站对2012年蔬菜农民技术员培训工作进行总结，表彰了2012年聘任的15名优秀农民蔬菜技术员，并向2013年新聘的5名农民技术员和续聘的36名技术员颁发了聘书。3名优秀蔬菜农民技术员代表以及1名新聘技术员代表做了发言。

（大兴区科委）

【2013京台兰花产业科技发展论坛召开】　5月22—23日，以“两岸携手·共推兰花盛世”为主题的2013京台兰花产业科技发展论坛在大兴宾馆举行。论坛邀请了京台两地在兰花产业方面从事发展研究的知名专家、学者和从事生产经营的兰花企业负责人等150余人，就京台两地兰花产业发展的技术、品种、经营模式、发展前景、合作方式进行深入的交流与探讨。

（大兴区科委）

【大兴区2家企业荣获“北京市专利示范单位”称号】　6月17日，由市知识产权局召开的2013年北京市专利示范暨知识产权专家团巡讲工作推进会在湖北大厦举行。大兴区2家企业北京协和药厂、北京铁路信号有限公司荣获“北京市专利示范单位”称号，并授予石油化工学院杨京伟、三元基因工程有限公司周敏毅“北京市企事业单位知识产权专家团”专家证书。大兴区的北京市专利示范单位已达8家，对大兴区知识产权整体水平的提升起到了辐射带动作用。

（大兴区科委）

【大兴区网络数字家庭科普馆设计联络会召开】　7月16日，大兴区网络数字家庭科普馆设计联络会在区科协会议室召开。由北京市信息办原主任华平澜、北京数字科普协会秘书长刘英、市农林科学院农业科技信息研究所副所长张俊峰、市数字科普协会理事长柳纯录组成的专家组听取了中科院软件公司就数字科普馆建设方案的汇报，专家组根据汇报情况就数字科普馆的技术支持、受益人群的定位、科普馆和专题展厅的区分、展示内容等方面提出了相关意见和建议。

（大兴区科协）

【举办科普工作管理者培训班】　9月26—27日，区委组织部和区科协在区委党校举办了科普工作管理者培训班。各镇、街道主管科技工作的领导和具体负责人、全民科学素质工作领导小组成员单位主管领导共计70人参加培训。区委组织部还组织全区30名处级和科级领导干部对此次培训课程进行选修学习。此次培训采取集中授课、体验式教学、交流研讨等形式，邀请中科院博士生导师、中国科技馆原馆长王渝生教授，中国科普研究所所长任福君，中国科普研究所原科学素质室主任翟立原等专家，围绕当代科技发展的态势与前瞻、如何建立优秀科普社区和科普基地、公民科学素质建设的现状与趋势等内容进行现场授课和经验介绍。

（大兴区科协）

【大兴区召开2013年全媒体科普视窗培训会】 10月15日，大兴区全媒体科普视窗培训会在区科协会议室召开，区内首批安装全媒体科普视窗的11家项目单位参加了此次培训。会上，来自北京驷骑中天网络工程技术有限公司、北京千松科技发展有限公司的6名技术人员就全媒体科普视窗的相关功能、实操以及后期维护保养等方面做解读，并对各项目单位就视窗内容的定期更新、自有内容的格式转换、上传播放及相关操作方法等进行答疑。

（大兴区科协）

【大兴区数字科普馆设计论证会召开】 11月22日，大兴区数字科普馆设计论证会在区政府六楼会议室召开。会上，中科院软件中心副总金鲁峰首先对数字科普馆的设计方案做了汇报，各委办局根据汇报内容对数字科普馆的网络建设及后期运营，就设计方案的内容修正、资金使用情况、青少年科普知识与数字科普馆的匹配交换方面提出了意见和建议。

（大兴区科协）

【国家标准制定项目《LED舞台灯具通用技术条件》获得立项】 年内，在国家标准化管委会下达关于《半导体照明术语》等48项国家标准制（修）订项目计划的通知中，由新区高新技术企业北京星光影视设备科技有限公司作为起草单位推荐的国家标准制定项目《LED舞台灯具通用技术条件》获得立项（项目编号：20130030－t－607），项目完成时间为2014年。

（大兴区科委）

房山区

【科普宣讲团进房山】 1月30日，“科普宣讲团进房山区”启动仪式举行。会议播放了《京郊科技游——房山》科普宣传片。科普宣讲团工作组向凯达公司的员工们赠送了科普宣传片、科普图书等宣传材料。

（北京科学仪器装备协作服务中心）

【房山区关闭煤矿替代产业科技示范通过验收】 2月1日，2010年度市重大成果转化落地项目“房山区关闭煤矿替代产业科技示范”完成了各项任务和目标，通过了市科委组织的专家验收。该课题在实施过程中，建立新品种仁用杏种植基地33.33公顷（500亩），标准化种植基地337.33公顷(5060亩)。开发冷榨杏仁油、杏仁粉、杏仁乳糖豆、杏仁布丁等4个深加工产品。建设仁用杏仁加工综合利用生产线1条。实现年产值1427万元。建立仿野生黄芩标准化种植基地200公顷（3000亩），建立了2条黄芩茶加工生产线。开发了黄芩毛峰、黄芩芯茶、黄芩养生茶等3个品种。黄芩茶年销售额达到200多万元。建立肉鸽养殖示范基地4个，建成了乳鸽全程人工孵化生产示范线1条，制定了饲养技术、人工孵化、防疫技术等5项标准，年出栏乳鸽75.5万只。该课题的实施满足了房山北部山区关闭煤矿替代产业的重大科技需求，与中国农业大学建立紧密的技术合作关系，转化落地了中国农业大学一批重大科技成果，培育出百草畔帅旭植物油有限公司、北京灵珍源保健食品有限公司、北京昊达腾飞肉鸽养殖合作社等产业化企业。增加就业岗位806个。

（王文伟）

【房山区4个项目获得市科学技术奖三等奖】 2月21日，2013年度北京市科学技术奖获奖项目名单公布，房山区4个项目获得三等奖，分别为：中国石油化工股份有限公司催化剂北京燕山分公司“聚丙烯成核剂YS－689的工业开发及应用”项目，中国原子能科学研究院“重离子碰撞的微观输运理论发展及其应用”项目，中煤北京煤矿机械有限责任公司“极薄煤层高产高效自动化刨煤机无人工作面支护技术及设备研究”项目，以及“年产千万吨特厚煤层超长综放工作面支护技术及设备研究”。

（徐璐璐）

【科普行活动进房山】 8月28日和8月30日，北京科学仪器装备协作服务中心到房山区燕山东风街道和向阳街道为社区居民送去科普知识。活动邀请了北京语言大学教授张宝明做“识姓氏 认祖先 圆凝聚中华梦”的讲座。两次活动还为社区居民们发放了《2013 年科普基地畅游手册》《新农民百事通》《京郊科技游》等科普图书和光盘。

（北京科学仪器装备协作服务中心）

【高新技术企业迅速发展】 年内，房山区高新技术企业保有量达 86 家：资源与环境技术 12 家、新材料技术 15 家、生物与新医药技术 11 家、电子信息技术 13 家、新能源及节能技术 7 家、高新技术改造传统产业 22 家、高技术服务业 6 家。其中，中央市属驻区企业 4 家，区属地方企业 82 家；国有企业 4 家，外商独资 1 家，合资 2 家，有限责任及股份企业 64 家，其他有限责任公司 15 家。

（王茂东）

【技术合同成交总金额 2.22 亿元】 年内，房山区共认定登记各类技术合同 302 项，合同成交总金额 2.22 亿元，较上年增长 6.7%。

（李　鹏）

【专利申请量稳步增长】 年内，房山区专利申请量达到 880 件，其中，发明专利 371 件，实用新型专利 413 件，外观设计专利 96 件。专利授权量达到 512 件，其中发明专利 122 件，实用新型专利 324 件，外观设计专利 66 件。

（李　鹏）

【“食用菌产业升级”项目实现富民强区】 年内，科技部于 2011 年支持房山区承担的科技富民专项行动计划项目“食用菌菌种和标准化技术优化及产业升级”已见成效，经过实施该项目，食用菌种植涉及全区 14 个乡镇 7000 多农户，使户均增收 1 万元以上，实现了农民增收致富。该项目推广应用平菇培养料发酵技术、香菇反季节地栽技术等新技术 12 项，建立了 12 个生产示范基地，使食用菌新品种、新技术的应用率达到了 90% 以上；建立了一个服务主体多元化、功能完备、运行规范的食用菌产业科技服务体系，培训指导食用菌种植户、基地技术人员 22000 人次；在十渡、蒲洼等 6 个山区乡镇实现特色食用菌栽培环境的标准化生产，面积达到 66.67 公顷（1000 亩）以上；食用菌废料循环再利用技术应用达到 95% 以上；通过建设 3 个千亩园、5 个百亩园、42 个食用菌种植基地，培育 3 家专业合作组织、7 个龙头企业，实现了产业升级。

（王文伟）

【房山区建成果蔬食用菌深加工生产示范线】 年内，由北京凯达恒业农业技术开发有限公司承担的“房山区果蔬、食用菌深加工关键技术研究与产业化”项目通过专家验收。该公司在北京建立首个果蔬、食用菌深加工生产示范线，年加工能力 1100 吨。转化了中国农科院农产品加工研究所 4 项膨化果蔬产品发明专利，制定了新型果蔬脆片产品企业标准（Q/FS KDH001—2012，Q/FS KDH002—2012）。引进和改造的果蔬、食用菌加工设备节能达到 20%，成品率由引进设备前的 12∶1 提高到 5.9∶1，产品含油量由 10% 降到 7% 以内，产品保质期由之前的 5 个月提高到 12 个月。通过项目的实施，使企业年产值达到 4000 万元，直接吸纳农村 350 人就业。建设了果蔬原料种植基地 25 个，为房山区新增蔬菜、食用菌种植面积达 666.67 公顷（1 万余亩）。

（王文伟）

【首都科技条件平台房山工作站运行平稳】 年内，依托首都科技条件平台，房山工作站建立了与首都科技条件平台所属研发实验基地、领域中心和区县工作站的联系与沟通渠道。按照主动介入、超前服务的理念，年内新发展成员单位 39 家，累计达到 130 家，聚集省部级以上资质的重点实验室、检测机构 4 家，面向社会开放仪器设备 75 台套，聚集科技管理和技术专家 91 位，挖掘企业在科研仪器设备、技术项目、专业人才、资金、科技政策等方面的科技需求累计达到 52 项。通过组织政策宣讲会、技术研讨会和“多对一、一对一”科技条件个性需求对接活动，促进了企业与科研院所间、企业与企业间的科技资源共享与科技研发合作，达成合作意向 15 项。

（李晓明）

门头沟区

【首都可持续发展教育2013春节团拜会】 1月12日,首都可持续发展教育2013春节团拜会暨北京可持续发展教育协会常务理事会议召开。会上,聘任了首批中国可持续发展教育项目管理专家,认定了首批中国可持续发展教育国家实验学校。大会聘任门头沟区教委主任李永生为首批中国可持续发展教育项目管理专家。大峪二小被认定为首批中国可持续发展教育国家实验学校。

(门头沟区教育学会)

【科普宣讲团走进门头沟】 1月30日,市可持续发展科技促进中心与门头沟区科委在大峪街道新桥西社区共同召开“科普宣讲团进门头沟巡展活动”启动仪式。现场参会领导向大峪街道新桥西社区居民代表发放了《科技让生活更美好》等科技宣传光盘和资料。会后,社区居民体验了北京口腔医院流动口腔科普车。

(门头沟区科委)

【科技助推门头沟农家女创新创业】 3月6日,市科委与门头沟区妇联在门头沟共同举行“关注妇女民生,助力妇女发展”主题活动。区内各镇妇女创业带头人近50人参加活动。活动中,市科委为门头沟区创业女性赠送黄芩种子和金银花苗木及科普图书,并邀请种植专家讲授种植管理技术,提高创业女性的种植技术。门头沟区发展种植金银花、黄芩等中草药861公顷(12915亩),产值达583.8万元,带动农户2912户;研制出金银花茶、金银花蜂蜜等系列产品,并取得了良好的经济效益和社会效益。

(农村发展中心)

【“科技下乡”不重场面重实效】 4月1日,区科协响应2013年“科技套餐配送工程”活动,邀请中国科协老科技工作者总会4名专家,到妙峰山镇、雁翅镇进行果树栽培知识讲座。同时拉开了2013年度科普之春活动的序幕。中国科协老科技工作者总会王宝义教授、朱扬虎教授在区科协相关负责人的陪同下分别来到妙峰山镇黄土台村、雁翅镇太子墓村,为当地50余位农户进行樱桃树春季修剪管理、苹果树修剪及病虫害防治的知识培训,发放果树管理知识宣传材料50余份。专家们深入田间地头了解果树生长情况,亲自示范剪树方法,受到了在场农户的欢迎。

(王　榕)

【村级全科农技员签约仪式举行】 年内,潭柘寺镇举行了村级全科农技员签约仪式,来自全镇12个村的12名农技员分别和所在村签订了全科农技员技术服务责任书,标志着农技员们正式走上工作岗位履职服务,实现了全镇村级全科农技员全覆盖。这12名农技员都是村里的种养殖能手,他们将结合自己多年的种养殖经验,在田间地头为村民提供农业技术指导、传播农业科技知识,成为一支正式履职、统一管理的土专家队伍。

(王美月)

密云县

【高新技术企业财政支持资金兑现会】 1月9日,县科委与县财政局、经济开发区管委会共同召开2012年度密云县促进高新技术企业发展财政支持资金兑现会。会议通报了《密云县关于加快县域经济发展的若干政策》的落实情况。18家高新技术企业获得财政支持资金600余万元。自政策实施以来,已有53家企业受益。

(宋立荣)

【农村中学科技馆揭牌运营】 1月25日,全国首家农村中学科技馆在高岭中学建成并投入使用。馆内建有科普展品、数字科技馆、科普图书、学生科技创意作品和多媒体投影5个展区,16项展品,510册科普图书。

(苑光前)

【科普宣讲团走进密云】 1月31日,科普宣讲团进密云巡展活动启动。本次活动由市科委组织,北京市可持续发展科技促进中心与密云县科委共同承办。活动采取定点巡展、多媒体巡展等方式,走进密云县的乡镇、学校,以展板、视频、互动活动等形式,让密云县的百姓感受科技带来的变化,推动实施与老百姓衣食住行用相关的科技成果。随后,北京科学技术开发交流中心组织的科技宣讲团来到密云县古北口村,向村民及时宣传贯彻党的十八大精神,展示"科技北京"行动计划启动以来的科技成果。活动中,科普宣讲团工作组向古北口村村民赠送了科普光盘、科普图书和扑克牌、钥匙链等纪念品近600件。

(密云县科委)

【首都科技条件平台密云工作站项目通过验收】 3月4日,"首都科技条件平台密云工作站2012年度建设运行"课题通过市科委验收。该课题实施期间,共签约企业和研究所10家、科技管理专家29名,受理并回复企业需求50余项,举行供需对接35次、培训6期,4项科技成果在本县落地。

(赵　亮)

【科普惠农兴村计划工作会召开】 3月11日,县科协召开2013年科普惠农兴村计划工作会。科普惠农兴村计划2012年获奖补单位及2013年的获奖补单位的代表及个人获奖参加会议。会上,2013年获奖补单位及个人就全年计划开展的活动内容、资金使用安排进行汇报。县科协听取汇报后对各奖补单位及个人提出建议和要求。一是继续完善工作内容,开展实用技术培训活动要落实到每个月,保证全年培训12期以上,培训人数1000人次以上。二是认真留存培训资料,及时向县科协上报活动信息。三是严格遵守资金使用管理细则,规范填写推广新技术、新品种资金使用表、科普设备开支预算表等表项,确保奖补资金笔笔有着落,分分出效果。

(密云县科协)

【县人大调研《科技进步法》执行情况】 3月26日,县人大组织部分人大代表调研《中华人民共和国科技进步法》在本县的贯彻执行情况,听取了《科技进步法》执行情况报告,实地察看了北京首云铁矿有限公司、北京康辰药业有限公司和北京绿润食品有限公司的科技创新成果。县人大副主任赵秦岭参加调研,县委常委、副县长杨珊陪同调研。

(张怀东)

【获得专利执法授权】 4月2日,县知识产权局获得市知识产权局"专利行政委托执法"授权,可独立开展专利执法工作。年内,县知识产权局开展执法检查4次,对假冒专利商品给予立案查处,255件商品信息录入北京市专利商品动态监控系统。

(景　姗)

【果树专家田间地头开讲座】 4月17日,密云县科协组织聘请果树专家杨东生、田瑞冬到西田各庄镇坟庄村为村民开展"科普大篷车进农村"——核桃的优质栽培专家讲座活动。讲座中,两位专家分别从果树的整形修剪、土肥水管理、花果管理、有害生物防治、保护措施等5个方面进行了讲解和示范,同时与现场村民积极互动交流,解答村民提出的实际问题。

(密云县科协)

【宣讲团走进密云经济开发区】 4月23日,市科委与密云经济开发区共同举行中关村国家自主创新示范区密云园2013年高新技术企业政策培训会,来自密云经济开发区的50余家企业负责人参加会议。会上,市科委、中关村管委会、北京中关村企业信用促进会及密云县科委生产力促进中心分别就高新技术企业政策、企业信用与科技金融政策以及首都科技条件平台和技术市场等企业关注的政策问题进行解读。本次宣讲会是北京科技政策法规宣讲团走进中关村一区十六园的系列活动之一。今后,宣讲团将陆续针对顺义、怀柔、延庆等园区开展宣讲活动,推动中关村国家自主创新示范区发展。

(市科委法规处　北京生物技术和新医药产业促进中心)

【科技成果推广普及活动】 4月25日,县科委在果园街道康居社区、密西花园社区开展科技成果推广普及活动。活动中开展了科普知识讲座、免费口腔检查等活动，参加居民达200余人。

（李大轩）

【“4·26”知识产权宣传活动】 4月26日，县知识产权局与县工商局、文委等部门，在鼓楼文化活动广场开展“4·26”知识产权宣传活动。活动中解答群众各类问题100余次，发放《知识产权政策法规汇编》、知识产权宣传册等宣传品2000余份。

（景 姗）

【高新技术企业工作会召开】 4月26日，2013年密云县新认定高新技术企业工作会召开，北京康华远景科技有限公司等14家新认定的高新技术企业参加此次会议。会上详细讲解了高新技术企业扶持政策，并为14家企业颁发了高新技术企业证书。

（宋立荣）

【樱桃种植培训举行】 5月5日，县科委邀请市农科院樱桃专家到穆家峪镇水漳村进行樱桃种植技术指导培训，30余种植户参加了此次培训。培训后，专家到种植大棚内现场示范、讲解了果树修剪技术，并逐一解答了种植户提出的技术问题。

（赵红霞）

【科技进步县考核部署】 5月8日，科技进步县考核工作部署会召开，部署了2013年科技进步考核工作，并就科技进步考核指标体系、应用方法及相关事项进行了讲解、答疑。18个相关县直单位和5个镇街负责科技工作的工作人员参加了会议。

（王宗存）

【密云县“一滴水”科普园建设开工】 5月8日，密云县首家国家级科普示范社区“一滴水”科普园建设开工暨社区科普文化节启动仪式在东菜园社区广场举行。150余名社区志愿者和共建单位学生代表参加启动仪式。鼓楼街道东菜园社区在2012年获得中国科协“基层科普行动计划”奖励，即被评选为全国科普示范社区，共获得奖补资金75万元。科普主题园建设完成后将是一个寓教于乐，贴近百姓，贴近生活，贴近群众，满足百姓多种需求，提高广大居民幸福指数，促进和谐社会建设的休闲、娱乐、主动开展科普学习为一体的综合活动场所。

（密云县科协）

【防灾减灾科普宣传】 5月12日，密西花园社区开展以“识别灾害风险、掌握应急技能”为主题的科普宣传活动，为社区居民宣讲了基本急救知识，对心脏骤停、溺水等突发事件的救助办法进行模拟演示，展出“科学防灾避险，保障生命安全”展板30余块。

（李大轩）

【防震减灾科普知识进校园】 7月2日，县科委联合县地震局在北庄镇中心小学开展防震减灾知识进校园活动，展出防震减灾展板40余块，并向学生讲解了地震和泥石流的避险措施。

（许小亮）

【提高信息能力培训班举办】 7月11日，密云县科协提高信息能力培训班活动在县青少年宫举办。来自全县37个社区的社区科普工作者和科普志愿者参加培训班。此次培训邀请北京歌华有线数字媒体有限公司的孟建勋讲解宽带应用和数字新媒体知识。随后，市科协信息中心组织对第十届北京市百万家庭数字生活技能大赛的特点和参与网上答题等内容进行简单的现场培训。

（密云县科协）

【“钢铁科普构筑科学时代”助推矿业科普新进展】 7月11日，首云矿业有限公司承担的研制“钢铁科普构筑科学时代”系列互动展品社会征集科普项目通过验收。该项目立足首云国家矿山公园开展科普活动的需要，挖掘了铁矿工业生产的相关内容，研制开发了“生态矿山——互动投影沙盘”“地层扫描仪”“矿石观察台”“地球起源——时光机器”“板块运动冲动互动装置”等5个科普展项。同时，首云矿业自身筹资对原有的展品进行了提升更新改造，其科普场馆利用投影融合矫正技术及精准对位技术等新手段，使新开发的展项融知识性、互动性与娱乐性于一体，大大提升了铁矿博物馆的科普能力，提升了国家矿山公园向公众开展科普活动的水平。

（密云县科委）

【市科委副主任郑焕敏到密云县调研】 7月16日,市科委副主任郑焕敏到密云县调研科技工作进展情况。郑焕敏听取了本县科技工作情况汇报和通航产业、生态商务区建设情况,实地参观了密云机场和乔治海因茨飞机制造有限公司。县委常委、副县长杨珊陪同调研。

(张怀东)

【“12396”科技服务热线送科技培训下乡】 7月31日,市科委农村发展中心联合北京农科院信息所在密云县太师屯镇南台村开展了“12396”北京新农村科技服务热线送科技培训下乡活动。活动邀请果树种植资深专家鲁韧强研究员为当地的苹果树种植户做了果树栽培管理技术方面的讲座,并向村民们发放了《12396科技服务热线咨询问题选编》、科普图书等资料。近百名密云县全科农技员(农村科技协调员)及当地农户参与了培训。

(市科委农村处　农村发展中心)

【市科委科宣处处长张信到密云县调研】 8月23日,市科委科宣处处长张信就科普工作到本县调研,实地考察了蔡家洼村创新型科普社区“科普体验厅”和巨各庄镇天葡庄园特色科普示范基地建设,听取了科普行系列活动的工作思路。县委常委、副县长杨珊陪同调研。

(张怀东)

【市农林科学院党委书记高华到密云县调研】 8月28日,市农林科学院党委书记高华到本县畜牧养殖科技示范基地调研。高华一行实地参观了高岭镇爱农北京油鸡养殖示范基地、西田各庄镇海华云都奶牛养殖示范基地。

(张怀东)

【科普行活动启动】 8月29日,县科委在鼓楼街道东菜园社区举行2013年科普行活动启动仪式。启动仪式上,向社区居民播放了科普影视作品,发送了科普书籍、光盘等科普宣传品。

(李大轩)

【2013年市科委科普行活动开展】 8月29日,北京高技术创业服务中心与县科委在密云东菜园社区共同开展2013年市科委科普行活动,100余名社区居民参加了本次活动。活动中,举行了科普宣传讲座与科普互动活动,组织社区居民观看了《科普电影》《2013科普之旅》等科普光盘,为居民们发放了《北京市科普基地畅游手册》等科普宣传图书资料。活动还邀请青少年科普活动中心的专家,为青少年做题为“小科技大智慧”的讲座。

(北京高技术创业服务中心)

【华润希望小镇新农村建设科技示范工程通过验收】 9月13日,华润希望小镇新农村建设科技示范工程课题通过市科委验收,该课题实施期间,在华润希望小镇示范了新型墙体保温建筑材料和雨水回收处理、好氧生物接触氧化+高效过滤+MBR(膜生物反应器)污水处理等先进节能环保技术,为新农村建设提供了技术支持与借鉴。

(蔡大海)

【“密云金秋科普游”活动】 9月19日至21日,县科委联合蔡家洼休闲观光工业园、张裕爱斐堡国际酒庄、首云国家矿山公园3家北京市科普教育基地,开展“密云金秋科普游”活动,接待游客5744人,其中团队游客1608人,实现旅游收入65.25万元。

(李大轩)

【科普行活动走进密云蔡家洼社区】 9月26日,北京高技术创业服务中心与密云县科委在蔡家洼社区共同举行2013年北京市科委科普行活动,活动特别邀请了西苑中医院刘征堂副主任医师为百姓送去养生保健科普知识,50余名社区居民参加活动。活动中,刘征堂结合目前中老年常见病(高血压、糖尿病、心脏病、肝硬化)的自查、预防、治疗及保健等,对农村老年人日常生活中遇到的相关健康问题做了讲解。

(北京高技术创业服务中心)

【科普行活动进密云】 10月23日,北京高技术创业服务中心与密云县科委在密云高岭镇共同开展“进乡镇,送健康”活动。活动邀请了北京口腔医院的专家为200余名当地村民讲解了如何保护牙齿、预防各类口腔疾病的知识和方法,并为村民进行了口腔检查。村民们对口腔保健越来越重视,活动中义诊台前聚集了不少咨询的村民。活动现场的横幅、宣传板、宣传图册等资料展示了口腔健康保健知识。

（北京高技术创业服务中心）

【知识产权质押融资对接会开展】 10月24日，开展密云县知识产权质押融资业务培训及专利投融资项目对接会，40余家科技企业参加会议。会上，向企业讲解了中关村知识产权优惠政策、知识产权质押贷款及评估流程，2家企业与北京银行代表签订了质押贷款意向合约。

（景 姗）

【数控养蜂技术培训举行】 11月26日至12月4日，县科委聘请数控养蜂技术发明人杨多福为县内养蜂大户开展为期9天的数控养蜂培训，60余名蜂农参加培训。培训主要讲授了数控养蜂技术的原理和具体操作方法，并对蜂农关心的蜜蜂选育、蜂群的管理以及春季繁育、蜂群越冬等技术进行讲解。

（赵红霞）

【科技套餐专家行，共建高端樱桃园】 12月4日，密云县科技套餐基站点邀请市农林科学院樱桃专家张开春，为穆家峪镇22名农村全科员进行樱桃冬季管护技术培训，现场示范。此次活动通过专家现场授课、发放科普资料、现场技术指导等方式向广大农技员传播科技知识和实用技术，切实提高广大农民的科学素质和科技致富能力，真正发挥了科技套餐的实际作用。

（密云县科协）

【东邵渠镇举办葫芦工艺技能培训班】 12月12日，县科协与东邵渠镇在东葫芦峪村共同举办葫芦工艺品制作技能培训班，聘请顺义区龙湾屯镇吉祥八宝工艺坊牛成果老师，为农民传授葫芦种植、烙画工艺技能。牛成果带领农民参观了葫芦火烩艺术精品展，让40位学员对葫芦工艺有了初步的认识，随后集中到室内进行理论性培训。该班计划开展10期，针对葫芦种植、烙画、雕刻等各阶段技艺进行分类指导、系统培训，为打造东葫芦峪村葫芦文化创意产业和民俗旅游宣传品牌奠定技术基础，帮助农民增收致富。

（密云县科协）

【科技进步考核】 年内，通过地方考核、专家复核和社会公示等环节，本县顺利通过科技部2011—2012年度科技进步考核。

（胡凤霞）

【高新技术成果转化项目认定】 年内，国电四维清洁能源技术有限公司“基于智能穿越技术的高效节能高压变频器产业化项目”等5个项目通过北京市2013年度高新技术成果转化项目认定，获得支持资金900万元。在成果落地转化、产品推广等方面获得市科委支持。

（宋立荣）

【高新技术企业管理】 年内，新认定高新技术企业17家，73家高新技术企业实现收入69.7亿元，同比增长23.4%；高新技术产品（服务）收入51.4亿元，同比增长32.8%；纳税总额3.58亿元，同比增长19.3%；申请专利161项，授权专利42项。

（宋立荣）

【中关村新技术新产品认定】 年内，北京建生药业有限公司金水鲜胶囊和金龙胶囊、北京三辰工业新材料有限公司硅橡胶等5项产品被认定为2013年度第一批中关村国家自主创新示范区新技术新产品。享受中关村新技术新产品（服务）应用推广专项资金支持。

（宋立荣）

【科技惠农行动计划科技示范基地认定】 年内，北京海华云都生态农业股份有限公司等9家农业企业被市农林科学院认定为科技惠农行动计划科技示范展示基地。

（魏长山）

【农业科技示范基地培育】 年内，县科委制定《密云县特色生态农业科技示范基地管理办法（草案）》，培育百年栗园北京油鸡成果转化科技示范园等科技（科普）示范基地6家。

（魏长山）

【区域特色商标注册】 年内，挖掘“汤河”、“黄土坎”等区域特色品牌资源12件，提交商标注册申请31件。累计168件商标获得授权，“古北水镇”等31件商标已转让或许可给县内相关单位使用。

（景 姗）

【农业科技服务平台建设】 年内，建成密云休闲生态农业科技信息服务平台，宣传农业科技信息12万条，推介县内名优农产品51种，实现销售额1084余万元。

（赵红霞）

【科技成果转化示范基地建设】 年内，北京科技成果转化(密云)示范基地建设完成一期(北区)东、西侧道路路面铺设，奥科瑞丰、华源泰盟等7家企业落户基地，注册资金总额达1.4亿元。

（张宝忠）

【市级科普教育基地认定】 年内，县科技馆、气象局、黄峪口养蜂合作社3家单位被认定为北京市科普教育基地。

（李大轩）

【专利申请】 年内，新申请专利552件，同比增长51.6%，获得授权专利254件，同比增长119%，增幅位于全市首位。

（景　姗）

【市级专利试点企业认定】 年内，北京康辰药业有限公司等10家企业被认定为北京市专利试点企业，全县北京市专利试点企业达到53家。

（景　姗）

【科技研发项目鉴定】 年内，北京建生药业有限公司等12家企业的53项研究开发项目通过市科委鉴定，享受税收加计扣除政策。

（宋立荣）

【2个项目获市级科学技术奖】 年内，北京斯伯乐科学发展有限公司的“乙烯装置碱洗塔黄油抑制剂研发与产业化”项目和北京赫宸环境股份有限公司的“静态清灰袋式除尘技术研究”项目分别获得北京市科学技术二等奖和三等奖。

（宋立荣）

【技术合同登记】 年内，登记技术合同56份，合同成交总额1.8亿元。

（赵　亮）

怀柔区

【果脯工业化加工关键技术应用与产品开发课题通过验收】 2月27日，果脯工业化加工关键技术应用与产品开发课题通过市级专家组验收。建设了年加工能力为220万千克的果脯生产示范线1条。通过应用过热蒸汽射流冲击烫漂技术和真空脉动浸渍技术，对原有果脯生产线进行改造，缩短了生产时间，提高了效率，开发出6个休闲类果脯蜜饯新产品。

（怀柔区科委）

【完成全区知识产权工作调研，起草专利奖励政策】 2—3月，怀柔区普查近5年来区内知识产权发展情况，梳理了各区县的知识产权奖励政策，完成了《近五年怀柔区知识产权工作总结》以及《怀柔区知识产权发展情况调研报告》，起草了《怀柔区专利奖励办法(试行)》，为专利奖励政策的出台打下了基础。

（怀柔区科委）

【怀柔区科技工作会议召开】 3月17日，2013年怀柔区科技工作会在双阳宾馆召开，副区长张勇做了题为“实施科技创新战略 发挥支撑引领作用 全力推进文化科技高端产业新区建设”的科技工作报告。会议对全区2012年科技工作进行了总结，对2013年科技工作的主要任务做了全面部署，并对2012年度科技工作先进单位、先进个人和获奖项目进行了表彰。

（怀柔区科委）

【举行APEC与城市照明论坛】 3月27日，怀柔区科委与怀柔区首家民办非企业单位——北京新能源高科技发展普及发展中心共同举行了APEC与城市照明论坛。邀请了中国照明学会、总后勤部建筑设计研究院、扬州大学、北京市工商联宣教处、北京市建设工委、怀柔区政协、怀柔区科委、发展改革委、农委、北京雁栖经济开发区、行政服务管理中心、怀柔区政府信息中心的领导和专家学者200余人参加。

(怀柔区科委)

【开展科普之春活动】 3—4月,怀柔区以5项重点活动为主,围绕沟域经济、农民致富、科技培训等共开展各类活动90次,展出科普宣传展板189块,印发各类科普宣传资料和宣传品11万份,送电影下乡110场、培训农村劳力7.52万人次。

(怀柔区科委)

【科普统计工作会】 4月15日,区科委召开了怀柔区科普统计工作培训会。来自区教委、文委、园林绿化局等40个单位的有关负责人出席培训会。4月底,完成了怀柔区2012年度全国科普统计工作。

(怀柔区科委)

【茸鹿增光增茸增值技术示范推广课题通过验收】 4月24日,茸鹿增光增茸增值技术示范推广课题通过市级专家组验收。研制了以中药材为主要组分的控光增茸专用的饲料添加剂,经过试验采用该饲料配方及添加剂配合增光增茸技术较自然生长鹿茸的公鹿,可使鹿茸增产100%。利用农民田间学校等形式组织技术培训,参加人数达409人次,技术推广鹿只数量707只次,增加效益450.37万元。

(怀柔区科委)

【"4·26"世界知识产权宣传周活动】 4月,区知识产权局紧紧围绕"实施知识产权战略,支撑创新驱动发展"这个宣传主题,开展了处级领导干部知识产权知识培训、世界知识产权日宣传活动、旁听知识产权纠纷案案件审理、中关村怀柔园知识产权政策宣讲等活动。

(怀柔区科委)

【农民致富科技服务套餐配送工程】 4月,区科委在桥梓镇召开科技套餐工程"京科糯928"玉米栽培技术现场会,市科协党组成员、副主席田文,市农学会理事长陶铁男等出席会议。年内扩大了"京科糯928"引种面积,在怀柔区渤海镇、雁栖镇、怀北镇、桥梓镇、琉璃庙镇、喇叭沟门乡6个种植实验镇乡,共计种植面积33.33公顷(500亩)。此外,开展了科技套餐工程都市型现代农业示范基站建设工作。

(怀柔区科委)

【科普奖励兑现】 4—5月,2013年科普惠农兴村计划奖励工作完成。3个农民专业技术协会、3个农村科普示范基地及3名个人获得表彰,资金99万元。同时,社区科普益民计划奖励完成,4个优秀科普社区、1个优秀基层科普场馆、1个户外科普园地及3名优秀科普宣传员获奖,兑现资金56.5万元。

(怀柔区科委)

【科技活动周开展】 5月,开展了以"科技创新·美好生活"为主题,多系列、多层次的科技周活动。5月20日,开展了食品安全科普知识讲座进社区活动。邀请北京食品检测中心的范志红研究员为社区的80余居民进行了"食品安全知识"科普讲座。5月21日,组织部分科普示范社区的居民到位于开发区内的安全教育体验馆进行体验教育。5月22—23日,区科委、区科协组织科普责任单位代表在内的460余名群众参观在全国农业展览馆举行的2013年全国科技活动周暨北京科技周主场。5月23日,2013年怀柔区青少年未来工程师大赛在怀柔四中举行。15所学校共计102名学生参加了4个项目的激烈角逐。

(怀柔区科委)

【开展专利执法检查,净化商品市场】 5—10月,按照市知识产权局统一部署,区知识产权局积极组织落实,先后开展了两次专项执法行动。一是在京北大世界进行了"果园老农牌美国扁桃仁(100克)"涉嫌假冒专利行为的专利执法行动。二是与市知识产权局联合开展了医疗器械领域专利执法检查活动。两次专利执法活动共查处7项涉假冒专利产品,制作了49份法律文书,严格履行了法律程序。

(怀柔区科委)

【北京纳米科技产业园申报国家纳米高新技术产业化基地通过论证】 6月18日,科技部高新司在北京纳米科技产业园召开北京国家纳米高新技术产业化基地申报专家论证会,市科委副主任张继红、怀柔区副区长张勇等领导参会。专家组一致认为:基地建设指导思想明确,管理构架清晰，产业基础扎实，地方扶持政策有力，符合国家高新技术产业化基地认定要求，同意通过论证。

（怀柔区科委）

【“超顺排碳纳米管阵列产业化”项目落户怀柔】 6月18日，清华—富士康纳米科技研究中心“超顺排碳纳米管阵列产业化”项目正式签约入驻北京纳米科技产业园。这是继纳米绿色印刷项目之后又一个纳米重大科技成果落户纳米科技产业园。至此，北京纳米科技产业园已初步形成纳米板块快速聚集态势。

（怀柔区科委）

【“启迪创业行”走进北京纳米科技产业园】 6月25日，在市科委推动下，清华科技园启迪孵化器组织18家纳米领域相关企业到北京纳米科技产业园实地考察，这是双方签订战略合作协议后举行的首次深度对接。“启迪创业行”是清华科技园面向企业项目产业化和政府招商引智需求精心打造的增值服务产品，旨在为清华科技园企业家与各产业化基地搭建面对面沟通的桥梁。

（怀柔区科委）

【科技政策宣讲助力北京纳米科技产业园发展】 7月18日，市科委与怀柔区科委、雁栖经济开发区管委会共同举行“北京科技政策法规宣讲团走进纳米科技产业园”专题宣讲会。来自纳米科技产业园、雁栖开发区的近百家企业的代表参加了此次会议。本次科技政策宣讲为今后纳米园区企业用好、用足相关科技政策，帮助纳米成果的尽快落地转化奠定了基础。

（怀柔区科委）

【科技政策法规宣讲团走进纳米科技产业园】 7月18日，市科委与怀柔区科委、雁栖经济开发区管委会共同举行“北京科技政策法规宣讲团走进纳米科技产业园”专题宣讲会。来自纳米科技产业园、雁栖开发区的近百家企业的代表参加了此次会议。会上，宣讲团分别就企业关心的北京市支持企业技术创新的相关政策、促进高新技术企业发展的综合政策、科技人才激励政策、科技金融政策，以及纳米科技产业扶植政策和纳米产业园建设进展等内容做解读。工商银行北京市分行的相关人员介绍了该行与市科委进行战略合作、重点推出支持科技型中小微企业发展的信贷金融和投融资服务的情况。

（市科委法规处）

【开展科普之夏活动】 7—9月，怀柔区开展了以“保护生态环境 建设美丽北京”和“普及安全健康知识”为主题的科普之夏活动。期间，怀柔区以加强科普网络、科普队伍、科普阵地建设为重点，利用社区服务站、活动室、图书室、市民学校等活动阵地，举行了“电动汽车科普进社区”“科普文化广场”“科普知识竞赛”“科普健康知识讲座”“社区科技展览”等活动。

（怀柔区科委）

【“张杂谷5号”新品种推广及高效种植模式研究课题通过验收】 8月6日，“张杂谷5号”新品种推广及高效种植模式研究课题通过市级专家验收。引进“张杂谷5号”新品种，开展“张杂谷”系列品种的对比试验，筛选出了果谷套种的高效栽培模式，示范面积213.33公顷（3200亩），推广453.33公顷（6800亩），总产值达到1280万元，套种模式可为农民亩产增收1000元。

（怀柔区科委）

【纳米压印重大项目入驻北京纳米科技产业园】 8月16日，美国工程院院士、普林斯顿大学终身教授周郁团队“纳米压印LED图形衬底产业化”项目与北京纳米科技产业园签订意向入驻协议，这是继纳米绿色印刷、超顺排碳纳米管项目入园之后的又一重量级项目，为北京纳米科技产业园建成全国纳米科技创新高地书写新的华章。市科委副主任张继红、怀柔区副区长张勇等领导出席仪式。

（怀柔区科委）

【举办科普工作者培训班】 8月27—28日，区科协举办怀柔区2013年的科普工作者培训工作。采取集中培训的方式进行，共组织了42名社区科普工作者和18名科委、科协机关科普工作管理人员，培训时间为16课时，其中12学时的课堂教学、4学时的实地训练。

（怀柔区科委）

【组织2013年度区科学技术奖励申报工作】 9月9日至10月9日,区科委共征集2013年度科技成果109项,涉及5个专业领域,其中:农业20项,工业38项,医疗卫生60项,教育10项,综合11项。

(怀柔区科委)

【化工大学专家与奥星集团技术对接】 9月24日,市科委双新处会同怀柔区科委组织北京化工大学生物医用材料领域技术团队到北京纳米科技产业园与北京奥星集团公司开展专项技术对接活动。化工大学10位专家与奥星公司技术负责人就非PVC输液膜生产中急需解决的设备、原料等问题进行深入探讨,并在新产品研发、技术发展、学生实习、共建实验室等方面初步达成合作共识。

(市科委双新处　北京新材料发展中心)

【科普行活动进怀柔】 9月27日,2013年科普行进怀柔启动仪式在庙城镇庙城学校举行。怀柔区多家街道、社区领导和居民代表及庙城学校师生共700人参加了此次活动。活动中,与会人员参与了北京天文馆科普大篷车与怀柔安全教育基地火灾逃生模拟系统的互动活动,北京科技周展示的百姓发明项目在现场进行了互动展示。

(北京发明协会)

【出台鼓励扶持纳米科技人才新政策】 12月19日,怀柔区委、区政府出台《怀柔区鼓励扶持纳米科技领域领军人才和高级技术人才实施办法》,重点鼓励扶持入驻北京纳米科技产业园进行创新创业的纳米科技领域领军人才和高级技术人才。

(怀柔区科委)

【高新技术企业申报认定】 年内,区科委组织26家企业参与了高新技术企业认定,14通过了专家评审、认定,获得高新技术企业证书。组织8家证书到期企业参加高新复审,并全部通过。高新技术企业总保有量达到84家。

(怀柔区科委)

【高新技术企业主要经济指标平稳增长】 年内,全区84家高新技术企业实现技工贸总收入147.0亿元,同比增长32.9%;工业总产值97.8亿元,同比增长1.6%;工业增加值40.2亿元,同比增长44.1%;利润16.2亿元,同比增长47.3%;上缴税金8.9亿元,同比增长43.5%。

(怀柔区科委)

【高新技术企业优惠政策落实】 年内,区科委依据《怀柔区关于促进高新技术产业发展若干财政政策的通知》精神,对中科合成油、同方泰德、四维—约翰逊、东方磁源等四家企业的各项信息进行了认真审核,为企业开具了证明材料,全年为企业奖励资金超过400万元,保证企业切实享受区财政优惠政策。

(怀柔区科委)

【技术合同登记】 年内,按照《北京市技术市场条例》,怀柔区共认定登记技术合同78份,与去年基本持平,实现技术合同成交金额5.3亿元,较去年增长60.6%。

(怀柔区科委)

【专利申请量持续攀升】 年内,通过不断强化知识产权工作,怀柔区专利申请、授权取得了良好发展。全年,专利申请量465件,同比增长3.6%;授权量334件,同比增长16.4%。

(怀柔区科委)

【专利试点、示范单位考核建设】 年内,经北京市专利局考核验收,我区新认定专利试点单位9家,专利示范单位1家,使我区专利试点单位数量达到54家,示范单位2家。

(怀柔区科委)

【专利费减缓】 年内,区知识产权局共为88家专利申请单位开具专利费用减缓证明263份,为企业减缓申请和维持费约76万元。

(怀柔区科委)

【首都科技条件平台建设不断完善】 年内,区科委完成了2013年度首都科技条件平台建设项目的中期检查、绩效评估和结题验收工作,累计争取科技资金支持45万元。与各领域中心、研发基地开展对接活动7次,新发展成员单位40家,汇集企业科技需求46项、科技人才100人,服务成员单位实现合同成交金额3亿元。

(怀柔区科委)

【实施科普项目】 年内,实施“怀柔虹鳟鱼科普长廊建设”和“全媒体科普视窗进社区工程”两个项目。到位项目资金分别为169.24万元、140.48万元，主要是为了提升怀柔城市水平，提高居民科学素质，在旅游景点、民俗户、社区等地建设流动橱窗、宣传栏、全媒体视窗等科普设施。

（怀柔区科委）

【开展全国科普示范社区建设和申报工作】 年内，完成了开放路社区全国科普示范社区的建设工作。7—10月，申报龙山街道开放路社区为全国科普示范社区，并顺利获批，分别争取中国科协和北京市科协建设资金20万元和25万元，共45万元。

（怀柔区科委）

平谷区

【平谷学生参加小发明答辩活动】 1月20日，区科协组织的19名中小学生参加了北京市第33届青少年科技创新大赛小发明答辩活动。包括移动的红绿灯、半自动浇花器、玻璃管切割器、危险警示器等13个发明项目参加答辩。活动中，学生们阐述了自己小发明作品的原理，完成了操作过程，提高了学生们的应变能力，培养了创新能力和动手能力，对培养创新型人才起到了促进作用。

（平谷区科协）

【平谷区第一家企业科协成立】 2月23日，平谷区第一家企业科协——北京华裕食品有限公司科学技术协会正式成立。成立大会上。该公司宣读了区科协关于同意成立北京华裕食品有限公司科协的批复，审议通过了《北京华裕食品有限公司科学技术协会章程》。经过全体职工投票选举，产生了华裕科协第一届委员会委员、主席、副主席和秘书长。新成立的华裕食品有限公司科协，将按照《中国科学技术协会章程》《企业科学技术协会组织通则》以及《北京市科学技术协会实施〈中国科学技术协会章程〉细则》的要求开展工作，积极参加重大科学普及和学术交流活动。

（平谷区科协　黄　芳）

【科普宣讲团走进平谷】 4月17日，市科委科学仪器装备中心与区科委走进南独乐河镇北寨村开展科普宣讲活动。活动邀请中科院科普宣讲团成员、北京麋鹿苑生态实验中心副主任郭耕为村民们做了题为“素食：健康与环保的捷径”的讲座。4月24日，市科委科学仪器装备中心与区科委共同开展了科普宣讲团走进大华山村活动。大华山村300多位村民参加了本次活动。本次活动通过现场讲解、发放科普图书、光盘和宣传资料的形式，为村民普及科普知识。另外，市科委科普宣讲团来到北京普析通用仪器有限责任公司开展科普宣讲活动。普析公司领导和员工共计200余人参加了本次活动。本次活动通过问卷调查、发放科普图书和宣传资料等形式，为普析公司的员工带来科普知识和检测技术专业知识，并与普析的员工进行了技术知识交流互动。

（北京科学仪器装备协作服务中心）

【农业专家到刁窝村指导科技套餐工程试点工作】 5月10日，北京农学会理事长陶铁男、市科协学联办主任张鸿博带领北京农科院专家到黄松峪乡刁窝村指导科技套餐工程试点工作。刁窝大力发展村民俗旅游与文玩核桃种植，被选为此次市科协科技套餐工程试点村。农学会专家向刁窝村赠送30斤玉米新品种“京科糯928”试验种子，并进行了现场咨询答疑。

（平谷区科协　巨　颖）

【基础灾害救援科普培训班举办】 7月2—3日，市地震局、市科委在平谷区CERT紧急救援培训中心共同举办了基础灾害救援科普培训班。来自市地震局、市科委、区县地震局、区县科委、科普基地、街道社区等的40多名科普工作者参加了培训。培训中，学员们主要学习掌握了户外基本生存常识及技能、紧急急救知识、自然灾害应对、地震常识与逃生和消防意识，并进行了实地演练。通过这次生动、直观、形象的灾害救援普及教育，掌握了应对地震等自然灾害的基本技能和国际搜索与救援(USAR)的一些基本理论、技术和方法。熟悉和掌握了基本的救援技术、装备及在野外环境中的基本生存技能、自救互救常识、国际化的救援理念和科学的救援流程。

(市科委科宣处)

【举办科普工作者培训班】 10月17—18日,区科委和区委党校共同举办2013年平谷区科普工作者培训班,来自区、镇、村三级科普工作管理者,科普联席成员单位、科普基地、创新型科普社区等单位60人参加了此次培训。培训邀请中科院大学新闻与科学传播学李大光教授讲授"中西科普机制、模式与实践方式"、中国科技馆王渝生研究员讲授"当代科技发展态势与前瞻"、北京市知识产权局协调处朱燕讲授"运用知识产权促进创新发展"。

(平谷区科委)

【平谷国际陆港食品产业科技园建设规划通过论证】 12月20日,北京国家现代农业科技城联合办公室组织有关专家对平谷区政府编制的《北京平谷国际陆港食品产业科技园建设规划(2013—2017)》进行了论证。专家认为,规划编制总体思路清晰,指导思想和目标明确,空间布局合理、功能定位准确、建设内容重点突出,预计该规划实施后对北京的社会经济发展将产生重要作用,对北京国家现代农业科技城的建设和发展有重要的实践意义。规划结合平谷区实际,发挥平谷国际陆港、马坊物流基地及兴谷开发区的产业条件与资源聚集优势,以科技创新为动力、以市场为导向、以企业为主体,提出了"一港一基地一中心"的总体发展思路,符合北京国家现代农业科技城发展战略。

(市科委农村处　市科委农村发展中心)

【"科普小秘书"短信平台为农民送科技】 年内,平谷区科协与中国移动平谷分公司合作开通短信平台"科普小秘书",面向群众发送科普信息。内容包括最前沿的科技热点,科协科普惠农工程、科普益民工程、青少年科普工作动态,产业知识推广,饮食健康、养生保健和围绕全区"一五四化五谷"发展的科普知识等,旨在更广泛地宣传科普知识,提高全民科普素质。

(平谷区科协)

顺义区

【顺义区承办第三十三届北京青少年科技创新大赛】 3月21—24日,第三十三届北京汽车北京青少年科技创新大赛在顺义举行。这是顺义区首次承办此项赛事。区科委、区科协、区知识产权局会同区教委、区公安分局、区市政委等相关部门完成了各项筹备工作,确保大赛顺利举行。顺义区创竞赛项目获奖历史佳绩,获得一等奖5项、二等奖11项、三等奖22项。

(闫兆东)

【顺义区首届科技创新大会召开】 7月31日,顺义区首届科技创新大会在顺义宾馆召开。区各委办局、公司、经济功能区、各镇街道、天竺综保区、高新技术企业主要领导共计350人参加会议。会上,四项区级科技政策集中出台,标志着顺义区区级科技政策体系框架已初步形成,是全区科技事业发展的一个新的里程碑,科技引领支撑经济社会发展的顶层设计与路线图逐步明晰,对于提升区域经济发展社会进步的内生动力和发展活力,增强企业自主创新能力与核心竞争力,将产生深刻而长远的影响。

(闫兆东)

【顺义区部署2013年度专利执法集中行动工作】 12月17日,顺义区2013年度专利执法集中行动工作部署会在区知识产权局召开。副区长燕瑛到会,区科委、区商务委、区药监局、区广电中心、区信息中心领导参会。会议部署2013年专利执法集中行动,对区内大型商场、超市、药店进行专利侵权、假冒专利等违法行为进行检查。

(闫兆东)

【申报各类科技项目59项】 年内,围绕科技部、市科委科技资金支持重点,紧密结合顺义区情，深入研究航空、汽车、装备制造等主导产业、临空经济高端产业功能区建设、新城建设、五彩浅山建设等方面的科技需求，积极整合区域科技资源，筹划运作科技项目，完成创新基金、绿色通道等各类科技项目申报49项，获得上级科技资金5511万元。

（闫兆东）

【推进百家创新型科技企业培育计划实施】 年内，按照百家创新型科技企业培育计划实施进度要求，继续深入开展国家级高新技术企业认定工作，不断壮大区域自主创新主体规模。通过集中培训和深入企业一对一辅导，提高服务质量和水平，顺义区获得科技部认定的国家级高新技术企业达到139家。

（闫兆东）

【开展农民实用技术培训】 年内，顺义区科委充分发挥基层科技组织、农民专业合作社、农村科技协调员的作用，通过集中授课、播放课件、邀请农业专家深入田间地头实地指导等多种形式，扎实开展农民实用技术培训。完成农民培训1.1万人次。

（闫兆东）

【推动知识产权工作】 年内，顺义区深入开展专利试点示范工作。新发展专利试点企业2家，专利示范企业1家。加强企业知识产权申报工作的服务和管理，全区申请专利2318件，授权专利1212件，均创历史新高。

（闫兆东）

【科研机构建设取得新突破】 年内，顺义区科委组织区内科技企业积极向市科委申报市级研发机构，获批3家，累计发展23家；累计发展北京市工程技术研究中心5家，北京市重点实验室2家。

（闫兆东）

【顺义区获评全国县（市）科技进步考核科技进步先进县】 年内，顺义区获评2013年全国县（市）科技进步考核科技进步先进县，燕瑛、姜惠琴、朱光楠、闫兆东等4人获评2013年全国县（市）科技进步考核先进个人。全国（市）科技进步考核由科技部组织评选，每两年一次。顺义区自2001年至今参加评选6次，获得合格3次、优秀3次。

（闫兆东）

【科普行活动走进顺义】 年内，市科委农村发展中心与顺义区科委、区科协在万科城市花园社区举行了科普活动进顺义启动仪式。启动仪式上，“12396”科技服务热线专家回答了居民的现场咨询，北京三元集团有限公司展示了各种乳制品，绿宇公关顾问有限公司进行了医药健康宣传，到场企业向居民发放了100余份科普材料。

（市科委农村处 市科委农村发展中心）

通州区

【文化、科技、卫生“三下乡”集中示范活动开展】 1月16日，市委宣传部、市科委等部门在通州区潞城镇东堡村联合举行北京市文化、科技、卫生“三下乡”集中示范活动，正式拉开2013年“三下乡”活动序幕。活动中，市科委组织食品安全快速检测仪器设备、蔬菜新品种、“12396”科技服务热线等科技成果展览展示，现场为农民演示食品安全现场快速检测，讲解检测原理；免费发放蔬菜新品种，让农民应用优新籽种和栽培技术；发放《农民眼中的新农村》图册和科普书籍。此次活动共发放蔬菜种子、科普书籍及科普资料1000余份。

（市科委农村处 农村发展中心）

【成功承办第十三届北京青少年机器人竞赛】 2月2—3日，由市科协与区政府联合主办、北京青少年科技活动中心和区科协承办的第十三届北京青少年机器人竞赛在通州三中举行。竞赛主题为“诚信伴我成长，科技创造未来”。各区县的代表队及中国儿童中心、市科技馆共18个代表队参加了机器人综合技能比赛、机器人创意比赛、机器人足球比赛等6项竞赛项目。区科协于赛前积极做好赛事筹备工作，并与团区委在通州三中联合开展了志愿者赛前培训活动，确保竞赛圆满举行，被竞赛组委会授予优秀组织奖和特别贡献奖。竞赛的举行，培养了青少年创造性思维和动手实践的能力。

（马振英）

【召开城市副中心社会管理与智慧社区建设培训会】 2月27日，区科协邀请区委党校林学达博士在区科协三楼会议室做了题为“城市副中心社会管理与智慧社区建设”的专题培训。区科协全体工作人员、部分企业科协、科技类社会团体以及街道办事处智慧社区试点单位相关人员近40人参加了培训。

（马振英）

【举行迎三八科普健康讲座及义诊活动】 3月6日，区科协与北京胸科医院在北苑街道复兴南里社区共同举行迎三八科普健康讲座及义诊活动。北京胸科医院乳腺外科副主任医师宋晓运为社区居民主讲了乳腺疾病的防治与保健常识。讲座前，北京胸科医院的医生还为社区居民免费测量了血糖和血压。此次讲座让女性同志掌握更多的乳腺保健知识，增强了保健意识，提高了自我防御疾病的能力。

（马振英）

【通州区在第三十三届北京青少年科技创新大赛中获佳绩】 3月24日，在第三十三届北京青少年科技创新大赛中，通州区3个高中项目在创新组中荣获科技创新优秀项目一等奖，分别是潞河中学的“通州区房地产价格变化及多方影响因素”、“双谐振特斯拉线圈制作及应用的探索”、“鲤春病毒血症病毒快速检测技术的建立及应用”；7个项目荣获二等奖、17个项目荣获三等奖、5个项目获专项奖。同时，区活动中心李颖老师荣获“十佳科技辅导员”荣誉称号，通州区荣获“优秀组织奖”荣誉称号。

（马振英）

【开展科普健康社区行活动】 4月17日，区科协携手北京胸科医院开展科普健康社区行活动，在北苑街道新华联家园北区社区举行“肺癌和乳腺癌的早期发现与防治”为主题的讲座和义诊活动。活动中，北京胸科医院的12位医护人员就肿瘤早期发现与防治进行了义诊咨询。科普健康社区行是区科协和北京胸科医院联手举行的一个长期对外的科普教育活动，由区科协搭建平台，邀请胸科医院医生、护士走进社区，走近百姓，面对面为大众讲科普，深受百姓欢迎。

（马振英）

【成功举行2013年通州区科技周主场活动】 5月17—19日，由区政府主办，区科协、区科委承办，区科普联席会议部分成员单位协办的2013年通州区科技周主会场活动在通州区运河文化广场举行。主会场活动以“科技创新·美好生活”为主题，划分为“中国梦·情系十八大主题展”“启航·首都城市副中心”“百姓科普大舞台”“科技成果展”“科学正能量”“科学盛宴·媒体直通”“健康驿站”“青少年创新创造”“科学迷境”共计9个功能区，集平面展示、互动体验、有奖答题、实物展示、专家咨询等多种形式于一体，内容丰富，异彩纷呈。期间，举行了区政协科技界、教育界委员助推通州经济发展科普宣传活动；北京专平生物科技发展有限公司、北京鑫森观赏鱼养殖中心科普基地、通州区消防协会等25家企事业单位参加活动并展出了富有通州特色的科技产品。本届科技周主会场活动聚集了全区科技、教育、文化等资源，积极创造条件让公众更好地参与科普，为不断提高全民科学素质做出了新的贡献。

（马振英）

【举行通州区“三下乡”科协专场活动】 6月21日，由区委宣传部主办，区科协、西集镇政府承办的通州区文化、科技、卫生“三下乡”节能减排乡村行活动在西集镇科教楼广场举行，区“三下乡”成员单位参加了此次活动。本次活动由科普互动展具展示、科普知识展板展示、联席单位发放宣传材料和科普知识讲座4部分组成，向群众普及了低碳环保知识，帮助他们树立节能减排、绿色生活新理念。

（马振英）

【举行2013年北京·通州全国科普日主场活动】 9月17日，由市科协、区政府主办，区科协、区科委、区市政市容委、北苑街道办事处承办2013年北京·通州全国科普日活动启动仪式暨主会场活动在北苑街道新华联北区广场举行。本次主场活动的主题为“燃气安全、低碳生活”。主要活动内容有：组织社区居民参观燃气安全、低碳生活展览；燃气安全知识有奖问答，燃气专家进行燃气使用安全现场咨询；发放燃气安全知识宣传册。区消防协会以及6家企业参加了活动。通过活动的开展，使群众深入了解燃气安全，树立低碳环保、节能减排的意识。

（马振英）

【科普行活动走进通州】　10月10日，2013年北京市科委科普行活动——走进新华西街社区暨通州区启动仪式在北苑街道新华西街社区举行，社区居民近80人参加了活动。科普志愿者向社区居民发放了科普光盘和平衡膳食、预防高血压、糖尿病、控制肥胖等内容的健康宣传材料，还请大家填写了对科普工作的意见建议征集表。仪式结束后，社区居民观看《健康小天使》健康科普动漫影片。此后，区疾控中心医师专门为大家进行了健康知识讲座。

（北京生产力促进中心）

【2013年通州区青少年科技创新大赛举行】　12月11日，区科协与区教委在区青少年活动中心共同举行2013年通州区青少年科技创新大赛。全区共有34所学校参与，征集创新类项目51项，科学幻想绘画160幅。经过学生展示答辩，专家认真打分，评审出8个创新类项目获得一等奖，15个项目获得二等奖，21个项目获得三等奖；90幅科学幻想画分获一、二、三等奖。活动的开展为参加市级大赛奠定了良好基础。

（马振英）

【召开通州老科协第二届会员大会】　12月12日，通州老科技工作者协会第二届会员大会在通州区东方宾馆会议中心举行。市科协副主席田文，北京老科技工作者总会常务副会长田小平、副会长李如理，区委常委、组织部部长杨静慧出席会议，区科协、区民政局、区社会办、区科委的负责人和新闻媒体参加了会议。区科协副主席谭轶主持会议。会议首先听取并审议了通州老科技工作者协会第一届工作报告和监视会工作报告，总结了4年工作成绩，部署了未来4年的工作任务。通过了理事会、监事会有关人选的推选说明和选举办法，召开了通州老科技工作者协会第二届理事会、监事会第一次会议，选举产生了第二届常务理事、会长、副会长、秘书长、监事长等，通州区北苑街调研员孔维民当选为第二届理事会会长；方友春、王雅岚、孙敦秀、金建华等10人当选为副会长；通州区建筑集团总公司原党委副书记杨家山为监事长。此次换届夯实了为通州区老科技工作者服务的平台。

（马振英）

【社区科普益民计划】　年内，区科协与区财政局继续实施社区科普益民计划。北京市2013年度社区科普益民计划奖补对象中，北苑街道新华联家园北区社区、北苑街道复兴南里社区、北苑街道果园西社区、梨园镇靓景明居社区、中仓街道四员厅社区、玉桥街道净水园社区被评为优秀科普社区；通州区大运河翰林民俗博物馆被评为优秀基层科普场馆；北苑街道办事处马杰、中仓街道办事处张建竹、玉桥街道办事处西雪莲、新华街道司空社区陈玉玲、潞城镇政府贾建春5名同志被评为优秀社区科普宣传员，获得北京市社区科普益民计划项目奖励。计划的实施，建成了一批科普设施，培养了一支科普志愿者队伍，社区科普氛围更加浓厚，居民的科学素质明显提升。

（马振英）

【科普惠农兴村计划】　年内，区科协与区财政局继续实施科普惠农兴村计划。北京市2013年度科普惠农兴村计划奖补对象中，通州区宋庄果树协会、通州区植保协会被评为农村专业技术协会；西集镇大樱桃种苗繁育科普示范基地、北京前榆顺达综合养殖科普示范基地被评为农村科普示范基地；漷县益鑫种植场武顺岩被评为农村科普致富带头人；通州区农业技术推广站丁庆忠、通州区果树产业协会胡文莉被评为专业技术指导员，获得北京市科普惠农兴村计划项目奖励。计划的实施，充分调动了科技人员服务三农的积极性，农村科普基础建设得到了进一步加强。

（马振英）

【加强企业科协组织建设】　年内，区科协充分认识企业科协在增强企业自主创新能力中的重要作用，新成立北京英特塑料机械总厂科学技术协会、北京华源发科学技术协会、北京天龙钨钼科学技术协会、北京中捷四方科学技术协会4个企业科协，积极搭建人才成长平台，深入开展“讲理想、比贡献”等群众性科技创新活动，营造企业自主创新氛围，提高企业员工科学素质。

（马振英）

【履行枢纽型社会组织职能】 年内，区科协紧密联系全区27个科技类社会团体，积极搭建学术交流服务平台，充分发挥科技团体智力优势，团结广大科技工作者，在医疗卫生、消防安全、科技教育、技能培训、科普设施建设和智慧城市发展方面做了系列卓有成效的工作，为打造功能完备的北京城市副中心做出了贡献。

（马振英）

昌平区

【科普宣讲团走进昌平区】 1月10日，市科委科普宣讲团走进昌平区黑山寨村，落实科普培训，推动科技“走·转·改”。此次培训活动邀请“12396”北京新农村科技服务热线板栗专家程丽莉，为板栗种植户讲解板栗冬剪与管理技术，提升了农民科技素质，保障当地产业增效。

（市科委农村发展中心）

【昌平区科普之春活动启动】 3月20日，昌平区科协与昌平区流村镇党委政府共同主办的2013年昌平区科普之春活动启动仪式在流村镇漆园村文化广场举行。涉农镇秘书长、获得奖补支持的农技协和科普示范基地负责人以及漆园村民500多人参加活动。启动仪式现场活动内容有：主题科普文艺演出、昌平区相关部门科普宣传、科技培训（枣树管理、香椿种植技术）、医疗专家义诊咨询、主题展板展览等。参与单位共发放宣传材料2万多份，宣传品5000多件；演出文艺节目14个；科技培训100多人；医疗专家义诊咨询260多人；展出农业科技类内容展板80多块。

【第八届昌平区青少年科技创新大赛举行颁奖典礼】 4月13日，由区科协、区教委、区人口计生委、区科委、区地震局、石油大学理学院、区校外教育协会共同举办的第八届昌平区青少年科技创新大赛颁奖典礼在兴寿学校报告厅举行。区相关领导参加了颁奖典礼并为大赛优秀项目获奖代表颁奖。

【北京科技周昌平区活动开幕】 5月18日，由区政府主办，昌平区科协承办，区科委、区卫生局、区园林绿化局、区公安分局、昌平无线电协会等40多家委办局企事业单位参与的北京科技周昌平区活动开幕式暨大型广场科普宣传活动在昌平区永安公园举行。出席活动的领导观看了主题科普文艺演出，参加了科普游园活动。

【昌平区举行科普之夏活动启动仪式】 7月20日，以“携手建设美丽昌平，共享生态文明成果”为主题的第十五届北京科普之夏昌平区活动启动仪式在南口镇南口村社区举行。启动仪式活动现场有主题科普文艺演出、主题科普展板展览、医疗专家义诊咨询、委办局企事业单位科普宣传等活动板块。南口镇精心组织了一台主题科普文艺节目。参与科普宣传的单位16家，发放宣传材料2万多份，宣传品3000件；展出展板80块；参与群众500人次。

【电子科普行活动走进昌平水屯家园社区】 9月5日，市科委农村发展中心、昌平区科委在城南街道办事处水屯家园社区举行了2013年市科委电子科普行活动，为百姓送去科普知识，水屯家园社区60余人参加了本次活动。市地震局邹文卫教授为大家带来地震灾害与防震减灾的相关科普知识。邹教授全面系统地讲述了地震灾害与防震减灾的相关知识。此次科普活动还邀请了北京口腔医院、三元牛奶、闲亭苑农业种植技术有限公司等单位为社区居民宣传各种科普知识。北京口腔医院的医生还为社区居民进行了免费口腔检查。

（市科委农村处　市科委农村发展中心）

【昌平区举行第五届公务员科学素质大赛】　9月14日，由区人力社保局、区科协共同举办的第五届昌平区公务员科学素质大赛在退休老干部中心多功能厅举行。区科技园区、百善镇等8个单位组成的代表队参加比赛。区科协主席王秋生、党组书记李树伟，区人力社保局党委副书记姚海军，区科协副主席田野青、马民出席。本届大赛的主题是“科学管理 科学决策”。竞赛形式上有所创新，利用LED大屏幕进行风采展示，视觉上给大家更好的观感，增加了竞赛学习效果，提升了大赛组织水平。天通苑北街道代表队获得第一名。

【昌平区举行全国科普日活动启动仪式】　9月14日，昌平区全国科普日活动启动仪式暨大型广场科普宣传活动在亢山广场举行。启动仪式上，社区居民代表宣读《携手建设美丽昌平 共享生态文明成果》倡议书；主席台领导为社区环保志愿者佩戴徽章；表彰科普惠民网优秀信息员；为最美夏季昌平果摄影大赛获奖选手颁奖。区委副书记朱光彤参加开幕式活动。

【科普行活动走进昌平区】　年内，市科委农村发展中心在十三陵镇康陵村组织开展了2013年市科委科普行活动，此次活动共计60余人参加。活动邀请北京中医药大学资深专家张璐芬做“高血压疾病防与治”健康知识讲座，通过理论讲解、实例图片、课堂互动、现场诊断等方法向大家讲解高血压、冠心病、糖尿病的预防及治疗的相关科学知识，并传授在日常生活中如何通过按揉相关穴位进行自我保健。

（市科委农村处　市科委农村发展中心）

延庆县

【科普宣讲团走进延庆社区】　2月5日，科技“走·转·改”——学习宣传贯彻党的十八大精神，科普宣讲团进延庆活动在温泉南区东里社区正式启动。启动仪式播放了科普宣传片，并向社区街道代表赠送了《科技让生活更美好》《科技北京在行动》等科普光盘及图书资料以及纪念品。

（北京科学技术开发交流中心）

【延庆科普之夏活动启动】　8月8日，由县科协主办、香水园街道办事处承办的以“保护生态环境 建设美丽延庆”为主题的科普之夏启动仪式在绿韵广场举行。社区居民500余人参加了此次活动。活动共设置展台15个，县各委办局、公司、企业参与活动。通过展示科普展板、发放科普宣传品、科普剧演出等形势对节能环保、防灾减灾、百万家庭数字生活技能大赛等6个科普主题进行集中宣传。启动仪式结束后，各街道、乡镇将集中在7—9月开展科普之夏主题宣传活动46场，为社区居民送上整个夏日的科普大餐。

（延庆县科协　郝合奎）

【世界地质公园地质博物馆建设项目通过验收】　8月21日，由延庆县硅化木国家地质公园管理处承担的“延庆世界地质公园地质博物馆建设”项目通过专家验收。专家参观了博物馆，认真听取了项目承担单位对项目完成情况的汇报，并进行了讨论与咨询。专家一致认为该项目较好地完成了课题要求的各项任务，达到了相关的考核指标。其中动态景观演示和画中画系统等多媒体手段和语音导览系统很好地融合到博物馆陈列系统中，为展示效果的提升增色不少；整个展示突出了本地恐龙足迹和硅化木的资源特色，为延庆县申报世界地质公园奠定了坚实的基础。

（延庆县科委）

【延庆地质公园荣膺世界地质公园】 9月9日，联合国教科文组织世界地质公园网络执行局在韩国济州岛召开了世界地质公园评审会。经与会专家投票表决，北京延庆地质公园入选联合国教科文组织世界地质公园网络名录，被授予“中国延庆世界地质公园”称号。延庆世界地质公园不仅拥有丰富多彩的地质遗迹，而且拥有八达岭长城、古崖居等著名的文化遗产，拥有地质博物馆、地质广场、地质景点解释系统等地学旅游基础服务设施。

（市科委科宣处）

政策法规选

北京市人民政府办公厅关于转发市科委、市卫生局《首都十大疾病科技攻关与管理实施方案（2013—2015年）》的通知

京政办发〔2013〕5号

各区、县人民政府，市政府各委、办、局，各市属机构：

经市政府同意，现将市科委、市卫生局制订的《首都十大疾病科技攻关与管理实施方案（2013—2015年）》转发给你们，请结合实际认真贯彻执行。

北京市人民政府办公厅
二〇一三年一月二十四日

附件：

首都十大疾病科技攻关与管理实施方案（2013—2015年）

市科委　市卫生局

为深入贯彻落实《北京市国民经济和社会发展第十二个五年规划纲要》和《“十二五”时期科技北京发展建设规划》，巩固和扩大《首都十大疾病科技攻关与管理实施方案（2010—2012年）》的实施效果，充分发挥科技创新的引领作用，加快推进科技与管理对严重影响市民健康的十大疾病（病毒性肝炎、艾滋病、结核病、新发突发传染病、心脑血管病、糖尿病、恶性肿瘤、精神分裂症和情感障碍、慢性肾脏病、脊柱和关节病）防治的支撑作用，促进首都市民健康水平明显改善，特制订本方案。

一、指导思想

坚持“政府主导、部门协作，合作创新、重点突破，中西医并重、防治结合，需求导向、研用结合”的原则，紧密结合医药卫生体制改革，充分发挥前沿技术的引领作用，实行创新驱动和成果转化，促进预防、诊断、治疗、康复等疾病防治各个环节科技攻关与管理的有效衔接和协调推进，提高首都重大疾病防治整体水平，满足首都居民日益增长的健康需求。

二、工作目标

（一）总体目标

研发一批预防、诊断、治疗、康复新技术、新产品，形成一批具有国际影响力的创新性成果，带动

首都医学科技发展；推动一批诊疗规范、适用技术和产品的研究，并在各级医疗机构转化应用，使十大疾病防治水平明显提高；建立健全首都十大疾病防治科技创新体系，推动研究网络不断完善、首都医药协同攻关能力不断增强、医药科技人才队伍不断壮大，为顺利实施医药卫生体制改革和明显改善市民健康水平提供科技支撑。

（二）具体目标

1. 提高市民健康素养。健康教育网络不断完善，市民健康意识和自我保健能力不断增强，市民健康知识知晓率达到80%以上。

2. 提升科技创新能力。在十大疾病防治技术研究方面取得重大突破，在前沿领域形成5项以上有国际影响力的创新性成果，研发100项诊疗新技术、新方法。

3. 增强科技对重大疾病防治的支撑作用。促进医药卫生科技成果的转化应用，增强十大疾病防治能力。建立60项诊疗规范标准，研发50项相关产品，开发100项适宜技术，在1000家次以上医疗机构推广应用。

4. 健全科技创新体系。系统构建首都十大疾病防治研究体系，推动建立临床研究中心，完善由100家成员单位组成的首都十大疾病临床研究网络。

5. 强化医药卫生科技人才梯队建设。培养至少5名科技领军人才、20名学科带头人、40名科技新星，努力打造一批具有国际竞争力的专家团队。

三、重点任务

（一）强化健康促进与管理，提高健康服务水平

广泛普及健康知识，积极倡导健康生活方式，深入推进《健康北京人——全民健康促进十年规划（2009—2018年）》落实，加强社区慢性病管理工作，推选百名社区健康管理专家，建立专群结合的慢性病综合管理模式，开展健康教育、健康促进技术方法和模式研究，遏制疾病快速上升趋势，满足市民健康需求。

（二）研究创新性诊疗技术与方法，增强国际影响力

加强干细胞与组织工程、基因治疗、生物标志物等前沿领域研究，着眼于解决十大疾病防治关键问题，加强多学科交叉融合，探索疾病发生与发展规律，研发诊疗新技术、新方法，为十大疾病防治提供理论和技术支撑。

（三）深化中西医临床诊疗规范研究，提升临床诊疗水平

以转化应用为核心、临床需求为驱动、循证医学为指导，组织各疾病领域的联合攻关，强化防控工作的系统性和整体性。在预防、诊断、治疗和康复等方面进一步开展中西医诊疗技术规范和标准研究；在继承发扬中医药优势特色的基础上，探索中医研究方法学，促进中医药创新发展，提升临床诊疗水平。

（四）加强成果推广与应用，提升医疗服务能力

加大对成熟有效、先进适用的十大疾病科技成果的推广与应用力度，研究探索、逐步建立符合首都特点的推广机制与推广模式，完善相关配套制度，加强技术支撑体系和推广体系建设，切实提高首都十大疾病防治整体水平，促进首都卫生事业持续、协调发展。

（五）加快医药品种研究与开发，推动医药产业发展

结合产业基础，在重点疾病领域发挥临床资源优势，将重大创新药和医疗器械的研发与十大疾病的防治相结合，加快重大新药品种和临床急需医疗器械的研发和应用，继续推进北京中医药“十病十药”创新研发工作，推动实施北京生物医药产业跨越发展工程。

(六)推动建立临床研究中心,完善医学研究体系

依托北京地区一流的临床医院和医学科研机构,以推动临床医学和转化医学发展为目标,积极推动国家临床医学研究中心建设工作,完善由多个成员单位组成的临床研究网络,构建首都十大疾病防控医学研究体系,形成资源整合和协同攻关的有效机制。

四、组织保障措施

(一)加强统筹协调,形成部门联动机制

市政府相关部门建立联席会议制度,通过统筹协调、各负其责,建立互动工作机制,实行专门部门和人员负责制,保证政策有效衔接,确保各项工作目标如期实现。

市科委负责组织实施总体计划,包括:组织编制十大疾病科技攻关实施方案;组织完善首都十大疾病防控医学研究体系;推动与十大疾病防治相结合的新药及医疗器械研发、成果推广和产业化;向国家有关部门推荐本市创新工作模式和重大科技项目。

市卫生局负责组织实施健康促进和管理工作,组织科技成果和适用技术示范推广及行业公益性技术前期预研。

市中医局负责组织开展中医诊疗技术研究,继续推进中医药“十病十药”工作,提升中医诊疗水平,推动北京市中医药发展。

市人力社保局负责研究相对成熟的十大疾病临床研究成果与医保政策衔接工作。

市发展改革委负责积极支持相关医疗卫生基础设施及管理信息平台和诊疗平台建设,推动相关诊疗产品产业化。

市财政局负责落实十大疾病防控和满足医疗卫生事业发展需求的相关经费投入。

市药监局负责推动十大疾病相关药物的审批和监督管理。

市委宣传部负责协调开展十大疾病的科普宣传,提高市民健康素养。

(二)保障经费投入,提高资金使用效益

按照十大疾病防控需求,政府三年科技经费投入保持在4.5亿元左右,平台建设等基本建设经费每年平均1亿元左右。组织方式上实行社会征集、公开招标、邀标、择优委托和稳定支持等多种方式,加强研发攻关全程监管。

(三)加强国际合作,形成开放科研格局

以提高自主创新能力为核心,深化科技体制改革,优化创新环境,进一步扩大科技开放合作,积极探索和构建十大疾病防控领域国际合作交流的新机制和新模式,搭建具有国际影响力的科技合作平台,努力研发一批具有国际影响力的科技成果,积极推动国内企业产品走向国际市场,打造有国际影响力的品牌活动。

(四)注重人才培养,提供强大智力支持

创新人才培养机制,统筹培养十大疾病科研与临床发展所需的各类人才,营造良好的人才引进环境,突出造就高层次科研人才团队,通过落实“科技北京百名领军人才培养工程”“北京市新星计划”“北京市卫生系统高层次卫生技术人才队伍建设实施方案”“海外高层次人才引进计划”(千人计划)和“海聚工程”等人才扶植政策,为实现本市十大疾病防控目标提供强有力的人才保证和智力支持。

关于科技类民办非企业单位适用科学研究和教学用品进口税收政策的通知

京财税〔2013〕342 号

各区县财政局、科委、民政局,国家税务局,市国家税务局直属税务分局,北京海关各隶属办事处:

现将《财政部 科技部 民政部海关总署 国家税务总局关于科技类民办非企业单位适用科学研究和教学用品进口税收政策的通知》(财关税〔2012〕54 号)转发给你们,请遵照执行。

附件:《财政部 科技部 民政部海关总署 国家税务总局关于科技类民办非企业单位适用科学研究和教学用品进口税收政策的通知》(财关税〔2012〕54 号)

北京市财政局　北京市科学技术委员会
北京市民政局　北京市海关
北京市国家税务局
二〇一三年二月二十五日

附件:

关于科技类民办非企业单位适用科学研究和教学用品进口税收政策的通知

各省、自治区、直辖市、计划单列市财政厅(局)、科技主管部门、民政部门、国家税务局,海关总署广东分署、各直属海关,新疆生产建设兵团财务局:

为贯彻落实中共中央国务院关于深化科技体制改革、加快国家创新体系建设的有关精神,进一步支持科技类民办非企业单位开展科技创新,加快提高科研能力和水平,经国务院批准,将符合条件的科技类民办非企业单位纳入现行科学研究和教学用品进口税收优惠政策范围。自 2013 年 1 月 1 日起,对符合条件的科技类民办非企业单位以科学研究为目的,在合理数量范围内进口国内不能生产或者性能不能满足需要的科研用品,免征进口关税和进口环节增值税、消费税。现将《关于科技类民办非企业单位进口科学研究和教学用品免征进口税收的规定》印发给你们,请遵照执行。

第一条　为贯彻落实中共中央国务院关于深化科技体制改革、加快国家创新体系建设的有关精神,鼓励和支持科技类民办非企业单位开展科技创新,加快提高科研能力和水平,经国务院批准,将符合条件的科技类民办非企业单位纳入现行科学研究和教学用品进口税收优惠政策范围。据此,制定本规定。

第二条　本规定所指的科技类民办非企业单位应同时具备下列条件:

（一）依照《民办非企业单位登记管理暂行条例》《民办非企业单位登记暂行办法》和《科技类民办非企业单位登记审查与管理暂行办法》的要求，在民政部或省、自治区、直辖市和计划单列市民政部门登记注册的、具有法人资格的科技类民办非企业单位；

（二）资产总额在300万元人民币（含）以上；

（三）从事科学研究的专业技术人员（指大专以上学历或中级以上技术职称专业技术人员）在20人以上，且占全部人员的比例不低于60%；

（四）兼职的科研人员不超过25%。

第三条 符合上述条件的民办非企业单位进口与本单位所承担的科研任务直接相关的科研用品，在规定范围内免征进口关税和进口环节增值税、消费税。

第四条 对符合上述条件的科技类民办非企业单位，由科技主管部门会同民政部门进行资格审核认定，并对经认定符合条件的单位颁发资格证书。科技类民办非企业单位免税资格审核认定的具体管理办法，由科技部会同财政部、民政部、海关总署和国家税务总局另行制定。

第五条 经认定的科技类民办非企业单位可持有效的资格证书和其他有关材料，按照海关的管理规定，向其所在地直属海关申请办理减免税备案和相关进口科研用品的减免税审批手续。

第六条 经认定的科技类民办非企业单位进口与本单位承担的科研任务直接相关的免税进口科研用品的范围、用途等，按照《关于修改〈科技开发用品免征进口税收暂行规定〉和〈科学研究和教学用品免征进口税收规定〉的决定》（财政部 海关总署国家税务总局令〔2011〕63号）修改后的《科学研究和教学用品免征进口税收规定》（财政部海关总署 国家税务总局令〔2007〕45号）执行。

第七条 科技类民办非企业单位免税资格由科技部门会同民政等部门定期复审。已经获得免税资格的科技类民办非企业单位，如经查实存在以虚报情况获得免税资格、违规分配资产或利润、偷税、骗税或者将免税进口物品擅自转让、移作他用或者进行其他处置行为的，海关或税务等部门按照有关规定予以处罚。按照有关规定被处罚但未被追究刑事责任的，有关单位自违规行为发现之日起1年内不得享受本税收优惠政策；被依法追究刑事责任的，自违法行为发生之日起3年内不得享受免税优惠政策。

第八条 财政部会同科技部、民政部、海关总署和国家税务总局根据实际需要，适时对民办非企业单位免税资格的认定条件进行调整。

第九条 本规定自2013年1月1日起执行。

北京市人民政府办公厅关于进一步推进企业安全生产标准化建设工作的意见

京政办发〔2013〕10号

各区、县人民政府，市政府各委、办、局，各市属机构：

为深入贯彻落实《国务院关于进一步加强企业安全生产工作的通知》（国发〔2010〕23号）、《国务院安委会关于深入开展企业安全生产标准化建设的指导意见》（安委〔2011〕4号）和《国务院安委会办公室关于深入开展全国冶金等工贸企业安全生产标准化建设的实施意见》（安委办〔2011〕18号）等文件精神，进一步推进本市企业安全生产标准化建设，推动企业落实安全生产主体责任，确保本市安全生产形势持续好转，现结合本市实际，提出以下意见：

一、指导思想、工作目标和工作原则

（一）指导思想

以科学发展观为统领，坚持"安全第一、预防为主、综合治理"的方针，牢固树立以人为本、安全发展的理念。安全生产标准化建设既是企业自身排查治理隐患的过程，也是企业加强安全生产基础工作和不断提升安全生产管理水平的过程，通过达标创建进一步落实安全生产主体责任，有效预防生产安全事故，为首都经济社会发展提供安全稳定的环境。

（二）工作目标

总体目标：持续开展安全生产标准化建设，深化隐患排查治理，改进生产作业现场条件，实现岗位达标、专业达标和企业达标。严格落实企业安全生产责任制，实现企业安全生产管理的制度化、规范化、标准化。各行业（领域）企业的安全生产水平明显提高，安全生产管理和事故防范能力明显增强。

具体目标：在工矿商贸和交通运输等行业（领域）深入推进安全生产标准化建设，重点突出煤矿、非煤矿山、交通运输、建筑施工、危险化学品、烟花爆竹、民用爆炸物品、冶金、机械、热力、燃气、电力、旅游、商贸、文化、体育等行业（领域）。其中非煤矿山和冶金、机械等行业（领域）规模以上企业要在2013年年底前，冶金、机械等行业（领域）规模以下企业要在2015年前实现达标；煤矿、危险化学品、烟花爆竹等行业企业要在已经达标的基础上持续提高安全生产水平。

（三）工作原则

本市安全生产标准化建设工作按照"政府推动、行业指导、企业主体、社会参与"原则推进。

1. 推动企业达到基本标准。根据国家《企业安全生产标准化基本规范》（AQ/T9006—2010）要求，安全生产标准化等级分为一级、二级、三级，其中三级标准化达标标准为本市企业标准化建设的基本标准（以下简称基本标准）。我市企业开展标准化建设必须达到基本标准，对于小微企业要达到小微企业岗位标准化达标标准（以下简称岗位标准）。鼓励有条件的企业创建一级、二级标准化企业。企业未达标并经整改仍不符合法律法规规定的，地方政府将依法予以停产整顿直至关闭。

2. 推动企业分类达标。本市规模以下企业按照基本标准开展标准化企业创建工作，小微企业按照岗位标准开展标准化企业创建工作；规模以上企业自主选择创建一级或二级标准的，应严格按照国家相关行业管理部门制定的达标标准开展创建工作，国家尚未制定达标标准的行业，按照市行业管理部门制定的本市行业二级达标标准，或依据《企业安全生产标准化基本规范》及《评分细则》开展安全生产标准化创建工作。

3. 推广应用顺义区安全生产标准化三级评审标准（以下简称顺义评审标准）。在全市范围内，推广应用顺义区46类行业三级标准化标准和小微企业岗位标准作为本市企业标准化建设的基本标准。该标准既是推动企业开展达标创建的达标标准，也是促进企业持续开展隐患自查自报工作的标准，具有较强的操作性和针对性。各区县和市行业管理部门要参照顺义区工作模式，结合本地区实际，完善本区县本行业的基本标准，推动全市各类企业积极开展达标创建工作。

二、工作任务

（一）总体任务

市安全生产委员会（以下简称市安委会）统筹协调全市安全生产标准化建设工作，办公室设在市安全监管局；各区县政府负责推动辖区内企业达标创建，明确有关部门组织实施；市行业管理部门负责本行业二级标准化企业达标创建工作，并指导区县相关部门开展三级标准化创建工作；企业是安全生产标准化建设的责任主体，要坚持高标准、严要求，全面落实安全生产法律法规和标准规范，加大投入、规范管理，积极开展达标创建工作。

（二）具体任务

1. 市安委会：统筹全市安全生产标准化建设，协调解决重大疑难问题，将安全生产标准化达标创建工作作为年度对区县和行业管理部门考核的重要内容。组织制定《进一步规范本市安全生产标准化评审工作的指导意见》，加强指导和协调工作，积极推行基本标准和岗位标准。确定朝阳区、海淀区、顺义区、大兴区和北京经济技术开发区为本市标准化建设示范区。明确北京市安全生产协会为本市工业制造业二级标准化企业评审组织单位。组建市安全生产标准化专家组，为全市标准化建设提供技术咨询和服务。

2. 各区县政府：统一领导本地区安全生产标准化建设工作，推动辖区内企业达到基本标准。成立组织领导机构，明确相关部门负责组织实施，保障专项经费，健全工作机制。研究有效激励政策，以多种手段积极引导、服务企业开展达标创建工作。统筹协调政府有关部门，密切配合，开展经常性的工作交流和联合检查，指导协调督促辖区内企业全面深入开展安全生产标准化建设。完善考核制度，落实工作责任，将标准化创建工作作为对属地街道、乡镇和行业管理部门年度考核的重要内容。

3. 各行业（领域）管理部门：指导推进本行业企业安全生产标准化建设工作。结合本行业（领域）的实际情况，对标准化创建工作做出具体安排。依据国家有关法律法规标准和《企业安全生产标准化基本规范》，借鉴顺义区标准化工作模式，逐步建立完善标准体系、评审机制，指导督促企业认真开展标准化创建工作。加强检查指导，及时掌握达标进展情况。

市安全监管局负责本市矿山、危险化学品、烟花爆竹及机械、冶金、建材、轻纺、烟草等行业安全生产标准化推进工作。各级安全生产监管部门要充分发挥安全生产综合监管职责，加强与有关部门的沟通，掌握各行业（领域）开展安全生产标准化建设情况，定期公布安全生产标准化建设信息，组织经验交流，推广有效的工作模式和做法。按照有关要求组织确定矿山、危险化学品、烟花爆竹及机械、冶金、建材等行业评审组织单位和评审单位，建立完善评审标准体系和工作机制。加强对企业标准化达标创建工作和隐患自查自报工作的检查执法，严厉查处各类违法违规行为，督促企业切实做好达标创建工作。

4. 企业:作为安全生产标准化创建的主体,按照有关要求认真组织开展标准化企业创建工作。建立组织机构,制定实施方案和推进措施,明确专人负责,分解落实责任,保障标准化工作经费。建立健全各项安全生产制度、岗位规程和内部考评奖惩制度,开展全员全岗位安全生产标准化培训教育。对照有关标准排查隐患,积极整改,在规定时间内达到基本标准,有条件企业达到更高标准。通过自我检查、自我纠正和自我完善,建立安全生产持续改进的长效机制。按照有关要求定期将安全生产标准化建设和隐患自查自报情况报属地政府和有关部门。

市属企业集团(总公司)要充分发挥自身优势,组织所属企业开展安全生产标准化建设。按照市行业管理部门的要求,成立评审机构并报相关行业管理部门备案,依据市相关行业二级评审标准和程序开展达标创建工作。通过评审的企业按照二级标准化企业程序进行公告、授牌。

5. 评审组织单位:安全生产协会等评审组织单位协助行业管理部门做好企业安全生产标准化建设工作,对评审单位上报的评审报告进行复核和现场抽查,将通过复核的企业上报行业管理部门,并为达标企业颁发标准化企业的证书和牌匾。协助行业管理部门管理评审单位,对评审单位的评审工作及收费行为加强指导、规范,引导评审单位依法依规开展评审工作。对于违反规定、弄虚作假和乱收费的评审机构,报请行业管理部门取消其评审单位资格。

评审单位:严格依照达标标准和程序客观公正地进行评审。发挥自身的技术资源优势,积极为企业提供安全生产咨询服务,指导帮助企业排查隐患、提出整改建议,对照有关标准及时消除各类隐患。协助政府及其有关部门扎实推进企业安全生产标准化建设,指导服务企业不断提高安全生产管理水平。

三、工作要求

(一)加强领导,落实责任

各区县、各有关部门要进一步提高对安全生产标准化建设工作的认识,切实加强组织领导,结合本地区、本部门实际制订推进方案。要明确职责、加强协调、落实经费,合理确定阶段目标,分阶段、分步骤、有效实施。要针对不同行业(领域)特点,加强工作指导,把标准化建设工作与隐患排查治理、执法检查和物联网技术应用等工作有机结合。

(二)严格评审,规范管理

各区县、各有关部门要建立完善安全生产标准化评审工作机制,严格评审程序,加强对评审组织单位和评审单位的管理,严把评审质量关。各区县对规模以下企业、小微企业达到基本标准的评审工作要加大财政支持力度,切实减轻企业负担,要注重实效、简化程序、提高效率,采取组织专家评审、对照标准检查等多种形式解决企业数量多、评审时间长等问题。

(三)创新方式,动态监管

各区县、各有关部门要充分运用信息化手段,建立完善安全生产标准化建设工作信息管理系统。通过信息化手段,实现标准化创建工作中申请、评审、核准、公告等环节的动态管理,及时了解掌握本地区、本行业安全生产标准化建设工作动态。要结合日常安全监管工作,加强监督检查,推动企业扎实做好达标创建工作。

(四)政策激励,积极引导

各区县、各有关部门要积极研究制定相关激励政策。把创建标准化企业与政府采购、企业信用评级、评优评先、安全生产责任险等事项挂钩,把企业达标与安全行政许可、监管频次、行政处罚和安全生产"警示名单"等挂钩,与日常监管工作有机结合起来,以多种手段推进达标。

(五)强化宣传,营造氛围

各区县、各有关部门要加强舆论宣传和监督,采取多种形式,营造安全生产标准化建设的浓厚社会氛围。分层次开展全员教育培训,定期发布安全生产标准化建设进展情况和达标企业。及时总结推广经验做法,培育典型,推进安全生产标准化建设工作广泛深入、扎实有效开展。

北京市人民政府办公厅
二〇一三年三月八日

北京市人民政府办公厅关于印发《北京市“十二五”时期科技北京发展建设规划主要目标和任务分解实施方案》的通知

京政办函〔2013〕19号

各区、县人民政府,市政府各委、办、局,各市属机构:

经市政府同意,现将《北京市“十二五”时期科技北京发展建设规划主要目标和任务分解实施方案》印发给你们,请认真贯彻落实。

附件:北京市“十二五”时期科技北京发展建设规划主要目标和任务分解实施方案

北京市人民政府办公厅
二〇一三年三月十三日

附件:

北京市“十二五”时期科技北京发展建设规划主要目标和任务分解实施方案

依据《北京市人民政府关于印发北京市“十二五”时期科技北京发展建设规划的通知》(京政发〔2011〕46号),现制订分解实施方案如下:

一、规划主要目标指标分解

到2015年,科技北京发展建设的主要目标指标和任务包括:

(一)全社会研发支出占地区生产总值比重大于5.5%。

责任单位:市科委、市发展改革委、市教委、市经济信息化委、市国资委、中关村科技园区管委会、北京经济技术开发区管委会、相关区县政府(列首位的单位为牵头单位,下同)

统计单位:市统计局

(二)企业研发经费支出总额达到450亿元。

责任单位:市科委、市发展改革委、市经济信息化委、市国资委、中关村科技园区管委会、北京经济技术开发区管委会、相关区县政府

统计单位:市统计局

(三)每万劳动力中研发人员达到210人年。

责任单位:市科委、市人力社保局、市发展改革委、市教委、市经济信息化委、市国资委、中关村科技园区管委会、北京经济技术开发区管委会

统计单位:市统计局

(四)每万人发明专利申请数(件)超过22件,每万人发明专利授权数(件)达到8件左右,每万人PCT(Patent Cooperation Treaty,专利合作协定)国际专利申请量达到0.55件。

责任单位:市知识产权局、市发展改革委、市教委、市科委、市经济信息化委、市国资委、中关村科技园区管委会、北京经济技术开发区管委会

统计单位:市知识产权局、市统计局

(五)工业企业新产品销售收入占产品销售收入比重达到30%左右。

责任单位:市经济信息化委、市发展改革委、市科委、市国资委、中关村科技园区管委会、北京经济技术开发区管委会、相关区县政府

统计单位:市统计局

(六)技术交易额超过1800亿元,向全国辐射与扩散能力显著提高。

责任单位:市科委、市发展改革委、市教委、市经济信息化委、市国资委、中关村科技园区管委会、北京经济技术开发区管委会、相关区县政府

统计单位:市科委

(七)高技术产业、信息服务业和科技服务业增加值总额超过3500亿元。

责任单位:市发展改革委、市科委、市经济信息化委、市教委、市国资委、中关村科技园区管委会、北京经济技术开发区管委会、相关区县政府

统计单位:市统计局

(八)认定市级重点实验室累计达到300家左右,市级工程技术研究中心累计达到200家左右,在战略性新兴产业领域支持累计新建30家左右产业技术创新示范战略联盟。

责任单位:市科委、市发展改革委、市教委、市经济信息化委、市国资委、中关村科技园区管委会、北京经济技术开发区管委会

统计单位:市科委

(九)每千人互联网用户数超过300户。

责任单位:市经济信息化委、市发展改革委、相关区县政府

统计单位:市统计局

(十)公众科学素质达标率超过12%。

责任单位:市科协、市科委、市科普工作联席会议成员单位

统计单位:市科协

二、规划主要任务分解

(一)以全面对接为重点,推动重大科技成果落地转化。

1. 对接国家科技重大专项。

责任单位:市科委、市发展改革委、市经济信息化委、市财政局、市环保局、市市政市容委、市农委、市水务局、市卫生局、市农业局、中关村科技园区管委会、北京经济技术开发区管委会、海淀区政

府、朝阳区政府

协办单位:其他相关区县政府

2. 对接国家重大科技基础设施建设。

责任单位:市发展改革委

协办单位:市教委、市科委、市经济信息化委、中关村科技园区管委会、北京经济技术开发区管委会、相关区县政府

3. 对接北京市经济社会发展重大需求。

责任单位:市发展改革委、市教委、市科委、市经济信息化委、市重大项目办、中关村科技园区管委会、北京经济技术开发区管委会

协办单位:相关区县政府

(二)以国家计划为依托,增强基础科学与前沿技术储备。

4. 对接基础科学研究项目,提升基础科学研究和应用基础研究能力。

责任单位:市科委、市教委

5. 对接高技术、产业共性技术和重大公益技术项目,积累一批战略性、前沿性的尖端技术储备。

责任单位:市科委

协办单位:市发展改革委、市教委、市经济信息化委、中关村科技园区管委会、北京经济技术开发区管委会

(三)以优化机制为根本,全面吸收利用中央科技资源。

6. 构建并完善央地科研及产业资源对接机制。

责任单位:市科委、市发展改革委、市教委、市经济信息化委、市政府外联服务办、中关村科技园区管委会、北京经济技术开发区管委会、怀柔区政府

协办单位:相关区县政府

7. 鼓励中央和市属单位联合建设国家级研发基地。

责任单位:市科委、市发展改革委、市经济信息化委

协办单位:市教委、市国资委、中关村科技园区管委会、北京经济技术开发区管委会

(四)培育战略性新兴产业,打造新的经济增长点。

8. 新一代信息技术产业。

责任单位:市经济信息化委

协办单位:市发展改革委、市科委、中关村科技园区管委会、北京经济技术开发区管委会、市应急办、相关区县政府

9. 生物医药产业。

责任单位:市科委

协办单位:市发展改革委、市经济信息化委、市卫生局、市药监局、市中医局、市投资促进局、中关村科技园区管委会、北京经济技术开发区管委会、大兴区政府、海淀区政府、昌平区政府

10. 新能源产业。

责任单位:市发展改革委

协办单位:市科委、市经济信息化委、中关村科技园区管委会、北京经济技术开发区管委会、相关区县政府

11. 节能环保产业。

责任单位:市发展改革委

协办单位:市科委、市经济信息化委、市环保局、市市政市容委、市水务局、市金融局、市气象局、中关村科技园区管委会、北京经济技术开发区管委会、相关区县政府

12. 新能源汽车产业。

责任单位:市科委

协办单位:市发展改革委、市经济信息化委、市规划委、市市政市容委、市交通委、中关村科技园区管委会、北京经济技术开发区管委会、相关区县政府

13. 新材料产业。

责任单位:市经济信息化委、市发展改革委、市科委、中关村科技园区管委会、北京经济技术开发区管委会

协办单位:相关区县政府

14. 高端装备制造产业。

责任单位:市经济信息化委、市发展改革委、市科委、市交通委、市重大项目办、中关村科技园区管委会、北京经济技术开发区管委会、丰台区政府

协办单位:相关区县政府

15. 航空航天产业。

责任单位:市科委、市经济信息化委、市发展改革委、中关村科技园区管委会、北京经济技术开发区管委会、顺义区政府

协办单位:相关区县政府

(五)发展现代服务业,提升服务业产业核心竞争力。

16. 科技服务业。

责任单位:市科委

协办单位:市发展改革委、市教委、中关村科技园区管委会、北京经济技术开发区管委会、相关区县政府

17. 信息服务业。

责任单位:市经济信息化委

协办单位:市发展改革委、市科委、中关村科技园区管委会、北京经济技术开发区管委会

18. 文化创意产业。

责任单位:市委宣传部、市文化创意产业领导小组成员单位、北京经济技术开发区管委会、东城区政府、西城区政府、海淀区政府、大兴区政府、石景山区政府

(六)建设国家现代农业科技城,促进现代农业高端发展。

19. 与科技部、农业部共建国家现代农业科技城。

责任单位:市科委、市农委、市农业局、市园林绿化局、相关区县政府

(七)支撑首都文化教育事业创新发展。

20. 提升文化事业的信息化数字化水平。

责任单位:市经济信息化委、市文化局

协办单位:市科委、市广电局、市新闻出版局、市文物局

21. 科教融合促进教育优先发展。

责任单位:市教委、市科委

协办单位:市委宣传部、市科协

22. 推动文化领域科技成果加快应用。

责任单位:市委宣传部、市科委、市旅游委、市文化局、市文物局、市体育局

协办单位:市发展改革委、市经济信息化委

(八)强化食品安全与医疗健康科技保障。

23. 食品安全检测与保障体系构建。

责任单位:市食品办、市农委、市农业局、市工商局

协办单位:市质监局、市发展改革委、市科委、市卫生局

24. 重大疾病防治科技攻关与成果推广应用。

责任单位:市科委、市卫生局

协办单位:市发展改革委、市财政局、市中医局

(九)推广城乡建设与管理科技创新成果。

25. 城市建设与运行管理。

责任单位:市规划委、市经济信息化委、市住房城乡建设委、市交通委

协办单位:市发展改革委、市科委、市公安局、市民政局、市市政市容委、市质监局、市人口计生委、相关区县政府

26. 科技交通系统建设。

责任单位:市交通委、市公安局公安交通管理局、市规划委、市重大项目办

协办单位:市发展改革委、市科委、市国资委

27. 信息基础设施建设。

责任单位:市经济信息化委

协办单位:市发展改革委、市公安局、市农委、市科委

28. 新农村建设。

责任单位:市农委

协办单位:市发展改革委、市科委、市经济信息化委、市环保局、市水务局、市旅游委、市卫生局、市质监局、市园林绿化局、市农业局、相关区县政府

(十)推进低碳城市与生态环境系统建设。

29. 低碳城市建设。

责任单位:市发展改革委

协办单位:市科委、市经济信息化委、市环保局、市规划委、市住房城乡建设委、市市政市容委、市交通委、市水务局、市园林绿化局、相关区县政府

30. 水资源保护与利用。

责任单位:市水务局、市南水北调办公室

协办单位:市发展改革委、市科委、市国土局、市环保局、市农委、市园林绿化局、相关区县政府

31. 大气污染综合治理。

责任单位:市环保局

协办单位:市发展改革委、市科委、市经济信息化委、市市政市容委、市交通委、市气象局、市质监局、市工商局、市公安局公安交通管理局、市住房城乡建设委、市商务委、市财政局、各区县政府

32. 城市垃圾处理处置与资源化。

责任单位:市市政市容委

协办单位:市发展改革委、市科委、市环保局、市住房城乡建设委、相关区县政府

(十一)完善公共安全与应急保障技术体系。

33. 完善公共安全与应急保障体系。

责任单位:市应急办、市公安局、市安全监管局、市地震局、市消防局、市气象局

协办单位:市发展改革委、市科委、市经济信息化委、市园林绿化局、相关区县政府

(十二)全力推进中关村国家自主创新示范区建设。

34. 全力推进中关村国家自主创新示范区建设。

责任单位:中关村科技园区管委会、市科委、中关村创新平台成员单位

协办单位:相关区县政府

(十三)加强创新型人才队伍建设。

35. 创新型人才队伍建设。

责任单位:市委组织部

协办单位:市人才工作领导小组成员单位、相关区县政府

(十四)促进科技资源整合。

36. 促进科技资源整合。

责任单位:市科委、市发展改革委、市经济信息化委、市财政局、市国资委、中关村科技园区管委会、北京经济技术开发区管委会

协办单位:市商务委、市国税局、市地税局、市金融局、市知识产权局、市政府法制办、市投资促进局、相关区县政府

(十五)推进"国家技术创新工程"试点工作。

37. 强化企业技术创新主体地位。

责任单位:市科委、市发展改革委、市经济信息化委、市国资委、中关村科技园区管委会、北京经济技术开发区管委会

协办单位:市教委、市财政局、市商务委、市国税局、市地税局、市质监局、市金融局、市投资促进局、市科协、相关区县政府

(十六)实施知识产权和技术标准战略。

38. 实施知识产权和技术标准战略。

责任单位:市知识产权局、市质监局

协办单位:市知识产权联席会议成员单位、北京经济技术开发区管委会、相关区县政府

(十七)加强国际科技交流与合作。

39. 加强国际科技交流与合作。

责任单位:市科委

协办单位:市委组织部、市政府外办、市发展改革委、市教委、市经济信息化委、市人力社保局、市国资委、中关村科技园区管委会、北京经济技术开发区管委会、相关区县政

(十八)营造创新软环境。

40. 培育全社会创新精神、营造创新软环境。

责任单位:市科委、市教委、市科协

协办单位:市科普工作联席会议成员单位、中关村科技园区管委会、北京经济技术开发区管委会、相关区县政府

北京市人民政府关于深入实施商标战略推动首都品牌经济发展的意见

京政发〔2013〕11号

各区、县人民政府,市政府各委、办、局,各市属机构:

为充分发挥商标战略在促进首都经济发展方式转变中的重要作用,全面提升本市商标注册、运用、保护和管理水平,有效推动首都品牌经济发展,制定本意见。

一、充分认识商标战略对促进首都品牌经济发展的重要意义

提高自主创新能力、建设创新型国家是国家发展战略的核心和提高综合国力的关键,国务院颁布实施《国家知识产权战略纲要》,将知识产权战略上升到国家战略的高度。作为知识产权战略的重要组成部分,商标战略在建设创新型国家中的作用日益凸显。商标作为创新成果转化为商品走向市场的重要载体,是提升城市创新能力、促进城市品牌经济发展的重要支撑。促进商标战略实施与经济社会发展深度融合是首都加快建立创新驱动的发展模式、建设中国特色世界城市的必然要求。随着经济的深入发展,商标已由区分商品来源的标志扩展成为企业信用的载体,成为企业形象和竞争力的象征,成为优秀企业走出国门、拓展国际市场的重要竞争手段。以商标注册、运用、保护和管理为主要任务的商标战略,对于推动首都企业提升自主创新能力、实现产品从价格竞争向品牌竞争转变,具有重要意义。

近年来,本市以商标战略的实施带动企业自主创新意识的增强,以品牌经济的发展带动首都经济的转型发展,在扩大商标注册量、培育高知名度商标、运用商标无形资产、发展品牌经济等方面取得了积极成效。北京市有效注册商标395664件,位居4个直辖市首位,其中:中国驰名商标157件,位居4个直辖市首位;北京市著名商标559件、地理标志8件。本市商标战略实施工作虽然取得了一定成绩,但也存在一些问题,主要表现在:注册商标总量与首都总体经济规模相比还有一定差距;企业运用、保护、管理商标的意识和能力还有待进一步增强,具有世界影响力的知名品牌数量还有待进一步提高;商标战略对于促进首都品牌经济发展的作用还有待进一步发挥。因此,需要进一步统一认识、完善机制、营造氛围、加强保障,紧密围绕首都经济发展大局,深入实施商标战略,全面推动首都品牌经济发展。

二、明确实施商标战略的总体要求和目标

实施商标战略,要以提高首都企业自主创新能力和区域经济核心竞争力为目标,加快形成"企业主体、市场导向、政府推动、社会支持"的商标发展机制;大力加强商标品牌基地建设,重点培育优势产业商标集群;积极培育"北京服务""北京创造"品牌,着力打造"品牌北京",形成一批代表首都产业和区域优势、代表北京企业形象和竞争力、具有世界影响力的驰名、著名商标;积极营造有利于商标培育发展的法制环境、政策环境和市场环境,全面提升城市品牌形象,推动品牌经济聚集效应,促进首都经济的转型发展。

到2015年，要实现企业的商标注册、运用、保护和管理能力全面增强，首都品牌自主化、高端化、集聚化、国际化程度显著提高，商标战略实施的法制环境进一步优化，政策保障机制进一步健全，工作推进措施进一步完善。商标战略对经济发展、文化繁荣和社会建设的促进作用充分显现，在服务创新驱动中的地位更加显著，与本市经济社会发展政策的结合更加紧密，在提升首都经济核心竞争力中的作用更加突出。

三、实施商标战略促进首都品牌经济发展的主要任务

（一）依托商标战略带动产业结构升级，服务首都经济发展方式加快转变

根据首都产业功能定位，引导服务业企业通过商标授权许可，实施品牌连锁经营，扩大市场份额，提升品牌知名度，推进首都服务业的集团化、规模化和品牌化发展，重点加强对商贸、旅游等传统服务业，物流、会展等生产性服务业，文化、娱乐等新兴服务业，地方特色字号等行业品牌的扶持。引导制造业企业通过实施子品牌战略，细分市场需求，使品牌价值不断延伸，实现由零散企业品牌向统一的战略品牌群转变。引导中小企业通过注册培育自主品牌，扩大企业影响力，提升品牌附加值和竞争力。引导拥有知名品牌的企业通过控股、收购等方式进行品牌重组，促进企业品牌做大、做强。引导出口型企业进行商标国际注册，在国际贸易中使用自主商标，扩大自主商标商品的国际市场份额，提升首都品牌的国际竞争力和影响力。

（二）打造自主创新品牌，服务首都创新驱动

充分发挥商标在服务创新方面的载体作用，引导人才、资本、技术等创新要素向企业聚集。积极发挥中关村国家自主创新示范区先行先试的优势，开展对重大科技项目品牌的注册、运用、管理和保护全流程服务，进一步增强其在打造自主创新品牌方面的示范引领作用，辐射带动全市科技创新水平的提高。充分发挥中关村国家自主创新示范区“商标事务处理快速通道”的作用，为企业提供一站式、全方位、高质量的服务。组建科技创新企业的品牌战略联盟，通过产业链龙头企业吸引专业化中小企业和名牌企业，以品牌资产进行重组兼并的模式，形成名牌产业链和名牌产业群，辐射带动相关配套企业的品牌集群发展，扩大品牌经济规模。

（三）积极培育文化品牌，服务首都文化创意产业发展

充分发挥首都的文化资源优势和独特区位优势，积极推动文化产业集聚区和文化创意产业基地的品牌建设，着力打造一批代表首都形象的文化品牌以及具有首都特色的文化产业集群品牌，使文化产业取得创新发展，不断提升首都文化软实力。加大对老字号企业在商标注册、运用、管理和维权等方面的指导力度，鼓励其运用商标战略参与市场竞争，通过引导其实施特许经营、品牌合作等品牌发展战略，提升老字号商标的品牌价值，促进老字号企业可持续发展。积极开展公共历史文化资源商标的保护和调查摸底工作，推动区县政府组织开展公共历史文化资源商标注册工作。市工商部门协同相关行业主管部门，研究出台《公共历史文化资源商标注册与保护目录》，建立奖励机制，制定鼓励发展政策，大力推动公共资源商标注册、防御性商标注册与保护工作，引导文化资源有序发掘和利用。

（四）依托农产品商标和地理标志带动农业产业结构调整，服务首都城乡一体化发展

指导农民专业合作社、涉农企业实施以农产品商标为核心的产业化经营模式，提高农民进入市场的组织化程度。依托集体商标带动首都休闲农业、观光农业、沟域经济的发展，打造京郊特色产业品牌，促进都市型现代农业发展。引导和鼓励地理标志产品证明商标的注册，指导、帮助权利人完善技术标准、检验检测和质量体系，切实保证地理标志产品的特色质量，加强对地理标志产品专用标志使用情况的检查，促进具有首都特色的自然、人文资源优势转化为品牌和市场竞争优势，提升农产品附加值，带动农业增产和农民增收。

（五）将商标战略融入区域经济发展大局，服务区域特色经济发展

支持各区县将商标战略纳入区域经济发展大局，围绕区域发展战略，积极做好商标战略和区域产业政策、科技政策、贸易政策等的有效衔接。发挥商标在集聚要素、整合资源等方面的重要作用，把区域的资源和产业优势转变成品牌优势。充分发挥驰名、著名商标的引领带动作用，推动区域品牌经济的整体发展。支持、推动区县和企业争创商标战略实施示范区和示范企业，充分发挥其典型带动作用。支持以商标为纽带，促进优势产业资源和无形资产的重组，形成区域商标整体竞争力。推动商标战略的交流合作，使其成为推动企业发展和拉动区域经济增长的重要推动力。

四、实施商标战略优化品牌经济发展环境的主要措施

（一）充分发挥企业在实施商标战略中的主体作用，不断提升企业运用、保护和管理商标的能力

要引导广大企业在经济活动中积极培育、使用、发展自主商标，全面提升企业创立自主商标品牌的意识。进一步提高企业自我管理和商标保护水平，指导企业制定商标纠纷应对机制和预警制度。引导企业将商标品牌纳入无形资产管理，促进商标品牌管理的制度化。帮助企业建立品牌管理制度，加强商标品牌的运营和管理，建立商标价值评估、商标信息检索、商标市场调查、商标对外合作等管理制度，提高自我维权、防范风险和应对商标纠纷的能力。指导有一定规模的企业建立以主商标为核心、防御商标和联合商标为保护性商标的商标防御系统。

（二）发挥行政服务职能，加强商标注册指导和品牌培育工作力度

加强在商标注册环节的前端引导，引导企业以自主品牌开拓市场。推进实施"一村一标""一企一标"工程，争取利用3年左右时间，使具有一定基础的农村地区每个行政村都至少拥有1件农产品注册商标；战略性新兴产业、文化创意产业、高新技术产业、现代制造业等行业中每户企业至少拥有1件注册商标。加强在商标运用环节的实时辅导，帮助企业解决在商标使用、管理、发展中存在的问题。继续做好北京市著名商标认定、奖励和保护工作，加强对知名品牌的培育和分类指导，建立北京市驰名、著名商标培育孵化库。根据企业的发展阶段和特点，有针对性地提出商标品牌发展建议，按照"积极培育、着力扶持、重点推荐"的原则分层次培育、扶持、壮大一批驰名、著名商标。

（三）积极发挥行业组织、中介服务机构和社会专业机构的作用，形成实施商标战略的社会支撑

充分发挥行业协会在商标信息交流，维护会员权益，培育和申请驰名、著名商标等方面的积极作用。支持商标协会、消费者协会以及相关行业协会搭建行业或专业服务平台，提供有关商标和品牌推广运营、维权投诉协调等服务。支持行业协会加强对商标代理组织和代理人的自律管理，建立信用记录、信用等级评价和失信惩戒等监管制度，推动商标中介组织从单一的注册服务向综合全面的商标服务转变。研究制定商标价值评估指导意见，推动出台商标价值评估操作规范，提高评估公信度。积极发挥高等院校、科研院所等专业机构在专家咨询和理论研究方面的优势，为商标战略的实施提供专业指导和理论支撑。

（四）积极打造商标运行服务平台，不断完善商标的交易和评价体系

整合现有资源，按照"立足首都、服务全国、面向国际"的原则，搭建集商标展示、商标事务咨询、商标融资、商标交易和闲置商标转让等功能于一体的商标运行服务平台，通过市场化机制，实现商标产业化运作，推动商标资产的合理流动与优化配置，进一步推动商标服务的市场化进程。建立统一、科学的商标评估标准和评估体系，引导企业通过商标权许可使用、参股控股、转让等方式开展经营活动，实现和提高商标的经济价值和附加值；通过商标权质押，发挥商标权的融资功能，盘活企业存量资产；通过闲置商标的转让，实现商标资源的重新配置与整合。

（五）提升商标监管与执法效能，营造良好的知识产权保护环境

进一步加大市场监管和行政执法力度，严厉打击商标侵权假冒行为。构建商标保护长效机制，深入推行商标授权经营制度，逐步实现商标授权经营制度的信息化管理，引导市场经营单位完善内部管理和自律机制，从源头遏止商标侵权行为的发生。探索建立区域商标维权投诉协调机制，保护本市企业在外省区市的合法商标权益。加强对国际和外埠知名品牌的行政保护，营造公平竞争的市场环境。强化工商、公安、海关、知识产权等行政部门之间的执法协作，形成统一协调的商标行政保护体制。加强行政执法与司法的衔接与协作，完善商标确权、授权程序，提高商标专用权执法水平。加大行政执法部门向刑事司法机关移送商标刑事案件的力度，加强行政执法部门与司法机关关于商标民事侵权案件执法标准与法律适用问题的沟通与协调。

五、建立健全保障机制，促进商标战略实施与首都经济社会发展的深度融合

（一）加强沟通协调，完善组织保障

设立北京市商标战略推进工作办公室（以下简称办公室，设在市工商局，市各有关部门为成员单位）。办公室在首都知识产权战略工作联席会议指导下，统筹协调全市商标战略实施工作，研究制定全市商标战略实施规划和政策措施，协调解决重大问题，综合运用法律、经济、行政、教育、宣传等手段，为首都实施商标战略、推动品牌经济发展提供政策、资金、技术、人才等方面的保障。办公室各成员单位要建立联络员制度并根据具体业务范围和职责分工开展商标战略实施工作。

（二）建立激励机制，加强资金保障

支持区县政府继续实施商标战略奖励和扶持政策，对符合首都产业政策的中国驰名商标、北京市著名商标、地理标志进行奖励，对驰名、著名商标企业境外注册商标、海外维权、收购海外商标等给予支持。鼓励政府有关部门用好产业发展专项扶持资金，对实施商标战略的企业给予支持，形成产业发展和品牌经济的有机结合。

（三）加强交流合作，提升商标战略实施的专业化水平

加强部门间、区域间、国际上在信息交换、经验交流、业务研讨、专家咨询等方面的合作，提升首都商标战略实施和品牌经济发展的专业化水平。依托本市知识产权资源优势，大力培养、引进和使用商标专业人才，培养一批既熟悉国内外商标法律规则，又精通品牌经营运作和管理的高层次商标战略人才。

（四）加强城市品牌的宣传策划，塑造首都品牌形象

以知名企业品牌、商品品牌和公共历史文化资源品牌为依托，建立城市品牌宣传和推广相结合的宣传策划工作体系。加强城市品牌传播，打造一批以公共历史文化资源商标为载体的“城市名片”，提高其知名度和影响力，丰富城市文化内涵，有效提升首都城市品牌形象。

北京市人民政府

二〇一三年三月二十九日

关于贯彻落实国家支持中关村科技园区建设国家自主创新示范区试点税收政策的通知

京财税〔2013〕610 号

各区县财政局、国家税务局、地方税务局、科学技术委员会，中关村示范区各园区管委会，北京市地方税务局直属分局，各有关单位：

为支持中关村自主创新示范区建设，财政部、国家税务总局下发了《关于中关村 东湖 张江国家自主创新示范区和合芜蚌自主创新综合试验区有关研究开发费用加计扣除试点政策的通知》（财税〔2013〕13 号，以下简称 13 号文件）、《关于中关村东湖 张江国家自主创新示范区和合芜蚌自主创新综合试验区有关职工教育经费税前扣除试点政策的通知》（财税〔2013〕14 号，以下简称 14 号文件）和《关于中关村 东湖 张江国家自主创新示范区和合芜蚌自主创新综合试验区有关股权奖励个人所得税试点政策的通知》（财税〔2013〕15 号，以下简称 15 号文件）等文件。为贯彻落实中关村国家自主创新示范区（以下简称示范区）试点税收政策，现将上述文件转发给你们，并对企业所得税试点政策做如下补充，请一并遵照执行。

一、关于企业所得税试点政策

（一）13 号文件第三条“试点地区当前重点发展的高新技术领域规定项目的研究开发活动”是指“中关村国家自主创新示范区当前重点发展的高新技术领域规定项目的研究开发活动”。

（二）13 号文件第六条第（二）款“研发费用形成无形资产的，按照该无形资产成本的 150% 在税前摊销”是指允许加计扣除的研究开发费用形成无形资产的部分，按照 150% 在税前摊销。

（三）注册在示范区内、实行查账征收、经市高新技术企业认定机构认定的高新技术企业（以下简称企业）应对研发费用和生产经营费用单独进行核算，单独设置辅助核算账目归集计入当期损益和形成无形资产的研发费用。未单独核算研发费用、未单独设置辅助核算账目归集研发费用的，不得实行加计扣除。

（四）企业享受 13 号文件规定的试点税收政策的，对当年新增研究开发项目，在备案时应提供市级科技部门出具的《企业研究开发项目鉴定意见书》，市级科技部门在出具《企业研究开发项目鉴定意见书》中的“鉴定意见”时，应明确“该研发项目符合 13 号文件规定的条件和领域范围”。

二、关于备案管理的要求

（一）为方便企业享受优惠政策，企业可向主管税务机关申请一次性备案，享受示范区试点税收政策。其中：企业所得税归属国家税务局管理的，应按照《北京市国家税务局关于企业所得税税收优惠备案管理有关问题的公告》（公告〔2012〕5 号）的有关规定执行；企业所得税归属地方税务局管理的，应按照《北京市地方税务局关于印发〈企业所得税减免税备案管理工作规程（试行）〉的通知》（京地税企〔2010〕39 号）的有关规定执行。

（二）企业申请备案时，应附送以下相关资料：

1.《中关村国家自主创新示范区试点税收政策综合备案表》[附件4(略)];

2. 高新技术企业证书(复印件);

3. 中关村示范区各园区管委会出具的《中关村国家自主创新示范区企业在园区内注册证明》[附件5(略)];

4. 申请享受13号文件规定的研究开发费用加计扣除试点政策的,除应报送上述第1条至第3条列举的材料外,还应报送下列材料:

(1)13号文件第十一条规定的资料;

(2)《中关村国家自主创新示范区试点企业加计扣除税收优惠政策执行情况表》[附件6(略)]。

5. 申请享受14号文件规定的职工教育经费税前扣除试点政策的,除应报送上述第1条至第3条列举的材料外,还应报送《中关村国家自主创新示范区试点企业职工教育经费税前扣除政策执行情况表》[附件7(略)]。

三、关于个人所得税试点政策

(一)15号文件第一条所称分期缴纳个人所得税,是指获得股权奖励的技术人员按照实际发生的股权转让次数,在每次取得股权转让收益后缴纳个人所得税。

(二)根据15号文件精神,企业技术人员享受分期缴纳个人所得税政策,应由奖励单位在股权奖励次月7个工作日内将下列资料向主管税务机关报备:

1. 高新技术企业证书(复印件);

2. 中关村示范区各园区管委会出具的《中关村国家自主创新示范区企业在园区内注册证明》;

3. 奖励单位股权激励方案和获奖技术人员名单;

4.《中关村国家自主创新示范区科技创新创业企业股权奖励个人情况表》[附件8(略)]。

(三)奖励单位应依法履行代扣代缴税款义务,并在股权奖励发生次年3月31日前,填写《中关村国家自主创新示范区科技创新创业企业股权奖励个人变化情况表》[附件9(略)],并报送主管税务机关备案。

四、主管税务机关应对享受试点税收政策的企业是否注册在中关村国家自主创新示范区内进行核查,发现享受试点税收政策的企业未注册在示范区内的,应及时予以纠正。

五、本通知自2012年1月1日起至2014年12月31日止执行。

北京市财政局　北京市国家税务局
北京市地方税务局　北京市科学技术委员会
中关村科技园管理委员会
二〇一三年五月二日

关于印发《北京市设计创新中心认定管理办法(试行)》的通知

京科发〔2013〕177 号

各有关单位:

为推动设计之都建设,提升企业设计创新能力,促进北京市设计产业发展,按照《北京市促进设计产业发展的指导意见》(京政发〔2010〕29 号),特制定《北京市设计创新中心认定管理办法(试行)》,经市科委 2013 年第 8 次主任办公会审议通过。现印发给你们,请遵照执行。

特此通知。

附件:北京市设计创新中心认定管理办法(试行)

北京市科学技术委员会

二〇一三年五月六日

附件:

北京市设计创新中心认定管理办法(试行)

第一章　总　　则

第一条　为促进设计与产业融合,推动北京市设计产业发展,按照《北京市促进设计产业发展的指导意见》(京政发〔2010〕29 号)要求,制定本办法。

第二条　本办法所称的设计是指集成科学技术、文化艺术与社会经济要素,基于智力和创意,利用现代科技手段,提升生产、生活价值和品质的创新活动,包括工业设计、建筑设计、工程设计、规划设计、集成电路设计、服装设计、工艺美术设计、平面设计、展示设计、电脑动漫设计、时尚设计等领域。

北京市设计创新中心是指经北京市科学技术委员会(以下简称"市科委")认定,设计创新基础良好、服务能力较强、队伍建设完备、业绩突出、发展水平居北京市先进地位的法人单位。

第三条　市科委负责北京市设计创新中心认定管理工作。认定中坚持自愿申报,公开、公平、公正的原则。

第二章　申报条件

第四条　申报北京市设计创新中心的主体为在北京市区域内注册的法人单位，包括以设计为主营业务的法人单位，拥有设计部门或机构的工业、建筑业、服务业等其他法人单位。

第五条　申报主体应当符合北京市经济社会发展需要，符合北京市产业结构调整方向和战略性新兴产业发展要求，拥有较好的设计创新基础和经验，在行业内具有明显的规模优势和竞争优势。

第六条　以设计为主营业务的法人单位申请认定应具备以下条件：

（一）以工业设计、服装设计、电脑动漫设计、时尚设计、平面设计、工艺美术设计、展示设计、集成电路设计为主营业务的，成立 3 年以上；以建筑设计、规划设计、工程设计为主营业务的，成立 5 年以上。

（二）有较好的开展设计活动的研究实验条件和基础设施，具备独立承担设计任务、提供设计服务以及系统设计咨询服务的能力。

（三）设计服务水平在行业内处于领先地位，拥有一定规模、结构合理、经验丰富的设计队伍，设计人员占职工总人数的比重不低于 50%。以工业设计、服装设计、电脑动漫设计、时尚设计、平面设计、工艺美术设计、展示设计、集成电路设计等为主营业务的独立法人单位，近两年每年设计服务收入不低于 300 万元；以建筑设计、规划设计、工程设计为主营业务的法人单位，近两年每年设计服务收入不低于 1000 万元。

第七条　拥有设计部门或机构的工业、建筑业、服务业等其他法人单位申请认定应具备以下条件：

（一）已设立独立的设计部门或机构两年以上，有固定的工作场所、较好的设计创新条件和基础设施，拥有一定规模、结构合理、经验丰富的设计队伍，能综合运用设计、检测、分析、测试手段和工艺设备，具备自行完成或主导完成设计创新的能力。

（二）重视设计创新工作，有筹措资金的能力和信誉，每年能为设计创新中心的运行提供固定的经费支持、技术支撑及后勤保障。

（三）拥有较强的设计创新能力，业绩突出，设计创新产品取得显著经济和社会效益，近两年获得国内外授权专利、版权共计不低于 10 项。

第八条　两年内（截至申请日期）未发生重大质量或安全事故，没有违法行为或涉嫌违法正在接受有关部门审查的情况。

第三章　认　　定

第九条　市科委按照择优认定的原则，依据本办法规定的程序认定北京市设计创新中心。认定程序如下：

（一）申报主体填写《北京市设计创新中心认定申请书》，向市科委提交。

（二）市科委组织相关专家对申报主体与材料进行考核评审，并进行必要的现场审查，形成专家评审意见。

（三）市科委根据评审意见，审核并确定北京市设计创新中心名单，在市科委门户网站公示。

第十条　公示无异议的北京市设计创新中心，由市科委认定后予以授牌，统一命名为“北京市设计创新中心”。

第四章 管 理

第十一条 北京市设计创新中心名单在市科委门户网站及有关媒体公布，方便社会公众查询和监督。

第十二条 市科委对已认定的北京市设计创新中心实施动态管理，每三年组织一次复核。接受复核的北京市设计创新中心应当填写《北京市设计创新中心复核表》报市科委。经市科委复核，以公告形式发布复核结果。

第十三条 有下列情况之一的，撤销其北京市设计创新中心称号：

（一）未按规定参加复核的；

（二）复核结果为不合格的；

（三）所在单位自行要求撤销的；

（四）所在单位被依法终止的；

（五）弄虚作假、违反相关规定或有违法行为的；

（六）其他市科委认为应该撤销的情形。

第十四条 北京市设计创新中心所在的法人单位发生更名、重组等重大调整之日起，应在30个工作日内将有关调整情况报市科委备案。

第十五条 市科委对调整和撤销的北京市设计创新中心，以公告形式公布。

第十六条 市科委通过相关政策手段，支持北京市设计创新中心的建设和发展。

第五章 附 则

第十七条 各区县可结合自身实际，制定相关配套政策。

第十八条 本办法自公布之日起30日后施行。

北京市人民政府办公厅关于印发《北京市发展绿色建筑推动生态城市建设实施方案》的通知

京政办发〔2013〕25号

各区、县人民政府，市政府各委、办、局，各市属机构：

《北京市发展绿色建筑推动生态城市建设实施方案》已经市政府同意，现印发给你们，请结合实际，认真组织实施。

附件：北京市发展绿色建筑推动生态城市建设实施方案

北京市人民政府办公厅

二〇一三年五月十三日

附件：

北京市发展绿色建筑推动生态城市建设实施方案

为深入贯彻落实科学发展观，大力推进生态文明建设，推动城乡建设步入绿色、循环、低碳的科学发展轨道，培育节能环保、新能源等新兴产业，建设资源节约型、环境友好型城市，实现美丽北京、永续发展的目标，特制定本实施方案。

一、指导思想

紧紧围绕建设“人文北京、科技北京、绿色北京”和中国特色世界城市的战略部署，树立全寿命期理念，切实转变城乡建设模式和建筑业发展方式，提高资源利用效率，改善群众生产生活条件，从规划设计、标准规范、技术推广、建设运营和产业支撑等方面全面发展绿色建筑。

二、主要目标

绿色建筑是在建筑的全寿命期内，最大限度地节约资源、保护环境和减少污染，为人们提供健康、适用和高效的使用空间，与自然和谐共生的建筑。自2013年6月1日始，新建项目执行绿色建筑标准，并基本达到绿色建筑等级评定一星级以上标准。“十二五”期间，各区县至少创建10个绿色生态示范区和10个5万平方米以上的绿色居住区，其中达到绿色建筑等级评定二星级及以上标准的建筑面积占总建筑面积的比例应达到40%以上。

三、工作重点

（一）全面发展绿色建筑。严格执行北京市《绿色建筑评价标准》《居住建筑节能设计标准》和将于7月1日实施的《绿色建筑设计标准》，率先实现居住建筑节能75%的目标；在土地集约利用、建筑节能、中水利用、雨洪综合管理和材料利用等方面突出本市特点。鼓励把以政府投资为主的公益性建筑（学校、医院等）和公众关注度高、示范效益强的适宜建筑及非政府投资且建筑面积在2万平方米以上的大型公共建筑，建设成为二星级及以上绿色建筑。分类型分阶段引导推进绿色建筑运行标识认证。

（二）建设绿色生态示范区。自2013年6月1日始，凡新审批的功能区均须由各区县政府和北京经济技术开发区管委会组织编制绿色生态专项规划，由规划部门在控制性详细规划中予以落实。绿色生态专项规划应包含绿色建筑、市政基础设施、能源、绿化、水资源、雨洪综合管理等专项内容，建立能耗、水资源、生态环境等标准，建立包括绿色建筑星级比例、生态环保、绿色交通、可再生能源利用、土地集约利用、再生水利用、垃圾回收利用、建筑垃圾再生产等规划指标体系。已批准正在建设的功能区按照绿色生态理念进行优化。

（三）建设绿色居住区。加强对绿色居住区执行绿色建筑标准情况的监督检查，对规划、设计、施工和运营等环节进行重点监管，绿色居住区内二星级及以上的绿色建筑面积占总建筑面积的比例应达到40%，开发后径流排放量不大于开发前，硬质地面遮阴率不小于50%，垃圾分类收集率为100%等。

（四）推进绿色基础设施建设。加强区域河道治理，建设生态堤岸，强化水环境保护与治理，完善城市雨洪控制与利用,形成水资源循环、高效利用的有机结合体系;建立减量化、资源化和无害化的全过程垃圾处理体系;充分开发利用本地可再生能源,重点应用于城市供热、公共照明和景观照明等领域;结合地下交通、市政管线综合利用,推进城市综合管廊建设,提高市政基础设施精细化管理水平,增强城市综合防灾减灾能力;推动城市能源、水资源智能化管理体系建设,建设垃圾、水和能源等系统集成、资源循环的区域资源管理中心,并在北京科技商务区(TBD)、未来科技城、丽泽金融商务区等区域进行试点。

(五)推动绿色生态镇(村)试点。遵循生产、生活、生态相协调的原则,有关区县政府要制定绿色生态试点镇规划纲要和建设实施方案,明确功能定位和主导产业,因地制宜地提出关于交通、市政基础设施、绿色农房、生态环境等方面的发展目标、发展策略和控制指标。

(六)推广绿色相关产业。尽快形成规划、设计、咨询、施工、运营、物业、认证、计量及绿色建材等相关产业。加快绿色建筑相关技术的研发与推广,研究绿色建筑技术标准规范,加大绿色建筑的技术集成,编制绿色建筑重点技术推广目录,开展并推广工业化建筑示范试点。

(七)加强绿色标识管理。制定本市绿色建筑评价标识指南,完善标识评价管理工作程序,加强绿色建筑评价能力建设,保证评价工作科学、规范、高效。适时开展工业建筑、医院、学校、社区及特殊建筑物的绿色建筑标识评价工作。结合施工图审查,简化一星级绿色建筑设计标识评价程序。

四、保障措施

(一)强化责任落实。完善目标考核机制,将全面发展绿色建筑纳入全市节能减排目标责任体系。绿色建筑项目涉及的建设、设计、审查、施工、监理、运营等单位,要按照绿色建筑标准重点对设计、施工和运营等相关环节进行管理。

(二)建立监管体系。与市固定资产投资审批流程相衔接,将绿色建筑指标要求纳入基本建设流程,健全完善绿色建筑在项目立项、规划许可、土地出让、设计及施工管理、竣工验收、运营维护等全寿命周期的监管体系。

(三)强化政策保障。逐步建立绿色规划、绿色建筑、绿色基础设施、绿色施工、绿色评价等全寿命周期的法规政策。研究制定本市绿色建筑管理相关规范性文件,建立促进绿色建筑发展的体制机制。

(四)财政激励措施。根据国家绿色建筑的相关奖励办法,研究制定本市关于绿色生态示范区和取得运行标识的绿色建筑的配套奖励政策,并根据技术进步、成本变化等情况进行调整。

(五)完善技术体系。制定技术标准,研究编制绿色生态规划指标体系和评价标准,形成完善的标准体系;加强人才培养和科技攻关,加快绿色建筑关键技术研发,完善绿色建筑领域技术产品推广目录;加强绿色建筑技术服务市场管理,确保行业健康发展。

(六)加强绿色建筑宣传培训。采用多种形式积极宣传绿色建筑法律法规、政策措施、典型案例、先进经验,加强舆论监督,营造全面发展绿色建筑的良好氛围。

附件:第一批绿色生态示范区目录

附件:

第一批绿色生态示范区目录

序号	示范区名称	所属区县
1	未来科技城	昌平
2	丽泽金融商务区	丰台
3	长辛店生态城	丰台
4	昌平北京科技商务区(TBD)	昌平
5	雁栖湖生态发展示范区	怀柔
6	密云生态商务区	密云
7	海淀北部地区	海淀
8	永定河绿色生态发展带(丰台段)	丰台
9	永定滨水商务区	门头沟
10	新首钢高端产业综合服务区	石景山
11	运河核心区	通州
12	北京商务中心区(CBD)	朝阳
13	北京台湖环渤海高端总部基地	通州
14	中关村国家自主创新示范区(一区十六园)	16区县

关于印发《关于进一步促进首都科技企业孵化体系建设的意见》的通知

京科发〔2013〕234号

各有关单位:

为落实《中共北京市委 北京市人民政府关于深化科技体制改革、加快首都创新体系建设的意见》(京发〔2012〕12号),进一步促进首都科技企业孵化体系建设,营造良好的创新创业环境,市科委、市发展改革委、市教委、市经济信息化委、市财政局、市人力社保局、中关村管委会研究制定了《关于进一步促进首都科技企业孵化体系建设的意见》。现印发给你们,请结合实际贯彻实施。

特此通知。

附件:关于进一步促进首都科技企业孵化体系建设的意见

北京市科学技术委员会　北京市发展和改革委员会

北京市教育委员会　北京市经济和信息化委员会

北京市财政局　北京市人力资源和社会保障局

中关村科技园区管理委员会

二〇一三年五月二十四日

附件:

关于进一步促进首都科技企业孵化体系建设的意见

为贯彻党的十八大精神,加快落实《国务院关于进一步支持小型微型企业健康发展的意见》(国发〔2012〕14 号),落实《中共北京市委 北京市人民政府关于深化科技体制改革、加快首都创新体系建设的意见》(京发〔2012〕12 号),发挥科技企业孵化体系在推动首都产业结构优化升级、经济发展方式转变、培育战略性新兴产业、促进科技成果转化及培育和吸引创新创业人才中的载体作用,以创业企业需求为导向,进一步营造良好的创新创业环境,支撑首都创新驱动发展战略,特提出以下意见。

一、提升战略位势,明确科技企业孵化体系的定位和目标

科技企业孵化体系是首都创新体系的重要组成部分,是各类科技企业孵化机构(以下简称"孵化机构"),包括孵化器、大学科技园、留学人员创业园、小企业创业基地等创业孵化载体,运用市场经济规律,与资本市场、中介服务机构及其他创新资源有机组合形成的促进科技创新创业的生态系统。

当前,北京正处于构建创新驱动发展格局的历史机遇期,全面促进科技企业孵化体系建设是提升首都科技创新能力、增强全社会创新创业活力、探索创新发展模式、把握新兴产业发展机遇的重要举措,对于率先落实国家创新驱动发展战略具有重要意义。

(一)指导思想

坚持"市场引领、分类指导、专业聚焦、质量优先"原则,以培育首都战略性新兴产业源头企业、激发科技创新创业活力为目的,以完善创新创业服务机制、优化创新创业服务环境为着力点,以提高首都科技企业孵化体系的专业化、市场化、国际化水平为核心,发挥优势,创新模式,集聚资源,加强联动,加速首都科技成果转化,全面支撑首都战略性新兴产业和现代服务业的大发展。

(二)发展目标

总体目标:形成具有首都特色的孵化服务网络化、孵化模式多元化、服务资源国际化、服务能力专业化的科技企业孵化体系发展格局,将北京科技企业孵化体系建设成为以"孵育产业新、发展模式新"为特色的,具有全球影响力的创新创业生态网络、优质科技企业培育核心载体、高端创新创业人才聚集地、战略性新兴产业策源地。

到 2015 年,实现以下具体发展目标:

载体建设目标:在全市范围内打造一批国内知名、区域领先、专业特色鲜明的孵化机构。各类孵化机构数量达到 150 家,其中市级以上科技企业孵化机构达到 80 家,国家级科技企业孵化机构达到 45 家。

能力提升目标:依托孵化机构,集聚一批高水平的科技中介服务机构、创业投资机构以及一系列高端创业要素。市级科技企业孵化机构将基本实现公共服务平台全覆盖,50 家具备天使投资或持股孵化功能,80 家形成创业导师辅导体系。

孵化目标:培育一批在行业内具有影响力的高成长企业,在孵企业超过 10000 家,毕业企业累计超过 8000 家;40% 的在孵企业拥有自主知识产权,转化一批具有行业领先水平的原创技术;孵化

机构内集聚一批高水平、高层次的创业人才,集聚“千人计划(创业类)”“海聚工程”等海外高端人才累计超过300名。

二、实施孵化网络建设工程,集聚创新创业服务资源

围绕企业“种子期-初创期-高成长期”需求,以企业孵化为核心,以孵化器为基础,对接加速器、产业园,打造“创业苗圃-孵化器-加速器-产业园”的孵化链条,形成以孵化机构为节点,涵盖研发试验、科技金融、科技中介、创业导师等要素的全方位、多层次的孵化服务网络。

(一)推动新建一批孵化机构

区县应结合自身资源禀赋、产业定位和规划布局,加强孵化机构建设;鼓励各类有条件的企业利用闲置存量房产建设孵化机构;鼓励平台型企业、成功企业家和天使投资人建设孵化机构,为创业企业提供优质服务。

(二)加强“创业苗圃”建设

支持孵化机构建立“创业苗圃”,进一步降低科技创业门槛。“创业苗圃”以科技成果(创意)为孵化对象,科技创业者或创业团队在注册成立企业前,可入驻“创业苗圃”,接受预孵化服务。依托“创业苗圃”实现孵化机构与天使投资机构(人)的有机结合,为创业者完善科技成果(创意)、制订商业计划提供公共服务,帮助其将科技成果(创意)转化并创办企业。

(三)推进科技企业加速器建设

支持科技企业孵化机构、产业园区充分结合区域产业定位,建立服务于高成长企业发展的科技企业加速器。科技企业加速器以完成孵化阶段的高成长性科技型中小企业为服务对象,为高成长性科技型中小企业的快速发展提供空间和配套服务,进一步提升孵化机构对全市技术创新及经济社会发展的贡献。

(四)引导孵化机构与产业园区建立合作

鼓励孵化机构与产业园区建立合作关系、探索链接机制,充分利用产业园区的资源为企业提供后续的发展空间、专业技术、市场拓展、信贷担保、风险投资及上市辅导等专业服务,为创业企业的进一步发展搭建对接平台。

(五)完善研发试验服务平台

支持孵化机构通过自建或与高等院校、科研院所、大型企业等联合共建的方式,搭建研发试验服务平台;支持市场化的中试基地建设,面向创业企业开展中试熟化、检验检测、技术集成等专业服务,提升项目和企业孵化能力;支持孵化机构与首都科技条件平台建立合作关系,为在孵企业提供首都科技条件平台研发试验服务,满足企业技术研发需求。

(六)推进孵化机构科技金融服务平台建设

支持孵化机构加强与全市科技金融服务工作的对接,搭建金融机构与孵化机构内科技型中小微企业之间的桥梁,探索与银行等金融机构建立符合科技型中小微企业特点的金融产品,有效引导银行、担保公司、再担保公司、保险公司等金融机构关注科技型中小微企业群体,并开展相关服务。

鼓励孵化机构联合社会资本成立投资基金,吸引天使投资、创业投资、创业服务平台等广泛参与,为优秀的项目和优秀企业提供孵化服务。

(七)完善科技中介服务平台

支持孵化机构联合专业知识产权、技术转移、科技咨询、律师事务所、专业会展等中介服务机构,拓宽孵化机构的服务内容、提升服务质量,满足创新创业企业多方面的需求。

(八)加强创业导师建设

建立多层次创业导师服务队伍,完善“联络员+辅导员+创业导师”的孵化机制,为创业者和

创业企业提供专业的创业辅导，降低创业风险、提高创业成功率。

三、实施孵化模式创新工程，构建孵化机构多元化发展格局

依托孵化机构的自身优势，发挥资源整合能力，创新发展模式，探索特色发展，提高本市孵化机构的市场化水平和发展质量。

（一）鼓励孵化机构探索特色发展模式

鼓励孵化机构利用技术、资金、市场等优势，建立以专业技术服务、创业指导服务、技术转移服务、天使投资服务和市场拓展服务等为特色的孵化服务机制，形成各具特色的孵化服务模式，走孵化服务多元化发展道路。

（二）鼓励孵化机构探索“孵化＋创投”的发展模式

引导孵化机构提升投资服务能力，探索“孵化＋创投”的孵化发展模式。在孵化机构各项服务的基础上，利用各种渠道搭建“天使投资网络”，提高投资收益在孵化机构服务收入中的比重。

（三）支持创新型孵化器快速发展

支持商业模式新、运行机制灵活、资源聚集度高的创新型孵化器和创业服务平台的快速发展，为创业者提供沟通合作、创业辅导、投融资对接、团队融合、项目推介、信息交流等服务，为创业者、创业团队和创业企业提供新型创业孵化平台，加快实现“从想法到公司”的转变。

（四）鼓励孵化机构连锁化发展

鼓励服务模式先进、孵化经验丰富、有实力的孵化机构在本市或全国其他地区建设分园、孵化基地，推广其先进的服务模式，为本市以及全国孵化机构的整体能力提升做出贡献。

鼓励服务模式先进的孵化机构与国内其他地区孵化机构开展合作，定期举办交流活动，输出管理和服务，提升北京孵化机构在国内的影响力。

（五）加强各类孵化机构的协同合作

鼓励具有特色优势的孵化机构之间建立协作网络，加强服务交流；加强创新型孵化器、各类孵化机构之间的资源对接，引导孵化机构承接创新型孵化器的项目落地入孵。初步形成各类孵化机构信息互动频繁高效、优质资源互补的新局面。

四、实施产业孵育工程，提升孵化机构产业培育水平

围绕全市战略性新兴产业布局，支持孵化机构聚焦优势专业领域，加强专业服务能力建设，提升专业化水平，提高原创产业培育能力，增强对战略性新兴产业发展的支撑作用。

（一）加强战略性新兴产业领域孵化机构的布局

围绕本市重点发展的战略性新兴产业领域，结合区县自身产业布局特色，在新一代信息技术、生物医药等孵化机构发展相对成熟的领域，鼓励相关区县重点发展专业型和创新型孵化机构，提升孵化机构的产业培育能力，打造具有一定规模的新兴产业集聚区；在新能源、节能环保、新能源汽车、新材料、高端装备制造、航空航天等领域，鼓励有条件的区县新建一批专业孵化机构，培育一批符合本区域产业发展定位的科技型创新创业企业。

（二）提升专业技术服务能力

引导孵化机构依据自身产业定位，积极与第三方研发服务机构、平台型企业、解决方案提供商、产业技术联盟等服务机构开展合作，为在孵企业的研发、产品构建、市场运营等提供专业服务，降低企业技术创新成本，优化提升孵化机构的产业培育能力。

（三）探索专业技术人才培养新渠道

支持孵化机构围绕战略性新兴产业的各个领域，面向创业企业需求，吸引相关技术领域的专业

型服务人才；支持孵化机构与高等院校、科研院所建立联系，开展合作，为创业企业提供专业的人力资源服务。

（四）引导孵化机构承接高校院所成果转化

支持孵化机构与高等院校、科研院所、技术转移机构等建立合作关系，承接科技成果转化项目落地；支持有能力的在孵企业与高等院校、科研院所加强技术合作，转移转化一批新技术。

（五）加快战略性新兴产业孵育基地建设

围绕本市重点发展的战略性新兴产业领域，结合区域产业布局，打造一批产业特色鲜明的孵育基地，鼓励基地汇聚各类创新资源，建立优秀初创企业的发掘、培养机制，加强对原创企业的培育；针对孵育基地的在孵企业，在北京市科技型中小企业技术创新资金中安排资金，支持企业技术创新项目，加快培育一批战略性新兴产业“源头”企业，加速形成全市战略性新兴产业集群。

五、实施国际化发展工程，链接全球创新资源

加快“走出去”和“引进来”步伐，加强与国际孵化器组织的合作交流，提升本市孵化机构全球创新资源集聚能力。

（一）推进孵化机构国际化发展

支持孵化机构依托“国际技术转移中心”、“中意技术转移中心”、“中美企业创新中心”等科技合作载体，通过合作共建、资源共享等多种方式在本市建设国际企业孵化机构；鼓励并支持有条件的孵化机构在海外建设分支机构，提升孵化机构吸纳全球高端创业项目和团队的能力，搭建企业国际化发展平台。

（二）加快引进一批国外先进孵化机构

鼓励境外机构通过股权投资等形式在本市设立国际企业孵化机构，支持各类孵化机构建立渠道、引进一批国外服务模式先进的孵化机构或投资基金，带动本市孵化机构模式创新，加快孵化机构发展国际化步伐。

（三）支持孵化机构与国际技术转移机构开展合作

支持孵化机构与国际技术转移机构建立对接，开展技术交易及国际技术转移服务，引进一批国际领先的原创技术落地北京，助力孵化机构内创业企业技术保持国际领先地位，提升孵化机构全球创新资源聚集能力。

（四）支持孵化机构与国际孵化器协会组织开展合作

支持孵化机构与美国企业孵化器协会、亚洲企业孵化器协会等国际孵化器协会组织开展合作，积极参与协会组织的各种交流活动，促进本市孵化机构与全球孵化机构之间的信息交流和项目合作。鼓励在孵企业参与国际孵化机构及行业组织的培训、展示、评选等活动，提升企业知名度，拓展企业国际化视野。

（五）鼓励孵化机构大力吸引高端创新创业人才

鼓励孵化机构吸引国家“千人计划”、北京市“海聚工程”、中关村“高聚工程”等人才计划入选人员及团队，吸引海内外高端顶尖人才到北京创业，依托北京市科技新星计划、“科技北京”百名领军人才培养工程等人才培养计划，培养和聚集一批优秀创新人才和产业领军人才，提升孵化机构的全球创新资源聚集能力。

六、健全工作机制，完善组织保障

（一）加强组织实施

加强全市统筹协调，市科技、发改、教育、经信、财政、人力社保、税务等相关部门，建立沟通协调

机制，研究解决科技企业孵化体系建设工作中的问题，协调落实相关政策；坚持“市区联动，合作共建”的原则，各区县应高度重视科技企业孵化体系建设，加大对孵化机构的支持力度，形成促进孵化体系全面发展的合力。

（二）完善政策体系

加快研究促进现阶段各类孵化机构发展的政策措施，制定与天使投资、技术转移、知识产权等相关的突破性政策。

对于符合条件的科技企业孵化器，可申请认定为市级科技企业孵化器。经认定的市级科技企业孵化器和在孵企业可享受相关政策支持。对于经认定的市级科技企业孵化器，优先认定为小企业创业基地、留学生创业园等，给予联合支持，全面推进本市孵化器建设。对于符合国家级条件的孵化器，积极推荐申请国家级科技企业孵化器认定。

落实国家级科技企业孵化器的税收优惠政策；鼓励符合条件的孵化机构参与高新技术企业认定，享受相关政策优惠。

（三）加大资金支持

加大对孵化机构建设的资金支持力度，重点用于支持孵化机构提升专业服务能力、搭建创业服务平台、创新服务模式、探索国际化发展路径、培育专业孵化管理人才等；鼓励各区县设立专项资金，支持孵化机构建设和能力提升。加强市区两级资金的统筹联动。

（四）完善评价机制

完善市级科技企业孵化器和战略性新兴产业孵育基地的认定体系，建立对市级科技企业孵化器发展绩效的考核指标体系；组织开展市级科技企业孵化器发展绩效评价，实施对市级科技企业孵化器的动态管理和退出机制；构建符合本市孵化机构发展规律的社会化评价体系，提高孵化机构评价的科学性。

（五）发挥社会组织作用

进一步发挥孵化器行业协会等孵化机构相关社会组织的桥梁、纽带作用，建立服务全市孵化机构发展的信息平台，举办交流、研讨等活动，推广先进典型，发挥示范引领作用，促进孵化机构之间合作交流，塑造北京孵化机构品牌，大力营造全市创新创业氛围，扩大首都创业孵化体系的社会影响力。

（六）加强宣传和培训工作

加强宣传，打造首都科技企业孵化体系品牌影响力。加强对孵化机构管理人员、服务人员和创业者三个层次的培训，通过定期举办孵化器培训班，不断提高孵化机构从业人员的管理水平和服务能力。

关于印发《北京市科技惠民计划管理办法(试行)》的通知

京科发〔2013〕186号

各有关单位:

为加强北京市科技惠民计划的组织实施,实现科学化和规范化管理,加快科技成果的转化应用,特制定《北京市科技惠民计划管理办法(试行)》,现予印发,请遵照执行。

特此通知。

附件:北京市科技惠民计划项目管理办法(试行)

北京市科学技术委员会　北京市财政局

二〇一三年五月二十九日

附件:

北京市科技惠民计划管理办法(试行)

第一章　总　　则

第一条　为加强北京市科技惠民计划的组织实施,实现科学化和规范化管理,加快科技成果的转化应用,根据科技部、财政部《科技惠民计划管理办法(试行)》《科技惠民计划专项经费管理办法》,结合北京市实际情况,特制定本办法。

第二条　本办法适用于北京市组织申报的国家科技惠民计划项目及各项工作任务。北京市科技惠民计划依靠科技进步与机制创新,在北京示范应用一批综合集成技术,推动一批先进适用技术成果的推广普及,加快科学技术成果的转化应用,发挥科技进步在改善民生和促进社会发展中的支撑和引领作用。

第三条　北京市科技惠民计划项目(以下简称科技惠民项目)的资金使用和管理遵守国家和本市有关法律、行政法规和相关规章制度,遵循公开、公平、公正原则,强化评审论证、监督管理与绩效考核,注重对项目的调度检查、总结验收、绩效考察和相关责任主体信用管理。

第二章 管理职责

第四条 北京市科学技术委员会(简称“市科委”)和北京市财政局(简称“市财政局”)牵头,市级相关业务主管部门参加,成立科技惠民计划项目联席会(简称“联席会”)。联席会负责审定向科技部、财政部报送的科技惠民计划推荐项目。

市科委、市财政局设立科技惠民计划管理办公室(简称“管理办公室”),负责科技惠民计划的组织、协调和管理等日常工作。主要包括:制定当年度北京市科技惠民计划项目申报指南,负责征集、评选和推荐本市惠民计划先进科技成果,负责科技惠民项目评审推荐、组织实施、监督管理、考核验收、成果管理等。

市级相关业务主管部门的主要职责包括:参与编制科技惠民计划项目申报指南,参与本市惠民计划先进科技成果的遴选,负责其推荐的科技惠民项目实施方案咨询论证、监督管理等工作,协调推动本领域(行业)的相关技术成果与成功经验的推广。

第五条 市联席会成员单位和区县政府可作为项目组织单位,依据申报指南负责科技惠民计划项目的组织申报、实施管理、资金使用监管、考核验收等。具体包括:负责项目承担单位的遴选,成立项目实施领导小组及专家组,负责落实配套资金投入,落实政策、人才等保障条件;负责项目实施方案的组织编制、可行性论证研究、项目申报、项目实施过程管理及资金使用监督管理等;协助管理办公室完成项目的考核验收等工作。

第六条 项目承担单位是项目实施的责任主体,在项目组织单位的领导和协调下,负责编制项目实施方案;按照批复的项目实施方案,落实本单位自筹资金投入、人力、物力等资源,完成规定的目标和任务;接受管理办公室和项目组织单位的监督管理和绩效评价等。

第三章 项目组织与推荐

第七条 管理办公室根据国家科技惠民计划工作安排,在市科委网站发布项目组织申报通知。项目组织单位根据通知要求组织项目申报工作,包括成立领导小组和专家组、组织项目实施方案、编制项目经费预算、开展可行性论证研究等。科技惠民项目由管理办公室组织专家评审,提出拟推荐的项目名单,提交联席会讨论审定。

第八条 科技惠民计划的支持范围包括(但不限于)以下领域:

(一)人口健康领域:优先支持体育运动康复器材、医疗器械、临床医疗和转化医学、生殖健康、民族医药、远程医疗等技术的转化应用。

(二)生态环境领域:优先支持大气污染控制和空气质量改善、水环境治理与恢复、水务保障、生态治理与恢复、垃圾与污泥处理、固废及危废处置、污染土壤治理与修复、噪声控制以及城镇园林绿化建设、绿色宜居建筑、新能源利用、建筑节能改造等节能环保技术的转化应用。

(三)公共安全领域:优先支持食品安全、防灾减灾、应急救援、社会公共安全保障、安全生产、市政基础设施安全保障、自然灾害监测预警、突发事件应急等技术成果的转化应用。

(四)城市交通改善、农产品供给保障、住宅产业化、城市精细化管理服务以及其他改善民生、促进社会发展领域技术成果的转化应用。

第九条 科技惠民项目申报应符合以下条件:

(一)符合北京市经济社会发展规划和“科技北京”建设发展规划;符合科技惠民计划支持范围;项目涉及的工作任务纳入市委市政府重点工作的优先推荐。

（二）采用的技术成果先进、成熟、适用，具备可推广性，技术成果所有方与应用方的权益和责任明确清晰。

（三）项目实施目标明确、任务具体、指标可考核。配套资金和自筹资金来源明确并确保落实到位。

（四）项目组织单位成立领导小组，加强对项目实施的协调组织领导；建立由技术专家、用户、管理者参与的项目实施专家组，对项目提供技术和管理咨询。具备完善的项目实施组织管理体系。

（五）项目实施的示范作用明显，具有明确的成果用户和受益人群，项目实施成果推广应用的措施明确。

（六）项目组织单位和项目承担单位须落实项目配套资金和自筹资金，并确保资金足额到位。项目承担单位提前落实自筹资金的项目优先推荐。

第十条 项目承担单位应当具备以下条件：

（一）在本市行政区域内注册，具有独立法人资格，应当长期从事本领域业务或研究工作，具有良好的项目实施条件。

（二）项目承担单位具备完善的财务、档案和保密管理制度，具备完成项目所需的组织管理及协调能力；项目负责人具备本专业领域高级技术职称或相当资格。符合市科委对承担单位的信用要求。

（三）能够充分发挥产学研用联合的优势，突出用户在项目实施过程中的作用，鼓励用户优先作为项目承担单位的牵头单位。

（四）能够调动相关资源开展工作，并具有行之有效的技术成果展示和推广条件。

第十一条 项目承担单位在项目组织单位的指导下，按照要求编制项目实施方案和经费预算，报送项目组织单位。项目承担单位应对申报材料的真实性负责。

第十二条 项目组织单位对项目实施方案组织开展可行性论证，对经费预算进行审核。通过可行性论证的项目，项目承担单位根据可行性论证意见对项目实施方案和经费预算进行修改完善。

第十三条 项目组织单位向管理办公室报送科技惠民项目申报材料。申报材料主要包括：项目申报清单、修改完善后的项目实施方案（附可行性论证意见和专家名单）、经费预算书、项目组织单位关于成立项目实施领导小组和专家组的有关文件等。项目组织单位推荐项目实施方案的质量、组织保障能力、配套资金投入程度等，将作为推荐立项的重要因素。

鼓励项目组织单位推荐采用后补助方式资助的项目，后补助项目采取事前立项、事后补助的支持方式，后补助项目的申报和实施管理按照本办法的有关规定执行。

第十四条 管理办公室组织技术、经济、管理、财务等方面的专家，对申报项目民生科技需求的迫切性、项目实施的重要性及意义、是否纳入市委市政府重点工作任务、项目工作内容目标、承担单位工作基础等方面进行评审，并提出当年度本市科技惠民计划项目推荐名单。关于推荐项目数量，根据科技部、财政部有关要求和本市工作安排确定。管理办公室可委托专业机构开展专家评审等工作。

第十五条 管理办公室对专家评审结果进行审核后，提交联席会讨论审定当年度本市科技惠民项目推荐名单，并由管理办公室向科技部、财政部报送项目实施方案和经费预算书。

第十六条 管理办公室根据科技部项目立项批复和预算批复，组织项目组织单位、项目承担单位修改完善项目实施方案，明确项目承担单位的责任和权益，各方签字盖章后，报科技部审核备案。

第十七条 管理办公室建立科技惠民项目储备库，对科技惠民项目进行动态更新管理。

第四章 项目实施与管理

第十八条 项目组织单位根据修改完善后的项目实施方案及有关要求，积极组织项目承担单位落实具体工作，协调各方资源共同推进。项目组织单位应当每年按要求向管理办公室报送项目年度执行情况报告。

第十九条 项目管理实行承担单位法人责任制、合同制管理。确保项目资金足额到位、专款专用，确保项目实施计划进度及实施质量，确保项目实施后充分发挥效益。

第二十条 管理办公室对项目实行动态管理，开展项目监督检查工作，向科技部、财政部报送项目实施年度执行情况综合报告。

第二十一条 科技惠民项目管理实行重大事件报告制度。对项目（课题）实施过程中取得的重大进展，或发生的可能影响任务按期完成并难以协调解决的重大问题，项目组织单位、项目承担单位应及时向管理办公室报告并提交书面材料，管理办公室根据具体情况进行相应处理。

第二十二条 立项批复后项目实施内容原则上不得调整。项目承担单位在项目实施过程中发现的问题，或项目组织单位经督导检查发现的问题，均应与有关方充分沟通并积极协调解决。因不可抗拒原因等无法解决的问题，由项目承担单位根据实施情况及时向项目组织单位提出项目调整、终止申请并说明理由，经项目组织单位报送管理办公室，由管理办公室报经科技部批准后方可执行。

管理办公室在项目实施督导过程中发现问题且无法解决的，可先行通知项目组织单位、项目承担单位暂停项目实施，将项目执行相关情况及处理建议报送科技部，经科技部批准后执行。

第二十三条 对于未经批准变更项目任务、未落实项目实施保障条件的项目，管理办公室按照科技部有关规定通知项目组织单位、项目承担单位，视情况终止项目，追回财政拨款，并取消项目组织单位、项目承担单位未来三年的项目申报资格。

第五章 项目经费管理

第二十四条 北京市科技惠民计划国家财政专项经费管理按照财政部、科技部《科技惠民计划专项经费管理办法》有关规定执行。引导和鼓励其他资金投入科技惠民计划，包括单位自筹资金、社会资金以及从其他渠道获得的资金。各渠道资金按照科技惠民计划的部署统筹安排和使用，并执行各提供方对资金管理的有关规定。

第二十五条 市财政局将中央财政下达的专项资金下达到项目组织单位，项目组织单位按照财政国库管理制度有关规定，将国家财政专项经费，结合配套资金，统一下达到项目承担单位。

第二十六条 管理办公室对项目预算执行情况进行监督检查，重点检查国家财政专项经费支出的合法性、合规性、合理性，以及项目组织单位配套经费投入和承担单位自筹经费投入等其他来源资金的落实情况等。

第二十七条 项目组织单位应每年向管理办公室报送项目年度预算执行情况报告。预算执行情况报告应当包括项目年度总体实施情况、预算来源及到位情况、预算支出情况、预算执行效果、影响预算执行的重大事项变更、存在的问题和建议等。管理办公室按照要求向财政部、科技部报送项目年度预算执行情况汇总报告。

第二十八条 北京市科技惠民计划经费预算编制、预算调整、预算执行及财务验收、考核评价等其他有关事项参照财政部、科技部《科技惠民计划专项经费管理办法》有关规定执行。

第六章　项目验收与考核

第二十九条　项目任务完成后，项目承担单位在一个月内向项目组织单位提交项目总结报告、用户使用报告、财务审计报告、相关附件等验收材料。项目组织单位对验收材料进行审核后，向管理办公室提出验收申请。

第三十条　管理办公室在组织完成项目财务验收后，遴选成立由技术、管理、财务、用户等多方参与的项目验收组，通过审查验收材料、现场考察、会议质疑等程序，形成项目验收意见。项目验收意见分为通过验收和不通过验收。

（一）项目实施方案确定的目标和任务已完成、经费使用合理的，为通过验收。

（二）具有下列情况之一者，为不通过验收：

1. 没有完成项目规定工作内容和主要考核指标；

2. 所提供的验收文件、资料、数据不真实，存在弄虚作假；

3. 实施过程及结果等存在纠纷尚未解决；

4. 无正当理由且未经批准，超过规定执行期限半年以上仍未完成项目任务；

5. 经费使用存在严重问题。

第三十一条　管理办公室在项目验收结束后一个月内，将验收意见通知项目组织单位。未通过验收的，项目组织单位应在接到通知的三个月内，组织项目承担单位进行整改，在基本达标后再次提出验收申请。仍未通过验收且无正当理由的，管理办公室将项目实施情况及项目终止请求报送科技部、财政部，经批复后按照有关规定执行；项目组织单位、项目承担单位及相关负责人三年内不得承担本计划项目。

第三十二条　项目组织单位会同项目承担单位要建立覆盖项目实施全过程的电子、音像、文字、数据等材料档案，连同项目验收意见、项目总结报告、用户使用报告、财务审计报告等验收材料，报送管理办公室，由管理办公室在项目通过验收的三个月内，将项目验收材料及项目实施成果推广方案报送科技部。

第七章　项目推广与激励

第三十三条　项目组织单位应当组织编制项目实施成果的推广方案，明确推广目标、推广范围、推广主体及保障措施，推广方案实施时间一般为三年。项目组织单位应采取有效措施，加快成果在全市的推广应用。

第三十四条　项目验收后三年内，管理办公室配合科技部、财政部开展项目实施绩效评价工作，对项目执行效果、经费使用、管理工作等情况，以及成果推广方案落实情况，进行综合评估。对于项目绩效评价结果良好、成果推广方案执行效果显著、管理经验先进的，采取以奖代补等方式，支持项目组织单位开展社会管理和社会发展领域相关科技成果转化应用。

第三十五条　项目涉及的知识产权等问题，严格按照《中华人民共和国科学技术进步法》及有关知识产权保护法律法规执行；项目如涉及保密事项，应按照国家有关保密管理办法执行。

第八章　附　　则

第三十六条　本办法由市科委、市财政局负责解释，自2013年7月1日起施行。

关于印发《中关村国家自主创新示范区高端领军人才专业技术资格评价办法》的通知

京人社专技发〔2013〕180号

各区、县人力资源和社会保障局，中关村科技园区各分园管委会，市属各委、办、局、总公司、高等院校人事（干部）处，人民团体人事（干部）部门，各有关单位：

为贯彻落实《中关村国家自主创新示范区条例》，加快中关村人才特区建设，进一步促进中关村高端领军人才队伍发展，在海淀园、亦庄园成功试点的基础上，将中关村高端领军人才专业技术资格评价工作推广到中关村“一区十六园”。为做好相关评价工作，我们制定了《中关村国家自主创新示范区高端领军人才专业技术资格评价办法》，现印发给你们，请遵照执行。

各区县人力社保局、中关村科技园区各分园管委会要从实施首都人才优先发展战略、不断提升人才科技创新能力、促进首都经济发展方式转变的高度，充分认识开展中关村国家自主创新示范区高端领军人才专业技术资格评价工作的重要意义，并结合本区域专业技术人才队伍建设实际，制定本办法的实施细则、推荐办法等相关制度，不断拓展人才服务领域，创新人才评价工作机制，为高端领军人才的成长提供良好的发展环境，为首都经济社会发展提供有力的人才支持和智力保障。

为加强对此项工作的领导，加大组织协调工作力度，重新调整组织协调机构，成立由市人力社保局牵头，中关村管委会、市科委和市教委等部门组成的中关村国家自主创新示范区高端领军人才专业技术资格评价工作领导小组（领导小组名单附后），统一领导并组织本办法的实施。领导小组下设办公室，承办本办法实施中的具体工作。办公室设在北京市人力社保局专业技术人员管理处。

附件：

1. 中关村国家自主创新示范区高端领军人才专业技术资格评价办法
2. 中关村国家自主创新示范区高端领军人才专业技术资格评价量化标准
3. 中关村国家自主创新示范区高端领军人才专业技术资格评价工作领导小组名单（略）

北京市人力资源和社会保障局

二〇一三年七月一日

附件1：

中关村国家自主创新示范区高端领军人才专业技术资格评价办法

第一条　为贯彻落实《中关村国家自主创新示范区条例》，加快中关村人才特区建设，制定本办法。

第二条　中关村国家自主创新示范区高端领军人才专业技术资格评价工作（以下简称中关村高端人才技术资格评价工作）坚持以能力、业绩和贡献为导向，遵循企业认可、业内认同、独立评价、公平公正、简便快捷的原则。

第三条　本办法适用于在中关村国家自主创新示范区各园区内注册的企业中从事工程技术工作的高端领军人才。

第四条　满足下列条件之一者，不需参加职称外语和计算机应用能力考试，直接申报我市高级工程师（教授级）专业技术资格：

（一）曾取得国家级人才表彰奖励；

（二）曾获得国家级科技奖项；

（三）曾担任国家级重大科技项目负责人；

（四）在自主创新和科技成果转化过程中取得突出成绩。

第五条　市人力社保局和中关村管委会共同负责组建中关村国家自主创新示范区高端领军人才高级工程师（教授级）专业技术资格评审委员会（以下简称评审委员会），对推荐人选进行专业评价并确定专业技术资格。评审委员会由 7～15 名委员组成，设主任委员 1 名，委员由北京地区相关专业领域的工程技术专家担任。评审委员会下设专业评议组，由 3～5 名同行专家、学者组成，重点从专业技术和学术角度对推荐人选进行考核评价。

各区县人力社保局与中关村科技园区各分园管委会共同组建中关村国家自主创新示范区高端领军人才高级工程师（教授级）专业技术资格推荐委员会（以下简称推荐委员会），负责向评审委员会推荐本区域内高端领军人才专业技术资格申报。推荐委员会由 7～11 名委员组成，设主任委员 1 名，副主任委员 2 名。推荐委员会委员一般由组建部门领导、区域内具影响力的相关行业的企业代表和行业内工程技术专家担任。推荐委员会下设办公室，负责研究制定本区域高端领军人才专业技术资格推荐标准和推荐程序；受理、审核申报材料；按照规定程序和时间组织开展推荐工作；承担相关咨询服务和其他日常工作。

第六条　中关村高端人才技术资格评价工作应遵循下列程序：

（一）个人申请。符合参评条件人员可自主提出申请参加高端领军人才专业技术资格评价。

（二）企业申报。申报人员须由其所在企业向所属区县推荐委员会办公室申报参评，并按要求组织申报材料。

（三）区域推荐。推荐委员会按照规定的推荐标准和推荐程序，在充分讨论的基础上，对申报人员的技术水平、工作能力和工作业绩进行审核、评议，采取票决制确定推荐人选，向评审委员会提交推荐报告。推荐结果需由全体推荐委员会委员三分之二以上出席并参加投票方为有效，推荐人选需获得全体委员三分之二以上同意票数。

（四）业绩陈述。申报人员就专业技术工作，向专业评议组陈述本人的专业业绩，并回答专业评议组专家提出的问题。

（五）专家评价。专业评议组根据量化标准采取面试的方式对推荐人选进行评价。重点从专业角度考核申报人的创新能力、成果转化能力、工作业绩和发展潜力，其评价意见作为评审委员会评审表决的重要参考依据。

（六）评委会表决。评审委员会对推荐人选的学识水平、工作业绩和专业技术能力进行综合评价，采取署名投票方式表决，确定专业技术资格。评审结果需由全体评审委员会委员三分之二以上投票方为有效，通过人选需获得全体委员三分之二以上同意票数方可取得专业技术资格。

（七）结果验收。评审委员会的评价工作结束后，由市人力社保局按全市职称评审的统一要求进行验收。

（八）社会公示。评价通过人员名单在市人力社保局和中关村管委会网站上进行公示，公示期为15天。

（九）证书发放。公示期满后，经中关村国家自主创新示范区高端领军人才专业技术资格评价工作领导小组审核同意，市人力社保局为通过专业技术资格评价人员颁发《北京市高级工程师（教授级）专业技术资格证书》。专业技术资格证书生效日期自评审委员会表决通过之日起计算。

第七条 专业技术资格作为单位聘任相应专业技术职务的依据，单位可以根据岗位需要，择优聘任。取得资格人员在科研项目资助、人才培养和选拔中享有同级别专业技术人员同等待遇。

第八条 本办法由市人力社保局、中关村管委会负责解释。

第九条 本办法自发布之日起实行。《中关村国家自主创新示范区高端领军人才专业技术资格评价试行办法》（京人社专技发〔2011〕113号）文件同时废止。

附件2：

中关村国家自主创新示范区高端领军人才专业技术资格评价量化标准

评价项目	评价要素	评价内容	权重系数	分值
学识经历	教育背景	本专业博士学位或双硕士学位（其中含本专业）	10%	100～80
		本专业硕士学位或非本专业博士学位		80～60
		本专业学士学位或非本专业硕士学位		60～40
		本科以下学历或非本专业本科毕业		40～0
	专业经历	曾担任下列任意职务或与之相当的技术职务者： 1. 国外著名高校、知名企业、研究机构高级技术职务 2. 国际或国内重大科研、工程项目主持人 3. 国内著名或行业内龙头企业高级技术职务或核心技术知识产权持有人	10%	100～80
		曾担任下列任意职务或与之相当的技术职务者： 1. 国外著名高校、知名企业、研究机构关键技术职务 2. 国际或国内重大科研、工程项目主要参与人 3. 国内著名或行业内龙头企业关键技术职务或规模以上高科技企业核心技术知识产权持有人		80～60
		曾担任下列任意职务或与之相当的技术职务者： 1. 国外著名高校、知名企业、研究机构研发一线技术职务 2. 国际或国内重大科研、工程项目研发、实施一线人员 3. 国内规模以上高科技企业关键技术职务		60～40
		其他企业研发、生产部门技术负责人		40～0

续表

评价项目	评价要素	评价内容	权重系数	分值
技术创新	创新成果	拥有数量较多(10项以上)的发明专利、软件著作权或拥有国家自主创新产品的知识产权权益	10%	100~80
		拥有发明专利、软件著作权或拥有省部级自主创新产品的知识产权权益		80~60
		拥有实用新型或外观设计专利		60~40
		拥有其他未经认证的创新成果		40~0
	创新水平	创新成果属于国际性重大突破,能够填补国际空白,引领技术进步或产生巨大的社会、经济效益	10%	100~80
		创新成果属于关键性的技术突破,能够填补国内空白,增强国际竞争优势		80~60
		创新成果具有较高的技术含量,与市场联系紧密,能够产生较为可观的经济效益		60~40
		创新成果对于企业技术改造革新、产品升级有重要作用,能够产生一定的经济效益		40~0
工作业绩	项目成果	曾参加国家科技重大专项、国家科技支撑(攻关)计划、国家“973”计划、国家“863”计划或国家自然科学基金计划等项目,项目结题通过验收;或参加与上述项目相当的国际国内重大项目、工程,其成果达到国际领先或填补国内空白,能够推动行业技术和国民经济发展	20%	100~80
		曾参加省部级重大工程项目、国际合作项目或其他可引领行业发展、市场前景广阔的创新创业项目,其成果达到国内领先		80~60
		所从事工程技术工作对于本地区产业经济发展有积极作用		60~40
		其他具创新性工程技术工作		40~0
	专业成就	曾获下列任意或与之相当的荣誉、奖项: 1. 省部级专业技术人才综合类表彰、荣誉(如:北京市优秀青年工程师) 2. 国家科技进步奖二等奖前5名 3. 省部级科学技术奖一等奖前5名 4. 全球500强或著名科技型跨国企业全球性专业技术类高级别荣誉(如IBM科学院院士)	20%	100~80
		曾获下列任意或与之相当的荣誉、奖项: 1. 省部级创新类表彰、荣誉(如:北京市技术发明一等奖) 2. 省部级科学技术奖二等奖或其他相当奖项 3. 全球500强或著名科技型跨国企业中国区专业技术类高级别荣誉 4. 国内知名或行业龙头企业技术类高级别荣誉 5. 国际行业技术协会高级会员等资质(如IEEE高级会员)		80~60
		曾获下列任意或与之相当的荣誉、奖项: 1. 所在地区专业技术人才综合类表彰、荣誉 2. 所在地区科技奖项 3. 全球500强或著名科技型跨国企业中国区专业技术类一般性荣誉 4. 国内知名或行业龙头企业技术类一般性荣誉		60~40

续表

评价项目	评价要素	评价内容	权重系数	分值
技术水平	专业领先程度	其他荣誉获奖项	10%	40～0
		专业技术水平达到国际领先，对于我国在该领域的技术发展达到世界先进水平或快速缩短与世界先进水平的差距有引领作用		100～80
		专业技术水平达到国内领先，对于行业整体技术发展有较大的促进作用		80～60
		专业技术水平达到本地区内同行业领先，对于本地区行业技术发展有促进作用		60～40
		专业技术水平在本企业内领先，对企业发展有促进作用		40～0
	成果转化水平	所拥有的自主知识产权完全实现产业化，形成的主导产品市场竞争力较强，市场占有率高，市场营销体系开发较为完善，已取得较好的经济效益，具有广阔的市场发展前景	10%	100～80
		所拥有的自主知识产权实现产业化，主导产品具有一定的市场竞争力，市场占有率较高，市场营销体系已形成，市场发展前景较明朗		80～60
		所拥有的自主知识产权部分或正在实现产业化，市场发展前景不明朗		60～40
		所拥有的自主知识产权尚未产业化		40～0

注：凡在日常专业技术工作或申报中存在学术剽窃、弄虚作假等有违学术道德或职业道德行为的，一律取消申报资格。

北京市人民政府批转市发展改革委《关于加快推进石景山区国家服务业综合改革试点区发展的意见》的通知

京政发〔2013〕17号

各区、县人民政府，市政府各委、办、局，各市属机构：

市政府同意市发展改革委《关于加快推进石景山区国家服务业综合改革试点区发展的意见》，现转发给你们，请认真贯彻执行。

北京市人民政府

二〇一三年七月九日

附件：

关于加快推进石景山区国家服务业综合改革试点区发展的意见

近年来，本市大力发展服务业，形成了以服务经济为主导的经济结构。服务业规模大、比重高、门类全，有力支撑了首都经济平稳增长。石景山区是2010年国务院认定的首批国家服务业综合改革试点区之一，承担着聚集服务资源、创新服务业发展方式、建设国家级绿色转型发展示范区的任务。根据国家服务业综合改革试点要求，结合石景山区和首钢搬迁调整实际情况，现就加快推进石景山区国家服务业综合改革试点区（以下简称试点区）发展提出以下意见。

一、思路、原则和目标

（一）总体思路

根据国家加快转变经济发展方式和推进服务业大发展的总体要求，按照建设中国特色世界城市的战略部署，坚持“改革促进发展、品牌引领升级”的理念，突出科技创新、文化创新双轮驱动，以释放首都服务资源效能、聚集高端服务要素、提升综合服务功能为导向，以体制机制改革为动力，着力优化服务业发展环境，全力推进新首钢高端产业综合服务区规划建设，培育和聚集优质服务企业，推动石景山区由传统制造业向现代服务业跨越转型，有效疏解中心城区服务功能，带动西部地区转型发展。

（二）主要原则

政府引导，市场运作。政府统筹制定相关规划和支持政策，明确区域功能定位，为试点区创造良好的发展环境。充分发挥市场作用，强化首钢等大型企业的龙头带动效应，促进服务资源的合理流动与优化配置。

统一规划，分步实施。强化规划对试点区建设和服务业发展的引领作用，根据首都发展阶段性特征和功能定位，加强科学规划，分阶段、分步骤实施。

政策配套，改革创新。深化服务业体制机制改革和创新，做好国家、市、区三级政策衔接配套，吸引优质服务资源，创新服务模式，培育新兴业态，激活发展动力。

（三）发展目标

在全市率先形成较为完善的服务业管理体制、促进机制和政策环境，增强对科技、文化、金融、总部经济等首都优势服务资源的吸引力。生产性服务业和文化创意产业高端、高效、智能化、可持续发展步伐加快，生活性服务业多样化供给能力不断增强，社会公共服务业更加惠民、便民、利民。进一步推动服务业发展提速、比重提高、水平提升，形成并巩固服务主导型经济结构，将试点区建设成为国家级绿色转型发展示范区。

二、主要任务

着眼于石景山区产业、功能双转型，充分发挥首钢的资源、技术、品牌优势和辐射引领作用，立足区域现有产业基础，先行建设基础设施和公共服务设施，打造服务业综合体和商务楼宇，集聚高端服务要素，进一步增强首都服务功能和产业承载力。

（一）培育壮大主导优势产业

建设文化创意产业特色区。充分整合首钢现有的工业设计、工业文化遗存资源，依托北京数字娱乐产业示范基地和中国动漫游戏城两个核心区域，重点发展动漫游戏、电子竞技、设计创意、工业博览、特色演艺等产业，增强“动漫北京”“首钢国际灯光节”等品牌活动的影响力，吸引并聚集一批国家级文化创意项目和国内外知名文化创意机构。强化数字技术研发及应用，搭建文化科技融合创新平台，逐步形成完整的数字娱乐产业链，打造国家动漫网游中心和首都数字娱乐中心。

推动现代金融业集聚发展。加快长安街西延线金融创新要素聚集，推动国家保险产业园、铁矿石交易中心等重大项目落地，加大对各类外埠金融机构的引进力度，吸引金融产品研发、结算中心等功能性总部及新兴金融机构落户。利用多层次资本市场进行融资，推进文化创意、科技研发、商务服务、旅游会展等重点企业在主板、创业板上市。引导各类创业投资基金向文化、科技、商务服务等重点行业倾斜，多措并举壮大产业资本规模。

加快高技术服务业创新发展。争取中央企业、中央院所等国家级资源及重大科技成果转化项目落户，鼓励制造业企业向服务产业链条延伸，促进研发和中试服务、检验检测等业态发展。加快中关村国家自主创新示范区石景山园的开发建设和产业升级，发挥中国绿能港、首钢技术研究院等机构的创新优势，培育新一代信息技术、新材料、节能环保等战略性新兴产业，推进区域成果转化和自主创新服务，努力构建京西高技术服务基地。

打造京西商务中心区。推动首钢主厂区面向现代服务业转型，重点发展与钢铁冶炼相关的专业服务、交易结算、中介咨询、资产运营和投融资等各类企业集群，积极吸引国内外钢铁、能源、装备、矿业、有色金属等领域制造业企业总部落户。打造银河综合商务区、制造业总部集聚区等若干个现代服务业综合体，建设一批生态智能型商务楼宇。大力发展电子商务，引导电子商务在文化创意、高技术服务、旅游休闲等领域深化应用。积极推进连锁经营、物流配送等现代流通方式，促进商务与科技、文化、旅游、体育、休闲等行业融合发展。

打造京西特色文化旅游融合发展区。以资产重组、对外战略合作为途径，进一步整合区域历史文化、自然生态、工业遗址等旅游资源，促进旅游休闲与相关产业联动发展。加快西山八大处文化景区、永定河绿色生态发展带、新首钢滨河综合休闲带、天泰山旅游休闲区等重点项目建设。开发特色旅游产品，完善旅游配套设施，精心打造精品旅游线路和品牌活动，提升首都文化娱乐休闲区承载力。

（二）推进服务业改革创新发展

创新体制机制，构建具有首都优势的功能区开发建设运营新模式。将新首钢高端产业综合服务区作为城区传统工业区转型升级的改革实践区，发挥政府在规划政策制定、公共设施建设、发展环境优化中的主导作用，支持首钢采取自主转型、合作开发、招商选资等多种开发建设模式，多措并举降低土地开发成本，吸引中央、地方、民营等多元市场主体参与区域开发、产业转型和运营管理，促进首钢向多元化、综合性跨国集团转型发展。探索生态绿化空间、地下空间利用等建设运营新模式，建立区企联动招商和利益共享机制，搭建多元化投融资平台，促进多元主体、多业支撑的开放式融合发展。

培育和聚集创新资源，提升自主创新能力。加强政策创新、机制创新和模式创新，鼓励行业龙头企业与高校、科研院所联合组建研发、工程中心和各类实验室，搭建一批专业化服务平台。支持雏鹰人才基地、创业服务中心、留学生创业园等创业服务平台建设，引导社会资本参与文化创意、新材料、节能环保等领域的专业孵化器建设运营。聚集一批科技咨询、科技评估、技术推广、知识产权服务等中介服务机构，培育一批具有国际影响力的创新型企业。鼓励企业加大研发投入，逐步构建以企业为主体的科技经费投入体系。

创新政府服务模式，优化现代服务业发展环境。落实国务院关于转变政府职能的要求，研究将服务业领域的行政审批事项有序下放，简化行政审批手续。推动落实服务业用电、用水、用气、用热与工业同价，降低服务业企业经营成本。统筹政府和市场服务资源，完善行政服务平台、招商服务平台、投融资平台和信息服务平台，强化招商、工商、税务等“一站式”服务机制，打造有利于试点区推进自主创新、促进自主创业、发展自主品牌的服务环境。

深入推进国有企事业单位改革。鼓励和引导社会资本通过参股、租赁、资产收购等多种方式，参与试点区国有企业改革重组。对接中央企事业单位改革部署，鼓励服务企业参与央属事业单位改革和央企集团业务外包。加大优良资产整合力度，研究组建符合现代企业制度的服务业投资运营公司。鼓励制造业企业将其研发设计、物流配送、物业管理等非主营业务独立分设或委托外包。

改革盘活存量资源，推动非基本公共服务业的社会化、市场化进程。深化体制内改革、促进体制外发展，通过培育新业态、释放新需求，引导社会资本进入职业教育、学前教育、文化体育、健康医疗、养老服务等新兴人文服务业，培育壮大一批专业化、规范化、连锁化的品牌运营企业。支持首钢自办医疗、托幼、养老、职业教育等机构的社会化、市场化改革。

（三）提升服务业发展承载能力

加快区域基础设施建设。开工建设苹果园交通枢纽、地铁6号线西延、长安街西延、永引渠南路、北辛安路、古城南路等交通设施，推进丰沙线入地改造、京西城市主干路建设，提高试点区与周边区域通达性。加快西北热电中心建设，实施一批供电、供热、燃气、给排水及雨洪利用、污水处理、垃圾处理、通信等基础设施建设。立足于新首钢高端产业综合服务区实际需求和长远发展，建设面向现代服务业发展的配套公共设施和城市运营管理体系。鼓励采用BOT、信托等方式，引导社会资本参与试点区基础设施建设。

强化公共服务保障水平。立足区域未来人口规模和结构，提升公共服务保障水平，建立分布合理、功能完备、运转高效的社会公共服务体系。鼓励采取公建民营、民办公助、政府购买服务等形式，吸引社会资本参与公共服务设施建设。积极引导中心城区优质教育、文化、医疗资源向新首钢高端产业综合服务区转移。规划建设工业博物馆等功能性设施。

提升城市环境服务品质。大力实施城市景观提升和绿化生态工程，加强北辛安、刘娘府、衙门口等城中村和棚户区综合改造项目建设，提升城市服务能力，改善人文生态环境。推进服务业清洁生产试点，提高资源能源利用效率。加快“智慧石景山”建设，实施物联网综合运用示范工程。鼓励发展24小时便利店、网上商店、社区商业餐饮便民服务等多种服务业态，优化网点布局，提升品牌化、连锁化发展水平，提高居民生活便利度。积极探索社会服务管理新模式，稳步推进网格化社会服务管理体系建设，形成与试点区功能定位相适应的城市新面貌。

三、保障措施

（一）市政府固定资产投资优先安排试点区建设资金，以资本金注入等方式，每年3亿元，连续5年支持试点区投融资平台建设，加快试点区基础和公共服务设施、重点产业园区及重大产业项目建设。

（二）进一步完善石景山区财政转移支付政策，加大市财政对石景山区转移支付力度，增强石景山区财政保障能力，支持石景山区服务业改革发展。

（三）发挥国家服务业综合改革试点、国家城区老工业区搬迁改造试点等政策优势，积极争取国家级项目落户和资金支持，市政府按国家现行相关政策规定安排项目配套资金。支持新首钢高端产业综合服务区采用灵活多样的供地方式，创新土地开发模式。围绕土地收益使用、投融资、产业招商等方面给予政策支持。

（四）鼓励金融、高技术服务、商务服务等企业总部聚集，对试点区现代服务业载体建设予以支持。支持民间资本对试点区既有工业厂房、仓库等进行改造再利用，发展文化创意产业，市政府固定资产投资按改造设施类别，给予20%～30%的资金补助。

（五）加大对试点区服务业高端领军人才和急需紧缺人才引进的支持力度，按照相关政策提供落户、子女教育、住房保障等服务。

（六）支持"北京服务·新首钢"股权投资基金等产业基金做大做强，引导基金投向新兴人文服务业。试点设立北京市服务业改革创新引导基金。加大科技、文化、金融、旅游、节能环保、中小企业等市级资金对试点区的支持力度。

（七）石景山区要履行好国家服务业综合改革试点主体责任，落实国家及本市促进服务业改革发展的各项政策措施，深入转变政府职能，研究制定试点区产业发展目录，不断完善服务业管理体制、运行机制，优化服务业发展环境，为区内企业做好服务。在本市服务业发展领导小组指导下，市各有关部门要明确分工，落实责任，加强对试点区建设发展的统筹协调和政策配套，建立完善服务业综合改革试点统计监测机制，并做好年度考核评价工作。

北京市人民政府关于印发《建设中关村军民融合科技创新示范基地行动计划（2013—2015年）》的通知

京政发〔2013〕19号

各区、县人民政府，市政府各委、办、局，各市属机构：

现将《建设中关村军民融合科技创新示范基地行动计划（2013—2015年）》印发给你们，请结合实际认真贯彻落实。

附件：建设中关村军民融合科技创新示范基地行动计划（2013—2015年）

北京市人民政府

二〇一三年七月十二日

附件:

建设中关村军民融合科技创新示范基地行动计划(2013—2015年)

为深入贯彻落实国务院和中央军委关于统筹经济建设和国防建设的战略部署,推动中关村军民融合科技创新示范基地建设,探索适合首都特点的军民融合创新发展模式,促进军地资源融合、推进创新驱动发展,特制订本行动计划。

一、指导思想、基本原则、战略定位和主要目标

(一)指导思想

以邓小平理论、“三个代表”重要思想和科学发展观为指导,落实党的十八大精神,坚持走中国特色军民融合式发展路子,坚持富国和强军相统一,以统筹经济建设和国防建设为引领,以加快转变经济发展方式和部队战斗力生成模式为出发点,以提升自主创新能力为核心,充分发挥军地科技资源优势,丰富融合形式,拓展融合范围,提高融合层次,形成军地良性互动、协调发展的良好格局。

(二)基本原则

1. 坚持军地协同。统筹军地资源,加强工作筹划与协调,创新体制机制,形成国家主导、军地协同的发展格局。

2. 坚持创新驱动。围绕国防建设和经济建设需求,开展政产学研用协同创新,推动产业发展与技术创新相结合,培育战略性新兴产业,为国防建设和经济建设提供科技支撑。

3. 坚持融合发展。加大军地融合力度,促进经济领域和国防领域技术、人才、资金、信息等要素的双向互动,实现军地资源共享共用,共同发展。

4. 坚持市场运作。遵循市场规律,强化市场意识,引导多元投资、多方技术、多种力量服务国防和军队现代化建设。

(三)战略定位

充分发挥首都国防科技资源和中关村科技创新优势,以中关村国家自主创新示范区(以下简称中关村示范区)为任务承载区,大力推动军民融合科技创新体系建设,以军民融合科技研发、成果转化和产业化、军事采购、人才培养为重点,打造具有全国影响力的军民融合科技创新示范基地。

(四)主要目标

到2015年,中关村军民融合科技创新示范基地建设实现以下目标:

1. 政策保障体系进一步完善。初步形成有利于军地合作科技研发、军民科技成果转化的政策体系。加大资金支持力度,促进各类服务平台建设,推进军民科技创新资源的融合。

2. 创新能力显著增强。在军民两用技术领域,突破一批技术瓶颈,形成一批国际领先的自主创新科技成果。在先进技术领域推动并积极参与形成一批国家标准,承担或参与制定一批军用标准,采取多种方式创新性推动军用标准和民用标准体系融合。

3. 成果转化模式逐步成熟。加大对军民两用关键技术研发的支持力度,促进军民技术成果的双向转移及产业化,构建以市场化运作为基础、技术转移服务与资本运作相结合的发展模式。探索军转民技术成果转化的交易方式、流程及知识产权归属和利益分配机制。

4. 产业发展带动明显。推动战略性新兴产业快速发展,支撑传统产业改造提升,建成一批军民融合特色产业园区,形成产业集聚、结构合理、布局优化、核心竞争能力突出的产业发展模式。

二、重点工作

加强组织领导和统筹规划,持续完善创新环境建设,深入推动军地科技资源融合,加快战略性新兴产业发展和集聚,全面落实市政府和相关驻京军事单位、军工集团公司签署的战略合作协议,构建政产学研用相结合的军民融合协同创新体系。重点抓好以下工作:

(一)建设军民融合创新发展集聚区和特色园区,构建布局合理、多园发展、各具特色、整体协同的高效发展格局

1. 推进三大集聚区建设,进一步提升北部科技研发水平,拓展南部成果转化和产业化能力。

(1)推进中关村科学城军民融合创新基地建设。深入推进中关村国防科技园、中关村航天科技创新园、中关村航空科技园、北航国际航空航天创新园等专业特色园区建设,打造中关村军民融合科技研发聚集区,成为服务于国防建设的高新技术研发和企业培育核心载体。(主责单位:市经济信息化委、市科委、中关村管委会、市发展改革委、海淀区政府)

(2)推进大兴军民结合产业基地建设。积极推进航空航天、智能装备、新能源、新材料及应急救援装备五大产业集聚发展,成为集高端研发、先进制造和总部经济为一体的综合性高科技园区和国家级军民结合产业示范基地。积极推进海军北京市军民融合创新园(蓝鲸园)建设,支持军地双方建设军民技术成果双向转化服务平台,促进"民参军"和"军转民"项目落地和产业化。(主责单位:市经济信息化委、中关村管委会、市发展改革委、北京经济技术开发区管委会、大兴区政府)

(3)推进丰台军民融合创新基地建设。依托军工资源优势,以建设国防知识产权和国防专利转化应用中心为重点,以成果转化和产业孵化为核心,加快推进应急救援、通讯导航、高端装备等产业集群发展。(主责单位:市经济信息化委、市科委、中关村管委会、市发展改革委、丰台区政府)

2. 引导形成一批军民融合特色园区,带动相关优势产业快速发展。

在海淀园,依托永丰产业基地,建设北斗与空间信息服务产业基地;推进东升(国防)科技园建设,促进军用技术成果落地转化。(主责单位:海淀区政府、中关村管委会、市科委)

在昌平园,依托中关村生命科学园,军地共同推进国家蛋白质科学基础设施——北京基地(凤凰工程)发展,推进国家蛋白质药物产业化基地建设,构建蛋白质科学研究平台,打造世界蛋白质科学领域的核心基地和研究旗舰。(主责单位:昌平区政府、市发展改革委、中关村管委会、市科委)

在顺义园,推进顺义航空产业园建设,支持中航工业建设航空发动机、航空电子系统和航空材料等一系列重大项目,将其建设成为我国航空工业技术发展的核心基地、世界航空产业链的重要组成部分和首都经济产业升级的重要引擎。(主责单位:顺义区政府、市经济信息化委、中关村管委会、市发展改革委)

其他区县(园区)要按照《北京城市总体规划》和国务院关于同意调整中关村示范区空间规模和布局的有关批复精神,充分发挥各自资源禀赋优势,优化存量、集聚增量,推进本区域内特色产业园区建设。

(二)加强军地科技资源统筹和机制创新,推进科技成果、科研条件、科技人才和信息等要素的融合共享

1. 加强军民科研力量的整合运用。以国家和军队重大专项为切入点,鼓励和支持军地组建联合研发团队,开展军民两用技术联合攻关。提升科研院所、高等院校、企业承担国防和军队重大专项任务的能力,积极争取和承接实施一批军民统筹重大科技基础设施项目。支持军队科研院所、军

工集团公司承担民口重大专项。促进军民在科学发现、前沿技术探索等基础领域协调互动，加强应用技术研究与合作。（主责单位：市科委、市经济信息化委、中关村管委会、市政府外联服务办）

2. 加强科研条件军民共建共享。建设完善布局合理、装备先进、开放共享、高效运行的科研条件平台。推进军民共建共享国家重点实验室、测试验证平台、工程技术研究中心、博士后工作站、企业技术中心等研究平台和科研设施；支持具备条件的军事科研院所（大学）、军工集团公司所属实验室面向社会开放。（主责单位：市科委、市教委、市经济信息化委、中关村管委会、市政府外联服务办）

3. 推进军地科技信息资源共享。构建网络化科技资源共享体系，加强军地科学数据、科技文献、科技资源、科技环境的整合，提高军民科技资源网络化共享和利用效率。支持具备开放条件的军工高校、部队科研院所、军工单位面向社会提供科技信息服务。（主责单位：市科委、市教委、市经济信息化委、中关村管委会、市政府外联服务办）

4. 推动军民科技创新人才交流培养。建立部队和军事院校与地方高校、企业的科技人才交流制度。依托军地高校院所、行业协会、联盟，围绕重点合作领域举办军地科技人员、企业家专项培训。支持军队依托高等院校、科研院所、企业做好军事人才再教育。探索研究面向军队和国防军工高科技人才的中关村人才特区支持政策。（主责单位：市教委、市科委、中关村管委会、市政府外联服务办）

5. 推进军民融合发展机制创新。以军事需求为牵引，在中关村示范区开展分层次项目招标试点，定期发布军队科技和项目研发需求目录，定向组织高校院所、企业承担或参与。加强对“民参军”企业的统筹组织和规范管理，根据工作职能和职责权限，在军工保密资格认证、武器装备科研生产许可、军工质量管理体系认证、武器装备承制单位认证、国防专利申请和授予等方面给予大力支持。（主责单位：市经济信息化委、中关村管委会、市政府外联服务办）

（三）加强需求引导，推动军民两用技术研发和技术成果双向转化及应用推广

1. 推动一批军民两用重大科技成果服务于战略性新兴产业发展。结合实施中关村战略性新兴产业集群创新引领工程，大力推进科技创新，突破一批关键技术，服务国防建设和社会、经济转型发展。（主责单位：市发展改革委、市科委、市经济信息化委、中关村管委会）

（1）高端装备制造业。推动高档数控机床、3D打印、工业智能机器人、高效节能自动变速器、自动化成套生产线等智能装备的研发和产业化。

（2）信息产业。积极争取在“宽带中国”战略中发挥核心作用，组织产业技术联盟及企业积极承接下一代互联网国家重大专项。实施中关村下一代互联网提升计划，率先在中关村各相关园区内部署下一代互联网信息网络基础设施，搭建关键技术和评测认证公共服务平台。加快建设新一代移动通信基础设施，率先开展4G接入和应用示范，推动TD－LTE设备及芯片的研发制造及网络规模部署。在网络安全领域，研发具有自主知识产权的核心电子器件、高端通用芯片及基础软件，推动信息安全技术研发与产业化应用。

（3）卫星应用产业。重点突破芯片研发、数据处理、系统集成、运营服务等产业链关键环节，支持卫星通信、卫星导航、卫星遥感标准体系研究，建设提供基础数据、地理信息、卫星导航与卫星通信综合应用的公共服务平台，促进卫星应用产业规范发展。积极争取“北斗城市”试点，推动北斗卫星导航系统在重点领域开展示范应用。

（4）集成电路产业。以提升集成电路设计及先进工艺制造为突破点，全力打造集成电路设计、制造、封装测试和制造装备完整产业链，带动相关产业全面发展。支持关键技术研发，开发一批具有自主知识产权的芯片、集成电路制造装备和成套工艺，鼓励先进封装及测试技术创新，培育高附加值尖端产品。支持集成电路公共服务平台建设，为企业提供产品开发测试环境以及应用推广服务。完善产业生态环境，构建芯片与整机大产业链。

(5)新材料产业。支持军民两用电子信息材料、复合材料、超材料、含能材料、高性能金属材料的研发和产业化应用。突破纳米技术、高纯材料技术、半导体材料技术、高性能合金技术、稀土材料及其应用技术等一批关键技术,提升共性基础材料技术水平和新材料特色领域产业规模。

2. 推动一批重大科技成果实现“民参军”和“军转民”。组织开展军民科技成果交流对接活动,促进军民科技成果双向转化。加强军地在项目预研和型号研制、生产等方面的合作,积极推进中关村高科技企业先进技术在军事领域的应用,实现“民参军”;积极推进军用先进技术成果的转化和产业化,带动中关村相关产业发展,实现“军转民”。(主责单位:市经济信息化委、市科委、中关村管委会、市政府外联服务办)

3. 推动军地供应采购合作深入发展。依托中关村丰富的市场资源,发挥军队物资集中采购效能,协助部队主管部门做好军队物资采购供应商的遴选、推荐工作,加强军地供需信息对接,推动中关村高新技术、产品在军事领域的应用,探索军地联合物资供应保障模式。(主责单位:市发展改革委、中关村管委会、市政府外联服务办)

(四)推进军民融合科技创新政策和服务体系建设,为创新驱动发展提供有力保障

1. 完善政策扶持体系。研究制定军民融合科技创新相关扶持政策,支持军民关键技术联合攻关、技术成果相互转化、科研条件共建共享、科技信息服务及军民标准通用化、非公企业参与国防建设等。设立中关村国家自主创新示范区促进军民融合科技创新发展专项资金,加大资金支持力度。对于符合相关规定的重大项目,由北京市重大科技成果转化和产业项目统筹资金予以支持。积极探索运用多种金融手段,推进军民结合产业园区建设和重大项目落地实施。(主责单位:市科委、市经济信息化委、市发展改革委、中关村管委会)

2. 加强科技金融的服务支撑。依托中关村“一个基础、六项机制、十条渠道”科技金融体系,鼓励银行、券商、创业投资等金融机构运用信用贷款、股权质押贷款、并购贷款、信用保险和贸易融资、知识产权质押贷款等多种金融工具,加强对“民参军”企业的支持;支持“民参军”企业发行信托计划、企业债券、集合票据、中小企业私募债等直接融资产品;支持“民参军”企业通过上市、并购、重组等方式做强做大;积极支持和参与设立“民参军”产业投资基金。(主责单位:市金融局、中关村管委会)

3. 加强服务平台建设。推进军地科技资源的相互开放,完善首都科技条件平台等科技资源平台建设,提升公共信息、检验检测、中试验证等专业服务能力;推进军民科技成果转化平台建设,建立和完善知识产权集中托管平台、首都科技成果产业化公共服务平台等。依托科技中介机构,充分发挥综合服务保障功能,搭建军民科技合作中介服务保障平台。(主责单位:市科委、市经济信息化委、中关村管委会)

4. 加强国防知识产权保护与应用。积极推动国防领域知识产权申请、运用、保护和管理体系建设,完善知识产权保护公共服务平台。开展国防知识产权创新成果展示交流活动和转化运用试点,扶持国防知识产权中介服务机构发展,推动军民技术转化运用服务体系建设。推进建立“民参军”中的国防知识产权评价机制,支持企业参与研究制定和采用国际标准、国家标准、国家军用标准,提升企业标准创新和应用能力,促进自主知识产权成果服务国防建设。(主责单位:市知识产权局、市科委、中关村管委会)

三、组织实施

(一)进度安排

1. 筹划阶段(2013 年 7 月底前)。加强常态协作机制建设,研究建立由国家有关部委、相关驻京军事单位和本市共同参与的联席会议制度,统筹协调相关事宜。组建工作机构,在中关村创新平

台成立军民融合创新工作组，由市经济信息化委、中关村管委会、市政府外联服务办、市发展改革委、市教委、市科委、市财政局、市金融局、市知识产权局、北京经济技术开发区管委会、北京科技协作中心和海淀区、丰台区、昌平区、大兴区政府相关人员组成，商请相关驻京军事单位指定部门作为工作组联系协调单位，定期参加工作组会议，加强军地协调和工作计划落实。各园区管委会负责加强本区域内军民融合工作组织和计划落实。

2. 实施阶段(2013年8月至2015年12月)。2013年8月至12月，研究出台推进中关村军民融合科技创新示范基地建设的有关政策体系，认定一批中关村军民融合科技创新基地。整合军地科技创新资源，组建中关村军民融合科技创新顾问委员会，指导首都军民融合科学发展。统筹军地资源，着手编制《建设中关村军民融合科技创新示范基地中长期规划(2013—2020年)》等文件，指导示范基地建设，初步探索军民融合科技创新的体制机制、路径和模式。

2014年至2015年，深化军地科技资源融合，推进军民科研合作平台、军民两用技术孵化平台、测试验证平台、成果展示体验平台建设。大力支持军民科技成果转化和产业化，促进军民融合领域战略新兴产业发展。

(二)工作要求

1. 高度重视。建设中关村军民融合科技创新示范基地是国家统筹经济建设和国防建设的一项重要任务，各有关部门和单位要充分认识此项工作的重要性和紧迫性，加强领导，密切配合，确保工作顺利开展。

2. 落实责任。各有关部门和单位要统筹各项工作，细化任务分工，明确责任，确保工作形成合力。按照任务分工和进度要求，制订完善的相关方案和计划，同时加强监督检查，确保各项决策部署落到实处。

3. 强化保密管理。各有关部门和单位应从维护国家安全和国防安全的战略高度，提高保密意识，严守保密纪律，按照国家有关法律法规要求，严格落实各项管理规章制度，在工作中对涉军、涉密信息进行全流程、全周期管控，切实采取有力措施，确保不发生任何失泄密问题。

北京市人民政府关于支持农业产业化龙头企业发展推进农业产业化经营的实施意见

京政发〔2013〕20号

各区、县人民政府，市政府各委、办、局，各市属机构：

为贯彻落实《国务院关于支持农业产业化龙头企业发展的意见》(国发〔2012〕10号)精神，进一步支持市级农业产业化龙头企业(以下简称龙头企业)发展，提升本市农业产业化经营水平，特制定以下实施意见。

一、总体思路和工作目标

(一)总体思路

始终坚持为农民服务的方向,牢固树立扶持农业产业化就是扶持农业、扶持龙头企业就是扶持农民的理念,以加快转变经济发展方式为主线,全面推进龙头企业规模化、资本化、品牌化发展,进一步提升其核心竞争力,强化其带动农户增收的作用。

(二)工作目标

以打造一批领军人才、扶持一批上市龙头企业、发展一批示范基地、培育一批优质品牌、带动一批农户增收为目标,重点打造一批年销售收入超过100亿元的领军龙头企业,提高龙头企业整体带动水平;扶持一批具有上市潜力的龙头企业走向资本市场,扩大市场影响力;发展一批农业产业化示范基地,增强集聚效应;培育一批高端、优质、安全的农产品品牌,提升品牌知名度;带动一批从事农村生产、加工、服务产业的农户,促进农民增收。

二、坚持做大做强,提升龙头企业核心竞争力

(三)培育龙头企业自身实力,推进规模化发展

1. 加强生产基地标准化建设,保障农产品有效供给和质量安全。支持符合条件的龙头企业开展高标准基本农田、标准化规模养殖基地、农业综合开发等项目建设,切实改善生产设施条件。支持龙头企业参与新一轮“菜篮子”工程建设。支持龙头企业参与地方标准制定,开展质量管理体系和无公害农产品、绿色食品、有机农产品认证。

2. 大力发展农产品加工,促进产业优化升级。支持龙头企业利用先进适用的生产加工设备,改造升级贮藏、保鲜、烘干、清选分级、包装等设施装备,发展农产品精深加工,带动区域主导产业发展。对原料采购以当地农产品为主、带动农民增收效果明显的龙头企业,其当年新增固定资产规模达到3000万元以上的重大项目,按照一年期银行贷款基准利率50%的标准,给予一年贴息支持,单项贴息奖励不超过500万元。列入年度市级重大项目或行业示范项目的,加大扶持力度。

3. 创新流通方式,发展新型流通业态。按照本市“十二五”时期农产品流通体系发展规划,支持龙头企业参与农产品现代物流中心建设和农产品交易公共信息平台建设。支持龙头企业探索创新直营直供、公司化经营等多种零售模式。支持龙头企业参加各种形式的展示展销活动,促进产销有效对接。规范和降低超市和集贸市场收费,落实鲜活农产品运输“绿色通道”政策,结合实际完善适用品种范围,降低农产品物流成本。支持龙头企业参与主要农产品的仓储、运输和配送等冷链物流设施建设。支持龙头企业大力发展连锁店、直营店、配送中心及电子商务,研发和应用农产品物联网,推广流通标准化。落实《北京市人民政府关于印发推进两化融合促进首都经济发展若干意见及任务分工的通知》(京政发〔2011〕2号)精神,将龙头企业信息化、农业农产品物联网推广应用等工作,作为重要内容纳入“智慧北京”建设。

4. 壮大优势产业,参与“种业之都”建设。支持龙头企业按照《北京市人民政府关于促进现代种业发展的意见》(京政发〔2012〕5号)和本市种业发展规划,参与“种业之都”建设。对拥有自主知识产权、推进技术成果转化与应用的育繁推一体化种业建设项目给予扶持。支持龙头企业大力发展种子研发、培育、展示、销售,做大做强籽种产业。

5. 完善法人治理结构,建立现代企业制度。落实《国务院关于促进企业兼并重组的意见》(国发〔2010〕27号)的相关优惠政策,支持龙头企业通过兼并、重组、收购、控股等方式,组建大型企业集团。支持企业完善法人治理结构,建立现代企业制度。

6. 扶持龙头企业向优势产区集中,推动企业集群集聚发展。开展市级农业产业化示范基地评

定,对获得国家级、市级农业产业化示范基地称号的单位给予奖励。引导龙头企业向优势农产品产区集中。支持园区加快实现产业结构优化升级,大力培育农业总部,对新引入符合区域功能定位、带动产业发展和农民就业增收效果明显的农业产业化国家重点龙头企业或上市农业企业总部给予奖励,同时对企业入驻所在乡镇政府或园区管委会给予奖励。

(四)加强金融服务,推进资本化发展

7. 加快直接融资步伐,培育上市板块。建立拟上市企业资源库,培育后备资源。引导证券公司、会计师事务所、律师事务所等中介机构为龙头企业上市提供服务。对直接融资,首次公开发行股票的龙头企业给予支持,培育北京农业上市板块。

8. 畅通融资渠道,扩大金融支持领域。引导金融机构增加对龙头企业的信贷投放,在企业固定资产投资、并购、农产品收购、"走出去"等方面加大支持力度,根据企业生产经营的特点合理确定贷款期限和偿还方式,在人民银行规定的贷款利率浮动范围内进行差别定价。对参与市级平台债券(或股债混合)融资的龙头企业,给予融资费用补贴。农村信贷、农业投资、农业担保、农业保险等政策积极向龙头企业倾斜。对支持龙头企业发展的金融机构优先办理再贴现,对金融机构提交的涉及企业票据优先办理再贴现。

(五)支持龙头企业开拓市场,推进品牌化发展

9. 拓展国际市场,提升品牌效益。积极引导和帮助龙头企业用好用足中小企业国际市场开拓资金、出口信用保险、拥有自主知识产权和自主品牌、外贸转型升级示范基地和外贸公共服务平台等支持政策,增强出口农产品的竞争力。支持有条件的龙头企业开展对外农业合作。支持龙头企业申请商标国际注册,申报和推介驰名商标、名牌产品、著名商标、原产地标记、农产品地理标志。对获得农业产业化国家重点龙头企业称号、北京市农业产业化重点龙头企业称号的企业,以及产品新获得国家级、市级品牌认证的龙头企业,分别给予奖励。

10. 加快技术创新,增强竞争实力。鼓励龙头企业建立研发机构或与科研院所、高校组建科企联合体或产业技术联盟。支持龙头企业申报北京市或国家重点实验室和工程技术研究中心。鼓励支持符合条件的龙头企业申请高新技术企业认定。支持符合条件的龙头企业申请市级或国家级各类应用研究与成果转化类科技专项,各类农业技术推广项目要将龙头企业作为重要的实施主体。落实国家"千人计划"及本市"海聚工程""高聚工程"等人才引进政策,对符合条件的高端人才给予政策倾斜。鼓励龙头企业参与现代农业产业技术体系创新团队建设,为农民开展技术指导、技术培训等服务。

三、稳固利益联结,强化龙头企业带动农户增收能力

(六)树立责任意识,带动农民就业增收

11. 完善与农户利益联结机制。鼓励龙头企业发展订单农业,资助订单农户参加农业保险。引导龙头企业创办或领办各类专业合作组织,支持农民专业合作社和农户入股企业,支持农民专业合作社兴办企业,实现龙头企业与农民专业合作社深度融合。鼓励龙头企业采取股份分红、利润返还等形式,将加工、销售环节的部分收益让利给农户,共享农业产业化发展成果。

12. 积极吸纳本市农村劳动力就业。鼓励龙头企业开发绿色岗位,发展绿色经济,吸纳农村劳动力就业。对招用本市农村就业困难人员,依法签订1年及以上期限劳动合同、缴纳城镇职工社会保险、按时足额发放工资的企业,在劳动合同期限内可申请享受最长不超过5年的岗位补贴和社会保险补贴。鼓励企业健全员工制管理制度。

13. 增强社会责任意识。支持龙头企业围绕产前、产中、产后各环节,积极为基地农户提供农资供应、农机作业、技术指导、疫病防治、市场信息、产品营销等各类服务。鼓励企业承担公共服务

义务,遇有自然灾害、突发事件、特殊情况时,积极做好农产品生产供应的应急保障。完善企业社会责任报告制度。

四、优化发展环境,提高政府部门服务能力

(七)整合政策资源,做好服务保障

14. 各级财政统筹安排农业产业化发展资金,加大资金支持力度。市、区财政要多渠道整合和统筹支农资金,在现有基础上增加扶持农业产业化发展的相关资金,切实加大对农业产业化和龙头企业的支持力度。中小企业发展专项资金要将农业产业化中小型龙头企业纳入重点支持范围。市级农业综合开发产业化经营项目要向龙头企业倾斜。

15. 落实有关税收支持政策。对龙头企业符合条件的固定资产,按照法律法规规定,缩短折旧年限或者采取加速折旧的方法折旧。对龙头企业购置符合条件的环境保护、节能节水等专用设备,依法享受相关税收优惠政策。认真落实国家有关农产品初加工企业所得税优惠政策。鼓励龙头企业开展新品种、新技术、新工艺研发,落实自主创新的各项税收优惠政策。支持龙头企业与农户建立风险保障机制,对企业提取的风险保障金在实际发生支出时,依法在计算企业所得税前扣除。龙头企业用于公益事业的捐赠支出,对符合法律法规规定的,在计算企业所得税前扣除。

16. 保障合理用地需求。积极支持龙头企业发展设施农业和规模养殖,其直接用于或者服务于农业生产的设施用地,依据《国土资源部农业部关于完善设施农用地管理有关问题的通知》(国土资发〔2010〕155 号)有关规定,按设施农用地管理。满足龙头企业开展农产品加工的合理用地需求。

17. 加强服务指导。健全完善北京市农业产业化联席会议制度,落实责任分工,强化协作配合,形成工作合力。建立龙头企业信息平台,认真做好龙头企业认定和动态监测管理工作,加强跟踪分析。加大对企业负责人的培训力度,提高管理人员整体素质。发挥企业协会作用,加强行业自律。

附件:部门工作分工

北京市人民政府

二〇一三年七月二十七日

附件:

部门工作分工

一、加强生产基地标准化建设,保障农产品有效供给和质量安全

1. 支持符合条件的龙头企业开展高标准基本农田、标准化规模养殖基地、农业综合开发等项目建设,切实改善生产设施条件。

牵头单位:市农委

参加单位:市财政局、市农业局

2. 支持龙头企业参与新一轮“菜篮子”工程建设。

牵头单位:市农委

参加单位：市农业局

3. 支持龙头企业参与地方标准制定，开展质量管理体系和无公害农产品、绿色食品、有机农产品认证。

牵头单位：市农业局

参加单位：市质监局

二、大力发展农产品加工，促进产业优化升级

4. 支持龙头企业利用先进适用的生产加工设备，改造升级贮藏、保鲜、烘干、清选分级、包装等设施装备，发展农产品精深加工，带动区域主导产业发展。

牵头单位：市农委

参加单位：市经济信息化委

5. 对原料采购以当地农产品为主、带动农民增收效果明显的龙头企业，其当年新增固定资产规模达到3000万元以上的重大项目，按照一年期银行贷款基准利率50%的标准，给予一年贴息支持，单项贴息奖励不超过500万元。列入年度市级重大项目或行业示范项目的，加大扶持力度。

牵头单位：市农委

参加单位：市财政局

三、创新流通方式，发展新型流通业态

6. 按照本市“十二五”时期农产品流通体系发展规划，支持龙头企业参与农产品现代物流中心建设和农产品交易公共信息平台建设。

牵头单位：市商务委

参加单位：市经济信息化委

7. 支持龙头企业探索创新直营直供、公司化经营等多种零售模式。

责任单位：市商务委

8. 支持龙头企业参加各种形式的展示展销活动，促进产销有效对接。

牵头单位：市商务委

参加单位：市农委

9. 规范和降低超市和集贸市场收费，落实鲜活农产品运输“绿色通道”政策，结合实际完善适用品种范围，降低农产品物流成本。

牵头单位：市商务委

参加单位：市发展改革委、市交通委

10. 支持龙头企业参与主要农产品的仓储、运输和配送等冷链物流设施建设。

责任单位：市商务委

11. 支持龙头企业大力发展连锁店、直营店、配送中心及电子商务，研发和应用农产品物联网，推广流通标准化。

牵头单位：市商务委

参加单位：市经济信息化委

12. 落实《北京市人民政府关于印发推进两化融合促进首都经济发展若干意见及任务分工的通知》（京政发〔2011〕2号）精神，将龙头企业信息化、农业农产品物联网推广应用等工作，作为重要内容纳入“智慧北京”建设。

责任单位：市经济信息化委

四、壮大优势产业,参与“种业之都”建设

13. 支持龙头企业按照《北京市人民政府关于促进现代种业发展的意见》(京政发〔2012〕5 号)和本市种业发展规划,参与“种业之都”建设。

牵头单位:市农委

参加单位:市农业局

14. 对拥有自主知识产权、推进技术成果转化与应用的育繁推一体化种业建设项目给予扶持。支持龙头企业大力发展种子研发、培育、展示、销售,做大做强籽种产业。

牵头单位:市农业局

参加单位:市科委

五、完善法人治理结构,建立现代企业制度

15. 落实《国务院关于促进企业兼并重组的意见》(国发〔2010〕27 号)的相关优惠政策,支持龙头企业通过兼并、重组、收购、控股等方式,组建大型企业集团。支持企业完善法人治理结构,建立现代企业制度。

牵头单位:市经济信息化委

参加单位:市发展改革委

六、扶持龙头企业向优势产区集中,推动企业集群集聚发展

16. 开展市级农业产业化示范基地评定,对获得国家级、市级农业产业化示范基地称号的单位给予奖励。引导龙头企业向优势农产品产区集中。

牵头单位:市农委

参加单位:市经济信息化委、市财政局

17. 支持园区加快实现产业结构优化升级,大力培育农业总部,对新引入符合区域功能定位、带动产业发展和农民就业增收效果明显的农业产业化国家重点龙头企业或上市农业企业总部给予奖励,同时对企业入驻所在乡镇政府或园区管委会给予奖励。

牵头单位:市农委

参加单位:市财政局、市商务委

七、加快直接融资步伐,培育上市板块

18. 建立拟上市企业资源库,培育后备资源。引导证券公司、会计师事务所、律师事务所等中介机构为龙头企业上市提供服务。对直接融资,首次公开发行股票的龙头企业给予支持,培育北京农业上市板块。

牵头单位:市农委

参加单位:市财政局、市金融局

八、畅通融资渠道,扩大金融支持领域

19. 引导金融机构增加对龙头企业的信贷投放,在企业固定资产投资、并购、农产品收购、“走出去”等方面加大支持力度,根据企业生产经营的特点合理确定贷款期限和偿还方式,在人民银行规定的贷款利率浮动范围内进行差别定价。

责任单位:人民银行营业管理部

20. 对参与市级平台债券(或股债混合)融资的龙头企业,给予融资费用补贴。

牵头单位:市农委

参加单位:市财政局

21. 农村信贷、农业投资、农业担保、农业保险等政策积极向龙头企业倾斜。

牵头单位:市农委

参加单位:市发展改革委、市金融局、人民银行营业管理部

22. 对支持龙头企业发展的金融机构优先办理再贴现,对金融机构提交的涉及企业票据优先办理再贴现。

责任单位:人民银行营业管理部

九、拓展国际市场,提升品牌效益

23. 积极引导和帮助龙头企业用好用足中小企业国际市场开拓资金、出口信用保险、拥有自主知识产权和自主品牌、外贸转型升级示范基地和外贸公共服务平台等支持政策,增强出口农产品的竞争力。支持有条件的龙头企业开展对外农业合作。

责任单位:市商务委

24. 支持龙头企业申请商标国际注册,申报和推介驰名商标、名牌产品、著名商标、原产地标记、农产品地理标志。对获得农业产业化国家重点龙头企业称号、北京市农业产业化重点龙头企业称号的企业,以及产品新获得国家级、市级品牌认证的龙头企业,分别给予奖励。

牵头单位:市农委

参加单位:市财政局、市商务委、市工商局

十、加快技术创新,增强竞争实力

25. 鼓励龙头企业建立研发机构或与科研院所、高校组建科企联合体或产业技术联盟。支持龙头企业申报北京市或国家重点实验室和工程技术研究中心。鼓励支持符合条件的龙头企业申请高新技术企业认定。

责任单位:市科委

26. 支持符合条件的龙头企业申请市级或国家级各类应用研究与成果转化类科技专项,各类农业技术推广项目要将龙头企业作为重要的实施主体。

牵头单位:市科委

参加单位:市农业局

27. 落实国家“千人计划”及本市“海聚工程”“高聚工程”等人才引进政策,对符合条件的高端人才给予政策倾斜。

责任单位:市人力社保局

28. 鼓励龙头企业参与现代农业产业技术体系创新团队建设,为农民开展技术指导、技术培训等服务。

牵头单位:市科委

参加单位:市农业局

十一、完善与农户利益联结机制

29. 鼓励龙头企业发展订单农业,资助订单农户参加农业保险。引导龙头企业创办或领办各类专业合作组织,支持农民专业合作社和农户入股企业,支持农民专业合作社兴办企业,实现龙头

企业与农民专业合作社深度融合。鼓励龙头企业采取股份分红、利润返还等形式,将加工、销售环节的部分收益让利给农户,共享农业产业化发展成果。

责任单位:市农委

十二、积极吸纳本市农村劳动力就业

30. 鼓励龙头企业开发绿色岗位,发展绿色经济,吸纳农村劳动力就业。对招用本市农村就业困难人员,依法签订1年及以上期限劳动合同、缴纳城镇职工社会保险、按时足额发放工资的企业,在劳动合同期限内可申请享受最长不超过5年的岗位补贴和社会保险补贴。

责任单位:市人力社保局

31. 鼓励企业健全员工制管理制度。

牵头单位:市农委

参加单位:市经济信息化委

十三、增强社会责任意识

32. 支持龙头企业围绕产前、产中、产后各环节,积极为基地农户提供农资供应、农机作业、技术指导、疫病防治、市场信息、产品营销等各类服务。鼓励企业承担公共服务义务,遇有自然灾害、突发事件、特殊情况时,积极做好农产品生产供应的应急保障。完善企业社会责任报告制度。

牵头单位:市农委

参加单位:市农业局

十四、各级财政统筹安排农业产业化发展资金,加大资金支持力度

33. 市、区财政要多渠道整合和统筹支农资金,在现有基础上增加扶持农业产业化发展的相关资金,切实加大对农业产业化和龙头企业的支持力度。

责任单位:市财政局

34. 中小企业发展专项资金要将农业产业化中小型龙头企业纳入重点支持范围。

责任单位:市经济信息化委

35. 市级农业综合开发产业化经营项目要向龙头企业倾斜。

责任单位:市财政局

十五、落实有关税收支持政策

36. 对龙头企业符合条件的固定资产,按照法律法规规定,缩短折旧年限或者采取加速折旧的方法折旧。对龙头企业购置符合条件的环境保护、节能节水等专用设备,依法享受相关税收优惠政策。认真落实国家有关农产品初加工企业所得税优惠政策。鼓励龙头企业开展新品种、新技术、新工艺研发,落实自主创新的各项税收优惠政策。支持龙头企业与农户建立风险保障机制,对企业提取的风险保障金在实际发生支出时,依法在计算企业所得税前扣除。龙头企业用于公益事业的捐赠支出,对符合法律法规规定的,在计算企业所得税前扣除。

责任单位:市国税局、市地税局

十六、保障合理用地需求

37. 积极支持龙头企业发展设施农业和规模养殖,其直接用于或者服务于农业生产的设施用地,依据《国土资源部农业部关于完善设施农用地管理有关问题的通知》(国土资发〔2010〕155号)

有关规定,按设施农用地管理。满足龙头企业开展农产品加工的合理用地需求。

责任单位:市国土局、市农委

十七、加强服务指导

38. 健全完善北京市农业产业化联席会议制度,落实责任分工,强化协作配合,形成工作合力。建立龙头企业信息平台,认真做好龙头企业认定和动态监测管理工作,加强跟踪分析。加大对企业负责人的培训力度,提高管理人员整体素质。发挥企业协会作用,加强行业自律。

牵头单位:市农委

参加单位:市发展改革委、市经济信息化委、市科委、市商务委、市财政局、市国税局、市地税局、市园林绿化局、市农业局、人民银行营业管理部、市供销社

转发科技部 财政部 国家税务总局《关于延长中关村国家自主创新示范区高新技术企业认定管理试点工作期限的通知》

京科发〔2013〕347号

各区县科委、财政局、国家税务局、地方税务局,中关村示范区各分园管委会、市地方税务局直属分局、各有关单位:

现将科技部、财政部、国家税务总局《关于延长中关村国家自主创新示范区高新技术企业认定管理试点工作期限的通知》(国科发火〔2013〕529号)转发给你们,请遵照执行,并就有关事宜通知如下:

一、试点工作的具体要求依照《市科委 市财政局 市国税局 市地税局 中关村科技园区管委会关于转发科技部 财政部 国家税务总局完善中关村国家自主创新示范区高新技术企业认定管理试点工作的通知》(京科发〔2011〕173号)、《市科委 市财政局 市国税局 市地税局关于印发中关村国家自主创新示范区技术秘密鉴定办法(试行)的通知》(京科发〔2011〕471号)执行。

二、2013年度中关村国家自主创新示范区高新技术企业认定管理试点工作的进度安排、材料受理等事项,按照《关于组织开展2013年度北京市高新技术企业认定及资格复审工作的通知》(京科发〔2013〕224号)执行。

特此通知。

附件:关于延长中关村国家自主创新示范区高新技术企业认定管理试点工作期限的通知(国科发火〔2013〕529号)

北京市科学技术委员会　北京市财政局

北京市国家税务局　北京市地方税务局

中关村科技园区管理委员会

二〇一三年八月五日

附件：

关于延长中关村国家自主创新示范区高新技术企业认定管理试点工作期限的通知

国科发火〔2013〕529 号

北京市科学技术委员会、北京市财政局、北京市国家税务局、北京市地方税务局：

根据国务院对《科技部 财政部 税务总局关于中关村示范区先行先试相关政策延长和扩大试点工作的请示》（国科发高〔2012〕919 号）文件的批复，同意将中关村国家自主创新示范区高新技术企业认定管理试点工作期限延长 3 年，从 2012 年 1 月 1 日起至 2014 年 12 月 31 日止。延长期间，原有试点政策内容不变，具体参见《关于完善中关村国有自主创新示范区高新技术企业认定管理试点工作的通知》（国科发火〔2011〕90 号）。

科学技术部　财政部

国家税务总局

二〇一三年六月二十四日

北京市人民政府办公厅关于印发《北京市 2013—2017 年加快压减燃煤和清洁能源建设工作方案》的通知

京政办发〔2013〕45 号

各区、县人民政府，市政府各委、办、局，各市属机构：

经市政府同意，现将《北京市 2013—2017 年加快压减燃煤和清洁能源建设工作方案》印发给你们，请结合实际，认真贯彻落实。

附件：北京市 2013—2017 年加快压减燃煤和清洁能源建设工作方案

北京市人民政府办公厅

二〇一三年八月十二日

附件:

北京市2013—2017年加快压减燃煤和清洁能源建设工作方案

2012年,全市燃煤总量2300万吨,占能源消费总量的25%。其中,电厂、采暖锅炉、工业和民用散煤分别占40%、24%、19%和17%;城六区煤炭消费约占全市的50%。为全面落实国务院和市委、市政府关于大气污染防治的决策部署,加快推动能源清洁发展,特制定本方案。

一、总体要求和工作目标

(一)工作思路

以改善空气质量为根本出发点,坚持能源安全保障与清洁发展并重,加大改造力度,扩大治理区域,综合施策,疏堵结合,加快压减燃煤和清洁能源设施建设,构建安全清洁高效的现代城市能源体系,促进空气环境质量显著改善和经济社会可持续发展。

(二)基本原则

安全保障,清洁为先。统筹域内外资源,优化源点设施布局,加快建设多源多向、互联互备的管网设施保障体系,大幅提高天然气、外调电力和可再生能源利用比重。

协同推进,建改并举。建立全市统筹、部门联动、区县主责、企业主体、公众参与的工作推进机制,以城六区为重点,全面推进中心城区、城乡接合部、远郊新城和农村地区燃煤设施清洁改造,严格控制新增燃煤设施。

科技引领,高效发展。积极支持能源清洁高效利用关键技术的研发,鼓励新能源、新技术的推广应用,不断提高清洁能源利用效率。

严格标准,加强监管。实施更加严格的地方煤炭标准,提高行业准入门槛,坚决退出高耗能、高排放企业;加强污染排放监测,加大对超标排放的处罚力度;严厉打击制售劣质煤炭、液化石油气等行为。

(三)主要目标

燃煤总量大幅压减。到2015年和2017年,全市燃煤总量分别比2012年削减800万吨和1300万吨。

清洁比重显著提高。到2017年,优质能源消费比重提高到90%以上;可再生能源消费比重达到7%。

重点领域加快治理。东城和西城区全面实现无煤化;城六区实现集中供暖清洁化;市级以上工业园区完成清洁能源改造;多措并举减少民用散煤,炊事用能实现清洁化。

二、集中治理用煤设施,加快压减燃煤总量

(一)全面关停燃煤机组

目标:清洁能源发电比例达到100%,削减燃煤920万吨。

任务:建设四大燃气热电中心,全面关停燃煤电厂。

年度计划:

2013 年，建成西北热电中心 4 台机组，其中 2 台机组投产运行，配套中水、燃气和聂各庄变电站接入工程竣工投产；完成东南热电中心 1、2 号机组环保升级改造；关停科利源燃煤热电厂，高井燃煤热电厂 4 台燃煤机组停机备用；启动华能燃煤热电厂燃气改造工程。

2014 年，西北、东北热电中心竣工投产，西北热电中心配套热力管线和电力送出工程建成投产；东北热电中心配套燃气、中水、电力、热力工程竣工投产；东南、西南热电中心配套热力管线竣工投产；完成首钢原厂区热力和生活区电力替代，关停高井燃煤热电厂；石景山燃煤热电厂和国华燃煤热电厂停机备用；华能燃煤热电厂燃气改造工程开工建设。

2015 年，华能燃煤热电厂燃气改造工程建成投产，燃煤机组停机备用；关停石景山燃煤热电厂和国华燃煤热电厂。

2016 年，关停华能燃煤热电厂。

（二）集中改造采暖锅炉

目标：削减燃煤 220 万吨。

任务一：城六区完成 137 座约 4900 蒸吨锅炉“煤改气”，削减燃煤 120 万吨。

年度计划：

2013 年，改造约 2100 蒸吨，四环路内基本取消燃煤锅炉房；

2014 年，改造约 2200 蒸吨，五环路内取消燃煤锅炉房；

2015 年，改造剩余 600 蒸吨，城六区取消燃煤锅炉房。

任务二：远郊新城和重点镇区域内 20 蒸吨（不含 20 蒸吨）以下燃煤采暖锅炉全面实施清洁能源改造；新城区域外，培训中心、招待所、疗养院、度假村等商业服务业单位实施清洁能源改造，在已接通管道天然气的区域重点推进“煤改气”，其他区域积极推进电、热泵等清洁能源改造。削减燃煤 100 万吨。

年度计划：

2014—2017 年，每年改造约 1000 蒸吨。

（三）大幅压减工业用煤

目标：削减工业用煤 200 万吨。

任务一：全面完成 19 个市级以上工业园区约 2100 蒸吨锅炉“煤改气”，削减燃煤 50 万吨。

年度计划：

2013 年，改造约 500 蒸吨；

2014 年，改造约 1600 蒸吨。

任务二：基本完成全市规模以上工业企业锅炉“煤改气”；加快推进市级（不含市级）以下工业开发区、工业园区和产业基地的燃煤设施清洁能源改造。削减燃煤 55 万吨。

年度计划：

2014—2016 年，每年改造约 800 蒸吨；

2016 年，基本完成全市规模以上工业企业锅炉“煤改气”；完成燕山石化水煤浆锅炉清洁能源改造。

任务三：制定发布严于国家要求的《不符合首都功能定位的高污染行业调整、生产工艺和设备退出指导目录》，对水泥、石化等高耗能、高排放行业实施产能总量控制，鼓励通过兼并重组压缩产能，全市水泥产能削减至 400 万吨、炼油规模控制在 1000 万吨；整治镇村产业聚集区，淘汰退出 1200 家布局散、装备低、环保差的建材、化工、铸造、家具制造等企业。削减燃煤 95 万吨。

年度计划：

2015 年，水泥产能减至 600 万吨，完成 800 家高污染企业淘汰退出；

2017年,水泥产能减至400万吨,全市炼油规模控制在1000万吨,完成400家高污染企业淘汰退出。

(四)多措并举治理散煤

目标:削减燃煤100万吨。

任务一:东城和西城区实现无煤化。

年度计划:

2013年,完成4.4万户平房“煤改电”;

2015年,剩余2.1万户平房采暖用煤,通过拆迁改造、人口疏解和“煤改电”等方式削减和替代。

任务二:加快城乡接合部城市化建设进程,努力削减朝阳、海淀、丰台和石景山区民用散煤。按照城市化改造上楼一批、拆除违建减少一批、炊事气化解决一批、城市管网辐射一批、优质煤替代一批的原则,加大环境综合整治和燃煤污染治理力度,分类分批治理散煤。

年度计划:

2014年,完善液化石油气服务配送体系,取消炊事用煤;建立煤源统一、专业配送、差价补贴、封闭运行的优质低硫无烟煤替代机制,全面取消劣质散煤;

2013—2017年,在完成城乡接合部50个重点村综合整治的基础上,继续推进城市化改造工作;建立历史遗留违法用地、违法建设台账,分阶段、分层次逐步拆除;坚决遏止新增违法用地、违法建设;重点推进电、气等市政管网辐射工程,减少散煤使用。

任务三:逐步减少农村用煤。优化完善农村液化石油气供应设施,整合布局充装站,新建200座换瓶站和配送到村的服务网络,延伸服务半径,保障用气质量,2016年基本实现农村炊事气化;在大兴、密云和延庆等区县保留的大中型养殖场建设沼气集中供气工程,替代约3万户炊事用煤;重点在平原地区结合新农村和城镇化建设,5年内完成25万户电力、燃气和可再生能源清洁改造,同步实施优质煤替代工作。

三、完善燃气设施体系,增强综合保障能力

(一)加快燃气设施能力建设

目标:形成“三种气源、七大通道、两大环线”的多源多向燃气供应输配体系。2015年,陕京系统等长输管线供气能力超过700亿立方米,储气能力达到46亿立方米,保障本市总量200亿立方米、高峰日1.3亿立方米的用气需求;2017年,供气能力超过930亿立方米,保障本市总量240亿立方米、高峰日1.6亿立方米的用气需求。

任务一:积极争取国家能源局和中国石油天然气集团公司的支持,完善陕京输气系统,增加外部供气通道,增强储气能力;建成大唐煤制气、唐山液化天然气、陕京四线等工程;建设华北地下储气库群和陕京五线。

任务二:提升输配系统的安全性,建成外输内配的两个燃气高压大环,包括利用中石油长输管网系统沿本市周边形成100公斤天然气供气外环;建成六环路40公斤高压燃气管网配气内环。

任务三:提高门站接收能力,新建北石槽、西集、大灰厂、李桥等接收门站,门站总数达到14座,接收能力达到3.4亿立方米/日;建设西集和西南液化天然气储备站。

年度计划:

2013年,建成大唐煤制气一期工程和唐山液化天然气一期工程,开工建设陕京四线;建成北石槽、大灰厂门站,接收门站达到8座,接收能力达到1.8亿立方米/日;全面建成西六环燃气管线工程,形成高压内环;

2014 年，建成大唐煤制气二期、唐山液化天然气二期工程和北石槽—西沙屯、密云—宝坻等燃气联络线工程，形成高压外环；建成西集液化天然气储备站和西集、李桥、延庆、密云门站，接收能力达到 2. 4 亿立方米/日；

2015 年，陕京四线建成通气，大唐煤制气和唐山液化天然气工程全面竣工达产，完成大港和华北地下储气库建设，储气能力达到 46 亿立方米；建成西南液化天然气储备站和北安河、平谷门站，接收能力达到 2. 7 亿立方米/日；

2016—2017 年，加快推进陕京五线建设；建成城南门站，接收能力达到 3. 4 亿立方米/日。

（二）加快“煤改气”配套燃气管线建设

目标：实现燃气管网城六区和远郊新城全覆盖，重点工业园区全连通，重点乡镇全气化。

任务一：完成四大燃气热电中心配套燃气管线建设，实现门站和六环路双源供气，保障供气安全。

年度计划：

2013 年，完成东北热电中心配套燃气管线（东六环 - 电厂段）和西北热电中心配套燃气管线（西六环 - 电厂段）建设；

2014 年，完成西南热电中心配套燃气管线（阎村门站 - 西六环段）、东北热电中心配套燃气管线（李桥门站 - 东六环段）和西北热电中心配套燃气管线（大灰厂门站 - 西六环段）建设。

任务二：加快远郊区县燃气供气干线建设，完善区县燃气网络。在房山、通州、顺义、昌平、大兴和怀柔等燃气设施相对完善的区，重点加快燃气管网向周边乡镇延伸，实现重点乡镇及工业开发区全部接通管道天然气；在门头沟、平谷、密云和延庆等燃气设施相对薄弱的区县，重点实施新城范围内的燃气管网加密工程。

年度计划：

2013—2017 年，结合全市“煤改气”实施计划，完成远郊新城燃气管网加密工程和重点乡镇的燃气支干线工程建设。

任务三：完成全市采暖、工业锅炉“煤改气”配套燃气管线建设。

年度计划：

2013—2014 年，结合 19 个市级以上工业园区锅炉“煤改气”计划，完成相关燃气支户线工程；

2013—2015 年，结合城六区内所有锅炉“煤改气”计划，完成相关燃气支户线工程；

2013—2017 年，结合规模以上工业企业、市级（不含市级）以下工业开发区、产业基地、镇村产业聚集区和重点镇锅炉“煤改气”计划，完成相关燃气支户线工程。

四、优化供电保障布局，保证首都安全供应

（一）增强外受电通道能力

目标：形成 11 条通道、24 条回路的外受电格局，外受电通道能力达到 2800 万千瓦，外调电比例超过 70%，本地电源装机容量控制在 1100 万千瓦，不再新建电厂，新增电力需求通过外调电力解决。

任务一：加快外受电通道建设，新建 1 条通道、4 条回路。

年度计划：

2015 年，建成蔚县—门头沟双回输电线路工程；

2016 年，建成房山—南蔡双回输电线路工程。

任务二：新建海淀 500 千伏变电站，扩建昌平、安定 500 千伏变电站，本市 500 千伏变电站达到 10 座。

年度计划：

2014年，新建海淀、扩建昌平500千伏变电站；

2015年，扩建安定500千伏变电站；

2017年，建成张家口南—昌平第三回输电线路工程。

任务三：完成四大燃气热电中心及未来科技城、海淀北部和通州运河核心区等3座区域能源中心建设。

（二）加快燃煤替代配套电力工程建设

目标：保障四大燃气热电中心按期投产和燃煤机组有序关停；提高城市核心区、农村地区电网配电能力。

任务一：完成四大燃气热电中心配套电力工程和燃煤机组关停配套电力设施工程，新建7项220千伏输变电工程、66公里电缆及隧道工程和104公里架空线路工程。

年度计划：

2013年，完成聂各庄220千伏并网工程，实现西北热电中心2台燃气机组投入运行；

2014年，完成温泉、远大和永定220千伏输变电及并网工程，保障西北热电中心竣工投产；完成东坝东、酒仙桥和团结湖220千伏输变电及并网工程，保障东北热电中心竣工投产；完成首钢九总降电源替代工程，确保高井燃煤热电厂燃煤机组关停；

2015年，完成高碑店220千伏输变电工程，东南热电中心建成永久并网线路；完成北京商务中心区220千伏变电站及配套切改工程建设，确保国华燃煤热电厂燃煤机组关停；

2016年，完成华能燃煤热电厂燃气改造项目并网工程。

任务二：完成东城和西城区“煤改电”外电网配套工程。新建3项220千伏输变电工程、6项110千伏输变电工程，扩建4项110千伏输变电工程。

年度计划：

2013年，新建桃园220千伏输变电工程、金宝街110千伏输变电工程，扩建万明路、白云桥、木樨园和新东安110千伏输变电工程；

2014年，完成菜市口和龙潭湖220千伏输变电工程；完成西四、交道口、护国寺、法华寺和西郊民巷110千伏输变电工程及其他配套电力工程建设。

任务三：配合农村采暖清洁能源改造，提升电网设施水平。

（三）提升电网整体供电能力

目标：主配网协调发展，增强外调电力接纳能力，满足新增电力需求。

任务一：主网提升工程。新建29项220千伏输变电工程和89项110千伏输变电工程，满足高端功能区开发建设需求。

年度计划：

2013年，完成西马厂、霍营和未来科技城220千伏输变电工程，以及园博园和海鹊落等10项110千伏输变电工程的建设；开展北京商务中心区500千伏变电站前期工作；

2014年，完成商务园、广渠门和怀柔北等6项220千伏输变电工程，以及电子城、稻香湖和七星庄等28项110千伏输变电工程的建设；

2015年，完成丽泽和古城东等6项220千伏输变电工程，以及石化新材料科技产业基地、蔡公庄和万泉等25项110千伏输变电工程的建设；

2016年，完成岳各庄等7项220千伏输变电工程，以及北安河等16项110千伏输变电工程的建设；

2017年，完成良乡北等7项220千伏输变电工程，以及北辛安等10项110千伏输变电工程的建设。

任务二:配网提升工程。开展网格化配网规划建设,2013 年至 2017 年每年完成 60 项配网改造项目,共 300 项。

任务三:新能源并网工程。实现太阳能光伏发电 30 万千瓦、生物质发电 20 万千瓦、风电 30 万千瓦和燃气分布式 20 万千瓦并网。

年度计划:

2013 年,完成鲁家山电力并网工程;

2014 年,完成八达岭、华电昌平和华电密云太阳能光伏电站并网工程;

2015 年,建成 1 项 220 千伏输变电工程,完成官厅风电三期、大工村和南宫等项目并网工程。

五、发展新能源新技术,助力能源清洁转型

(一)大力发展地热和热泵供暖

目标:推进热泵技术应用,加快余热、再生水、深层地热和浅层地温能资源利用。2017 年,全市热泵供暖面积超过 7000 万平方米。

任务一:新建燃气热电中心和燃气锅炉房实施余热热泵供暖工程,现有燃气热电厂五年内完成余热热泵回收改造,新增供热面积 2000 万平方米。

任务二:充分利用再生水资源,在电子城北扩、首钢、北京商务中心区东扩和丽泽金融商务区等区域发展城市再生水热泵,新增供热面积 500 万平方米。

任务三:加强深层地热资源的统一规划、规模开发和集约利用,在顺义、大兴和延庆等区县实施地热供暖,新增地热供暖面积 500 万平方米。

任务四:在远郊新城和重点镇的公共建筑发展浅层地温利用,新增热泵供暖面积约 500 万平方米。

(二)拓宽太阳能应用领域

目标:到 2017 年,太阳能集热器面积达到 1100 万平方米、光伏发电能力超过 30 万千瓦。

任务一:在新建居民住宅建设太阳能光热系统;鼓励热水需求量大的工业用户利用太阳能中高温热水。

任务二:在海淀、顺义、昌平区和北京经济技术开发区的高端装备制造园区发展分布式光伏系统,全面完成中小学校园和工业园区“光伏双百工程”。

(三)加快能源新技术攻关和推广应用

目标:发挥中关村国家自主创新示范区和本市科研机构的综合优势,加大科技投入,推进实施一批首都能源重大科技研发工程项目,不断提升首都能源科技创新能力和产品技术服务水平。

任务一:重点建设浅层地温能、太阳能风能光伏检测等国家级和市级能源实验和工程中心,进一步强化本市新能源和能源新技术研发能力。

任务二:加强清洁能源领域关键技术攻关,重点在智能电网、高效热泵、分布式光伏系统集成、燃气锅炉超低氮燃烧和高温空气燃烧等一批技术领域取得新突破。

任务三:大力推动清洁高效燃气分布式能源项目建设。重点在政府机关、医院、宾馆、大型商场、商业中心、交通枢纽和数据中心等领域建设分布式能源系统。2017 年,燃气分布式能源系统总装机容量达到 20 万千瓦。

六、健全发展制度机制，强化执法监督考核

（一）加强统筹调度

市压减燃煤工作领导小组要加强统筹，协调解决压减燃煤工作中的重大问题；进一步加强大气污染综合治理、四大燃气热电中心及陕京系统建设等市级调度平台的工作协调，协同推进各项重点工作；市相关部门和各区县政府要加强领导，形成合力，不断健全完善部门配合、市区联动的工作机制。

（二）明确工作责任

市压减燃煤工作领导小组办公室负责制定压减燃煤任务目标，分解落实到各有关区县和部门；各区县政府和牵头部门要根据全市总体部署制订具体工作方案，细化阶段性目标，统筹推进落实；各区县政府要落实好属地责任，各建设单位、用煤企业落实主体责任，按计划完成燃煤设施改造，严格按照时间节点推进工程建设，电力、燃气和热力等企业要做好能源供应工作；各职能部门要提高工作效率，加快办理审批等相关手续；市政府督查室要将压减燃煤工作目标、重点任务完成情况纳入大气污染防治和节能减排考核体系，加强督查考核。

（三）制定配套政策

1. 加大政府对燃煤设施改造和清洁能源发展的投入。

（1）支持燃煤设施清洁改造。市政府固定资产投资加大对单台容量大于等于 20 蒸吨/小时锅炉“煤改气”的支持力度，支持范围从城六区扩大到全市采暖锅炉和工业锅炉；市燃气集团负责将燃气管线敷设至锅炉房红线；简化燃煤锅炉房“煤改气”审批手续，改造项目由所属区县审批；市财政局研究制定加大对单台容量小于 20 蒸吨/小时锅炉“煤改气”的支持政策。对按规划统一实施的“煤改电”中涉及的 10 千伏以下配电网工程，由市政府固定资产投资给予 30% 的资金支持。

（2）支持清洁能源建设。对远郊区县清洁能源供热项目，热源由企业投资建设，热网系统由市政府固定资产投资安排。加大对余热、再生水、深层地热和土壤源等地热和热泵系统的支持力度，对新建或改造的地热和热泵供暖项目，由市政府固定资产投资给予 30% 至 50% 的支持。

（3）支持新能源新技术。对按规划整村实施的农村太阳能采暖系统，由市政府固定资产投资按 30% 的标准给予支持；对大中型沼气集中供气项目，按照生态涵养区 90%、非生态涵养区 70% 的标准，由市政府固定资产投资给予支持；燃气分布式能源系统享受每立方米优惠 0.2 元的燃气价格，由市财政对分布式能源建设项目给予一定的资金支持；农村地区液化石油气“送气下乡”工程中换瓶站等设施的建设资金由市政府固定资产投资安排，运输车辆、气罐由运营企业负责投资。

2. 完善清洁能源发展的财政补贴机制。

（1）在电价、热价理顺前，继续执行燃气发电、供热的补贴政策，但对限期内未按计划完成改造的燃煤锅炉，要逐步减少采暖补贴。

（2）加快建立和完善优质民用煤、农村液化石油气推广等财政补贴机制。市区两级财政每年各安排 200 元/吨，用于朝阳、海淀、丰台、石景山区和 10 个远郊区县的优质煤替代工作；对于农村地区液化石油气“送气下乡”工作，市财政制定资金补助办法，相关区县政府要建立推广液化石油气、取消炊事用煤的工作机制。

3. 发挥价格杠杆作用。

争取国家发展改革委支持，疏导燃气电厂上网和销售电价；建立促进节能环保、鼓励清洁能源应用的热价机制，逐步实现同热同价；全面落实国家分布式光伏发电补贴等新能源电价政策。

4. 创新清洁能源发展模式。

在城乡接合部和农村地区鼓励燃气、热力和电力等专业化公司试点推进清洁采暖；放开远郊区

县供热市场，支持社会资本按照“源网分开”的特许经营模式参与清洁能源建设；鼓励社会资本参与新能源发展。

（四）严格实施监管

1. 制定更加严格的标准。修订发布本市低硫散煤及制品地方标准，将煤炭的硫分由0.5%降至0.4%，灰分由13%降至12.5%；修订发布锅炉大气污染物排放标准。

2. 联手治理煤炭储运。环保、发展改革等部门要严控燃煤增量；交管、交通、环保等部门要在主要路口设卡，堵住劣质煤进京渠道，所有煤炭运输车辆采取遮盖措施；工商、质监、城管等部门要严格查处劣质煤在本市的销售和使用；环保部门要加强对煤炭加工、存储场地安装喷淋洒水、苫布、抑尘网等环保设施的执法检查。

3. 加快环保升级改造。华能燃煤热电厂实施燃煤机组除尘深度治理；完成19座新城燃煤供热中心及远郊区县其他20蒸吨以上燃煤采暖锅炉的高效脱硫、脱硝、除尘环保升级治理，逐步推进天然气等清洁能源改造；全市所有水泥厂实施脱硝治理。

4. 加强燃煤设施运行排放监管。远郊区县所有单台容量20蒸吨以上燃煤锅炉房必须安装在线监测系统，实现达标排放。

5. 建立全市煤炭管理信息系统。对电厂、锅炉房、工业和民用散煤等用煤设施实现动态监管。

（五）动员公众参与

利用广播、电视、报纸、互联网等媒体及时发布年度压减燃煤工作信息；设立市民建言热线，广泛征询市民意见，接受社会监督。大力倡导绿色生产、绿色消费新理念，各类企业切实履行社会责任，自觉压减燃煤；鼓励市民参与并支持压减燃煤，营造“从我做起、人人参与”的良好氛围。

附件：《北京市2013—2017年加快压减燃煤和清洁能源建设工作方案》任务分解表（略）

北京市人民政府关于强化企业技术创新主体地位全面提升企业创新能力的意见

京政发〔2013〕28号

各区、县人民政府，市政府各委、办、局，各市属机构：

为贯彻落实《中共中央 国务院关于深化科技体制改革加快国家创新体系建设的意见》（中发〔2012〕6号）和《中共北京市委 北京市人民政府关于深化科技体制改革加快首都创新体系建设的意见》（京发〔2012〕12号）精神，全面实施创新驱动发展战略，加快推动国家技术创新工程，不断强化企业技术创新主体地位，提升创新能力，促进科技与经济紧密结合，提出以下意见。

一、总体思路和主要目标

（一）指导思想。坚持以邓小平理论、“三个代表”重要思想、科学发展观为指导，深入实施“人文北京、科技北京、绿色北京”发展战略，紧紧围绕战略性新兴产业的培育与发展，以增强企业创新能力为核心，鼓励企业加大研发投入，加强研发机构建设，建立企业主导产业技术研发创新的体制机制，强化企业技术创新主体地位，全面提升产业核心竞争力，为加快首都创新体系建设，实现创新驱动发展提供有力支撑。

（二）基本原则。坚持市场作用与政府引导相结合。充分发挥市场配置资源的基础性作用和政府的宏观引导作用，创造公平开放的市场环境，发挥企业在技术创新决策、研发投入、科研组织和成果转化中的主体作用，激发企业创新活力。

坚持分类引导与重点突破相结合。对民营、国有、外资等不同性质和不同规模企业进行分类引导和服务，引导创新要素向企业集聚，重点发挥龙头企业和规模企业在推进科技成果转化和产业化中的骨干作用、在创新链中的带动作用。

坚持资源整合与机制创新相结合。充分发挥首都的科技智力资源优势，完善企业主导产业技术研发创新的体制机制，促进创新资源的高效配置和综合集成，推进产学研用协同创新，提高创新体系的整体效能。

（三）工作目标。到2015年，基本形成以企业为主体、市场为导向、产学研用相结合的技术创新体系。全市企业研发投入总量明显增加，力争超过450亿元，大中型工业企业平均研发投入占主营业务收入比例力争达到1.5%左右，创新型试点企业研发投入强度达到6.5%左右，中关村国家自主创新示范区企业研发和科技活动经费支出每年增长15%以上。到2020年，多元化的研发投入体系和稳定增长的长效机制更加完善，企业科技创新人才队伍不断壮大，建设一批高水平的企业研发机构，形成一批创新型企业群，企业创新创业环境不断优化，创新能力明显提升。

二、实施企业研发机构建设工程，提升企业创新能力

（四）明确企业研发机构定位。企业研发机构是企业创新能力的源泉和竞争力的核心，是集成科技资源、集聚创新人才、对接重大科技成果、开展技术创新和成果转化应用的重要创新平台，是开展源头技术创新、关键技术研发和产业共性技术攻关、选择创新方向和技术路线、知识产权创造与应用、标准创制、人才培养等工作的重要载体。按照有科技人才、有研发经费、有科研条件、有研发方向和内容的标准，鼓励支持企业自建或共建重点实验室、工程实验室、工程（技术）研究中心、企业技术中心、（产业技术）研究院、博士后工作站、工业（工程）设计中心、技术检测中心、数据中心、评测中心、创意中心等研发机构。

（五）支持企业建设高水平研发机构。本市重点实验室、工程实验室、工程（技术）研究中心、企业技术中心等，优先在具备条件的行业骨干企业布局，提高企业组织技术研发、产品创新、利用和转化科技成果的能力。鼓励以企业为主导，深化产学研合作，支持行业骨干企业和高等学校、科研院所联合建设技术研发平台和产业技术创新战略联盟，合作开展关键技术研发和相关基础研究，重点解决基础技术、基础工艺问题。

（六）加强企业研发机构的认定与管理。鼓励企业申报认定市级企业研发机构，积极对接国家级科技创新平台，提升研发机构对企业创新活动的支撑与服务能力。加强对市级各类企业研发机构的统计和监测，统筹全市科技创新平台的建设和管理，进一步整合科技管理活动，实现分类认定、归口管理、统一规范。

（七）加大国有企业研发机构的建设力度。支持有条件的中央企业组建中央研究院和专业领域研发中心，开展前瞻性、原创性、关键核心技术的研究和重大战略产品的研发；鼓励支持军工集团在京设立研发机构，促进军民融合发展；鼓励市属国有企业根据自身发展战略设立研发机构，充分发挥研发机构在技术创新中的引领和示范效应。

（八）加快推进民营企业研发机构建设。引导和鼓励有条件的民营企业承担或参与产业技术研发平台建设、组建国家级和市级研发机构，开展产业关键共性技术研究；鼓励有条件的大型民营企业研发机构向中小企业开放实验仪器、装备和设施；鼓励中小民营企业自建或通过股权合作等方式与高等学校、科研院所合作建立研发机构，促进中小企业向专、特、精、新方向发展。对民营企业研发机构在承担本市科技任务、人才引进等方面与同类公办科研机构实行同样的支持政策。

（九）鼓励外资企业在京设立研发机构。鼓励跨国公司在京设立研发总部，支持外资研发机构围绕产业技术创新开展研发活动。鼓励外资研发机构与本市企业、高等学校和科研院所以多种方式开展科技项目联合研发和产业化合作。鼓励外资研发机构中具有知识产权的技术和成果在京转化落地。

（十）引导企业研发机构集群发展。鼓励研发服务外包、合同研发组织等研发服务新业态的发展，培育集聚一批社会化投资、专业化服务的第三方研发机构，形成研发服务集群。加快中关村科学城建设，建设一批新型产业技术研究院和特色产业创新园，促进企业研发总部和高端科技人才集聚。加强未来科技城建设，依托大型中央企业打造人才创新创业基地和研发机构集群。加快北部研发服务和高新技术产业发展带、南部高技术制造业和战略性新兴产业发展带建设，推动研发服务资源、高端产业要素集聚，推进新兴产业板块式发展。

（十一）促进科技资源向企业研发机构集聚。加快完善科技资源开放共享机制，鼓励财政资金支持资助的科研基础设施和科技项目信息资料向企业开放；鼓励企业及其研发机构通过人才技术引进、合作研发、委托研发、并购等方式整合创新资源；鼓励高等学校、科研院所为企业技术创新提供支持和服务，促进技术、人才等创新要素向企业研发机构流动。面向区域特色产业集群需求，整合建设一批专业公共研发服务平台，为中小企业提供仪器、数据、文献共享和专业技术服务。

（十二）鼓励企业研发机构国际化发展。依法加大金融、财政、海关、外汇和税收等方面的政策支持力度，积极引导和支持企业实施“走出去”战略，采取多种形式建立海外研发机构，参与全球化产业创新网络和研发平台建设，通过并购获得关键技术，促进企业利用全球创新资源，提升企业参与国际技术交流合作的水平和整合利用全球研发创新资源的能力。

三、实施企业研发投入引导工程，激发企业创新动力

（十三）鼓励和支持企业加大研发投入。综合运用无偿资助、偿还性资助、股权投资、贷款贴息、后补贴、创新券等多种财政资金支持方式，对研发投入持续增长、拥有自主知识产权成果并形成良好经济效益的企业进行扶持。实施企业研发机构创新能力提升专项计划，对具有产业化发展前景的重点研究开发项目给予持续性支持。鼓励企业与政府共同建立研发和科技成果转化基金，支持企业开展关键技术攻关和成果转化应用。鼓励企业建立研发准备金制度，允许研发费用按实际发生额列入成本（费用）。支持有条件的企业牵头组织实施产业化目标明确的市级科技计划项目。充分发挥北京市科学技术奖对企业技术创新的引导激励作用。

（十四）落实各项优惠政策。落实高新技术企业认定、技术先进型服务企业认定、职工教育经费税前扣除等税收优惠政策。落实战略性新兴产业、传统产业技术改造和现代服务业等领域的企业研发费用税前加计扣除政策，加大企业研发设备加速折旧政策落实力度。落实国家相关研发机构采购设备税收优惠政策，外资研发机构采购国产设备按规定享受相关税收优惠，进口科技开发用品依法免征进口关税和进口环节增值税、消费税。将符合条件的民办科研机构纳入相关税收优惠政策范围。跨国公司总部在京设立的地区总部及其研发机构自建或购买办公用房的，享受一次性补助。

（十五）加快完善多元化投入机制。支持金融机构设计符合企业需要的金融产品，鼓励银行创新信贷产品种类，发展知识产权质押贷款，扩大企业贷款范围和规模。在战略性新兴产业重点发展领域实施金融激励政策，根据银行对企业的信贷支持力度和服务业绩，政府财政资金给予贷款风险补偿。鼓励风险投资投向具有产业化发展前景的研究开发项目。推动企业购买产品研发责任保险、关键研发设备保险、信用保险、高管人员和关键研发人员团体健康保险、意外保险、补充医疗保险和补充商业养老保险等保险服务。支持诚信规范、成长性好的科技企业上市融资。

（十六）完善考核评价机制。探索国有资本考核和评价机制，加大国有资本经营预算对企业创新的支持力度，引导国有资本支持和参与重大技术研发和重点产业投资，将研发机构建设、研发投入、承担国家和本市科技计划项目、建立长期技术储备、科技成果转化和产业化等工作情况纳入到市属国有企业负责人经营业绩考核体系，研究制定将国有企业研发费用列为税后净营业利润的考核政策。到2015年，市属国有重点企业年度研发投入占主营业务收入的比例达到3%，部分高新技术企业力争达到10%。将企业研发机构建设、研发投入作为衡量企业创新能力和承担市科技计划项目的重要参考条件。

四、实施企业创新环境优化工程，增强企业创新活力

（十七）营造激励企业创新的市场环境。深化新技术新产品政府采购试点工作，通过首购、订购、首台（套）重大技术装备试验和示范项目、推广应用等方式，支持企业研发和推广应用重大创新产品。支持企业承接重大建设工程，实施科技成果应用示范工程，为企业创新发展培育市场空间。通过预留采购份额、评审价格优惠、鼓励联合体投标和分包、引入信用担保等措施，支持中小企业参与政府采购。支持以企业为主体申报国家和市科技计划项目及产业化项目，引导符合条件的企业享受中关村国家自主创新示范区相关先行先试政策。

（十八）进一步优化技术市场发展环境。大力发展研发服务业，推进企业研发机构成为技术交易和科技成果转化的主要力量。规范技术市场发展，完善技术交易中介服务体系，加强技术经纪人队伍建设，引导扶持科技经纪、技术评估、信息咨询等各类机构发展，培育具有专业化水平的技术转移服务机构。积极发展国际技术转移服务，为企业开展先进适用技术引进、国际技术收购、技术与知识产权入股等提供专业化服务。深入实施知识产权战略，培育一批具有知识产权和品牌创造潜力的新兴源头技术研发机构。

（十九）创新人才激励机制。加快中关村人才特区建设，推进人才政策和体制机制创新，推动研发机构凝聚一批高端领军人才和创新团队。对拔尖科技人才推荐申报国家和本市重大人才培养工程和专项计划。鼓励探索建立灵活多样的创新型人才流动与聘用方式；完善落实股权、期权激励和奖励等收益分配政策，以及事业单位国有资产处置收益政策和人事考核评价制度，鼓励高等学校、科研院所科技人员转化科技成果；引导企业实施股权激励等政策，完善有利于企业技术创新的内部激励机制。全面落实高级人才奖励政策，鼓励有条件的企业按一定销售收入比例设立人才发展专项资金，引导高端人才向企业集聚。

（二十）加大对企业研发机构登记注册的政策支持。结合企业研发机构的技术行业定位和科技品牌建设需求，允许企业研发机构以研究院、研究所、研发中心、研究中心、技术中心、实验室等作为其名称的行业表述用语。

（二十一）实施首都创新精神培育工程。大力践行"爱国、创新、包容、厚德"的"北京精神"，实施创新创业环境优化、创新教育促进、创新文化建设、创新活动品牌和创新资源服务工程，努力创建鼓励探索、敢于创新、宽容失败、开放包容的创新文化，大力营造有利于企业创新发展的社会氛围。

五、加强组织协调，完善推动企业创新的联动机制

（二十二）加强组织领导与协调配合。利用“科技北京”建设和中关村创新工作平台的统筹协调机制，加强各有关部门的沟通配合和信息共享，协调解决企业研发机构建设和运营过程中的重大问题。市科委负责企业研发机构、市级工程技术研究中心、市级重点实验室和产业（企业）技术研究院的相关认定、评估和管理工作。市发展改革委负责市级工程研究中心和工程实验室的相关认定、评估和管理工作。市经济信息化委负责市级企业技术中心的相关认定、评估和管理工作。市人力社保局负责市级博士后工作站建设工作。市统计局负责企业研发机构的统计管理工作。市国资委负责国有及国有控股企业研发机构建设、研发投入的考核评价工作。市知识产权局负责相关知识产权保护工作。

（二十三）加强市区（县）联动。各区（县）要加强对企业建设研发机构的服务支持，根据本区（县）产业发展特点，在研发用地、产业转型升级、高端人才引进、医疗教育等方面为企业研发机构提供相应的服务，促进高端项目和研发总部落户。各区（县）要针对企业的不同发展阶段，通过设立专项资金以贷款贴息、房租补贴、人才奖励、科研奖励等多种形式支持和引导企业建设研发机构。

本意见自发布之日起实施。北京市人民政府2002年8月26日发布并执行的《北京市人民政府关于印发北京市鼓励在京设立科技研究开发机构规定的通知》（京政发〔2002〕23号）同时废止。

北京市人民政府
二〇一三年九月七日

北京市人民政府关于印发《加快总部企业在京发展的工作意见》的通知

京政发〔2013〕29号

各区、县人民政府，市政府各委、办、局，各市属机构：

现将《关于加快总部企业在京发展的工作意见》印发给你们，请结合实际，认真贯彻落实。

附件：关于加快总部企业在京发展的工作意见

北京市人民政府
二〇一三年九月十日

附件：

关于加快总部企业在京发展的工作意见

总部经济是首都经济发展的重要组成部分，总部企业是总部经济发展的主体。引导和支持总部企业在京发展，对实现服务业结构调整和优化升级，增强“北京服务”的影响力和辐射力，使首都服务业在更高层次和水平上融入国内外经济发展具有重要意义。为全面落实市第十一次党代会精神，发挥首都优势，加快总部企业在京发展，打造世界高端企业总部聚集之都，提出以下意见。

一、不断培育和壮大总部经济规模。加大对内、对外开放力度，充分考虑北京城市功能定位和未来发展，积极吸引效益好、潜力大的国内外总部企业在京落户、聚集和发展；支持在京企业跨区域、跨国经营，不断提升发展能级；合理规划布局，突出区域特色，在推进“六高四新”高端产业功能区建设中，培育和打造一批总部经济集聚区，实现差异化发展。

二、完善加快总部企业在京发展的相关政策。统筹做好总部企业在京发展各项工作，将在京中央企业、市属国有企业、民营总部企业，以及跨国公司地区总部、金融总部企业统筹纳入发展促进范围之内。在继续执行《北京市人民政府印发关于鼓励跨国公司在京设立地区总部若干规定的通知》（京政发〔2009〕15号）及其实施办法的基础上，制定实施《关于促进总部企业在京发展的若干规定》（见附件），对符合条件的各类总部企业给予奖励和补助，所需资金由市、区县两级共同负担。鼓励总部企业在京开展实体化经营，支持符合北京产业发展方向的重点行业总部企业发展。

三、优化总部企业在京发展环境。充分发挥首都在区位、人才、科技、信息、法制、教育、文化等方面的独特优势，不断提高首都对总部企业的吸引力。市政府各有关部门要切实提高认识，积极创新管理方式，着力提升政府公共服务水平。特别要围绕促进总部企业发展的个性化需求，提供针对性服务，将重点总部企业重大建设项目纳入市政府固定资产行政审批绿色通道，为总部企业开展正常经营活动提供便利，加强对重点总部企业及重大项目的跟踪服务，及时落实各项政策，全方位做好服务工作。

四、建立和完善总部企业在京发展的统计分析体系。制定总部企业统计标准，建立反映总部企业发展情况的统计指标体系和报送制度，完善运行监测机制，开展统计分析工作，并定期发布相关统计信息。

五、建立市发展总部经济工作部门联席会议制度。联席会议由市政府有关部门和各区县政府主管领导参加，负责统筹解决全市总部经济发展过程中政策、服务等方面的重大问题。联席会议办公室设在市商务委，承担日常工作。

六、强化区县属地责任。各区县政府要承担属地责任、制定配套措施，对区域内总部企业提供服务，切实帮助其解决落户、运营过程中遇到的困难和问题。

七、加大总部经济政策宣传力度。借助京交会、科博会等国内外投资促进平台，加强与行业协会和中介组织的交流合作，多渠道加大对本市总部企业发展环境、区域优势、鼓励政策的国内外宣传推广力度，提升首都总部经济发展的国际影响力，努力营造有利于总部经济发展的良好氛围。

附件：关于促进总部企业在京发展的若干规定

关于促进总部企业在京发展的若干规定

第一章 总 则

第一条 为进一步优化总部企业在京发展环境，加快总部企业在京发展，根据《关于加快总部企业在京发展的工作意见》（以下简称《工作意见》），制定本规定。

第二条 本规定所指总部企业是指对其控股企业或分支机构拥有控制权或行使管理权的企业组织，并应同时具备以下特征：

（一）在本市行政区域内注册，且具有法人资格；

（二）跨地区或跨境经营，且在京外至少拥有1个分（子）公司；

（三）符合下列条件标准之一：

1. 资产合计和营业收入均在1亿元人民币以上（含1亿元人民币）的企业；

2. 市发展总部经济工作部门联席会议及其办公室确定的其他符合北京产业发展方向的重点总部企业。

第三条 金融总部企业适用于本规定（第二章除外）。有关金融总部企业的具体奖励补助政策由市金融局另行制定，并做好首都金融发展政策创新提升工作。

第二章 资金奖励和补助

第四条 对纳入本市总部企业统计范畴且符合相应条件的总部企业、有突出贡献的中介组织，可以享受相关资金奖励和补助。

第五条 对2013年1月1日以后在本市注册或迁入本市的各类总部企业（跨国公司地区总部除外），结合其对本市贡献程度，给予新入驻奖励和补助。

（一）实收资本补助。对实收资本在1亿元人民币以上（含1亿元人民币）的总部企业，按实收资本给予不同档次资金补助，补助分3年给付。对一次性增资达到规定档次的总部企业，按相应标准给予差额补足。

（二）自建或购买办公用房补助。自建或购买办公用房的，可享受补助一次，补助分5年给付。享受补助期间，不得对外出售、出租办公用房或改变用途；违反上述规定的，应当退还已获得的补助。本条款在朝阳区试点，由朝阳区政府负责落实，其他区县可参照执行。

（三）租用办公用房补助。租用办公用房的，连续3年给予租金补助，且原则上每年补助租金不得超过该企业当年度的区县级财政收入贡献。申请租房补助的总部企业，租用期应不少于3年。享受补助期间，不得将自用办公用房出租、转租或改变用途；违反上述规定的，应当退还已获得的补助。

（四）经营贡献奖励。对年营业收入（仅限本市行政区域内总、分公司所实现的营业收入）首次达到1亿元人民币以上（含1亿元人民币）的总部企业，按营业收入给予不同档次资金奖励，奖励分3年给付。

第六条　在全市高级人才奖励工作的整体格局下，对为本市做出突出贡献总部企业（跨国公司地区总部除外）的高级管理人员进行奖励。

（一）综合奖励。对2013年1月1日以后在本市注册或迁入本市的总部企业，结合该企业及其主要负责人对本市贡献程度，对其1位主要负责人给予综合奖励。该奖励政策自达到奖励标准要求次年起连续执行3年。

（二）增量奖励。对所有申请该项奖励且在1个年度内为本市增量贡献名列前50名的总部企业，对其1位主要负责人给予增量奖励。

同一高级管理人员在同一年度内不得同时享受综合奖励和增量奖励，也不能再同时享受本市其他高级人才奖励政策。

第七条　对既有在京总部企业开展实体化经营进行奖励。鼓励既有总部企业在京增设投资中心、财务中心、采购中心、研发中心、销售中心、结算中心、物流中心等功能性机构，鼓励其将符合本市产业发展方向的生产基地落户北京，结合其在1个年度内对本市增量贡献，给予一次性资金奖励。

第八条　对既有在京总部企业，2013年1月1日以后提升能级进行奖励。

（一）跨国公司地区总部提级。升级为亚太地区或全球总部的，结合其对本市贡献程度，可分别获得不同档次的奖励一次，奖励分3年给付。

（二）其他企业总部提级。区域总部升级为全国总部的，结合其对本市贡献程度，给予资金奖励一次，奖励分3年给付。

（三）入选权威机构排名。对于首次进入世界500强、中国企业500强、中国民营企业500强（或中国服务业企业500强、中国连锁企业100强以及国家级行业协会或相关权威机构发布的行业排名前50位）的总部企业，结合其对本市贡献程度，可分别获得不同档次的奖励一次，奖励分3年给付（本奖励同一年度不得重复享受）。

（四）战略提升。鼓励总部企业在京积极开展业务重组、收购、兼并、上市等战略提升活动，可按照上述业务贡献程度，一事一议给予一次性资金奖励。

第九条　在1个年度内，对引进总部企业有突出贡献的中介组织，结合所引进符合条件的总部企业在1个年度内对本市的累计贡献程度，给予一次性资金奖励。

第三章　配套服务

第十条　建立健全《北京市重点总部企业名录》和《北京市总部经济中介组织机构库》。

第十一条　对重点总部企业加强跟踪服务，依法解决其在京发展过程中遇到的商业欺诈、诚信经营、知识产权保护等方面问题和困难，创造宽松、公平的发展环境，及时落实各项政策。

第十二条　将重点总部企业重大建设项目纳入市政府固定资产行政审批绿色通道。

第十三条　重点总部企业所需的水、电、气、热、通信等公共设施，市有关部门要提供便利服务。

第十四条　对重点总部企业正常运营过程中的进出口、结售汇事宜，海关、外汇、出入境检验检疫、税务、工商等部门对其采取便利化的监管措施，优先考虑将其纳入外汇资金集中运营管理试点范围，便利其资金集约化管理。

第十五条　为符合条件的重点总部企业所需的应届毕业生进京落户，中、外籍高级管理人员的进京落户、工作居住和就业等相关事宜提供便利。

第十六条　进一步加大对总部经济的支持力度，在推进“六高四新”高端产业功能区建设中，强调奖励与企业做出的贡献挂钩，突出区域特色，避免同质化竞争，培育和打造一批总部经济集聚区,实现差异化发展。

第四章 保障机制

第十七条 奖励和补助资金由市、区县两级共同负担,按照本规定对符合条件的总部企业、中介组织给予奖励和补助。

第十八条 市商务委负责在京总部企业奖励补助和提供便利政策的协调落实等工作,市投资促进局等有关部门要结合自身职能和任务分工,共同做好政策落实的相关服务工作。要严格依据政策标准,加强审核把关,所涉及的奖励或补助1年兑现1次,经市发展总部经济工作部门联席会议审核,报市政府批准后实施。

第十九条 市政府各有关部门、各区县政府要按照《工作意见》精神,结合部门职能和区域总部经济发展实际情况,为总部企业的发展提供更多优质服务。

第五章 附 则

第二十条 市商务委牵头会同有关部门根据本规定制定具体实施办法。

第二十一条 本规定的第二章第七、八、九条和第三章的规定适用于《北京市人民政府印发关于鼓励跨国公司在京设立地区总部若干规定的通知》(京政发〔2009〕15号)所规定的跨国公司地区总部。

第二十二条 本规定自颁布之日起实施。

北京市人民政府关于印发《北京市2013—2017年清洁空气行动计划》的通知

京政发〔2013〕27号

各区、县人民政府,市政府各委、办、局,各市属机构:

现将《北京市2013—2017年清洁空气行动计划》印发给你们,请结合实际,认真贯彻落实。

附件:北京市2013—2017年清洁空气行动计划

北京市人民政府

二〇一三年九月十一日

附件：

北京市 2013—2017 年清洁空气行动计划

近十几年来，本市连续采取大气污染治理措施，空气中主要污染物浓度逐年下降，但大气污染物排放总量仍然超过环境容量，空气质量与国家新标准和公众期盼依然存在较大差距，大气污染复合型特征突出，城市正常运转和市民日常生活产生的污染物所占比重越来越大，大气污染防治形势十分严峻。为贯彻落实国家《大气污染防治行动计划》，进一步改善空气质量，特制定本行动计划。

一、指导思想和行动目标

（一）指导思想

以科学发展观为指导，以生态文明建设为统领，以保障市民健康为出发点，以防治细颗粒物（PM2.5）污染为重点，坚持政府调控与市场调节相结合，污染物总量减排与空气质量改善相匹配，着力推动能源结构和产业结构调整，加快转变经济发展方式，着力完善政府主导、企业施治、公众行动的大气污染防治工作机制，综合运用法律、经济、科技和行政手段，积极推进多种污染物协同减排，努力实现环境建设、经济建设与社会建设协调发展。

（二）行动目标

经过五年努力，全市空气质量明显改善，重污染天数较大幅度减少。到 2017 年，全市空气中的细颗粒物年均浓度比 2012 年下降 25% 以上，控制在 60 微克/立方米左右。其中：

——怀柔区、密云县、延庆县空气中的细颗粒物年均浓度下降 25% 以上，控制在 50 微克/立方米左右；

——顺义区、昌平区、平谷区空气中的细颗粒物年均浓度下降 25% 以上，控制在 55 微克/立方米左右；

——东城区、西城区、朝阳区、海淀区、丰台区、石景山区空气中的细颗粒物年均浓度下降 30% 以上，控制在 60 微克/立方米左右；

——门头沟区、房山区、通州区、大兴区和北京经济技术开发区空气中的细颗粒物年均浓度下降 30% 以上，控制在 65 微克/立方米左右。

二、八大污染减排工程

坚持污染减排是改善空气质量的根本措施。结合能源消费量大、生活性消耗占比高等特点，立足能源结构优化、产业绿色转型和城市管理精细化要求，重点实施压减燃煤、控车减油、治污减排、清洁降尘等八大污染减排工程。

（一）源头控制减排工程

1. 优化城市功能和空间布局。认真落实北京城市总体规划和主体功能区划，分类推进区域和产业发展，合理控制开发强度，完善功能布局，推动形成有利于大气污染物扩散的城市空间布局。

市规划委、市环保局、市发展改革委、市园林绿化局、市国土局、市住房城乡建设委等部门强化城市空间管制和绿地控制要求，对于城市公共绿地等规划强制性内容，未经法定程序，在建设时其位置和规模不得修改；开展城市环境总体规划研究和编制工作，强化资源、环境约束；研究完善北京地区电网等能源空间布局和中长期发展规划，推动能源清洁化发展和科学化配置；全力推动绿色建筑发展，推进绿色生态示范区和绿色居住区建设。市规划委、市发展改革委、市环保局、市经济信息化委、市交通委、市国土局等部门和各区县政府严格执行规划环境影响评价条例，认真开展综合性规划和专项规划的环境影响评价及审查工作，建立健全规划环境影响评价与建设项目环境影响评价联动机制。

2. 合理控制人口规模。坚持人口资源环境相均衡、经济社会生态效益相统一，合理调控人口规模，优化人口空间布局。市发展改革委、市公安局、市人口计生委、市流管办、市教委、市卫生局等部门综合施策，研究制定人口总量控制措施，大力推进产业结构优化升级，科学配置教育、医疗等资源，创新流动人口服务和管理方式，推进人口管理体系建设，有效疏解核心区人口，减少生活刚性需求增加带来的污染。

3. 严格控制机动车保有量。严格落实国家对北京市提出的限制机动车保有量的要求，综合考虑资源、环境等因素，以环境承载力为约束条件，严格控制机动车规模，减轻机动车保有量过快增长带来的污染排放压力。市交通委、市公安局公安交通管理局研究采取经济手段和必要的行政手段，确保2017年年底将全市机动车保有量控制在600万辆以内。

4. 强化资源环保准入约束。市经济信息化委、市发展改革委、市环保局等部门制定严于国家要求的禁止新建、扩建的高污染工业项目名录，原则上禁止建设钢铁、水泥、电解铝、平板玻璃、炼焦、有色金属冶炼、电石、铁合金、沥青防水卷材等高耗能、高污染项目，不再建设劳动密集型一般制造业项目。提高节能环保准入门槛，健全重点行业准入条件，探索建立符合准入条件的企业动态管理机制。

严格执行建设项目环境保护管理条例，对新、改、扩建项目必须进行环境影响评价。实施污染物排放总量控制，将二氧化硫、氮氧化物、颗粒物和挥发性有机物排放总量指标作为建设项目环境影响评价审批的前置条件，对新增大气污染物排放量的建设项目，逐步实施“减二增一”的削减量替代审批制度。市发展改革委严格落实节能评估审查制度。

对禁止建设的工业项目和未通过节能评估、环境影响评价审查的项目，有关部门不得审批、核准和备案，不得提供土地，不得批准开工建设，不得发放生产许可证、安全生产许可证和排污许可证，金融机构不得提供任何形式的新增授信支持，有关单位不得供电供水。对违规建设、投产的污染项目要坚决清理、依法关闭。对未完成大气污染物减排任务的区域和行业实施区域、行业限批，除民生工程外，不得批准建设排放大气主要污染物的项目。

全市新建项目原则采用电力、天然气等清洁能源，不再新建、扩建使用煤、重油和渣油等高污染燃料的项目。2013年底前，划定城六区范围内的高污染燃料禁燃区；自2014年起，按照由城市建成区向郊区扩展的原则，逐步在远郊区县城关镇地区划定高污染燃料禁燃区。禁燃区内逐步禁止原煤散烧。现有燃煤设施按期限完成清洁能源改造，加快推进无煤化进程。

严格重点行业表面涂装生产工艺的环境准入，提高低挥发性有机物含量涂料使用比例，新建机动车制造涂装项目达到80%以上，其中小型乘用车单位涂装面积的挥发性有机物排放量控制在35克/平方米以下；家具制造及其他工业涂装项目达到50%以上；包装印刷业必须使用符合环保要求的油墨。推广使用水性涂料，鼓励生产、销售和使用低毒、低挥发性溶剂。

（二）能源结构调整减排工程

坚持能源清洁化战略，因地制宜开发本市新能源和可再生能源，积极引进外埠清洁优质能源，努力构建以电力和天然气为主、地热能和太阳能等为辅的清洁能源体系。2013年，市发展改革委牵头制订《北京市2013—2017年加快压减燃煤和清洁能源建设工作方案》并组织实施。到2017年，全市燃煤总量比2012年削减1300万吨，控制在1000万吨以内；煤炭占能源消费比重下降到

10%以下,优质能源消费比重提高到90%以上。

1. 加强清洁能源供应保障。市发展改革委牵头,加快外受电力通道、变电设施、高压环网建设,增强外调电供应保障能力。到2017年,外调电比例达到70%左右,电力占全市终端能源消费量的比重达到40%左右;加快输变电和并网工程建设,实现9个电网分区均有本地电源支撑,全网供电能力得到提升,农村电网得到全新再造,供电能力和电能质量显著提升。

市市政市容委、市发展改革委等部门加强燃气供应保障,2013年,建成大唐煤制气一期工程和唐山液化天然气一期工程;2015年,建成陕京四线,大唐煤制气、唐山液化天然气工程全面竣工投产,10个远郊新城全部接通管道天然气;2016年,开工建设陕京五线,形成多气源、多通道、多方向的供应格局。积极争取国家天然气用气指标,满足本市2017年240亿立方米的用气需求。

2. 实现电力生产燃气化。市发展改革委、市重大项目办加快推进四大燃气热电中心建设。2013年,在东南、西南燃气热电中心投产运行的基础上,西北燃气热电中心建成投产运行2台机组,东北燃气热电中心主体结构封顶,关停科利源热电厂燃煤机组。2014年,西北、东北燃气热电中心建成投产运行,关停高井热电厂燃煤机组。2015年,华能北京热电厂新增燃气发电机组建成投产运行,关停国华、京能热电厂燃煤机组。2016年,关停华能北京热电厂燃煤机组。

3. 推进企业生产用能清洁化。通过污染企业关停退出和清洁能源改造等方式,减少煤炭使用量,基本实现企业生产用能清洁化。市经济信息化委、市环保局等部门和有关区县政府加快实施工业企业燃煤锅炉、窑炉、自备电站等清洁能源替代步伐。2015年,完成19个市级以上工业开发区燃煤设施清洁能源改造。2016年,基本完成全市规模以上工业企业燃煤设施清洁能源改造;城六区及远郊新城建成区的商业、各类经营服务行业燃煤全部改用电力、天然气等清洁能源。

4. 逐步推进城六区无煤化。在核心区近20万户居民实现采暖清洁化的基础上,2013年,东城和西城区再完成4.4万户平房居民采暖"煤改电"工程;剩余2.1万户平房居民的采暖燃煤,通过人口疏解、清洁能源替代等综合措施逐步消除。到2015年,城市核心区实现无煤化;朝阳、海淀、丰台、石景山区政府完成剩余4900蒸吨燃煤锅炉清洁能源改造工程。

5. 推进城乡接合部和农村地区"减煤换煤"。2013年,制订出台"减煤换煤、清洁空气"行动实施方案,按照城市化改造上楼一批、拆除违建减少一批、炊事气化解决一批、城市管网辐射一批、优质煤替代一批的思路和要求,分年度制订并实施行动方案,到2016年,基本实现农村地区炊事气化、无散用劣质煤,并大幅削减民用散煤使用量。

多措并举推进清洁能源采暖。在城乡接合部和农村地区综合推广电力、热泵、太阳能等清洁能源采暖方式,削减散煤使用量。制订出台农村享受峰谷电价优惠政策实施方案,推进农村电网扩容建设,提高电采暖供电能力。到2017年,力争完成20万农户电采暖改造任务;完成50个新型农村社区建设,推行集中供暖和新能源供暖;全市累计新增太阳能集热器面积400万平方米;累计新增热泵供暖面积3500万平方米,其中,利用燃气热电厂余热热泵改造新增供暖面积2000万平方米,发展再生水热泵新增供暖面积500万平方米,实施地热供暖新增供暖面积500万平方米,在远郊新城、重点镇的公共建筑发展浅层地温利用新增供暖面积500万平方米。

6. 推动远郊区县燃煤减量化。各远郊区县政府实施燃煤总量控制。到2017年底,房山、通州、顺义、昌平、大兴等区的燃煤总量比2012年减少35%;门头沟、平谷、怀柔、密云、延庆等区县的燃煤总量比2012年减少20%。

减少远郊区县锅炉用煤。积极开展燃煤锅炉清洁能源改造或协调引入外埠热源,逐步整合、消除区域内的分散燃煤锅炉。到2017年年底,基本淘汰远郊区县城镇地区的10蒸吨及以下燃煤锅炉。鼓励推动已建成的燃煤集中供热中心实施清洁能源改造。

7. 建立健全绿色能源配送体系。2013年底前,市发展改革委、市市政市容委组织建立优质煤和瓶装液化气供应渠道，各区县建成绿色能源配送中心，确保优质煤和瓶装液化气供应。严厉打击非法生产、销售劣质煤的行为，集中清理、整顿和取缔不达标散煤供应渠道；采取路检路查等手段杜绝不符合规定标准的散煤和固硫型煤进京销售。

8. 提高能源使用效率。推行节能降耗技术，从源头上降低能源需求，推动减少大气污染物排放。市发展改革委牵头完成国家下达的节能降耗目标，到2017年，单位工业增加值能耗比2012年降低20%左右。市规划委、市住房城乡建设委严格执行新建居住建筑节能75%的强制性标准，推广使用太阳能热水系统、地源热泵、光伏建筑一体化等技术。市市政市容委、市住房城乡建设委、市发展改革委等部门加快推进既有居住建筑供热计量和节能改造，到2015年，累计完成1.5亿平方米符合50%节能标准的既有居住建筑供热计量改造；全面完成“十二五”期间6000万平方米既有居住建筑节能改造任务。市质监局加强对供热计量和重点用能单位能源资源计量器具的监督检查，开展能源计量审查评价工作。市住房城乡建设委推进抗震节能农宅建设，到2017年底力争完成20万户左右。

（三）机动车结构调整减排工程

坚持先公交、严标准、促淘汰的技术路线，加强经济政策引导，强化行政手段约束，使全市机动车结构向更加节能化、清洁化方向发展。到2017年，全市机动车使用汽柴油总量比2012年降低5%以上，减少机动车污染物排放。

1. 大力发展公共交通。市重大项目办牵头加快轨道交通建设，到2015年，全市轨道交通运营里程力争达到660公里。市交通委、市公安局公安交通管理局优化公交网络，完善地面公交快速通勤体系，到2017年，中心城区公共交通出行比例力争达到52%，公共交通占机动化出行比例达到60%以上。市交通委牵头加强自行车道、步行道建设和环境整治，推广公共自行车服务运营。

2. 不断严格新车排放和油品供应标准。2013年，新增的轻型汽油车和新增的公交、环卫等柴油车实施第五阶段机动车排放标准，同时示范运营达到第六阶段排放标准的公交车辆，为实施第六阶段机动车排放标准开展前期准备。2014年底，新增重型柴油车全部实施第五阶段机动车排放标准，其中市域内使用的重型柴油车必须安装颗粒捕集器。2016年，力争实施第六阶段机动车排放标准，并同步供应符合标准的油品，进一步加严油品中的主要环保指标。加快柴油车车用尿素供应体系建设。市环保局、市经济信息化委、市质监局、市工商局等部门加强新生产车辆环保监管，严厉打击生产、销售不达标车辆的违法行为。

不断严格非道路动力机械排放标准。2013年，新增非道路动力机械必须达到第三阶段排放标准；2015年1月起，新增非道路动力机械必须达到第四阶段排放标准。未达到排放标准的非道路动力机械，依法禁止在京销售和使用。

3. 加快淘汰高排放老旧机动车。2013年，市交通委、市商务委等部门制定出台新增和更新汽油出租车强制报废标准和配套政策措施。市公安局公安交通管理局、市环保局等部门通过扩大黄标车禁行范围、增加尾气排放检测频次、加强行业管理和加大执法检查力度等措施，到2015年底淘汰全部黄标车。市环保局、市财政局、市交通委等部门通过经济鼓励等措施，推动淘汰高排放老旧机动车，鼓励更换混合动力汽车和小排量客车，到2017年累计淘汰老旧机动车100万辆。市公安局公安交通管理局、市商务委牵头严格执行国家报废标准，加大对报废解体厂的监管力度。

4. 积极推广新能源和清洁能源汽车。市科委、市交通委、市财政局等部门研究制定鼓励个人购买和使用新能源汽车的相关政策。继续抓好公交、环卫等行业及政府机关的新能源汽车示范应用工作。加快加气站、充电站（桩）等配套设施建设，满足新能源和清洁能源汽车发展需求。2017年底，全市新能源和清洁能源汽车应用规模力争达到20万辆。

5. 促进行业机动车结构调整和污染减排。

调整公交车结构。市交通委等部门研究加快老旧公交车淘汰,缩短使用年限。积极发展新能源和清洁能源公交车辆,每年新增公交车中新能源与清洁能源车比例力争达到70%左右。到2017年,实现新能源和清洁能源公交车辆比例达到65%左右;公交行业车辆油耗比2012年减少40%。

调整出租车结构。2014年起,新增和更新的汽油出租车全部执行更严格的强制报废标准。鼓励出租车更换三元催化器,更换周期最长不超过两年。到2017年,累计报废更新车辆中,电动车、天然气车、混合动力车各达到5000辆;出租车行业车辆油耗比2012年减少20%。

调整客运车辆结构。2015年年底前,全部淘汰第三阶段机动车排放标准以下的省际客运、郊区客运和旅游客运车辆,发展新能源和清洁能源旅游车。到2017年,郊区客运和五环路内的旅游客运天然气车辆比例力争分别达到50%、20%,示范运营纯电动旅游车达到300辆;郊区客运、旅游客运行业车辆油耗分别比2012年减少20%、5%。

调整渣土车和环卫车结构。市市政市容委牵头,到2015年年底前,全部淘汰第三阶段机动车排放标准以下的渣土车;大力发展纯电动和天然气环卫车辆,2017年纯电动环卫车辆比例达到50%;环卫行业车辆油耗比2012年减少20%。

调整货运车结构。市交通委、市商务委、市公安局公安交通管理局等部门加快组建货物运输"绿色车队",2015年年底达到5万辆。2014年起,全市物流园区和货物流转集散地使用第三阶段及以上机动车排放标准车辆进行货物运输。加快淘汰老旧邮政车辆,发展新能源和清洁能源邮政车,2017年城区内邮政配送电动车辆比例达到50%;邮政行业车辆油耗比2012年减少15%。

调整低速汽车结构。市农委等部门会同相关区县政府,逐步推进皮卡、轻型卡车替换低速汽车,并推广电动车。2014年,新增和更新低速货车执行与轻型货车同等的节能环保标准。到2017年,皮卡及轻型卡车替换低速汽车累计比例达到60%。

6. 完善管理政策。制定完善小客车分区域、分时段限行政策和外埠车辆管理政策,市公安局公安交通管理局严格依法查处违章车辆。协调加快北京绕城高速公路建设,力争2017年建成北京绕城高速公路,减少重型载货车辆过境穿行。

(四)产业结构优化减排工程

进一步提高环保、能耗、安全、质量等标准,加快淘汰落后产能,有序发展高新技术产业和战略性新兴产业,推行清洁生产,建设生态工业园区,不断推动产业结构优化升级,到2015年和2017年,第三产业比重分别达到78%和79%。

1. 淘汰压缩污染产能。2013年,市经济信息化委、市环保局、市发展改革委等部门制定发布严于国家要求的不符合首都功能定位的高污染行业调整、生产工艺和设备退出指导目录,并适时更新。2014年,提前一年完成国家下达的"十二五"落后产能淘汰任务。2015年至2017年,再淘汰一批污染产能。

对水泥、石化等高耗能、高排放行业,市经济信息化委牵头组织实施产能总量控制,鼓励通过兼并重组压缩产能。到2017年,全市水泥产能由"十二五"初期的1000万吨压缩至400万吨左右,保留的产能用于协同处置危险废物。全市炼油规模控制在1000万吨。

市住房城乡建设委、相关区县政府组织压缩混凝土搅拌站的数量和规模。2013年,五环路内未通过治理整合的混凝土搅拌站基本退出;2015年,全市未通过治理整合的混凝土搅拌站基本退出,全市混凝土搅拌站控制在135家左右。

2. 整治小型污染企业。对布局不合理、装备水平低、环保设施差的小型污染企业,市经济信息化委和各区县政府加强综合整治,到2016年底,累计调整退出建材、化工、铸造、家具制造等行业的小型污染企业1200家;集中整治镇村产业集聚区,到2017年,污染得到有效整治。

3. 建设生态工业园区。市经济信息化委明确全市工业开发区、工业园区、产业基地的目录和发展方向,新建工业项目原则上进入相应区域,推动产业集聚发展。对新建工业开发区、工业园区、产业基地依法开展规划环境影响评价,对已有规划环境影响评价的每三年开展一次跟踪评价。

市经济信息化委、市环保局等部门以及相关区县政府加快推进工业开发区环境基础设施建设,鼓励开展生态化、循环化设计和改造。到2017年,19个市级以上工业开发区按照国家《生态工业园区标准》,基本建成生态工业园区。

4. 推行清洁生产。市发展改革委、市经济信息化委、市环保局等部门组织和引导水泥等重点行业企业开展清洁生产审核,实施清洁生产技术改造,鼓励发展节能、降耗、减排的清洁生产项目。到2017年,组织400家以上企业完成清洁生产审核;钢铁、水泥、化工、石化等重点行业的排污强度比2012年下降30%以上。

(五)末端污染治理减排工程

1. 严格环保标准。加快修订重点行业大气污染物排放标准,进一步加严污染物排放限值。2013年,市发展改革委、市质监局、市环保局等部门修订发布低硫散煤及制品标准。2015年底前,市质监局、市环保局制修订建材、石化和汽车制造等行业大气污染物排放标准,基本建成完善的大气污染物排放标准体系。

严格执行相关行业挥发性有机物排放标准、清洁生产评价指标和环境工程技术规范。加强挥发性有机物面源污染控制,鼓励使用通过环境标志产品认证的涂料、油墨、胶粘剂、建筑板材、家具、干洗剂等产品。

2. 实施氮氧化物治理。2013年,完成京丰燃气热电厂、10座远郊区县燃煤集中供热中心和4条水泥生产线的脱硝治理。2014年底,全市所有水泥生产线完成脱硝治理。2015年,各远郊区县全面完成燃煤集中供热中心烟气脱硝高效治理。不断推进燃气锅炉低氮燃烧技术改造。

3. 开展工业烟粉尘治理。2013年,华能北京热电厂实施烟气除尘深度治理;全市水泥厂和搅拌站的物料储运系统、料库完成密闭化改造。不断推进燃煤锅炉、工业窑炉除尘设施升级改造;严格落实原材料、产品密闭贮存、输送,装卸料采取有效抑尘措施等要求,大型煤堆、料堆要实现封闭储存或建设防风抑尘设施。

4. 加强挥发性有机物治理。到2017年,全市工业重点行业挥发性有机物排放量与2012年相比累计减少50%左右。

不断推进石化、有机化工等行业挥发性有机物综合整治。燕山石化实施泄漏检测与修复技术改造,开展顺丁橡胶尾气治理等污染治理工程。2015年,完成全部有机废气综合治理工程。2016年,原油加工损失率控制在3‰以内;挥发性有机物排放量比2012年减少50%;水煤浆锅炉停运;完成所有燃煤设施清洁能源改造。2017年,燕山地区空气中挥发性有机物浓度比2012年下降30%。

在汽车制造、电子、印刷、家具、建筑等行业,重点抓好挥发性有机物污染控制,推广使用先进涂装工艺技术,优化喷漆工艺与设备,深化涂装有机废气治理,溶剂型涂料涂装工序必须密闭作业,配备有机废气高效收集和回收净化设施。加强其他溶剂使用工艺挥发性有机物的治理。

(六)城市精细化管理减排工程

加强城市精细化管理和监管执法,集中整治点多、量大、面广的施工扬尘、道路遗撒、露天烧烤、经营性燃煤和机动车排放等污染,督促排污单位完善污染防治设施,规范运行管理,切实发挥管理减排效益。到2017年,全市降尘量比2012年下降20%左右。

1. 严格控制施工扬尘污染。推行绿色文明施工管理模式,建设单位、施工单位在合同中依法明确扬尘污染治理实施方案和责任,并将防治费用列入工程成本,单独列支,专款专用。实施扬尘污染防治保证金制度。市住房城乡建设委和各区县政府严格施工扬尘管理,确保施工工地达标率不低于92%;将施工扬尘违法行为纳入企业信用管理系统,对违法情节严重的,限制参与招投标活动。市住房城乡建设委、市园林绿化局、市水务局、市交通委、市市政市容委等部门加强本行业施工过程中的扬尘管理,督促施工单位落实全封闭围挡、使用高效洗轮机和防尘墩、料堆密闭、道路裸地硬化等扬尘控制措施,切实履行工地门前三包责任制,保持出入口及周边道路的清洁。

市住房城乡建设委组织对5000平方米以上的建筑施工工地出入口和粉状物料、建筑土方堆放区安装视频在线自动监控设备,并与城管执法部门联网。城管执法部门充分利用视频监控和现场执法等手段,加大对扬尘污染监管执法力度。

2. 严格控制道路扬尘污染。市市政市容委、市住房城乡建设委、市城管执法局、市公安局公安交通管理局、市交通委等部门加强渣土运输规范化管理,严格执行资质管理与备案制度,城市渣土运输车辆安装卫星定位系统并实现密闭运输。加强对重点地区、重点路段渣土运输的执法监管,杜绝道路遗撒。

市市政市容委大力推广"吸、扫、冲、收"清扫保洁新工艺,增加作业频次,切实降低道路积尘负荷,到2017年,全市新工艺作业覆盖率达到87%以上;加大检查、考核力度,定期向社会公布环境卫生干净指数。市交通委、各区县政府减少道路施工开挖面积,缩短裸露时间,开挖道路分段封闭施工,及时修复破损道路。市园林绿化局加强道路两侧绿化,减少裸露地面。

市水务局牵头抓好《北京市加快污水处理和再生水利用设施建设三年行动方案(2013—2015年)》的落实,提高再生水供应量。市市政市容委、市水务局等部门研究再生水冲洗道路的保障机制,加快配套管网和加水站点建设,到2015年,城市主干道基本实现每日再生水冲洗;到2017年,再生水冲洗范围扩展至中心城区和远郊区县建成区的次干路及以上道路,正常作业条件下再生水冲洗使用量力争每日达到30万立方米。

3. 严格控制生活垃圾污染。市市政市容委牵头抓好《北京市生活垃圾处理设施建设三年实施方案(2013—2015年)》的落实,提高生活垃圾处理能力,优化处理方式,有效控制处置过程中的大气污染,到2015年,全市每日新增处理能力18000吨,焚烧、生化处理比例达到70%以上;实现生活垃圾全密闭化运输,杜绝遗撒;生活垃圾焚烧严格实施尾气治理,确保达标排放;规范卫生填埋作业程序,缩小作业面,并对作业区域进行及时覆盖;收集处理填埋场产生的沼气,减少沼气污染。到2017年,基本完成非正规垃圾填埋场的治理。

4. 严格控制露天烧烤、餐饮油烟等污染。2013年底前,各远郊区县政府按要求划定本区域禁止露天烧烤范围;各区县政府及城管执法部门严格执法,对城市核心区和朝阳、海淀、丰台、石景山区城镇地区公共场所,以及远郊区县政府划定区域内的露天烧烤行为要坚决取缔。严厉打击焚烧垃圾、秸秆和违法使用经营性燃煤等行为。环保部门加强餐饮油烟监管,督促餐饮企业和单位食堂安装使用高效油烟净化设施,并定期清洗维护,确保达标排放。

5. 严格在用车和油品质量监管。严格落实机动车检测等相关管理规定,对未取得环保检验标志的机动车,不予进行机动车安全技术检验,不予办理营运机动车定期审验合格手续,不得上路行驶。

市环保局、市公安局公安交通管理局牵头加大对在用车辆尾气排放抽查力度,强化路检和入户抽查,重点监管夜间行驶的柴油货运车和渣土运输车。

市工商局、市质监局、市环保局等部门强化对油品质量、车用燃油清净性、车用氮氧化物还原剂的监管,定期抽测,严厉打击非法生产、销售不达标油品的行为。

6. 整治违法排污企业。创新执法机制,开展专项治理和联合执法。市环保局和各区县政府运用监督性监测、在线监控、现场检查等手段,加大对污染源单位的执法检查力度,对超标排放、整改措施不落实的排污单位,依法处以罚款、限期改正、停产治理;对偷排偷放、屡查屡犯的违法企业,依法予以关停;对涉嫌环境犯罪的,依法追究刑事责任。

7. 提高环境监测和监管能力。市编办、市财政局、市环保局等部门按照增能力、提效能的原则,加强市、区两级环境监测和监管能力建设,合理增设机构编制,增加仪器装备,加强对大气污染防治政策研究的支持。市环保局和各区县政府加大环境监测、信息、应急、监察等能力建设力度,到2015 年达到标准化建设要求。

各区县政府落实街道办事处、乡镇政府的环保职责,加强基层环保体制机制建设,健全基层环保监管力量。市有关部门加大投入,不断提高环境执法监管手段的技术含量。2014 年年底前,完善空气质量监测网络和重点污染源在线监控体系,重点污染源按要求安装污染物排放在线监控系统,并与环保部门联网。推进环境卫星应用。

(七)生态环境建设减排工程

1. 提高绿化覆盖率。加强植树造林、绿化美化建设,增加森林资源总量,提高森林建设质量,到 2017 年,全市林木绿化率达到 60% 以上。在平原地区,2016 年底完成百万亩造林工程,同时加大荒滩荒地、拆迁腾退地和废弃坑塘治理力度,从源头上减少沙尘污染;加快建设新城滨河森林公园、功能区"绿心"等大尺度城市森林和重点镇生态休闲公园,完善城市绿化隔离带。在山区,继续推进京津风沙源治理、太行山绿化、森林健康经营等工程建设,加强与周边省区市的区域林业建设合作,增强绿色生态屏障功能。在城区,坚持规划建绿,加快推进滨水绿带建设,加大代征绿地回收和建设力度,积极实施屋顶绿化、垂直绿化等立体绿化工程,增加绿化面积。

2. 扩大水域面积。市水务局加强水源科学调配,充分利用高品质再生水等水源补充河湖水系用水,改善生态环境。加大永定河、潮白河、北运河水系综合治理及清洁小流域建设力度,扩大水域面积。到 2017 年,累计增加水域面积 1000 公顷,建设生态清洁小流域 170 条,治理水土流失面积1750 平方公里。市园林绿化局牵头编制全市湿地保护发展规划,到 2017 年,累计建成 10 个湿地公园和 10 个湿地保护小区。

3. 实施生态修复。市国土局、市安全监管局适度调整非煤矿山的规划和布局。市园林绿化局、市国土局牵头对远郊区县的废弃矿山、荒地实施生态修复和绿化,恢复生态植被和景观,不断推进开采岩面治理。到 2017 年,扬尘污染得到有效控制,生态环境得到明显改善。

(八)空气重污染应急减排工程

统筹兼顾大气污染的长期治理和短期应急,进一步完善空气重污染应急管理,不断强化与周边省区市的空气重污染应急联动。

1. 将空气重污染应急纳入全市应急管理体系,实行政府主要负责人负责制,成立市空气重污染应急专项指挥部,负责空气重污染的应急组织、指挥和处置。市环保局等部门加强空气重污染预警研究,完善监测预警系统,不断提高预测预报的准确性。市空气重污染应急专项指挥部各成员单位、各区县政府的主要负责人对本部门、本区县的空气重污染应急工作负总责。

2. 修订《北京市空气重污染日应急方案(暂行)》,完善应急程序,强化工作措施,综合考虑污染程度和持续时间,增加持续重污染的应急措施,包括机动车单双号限行、重点排污企业停产减排、土石方作业和露天施工停工、中小学校停课以及可行的气象干预等应对措施。开展重污染天气应急演练。

3. 在国家有关部门的协调支持下,会同周边省区市建立空气重污染应急响应联动机制,开展区域联防联控,共同应对大范围的空气重污染。

三、六大实施保障措施

深化改革创新,着力构建充满活力、富有效率的政策法规体系,着力发挥科技支撑作用,着力加强组织领导,为本行动计划的实施提供多方面保障,确保污染减排工程落到实处、收到实效。

（一）完善法规体系

进一步健全完善本市大气污染防治的法规体系，积极推进《北京市大气污染防治条例》的立法工作，固化确有成效的污染防控措施，注重吸收借鉴国内外先进经验，在污染物排放总量控制、区域限批、排污许可、排污交易、应急预警、法律责任等制度设计方面取得新突破，在解决违法成本低、守法成本高等问题上取得明显进展。对恶意排污、造成重大污染危害的企业及相关负责人，公安机关等司法部门研究依法适用治安处罚和刑事处罚等手段。研究探索公益诉讼制度。

（二）创新经济政策

1. 发挥资源价格的杠杆作用。按照“多使用、多付费，多排放、多负担”的原则，完善资源环境价格体系，积极推行激励与约束并举的节能减排新机制，引导企业绿色生产、社会绿色消费。市发展改革委、市经济信息化委、市水务局、市环保局等部门制定水、电、油等资源类产品消耗定额，研究完善差别化、阶梯式的资源价格政策；研究落实国家关于“按照优质优价、排污者付费原则合理确定成品油价格”的要求，制定引导降低机动车使用强度的经济政策；加大惩罚性电价、水价的实施力度。

市发展改革委、市市政市容委等部门推进全市供热价格统一，逐步理顺供热价格，鼓励使用清洁能源采暖；推进瓶装液化气同城同价，建立用户公平负担、鼓励清洁能源应用的价格机制。

市发展改革委牵头，扩大采暖用电享受峰谷电价政策范围，鼓励农村使用电采暖，替代原煤散烧。

2. 发挥税费政策的调节作用。全面落实“合同能源管理”的财税优惠政策，研究推行污染治理设施投资、建设、运行一体化特许经营。

市环保局、市发展改革委等部门加快制定出台适应新形势要求的排污费征收政策。调整二氧化硫、氮氧化物排污收费标准；逐步实施挥发性有机物、工地扬尘、经营性餐饮油烟排污费征收。严格依法征收排污费，做到应收尽收。

市交通委、市发展改革委牵头，会同市公安局公安交通管理局完善区域差别化停车收费制度；会同市环保局等部门根据国家大气污染防治行动计划的要求，研究城市低排放区交通拥堵费征收方案，推广使用智能化车辆电子收费识别系统，引导降低中心城区车辆使用强度。

3. 发挥金融手段的约束作用。市环保局、市金融局等部门加快推进排污权交易、绿色信贷和绿色证券等制度的建设与实施，将企业环境信息纳入银行征信系统，对环境违法企业，严格限制企业贷款和上市融资。

4. 发挥财政资金的引导作用。市财政局、市发展改革委加大财政投入，以奖励、补贴和贴息等形式，支持清洁能源改造、污染防治设施建设和升级改造、老旧机动车淘汰、污染企业退出等重点项目，对重点行业清洁生产示范工程给予引导性资金支持。建立企业“领跑者”制度，对能效、排污强度达到更高标准的先进企业给予鼓励。整合能源使用等相关补助政策，提高财政资金使用效率，促进能源结构调整和污染减排。

（三）强化科技支撑

将大气污染防治作为实施“科技北京”战略的重要内容，深入开展大气环境领域科学研究，不断加大对科技基础设施建设的支持力度。市科委、市环保局等部门发挥首都科技资源优势，组织各类科研机构、高等院校、企业和相关单位，深入开展大气污染成因、传输规律、污染源来源解析及治理技术、细颗粒物对人体健康的影响，以及空气质量中长期预报预警技术等研究，每年形成阶段性成果，为科学决策提供有力支撑。

加快先进适用技术的示范推广。重点推广分布式能源、交通节能减排、天然气低氮燃烧和烟气脱硝、新能源与可再生能源利用、挥发性有机物污染治理、家用高效油烟净化、农业氨减排等技术，边研究边应用。大力发展节能环保产业,培育新的经济增长点。加强国际交流合作,学习借鉴国外先进的大气污染防治理念,引进、消化、吸收和再创新先进技术。

(四)加强组织领导

成立北京市大气污染综合治理领导小组,负责组织研究大气污染防治的政策措施,协调解决重大问题;落实区域联防联控工作机制,加强与周边省区市的合作,推进区域大气污染联防联控、联动应急。领导小组办公室负责每月进行工作调度和督促落实。各区县政府成立相应的领导小组,统筹开展辖区大气污染防治工作。

(五)分解落实责任

市政府对本行动计划进行重点任务分解,与各区县政府、市有关部门和企业签订目标责任书;每年制订年度清洁空气行动计划,细化目标、任务和措施;2015 年对行动计划进行中期评估,依据评估结果,适当调整重点任务。

各区县政府对本辖区空气质量改善负责,制订本区县 2013—2017 年清洁空气行动计划和年度实施方案,细化年度减排项目,并逐一分解落实到本区县有关部门、各街道(乡镇)和排污单位。区县五年行动计划在 2013 年 10 月底前报市政府备案。

市有关部门要积极争取中央有关部门的政策、资金和技术支持,加强行业管理,对本行业、本领域的大气污染防治工作负责,制订本部门 2013—2017 年清洁空气行动计划实施方案,每年制定年度措施,实施方案在 2013 年 10 月底前报市政府备案。各有关部门要加强协作、互相配合、齐抓共管、形成合力,共同推进全市大气污染防治工作。

(六)严格考核问责

市政府制定考核办法,将细颗粒物指标作为经济社会发展的约束性指标,构建以环境质量改善为核心的目标责任考核体系,将行动计划目标、任务完成情况纳入绩效考核体系。每年年初对各区县政府、市有关部门和市属国有企业上年度任务完成情况进行考核,考核结果作为领导班子考核评价的重要内容,适时向社会公布,并实行"一票否决"。

对年度考核不合格的区县政府、市有关部门和市属国有企业,给予通报批评,环保部门会同监察机关、组织部门对其主要负责人进行约谈;对工作不力、行政效率低下、履职缺位等导致未能有效完成任务的,依纪依法追究有关单位和人员的责任。对考核不合格的区县实施环保区域限批,禁止建设除民生工程以外的排放主要大气污染物的建设项目,取消授予环境荣誉称号,取消评优、评先资格。

四、三大全民参与行动

防治大气污染、改善空气质量是全社会的共同责任。要大力弘扬生态文明理念,加快培育首都特色的环境文化,系统开展大气污染防治的知识普及、教育引导、百姓宣讲、公益广告等活动,动员全社会践行绿色环保的生产、生活方式,引导全社会树立关心环保、认知环保、参与环保、践行环保的新风尚,形成保护环境、人人有责,改善环境、人人行动的新局面。

(一)企业自律的治污行动

企业肩负着发展经济和保护环境的双重责任,是污染减排的重要力量。一方面,企业要加强自律,自觉遵守环保法律法规,确保污染防治设施正常运行,污染物稳定达标排放;另一方面,政府要搭建平台,鼓励企业深化环保管理,引进先进治污技术,挖掘节能减排潜力,减少污染物排放。

1. 工业企业。要积极吸收和借鉴国内外同行业污染防治的先进经验,加强污染治理。建材、化工等高污染企业要主动压缩产能、转型升级,走科技含量高、资源消耗少、污染排放低的新型工业化道路。水泥、热力等企业要开展高效脱硝治理,石化、印刷等企业要深化挥发性有机物污染治理,减少能源消耗、降低污染物排放。

2. 建筑施工企业。要认真落实绿色施工管理要求和门前三包责任制，对施工现场道路和裸露地面进行硬化、覆盖，运输车辆应当冲洗干净后上路行驶；建筑垃圾、渣土应当装袋扎口清运或用密闭容器清运；进行拆除、平整场地、清运建筑垃圾和渣土、道路开挖等施工作业时，应当采取边施工、边洒水等防止扬尘污染的作业方式。自觉选用低排放的渣土运输车辆和非道路动力机械，采用洗轮机、防尘墩、密闭化施工等新技术、新措施，积极使用环保型涂料、油漆和溶剂。

3. 运输企业。要积极推行绿色运输，主动购置、使用低排放运输车辆和新能源汽车，加强车辆的维护、保养，做到节油行驶、达标排放，杜绝遗撒。

4. 环卫企业。要采取道路清扫保洁一体化新工艺，推广应用再生水冲刷道路，提高道路洁净度；杜绝露天焚烧落叶、垃圾等违法行为。

5. 餐饮企业。要自觉使用清洁能源，拒绝使用燃煤，杜绝露天烧烤、骑墙烧烤等行为；自觉安装油烟净化设施，加强日常维护，定期清理烟道，确保污染物达标排放。

6. 其他服务业企业。商场、超市、宾馆、休闲度假场所等单位，要积极开展墙面和屋顶绿化、节能改造、夜景照明节电改造、供暖设施清洁能源改造。

（二）公众自觉的减污行动

公众是保护大气环境、推动空气质量改善的实践者。以“同呼吸、共责任、齐努力”为导向，鼓励公众从自身做起、从现在做起、从身边做起、从点滴做起，共同营造绿色生活、减少污染、保护环境的良好氛围。

1. 倡导绿色消费。环保部门要编制《市民绿色消费指南》，鼓励市民做好：绿色饮食，适量烹饪用油，拒绝露天烧烤；绿色家居，选用节能家电、高效照明设备、环保涂料等环保产品；绿色生活，不用散煤，随手关灯、拔插头，减少待机能耗，夏季少用空调多开窗。

2. 鼓励绿色出行。交通、环保等部门要加强宣传，鼓励市民自觉采用公共交通、自行车和步行等绿色出行方式，积极参与“无车日”活动，节油驾驶，停车熄火，及时维修保养车辆。

3. 推进环保创建。教育、环保部门要加强对各级各类学校学生的环境教育。积极开展环境友好型学校、环境友好型社区和生态文明村创建工作，引导公众参与建筑节能、绿化美化、原煤散烧替代等工作。

4. 组织公益活动。环保部门要培育和壮大环保志愿者队伍，发挥非政府组织、知名人士和志愿者队伍的积极性、主动性和创造性，组织系列环保公益活动，丰富公众参与的活动形式和载体，提高公众参与的有效性，带动更多的市民参与污染防治和减排。

（三）社会监督的防污行动

社会监督是政府监管的有力补充。要引导媒体、公众等社会力量依法、有序监督各项大气污染防治减排措施落实。

1. 加强信息公开。利用网络、电视等媒体，及时发布区县空气质量状况及排名。环保部门和企业要按要求主动公开建设项目环境影响评价、企业污染物排放、治污设施运行情况等环境信息，自觉接受监督。

2. 畅通监督渠道。市政府及有关部门要完善12345、12369、12319、96310等热线电话管理，采取聘请大气污染防治特约监督员等措施，鼓励市民监督和举报污染大气环境行为，提出加强大气污染防治的意见和建议，广泛吸纳公众智慧和力量，推动大气污染防治工作不断深入。

3. 鼓励媒体监督。宣传、环保等部门要支持协助媒体深入报道大气污染防治工作进展，报道保护大气环境的典型人物和事迹；科学客观解读空气质量，加强大气污染防治科普宣传；多种形式加强法制宣传，开设专栏、以案说法，报道防治大气污染执法情况，批评违反法律法规严重污染大气环境的行为，开展大气环境保护方面的警示教育。

北京市专利保护和促进条例

（2005 年 5 月 20 日北京市第十二届人民代表大会常务委员会第二十次会议通过
2013 年 9 月 27 日北京市第十四届人民代表大会常务委员会第六次会议修订）

公告第 2 号

《北京市专利保护和促进条例》已由北京市第十四届人民代表大会常务委员会第六次会议于 2013 年 9 月 27 日修订，现予公布，自 2014 年 3 月 1 日起施行。

北京市第十四届人民代表大会常务委员会
二〇一三年九月二十七日

第一章　总　　则

第一条　为了鼓励发明创造，保护专利权人的合法权益，推动发明创造的应用，促进科学技术进步和经济社会发展，提高创新能力，根据《中华人民共和国专利法》《中华人民共和国专利法实施细则》和其他有关法律、行政法规，结合本市实际情况，制定本条例。

第二条　本市行政区域内专利的保护、促进及相关活动，适用本条例。

第三条　本市专利工作应当遵循激励创新、合理运用、依法保护、科学管理、完善服务的原则。

第四条　市和区、县人民政府应当按照首都知识产权战略制定专利保护和促进规划，将专利工作纳入国民经济和社会发展规划并组织实施，保障专利事业发展需要的经费和投入，加强体制机制创新和政策环境建设，建立和完善专利发展评价指标，提升社会的专利创造、运用、保护和管理能力。

市和区、县人民政府应当加强服务，完善有利于专利保护和促进的市场环境，健全政府与市场、社会的统筹协调机制。

第五条　市专利管理部门负责本行政区域内的专利工作。

区、县专利管理部门在市专利管理部门的指导下，开展有关专利保护和促进工作。

发展改革、科学技术、经济和信息化、人力资源和社会保障、教育、农业、工商、商务以及国有资产管理等有关部门，应当按照各自的职责做好相关工作。

第六条　市和区、县人民政府有关部门应当指导企业、事业单位开展专利工作，引导企业、事业单位建立健全专利管理体系和管理制度。

第七条　市和区、县人民政府有关部门及有关单位应当加强专利宣传教育，在法制宣传教育计划和公务员培训体系中纳入专利知识的内容，加强对企业、事业单位人员的培训，鼓励高等院校开设专利课程，提高全社会的专利意识，营造专利保护和促进的良好环境。

第八条　市和区、县人民政府有关部门应当加强对专利信息发布、新闻报道工作的组织、协调，对重大专利事件新闻报道和舆情进行收集、分析、通报。

第二章 专利保护

第九条 市专利管理、工商、商务等有关部门应当建立专利保护的预防、查处、处理工作机制，重点预防假冒专利行为和群体性专利侵权行为，依法查处假冒专利行为、处理专利侵权纠纷。

第十条 市专利管理部门查处假冒专利行为、处理专利侵权纠纷时，应当依法调查取证，相关单位和个人应当协助配合，如实反映情况，不得拒绝、阻挠。

市专利管理部门查处假冒专利行为时，对有证据证明是假冒专利的产品，依法查封或者扣押。

第十一条 市专利管理部门处理专利侵权纠纷，认定专利侵权行为成立并做出处理决定的，应当按照下列规定采取措施制止侵权行为：

(一)侵权人制造专利侵权产品的，责令其立即停止制造行为、销毁制造侵权产品的专用设备、模具等生产工具，并不得销售、使用尚未售出的侵权产品或者以其他形式将其投放市场；

(二)侵权人未经专利权人许可使用专利方法的，责令其立即停止使用行为、销毁实施专利方法的专用设备、模具等生产工具，并不得销售、使用尚未售出的依照专利方法所直接获得的侵权产品或者以其他形式将其投放市场；

(三)侵权人销售专利侵权产品或者依照专利方法直接获得的侵权产品的，责令其立即停止销售行为，并不得使用尚未售出的侵权产品或者以其他形式将其投放市场；

(四)侵权人许诺销售专利侵权产品或者依照专利方法直接获得的侵权产品的，责令其立即停止许诺销售侵权产品的行为、消除影响，并不得进行任何实际销售行为；

(五)侵权人进口专利侵权产品或者依照专利方法直接获得的侵权产品，已经进入本市的，责令其不得销售、使用该侵权产品或者以其他形式将其投放市场；

(六)侵权人以生产经营为目的使用专利侵权产品的，责令其立即停止使用行为；

(七)制止侵权行为的其他必要措施。

第十二条 本市建立专利保护工作协调机制，完善执法协作工作平台，健全专利案件行政执法和司法衔接机制，完善行政机关之间以及行政机关与司法机关之间的案件移送和线索通报制度。

第十三条 发生专利纠纷的，当事人可以自行协商解决，也可以在行政处理时向市专利管理部门申请行政调解，或者向人民法院提起诉讼。行业协会及其他中介组织可以接受行政机关或者人民法院委托进行调解的相关工作。

第十四条 市专利管理部门处理专利纠纷时，在当事人自愿的基础上优先采用调解的方式解决纠纷。专利纠纷当事人可以就下列专利纠纷请求市专利管理部门调解：

(一)侵犯专利权的赔偿数额纠纷；

(二)专利申请权和专利权归属纠纷；

(三)发明人、设计人资格纠纷；

(四)职务发明创造的发明人、设计人的奖励和报酬纠纷；

(五)专利权被授予之后提出，该发明专利申请公布后，专利权授予前使用发明而未支付适当费用的纠纷；

(六)其他专利纠纷。

第十五条 市专利管理部门进行调解时应当坚持自愿、合法原则，在查明事实、分清是非的基础上，促使当事人相互谅解，协商解决纠纷。双方当事人经调解达成协议的，市专利管理部门应当制作调解协议书，并告知双方当事人可以向人民法院申请司法确认；未能达成协议的，市专利管理部门应当依法处理。

第十六条 专利权人或者利害关系人应当合理运用专利制度，不得滥用专利权限制技术竞争和技术发展，维护公平竞争的市场秩序、公共利益以及他人合法权益。

第十七条 大型零售企业应当与供货企业就专利保护事项进行约定，明确双方的专利保护责任，预防假冒专利产品和专利侵权产品进入流通市场；专利产品的供货企业应当提供专利证书或者专利实施许可合同等相关证明材料。

第十八条 展览会、展示会、博览会、交易会等活动的主办方应当与参展方就专利保护事项进行约定，按照相关规定做好专利保护工作；参展方以专利产品或者专利技术的名义进场参展的，应当提供专利证书或者专利实施许可合同等相关证明材料；依法需要向海关部门申报的，应当提交相关材料。

在展会期间，展会的主办方、承办方、参展方应当对专利管理等部门的工作予以配合。

第十九条 市专利管理部门应当建立企业实施假冒专利、专利侵权违法行为的档案，纳入本市企业信用信息系统，对于依法给予行政处罚或者追究刑事责任的情形，应当及时向社会公布。

第二十条 本市设立专利举报投诉工作平台，公布举报投诉方式，并为举报人保密。

任何单位和个人有权向市和区、县专利管理部门举报投诉假冒专利行为，提供违法行为线索。对于举报查实的，应当予以奖励。

第二十一条 本市知识产权维权援助机构应当积极开展专利维权援助工作，重点援助、扶持困难人员和中小企业，实现维权援助的公益化、专业化、规范化。

第二十二条 市专利管理及相关部门应当指导企业、行业协会建立专利海外援助机制，鼓励行业协会、服务机构为企业提供应对海外专利纠纷、争端和突发事件的服务。行业协会应当制定本行业专利海外应急预案，指导会员建立海外专利保护制度。

第三章 专利促进

第二十三条 本市鼓励企业、科研院所、高等院校制定专利战略，加强科学技术的研究开发和专利创造、运用、保护、管理工作；鼓励个人发明创造，申请专利。

第二十四条 本市应当以提高自主创新能力为核心，创新组织模式，构建、完善以项目为载体、企业为主体、市场为导向、产学研用相结合的技术创新体系。

第二十五条 本市鼓励高等院校和科研院所依法申请专利，实施专利；支持企业、高等院校、科研院所开展多渠道、多形式的合作，共同研究开发和实施专利。

第二十六条 本市建立重大经济活动专利评议制度，对使用大额政府财政资金、涉及国有资产数额较大或者对经济社会发展有重大影响的经济活动进行专利评估和审议，防范专利纠纷隐患和市场风险，避免低水平重复研究，为政府科学决策提供依据。具体评议办法由市人民政府规定。

第二十七条 本市建立专利预警制度，对重点区域、行业的国内外专利状况、发展趋势、竞争态势等信息进行收集、分析、发布、反馈。市和区、县人民政府应当鼓励、引导企业开展专利预警工作，支持行业协会、专利中介服务机构在专利预警方面为政府决策和企业发展提供服务，维护产业安全，提高企业应对专利纠纷的能力。

第二十八条 本市建立专利研究开发、实施和交易的服务体系，建设专利公共信息服务基础设施、各类专业专题专利数据库，开展专利信息数据检索、加工和分析，促进专利信息的传播和利用，推动专利交易和专利运用。

第二十九条 本市设立专利奖,对在本市进行发明创造并实施,为促进本市经济社会发展做出突出贡献的专利权人予以表彰奖励。

专利奖资金应当用于奖励发明人、设计人以及对专利的实施、转让、许可做出实质贡献的专利管理、技术转移人员。

第三十条 本市对在进行发明创造、专利申请、专利实施、专利保护、专利预警等方面确需获得帮助的单位和个人,可以予以资金支持。具体办法由市专利管理部门、市财政部门会同市科学技术、发展改革、经济和信息化等有关部门制定。

第三十一条 本市通过各种优惠政策鼓励企业及其他组织增加专利研究开发的投入,其专利研究开发费用,在计算应纳税所得额时,可以在实际成本基础上按照规定比例加计扣除或者摊销。

企业购买专利所发生的费用,可以按照规定列入成本。

第三十二条 专利权转让合同、专利申请权转让合同、专利实施许可合同经依法认定登记的,当事人享受国家和本市有关技术交易的税收优惠政策。

第三十三条 市专利管理工作部门会同市科学技术、发展改革、经济和信息化、教育、农业等相关部门建立企业、高等院校、科研院所、社会组织等各类创新主体认定的专利考核指标体系,并将认定考核结果作为相关部门支持、奖励创新主体的依据之一。

第三十四条 本市鼓励企业将自主研究开发的专利产品、技术参与政府采购活动。

第三十五条 申请本市政府财政资金支持的研究开发、技术改造、技术引进等项目,涉及发明、实用新型专利的,应当根据项目的具体情况,按照有关规定和项目主管部门的要求提交专利文献检索报告或者专利分析报告。

市专利管理部门应当会同市科学技术、发展改革等有关部门,公布可以出具专利文献检索报告或者专利分析报告机构的推荐目录。

第三十六条 本市政府财政资金支持项目可能产生专利的,项目承担单位应当全面、准确、真实地报告专利成果。项目主管部门应当与项目承担单位就以下事项进行约定:

(一)涉及专利成果的研发目标和验收标准。

(二)资金使用计划。属于科技计划项目的,按照计划和规定所发生的费用,在项目验收后,可以按照相关规定在科技计划项目经费中列支。

(三)专利权的权属及相关权益。未约定的,专利权归项目承担单位所有,由项目承担单位自主决定专利的实施、许可、转让、作价入股等,并取得相应的收益。法律法规另有规定的除外。

(四)专利申请权及申请的合理期限。项目承担单位在合理期限内不提出专利申请的,发明人、设计人可以申请专利,专利权被授予后,项目承担单位享有专利免费实施权。

(五)专利的实施运用计划及其期限。项目承担单位未依照约定实施的,项目主管部门可以许可他人实施,所收取的费用,应当给予项目承担单位。

(六)专利维持的合理期限。

第三十七条 以专利出资方式设立企业的,专利出资占企业注册资本的比例,依法由出资各方约定。以专利作价出资的,应当出具评估机构的评估报告和验资机构的验资证明。涉及国有企事业单位的,应当符合有关国有资产的管理规定。

第三十八条 本市国有企事业单位应当按照规定建立专利管理制度,健全专利管理体系。有下列情形之一的,应当按照有关规定进行专利评估:

(一)以专利作价出资设立企业的;

(二)许可境外企业、其他组织或者个人使用专利权的;

(三)改制、上市、投资、转让、置换、拍卖、偿还债务等涉及专利的;

(四)合并、分立、解散、清算等涉及专利的;

(五)其他需要进行专利评估的。

第三十九条 被授予专利权的单位应当按照规定和约定给予职务发明创造的发明人、设计人以及对专利的实施、转让、许可做出实质贡献的专利管理、技术转移人员奖金和报酬。

奖金和报酬可以现金、股权收益或者当事人约定的其他形式给付。给付的数额、时间和方式等,由当事人依法约定。没有约定数额的,可以按照下列比例确定:

(一)单位转让、许可他人实施的,不低于转让费、许可使用费净收入的20%;

(二)以专利权入股的,不低于股份或者股权收益的20%。

第四十条 本市进行专业技术职称评审时,应当将发明人、设计人已经实施并取得经济或者社会效益的相关专利作为评价考核的重要因素;对技术进步能够产生重大作用、取得显著经济或者社会效益的专利,可以作为发明人、设计人以及对专利的实施、转让、许可做出实质贡献的专利管理、技术转移人员破格申报相关专业技术职称评价考核的重要因素。

第四十一条 对于具备实施条件、未能适时实施的单位拥有的专利,本市鼓励职务发明的发明人、设计人或者其他单位和个人,与拥有专利权的单位以签订合同的方式予以实施。

第四十二条 本市鼓励开展专利领域的金融创新,支持金融机构开展专利质押业务,创新专利质权处置机制,建立质押贷款和风险补偿机制,鼓励拥有专利的企业利用资本市场融资,支持境内外个人和机构开展以专利运用为目的的投资。

市和区、县人民政府及有关部门依法设立的创业投资引导资金和基金,应当采取阶段参股、跟进投资、风险补助等多种方式,支持专利产业化和商用化。

第四十三条 本市鼓励发展专利服务业,支持专利中介服务机构发展,加强专利中介服务业人才队伍建设,培育专利中介服务市场,完善专利中介服务体系。

第四十四条 专利中介服务机构及其执业人员应当依法提供服务,不得利用商业贿赂手段招揽业务、不得泄露委托人的商业秘密。

第四十五条 市专利管理部门依法对专利中介服务机构及执业人员进行监督和管理。依法设立并在本市从事专利代理业务的专利中介服务机构应当按照规定将机构及其执业人员的情况向市专利管理部门备案,并由市专利管理部门公示。

市专利管理部门建立专利中介服务机构及执业人员的违法行为信息管理系统,及时披露违法行为信息。

第四十六条 本市有关行业协会应当开展专利知识的宣传和培训,增强会员专利意识,规范会员行为,指导支持会员建立专利联盟和专利池,为会员提供专利信息咨询、预警、维权援助等服务。

行业协会应当加强与高校、科研院所的合作,充分利用高校、科研院所的优势,促进产学研合作。

第四章 法律责任

第四十七条 专利侵权纠纷的行政处理决定或者法院判决生效后,同一侵权人再次侵犯同一专利权的,可以由市专利管理部门责令改正,没收违法所得,并处二万元以上二十万元以下的罚款。

第四十八条 市专利管理部门根据本条例第十一条采取措施制止侵权行为,侵权人拒不履行行政处理决定,市专利管理部门可以对涉及的产品以及设备、模具等生产工具予以没收。

第四十九条 专利中介服务机构及其执业人员违反本条例第四十四条规定的,由市工商行政管理部门依法予以查处。

第五十条 负有专利保护和促进责任的相关部门及其工作人员，违反本条例规定，不履行、违法履行或者不当履行保护和审查职责的，依法追究行政责任；相关人员的行为构成犯罪的，依法追究刑事责任。

第五章 附 则

第五十一条 本条例自2014年3月1日起施行。

关于贯彻落实中关村国家自主创新示范区企业所得税试点政策的通知

京财税〔2013〕2407号

各区县财政局、国家税务局、地方税务局、科学技术委员会，中关村示范区各园管委会，市国税局各直属税务分局，市地税局直属分局，各有关单位：

为支持国家自主创新示范区建设，财政部、国家税务总局制发了《关于中关村 东湖 张江国家自主创新示范区和合芜蚌自主创新综合试验区有关研究开发费用加计扣除试点政策的通知》（财税〔2013〕13号）、《关于中关村 东湖 张江国家自主创新示范区和合芜蚌自主创新综合试验区有关职工教育经费税前扣除试点政策的通知》（财税〔2013〕14号）等文件，明确了中关村国家自主创新示范区（以下简称示范区）研发费用加计扣除、职工教育经费税前扣除等企业所得税试点政策。现就贯彻落实上述政策的有关事项通知如下。

由于上述试点政策公布较晚，中关村空间规划布局调整等原因，为全面落实相关政策，经商中关村科技创新和产业化促进中心，示范区内企业可于2014年5月31日前，按照《北京市财政局 北京市国家税务局 北京市地方税务局 北京市科学技术委员会中关村科技园区管理委员会关于贯彻落实国家支持中关村科技园区建设国家自主创新示范区试点税收政策的通知》（京财税〔2013〕610号）的有关规定，向主管税务机关办理享受2012年度研发费用加计扣除、职工教育经费税前扣除试点税收政策相关手续。

特此通知。

北京市财政局 北京市国家税务局
北京市地方税务局 北京市科学技术委员会
中关村科技园区管理委员会
二〇一三年十一月十二日

转发《财政部 国家税务总局关于中关村国家自主创新示范区技术转让企业所得税试点政策的通知》

京财税〔2013〕2315 号

各区县财政局、国税局、地税局，中关村示范区各园区管委会，市国税局直属税务分局，市地税局直属分局：

现将《财政部 国家税务总局关于中关村国家自主创新示范区技术转让企业所得税试点政策的通知》（财税〔2013〕72 号）转发给你们，并补充通知如下，请一并遵照执行。

一、注册在中关村国家自主创新示范区（以下简称示范区）的居民企业在一个纳税年度内，取得符合条件的技术转让所得不超过 500 万元的部分，免征企业所得税；超过 500 万元的部分，减半征收企业所得税。

二、符合技术转让条件的示范区企业申请备案时，应附送以下资料：

（一）《中关村示范区技术转让企业所得税试点政策执行情况表》（详见附件 2）。

（二）其他备案资料和要求

企业所得税归属国家税务局管理的，应按照《北京市国家税务局关于企业所得税税收优惠备案管理有关问题的公告》（公告〔2012〕5 号）的有关规定执行；企业所得税归属地方税务局管理的，应按照《北京市地方税务局关于修改部分企业所得税减免税备案项目内容的公告》（2013 年第 4 号）的有关规定执行。

三、在年度终了后 3 个月内，市科委应向市国税局、市地税局提供境内技术转让相关信息；市商务委应向市国税局、市地税局提供境外技术转让相关信息。在汇算清缴结束后，市国税局、市地税局应向市科委提供享受优惠政策的境内技术转让相关信息，向市商务委提供享受优惠政策的境外技术转让相关信息。

四、本通知自 2013 年 1 月 1 日起至 2015 年 12 月 31 日止执行。

附件：

1. 财政部 国家税务总局关于中关村国家自主创新示范区技术转让企业所得税试点政策的通知（略）

2. 中关村示范区技术转让企业所得税试点政策执行情况表（略）

北京市财政局　北京市国家税务局

北京市地方税务局　中关村科技园区管理委员会

北京市科学技术委员会　北京市商务委员会

二〇一三年十一月十二日

北京市人民政府办公厅关于印发《北京市中长期动物疫病防治规划(2013—2020年)》的通知

京政办发〔2013〕62号

各区、县人民政府,市政府各委、办、局,各市属机构:

《北京市中长期动物疫病防治规划(2013—2020年)》已经市政府同意,现印发给你们,请结合实际,认真贯彻落实。

附件:北京市中长期动物疫病防治规划(2013—2020年)

北京市人民政府办公厅
二〇一三年十二月十三日

附件:

北京市中长期动物疫病防治规划(2013—2020年)

动物疫病防治工作关系食物安全和公共卫生安全,关系社会和谐稳定,是各级政府社会管理和公共服务的重要职责,是都市型现代农业发展的重要保障。为加强动物疫病防治工作,依据《中华人民共和国动物防疫法》和《国家中长期动物疫病防治规划(2012—2020年)》,结合本市实际,制定本规划。

一、面临的形势

近年来,市委、市政府高度重视动物疫病防治工作,各区县、各部门齐抓共管,社会广泛参与,动物疫病防治工作取得了显著成效。但是,未来一段时期本市动物疫病防控形势依然严峻,任务十分艰巨。

(一)动物疫病防治工作基础日趋完善

制定了《北京市实施〈中华人民共和国动物防疫法〉办法》,出台了应急预案;落实了地方政府责任制,公共财政投入力度不断加大,建立了强制免疫、监测预警、应急处置、区域化管理、疫病净化等制度。构建了市、区县两级行政管理、监督执法和技术支撑体系,在区县成立了动物卫生监督管理局(办),在乡镇设置了区域派出机构,建立了村级动物防疫员队伍,开展了官方兽医登记和执业兽医注册。实施了北京市动物防疫体系基础设施建设规划,动物疫病监测、动物卫生监督、兽药质量安全监管和残留监控、水生动物疫病防治等基础设施得到明显改善。

（二）动物疫病暴发流行风险依然很大

当前，全球范围内新发疫病不断出现，非洲猪瘟、牛海绵状脑病（疯牛病）等外来动物疫病传入风险持续存在。国内口蹄疫、高致病性禽流感等重大动物疫病持续散发，存在免疫带毒和免疫临床发病情况，布鲁氏菌病、狂犬病在部分区域呈流行态势。本市作为超大型消费城市和重要的国际交通枢纽，从国内外输入的动物及动物产品种类多、数量大、流通广，又处于候鸟主要迁徙线路，外部疫源传入风险很大。从自身情况看，本市畜禽养殖场、养殖小区的生物安全控制状况整体上仍处于较低水平，农村地区的散养畜禽对整体动物防疫工作的不利影响短期内难以消除；城乡居民饲养的犬、猫等宠物数量逐年增加，文明规范养犬的良好秩序还未完全建立，控制和消灭狂犬病等危害城市公共卫生安全的人畜共患病压力巨大。

（三）动物疫病防治工作面临挑战

随着全社会对食品安全和公共卫生安全问题的日益关注，动物防疫工作在维护城市安全稳定运行中的作用将更加突出。我国动物防疫工作已全面融入世界动物卫生体系，国家正式启动了中长期动物疫病防治规划，兽医工作定位和任务发生深刻变化，正在向以动物、人类与自然和谐发展为主的现代兽医阶段过渡，要求我们必须加快提升与国际兽医规则相协调的动物卫生保护能力和水平，抓紧解决好兽医公共管理与服务体系建设，处理好动物疫病区域化防控、重点动物疫病净化、人畜共患病控制、应急预警与处置应对、病死动物无害化处理等一系列问题。

二、指导思想、基本原则和防治目标

（一）指导思想

深入贯彻落实科学发展观，把动物疫病防治作为重要的民生工程，以维护城市公共卫生安全、动物产品质量安全和养殖业生产安全为主线，以推进农业现代化和养殖业规模化发展为基础，坚持预防为主，加强领导、密切配合，依靠科学、依法防治，群防群控、果断处置，提高兽医公共服务和社会化服务水平，有计划地控制、净化和消灭对人类和动物健康影响较大的动物疫病，全面提升防范重大动物疫情风险的能力，促进首都经济社会可持续发展。

（二）基本原则

1. 政府主导，依法防治。市、区县政府负总责，相关部门各负其责，依法防治，强化从事动物养殖和生产经营活动相关行业的企业和个人的主体责任，动员社会力量和群众广泛参与，形成群防群控的良好环境。

2. 统筹兼顾，突出重点。立足于都市型现代农业发展要求，紧密结合畜牧业发展规划，坚持养殖规模化发展与动物疫病防治工作同步推进，突出重点区域、重点环节和重点工程。

3. 科技引领，示范推进。加强动物防疫技术创新和应用，以重点疫病净化和生物安全控制为重点，开展试点研究和示范推广，建立适合本市的动物疫病防治技术标准体系，在疫情监测、预警预报和净化控制方面达到国内领先水平。

（三）防治目标

到 2020 年，形成有效保障本市养殖业生产安全、动物产品质量安全和公共卫生安全的动物疫病综合防治能力。高致病性禽流感等 15 种优先防治的国内动物疫病达到国家规划设定的考核标准，生猪、家禽、牛、羊发病率分别下降到 5%、6%、4%、3% 以下，动物发病率、死亡率和公共卫生风险显著降低。牛海绵状脑病、非洲猪瘟等 13 种重点防范的外来动物疫病传入和扩散风险有效降低，外来动物疫病防范和处置能力明显提高。动物防疫基础设施和机构队伍更为健全，法律法规和科技保障体系更加完善，财政投入机制更加稳定，社会化服务水平全面提高。［详见专栏 1、2（略）］

三、动物疫病防治区域布局

（一）畜牧业产业带

根据本市畜牧业发展规划布局，对生猪产业带，加强口蹄疫、高致病性猪蓝耳病、猪瘟等生猪疫病防治，优先实施种猪场疫病净化。对肉禽产业带和蛋禽产业带，加强高致病性禽流感、新城疫等禽类疫病防治，优先实施种禽场疫病净化，推进生物安全隔离区建设。对奶牛产业带，加强口蹄疫、布鲁氏菌病和奶牛结核病等奶牛疫病防治，推进无特定病原场（群）认证制度。

（二）观赏与骑乘动物和宠物养殖区

对各类动物园和公园中的动物养殖区，加强口蹄疫、高致病性禽流感、猪瘟、新城疫、布鲁氏菌病、结核杆菌病、马鼻疽、马传染性贫血的防治，重点防范输入性动物疫病。对马场以及郊区旅游骑乘马活动区域，加强马鼻疽、马传染性贫血等马属动物疫病防治，维持无疫状况。对全市饲养犬、猫、观赏鸟等宠物的居民生活区，加强狂犬病和高致病性禽流感预防工作。

（三）动物疫病传入高风险区

对候鸟迁徙线路上主要的河湖湿地等驻留或栖息地、北京口岸、运入动物及动物产品的指定道口、大型经营性冷库和批发市场等肉类集散地、畜禽屠宰加工厂、动物隔离检疫场、动物无害化处理设施周边以及与外埠畜禽养殖密集区邻近的区域，实施定期监测、巡查和消毒等外源性动物疫病防范措施。

四、主要任务和重点工程

在全面掌握疫病流行态势、分布规律和推进畜禽养殖规模化发展的基础上，强化综合防治措施，有效控制重大动物疫病和主要人畜共患病，净化种畜禽重点疫病，有效防范重点外来动物疫病。[详见专栏3（略）]

（一）控制重大动物疫病

1. 防治策略：有计划地控制、净化、消灭对公共卫生安全和养殖业危害大的重点病种，首先实现重点病种免疫临床无病例，逐步清除动物机体和环境中存在的病原，为实现免疫无疫和非免疫无疫奠定基础。基于疫病流行的动态变化，科学选择防治技术路线。调整强制免疫和强制扑杀病种要按相关法律法规规定执行。

2. 主要措施：建立动物疫病状况风险评估制度，根据评估结果制定相应的动物疫病预防、控制措施。开展严密的血清学和病原学监测与跟踪调查，提高疫情预警、防疫决策的科学性与准确性。加强对动物养殖及动物产品生产经营者的宣传教育，强化其动物防疫主体责任意识。严格动物防疫条件审查制度，推进规模养殖场、养殖小区动物防疫条件标准化建设，实施良好生物安全控制操作规范，全面提升本市畜牧业抵御外来疫病的能力。完善检疫监管措施，按要求提高活畜禽市场准入健康标准，提升检疫监管质量水平，降低动物及其产品长距离调运传播疫情的风险。完善疫情报告、发布和信息共享制度，健全应急处置机制和强制扑杀政策，完善扑杀动物补偿机制。完善强制免疫政策和疫苗招标采购制度，完善应急物资贮备体系和制度，明确免疫责任主体，逐步建立强制免疫退出机制。完善区域化管理制度，积极推动无疫区和生物安全隔离区建设。

（二）控制主要人畜共患病

1. 防治策略：注重源头管理和综合防治，强化易感人群宣传教育等干预措施，提高全社会防范人畜共患病的意识，加强动物饲养者和兽医从业人员职业保护，开展动物布鲁氏菌病和结核杆菌病净化，降低疫情发生风险。

2. 主要措施：针对动物养殖生产和宠物饲养两个社会群体，持续开展兽医公共卫生宣传教育行动。对狂犬病,完善犬只登记管理,实施全面免疫,及时收容无主犬、扑杀病犬,消灭疫源。对牲畜和人工饲养野生动物布鲁氏菌病和结核杆菌病,采取定期检测、强制扑杀、隔离检疫、移动控制以及布鲁氏菌病局部免疫等综合防治措施,继续实施场(群)净化,并开展羊、鹿等动物布鲁氏菌病净化工作;强化奶牛健康管理,实行无特定病原场(群)评估认证和发布制度。

(三)净化种用动物重点疫病

1. 防治策略:引导和支持种畜禽养殖企业完善生物安全控制条件,开展主要疫病净化,按期达到国家规定标准。

2. 主要措施:以种猪、种鸡产业为重点,实施种畜禽场疫病净化计划,从高代次开始逐步净化国家规定病种。推进家禽生产体系生物安全隔离区和无特定病原场(群)评估认证工作,按照国家规定的健康标准,实施定期监测和评估。健全市场准入和信息发布制度,定期发布无疫企业信息。

(四)维持马鼻疽和马传染性贫血消灭标准

1. 防治策略:强化对马属动物养殖场所的检疫监管,对本市马属动物养殖场以及高风险区域马群开展全面监测,继续维持全市马鼻疽和马传染性贫血消灭标准。

2. 主要措施:建立马属动物个体登记制度,定期开展马鼻疽和马传染性贫血全群检测。严格检疫监管,建立申报检疫制度,强化移动控制。

(五)防范外来动物疫病传入

1. 防治策略:建立输入性动物疫病风险管理机制,按照职能对外埠输入、境外进口的动物和动物产品以及野生动物疫源疫病实施风险评估。实行本市与周边省市联动、政府各有关部门联动、动物疫情监测与动物卫生监督联动,实现对外来动物疫病风险的关口前移、早期预警和联合防范。

2. 主要措施:完善空港、铁路、陆路运入的动物和动物产品疫源风险监控体系建设,落实检疫准入、境外预检、追溯管理等制度,全面提升对外源性动物疫病的监视、监测和预警能力。强化跨部门协作机制,健全外来动物疫病监视制度和输入动物、动物产品疫源风险分析制度。强化入境检疫和省际边界监管,强化对非法进口肉类的监督检查,提高外来动物疫病风险防范能力。在野生动物迁徙等重点防控时期,利用现有动物疫病诊断技术资源,加大对野生动物疫源疫病的监测范围和频率,确保对野生动物传播外来动物疫病及时发现、及早控制。分病种制定外来动物疫病应急预案并开展演练,提高应急处置能力。开展外来动物疫病防范宣传培训,提高外来动物疫病发现、识别和报告能力。

五、能力建设

(一)提升动物疫情监测预警能力

以市、区县动物疫病预防控制中心为主体,充分利用国家及本市相关技术资源,建立完善动物疫情监测和流行病学调查实验室网络,构建疫情预警分析系统。加强动物疫病检测诊断和野生动物疫病监测能力建设,充实各级兽医实验室专业技术力量和基层动物疫病观察报告人员力量。加强宠物疫病监测和防治。

(二)提升突发疫情应急管理能力

加强全市各级突发动物疫情应急指挥机构和队伍建设,完善应急指挥系统运行机制。健全动物疫情应急物资储备制度,市、区县政府应储备应急处理工作所需的防疫物资,配备应急交通通讯和疫情处置设施设备,增配快速运送和大型消毒设备。完善突发动物疫情应急预案,加强应急演练。建立完善染疫、病死动物无害化处理机制。进一步完善疫病处置扑杀补贴机制。

(三)提升动物疫病强制免疫能力

依托区县动物疫病预防控制中心、区域派出机构和村级动物防疫员,构建基层动物疫病强制免疫工作网络,强化疫苗物流冷链和使用管理。组织开展乡村兽医登记,优先从符合条件的乡村兽医中选用村级防疫员,建立考核培训机制,实行全员培训上岗。完善村级动物防疫员防疫工作补贴政策,按照国家规定采取有效的卫生防护和医疗保健措施。加强企业从业兽医管理,落实防疫责任。逐步推行在乡镇政府领导和区县级畜牧兽医主管部门指导、监督下,以养殖企业和个人为责任主体,以村级防疫员、执业兽医、企业从业兽医为技术依托的强制免疫模式。

(四)提升动物卫生监督执法能力

加强基层动物卫生监督执法机构能力建设,严格动物卫生监督执法,保障日常工作经费。强化动物卫生监督检查站管理,严格本市动物和动物产品指定通道出入制度,落实检疫申报、动物隔离、无害化处理等措施。完善养殖环节病死动物及其无害化处理财政补贴政策。实施签约兽医辅助下的官方兽医工作制度,完善签约兽医队伍建设,提升官方兽医素质。完善规范和标准,强化检疫手段,提高产地检疫率,实施全程动态监管,提高检疫监管水平。加快推进市级动物及产品留检中心、动物及产品无害化处理中心等基础设施建设。

(五)提升动物疫病防治信息化能力

加大投入力度,整合资源,充分运用互联网和物联网等现代信息技术手段,加强动物疫病防治信息化建设,提高疫情监测预警、疫情应急指挥、兽医公共卫生管理、动物卫生监督执法、动物标识及疫病可追溯、兽用生物制品监管以及执业兽医和官方兽医管理等信息管理能力。强化与食品安全信息平台等相关信息系统的数据衔接和信息共享。加强信息系统运行维护和安全管理。

(六)提升动物疫病防治社会化服务能力

充分调动各方力量,构建动物疫病防治社会化服务体系。积极引导、鼓励和支持动物诊疗机构发展,完善管理模式,指导动物诊疗机构开展标准化管理和规范化服务。加强动物养殖、运输等环节管理,依法强化从业人员的动物防疫责任主体地位。不断完善政府部门与行业协会合作机制。引导社会力量投入,积极运用财政、金融、保险、税收等政策手段,支持动物疫病防治社会化服务体系有效运行。加强兽医机构和兽医人员提供社会化服务的收费管理,严格规范服务性收费。

六、保障措施

(一)法制保障

完善动物防疫地方立法,依据《中华人民共和国动物防疫法》等相关法律法规及规章,参照国际动物卫生法典,研究借鉴国际通行做法,强化养殖规模化发展、养殖场生物安全控制、人畜共患病防治和病死动物无害化处理等方面的规定,完善官方兽医、执业兽医和乡村兽医管理相关制度,为动物疫病的有效控制、净化和消灭提供法制保障。

(二)体制保障

按照"精简、统一、效能"的原则,健全机构、明确职能、理顺关系,逐步建立起科学、统一、透明、高效的兽医管理体制和运行机制。健全兽医行政管理、监督执法和技术支撑体系,稳定和强化基层动物防疫体系,切实加强机构队伍建设。明确动物疫病预防控制机构的公益性质。加快实施畜牧兽医精细化管理工程,建设以官方兽医和执业兽医为主体的新型兽医制度。建立起内检与外检、陆生动物与水生动物、养殖动物与野生动物协调统一的管理体制。完善官方兽医和执业兽医培训机制,加强技术培训和继续教育工作。

(三)科技保障

支持开展动物疫病科学研究,推广先进实用的科研成果,提高动物疫病防治的科学化水平。加强兽医研究机构、高等院校和企业资源集成融合,充分利用本市动物防疫专家委员会、专业实验室、大专院校兽医实验室以及大中型企业实验室的科技资源,积极攻克制约动物疫病防治的关键技术。

深入推进动物疫病流行病学调查工作,建立科学有效的动物疫病流行病学调查工作规范,加强诊断技术的研究和储备,引导和支持科技创新,不断提高诊断技术水平。开展科技攻关,支持布鲁氏菌病等疫病防治疫苗和药物的研发和试验示范。

(四)条件保障

市、区县政府要将动物疫病防治纳入本级经济和社会发展规划及年度计划,将动物疫病监测、预防、控制、扑灭、动物产品有毒有害物质残留检测管理等工作所需经费纳入本级财政预算,实行统一管理。加强经费使用管理,保障公益性事业经费支出,保证人员经费和日常运转费用。加强动物防疫基础设施建设,完成北京市动物防疫体系建设规划项目,健全完善动物疫病预防控制、动物卫生监督执法、兽药和残留监控等基础设施和设备条件。畜禽养殖、屠宰加工企业要做好自身防疫资金保障,落实防疫主体责任。

七、组织实施

(一)落实动物防疫责任制

市、区县政府要切实加强组织领导,做好本规划的组织实施和监督检查。本规划已设定的动物疫病防治约束性指标,应纳入全市动物防疫工作责任制考核指标体系,适时开展实施效果评估,对做出成绩和贡献的单位和个人给予表彰。

(二)进一步明确部门职责

兽医主管部门要会同有关部门提出本规划实施所需的具体措施、经费计划、防疫物资供应计划和考核评估标准,监督实施免疫接种、疫病监测、检疫检验,指导隔离、封锁、扑杀、消毒、无害化处理等各项措施的实施,组织开展动物卫生监督检查,打击各种违法行为。发展改革部门要根据本规划,在充分整合利用现有资源的基础上,加强动物防疫基础设施建设。财政部门要根据本规划和相关规定加强财政投入和经费管理。出入境检验检疫机构要加强入境动物及其产品的检疫。卫生部门要加强人畜共患病人间疫情防治工作,及时通报疫情和防治工作进展。园林绿化部门要按照职责分工做好陆生野生动物疫源疫病的监测工作。公安部门要加强疫区治安管理,协助做好突发疫情应急处理、强制扑杀和疫区封锁工作;落实《北京市养犬管理规定》,加强养犬登记管理和违规养犬行为查处。交通运输部门要优先安排紧急调用防疫物资的运输。军队和武警部队要做好自用动物防疫工作,同时加强军地之间协调配合与相互支持。

附件1:动物疫病防治重点区域布局(畜牧业产业带)(略)

附件2:动物疫病防治重点区域布局(观赏动物养殖区)(略)

附件3:动物疫病防治重点区域布局(马属动物活动区)(略)

附件4:动物疫病防治重点区域布局(动物疫病传入高风险区)(略)

统计资料

北京地区 2013 年度 R&D 活动情况

北京地区科技活动表主要数据来源为科技部《独立科技机构及有关科技活动单位统计调查》、国家教委《普通高等学校科技统计年报》、国家统计局《工业企业科技活动情况》等。执行部门中的科研院所指国有县级以上未转制科研院所，高等院校中含医学院校附属医院，其他指政府部门内设的非独立研究机构、综合技术服务业（包括气象、地震、测绘、环保等）、社会团体、体育、文化艺术等有 R&D 活动的事业单位。转制科研院所分为企业和非企业两类，转为企业或进入企业集团的科研院所按企业汇总，转为非企业的科研院所按其他汇总。本资料因小数取舍产生的误差均未做配平处理。

一、北京地区 2013 年度 R&D 活动汇总表

表 1　北京地区 R&D 人员情况

	R&D 人员合计（人）	#1. 博士毕业	2. 硕士毕业	3. 本科毕业	R&D 人员折合全时人员（人年）	研究人员
总　计	**334194**	**60068**	**76525**	**81389**	**242175**	**127649**
一、按执行部门分组						
科研院所	107796	28099	35620	29930	96249	62374
高等院校	72905	27145	21520	18115	32307	26633
企　业	142522	3606	17272	31600	107245	35117
工业企业	79368	951	7165	17753	58036	18766
其　他	10971	1218	2113	1744	6373	3524
二、按单位隶属关系分组						
中　央	200192	53023	57169	48939	150139	99887
地　方	134002	7045	19356	32450	92036	27762
三、按活动类型分组						
基础研究					35933	
应用研究					59253	
试验发展					146991	
四、按从事的国民经济行业分组						
农、林、牧、渔业	339	1	3	4	65	18
采矿业	4456	21	181	239	2927	605

续表

	R&D人员合计（人）	1.博士毕业	2.硕士毕业	3.本科毕业	R&D人员折合全时人员（人年）	研究人员
制造业	73710	890	6790	17365	54158	17704
电力、燃气及水的生产和供应业	1202	40	194	149	951	457
建筑业	7935	75	459	1657	5423	3341
交通运输、仓储和邮政业	149	2	5	15	54	31
信息传输、计算机服务和软件业	36242	295	3715	6642	28324	4817
批发和零售业						
住宿和餐饮业						
金融业	1017	0	2	11	110	23
房地产业						
租赁和商务服务业	2279	37	139	450	1694	557
科学研究、技术服务和地质勘查业	126994	31461	43139	36432	112978	71859
水利、环境和公共设施管理业	1190	20	85	204	892	338
居民服务和其他服务业						
教育	72905	27145	21520	18115	32307	26633
卫生、社会保障和社会福利业	4601	78	282	89	1689	921
文化、体育和娱乐业	1175	3	11	17	602	345
公共管理和社会组织						
国际组织						

资料来源：北京市统计局、北京市科学技术委员会、北京市教育委员会、北京市经济和信息化委员会。

表2　北京地区R&D经费情况

	R&D经费内部支出合计（万元）	#1.日常性支出	人员劳务费	2.资产性支出	仪器和设备	R&D经费外部支出合计（万元）
总　计	**11850469**	**10020407**	**3222578**	**1830062**	**1340780**	**973162**
一、按执行部门分组						
科研院所	6023924	4775244	1037646	1248680	794287	354444
高等院校	1366460	1179844	156457	186616	180260	218698
企　业	4283298	3907659	1969387	375639	348254	372183
工业企业	2130618	2032446	808964	98172	95693	140795
其　他	176787	157660	59089	19127	17979	27836
二、按单位隶属关系分组						
中　央	8815089	7218325	1686837	1596765	1115950	793381
地　方	3035380	2802082	1535741	233298	224830	179781

续表

	R&D经费内部支出合计（万元）	1. 日常性支出	人员劳务费	2. 资产性支出	仪器和设备	R&D经费外部支出合计（万元）
三、按资金来源分组						
政府资金	6795421					
企业资金	4011290					
国外资金	381571					
其他资金	662188					
四、按活动类型分组						
基础研究	1372366					
应用研究	2580388					
试验发展	7897716					
五、按从事的国民经济行业分组						
农、林、牧、渔业	4008	3604	1144	405	143	206
采矿业	77466	72669	24258	4797	4760	7829
制造业	2035064	1942951	778704	92113	89675	127482
电力、燃气及水的生产和供应业	18088	16825	6002	1263	1258	5484
建筑业	171419	132547	48419	38872	37959	2456
交通运输、仓储和邮政业	1934	1798	956	136	134	639
信息传输、计算机服务和软件业	1103590	999386	780215	104204	102685	65796
批发和零售业						
住宿和餐饮业						
金融业	1901	1021	938	880	870	1341
房地产业						
租赁和商务服务业	75265	73464	47623	1800	1785	118448
科学研究、技术服务和地质勘查业	6949711	5552943	1355924	1396768	919061	423735
水利、环境和公共设施管理业	20484	20179	8023	304	304	685
居民服务和其他服务业						
教育	1366460	1179844	156457	186616	180260	218698
卫生、社会保障和社会福利业	18460	17430	9911	1030	1010	0
文化、体育和娱乐业	6621	5745	4004	876	876	361
公共管理和社会组织						
国际组织						

表3 北京地区 R&D 项目(课题)情况

	项目(课题)数 (项)	项目(课题)人员 折合全时当量 (人年)	项目(课题) 经费支出 (万元)
总　　计	**118710**	**221745**	**8976148**
一、按执行部门分组			
科研院所	25540	89206	4459190
高等院校	76331	32232	1129322
企　业	14859	94563	3289727
其　他	1980	5745	97909
二、按活动类型分组			
基础研究	38584	33562	981414
应用研究	57202	55987	1926244
试验发展	22924	132196	6068491
三、按项目来源分组			
国家科技项目	50858	99271	4824349
地方科技项目	10741	10661	204324
企业委托科技项目	27103	18460	713566
自选科技项目	24926	72307	2178371
来自国外的科技项目	1983	9649	486664
其他科技项目	3098	11398	568875
四、按项目的合作形式分组			
与境外机构合作	1693	7142	294901
与国内高校合作	6517	14378	465650
与国内独立研究机构合作	8419	17846	672088
与境内注册外商独资企业合作	273	544	19835
与境内注册其他企业合作	6036	11125	494328
独立完成	92661	163614	6727168
其　他	3110	7098	302179

表 4 北京地区 R&D 活动产出情况

	专利申请数（件）	发明专利	有效发明专利数（件）	发表科技论文（篇）	出版科技著作（种）
总　计	**55723**	**39057**	**74926**	**183455**	**7791**
一、按执行部门分组					
科研院所	11051	8991	19411	52156	1968
高等院校	12024	10291	26165	113220	5410
企　业	32353	19546	29122	11465	91
其他	295	229	228	6614	322
二、按单位隶属关系分组					
中　央	30856	24471	55435	148902	6128
地　方	24867	14586	19491	34553	1663
三、按从事的国民经济行业分组					
农、林、牧、渔业	2	2	13	30	0
采矿业	359	234	463	259	0
制造业	17710	8565	15378	2445	0
电力、燃气及水的生产和供应业	1141	441	561	553	0
建筑业	417	120	157	909	0
交通运输、仓储和邮政业	17	2	1	48	0
信息传输、计算机服务和软件业	8224	6912	4941	915	0
批发和零售业					
住宿和餐饮业					
金融业	56	43	30	19	0
房地产业					
租赁和商务服务业	1095	714	485	327	0
科学研究、技术服务和地质勘查业	14653	11722	26730	61339	2295
水利、环境和公共设施管理业	5	1	2	62	5
居民服务和其他服务业					
教育	12024	10291	26165	113220	5410
卫生、社会保障和社会福利业	14	7	0	3092	52
文化、体育和娱乐业	6	3	0	237	29
公共管理和社会组织					
国际组织					

二、科研院所汇总表

表5　科研院所R&D人员情况

	R&D人员合计（人）	#1.博士毕业	2.硕士毕业	3.本科毕业	R&D人员折合全时人员（人年）	研究人员
总　计	**65736**	**24534**	**17885**	**15544**	**54742**	**34030**
一、按执行部门分组						
科研院所	65736	24534	17885	15544	54742	34030
高等院校						
企　业						
其　他						
二、按单位隶属关系分组						
中　央	62006	23655	16742	14353	51542	32480
地　方	3730	879	1143	1191	3200	1550
三、按活动类型分组						
基础研究					18742	
应用研究					22709	
试验发展					13291	
四、按服务的国民经济行业分组						
农、林、牧、渔业	5164	1567	1266	1648	4541	1899
采矿业						
制造业	3469	916	1054	1181	3117	1606
电力、燃气及水的生产和供应业	520	247	135	109	458	251
建筑业	142	16	60	44	122	86
交通运输、仓储和邮政业						
信息传输、计算机服务和软件业	702	144	319	211	594	481
批发和零售业						
住宿和餐饮业	1629	389	706	466	1415	939
金融业						
房地产业						
租赁和商务服务业						
科学研究、技术服务和地质勘查业	43102	18204	10945	8707	34982	23101
水利、环境和公共设施管理业	2610	1136	965	351	2216	1440
居民服务和其他服务业	36	3	14	15	33	8
教育	288	91	97	75	215	93
卫生、社会保障和社会福利业	5898	1438	1736	1864	5181	2921
文化、体育和娱乐业	548	61	153	251	485	360
公共管理和社会组织	1628	322	435	622	1383	845
国际组织						

注：统计范围为政府部门属独立科研院所（民口）。

表 6 科研院所 R&D 经费情况

	R&D 经费内部支出合计（万元）	#1. 日常性支出	人员劳务费	2. 资产性支出	仪器和设备	R&D 经费外部支出合计（万元）
总　计	**2468167**	**1854807**	**610855**	**613360**	**479449**	**107104**
一、按执行部门分组						
科研院所	2468167	1854807	610855	613360	479449	107104
高等院校						
企　业						
其　他						
二、按单位隶属关系分组						
中　央	2362679	1763414	575666	599266	465835	101872
地　方	105488	91394	35190	14094	13614	5233
三、按资金来源						
政府资金	2199824					
企业资金	82140					
国外资金	19098					
其他资金	167105					
四、按活动类型分组						
基础研究	736087					
应用研究	1021768					
试验发展	710312					
五、按服务的国民经济行业分组						
农、林、牧、渔业	187057	159811	45070	27246	16440	15944
采矿业						
制造业	126804	95244	32729	31560	25454	6624
电力、燃气及水的生产和供应业	31806	29791	4509	2016	1723	0
建筑业	4059	3690	1974	369	369	193
交通运输、仓储和邮政业						
信息传输、计算机服务和软件业	37615	24705	9127	12910	6421	4949
批发和零售业						
住宿和餐饮业	98770	63752	24337	35018	19184	0
金融业						
房地产业						
租赁和商务服务业						
科学研究、技术服务和地质勘查业	1646396	1224536	385470	421859	344757	63123
水利、环境和公共设施管理业	84835	59734	27074	25101	24161	1720
居民服务和其他服务业	1981	1536	304	445	445	0
教育	7567	6723	3095	844	399	0
卫生、社会保障和社会福利业	170367	125038	55837	45329	32107	11298
文化、体育和娱乐业	21946	18474	5474	3472	3443	23
公共管理和社会组织	48966	41775	15856	7192	4545	3230
国际组织						

表7　科研院所 R&D 项目(课题)情况

	项目(课题)数 (项)	项目(课题)人员折合全时当量 (人年)	研究人员	项目(课题)经费支出 (万元)
总　计	**23949**	**49751**	**26042**	**1568389**
一、按执行部门分组				
科研院所	23949	49751	26042	1568389
高等院校				
企　业				
其　他				
二、按活动类型分组				
基础研究	9226	16937	8952	491672
应用研究	10370	20550	10279	709229
试验发展	4353	12264	6811	367488
三、按项目来源分组				
国家科技项目	16063	35928	18422	1062222
地方科技项目	1446	2423	1319	53330
企业委托科技项目	1417	1935	949	57363
自选科技项目	2221	3620	2353	105475
来自国外的科技项目	318	583	303	20883
其他科技项目	2484	5262	2696	269117
四、按项目的合作形式分组				
与境外机构合作	306	671	277	20763
与国内高校合作	989	2653	1275	87805
与国内独立研究机构合作	2758	7233	3737	251221
与境内注册外商独资企业合作	16	35	18	895
与境内注册其他企业合作	563	1275	633	51220
独立完成	18547	35357	18950	1082564
其　他	770	2527	1154	73921

表 8 科研院所 R&D 活动产出情况

	专利申请数（件）	发明专利	有效发明专利数（件）	发表科技论文（篇）	出版科技著作（种）
总　计	**6192**	**5144**	**13254**	**45509**	**1921**
一、按执行部门分组					
科研院所	6192	5144	13254	45509	1921
高等院校					
企　业					
其　他					
二、按单位隶属关系分组					
中　央	5653	4906	12737	41810	1768
地　方	539	238	517	3699	153
三、按服务的国民经济行业分组					
农、林、牧、渔业	837	487	810	3879	173
采矿业			0		
制造业	844	657	1342	2012	40
电力、燃气及水的生产和供应业	37	19	89	718	71
建筑业	11	9	33	67	4
交通运输、仓储和邮政业			0		
信息传输、计算机服务和软件业	66	25	125	1223	30
批发和零售业			0		
住宿和餐饮业	324	321	1807	642	1
金融业			0		
房地产业			0		
租赁和商务服务业			0		
科学研究、技术服务和地质勘查业	3692	3397	8077	25022	961
水利、环境和公共设施管理业	189	141	436	2042	165
居民服务和其他服务业	6	1	35	23	0
教育	0	0	0	463	46
卫生、社会保障和社会福利业	90	56	254	6777	136
文化、体育和娱乐业	17	5	21	235	42
公共管理和社会组织	79	26	225	2406	252
国际组织					

三、转制科研院所汇总表

表9　转制科研院所 R&D 人员情况

	R&D 人员合计（人）	#1. 博士毕业	2. 硕士毕业	3. 本科毕业	R&D 人员折合全时人员（人年）	研究人员
总　计	**16151**	**2424**	**5911**	**6054**	**14110**	**7571**
一、按转制方向分组						
转为企业或进入企业集团	15279	2304	5590	5715	13334	7127
工业企业	5482	577	2021	2371	4579	2018
非工业企业	9797	1727	3569	3344	8755	5109
转为非企业单位	872	120	321	339	776	444
其中:并入高校	8	1	3	3	6	3
二、按单位隶属关系分组						
中　央	15303	2367	5608	5694	13359	7143
地　方	848	57	303	360	751	428
三、按活动类型分组						
基础研究					376	
应用研究					2095	
试验发展					11639	
四、按服务的国民经济行业分组						
农、林、牧、渔业	95	20	24	26	82	45
采矿业	3466	882	1449	950	3185	2059
制造业	7232	948	2226	3048	6071	2986
电力、燃气及水的生产和供应业	1040	148	482	269	1022	415
建筑业	1516	115	542	709	1289	836
交通运输、仓储和邮政业	7	0	2	4	3	2
信息传输、计算机服务和软件业	1541	164	657	587	1353	629
批发和零售业						
住宿和餐饮业	237	20	94	87	206	78
金融业	138	14	33	68	133	47
房地产业						
租赁和商务服务业						
科学研究、技术服务和地质勘查业	685	90	334	221	587	378
水利、环境和公共设施管理业	94	9	44	25	91	34
居民服务和其他服务业						
教育						
卫生、社会保障和社会福利业	0	0	0	0	0	0
文化、体育和娱乐业	100	14	24	60	88	62
公共管理和社会组织						
国际组织						

注:统计范围为民口已转制的县以上独立核算的研究机构及科技信息与文献机构,不包括已转制的工程勘察设计单位及转制后重组或分解的研究机构。

表 10 转制科研院所 R&D 经费情况

	R&D 经费内部支出合计（万元）	#1. 日常性支出	人员劳务费	2. 资产性支出	仪器和设备	R&D 经费外部支出合计（万元）
总　计	**866532**	**701533**	**288708**	**164999**	**138419**	**40650**
一、按转制方向分组						
转为企业或进入企业集团	832619	673033	279304	159586	133915	38302
工业企业	210307	174826	71903	35482	28238	10531
非工业企业	622312	498208	207401	124105	105677	27772
转为非企业单位	33913	28500	9405	5412	4504	2348
其中:并入高校	116	109	30	7	7	0
二、按单位隶属关系分组						
中　央	839669	680857	279974	158812	132578	39639
地　方	26863	20676	8734	6187	5841	1011
三、按资金来源						
政府资金	195646					
企业资金	650376					
国外资金	6755					
其他资金	13756					
四、按活动类型分组						
基础研究	25053					
应用研究	120360					
试验发展	721118					
五、按服务的国民经济行业分组						
农、林、牧、渔业	5554	4308	858	1247	662	935
采矿业	225557	191132	79718	34425	31901	24160
制造业	323324	249483	100513	73840	55767	12443
电力、燃气及水的生产和供应业	77566	73994	27403	3573	449	1236
建筑业	53356	50470	19124	2886	1490	365
交通运输、仓储和邮政业	35	35	31	1	1	0
信息传输、计算机服务和软件业	136235	94558	46492	41676	41111	201
批发和零售业						
住宿和餐饮业	5468	4754	3060	713	713	99
金融业	7058	4359	2447	2698	2698	0
房地产业						
租赁和商务服务业						
科学研究、技术服务和地质勘查业	26688	23839	7336	2850	2850	486
水利、环境和公共设施管理业	3693	3142	1088	552	552	726
居民服务和其他服务业						
教育						
卫生、社会保障和社会福利业	0	0	0	0	0	0
文化、体育和娱乐业	1999	1460	639	539	226	0
公共管理和社会组织						
国际组织						

表 11　转制科研院所 R&D 项目(课题)情况

	项目(课题)数 (项)	项目(课题)人员折合全时当量 (人年)	研究人员	项目(课题)经费支出 (万元)
总　计	**3073**	**13984**	**7549**	**508096**
一、按转制方向分组				
转为企业或进入企业集团	2862	13224	7109	489883
工业企业	825	4495	2008	128250
非工业企业	2037	8729	5101	361632
转为非企业单位	211	761	440	18213
其中:并入高校	2	5	3	33
二、按活动类型分组				
基础研究	76	371	270	13963
应用研究	488	2057	1121	73207
试验发展	2509	11556	6158	420926
三、按项目来源分组				
国家科技项目	1111	6037	3216	181611
地方科技项目	95	467	213	12169
企业委托科技项目	1040	4690	2787	230020
自选科技项目	727	2411	1151	72938
来自国外的科技项目	36	211	99	6760
其他科技项目	64	168	83	4598
四、按项目的合作形式分组				
与境外机构合作	36	347	157	6225
与国内高校合作	233	1867	918	48465
与国内独立研究机构合作	153	774	413	24172
与境内注册外商独资企业合作	2	10	5	257
与境内注册其他企业合作	565	2941	1550	131178
独立完成	2021	7674	4253	284482
其　他	63	371	253	13317

表 12 转制科研院所 R&D 活动产出情况

	专利申请数（件）	发明专利	有效发明专利数（件）	发表科技论文（篇）	出版科技著作（种）
总 计	**4503**	**3456**	**8840**	**7756**	**154**
一、按转制方向分组					
转为企业或进入企业集团	4381	3356	8777	7114	128
工业企业	1751	1238	2162	2346	52
非工业企业	2630	2118	6615	4768	76
转为非企业单位	122	100	63	642	26
其中:并入高校	0	0	0	0	0
二、按单位隶属关系分组					
中 央	4341	3357	8622	7422	145
地 方	162	99	218	334	9
三、按服务的国民经济行业分组					
农、林、牧、渔业	5	3	14	76	4
采矿业	792	545	1561	2061	30
制造业	2335	1954	5855	2500	32
电力、燃气及水的生产和供应业	937	686	591	909	40
建筑业	174	82	515	972	32
交通运输、仓储和邮政业	0	0	0	0	0
信息传输、计算机服务和软件业	133	67	171	598	4
批发和零售业					
住宿和餐饮业	79	77	38	124	0
金融业	17	17	56	14	0
房地产业					
租赁和商务服务业					
科学研究、技术服务和地质勘查业	19	17	35	441	8
水利、环境和公共设施管理业	12	8	4	35	2
居民服务和其他服务业					
教育					
卫生、社会保障和社会福利业	0	0	0	10	0
文化、体育和娱乐业	0	0	0	16	2
公共管理和社会组织					
国际组织					

2013年度北京市获国家科学技术奖(通用项目)一览表

2013年度北京主持完成的获奖项目共计75项,其中:国家自然科学奖一等奖1项,二等奖17项;国家技术发明奖一等奖1项,二等奖18项;国家科技进步奖一等奖7项(含创新团队2项),二等奖31项。

国家自然科学奖

序号	奖种	等级	项目名称	主要完成人	推荐单位/推荐专家
1	国家自然科学奖	一等	40K以上铁基高温超导体的发现及若干基本物理性质研究	赵忠贤(中国科学院物理研究所) 陈仙辉(中国科学技术大学) 王楠林(中国科学院物理研究所) 闻海虎(中国科学院物理研究所) 方忠(中国科学院物理研究所)	中国科学院
2	国家自然科学奖	二等	面向再制造的表面工程技术基础	徐滨士(中国人民解放军装甲兵工程学院) 王海斗(中国人民解放军装甲兵工程学院) 张显程(中国人民解放军装甲兵工程学院) 董世运(中国人民解放军装甲兵工程学院) 梁秀兵(中国人民解放军装甲兵工程学院)	北京市
3	国家自然科学奖	二等	若干重要的可压缩欧拉方程整体解研究	黄飞敏(中国科学院数学与系统科学研究院) 王振(中国科学院武汉物理与数学研究所)	吴文俊
4	国家自然科学奖	二等	凯勒几何中的典则度量和里奇流	朱小华(北京大学)	中国数学会
5	国家自然科学奖	二等	北京谱仪Ⅱ实验发现新粒子	金山(中国科学院高能物理研究所) 李卫国(中国科学院高能物理研究所) 房双世(中国科学院高能物理研究所) 季晓斌(中国科学院高能物理研究所) 闫沐霖(中国科学技术大学)	中国科学院
6	国家自然科学奖	二等	量子通信与量子算法的物理基础研究	龙桂鲁(清华大学) 邓富国(北京师范大学) 仝殿民(山东师范大学) 李岩松(清华大学) 王川(清华大学)	中国物理学会
7	国家自然科学奖	二等	高分子复合材料微加工制备及其物理与化学问题	杨振忠(中国科学院化学研究所) 徐坚(中国科学院化学研究所) 陈永明(中国科学院化学研究所)	中国科学院
8	国家自然科学奖	二等	基于碳氢键活化的氧化偶联	施章杰(北京大学) 李必杰(北京大学) 万小兵(北京大学) 杨尚东(北京大学) 林松(北京大学)	张礼和 高松 麻生明

续表

序号	奖种	等级	项目名称	主要完成人	推荐单位/推荐专家
9	国家自然科学奖	二等	硬骨鱼纲起源与早期演化研究	朱敏(中国科学院古脊椎动物与古人类研究所) 赵文金(中国科学院古脊椎动物与古人类研究所) 贾连涛(中国科学院古脊椎动物与古人类研究所) 卢静(中国科学院古脊椎动物与古人类研究所) 乔妥(中国科学院古脊椎动物与古人类研究所)	中国科学院
10	国家自然科学奖	二等	华北克拉通早期陆壳形成与演化	翟明国(中国科学院地质与地球物理研究所) 郭敬辉(中国科学院地质与地球物理研究所) 彭澎(中国科学院地质与地球物理研究所)	中国科学院
11	国家自然科学奖	二等	被子植物有性生殖的分子机理研究	杨维才(中国科学院遗传与发育生物学研究所) 石东乔(中国科学院遗传与发育生物学研究所) 刘洁(中国科学院遗传与发育生物学研究所) 唐祚舜(中国科学院遗传与发育生物学研究所) 李红菊(中国科学院遗传与发育生物学研究所)	中国科学院
12	国家自然科学奖	二等	寡糖的合成及某些基于糖类的药物发现	叶新山(北京大学) 熊德彩(北京大学) 耿铁群(北京大学) 王冠男(北京大学) 张礼和(北京大学)	卫生部
13	国家自然科学奖	二等	生物计算中数据编码与模型构建理论方法研究	许进(北京大学) 魏小鹏(大连大学) 张强(大连大学) 王天明(大连理工大学) 滕弘飞(大连理工大学)	教育部
14	国家自然科学奖	二等	高效光/电转换的新型有机光功能材料	张晓宏(中国科学院理化技术研究所) 李述汤(香港城市大学) 张秀娟(中国科学院理化技术研究所) 陶斯禄(中国科学院理化技术研究所) 张成义(中国科学院理化技术研究所)	中国科学院
15	国家自然科学奖	二等	过渡金属及其化合物纳米材料的可控合成、微结构及相关特性	郭林(北京航空航天大学) 杨世和(香港科技大学) 王荣明(北京航空航天大学) 陈晋平(北京大学) 刘晨敏(北京航空航天大学)	工业和信息化部
16	国家自然科学奖	二等	广义协调与新型自然坐标法主导的高性能有限元及结构分析系列研究	龙驭球(清华大学) 岑松(清华大学) 龙志飞[中国矿业大学(北京)] 傅向荣(中国农业大学) 陈晓明(清华大学)	吴良镛

续表

序号	奖种	等级	项目名称	主要完成人	推荐单位/推荐专家
17	国家自然科学奖	二等	纳米结构金属力学行为尺度效应的微观机理研究	武晓雷(中国科学院力学研究所) 魏悦广(中国科学院力学研究所) 洪友士(中国科学院力学研究所)	中国科学院
18	国家自然科学奖	二等	昆虫飞行的空气动力学和飞行力学	孙茂(北京航空航天大学) 吴江浩(北京航空航天大学) 杜刚(北京航空航天大学) 兰世隆(北京航空航天大学)	教育部
19	国家技术发明奖	一等	大型结构与土体接触面力学试验系统研制及应用	张建民(清华大学) 张嘎(清华大学) 胡黎明(清华大学) 侯文峻(清华大学) 冯大阔(清华大学) 张雷(清华大学)	中国土木工程学会
20	国家技术发明奖	二等	高场静磁装备设计理论和关键技术及应用	王秋良(中国科学院电工研究所) 胡新宁(中国科学院电工研究所) 戴银明(中国科学院电工研究所) 严陆光(中国科学院电工研究所) 许建益(宁波健信机械有限公司) 汪建华(武汉工程大学)	北京市
21	国家技术发明奖	二等	基于吸收式换热的集中供热技术	付林(清华大学) 张世钢(北京清华同衡规划设计研究院有限公司) 罗勇(北京华源泰盟节能设备有限公司) 景树森(赤峰富龙热力有限责任公司) 李岩(清华大学) 肖常磊(北京华源泰盟节能设备有限公司)	北京市
22	国家技术发明奖	二等	果实采后绿色防病保鲜关键技术的创制及应用	田世平(中国科学院植物研究所) 蒋跃明(中国科学院华南植物园) 秦国政(中国科学院植物研究所) 郜海燕(浙江省农业科学院) 孟祥红(中国科学院植物研究所) 郑小林(中国科学院植物研究所)	中国科学院
23	国家技术发明奖	二等	低成本易降解肥料用缓释材料创制与应用	张夫道(中国农业科学院农业资源与农业区划研究所) 张建峰(中国农业科学院农业资源与农业区划研究所) 杨俊诚(中国农业科学院农业资源与农业区划研究所) 王玉军(中国农业科学院农业资源与农业区划研究所) 黄培钊(深圳市芭田生态工程股份有限公司) 王学江(五洲丰农业科技有限公司)	农业部

续表

序号	奖种	等级	项目名称	主要完成人	推荐单位/推荐专家
24	国家技术发明奖	二等	碳酸盐岩油气藏转向酸压技术与工业化应用	周福建(中国石油天然气股份有限公司勘探开发研究院) 刘玉章(中国石油天然气股份有限公司勘探开发研究院) 张福祥(中国石油天然气股份有限公司塔里木油田分公司) 张贵才[中国石油大学(华东)] 郭建春(西南石油大学) 熊春明(中国石油天然气股份有限公司勘探开发研究院)	中国石油天然气集团公司
25	国家技术发明奖	二等	工业钒铬废渣与含重金属氨氮废水资源化关键技术和应用	曹宏斌(中国科学院过程工程研究所) 李鑫钢(天津大学) 林晓(中国科学院过程工程研究所) 张懿(中国科学院过程工程研究所) 宁朋歌(中国科学院过程工程研究所) 刘晨明(中国科学院过程工程研究所)	环境保护部
26	国家技术发明奖	二等	高效微生物及其固定化脱氮技术	倪晋仁(北京大学) 叶正芳(北京大学) 籍国东(北京大学) 赵华章(北京大学) 陈倩(北京大学) 孙卫玲(北京大学)	教育部
27	国家技术发明奖	二等	高性能二次电池新型电极、电解质材料与相关技术	吴锋(北京理工大学) 杨汉西(武汉大学) 艾新平(武汉大学) 陈人杰(北京理工大学) 张先林(江苏华盛精化工股份有限公司) 曹余良(武汉大学)	中国轻工业联合会
28	国家技术发明奖	二等	新型甲醇羰基化催化剂的结构设计及工业应用	袁国卿(中国科学院化学研究所) 宋勤华(中国科学院化学研究所) 钱庆利(中国科学院化学研究所) 邵守言(中国科学院化学研究所) 李峰波(中国科学院化学研究所) 潘科(中国科学院化学研究所)	中国石油和化学工业联合会
29	国家技术发明奖	二等	KBBF族晶体深紫外非线性光学特性的发现、晶体生长与激光应用	陈创天(中国科学院理化技术研究所) 许祖彦(中国科学院物理研究所) 王继扬(山东大学) 王晓洋(中国科学院理化技术研究所) 李如康(中国科学院理化技术研究所) 唐鼎元(中国科学院福建物质结构研究所)	中国科学院
30	国家技术发明奖	二等	飞机大型整体结构件测量/加工一体化关键技术及应用	赵慧洁(北京航空航天大学) 周富强(北京航空航天大学) 姜宏志(北京航空航天大学) 隋少春[成都飞机工业(集团)有限责任公司] 杜宝瑞[沈阳飞机工业(集团)有限公司] 祝世平(北京航空航天大学)	中国机械工业联合会

续表

序号	奖种	等级	项目名称	主要完成人	推荐单位/推荐专家
31	国家技术发明奖	二等	基于行驶环境感知与控制协同的汽车智能安全新技术及应用	李克强(清华大学) 王建强(清华大学) 罗禹贡(清华大学) 李升波(清华大学) 郑四发(清华大学) 杨殿阁(清华大学)	教育部
32	国家技术发明奖	二等	下一代互联网 4over6 过渡技术及其应用	吴建平(清华大学) 崔勇(清华大学) 李星(清华大学) 徐明伟(清华大学) 赵慧玲(中国电信集团公司) 蒋胜(华为技术有限公司)	工业和信息化部
33	国家技术发明奖	二等	信息密度非均匀下的异构无线组网新技术	张平(北京邮电大学) 陶小峰(北京邮电大学) 张建华(北京邮电大学) 冯志勇(北京邮电大学) 赵先明(中兴通讯股份有限公司) 向际鹰(中兴通讯股份有限公司)	教育部
34	国家技术发明奖	二等	基于生物敏感膜的便携式传感器关键技术及应用	蔡新霞(中国科学院电子学研究所) 崔大付(中国科学院电子学研究所) 赖平安(中华人民共和国北京出入境检验检疫局) 刘春秀(中国科学院电子学研究所) 何伟(北京怡成生物电子技术有限公司) 蔡浩原(中国科学院电子学研究所)	中国科学院
35	国家技术发明奖	二等	高精度微纳结构掩模制造核心技术	刘明(中国科学院微电子研究所) 谢常青(中国科学院微电子研究所) 叶甜春(中国科学院微电子研究所) 陈宝钦(中国科学院微电子研究所) 卞福良(无锡华润微电子有限公司) 龙世兵(中国科学院微电子研究所)	中国科学院
36	国家技术发明奖	二等	高速半导体激光器制备、测试与耦合封装技术	祝宁华(中国科学院半导体研究所) 余向红(武汉电信器件有限公司) 朱洪亮(中国科学院半导体研究所) 谢亮(中国科学院半导体研究所) 黄晓东(武汉光迅科技股份有限公司)	中国科学院
37	国家技术发明奖	二等	高性能谐振式传感器关键技术及其应用	樊尚春(北京航空航天大学) 郑德智(北京航空航天大学) 王帅(北京航空航天大学) 秦杰(太原航空仪表有限公司) 邢维巍(北京航空航天大学) 郭占社(北京航空航天大学)	工业和信息化部

国家科学技术进步奖

序号	奖种	等级	项目名称	主要完成人	主要完成单位	推荐单位/推荐专家
1	国家科技进步奖	一等	食管癌规范化治疗关键技术的研究及应用推广	赫　捷　王贵齐　乔友林　王明荣　刘芝华　林东昕　吕　宁　王绿化　肖泽芬　徐宁志　王国清　汪　楣　魏文强　黄国俊　黄　镜	中国医学科学院肿瘤医院	北京市
2	国家科技进步奖	一等	以创建国际一流船舶集团为目标的军民融合科技创新工程		中国船舶重工集团公司	国有资产监督管理委员会
3	国家科技进步奖	一等	离岸深水港建设关键技术与工程应用	谢世楞　孙子宇　赵冲久　张志明　李一勇　吴　澎　陆采荣　左其华　尹海卿　田俊峰　李元音　梅国兴　刘德进　李树奇　董志良	中国交通建设股份有限公司,中交水运规划设计院有限公司,中交第一航务工程勘察设计院有限公司,水利部交通运输部国家能源局南京水利科学研究院,中交第一航务工程局有限公司,中交第三航务工程局有限公司,交通运输部天津水运工程科学研究所,中交天津港湾工程研究院有限公司,中交四航工程研究院有限公司,中交上海航道局有限公司	交通运输部
4	国家科技进步奖	一等	中药安全性关键技术研究与应用	高　月　杨明会　范骁辉　王宇光　程翼宇　高秀梅　梁爱华　宁志强　王书芳　苗明三　马增春　张　晗　肖成荣　陆倍倍　谭洪玲	中国人民解放军军事医学科学院放射与辐射医学研究所,浙江大学,中国人民解放军总医院,天津中医药大学,中国中医科学院中药研究所,深圳微芯生物科技有限责任公司,河南中医学院	中华中医药学会
5	国家科技进步奖	一等	国产民用高分辨率立体测图卫星测绘和应用关键技术	唐新明　孙承志　龚健雅　张　过　李朋德　邱振戈　谢俊峰　范大昭　王华斌　祝小勇　周晓青　高小明　赵春梅　赵齐乐　周　平	国家测绘地理信息局卫星测绘应用中心,武汉大学,中国测绘科学研究院,中国人民解放军信息工程大学	国家测绘地理信息局

续表

序号	奖种	等级	项目名称	主要完成人	主要完成单位	推荐单位/推荐专家
6	国家科技进步奖	二等	北京鸭新品种培育与养殖技术研究应用	侯水生 胡胜强 刘小林 黄苇 郝金平 谢明 李国臣 樊红平 闫磊 张慧林	中国农业科学院北京畜牧兽医研究所,北京金星鸭业有限公司,西北农林科技大学	北京市
7	国家科技进步奖	二等	超大规模集成电路65－40纳米成套产品工艺研发与产业化	吴汉明 居建华 倪百兵 赵宇航 陈岚 陈寿面 黄如 康劲 严晓浪 刘庆炜	中芯国际集成电路制造(北京)有限公司,上海集成电路研发中心有限公司,中国科学院微电子研究所,北京大学	北京市
8	国家科技进步奖	二等	正电子发射断层扫描(PET)核医学装备系统的研制及产业化	孙启银 黄钢 曾骏 刘小平 熊凤彬 孙珂珂 张圈世 翟巧波 石浩 苏富勇	北京大基康明医疗设备有限公司,上海交通大学医学院附属仁济医院,北京亿仁赛博医疗科技研发中心有限公司,北京亿仁赛博医疗软件有限公司,无锡亿仁肿瘤医院	北京市
9	国家科技进步奖	二等	重度感音神经性耳聋致病机制及出生缺陷干预研究与应用	戴朴 冯永 袁慧军 袁永一 王国建 黄莎莎 韩明昱 金政策 梅凌云 贺楚峰	中国人民解放军总医院,中南大学湘雅医院,清远市澳麦尔基因技术有限公司	北京市
10	国家科技进步奖	二等	森林资源综合监测技术体系	鞠洪波 张怀清 唐小明 彭道黎 陆元昌 邸雪颖 庄大方 陈永富 武红敢 张煜星	中国林业科学研究院资源信息研究所,北京林业大学,东北林业大学,国家林业局调查规划设计院,中国科学院地理科学与资源研究所,中国科学院遥感应用研究所,内蒙古自治区林业科学研究院	国家林业局
11	国家科技进步奖	二等	高致病性猪蓝耳病病因确诊及防控关键技术研究与应用	田克恭 遇秀玲 徐百万 张仲秋 蒋桃珍 孙明 周智 倪建强 曹振 王传彬	中国动物疫病预防控制中心,中国兽医药品监察所,北京世纪元亨动物防疫技术有限公司	农业部
12	国家科技进步奖	二等	中国南车轨道交通装备三大技术平台建设技术创新工程		中国南车集团公司	国有资产监督管理委员会
13	国家科技进步奖	二等	中国石油科技创新体系建设工程		中国石油天然气集团公司	国有资产监督管理委员会

续表

序号	奖种	等级	项目名称	主要完成人	主要完成单位	推荐单位/推荐专家
14	国家科技进步奖	二等	海上油田超大型平台浮托技术创建及应用	金晓剑 周守为 李新仲 朱 江 黄业华 孔令海 杜夏英 陈宝洁 李玉田 李 达	中海石油(中国)有限公司,中海油研究总院,海洋石油工程股份有限公司	中国造船工程学会
15	国家科技进步奖	二等	干酪制造与副产物综合利用技术集成创新与产业化应用	任发政 郭本恒 陈历俊 王昌禄 韩北忠 甘伯中 云战友 郭慧媛 冷小京 毛学英	中国农业大学,天津科技大学,甘肃农业大学,北京三元食品股份有限公司,上海光明奶酪黄油有限公司,内蒙古伊利实业集团股份有限公司,甘肃华羚生物科技有限公司	北京大北农科技集团股份有限公司
16	国家科技进步奖	二等	土木工程用高性能纤维复合材料制备及应用关键技术	岳清瑞 张继文 薛忠民 冯 鹏 吕志涛 杨勇新 叶列平 张林文 陆新征 李 荣	中冶建筑研究总院有限公司,中材科技股份有限公司,清华大学,东南大学,南京海拓复合材料有限责任公司,南京诺尔泰复合材料设备制造有限公司	中国冶金科工集团有限公司
17	国家科技进步奖	二等	一水硬铝石矿高效强化拜耳法生产技术的开发与产业化应用	顾松青 刘保伟 武建强 温金德 吴海文 张文豪 胡玉波 江新民 甘 霖 邹若飞	中国铝业股份有限公司	中国有色金属工业协会
18	国家科技进步奖	二等	7000系铝合金强韧化热处理技术创新与工业应用	熊柏青 周 江 张永安 陈康华 赵 刚 李志辉 苏堪祥 李锡武 吕新宇 王 锋	北京有色金属研究总院,东北轻合金有限责任公司,中南大学,东北大学	中国有色金属工业协会
19	国家科技进步奖	二等	特大电网一体化调度控制系统关键技术及规模化应用	辛耀中 翟明玉 周京阳 于 军 尚学伟 高宗和 石俊杰 严剑峰 陶洪铸 王民昆	国家电网公司,国网电力科学研究院,中国电力科学研究院,四川省电力公司,华中电网有限公司,华北电网有限公司,华东电网有限公司	中国电机工程学会
20	国家科技进步奖	二等	大型风电并网运行与试验检测关键技术及应用	郭剑波 王伟胜 刘 纯 秦世耀 迟永宁 李 庆 冯双磊 黄越辉 王瑞明 王 勃	中国电力科学研究院,中电普瑞张北风电研究检测有限公司,中电普瑞科技有限公司,吉林省电力有限公司	中国电机工程学会

续表

序号	奖种	等级	项目名称	主要完成人	主要完成单位	推荐单位/推荐专家
21	国家科技进步奖	二等	环境与灾害监测预报小卫星星座 A、B 卫星	白照广 代守仑 沈 中 张笃周 王肇宇 吴雁林 相里斌 刘银年 吴增印 刘冬妹	航天东方红卫星有限公司，航天科技集团公司第五研究院第五〇八研究所，中国科学院西安光学精密机械研究所，中国科学院上海技术物理研究所，航天科技集团公司第五研究院第五〇四研究所，航天科技集团公司第五研究院第五〇二研究所，中国航天科技集团公司第五研究院总体部	中国科协
22	国家科技进步奖	二等	曙光高效能计算机系统关键技术及应用	孙凝晖 张佩珩 聂 华 安学军 霍志刚 王普勇 陆 健 沙超群 谭光明 李根国	中国科学院计算技术研究所，曙光信息产业（北京）有限公司，上海超级计算中心，国家超级计算深圳中心	中国科学院
23	国家科技进步奖	二等	超高及复杂高层建筑结构关键技术与应用	肖从真 徐培福 王翠坤 薛彦涛 孙建超 肖绪文 廖顺雨 马 昕 徐自国 田春雨	中国建筑科学研究院，中国建筑股份有限公司，中建一局集团建设发展有限公司，中国建筑第八工程局有限公司，中国国际贸易中心股份有限公司	住房和城乡建设部
24	国家科技进步奖	二等	国家直流大电流计量标准研究建立与应用	邵海明 林飞鹏 屈凯峰 梁 波 李之彬 潘仙林 滑晓欣 鲁云峰 陈万才 苏 红	中国计量科学研究院，云南省计量测试技术研究院	国家质量监督检验检疫总局
25	国家科技进步奖	二等	湖泊底泥污染控制理论技术与应用	吴丰昌 王沛芳 范成新 年跃刚 万国江 郑丙辉 王圣瑞 廖海清 赵晓丽 侯 俊	中国环境科学研究院，中国科学院南京地理与湖泊研究所，河海大学，中国科学院地球化学研究所，中国水利水电科学研究院	环境保护部
26	国家科技进步奖	二等	痴呆与轻度认知障碍的流行病学、发病机制和诊治应用研究	贾建平 李 林 盛树力 王 蓉 贺 永 孙秀莲 汤 哲 张 兰 王 芬 魏翠柏	首都医科大学宣武医院，北京师范大学，山东大学齐鲁医院	卫生部

续表

序号	奖种	等级	项目名称	主要完成人	主要完成单位	推荐单位/推荐专家
27	国家科技进步奖	二等	新生儿脑损伤预防、诊断和治疗技术的研究与应用	封志纯 刘 敬 母得志 李 坚 屈 艺 李 宏 曹海英 方素珍 李熙鸿 尹晓娟	中国人民解放军北京军区总医院,四川大学华西第二医院,首都医科大学附属北京妇产医院,南方医科大学珠江医院	总后勤部
28	国家科技进步奖	二等	冠心病病证结合证治体系的建立及应用	王 阶 姚魁武 朱明军 邢雁伟 何庆勇 马长生 李 军 李 勇 熊兴江 衷敬柏	中国中医科学院广安门医院,河南中医学院第一附属医院,首都医科大学附属北京安贞医院,中国中医科学院西苑医院	国家中医药管理局
29	国家科技进步奖	二等	移动互联网业务数据平台与分析监测系统	张智江 黄文良 王志军 郭晓科 杨旭东 陈淑平 王建海 罗云彬 王 蓉 耿向东	中国联合网络通信有限公司	工业和信息化部
30	国家科技进步奖	二等	主要农业入侵生物的预警与监控技术	万方浩 张润志 王福祥 徐海根 郭琼霞 李志红 赵 健 冯 洁 张绍红 周卫川	中国农业科学院植物保护研究所,中国科学院动物研究所,全国农业技术推广服务中心,环境保护部南京环境科学研究所,福建出入境检验检疫局检验检疫技术中心,中国农业大学,福建省农业科学院	农业部
31	国家科技进步奖	二等	旱作农业关键技术与集成应用	梅旭荣 张燕卿 孙占祥 贾志宽 严昌荣 潘学标 刘永红 王庆锁 刘作新 同延安	中国农业科学院农业环境与可持续发展研究所,辽宁省农业科学院,中国科学院沈阳应用生态研究所,中国农业大学,西北农林科技大学,四川省农业科学院,山西省农业科学院	李振声
32	国家科技进步奖	二等	干旱内陆河流域考虑生态的水资源配置理论与调控技术及其应用	康绍忠 杜太生 粟晓玲 杨 东 冯绍元 蔡焕杰 石培泽 彭治云 霍再林 刘树波	中国农业大学,西北农林科技大学,甘肃省水利厅石羊河流域管理局,武威市水利技术综合服务中心,武威市农业技术推广中心,武汉立方科技有限公司,武汉大学	教育部

续表

序号	奖种	等级	项目名称	主要完成人	主要完成单位	推荐单位/推荐专家
33	国家科技进步奖	二等	秸秆成型燃料高效清洁生产与燃烧关键技术装备	赵立欣 田宜水 孟海波 姚宗路 孙丽英 刘 勇 曹秀荣 霍丽丽 袁艳文 罗 娟	农业部规划设计研究院,合肥天焱绿色能源开发有限公司,北京盛昌绿能科技有限公司	农业部
34	国家科技进步奖	二等	机载多波段多极化干涉SAR测图系统	张继贤 黄国满 燕 琴 李平湘 李 震 宋庆国 向茂生 江 凯 张永红 赵 争	中国测绘科学研究院,武汉大学,中国科学院对地观测与数字地球科学中心,中国科学院电子学研究所,中国电子科技集团公司第三十八研究所,中国飞行试验研究院,四维航空遥感有限公司	国家测绘地理信息局
35	国家科技进步奖	二等	煤矿岩巷全断面高效掘进关键技术与装备	杨仁树 闫振东 李 清 李贵生 白忠胜 卜昌森 章立清 孙 强 郭东明 岳中文	中国矿业大学(北京),山西晋城无烟煤矿业集团有限责任公司,冀中能源股份有限公司,山西汾西矿业(集团)有限责任公司,山东能源集团有限公司,淮南矿业(集团)有限责任公司,霍州煤电集团有限责任公司	中国煤炭工业协会
36	国家科技进步奖	二等	原发性闭角型青光眼发病机制与防治体系的建立及应用	王宁利 赵家良 徐 亮 王怀洲 王 涛 梁远波 王雪乔 牟大鹏 黄 瑶 李思珍	首都医科大学附属北京同仁医院,中国医学科学院北京协和医院,天津市索维电子技术有限公司,中山大学中山眼科中心	中华医学会

创新团队

序号	奖种	团队名称	主要成员	主要支持单位	推荐单位
1	国家科技进步奖	清华大学辐射成像创新团队	康克军 陈志强 唐传祥 程建平 陈怀璧 李元景 刘以农 李荐民 李君利 黄文会 张 丽 李玉兰 王学武 赵自然 肖永顺	清华大学	北京市
2	国家科技进步奖	军事医学科学院蛋白质组学创新团队	贺福初 杨晓明 张学敏 钱小红 杨 晓 周钢桥 张令强 张成岗 姜 颖 朱云平 陈惠鹏 李爱玲 应万涛 王 建 李 栋	军事医学科学院	总后勤部

2013年度北京市科学技术奖获奖项目一览表

2013年度北京市科学技术奖共有233项成果获奖，包括26项一等奖、66项二等奖、141项三等奖。

一等奖

序号	获奖编号	项目名称	完成单位	主要完成人
1	2013计-1-001	仿生机器鱼高效与高机动控制的理论与方法	中国科学院自动化研究所	谭民 喻俊志 侯增广 王硕 程龙 曹志强 周超
2	2013计-1-002	深腾7000高效能计算机系统及关键技术	联想控股有限公司 中国科学院计算机网络信息中心 北京航空航天大学	祝明发 肖利民 贺志强 迟学斌 朱鹏 张健 刘铁 王龙 史小冬 李志杰 阮利 崔吉顺 杨琪 宋冬梅 邱同亮
3	2013计-1-003	3D视频编码与大规模网络传输技术	清华大学 央视国际网络有限公司 北京世纪鼎点软件有限公司	孙立峰 杨士强 胡伟栋 刘平 李毅 崔鹏 宋维君 罗翰 陶品 刘璐 刘明 陈海东
4	2013计-1-004	低分辨人脸图像的重建与人脸识别	清华大学	苏光大 任小龙 陈健生 苏楠 贺金平 刘京 王晶 相燕 杨晓黎 刘炯鑫 王莉
5	2013电-1-001	纳米环磁性隧道结及新型纳米环磁随机存取存储器的基础研究	中国科学院物理研究所	韩秀峰 魏红祥 温振超 刘厚方 詹文山 刘东屏 曾中明 丰家峰 王琰 王守国 彭子龙 杨捍东 孙志斌 王天兴 杜关祥
6	2013电-1-002	DTMB标准国际化关键技术及应用	清华大学 中国普天信息产业股份有限公司 北京海尔集成电路设计有限公司 北京北广科技股份有限公司 云南无线数字电视文化传媒有限公司 北京数字电视国家工程实验室有限公司	杨知行 潘长勇 宋健 王劲涛 戴书胜 黄浩东 叶进 余雷 张超 杨昉 王军 王昭诚 彭克武 张彧 骆训赋
7	2013电-1-003	体全息光学相关器及其在高速图像处理中的应用	清华大学 中国人民公安大学 中国科学院电子学研究所	金国藩 曹良才 何庆声 郑天祥 易瑶 朱钧 郭威 罗亚平 韦立登 向茂生 倪凯 顾华荣 汪顺利 马强 李承明月
8	2013材-1-001	基于离子液体溶剂体系的纤维素加工与功能化的新原理和新方法	中国科学院化学研究所 清华大学	张军 武进 袁金颖 李会泉 张金明 余坚 张昊 曹妍 何嘉松
9	2013材-1-002	组织调控超强稀土永磁材料工程化技术及应用	中国钢研科技集团有限公司 北京中科三环高技术股份有限公司 宁波韵升股份有限公司 烟台正海磁性材料股份有限公司 中国科学院宁波材料技术与工程研究所	李卫 胡伯平 竺韵德 喻晓军 李波 饶晓雷 朱明刚 王庆凯 闫阿儒 林德 张瑾 徐文正 郭朝晖 张民 赵玉刚

续表

序号	获奖编号	项目名称	完成单位	主要完成人
10	2013 环-1-001	砷超富集植物及其对砷污染土壤的修复机理	中国科学院地理科学与资源研究所 中国科学院高能物理研究所	陈同斌 雷 梅 黄泽春 韦朝阳 万小铭 胡天斗 黄宇营 黄启飞 安志装 李学文 李文学 范稚莲 刘颖茹 鲁全国
11	2013 环-1-002	面向应用的航天遥感软硬一体化仿真系统技术与应用示范	中国科学院遥感与数字地球研究所	顾行发 余 涛 胡新礼 马 骏 柳钦火 张 兵 李 震 侯宇葵 陈继平 王春梅 赵利民 董 文 王更科 魏香琴 廖楚江
12	2013 环-1-003	纤维转盘过滤系统在污水深度处理中的应用与示范	浦华环保有限公司 紫光环保有限公司	李星文 曲颂华 袁 琳 王妍春 袁锡强 黄鹏飞 李雪婷 王仁梅 王 晨 孟 广 朱文明 刘俊红 张 莉 孟庆红 张腾飞
13	2013 能-1-001	大功率直线电机变频驱动系统关键技术研发及应用	中国科学院电工研究所 冶金自动化研究设计院 北京金自天正智能控制股份有限公司 哈尔滨泰富电气有限公司	李耀华 葛琼璇 李崇坚 史黎明 王 珂 段 巍 杜玉梅 杨天利 王成胜 朱春毅 任晋旗 谈龙成 李向欣 周亚宁 张瑞华
14	2013 能-1-002	智能电表关键芯片研发与应用	中国电力科学研究院 北京南瑞智芯微电子科技有限公司	任伟理 赵东艳 章 欣 王于波 王东山 张海峰 庞振江 唐晓柯 李明维 付青琴 陈燕宁 原义栋 赵 兵 汪波涛 邵 瑾
15	2013 能-1-003	深部裂缝性油气储层预测与评价新技术及工业化应用重大成效	中国石油大学(北京)	曾联波 乔文孝 狄帮让 陶 果 柯式镇 陈双全 车小花 张 峰 卢俊强 李跃纲 苏 惠 鞠晓东 朱圣举 雷茂盛 巩 磊
16	2013 城-1-001	高水压强渗透浅覆土超大直径水下盾构隧道工程设计关键技术	中国铁建股份有限公司 中铁第四勘察设计院集团有限公司 西南交通大学 北京交通大学 东南大学 西北橡胶塑料研究设计院 中南大学	肖明清 夏国斌 韩向阳 田要成 何 川 张顶立 钱春香 石太伟 刘 浩 薛光桥 张 焱 杨红都 袁大军 宁茂权 孙文昊
17	2013 交-1-001	系列化纯电动专用车关键技术及产业化	北京理工大学 北汽福田汽车股份有限公司 北京华林特装车有限公司 北京理工华创电动车技术有限公司	孙逢春 林 程 张 军 王可峰 王文伟 韩 冰 王震坡 张承宁 薛振东 周 辉 董玉刚 南金瑞 孟 祥 王志福 胡宇辉
18	2013 农-1-001	新型饲料用非淀粉多糖酶制剂产品的创制	中国农业科学院饲料研究所 北京挑战生物技术有限公司	姚 斌 黄火清 杨培龙 罗会颖 石鹏君 柏映国 孟 昆 王亚茹 李学军 于会民 杨禄良 马 锐 师 霞 袁铁铮 史秀云

续表

序号	获奖编号	项目名称	完成单位	主要完成人
19	2013 农 - 1 - 002	西瓜优异抗病种质创制与京欣系列新品种选育及推广	北京市农林科学院蔬菜研究中心 北京京研益农科技发展中心 北京市农业技术推广站 北京农学院	许　勇　宫国义　张海英　郭绍贵 贾长才　李海真　宋顺华　吴　萍 丁海凤　耿丽华　王德欣　任　毅 曾剑波　孙宏贺　王绍辉
20	2013 医 - 1 - 001	肝源细胞生长调节分子作用机制及应用基础研究	中国人民解放军军事医学科学院放射与辐射医学研究所	杨晓明　吴祖泽　李长燕　崔春萍 于　淼　王立生　曹传增　石炳兴 朱晨雁　段海峰　詹轶群　葛常辉 许望翔
21	2013 医 - 1 - 002	中国人体表慢性难愈合创面发生新特征与防治关键措施研究	中国人民解放军总医院第一附属医院 上海交通大学医学院附属瑞金医院 温州医学院 深圳普门科技有限公司 上海交通大学医学院附属第九人民医院 中国人民解放军第 306 医院 中国人民解放军总医院	付小兵　陆树良　李校堃　刘先成 谢　挺　肖　健　徐　岩　牛轶雯 姜玉峰　韩为东　许樟荣　吴敏洁 张宏宇　郝好杰　刘惠玲
22	2013 中 - 1 - 001	若干重要中草药中微量活性物质的研究	中国医学科学院药物研究所 北京科莱博医药开发有限责任公司	庾石山　石建功　张东明　于德泉 陈晓光　张建军　王　珂　申竹芳 马双刚　林　生　徐　嵩　李　勇 屈　晶　吕海宁　李创军
23	2013 药 - 1 - 001	艾滋病诊断试剂评价标准以及试剂研制关键技术的创新及推广应用	中国食品药品检定研究院 北京万泰生物药业股份有限公司 上海科华生物工程股份有限公司 上海浩源生物科技有限公司 中国人民解放军第三〇二医院	王佑春　李秀华　宋爱京　许四宏 邱子欣　王　缦　李振勇　聂建辉 貌盼勇　张春涛　孟淑芳　乔　杉 贾雪荣　杨国翠
24	2013 基 - 1 - 001	蛋白质泛素连接酶的功能与调控机制及其疾病相关性研究	中国人民解放军军事医学科学院放射与辐射医学研究所	张令强　贺福初　张　戈　卢克锋 秦　岭　尹秀山　邢桂春　崔　宇 何　珊　聂　晶　谢　萍　饶子和 郭　兴　田春艳　王　建
25	2013 基 - 1 - 002	高等植物光合膜蛋白复合物的结构与功能研究	中国科学院生物物理研究所 中国科学院植物研究所	常文瑞　柳振峰　匡廷云　严汉池 王可玢　张季平　桂璐璐　安晓敏 李　梅　娄世庆　赵福洪　望　超 张平锋
26	2013 基 - 1 - 003	燕辽 - 热河生物群重要脊椎动物宏演化与生态多样性研究	北京自然博物馆 中国地质科学院地质研究所 大连自然博物馆 浙江自然博物馆 河南省地质博物馆	孟庆金　季　强　高春玲　李全国 吕君昌　张玉光　姬书安　袁崇喜 金幸生　张兴辽　刘金远　王　莹 王旭日　赵　博　程晓冬

二等奖

序号	获奖编号	项目名称	完成单位	主要完成人
1	2013 计－2－001	高性能众核结构设计及验证技术	中国科学院计算技术研究所	范东睿　张　浩　叶笑春　孙凝晖　王　达　宋风龙　李国杰　唐志敏　张志敏　孟海波
2	2013 计－2－002	高分辨率合成孔径成像声纳	中国科学院声学研究所	张春华　黄海宁　刘纪元　黄　勇　刘　维　田　杰　吴玉泉　周跃涛　戴　戈　李文军
3	2013 计－2－003	农业经济空间信息服务关键技术与应用平台（中国农业经济电子地图）	中国农业科学院农业信息研究所	诸叶平　陈丽水　雪　燕　鄂　越　海占广　刘升平　李韶民　陈冬冬　邓　飞　张建兵
4	2013 计－2－004	大规模智能视频监控新技术及应用	北京声迅电子股份有限公司 清华大学	陈　峰　聂　蓉　索津莉　余和初　张永兵　姬　光　余肇飞　刘俊华　邓　岳　贾丽妍
5	2013 计－2－005	病理切片全景显微扫描技术及远程诊断服务系统的研发和产业化	北京优纳科技有限公司	郑众喜　刘明星　李鹏杰　王艳萍　胡金麟　谢杰成　黄春来　龚业勇　侯晓红　刘春景
6	2013 计－2－006	卫星遥感影像自动处理与显示技术	中国人民解放军装备学院	李学军　谢剑薇　刘　涛　韦　群　高永明　王　珏　于凤坤　王林旭　邹红霞　王新波
7	2013 计－2－007	海内外一体化测井解释处理软件开发与应用	中国石油集团长城钻探工程有限公司 中国石油天然气股份有限公司勘探开发研究院	伍　东　汪　浩　程晓东　樊春华　和志明　赵　东　李　响　徐剑波　郭玉庆　傅海成
8	2013 电－2－001	先进半导体光子晶体激光器技术研究	中国科学院半导体研究所	郑婉华　陈良惠　渠红伟　张冶金　王宇飞　刘安金　任　刚　江　斌　冯志刚　刘　磊
9	2013 电－2－002	多功能通用雷达目标模拟器开发平台及关键技术研究	清华大学 北京航天福道高技术股份有限公司 北京华清瑞达科技有限公司	梁志恒　尤　政　陶青长　沈同圣　许　雷　朱　骏　周　勇　孙亚光　朱　宁　王宏建
10	2013 电－2－003	图像处理和智能分析理论及应用	北京交通大学	阮秋琦　倪蓉蓉　安高云　仵冀颖　支瑞聪　刘　帅　潘　新
11	2013 材－2－001	SMT 用环保型无铅焊料及其旋转盘雾化制备技术的研究与应用	北京康普锡威科技有限公司 北京有色金属研究总院	徐　骏　胡　强　朱学新　贺会军　林　刚　张少明　王志刚　李志刚　卢彩涛　张富文

续表

序号	获奖编号	项目名称	完成单位	主要完成人
12	2013 材 -2 -002	高效低耗少渣炼钢新工艺的开发与创新	首钢总公司 北京科技大学 河北省首钢迁安钢铁有限责任公司 秦皇岛首秦金属材料有限公司 北京首钢自动化信息技术有限公司	张功焰 王新华 邱世中 李本海 王建伟 许晓东 朱国森 朱志远 张 涛 秦登平
13	2013 材 -2 -003	面向医疗系统射线防护新材料及应用	北京化工大学 北京伟龙科仪贸易有限公司	刘 力 张立群 温世鹏 胡 水 魏宗源 邹 膑 臧立伟 伍社毛 徐日炜
14	2013 材 -2 -004	乙烯装置碱洗塔黄油抑制剂研发与产业化	北京斯伯乐科学技术研究院 北京化工大学 北京斯伯乐科技发展有限公司	刘宽胜 王秀芬 何宏晓 高志礼 刘志远 张丽欣 刘 计 刘志玲 于 帆 王 铎
15	2013 环 -2 -001	国家地理信息应急监测系统研制与应用	中国测绘科学研究院 北京市测绘设计研究院 中测新图(北京)遥感技术有限责任公司	李英成 杨伯钢 肖金城 杨江江 王桂敏 唐晓旭 毕 凯 雒燕飞 胡特彧 滕长胜
16	2013 环 -2 -002	基于厌氧氨氧化的高氨氮有机废水生物除碳脱氮技术创新与实践	北京城市排水集团有限责任公司 北京工业大学 北京北排水务设计研究院有限公司 北京天地人环保科技有限公司	张树军 彭永臻 蒋 勇 郑 江 甘一萍 张 亮 杨岸明 齐 奇 刘伟岩 常 江
17	2013 环 -2 -003	以土地处理为核心的城市污水再生及回用集成技术	清华大学 北京城市排水集团有限责任公司 北京清能创新科技有限公司	赵 璇 王建龙 甘一萍 成徐州 张力生 张 薛 常 江 李福志 张 猛 章真怡
18	2013 环 -2 -004	内陆水体富营养化高光谱遥感监测技术与应用	中国科学院对地观测与数字地球科学中心 中城泰信(北京)信息技术有限公司	张 兵 李俊生 王 桥 郁建林 申 茜 吴远峰 张 浩 朱 利 吴 迪 殷守敬
19	2013 能 -2 -001	面向智能电网的信息安全边界接入技术研究与应用	中国电力科学研究院 国网电力科学研究院	林为民 张 涛 邵志鹏 杨维永 楚 杰 陈亚东 邓 松 马媛媛 刘金锁 时 坚
20	2013 能 -2 -002	风电并网试验检测关键技术研究及检测能力建立	中国电力科学研究院	王伟胜 秦世耀 李 庆 王瑞明 李少林 王 伟 孙 勇 邵文昌 陈 晨 张金平
21	2013 能 -2 -003	电网广域保护控制系统研究与应用	北京四方继保自动化股份有限公司 北京四方继保工程技术有限公司	秦红霞 姚 斌 田文辉 张 涛 时伯年 王学博 李鹏程 彭世宽 胡 炯 石景海

续表

序号	获奖编号	项目名称	完成单位	主要完成人
22	2013 能－2－004	500kW 光伏并网逆变器的研发及大规模产业化应用	北京京仪绿能电力系统工程有限公司	马　亮　孙琳琳　余明锋　张　俊　张　颖　卢远宏　陈玉华　林　锥　刘玉洁
23	2013 能－2－005	海水淡化联合发电关键技术研究与应用	北京首钢国际工程技术有限公司 首钢京唐钢铁联合有限责任公司	李　杨　寇彦德　吴礼云　张岩岗　王　毅　王森林　邵文策　张福明　王　涛　周　焱
24	2013 能－2－006	电动汽车充电设施设计理论、方法和标准研究及应用	北京理工大学 北京市标准化研究院 北京交通大学 北京市电力公司 中国电力科学研究院 北京市计量检测科学研究院 中国标准化研究院	王震坡　孙逢春　李永华　刘雪涛　潘鸣宇　牛利勇　李武峰　权京华　黄　彧　黄　艳
25	2013 能－2－007	枯竭气藏及盐穴储气库钻采工程技术及工具	中国石油集团钻井工程技术研究院	申瑞臣　袁光杰　班凡生　夏　焱　毛蕴才　金根泰　霍永胜　田中兰　路立君　董胜祥
26	2013 制－2－001	磁控溅射设备研发及产业化	北京北方微电子基地设备工艺研究中心有限责任公司 中国科学院微电子研究所 清华大学 复旦大学	赵梦欣　丁培军　王厚工　夏　威　陈　鹏　杨　洋　郑金果　边国栋　文莉辉　刘建生
27	2013 制－2－002	离子膜电解槽激光焊接成套技术装备及应用	北京工业大学 蓝星(北京)化工机械有限公司	肖荣诗　左铁钏　武　强　张　伟　杨武雄　吴世凯　刘继东　张良虎　王伟红　徐洁洁
28	2013 制－2－003	重型龙门数控机床大型结合面关键技术研究与应用	北京工业大学 北京北一机床股份有限公司	蔡力钢　刘宇凌　刘志峰　马建川　赵永胜　程　强　郭宏升　郭铁能　杨文通　魏而巍
29	2013 制－2－004	高精度离轴非球面先进制造技术	北京理工大学 中国科学院上海技术物理研究所	程灏波　郑列华　冯云鹏　董志超　王　谭　高　昆　徐永平　张金平　张少华　文永富
30	2013 制－2－005	玩具产品安全检测标准及设备研究与应用	中国检验检疫科学研究院 江苏出入境检验检疫局轻工产品与儿童用品检测中心	白　桦　张　庆　马　强　李文涛　陈　明　吕　庆　席广成　李海玉　闫　妍
31	2013 城－2－001	细晶高强钢筋应用关键技术研究	中冶建筑研究总院有限公司 中国建筑科学研究院 钢铁研究总院 江苏永钢集团有限公司 重庆大学 抚顺新钢铁有限责任公司 武钢集团昆明钢铁股份有限公司	岳清瑞　朱建国　程志军　杨忠民　陈　洁　王晓锋　陈华斌　赵　勇　马德志　何长虹

续表

序号	获奖编号	项目名称	完成单位	主要完成人
32	2013 城 -2 -002	顶推法施工的大跨度曲线预应力混凝土斜拉桥技术研究及应用	中铁工程设计咨询集团有限公司 北京市首都公路发展集团有限公司 中铁六局集团有限公司 清华大学 湖南大学	徐升桥　陈国立　韩少民　聂建国 刘永锋　郭建才　孙爱田　陈政清 王克海　曹　全
33	2013 城 -2 -003	城市轨道交通 U 型梁系统综合技术研究	北京城建设计研究总院有限责任公司 南京地铁集团有限公司 同济大学 长安大学 东南大学 北京建筑工程学院 北京航空航天大学	杨秀仁　佘才高　宋敏华　许巧祥 阙　孜　白唐瀛　黎　庆　王奕然 李文会　朱悦明
34	2013 城 -2 -004	在役桥梁快速检测评估与维护改造关键技术研发及应用	北京市道路工程质量监督站 交通运输部公路科学研究所	周绪利　薛忠军　李万恒　王兴奎 张　涛　宿　健　张　磊　李万举 郭昌祚　张　波
35	2013 城 -2 -005	南水北调中线干线工程建筑环境规划研究	清华大学 北京市建筑设计研究院有限公司 南水北调中线干线工程建设管理局	吴良镛　武廷海　吴　晨　毛　锋 张忠义　曹为民　朱文一　边兰春 王贵祥　黄　鹤
36	2013 城 -2 -006	大型复杂高层建筑高性能抗震体系及关键技术	北京工业大学 同济大学 清华大学 大连市建筑设计研究院有限公司 北京京诚华宇建筑设计研究院有限公司 北京市建筑设计研究院有限公司 奥雅纳工程咨询(上海)有限公司	曹万林　吕西林　董宏英　蒋欢军 王立长　赵作周　张建伟　周　颖 殷　超　王立军
37	2013 城 -2 -007	重大建筑工程抗风设计关键技术的研究与应用	中国建筑科学研究院	金新阳　陈　凯　唐　意　赵基达 钱基宏　严亚林　符龙彪　何连华 杨立国　金　海
38	2013 交 -2 -001	安全综合检测车轮轨力检测系统研制与应用	中国铁道科学研究院机车车辆研究所	李　谷　祖宏林　储高峰　张志超 胡爱全　焦　文
39	2013 交 -2 -002	中国铁路自动售检票设备与系统	中国铁道科学研究院电子计算技术研究所	史天运　史　宏　康增建　朱建生 姜　利　王晓冬　邓胜江　刘子宽 戴建强　沈海燕
40	2013 交 -2 -003	兼容各型动车组空心车轴超声波探伤关键技术研究及应用	北京新联铁科技股份有限公司	王志全　石峥映　谭　鹰　饶昌勇 梅劲松　单继光　韩珍宝　尹东柱 刘丰迪　陈正春

续表

序号	获奖编号	项目名称	完成单位	主要完成人
41	2013 交 - 2 - 004	特大城市综合交通状态感知、协同运行和服务成套技术研究与应用	北京市交通委员会 北京市交通信息中心 北京市交通运行监测调度中心 北京交通发展研究中心 北京市轨道交通指挥中心	刘小明 黄建玲 郭继孚 战明辉 葛 昱 杜 勇 温慧敏 张 可 梁 平 汪祖云
42	2013 交 - 2 - 005	CTCS3 级列控车载设备及 RBC 设备制造国产化	北京铁路信号有限公司	康 文 徐 清 孟驰宇 张 磊 裴晓磊 张桦楠 于旗慧 毕慧敏 岳会昌 宋礼民
43	2013 农 - 2 - 001	蜂王浆高产机理及蜂王浆生化特征的研究	中国农业科学院蜜蜂研究所	李建科 冯 毛 房 宇 韩 宾 张 兰 郑爱娟
44	2013 农 - 2 - 002	高性能竹基纤维复合材料制造技术	中国林业科学研究院木材工业研究所 北京太尔化工有限公司 廊坊市双安结构胶合板研究所 安徽宏宇竹木制品有限公司 福建篁城科技竹业有限公司 青岛国森机械有限公司 洪雅竹元科技有限公司 湖北巨宁竹业科技股份有限公司	于文吉 余养伦 祝荣先 张亚慧 周 月 任丁华 王大张 苏志英 宁其斌 洪敏雄
45	2013 农 - 2 - 003	禽用保健型中兽药关键技术研究开发与应用	中国农业大学 北京农学院 保定冀中药业有限公司 华南农业大学 北京伟嘉人生物技术有限公司 成都乾坤动物药业有限公司 沈阳伟嘉牧业技术有限公司	许剑琴 刘凤华 郭世宁 吴里明 廖 峰 李焕荣 张永红 马广鹏 吴 鸿 钟友刚
46	2013 农 - 2 - 004	农药残留安全评价研究	中国农业大学	周志强 王 鹏 刘东晖 刁金玲 朱文涛
47	2013 农 - 2 - 005	生菜周年安全生产关键技术研究与应用	北京农学院 北京市植物保护站 北京市优质农产品产销服务站 山西省农业种子总站 北京市裕农优质农产品种植公司 北京金六环农业园	范双喜 郑建秋 常希光 韩莹琰 陈湘宁 马玉光 黄 健 郑 翔 郭松岩 刘超杰
48	2013 农 - 2 - 006	早熟、耐密、抗倒玉米品种京单 28 的选育及示范推广	北京市农林科学院玉米研究中心 北京农科院种业科技有限公司 北京华农伟业种子科技有限公司 北京市农业技术推广站 内蒙古农业大学	赵久然 陈 刚 杨国航 肖必祥 刘春阁 毛振武 冯培煜 于晓芳 叶翠玉 王荣焕

续表

序号	获奖编号	项目名称	完成单位	主要完成人
49	2013 医 -2 -001	IgA 肾病的进展机制及中西医结合诊疗的研究	中国人民解放军总医院	陈香美 吴 杰 张雪光 蔡广研 吕 杨 刘述文 陈 仆 汤 力 侯 剀 尹 忠
50	2013 医 -2 -002	新生儿重症救治关键技术体系研究与应用	中国人民解放军北京军区总医院 复旦大学附属儿科医院 广东省人民医院 广东省妇幼保健院 湖北省妇幼保健院 南方医科大学珠江医院 广东鸽子医疗器械有限公司	封志纯 刘 敬 陈 超 杨 杰 尹晓娟 何少茹 陈自励 李秋平 张小英 花少栋
51	2013 医 -2 -003	脑和脊髓损伤后神经再生与功能修复的机制及治疗研究	中国人民解放军北京军区总医院	徐如祥 戴宜武 杨志军 张洪钿 樊 娟 马全红 吕 俊
52	2013 医 -2 -004	我国虫媒病毒分布及其与疾病关系研究	中国疾病预防控制中心病毒病预防控制所	梁国栋 付士红 王环宇 李铭华 吕 志 朱武洋 王力华 吕新军 曹玉玺 高晓艳
53	2013 医 -2 -005	临床免疫和分子诊断质控品及国家标准物质的研究与应用	卫生部北京医院 北京康彻思坦生物技术有限公司	李金明 王露楠 贾雪荣 张 瑞 张 括 陈文祥 王治国 谢洁红 孙 宇 吴智广
54	2013 医 -2 -006	创造性思维中关键认知神经科学过程的机理研究	中国科学院心理研究所 首都师范大学 北京师范大学	罗 劲 傅小兰 罗跃嘉 郭春彦 丁锦红
55	2013 医 -2 -007	中国黑色素瘤个体化治疗模式的初步建立	北京肿瘤医院 北京市肿瘤防治研究所	郭 军 孔 燕 斯 璐 迟志宏 崔传亮 盛锡楠 毛丽丽 李思明 代 杰
56	2013 医 -2 -008	关节运动损伤微创治疗临床与基础研究	北京大学第三医院	敖英芳 余家阔 王健全 崔国庆 胡跃林 郭秦炜 徐 雁 焦 晨 马 勇
57	2013 医 -2 -009	颧窦外科相关基础与临床研究	首都医科大学附属北京同仁医院 北京市耳鼻咽喉科研究所	周 兵 韩德民 张 罗 黄 谦 李云川 崔顺九 王成硕 王 彤 臧洪瑞 王向东
58	2013 医 -2 -010	直肠癌综合治疗关键技术的建立、优化及推广	中国医学科学院肿瘤医院	周志祥 蔡建强 金 晶 冉宇靓 欧阳汉 梁建伟 王 勇 侯惠荣 毕新宇 赵 宏

续表

序号	获奖编号	项目名称	完成单位	主要完成人
59	2013 中 -2 -001	冠心病血瘀证证候实质探索研究	中国中医科学院西苑医院	陈可冀 殷惠军 马晓娟 薛 梅 黄 烨 刘 玥 郭春雨 吴彩凤 李雪峰 蒋跃绒
60	2013 中 -2 -002	缺血性中风病中医康复方案研究	中国中医科学院中医临床基础医学研究所 北京中医药大学东直门医院 首都医科大学附属北京天坛医院 天津中医药大学第二附属医院 河南中医学院第一附属医院 广东省中医院 首都医科大学附属北京安贞医院 山东中医药大学第二附属医院 邢台市人民医院 长春中医药大学附属医院	王永炎 谢雁鸣 邹忆怀 赵性泉 韩舰华 王新志 王燕平 高凡珠 陈红霞 魏 戌
61	2013 药 -2 -001	疾病标记物的化学发光免疫分析试剂盒的研制	清华大学 北京科美生物技术有限公司	林金明 应希堂 李海芳 胡国茂 李振甲 陈 惠 林 珍 唐宝军
62	2013 药 -2 -002	脂微球载体靶向镇痛药物氟比洛芬酯注射液临床及产业化技术的研究	北京泰德制药股份有限公司 北京大学	刘红星 张 扬 邓艳萍 安 峥 张伟强 杨青松 肖 萱 徐国柱 刘玉静 时 杰
63	2013 基 -2 -001	聚合物太阳电池光伏材料的研究	中国科学院化学研究所	李永舫 侯剑辉 何有军 霍利军 谭占鳌 赵光金 张茂杰 何 畅 邹应萍 杨春和
64	2013 基 -2 -002	天然免疫抗病毒效应因子 ZAP 功能和作用机理研究	中国科学院生物物理研究所	高光侠 朱益平 郭学敏 陈桂芳 马 静 王新路 吕凤祥 纪 昕 徐义辉 刘迎芳
65	2013 基 -2 -003	经济预测预警理论方法及决策支持系统	中国科学院数学与系统科学研究院	汪寿阳 杨晓光 尚 维 张 珣
66	2013 基 -2 -004	Riesz 基理论对无穷维振动系统的镇定与应用	中国科学院数学与系统科学研究院 北京理工大学	郭宝珠 王军民

三等奖

序号	获奖编号	项目名称	完成单位	主要完成人
1	2013 计-3-001	面向强动态复杂环境的传感器网络监测系统关键技术	中国科学院计算技术研究所	李　栋　赵　泽　崔　莉　陈海明　牛晓光　黄　希
2	2013 计-3-002	智能铁路旅客服务集成管理平台	中国铁道科学研究院电子计算技术研究所	史天运　史　宏　康增建　沈海燕　王　冰　吕晓军
3	2013 计-3-003	东城区网格化社会服务管理信息化支撑系统	北京市东城区信息化工作办公室	陈之常　谢霄鹏　倪　东　李启青　赵　渊　孙　涛
4	2013 计-3-004	大型开放式三维空间信息平台 EV-Globe	北京国遥新天地信息技术有限公司	吴秋华　牛玉刚　梁长青　肖　剑　冯新宇　张俊峰
5	2013 计-3-005	国家互联网基础数据管理与服务平台关键技术及应用	国家计算机网络与信息安全管理中心 天津市国瑞数码安全系统有限公司 中国科学院计算技术研究所 中国互联网协会 北京万网志成科技有限公司	刘欣然　张　鸿　黄澄清　杨义先　张　凯　徐倩华
6	2013 计-3-006	住房公积金综合信息管理系统	首都信息发展股份有限公司	刘忠伟　陈志刚　于宏光　赵学伟　周　宏　张蕾蕾
7	2013 计-3-007	税务发票扫描识别系统及应用	北京文通科技有限公司 清华大学 北京文通图像识别技术研究中心有限公司	刘长松　方　驰　彭良瑞　丁晓青　王泽武　张　岩
8	2013 计-3-008	城市轨道交通综合自动化系统研发及产业化	北京和利时系统工程有限公司	李天辉　吴铀铀　贺剑锋　王　颖　张俊峰　王海燕
9	2013 计-3-009	基于原笔迹手写技术的商务平板电脑研发及产业化	北京壹人壹本信息科技有限公司	杜国楹　蒋宇飞　周　佳　方礼勇　李　岩　张明生
10	2013 计-3-010	首钢京唐 300t 转炉“全三脱”冶炼自动化炼钢技术	北京首钢自动化信息技术有限公司 首钢京唐钢铁联合有限责任公司	强　伟　杨春政　邱成国　罗伯钢　魏　钢　王贵阳
11	2013 计-3-011	互联网语义内容生成和管理的理论与方法研究	清华大学	李涓子　唐　杰　周立柱
12	2013 计-3-012	基于仿生学的空间信息处理方法及机理发现	北京大学 大连理工大学 中国农业大学 华东师范大学 中国科学技术大学 河北农业大学	晏　磊　褚金奎　孙华波　彭万志　张树义　林　沂

续表

序号	获奖编号	项目名称	完成单位	主要完成人
13	2013计-3-013	多渠道农业信息获取系统及应用	首都师范大学 中国农业科学院农业信息研究所 中国科学院软件研究所	张树东 许舒人 李哲敏 周丽娟 张伟功 罗 宁
14	2013计-3-014	铁路在途列车健康及安全状态感知技术与应用	北京交通大学 中国科学院软件研究所 北京中北通信息技术有限公司 北京交大创新科技中心	张 宁 张 春 孙利民 李红辉 刘 峰 张 杰
15	2013计-3-015	软件变更影响及安全性测试技术与应用	北京信息科技大学 中国人民解放军总参谋部第六十一研究所 中国人民解放军理工大学指挥信息系统学院	牟永敏 于秀山 黄 松 张志华 许 峰 惠战伟
16	2013计-3-016	免标定自补偿弱交耦脉冲式加速度计技术与产业化	北京信息科技大学 北京星箭长空测控技术股份有限公司 北京星网宇达科技股份有限公司	苏 中 李 擎 付国栋 范军芳 刘 洪 刘 宁
17	2013计-3-017	北京云渲染系统研发与应用	北京软件产品质量检测检验中心	潘 铁 谢 浩 何延佳 熊 卉 周惠艳 周 渊
18	2013计-3-018	基于移动互联网的现场执法模式与国家级卫生监督信息系统项目	卫生部卫生监督中心	曹丽萍 王 晖 陈国贤 涂 欣 张 琪 王 昭
19	2013电-3-001	非接触IC卡模块大规模生产工艺研究	中电智能卡有限责任公司	李建军 周 峥 魏云海 胡建微 张 刚 代海蓉
20	2013电-3-002	高清高亮智能化LED节能平板显示技术研究及其产业化	利亚德光电股份有限公司	卢长军 张龙虎 王 勇 潘 彤 刘志勇 张长鲁
21	2013电-3-003	新一代高清非线性编辑系统的关键技术研发及产业化	新奥特(北京)视频技术有限公司	吴正斌 何宇飞 李庆庄 夏永宏 郑培枫 舒文琦
22	2013电-3-004	高性能高精度运算放大器芯片系列的研究及应用	圣邦微电子(北京)股份有限公司	张海冰 王 博 孙德臣 张世龙
23	2013电-3-005	新一代高性能LED通用照明驱动技术研究及其产业化	美芯晟科技(北京)有限公司	郭越勇 程宝洪 刘柳胜 陈 湛
24	2013电-3-006	船用导航雷达系统开发及应用	北京海兰信数据科技股份有限公司	李常伟 李永贵 王一博 李言杰 阮 东 陈元法
25	2013电-3-007	综合纸币处理系统研发及应用	北京华夏聚龙自动化股份公司	张建军 才海男 徐 毅 张葆春 张 成 赵奇菊

续表

序号	获奖编号	项目名称	完成单位	主要完成人
26	2013 电-3-008	TFT-LCD 非晶硅行驱动技术研发及产业化	京东方科技集团股份有限公司 北京京东方光电科技有限公司 合肥京东方光电科技有限公司	黄应龙　商广良　陈　希　胡　明 田正牧 皇甫鲁江
27	2013 电-3-009	中远距离三维激光扫描与建模技术研究及应用	首都师范大学 北京航空航天大学 清华大学	张爱武　胡少兴　禹　晶　宫辉力 孙卫东　赵文吉
28	2013 电-3-010	动态测量系统的小样本试验分析与应用技术	北京航空航天大学 河南科技大学 上海理工大学 北京信息科技大学	王中宇　夏新涛　朱坚民　祝连庆 付继华　秦　平
29	2013 电-3-011	复频谱印刷油墨配色系统的研发及产业化	中国印刷科学技术研究所	庞也驰　李志杰　俞朝晖　陈　彦 褚庭亮　许文才
30	2013 电-3-012	宇航元器件地面模拟试验和仿真评估技术研究	北京自动测试技术研究所 北京圣涛平试验工程技术研究院有限责任公司 北京圣涛平北科检测技术有限公司	张　东　阳　辉　陈冬梅　钟征宇 冯　颖　王世民
31	2013 电-3-013	显示器光学特性的研究与测试	中国计量科学研究院	陈　赤　徐英莹　樊其明　刘文德 李建威
32	2013 材-3-001	新型焊接材料药芯焊丝技术开发及产业化	安泰科技股份有限公司	潘　川　才　让　赵士谦　李少华 陈邦固　田志凌
33	2013 材-3-002	纳微米颗粒银粉体的控制合成技术及应用	中国科学院理化技术研究所	刘春艳　张志颖　聂士东　崔学福 杨文冬　李永军
34	2013 材-3-003	既有玻璃幕墙安全评价方法及检测技术研究	中国建材检验认证集团股份有限公司 中国建筑材料科学研究总院	包亦望　刘元新　刘正权　邱　岩 刘小根　许士玉
35	2013 材-3-004	蓄热式转底炉直接还原成套工艺技术研究与关键设备开发	北京神雾环境能源科技集团股份有限公司	吴道洪　谢善清　薛　逊　曹志成 殷惠民　吴道君
36	2013 材-3-005	基于 FFS(ADSDS)技术的大尺寸全高清 HDTV 用 TFT-LCD 技术开发	京东方科技集团股份有限公司 北京京东方显示技术有限公司	皇甫鲁江 金瑞润　薛建设　占红明　朴韩竣 林允植
37	2013 材-3-006	聚偏氟乙烯(PVDF)太阳能电池硅片承载器(花篮)的研制及推广应用	北京市塑料研究所	孙卫东　黄　萍　朱道峰　刘哲伟 刘秋晨　王　旭
38	2013 材-3-007	超大型高炉高效低耗技术集成研究与应用	首钢总公司 钢铁研究总院 北京科技大学 首钢京唐钢铁联合有限责任公司 北京首钢国际工程技术有限公司 北京首钢自动化信息技术有限公司	王　毅　刘水洋　赵民革　王　涛 张卫东　张福明

续表

序号	获奖编号	项目名称	完成单位	主要完成人
39	2013 材 -3 -008	电纺丝陶瓷纳米纤维的可控制备与功能化研究	清华大学	潘 伟 伍 晖 林丹丹 张 睿 李和平
40	2013 材 -3 -009	新型功能高分子材料的辐射制备方法及其应用研究	北京大学 中国科学院上海应用物理研究所	翟茂林 吴国忠 许 零 彭 静 李久强 魏根拴
41	2013 材 -3 -010	各向异性 HDDR 稀土永磁材料的研究	北京科技大学 北京大学	孙爱芝 韩景智 杨金波 肖耀福 强文江 刘顺荃
42	2013 材 -3 -011	大型运输机碳刹车材料主机轮研制	北京北摩高科摩擦材料有限责任公司	王淑敏 李荣立 冯 华 陈剑锋 李光宇 郑 聃
43	2013 环 -3 -001	区域土地利用变化与协同耦合及参与式规划方法研究	中国土地勘测规划院	王 静 谢俊奇 张衍毓 许月卿 邵晓梅 刘艳芳
44	2013 环 -3 -002	南水北调中线穿黄隧洞施工关键技术研究与应用	中铁十六局集团有限公司 中铁十六局集团北京轨道交通工程建设有限公司	马 栋 吴庆红 施振东 高宪民 黄建光 陈建军
45	2013 环 -3 -003	环保型多功能空气净化地板垫层的开发及产业化	北京纳美联创科技发展有限公司	欧阳林 孙 鹏 李国存
46	2013 环 -3 -004	静态清灰袋式除尘技术研究	北京赫宸环境工程有限公司	赵健飞 李宏霞 刘利刚 霍 晔 关荣斌 董淑玲
47	2013 环 -3 -005	农村污水低成本生态处理成套技术与装备	中国环境科学研究院 北京市水科学技术研究院 北京科林皓华环境科技发展有限责任公司 北京大学 北京国环清源环境工程咨询有限责任公司	何连生 刘 操 张列宇 席北斗 赵 颖 孟庆义
48	2013 环 -3 -006	水泥窑共处置垃圾焚烧飞灰工程化技术研究	北京市琉璃河水泥有限公司 北京建筑材料科学研究总院有限公司 北京建都设计研究院有限责任公司	赵向东 周治平 顾 军 练礼财 张国亮 张思成
49	2013 环 -3 -007	重金属污染农田污染物阻隔技术集成及应用	清华大学 中国科学院地理科学与资源研究所 北京市农林科学院植物营养与资源研究所	刘 翔 马伟芳 王继华 李 森 郭庆军 张海鹏

续表

序号	获奖编号	项目名称	完成单位	主要完成人
50	2013 环 -3 -008	纳米材料与离子液体富集检测典型环境污染物新方法研究	中国石油大学(北京) 河南师范大学 北京科技大学 河南科技学院	周庆祥 白画画 汪卫东 肖军平 张晓果 黄运瑞
51	2013 能 -3 -001	用于提升风电接纳能力的多类型电化学储能系统集成及典型应用技术	中国电力科学研究院 北京市电力公司	惠 东 李建林 杨 凯 李相俊 陈继忠 李 蓓
52	2013 能 -3 -002	输变电设备状态诊断及寿命延长技术与应用	中国电力科学研究院 北京市电力公司	刘有为 高克利 阎春雨 许 渊 刘庆时 毕建刚
53	2013 能 -3 -003	基于新一代高温超导材料的储能关键技术研究及装置	中国电力科学研究院 北京市电力公司 北京电力经济技术研究院	丘 明 诸嘉慧 魏 斌 张宏杰 陈盼盼 舒 彬
54	2013 能 -3 -004	全球油气资源潜力研究与海外战略选区	中国石油天然气股份有限公司勘探开发研究院 中国石油天然气勘探开发公司 北京中油锐思技术开发有限责任公司	童晓光 穆龙新 张光亚 王建君 田作基 郑 炯
55	2013 能 -3 -005	固体生物质燃料检验方法的研究	煤炭科学研究总院	张克芮 韩立亭 李英华 皮中原 孙 刚 张宝青
56	2013 能 -3 -006	CPR1000 压水堆核电站高精度实时仿真数学模型的开发及工程应用	中广核(北京)仿真技术有限公司 中广核工程有限公司 阳江核电有限公司 北京广利核系统工程有限公司	蔡瑞忠 秦治国 曹 晖 李志勇 庞 智 潘竟斌
57	2013 能 -3 -007	供热系统智能控制技术研究与应用	北京华通兴远供热节能技术有限公司	赵长春 崔建华
58	2013 能 -3 -008	基于吸收式热泵的火电厂余热回收利用技术研究	中国华电工程(集团)有限公司 华电电力科学研究院	庄 荣 孙士恩 常 浩 应光伟 彭桂云 王宝玉
59	2013 能 -3 -009	智能型工业用大功率开关电源终端系统	北京京仪椿树整流器有限责任公司 北京交通大学	贺明智 郑琼林 李志君 游小杰 李金芝 杨中平
60	2013 能 -3 -010	大型内陆坳陷湖盆低渗储层富油理论与实践	中国石油大学(北京) 中国石油天然气股份有限公司长庆油田分公司	朱筱敏 冉新权 柳广弟 杨 华 吴胜和 付金华
61	2013 能 -3 -011	多层砂岩高凝油藏高效开发关键技术及工业化应用	中国石油大学(北京) 中国石油天然气股份有限公司辽河油田分公司 北京石大油源科技开发有限公司	王志章 张吉昌 韩秀梅 张吉库 刘月田 王 强

续表

序号	获奖编号	项目名称	完成单位	主要完成人
62	2013 能 -3 -012	基于同步相量测量的大电网复杂动态过程监测分析技术研究	华北电网有限公司 国电南瑞科技股份有限公司 北京四方继保工程技术有限公司	王茂海 牛四清 张 哲 郭 骏 谢 旭 高 洵
63	2013 能 -3 -013	北京市再生水热能利用研究及规划	北京市地质勘察技术院 北京市华清地热开发有限责任公司 清华大学 北京城市排水集团有限责任公司科技研发中心 北京市城市规划设计研究院	郑 佳 李文伟 于 湲 杨全合 王 朝 杨俊伟
64	2013 能 -3 -014	适用于高原风区的兆瓦级直驱永磁风电机组研发及产业化	北京金风科创风电设备有限公司	马鸿兵 孟庆顺 丛 欧 马忠宝 谢生清 陈秋华
65	2013 能 -3 -015	复杂结构水平井水力喷射分段压裂技术研究与应用	中国石油化工股份有限公司石油工程技术研究院	王宝峰 陈 作 蒋廷学 李洪春 张旭东 李奎为
66	2013 能 -3 -016	元坝地区优质快速钻井关键技术研究	中国石油化工股份有限公司石油工程技术研究院 中国石油化工股份有限公司勘探南方分公司 中石化胜利石油工程有限公司 中石化中原石油工程有限公司	刘汝山 牛新明 李真祥 赵金海 张金成 张东清
67	2013 制 -3 -001	机器人的高可靠性实时视觉测量技术与应用	中国科学院自动化研究所 山东奥太电气有限公司	徐 德 谭 民 方灶军 张正涛 陈海永 李思海
68	2013 制 -3 -002	核电大口径厚壁长管件垂直挤压工艺与质量控制技术	北京机电研究所 内蒙古北方重工业集团有限公司 天津理工大学 内蒙古工业大学	钟志平 雷丙旺 边 翊 杨秀清 张 建 史志铭
69	2013 制 -3 -003	铝土矿浮选机关键技术研究及应用	北矿机电科技有限责任公司 北京矿冶研究总院 中国铝业股份有限公司中州分公司	史帅星 张跃军 刘 伟 赖茂河 宋江红 韩登峰
70	2013 制 -3 -004	聚丙烯成核剂 YS -689 的工业开发及应用	中国石油化工股份有限公司催化剂北京燕山分公司	刘志坚 张敏宏 张 毅 史建公 赵桂良 石勤智
71	2013 制 -3 -005	极薄煤层高产高效自动化刨煤机无人工作面支护技术及设备研究	中煤北京煤矿机械有限责任公司 中国矿业大学(北京) 铁法煤业(集团)有限责任公司	刘国柱 钱建钢 王 建 张守祥 李炳涛 黄友贤

续表

序号	获奖编号	项目名称	完成单位	主要完成人
72	2013 制 -3-006	年产千万吨特厚煤层超长综放工作面支护技术及设备研究	中煤北京煤矿机械有限责任公司 中国矿业大学(北京) 中煤平朔集团有限公司	刘国柱 包冬生 李传明 张守祥 钱洋喜 钱建钢
73	2013 制 -3-007	新一代混凝土搅拌车关键技术研究及应用	北汽福田汽车股份有限公司	罗玉良 韩术亭 田 娟 宫钦禄 赵 彦 谭碧峰
74	2013 制 -3-008	输气管道燃气发动机-往复压缩机组远程监测诊断系统研发与产业化	北京化工大学 中石油北京天然气管道有限公司 北京博华信智科技发展有限公司	江志农 高金吉 么子云 韩忠晨 马 波 张进杰
75	2013 制 -3-009	几何机器人研究与应用	北京交通大学 北京市西城区青少年科技馆 中国人民大学附属中学	姚燕安 田耀斌 郝艳玲 闫莹莹 李作林 刘阶萍
76	2013 制 -3-010	多类型复杂仪器的可重构系统集成制造技术研发与应用	北京信息科技大学 北京京航公司	徐小力 吴国新 谷玉海 王红军 左云波 徐 湛
77	2013 制 -3-011	北布扎奇普通稠油油藏注水开发调整技术及应用	北京中油锐思技术开发有限责任公司	穆龙新 田克俭 赵 伦 许安著 范子非 赵洪岩
78	2013 城 -3-001	电气化铁路营业线不停运增建明洞安全快速施工技术	中国土木工程集团有限公司 中铁十六局集团有限公司 中铁二院工程集团有限责任公司	谢新民 陈西均 邵 青 林本涛 胡 平 韩 信
79	2013 城 -3-002	开合屋盖结构关键技术研究与应用	中国建筑设计研究院 浙江精工钢结构有限公司 北京新智唯弓式建筑有限公司 上海栃汇机电科技有限公司 北京交通大学 湖南大学	范 重 胡纯炀 程书华 卢清刚 彭 翼 顾 昉
80	2013 城 -3-003	北京国贸三期 A 阶段工程设计与施工关键技术	中建一局集团建设发展有限公司 中国建筑科学研究院 清华大学 奥雅纳工程顾问香港有限公司 中国矿业大学(北京) 中冶京诚工程技术有限公司	马 昕 肖从真 阎培渝 刘 鹏 刘 波 王立军
81	2013 城 -3-004	基于太阳能规模化利用的新能源城市研究	北京市建筑设计研究院有限公司 国际欧亚科学院中国科学中心 中国电子工程设计院 中国气象局公共气象服务中心 广州市城市规划勘测设计研究院	汪光焘 朱小地 焦 舰 于金辉 申彦波 郭惠平

续表

序号	获奖编号	项目名称	完成单位	主要完成人
82	2013 城 -3 -005	环向式钢管单口试压机技术及工艺的研究	北京市市政工程研究院	郭志援 王晓江 梁丽媛 董 建 赵雷鸣 王 灏
83	2013 城 -3 -006	北京地铁9号线砂卵石砾岩地层土建工程综合技术研究	北京市轨道交通建设管理有限公司 中国地质大学(北京) 中国矿业大学(北京) 北京交通大学 北京市市政工程设计研究总院 北京城建勘测设计研究院有限责任公司	潘秀明 王贵和 雷崇红 曹伍富 贺少辉 高辛财
84	2013 城 -3 -007	当代北京城市弱势空间研究	清华大学 北京建筑工程学院 北京交通大学	朱文一 王 辉 金秋野 高 巍 杨 滔 兰 俊
85	2013 城 -3 -008	低品质掺和料混凝土关键技术的开发与应用	北京建筑工程学院 北京科技大学 武汉理工大学 湖北大学 北京金隅混凝土有限公司 石家庄铁道大学	宋少民 刘娟红 黄修林 卞立波 王 林 丁庆军
86	2013 交 -3 -001	城轨交通车辆架控制动系统研制	北京纵横机电技术开发公司 中国铁道科学研究院机车车辆研究所 广州市地下铁道总公司	孙剑方 刘光武 李学峰 朱士友 王群伟 林祜亭
87	2013 交 -3 -002	铁路站车客运信息无线交互系统	中国铁道科学研究院电子计算技术研究所	王 培 张振利 徐 彦 周亮瑾 史天运 涂慧敏
88	2013 交 -3 -003	轨道交通自动售检票系统终端设备核心部件系列化产品的研发	中国软件与技术服务股份有限公司 北京中软万维网络技术有限公司	杜 潜 谌志华 赵 东 余信堂 胡 平 邬成利
89	2013 交 -3 -004	单波梁钢护栏创新设计与应用	中交路安(北京)科技有限公司	李建伟 颜 波 曾利梅 梁全昌 蔺翠霞
90	2013 交 -3 -005	城市轨道交通规划方法体系及推广应用	北京城建设计研究总院有限责任公司 北京交通发展研究中心 北京交通大学 同济大学 上海市城乡建设和交通发展研究院 深圳市城市交通规划设计研究中心有限公司	许双牛 万学红 魏 运 刘剑锋 梁青槐 王 治

续表

序号	获奖编号	项目名称	完成单位	主要完成人
91	2013 交－3－006	汽车燃油加热技术及应用	北京高鑫伟业滤清器有限责任公司 北京公共交通控股（集团）有限公司 北京八方达客运有限责任公司	高志男 钟强华 徐国明 周建华 张 平 吴永智
92	2013 交－3－007	无线地磁车辆检测系统关键技术研究与应用	北京交通发展研究中心	郭继孚 张 彭 李兆宏 邓小勇 袁宏伟 温慧敏
93	2013 交－3－008	城市交通本质安全化评价与测试技术	北京理工大学 北京神州津发科技有限公司	王武宏 金 辉 任雪梅 郭宏伟 姚丽亚 赵起超
94	2013 交－3－009	北京市电动汽车电能供给智能服务网络建设	北京市电力公司 北京交通大学 北京理工大学 中国电力科学研究院 北京华商三优新能源科技有限公司 北京华商电动车动力科技有限公司	朱长林 张维戈 李香龙 王 鹏 刘 鹏 朱 洁
95	2013 农－3－001	小麦优势蘖理论及高产高效应变栽培技术	中国农业科学院作物科学研究所 河北省农林科学院粮油作物研究所 北京市农业技术推广站	赵广才 马瑞昆 常旭虹 王俊英 杨玉双 王振乾
96	2013 农－3－002	食品变温压差膨化组合干燥技术研究与应用	中国农业科学院农产品加工研究所 江苏省农业科学院 天津农学院 北京凯达恒业农业技术开发有限公司	毕金峰 李大婧 何新益 刘 璇 刘春泉 陈芹芹
97	2013 农－3－003	羊肉品质提升关键技术装备研发与示范	中国农业科学院农产品加工研究所 内蒙古农业大学 北京农业职业学院 北京卓宸畜牧有限公司 内蒙古草原兴发食品有限公司 宁夏涝河桥清真肉食品有限公司	张德权 靳 烨 张春晖 罗红霞 陈 丽 杨建军
98	2013 农－3－004	羊优异繁殖性状分子遗传标记筛选及应用	中国农业科学院北京畜牧兽医研究所	储明星 李 宁 王金玉 陈宏权 李学伟 陈国宏
99	2013 农－3－005	环境安全型木塑复合人造板及其制品关键制造技术	中国林业科学研究院木材工业研究所 北京盼宝宝木业有限公司 徐州美林森木业有限公司 郑州兴旺木业有限公司 江阴延利汽车饰件有限公司	王 正 郭文静 常 亮 高 黎 任一萍 陈勇平

续表

序号	获奖编号	项目名称	完成单位	主要完成人
100	2013 农 -3 -006	北京地区林业碳汇关键技术研究与试验示范	北京市林业碳汇工作办公室 北京凯来美气候技术咨询有限公司 北京林业大学 北京农学院	王小平　周彩贤　贾黎明　何桂梅 姬宏旺　王有年
101	2013 农 -3 -007	主要木本观赏植物的种质资源收集及创新研究与示范	北京市植物园	赵世伟　郭　翎　朱　莹　刘东焕 付俊秋　崔娇鹏
102	2013 农 -3 -008	主要农作物调优栽培信息化技术	北京农业信息技术研究中心 北京农产品质量检测与农田环境监测技术研究中心 北京市农业技术推广站	赵春江　王纪华　顾晓鹤　宋晓宇 徐新刚　杨贵军
103	2013 农 -3 -009	我国重要沿湖地区农业面源污染防控与综合治理技术研究与应用	北京市农林科学院植物营养与资源研究所 安徽农业大学 湖北省农业科学院 西南大学 湖南农业大学 云南省农业科学院农业环境资源研究所	刘宝存　赵同科　马友华　熊桂云 谢德体　刘　强
104	2013 农 -3 -010	转基因产品检测新技术新方法的研究与应用	中国检验检疫科学研究院 深圳出入境检验检疫局动植物检验检疫技术中心 福建出入境检验检疫局检验检疫技术中心 深圳市检验检疫科学研究院 北京邮电大学 北京化工大学	陈洪俊　黄　新　林祥梅　凌杏园 江树勋　陈枝楠
105	2013 医 -3 -001	关节镜技术系列创新与临床应用	中国人民解放军总医院	刘玉杰　张　强　王俊良　齐　玮 曲　峰　王　宁
106	2013 医 -3 -002	烟草暴露的健康危害、致病机理及戒烟干预研究	中国人民解放军总医院 香港大学	何　耀　林大庆　姜　斌　何世贤 黄久仪　吴　蕾
107	2013 医 -3 -003	我国 HIV 耐药检测技术平台的建立及推广应用	中国疾病预防控制中心性病艾滋病预防控制中心 北京市朝阳区疾病预防控制中心 北京大学 复旦大学	邵一鸣　马丽英　罗凤基　邢　辉 刘俊义　廖玲洁
108	2013 医 -3 -004	重大自然灾害后心理援助模式、关键技术及应用	中国科学院心理研究所	张　侃　张建新　刘正奎　王文忠 史占彪　祝卓宏

续表

序号	获奖编号	项目名称	完成单位	主要完成人
109	2013 医-3-005	椎间盘源性腰痛的病理生理学和系列临床研究	中国人民武装警察部队总医院	彭宝淦 庞晓东 李端明 杨 诚 高春华 杨 洪
110	2013 医-3-006	药品上市后安全有效性评价的理论、方法与实践研究	北京大学 北京市药品不良反应监测中心	詹思延 张黎明 李立明 胡永华 孙 凤 吕 筠
111	2013 医-3-007	核小体结合蛋白(NSBP1)在泌尿系肿瘤发生发展中的作用机制	北京大学第一医院	周利群 蒋 宁 王建伟 李学松 瓦斯里江瓦哈甫 纪世琪
112	2013 医-3-008	眼脉络膜新生血管发病机制研究	北京大学人民医院 中国人民解放军总医院	黎晓新 何守志 黄旅珍 于文贞 史雪辉 郭丽莉
113	2013 医-3-009	去势抵抗性前列腺癌疾病进展的分子机制及治疗策略的研究	首都医科大学附属北京朝阳医院 首都医科大学附属北京安贞医院	邢念增 姜永光 牛亦农 罗 勇 张军晖 王明帅
114	2013 医-3-010	儿童急性淋巴细胞白血病规范化诊断、治疗及早期评估研究	首都医科大学附属北京儿童医院	吴敏媛 李志刚 张瑞东 郑胡镛 崔 蕾 高 超
115	2013 医-3-011	HPV DNA 检测技术筛查宫颈癌的效果评价及临床应用研究	中国医学科学院肿瘤医院 襄垣县妇幼保健院	乔友林 赵方辉 章文华 潘秦镜 张 询 陈 凤
116	2013 医-3-012	自体造血干细胞移植治疗恶性实体瘤的临床与实验研究	中国医学科学院肿瘤医院	石远凯 孙 燕 吴冠青 罗克桓 潘 峰 吴世凯
117	2013 医-3-013	提高肺动脉高压诊断和治疗水平的关键技术研究	中国医学科学院阜外心血管病医院 首都医科大学附属北京安贞医院 无锡市人民医院 中国医学科学院北京协和医院	何建国 甘辉立 柳志红 陈静瑜 熊长明 曾小峰
118	2013 医-3-014	发明绿茶儿茶素治疗尖锐湿疣的研究与应用	中国医学科学院肿瘤医院	程书钧 王德昌 章文华 穆秀珍 童 彤 高燕宁
119	2013 中-3-001	基于生物力药理学丹参组分活血化瘀机理研究	中国中医科学院中药研究所 北京市中医研究所	游 云 廖福龙 刘卫红 杨洪军 李玉洁 朱晓新
120	2013 中-3-002	冠心病心绞痛介入前后证候动态演变规律的研究	中国中医科学院广安门医院 河南中医学院第一附属医院 首都医科大学附属北京安贞医院 中国中医科学院眼科医院	王 阶 姚魁武 邢雁伟 何庆勇 刘 震 朱明军

续表

序号	获奖编号	项目名称	完成单位	主要完成人
121	2013 中－3－003	药用鼠尾草活性成分代谢和药效作用物质基础的系统研究	首都医科大学 中国农业科学院中兽医研究所	薛　明　李晓蓉　罗永江　史彦斌 程体娟　崔　颖
122	2013 中－3－004	中药中真菌及真菌毒素污染分析及应用研究	中国医学科学院药用植物研究所 山东大学 北京大学 中国药材公司 中国医学科学院药用植物研究所云南分所 新疆维吾尔自治区中药民族药研究所	杨美华　高微微　齐　云　郭顺星 孔维军　斯建勇
123	2013 药－3－001	核酸药物研发关键技术平台的建立及应用	中国人民解放军军事医学科学院放射与辐射医学研究所 中国医药研究开发中心有限公司 北京创新通恒科技有限公司	王升启　伯晓晨　杨　静　鲁丹丹 于中生　沈志刚
124	2013 药－3－002	人用动物源性生物技术药物病毒检测关键技术平台的建立及其应用	中国食品药品检定研究院 中国人民解放军军事医学科学院野战输血研究所 中国农业大学 中国动物疫病预防控制中心 武汉大学 武汉三利生物技术有限公司	贺争鸣　章金刚　赵德明　顾小雪 郑从义　张国荣
125	2013 药－3－003	人工心脏瓣膜成形环的研制与产业化	北京佰仁医疗科技有限公司 首都医科大学附属北京安贞医院	金　磊　顾承雄
126	2013 药－3－004	基于整合药物靶点的抗脑缺血新药匹诺塞林的发现研究	中国医学科学院药物研究所	杜冠华　吴　松　刘　睿　王月华 高　梅　戚　燕
127	2013 药－3－005	重要靶点的蛋白及抗体产品关键技术研究	北京义翘神州生物技术有限公司	谢良志　盖文琳　孙春昀　张延静 罗春霞　张　杰
128	2013 基－3－001	核和辐射事故公众防护与医学应急系列科普作品	中国疾病预防控制中心辐射防护与核安全医学所 科学普及出版社	苏　旭　刘　英　侯长松　秦　斌 李凤藻　马卫东
129	2013 基－3－002	分层半空间中瑞利波的传播机理与介质参数反演研究	中国科学院声学研究所 中国地震局地球物理研究所 中国科学院武汉物理与数学研究所	张碧星　鲁来玉　汪承灏　肖柏勋 喻　明　曹思远
130	2013 基－3－003	电动汽车全球产业与创新资源调查研究	中国科学技术信息研究所	张　旭　负　强　赵蕴华　张　静 雷孝平

续表

序号	获奖编号	项目名称	完成单位	主要完成人
131	2013 基-3-004	农业知识产权战略决策支撑信息系统	中国农业科学院农业资源与农业区划研究所 农业部环境保护科研监测所 农业部科技发展中心 中国种子集团有限公司	宋　敏　朱　岩　寇建平　林祥明 吕　波　刘　平
132	2013 基-3-005	中国致密气和页岩气资源潜力评价及其利用前景预测	中国石油天然气股份有限公司勘探开发研究院	邹才能　李建忠　董大忠　杨　涛 郭彬程　王社教
133	2013 基-3-006	极小极大理论及其对非线性变分问题的应用	中国科学院数学与系统科学研究院	丁彦恒　张志涛
134	2013 基-3-007	多手性辅酶 NADPH 模型分子和多手性药物 Nebivolol 合成及特性研究	中国科学院理化技术研究所	王乃兴
135	2013 基-3-008	重离子碰撞的微观输运理论发展及其应用	中国原子能科学研究院	张英逊　王　宁　李庆峰　赵　凯 李祝霞　欧　立
136	2013 基-3-009	国际科技合作资源监测系统研制及应用	北京理工大学	刘　云　陈　雄　王小黎　樊　威 叶选挺　谭　龙
137	2013 基-3-010	数据驱动控制理论与应用	北京交通大学 青岛科技大学	侯忠生　金尚泰　池荣虎
138	2013 基-3-011	我国林业重点工程与消除贫困问题研究	北京农学院 国家林业局经济发展研究中心 北京林业大学 中国社会科学院农村发展研究所	刘　璨　何忠伟　刘　浩　刘　芳 郑文堂　黎家远
139	2013 基-3-012	《果树三高栽培技术丛书》的出版及普及应用	北京农学院 中国农业大学出版社	姚允聪　董清华　宋备舟　汪春林 刘志民　赵　中
140	2013 基-3-013	鄂尔多斯盆地恐龙足迹和鸟类足迹研究及其古环境和古地理意义	北京自然博物馆 北京大学	李建军　张玉光　白志强　魏青云 高立红　王宝鹏
141	2013 基-3-014	病原微生物生物安全操作规范与检测能力评价关键技术研究及应用	中华人民共和国北京出入境检验检疫局	刘来福　刘全国　陆　琳　张　伟 谷　强　刘国传

2013—2015 年北京市科普基地名单一览表

为动员社会力量参与科普，推动科普基地发展，提升北京科普能力，根据《关于开展北京市科普基地复查及2012年申报工作的通知》（京科发〔2012〕575号）文件精神，市科委与市科协组织开展了北京市科普基地复核及2012年申报工作。经申报、评审、公示，共有中国科学技术馆等191家科普基地通过复核，中国妇女儿童博物馆等52家申报单位通过评审。市科委与市科协决定，共同命名中国科学技术馆、中国妇女儿童博物馆等243家单位为北京市科普基地，命名周期为2013—2015年，颁发北京市科普基地证书和牌匾。

序号	基地名称	单位名称	基地类别
1	中国科学技术馆	中国科学技术馆	教育基地
2	中国人民革命军事博物馆	中国人民革命军事博物馆	教育基地
3	中国地质博物馆	中国地质博物馆	教育基地
4	中国邮政邮票博物馆	中国邮政邮票博物馆	教育基地
5	中国消防博物馆	中国消防博物馆	教育基地
6	国家动物博物馆	国家动物博物馆	教育基地
7	中国妇女儿童博物馆	中国妇女儿童博物馆	教育基地
8	中国农业博物馆	全国农业展览馆（中国农业博物馆）	教育基地
9	中国电信博物馆	中国电信集团公司电信博物馆	教育基地
10	中国航空博物馆	中国航空博物馆	教育基地
11	中国古动物馆	中国古动物馆	教育基地
12	中国铁道博物馆（东郊馆）	中国铁道博物馆	教育基地
13	中国铁道博物馆（正阳门馆）	中国铁道博物馆	教育基地
14	詹天佑纪念馆	詹天佑纪念馆	教育基地
15	中国民兵武器装备陈列馆	中国民兵武器装备陈列馆	教育基地
16	中国印刷博物馆	中国印刷博物馆	教育基地
17	中国长城博物馆	中国长城博物馆	教育基地
18	中华航天博物馆	中华航天博物馆	教育基地
19	中国蜜蜂博物馆	中国农业科学院蜜蜂研究所	教育基地
20	中国化工博物馆	中国化工博物馆	教育基地
21	民航博物馆	民航博物馆	教育基地
22	中国人民解放军军事医学（病理）博物馆	军事医学病理博物馆	教育基地
23	国家纳米科学中心	国家纳米科学中心	教育基地
24	北京大学	北京大学	教育基地
25	清华大学	清华大学	教育基地
26	中国林业科学研究院	中国林业科学研究院	教育基地
27	中国儿童中心	中国儿童中心	教育基地
28	中国石油大学“物之理探索展示厅”	中国石油大学（北京）	教育基地

续表

序号	基地名称	单位名称	基地类别
29	中国科学院高能物理研究所	中国科学院高能物理研究所	教育基地
30	北京市奥运村科普教育园区	中国科学院遥感应用研究所、国家天文台、中国科学院地理科学与资源研究所、中国科学院生物物理研究所、中国科学院遗传与发育生物学研究所、中国科学院微生物研究所、中国科学院动物研究所、中国科学院心理研究所	教育基地
31	中国科学院植物研究所(北京植物园)	中国科学院植物研究所	教育基地
32	北京药用植物园	中国医学科学院药用植物研究所	教育基地
33	太阳能热利用科技园	中国科学院电工研究所	教育基地
34	中国气象科技展厅	中国气象局气象宣传与科普中心	教育基地
35	国家电力科技展示中心	神华国华国际电力股份有限公司北京热电分公司	教育基地
36	院士著作馆	中国科学技术信息研究所	教育基地
37	北京自然博物馆	北京自然博物馆	教育基地
38	北京天文馆	北京天文馆	教育基地
39	首都博物馆	首都博物馆	教育基地
40	中国电影博物馆	中国电影博物馆	教育基地
41	大钟寺古钟博物馆	大钟寺古钟博物馆	教育基地
42	北京南海子麋鹿苑博物馆	北京麋鹿生态实验中心	教育基地
43	北京古代建筑博物馆	北京古代建筑博物馆	教育基地
44	北京市古代钱币展览馆	北京市古代钱币展览馆	教育基地
45	北京市大葆台西汉墓博物馆	北京市大葆台西汉墓博物馆	教育基地
46	北京市西周燕都遗址博物馆	北京市西周燕都遗址博物馆	教育基地
47	北京市辽金城垣博物馆	北京市辽金城垣博物馆	教育基地
48	北京文博交流馆	北京文博交流馆	教育基地
49	孔庙和国子监博物馆	孔庙和国子监博物馆	教育基地
50	正阳门	北京市正阳门管理处	教育基地
51	颐和园	北京市颐和园管理处	教育基地
52	北京钟鼓楼	北京市钟鼓楼文物保管所	教育基地
53	北京奥林匹克公园	北京奥林匹克公园管理委员会、奥运规划馆、北京国家游泳中心有限责任公司、国家体育场有限责任公司、北京世奥森林公园开发经营有限公司	教育基地
54	北京自来水博物馆	北京自来水集团有限责任公司培训中心	教育基地
55	北京市规划展览馆	北京市规划展览中心	教育基地
56	坦克博物馆	中国人民解放军坦克博物馆	教育基地
57	北京通信电信博物馆	北京通信电信博物馆	教育基地
58	团城演武厅	北京市团城演武厅管理处	教育基地
59	北京市观象台	北京市观象台	教育基地

续表

序号	基地名称	单位名称	基地类别
60	北京石刻艺术博物馆	北京石刻艺术博物馆	教育基地
61	北京邮电大学信息通信动态新技术科普展厅	北京邮电大学	教育基地
62	北京交通运输职业学院	北京交通运输职业学院	教育基地
63	北京市紫竹院公园	北京市紫竹院公园管理处	教育基地
64	北京市中小学生光电技术展厅	中国人民大学附属中学	教育基地
65	北京中医药大学中医药博物馆	北京中医药大学中医药博物馆	教育基地
66	北京服装学院民族服饰博物馆	北京服装学院民族服饰博物馆	教育基地
67	北京工业大学科技与艺术博物馆	北京工业大学	教育基地
68	北京交通大学物理演示与探索实验室	北京交通大学	教育基地
69	北京农业职业学院绿色科技示范园	北京农业职业学院	教育基地
70	首都图书馆	首都图书馆	教育基地
71	北京御生堂中医药博物馆	北京御生堂中医药博物馆	教育基地
72	古陶文明博物馆	古陶文明博物馆	教育基地
73	地球环境变迁与古生物演化博物馆	北京市地质矿产勘查开发局	教育基地
74	北京节水展馆	北京市节约用水管理中心	教育基地
75	北京海洋馆	北京利达海洋生物馆有限公司	教育基地
76	北京气象科普馆	北京市气象台	教育基地
77	北京古观象台	北京古观象台	教育基地
78	北京市计划生育宣教馆	北京市人口和计划生育宣传教育中心	教育基地
79	北京排水科普馆	北京排水集团职业技能培训学校	教育基地
80	北京急救科技馆	北京急救医疗培训中心	教育基地
81	北京市市政管理委员会培训中心	北京市市政管理委员会培训中心	教育基地
82	北京市电力公司供电服务中心电力展示厅	北京市电力公司	教育基地
83	北京教学植物园	北京教学植物园	教育基地
84	北京动物园	北京动物园	教育基地
85	北京植物园	北京市植物园	教育基地
86	北京八达岭森林公园	北京八达岭森林公园	教育基地
87	北京市劳动保护科学研究所	北京市劳动保护科学研究所	教育基地
88	北京市营养源研究所	北京市营养源研究所	教育基地
89	北京市园林科学研究所	北京市园林科学研究所	教育基地
90	北京市理化分析测试中心	北京市理化分析测试中心	教育基地
91	北京市计算中心	北京市计算中心	教育基地
92	北京市眼科研究所	北京市眼科研究所	教育基地
93	北京市药品检验所	北京市药品检验所	教育基地
94	北京市可持续发展科技促进中心	北京市可持续发展科技促进中心	教育基地

续表

序号	基地名称	单位名称	基地类别
95	燃气户内安全科普体验中心	北京市公用事业科学研究所	教育基地
96	北京天卉苑花卉研究所	北京天卉苑花卉研究所	教育基地
97	北京消防教育训练中心	北京消防教育训练中心	教育基地
98	北京市疾病预防控制中心健康教育所	北京市疾病预防控制中心	教育基地
99	北京节能环保中心	北京节能环保中心	教育基地
100	北京 DRC 工业设计创意产业基地	北京工业设计促进中心	教育基地
101	G20 创新成果科普基地	北京生物技术和新医药产业促进中心	教育基地
102	首都医科大学附属北京安贞医院	首都医科大学附属北京安贞医院	教育基地
103	北京市口腔健康教育基地	首都医科大学附属北京口腔医院	教育基地
104	北京市禁毒教育基地	北京青少年服务中心(北京市禁毒教育基地管理中心)	教育基地
105	北京精准农业技术研究示范基地	北京农业信息技术研究中心	教育基地
106	毒品与艾滋病教育基地	北京市安康医院	教育基地
107	北京市水生野生动物救治中心	北京市水生野生动物救治中心	教育基地
108	北京地铁安全教育中心	北京市地铁运营有限公司	教育基地
109	北京新能源汽车体验中心	北京汽车新能源汽车有限公司	教育基地
110	首都牛奶科普馆	北京三元食品股份有限公司	教育基地
111	索尼探梦科技馆	北京索明科普乐园有限公司	教育基地
112	Panasonic Center Beijing	松下电器(中国)有限公司北京展示分公司	教育基地
113	太平洋海底世界博览馆	太平洋海底世界博览馆有限公司	教育基地
114	新西兰富国海底世界	北京工体富国海底世界娱乐有限公司	教育基地
115	联想品牌体验中心	联想(北京)有限公司	教育基地
116	“垃圾的归宿”环保科普公园	北京环境卫生工程集团有限公司一清分公司	教育基地
117	北京天普太阳能工业有限公司	北京天普太阳能工业有限公司	教育基地
118	中国华录北京研发和产业基地	中国华录集团有限公司北京科技分公司	教育基地
119	王致和腐乳科普馆	北京二商王致和食品有限公司	教育基地
120	北京汽车博物馆	北京汽车博物馆	教育基地
121	北京石景山游乐园	北京石景山游乐园	教育基地
122	中国房山世界地质公园博物馆	北京市房山世界地质公园博物馆	教育基地
123	延庆博物馆	延庆县文物管理所	教育基地
124	周口店北京人遗址博物馆	周口店北京人遗址博物馆	教育基地
125	北京西瓜博物馆	北京市大兴区庞各庄镇人民政府	教育基地
126	北京郭守敬纪念馆	北京市西城区文物保护研究所	教育基地
127	北京王府井古人类文化遗址博物馆	北京王府井古人类文化遗址博物馆	教育基地
128	中国第四纪冰川遗迹陈列馆	中国第四纪冰川遗迹陈列馆	教育基地
129	北京市海淀区博物馆	北京市海淀区博物馆	教育基地

续表

序号	基地名称	单位名称	基地类别
130	北京市通州区博物馆	北京市通州区博物馆	教育基地
131	永定河文化博物馆	永定河文化博物馆	教育基地
132	北京市东城区青少年科技馆	北京市东城区青少年科技馆	教育基地
133	北京市东城区崇文青少年科技馆	北京市东城区崇文青少年科技馆	教育基地
134	北京市西城区青少年科技馆	北京市西城区青少年科技馆	教育基地
135	北京市宣武青少年科技馆	北京市宣武青少年科技馆	教育基地
136	北京市丰台区东高地青少年科技馆	北京市丰台区东高地青少年科技馆	教育基地
137	北京市丰台区科技馆	北京市丰台区科技馆	教育基地
138	北京市东城区图书馆	北京市东城区图书馆	教育基地
139	北京市海淀科技中心(馆)	北京市海淀科技中心	教育基地
140	北京市门头沟区科技馆	北京市门头沟区科技馆	教育基地
141	海淀公共安全馆	北京市海淀区安全教育馆管理中心	教育基地
142	北京市朝阳区青少年活动中心	北京市朝阳区青少年活动中心	教育基地
143	北京市石景山区科技馆	北京市石景山区科技馆	教育基地
144	北京市石景山区青少年活动中心	北京市石景山区青少年活动中心	教育基地
145	北京市石景山区少年儿童图书馆	北京市石景山区少年儿童图书馆	教育基地
146	北京铁矿博物馆	首云矿业股份有限公司	教育基地
147	北京市密云县科技馆	北京市密云县科技馆	教育基地
148	密云县气象科普中心	北京市密云县气象局	教育基地
149	平谷国家气象观测中心	北京市平谷区气象局	教育基地
150	北京市通州区图书馆少儿科普分中心	北京市通州区图书馆	教育基地
151	延庆县职业技术教育中心	延庆县职业技术教育中心	教育基地
152	北京市顺义区安全生产服务中心	北京市顺义区安全生产服务中心	教育基地
153	北京老爷车博物馆	北京老爷车博物馆	教育基地
154	北京国际鲜花港	北京鲜花港投资发展中心	教育基地
155	中华蜜蜂科普馆	北京黄峪口村养蜂专业合作社	教育基地
156	牛口峪环保生态中心	北京燕山威立雅水务有限责任公司	教育基地
157	北京市学生军训基地安全教育体验馆	北京森林木文化传播有限公司	教育基地
158	北京市朝阳区紧急医疗救援中心	中国医学救援协会	教育基地
159	中国乐谷青少年音乐素养培养中心	北京绿都乐谷投资有限公司	教育基地
160	苹果园街道公共安全宣教中心	北京市石景山区人民政府苹果园街道办事处	教育基地
161	北京张裕爱斐堡国际酒庄	北京张裕爱斐堡国际酒庄有限公司	教育基地
162	北京乐平御瓜园	北京庞各庄乐平农产品产销有限公司	教育基地
163	北京蟒山森林公园	北京蟒山森林公园有限责任公司	教育基地
164	北京南宫世界地热博览园	北京南宫世界地热博览园有限公司	教育基地
165	北京松山国家级自然保护区	北京松山国家级自然保护区管理处	教育基地
166	中国房山世界地质公园	北京市房山世界地质公园管理处	教育基地
167	北京大兴区留民营生态农场	北京大兴区留民营生态农场	教育基地

续表

序号	基地名称	单位名称	基地类别
168	北京神笛陶艺文化有限公司	北京神笛陶艺文化有限公司	教育基地
169	北京世界花卉大观园	北京花乡世界花卉大观园有限公司	教育基地
170	北京市朝阳循环经济产业园	北京市朝阳循环经济产业园管理中心	教育基地
171	北京市东城区南馆公园	北京市东城区南馆公园管理处	教育基地
172	北京市门头沟区科技开发实验基地	北京市门头沟区科技开发实验基地	教育基地
173	北京市门头沟区灵溪中小学生态教育基地	北京市门头沟区灵溪中小学生态教育基地	教育基地
174	北京市门头沟区雁翅中小学素质教育基地	北京市门头沟区雁翅中小学素质教育基地	教育基地
175	北京市平谷区黄松峪地质公园	北京佛山旅游管理服务中心	教育基地
176	北京市石花洞	北京市房山区石花洞风景名胜区管理处	教育基地
177	北京市顺义区少年宫	北京市顺义区少年宫	教育基地
178	北京市宣武公共安全宣传教育基地	北京市西城区民防局	教育基地
179	北京顺义三高科技农业试验示范区	北京顺义三高科技农业试验示范区管理委员会	教育基地
180	北京小龙门国家森林公园	北京小龙门国家森林公园	教育基地
181	北京蟹岛种植养殖集团有限公司	北京蟹岛种植养殖集团有限公司	教育基地
182	北京延庆硅化木国家地质公园	北京延庆硅化木国家地质公园管理处	教育基地
183	北京延庆野鸭湖湿地自然保护区	北京延庆野鸭湖湿地自然保护区管理处	教育基地
184	北京野生动物园	北京绿野晴川动物园有限公司	教育基地
185	朝来农艺园	北京朝来农艺园有限责任公司	教育基地
186	汉石桥湿地	北京市顺义区汉石桥湿地自然保护区管理办公室	教育基地
187	红星集体农庄阳光农事体验园	北京市兴红种子站	教育基地
188	怀柔青少年健康教育中心	北京市怀柔区人口和计划生育委员会	教育基地
189	怀柔区学生活动管理中心	怀柔区学生活动管理中心	教育基地
190	生存岛	北京生存岛文化传播有限公司	教育基地
191	密云蔡家洼产业园区	聚陇山生态农业开发有限公司	教育基地
192	密云青少年宫	密云青少年宫	教育基地
193	七彩蝶园	北京七彩蝶创意文化有限公司	教育基地
194	青龙湖公园	北京青龙湖公园有限公司	教育基地
195	小汤山现代农业科技示范园	北京市小汤山现代农业科技示范园管理委员会	教育基地
196	北京山地生态科技研究所	北京山地生态科技研究所	教育基地
197	佐特陶瓷技术中心	佐特陶瓷技术中心	教育基地
198	昌平区青苹果之家	北京市昌平区计划生育协会	教育基地
199	北京航天之光观光农业园	北京航天之光观光农业园有限责任公司	教育基地
200	曙光防灾教育公园	北京新兴曙光科贸有限公司	教育基地
201	《博物》杂志	《中国国家地理》杂志社	传媒基地
202	中国科普博览	中国科学院计算机网络信息中心	传媒基地
203	中国科学报	中国科学报社	传媒基地
204	科学普及出版社	科学普及出版社	传媒基地
205	电子工业出版社少儿科普分社	电子工业出版社	传媒基地
206	《我们爱科学》杂志	中国少年儿童新闻出版总社	传媒基地

续表

序号	基地名称	单位名称	基地类别
207	北京电视台科教节目中心	北京电视台	传媒基地
208	北京科技报	北京科技报社	传媒基地
209	北京科学技术出版社	北京科学技术出版社有限公司	传媒基地
210	《少年科学画报》杂志	北京出版集团有限责任公司	传媒基地
211	《天文爱好者》杂志	北京天文馆	传媒基地
212	《大自然》杂志	北京自然博物馆	传媒基地
213	《环球科学》杂志	《环球科学》杂志社有限公司	传媒基地
214	《科学世界》杂志	《科学世界》杂志社有限责任公司	传媒基地
215	《健康》杂志	健康杂志社	传媒基地
216	互动百科网	互动在线(北京)科技有限公司	传媒基地
217	北京科技视频网	北京市可持续发展促进会	传媒基地
218	北京少年儿童出版社	北京出版集团有限责任公司	传媒基地
219	《科技潮》杂志	科技潮杂志社	传媒基地
220	海豚少儿科普出版中心	海豚出版社有限责任公司	传媒基地
221	北京艺术与科学电子出版社	北京艺术与科学电子出版社	传媒基地
222	北京大学科学传播中心	北京大学	培训基地
223	北京师范大学科学传播与教育研究中心	北京师范大学	培训基地
224	首都师范大学科技教育中心	首都师范大学	培训基地
225	北京急救医疗培训中心	北京急救医疗培训中心	培训基地
226	CERT 紧急救援训练中心	中援思德科技发展有限公司	培训基地
227	北京市宣武青少年科技馆	北京市宣武青少年科技馆	培训基地
228	中国科学院计算机网络信息中心	中国科学院计算机网络信息中心	培训基地
229	北京市科学技术进修学院	北京市科学技术进修学院(首都联合职工大学科技分校)	培训基地
230	北京市西城区青少年科技馆	北京市西城区青少年科技馆	培训基地
231	中国科协——清华大学科技传播与普及研究中心	清华大学	培训基地
232	北京天文馆	北京天文馆	研发基地
233	北京自然博物馆	北京自然博物馆	研发基地
234	北京科技大学工程训练中心	北京科技大学	研发基地
235	北京市农林科学院农业科技信息研究所	北京市农林科学院农业科技信息研究所	研发基地
236	北京国际科技服务中心	北京国际科技服务中心	研发基地
237	北京天强创业电气技术有限责任公司	北京天强创业电气技术有限责任公司	研发基地
238	梦想人(北京)科技有限公司	梦想人(北京)科技有限公司	研发基地
239	北京全景多媒体信息系统公司	北京全景多媒体信息系统公司	研发基地
240	北京市宣武青少年科技馆	北京市宣武青少年科技馆	研发基地
241	北京神舟航天文化创意传媒有限责任公司	北京神舟航天文化创意传媒有限责任公司	研发基地
242	北京千松科技发展有限公司	北京千松科技发展有限公司	研发基地
243	北京凯来美气候技术咨询有限公司	北京凯来美气候技术咨询有限公司	研发基地

北京地区专利申请一览表(1994—2013年)

日期 \ 项目	发明	实用新型	外观设计	合计
1994年	1506	4666	680	6852
1995年	1252	4372	738	6362
1996年	1441	4255	899	6595
1997年	1677	3668	968	6313
1998年	1754	3444	1123	6321
1999年	2062	4045	1616	7723
2000年	3409	4984	1951	10344
2001年	4984	5114	2076	12174
2002年	5785	5920	2137	13842
2003年	7833	6665	2505	17003
2004年	8608	6321	3473	18402
2005年	12102	6940	3530	22572
2006年	14226	8200	4129	26555
2007年	18763	8819	4098	31680
2008年	28394	11157	3957	43508
2009年	29326	15424	5486	50236
2010年	33466	18637	5193	57296
2011年	45057	26615	6283	77955
2012年	52720	32609	6976	92305
2013年	67554	47586	8196	123336

资料来源:北京市知识产权局。

北京地区专利授权一览表(1994—2013年)

项目 日期	发　明	实用新型	外观设计	合计
1994年	368	3245	301	3914
1995年	328	3169	528	4025
1996年	246	2563	486	3295
1997年	281	2340	706	3327
1998年	309	2522	969	3800
1999年	573	3948	1308	5829
2000年	1074	3463	1368	5905
2001年	946	3600	1700	6246
2002年	1061	3721	1563	6345
2003年	2261	4244	1743	8248
2004年	3216	3956	1833	9005
2005年	3476	4498	2126	10100
2006年	3864	5490	1884	11238
2007年	4842	7364	2766	14954
2008年	6478	8776	2493	17747
2009年	9157	10141	3623	22921
2010年	11209	16579	5723	33511
2011年	15880	19628	5380	40888
2012年	20140	24672	5699	50511
2013年	20695	36301	5675	62671

资料来源:北京市知识产权局。

北京市区县专利申请一览表(2004—2013 年)

单位:件

年度/区县	2004	2005	2006	2007	2008	2009	2010	2011	2012	2013
海淀	8230	9665	11312	13604	20899	22850	24880	32412	36486	41352
朝阳	3913	5066	5520	6295	7413	9618	12115	16420	21088	22916
丰台	918	1545	1734	2039	2343	2542	3158	4594	4845	6373
西城	890	1080	1389	2226	2579	2858	3468	4979	6592	23258
东城	754	895	1377	1513	2419	2359	3511	5400	6100	7854
宣武	414	422	553	491	524	555				
崇文	856	930	722	272	234	237				
石景山	232	302	397	412	1762	2045	1457	1814	2162	2160
大兴	644	828	798	1349	1958	2195	2733	3562	4332	5329
昌平	494	735	1169	1226	1449	222	3125	4424	5485	6575
通州	368	307	543	683	827	1207	1069	1482	2035	2450
房山	192	163	241	315	277	320	441	730	679	880
顺义	173	185	439	272	446	449	648	1100	995	2318
怀柔	121	125	124	163	132	363	244	338	449	509
密云	36	45	66	112	79	139	170	235	455	667
门头沟	53	81	74	615	59	114	134	200	232	318
平谷	43	52	41	44	76		102	186	272	273
延庆	52	45	56	42	28	57	41	79	70	83
其他	19	101	0	7	4	0			28	21
合计	18402	22572	26555	31680	43508	50236	57296	77955	92305	123336

资料来源:北京市知识产权局。

注:因 2010 年国务院正式批复了北京市政府关于调整首都功能核心区行政区划的请示,同意撤销北京市东城区、崇文区,设立新的北京市东城区,以原东城区、崇文区的行政区域为东城区的行政区域;撤销北京市西城区、宣武区,设立新的北京市西城区,以原西城区、宣武区的行政区域为西城区的行政区域。因此,列表中崇文区和宣武区 2010 年及以后的数据空缺。

北京市区县专利授权一览表(2004—2013年)

单位:件

区县\年度	2004	2005	2006	2007	2008	2009	2010	2011	2012	2013
海淀	4076	4399	5137	6160	7563	10697	13839	16800	19862	21372
朝阳	1881	2295	2416	3174	3764	4464	6605	7886	9993	12707
丰台	446	465	667	850	1129	1233	1845	2496	2979	3275
西城	508	514	591	850	1008	1316	2233	2626	3313	7739
东城	433	498	487	839	901	1198	2081	2785	3989	5095
宣武	274	207	262	344	290	296				
崇文	115	118	123	158	140	142				
石景山	120	136	192	207	266	377	1020	1206	1185	1116
大兴	361	386	389	734	841	1004	1774	2325	2766	3220
昌平	256	324	372	627	737	857	1802	2172	3149	3899
通州	176	223	192	275	403	481	899	904	1202	1453
房山	77	100	110	155	194	165	321	380	520	512
顺义	99	116	100	265	195	340	434	701	777	1212
怀柔	50	99	92	96	112	117	291	231	287	304
密云	20	26	19	48	87	80	105	107	145	281
门头沟	33	32	47	61	57	64	122	126	134	214
平谷	12	32	15	40	26	58	108	98	159	221
延庆	24	27	27	39	32	32	32	45	43	43
其他	44	103	0	32	2	0			8	8
合计	9005	10100	11238	14954	17747	22921	33511	40888	50511	62671

资料来源:北京市知识产权局。

附　录

北京市科技管理机构

北京市科学技术委员会

Beijing Municipal Science and Technology Commission

根据中共中央、国务院批准的北京市人民政府机构改革方案和《北京市人民政府关于机构设置的通知》(京政发[2009]2号),设立北京市科学技术委员会(简称市科委)。市科委是负责本市科技工作的市政府组成部门。主要职责是:

(一)贯彻落实国家关于科技工作方面的法律、法规、规章和政策,起草本市相关地方性法规草案、政府规章草案,组织拟订科技发展和科技促进经济社会发展的政策,并组织实施。

(二)组织拟订本市科技发展中长期规划、年度计划,并组织实施;研究提出科技发展布局和优先发展领域;推动科技创新体系和科技服务体系建设,促进科技服务业发展;推进科技北京建设。

(三)组织制定本市应用基础研究、高新技术发展以及重大科技成果应用研究的政策措施;负责统筹协调应用基础研究、前沿技术研究、重大社会公益性技术研究及关键技术、共性技术研究;牵头组织科技促进经济社会发展的重大关键技术攻关。

(四)会同有关部门组织科技重大专项实施中的方案论证、综合平衡、评估验收和配套政策制定,对科技重大专项实施中的重大调整提出意见;负责科技重大专项和重大科技产业工程的组织实施。

(五)制定政策引导类科技计划并指导实施;会同有关部门拟订本市高新技术企业发展、高新技术产业化的相关政策,参与拟订科技金融促进工作的相关政策;提出科研条件保障规划和政策建议;推进科研条件平台建设和科技资源共享。

(六)组织制定本市科技促进农村和社会发展的政策措施,促进以改善民生为重点的农村建设和社会建设;指导可持续发展实验区的建设和发展。

(七)会同有关部门拟订本市促进产学研结合的相关政策,制定科技成果推广政策,指导科技成果转化工作;组织相关重大科技成果应用示范,推动企业自主创新能力建设。

(八)研究制定本市科技体制改革的政策措施;建立健全科技创新体制和机制;研究制定建立新型研究开发机构的政策;按规定审核相关科研机构的组建和调整,优化科研机构布局。

(九)负责本部门预算中的科技经费预决算及经费使用的监督管理;会同有关部门提出科技资源合理配置的政策和措施建议,优化科技资源配置。

(十)制定本市科普工作规划和政策;制定促进技术市场、科技中介组织发展的政策措施;负责技术市场、科技保密管理工作和科技奖励组织实施工作;负责科技信息、科技统计和科技期刊管理工作。

(十一)研究制定本市科技合作交流政策;负责科技外事工作;负责与港澳台的科技合作与交流;会同有关部门组织技术出口和技术引进等工作。

(十二)负责本市科技人才资源的合理配置,会同有关部门拟订科技人才队伍建设规划,提出政策建议。

(十三)承办市政府交办的其他事项。

主任:闫傲霜

党组书记:杨伟光

副主任:杨伟光　朱世龙　郑焕敏

　　　　张继红　伍建民　丁　辉(兼任)

纪检组长:李京瑞

委员:陈力工　张　虹　刘　晖　王建新
地址:北京市西城区西直门南大街16号
邮编:100035
电话:66153395
网址:www.bjkw.gov.cn

内部机构设置

办公室

负责机关政务工作;负责文电、会务、机要、档案等机关日常运转工作;承担信息、信访、议案、建议、提案、安全、保密、政府信息公开、电子政务、机关财务和资产管理等工作;承担重要事项的组织和督查工作。

电　话:66153395

政策法规与体制改革处

负责机关推进依法行政综合工作;起草科技方面的地方性法规草案、政府规章草案;负责行政执法工作的监督、指导和协调;承担行政复议、应诉的有关工作;承担机关行政规范性文件的合法性审核和有关备案工作;会同有关方面推进科技创新体系建设和科技体制改革,拟订促进产学研结合和促进科技领域知识产权创造的政策措施;按规定承担相关科研机构的组建和调整的审核;负责北京地区科技研究开发机构的认定和科技类民办非企业单位的业务审核。

电　话:66153406

发展计划处

研究提出本市科技发展的布局和优先发展领域,组织拟订科技发展中长期规划和年度计划;提出科技计划的协调、综合平衡和经费配置的建议;会同有关方面提出重大创新基地建设规划建议;拟订科技成果和科技项目管理的政策措施;负责本市科技奖励组织实施和科技统计、科技信息和科技期刊管理;会同有关方面组织技术出口和技术引进。

电　话:66153416

重大专项办公室

会同有关方面拟订本市科技重大专项实施办法,审核实施计划,协调解决重大问题,组织评估和验收;承担对接国家科技重大专项的相关协调工作;负责重大科技需求的调研;承担科技北京建设和科教方面的相关工作。

电　话:66174050

条件财务处

提出本市科研条件保障的规划和政策建议,推进科研条件平台建设和科技资源共享;会同有关方面提出科技资源合理配置的政策建议;参与开展科技金融促进工作;编制本部门预算中的科技经费预决算,并监督预算的执行;参与拟订科技经费管理办法;监督、指导所属单位财务和国有资产管理工作。

电　话:66153407

高新技术产业化处

拟订本市相关领域高新技术发展及产业化的科技规划和政策;组织实施相关领域高新技术研究发展计划和政策引导类科技计划;承担中关村国家自主创新示范区建设相关工作;推动科技创新创业服务体系建设;推动科技成果转化及企业技术创新能力提升;促进科技服务业和文化创意产业发展;负责高新技术产业孵化基地认定和高新技术企业、自主创新产品认定;指导技术市场管理工作。

电　话:66153439

先进制造与自动化处

拟订本市先进制造技术领域、信息技术领域、新材料领域及空间技术领域科技发展的规划和政策;组织实施相关领域高技术研究发展计划;负责组织推进相关领域重点实验室(基地)建设;促进相关领域科技服务业的发展。

电　话:66153438

生物医药处

拟订本市生物工程、新医药产业、医疗卫生及食品安全领域科技发展的规划和政策;组织实施相关领域高技术研究发展计划;制定实验动物管理的政策措施;负责实验动物安全监管工作;负责组织推进相关领域重点实验室(基地)建设;促进相关领域科技服务业的发展;承担生物工程和新医药产业方面的有关科技工作。

电　话:66153451

农村科技发展处

拟订本市科技促进农村发展的规划和政

策;组织实施相关领域高技术研究发展计划;负责组织推进相关领域重点实验室(基地)建设;促进相关领域科技服务业的发展;推动农村科技进步;指导相关重大科技成果应用示范;指导农业科技园区的有关工作。

电　话:66153402

社会发展处

拟订本市社会发展领域科技发展的规划和政策;组织实施相关领域高技术研究发展计划;负责组织推进相关领域重点实验室(基地)建设;促进相关领域科技服务业的发展;推动新能源和节能环保产业的发展;推进科技对城市建设与管理的支持;指导可持续发展实验区的建设和发展。

电　话:66153392

科技宣传与软科学处(北京市人民政府专家顾问团办公室)

负责本市科普工作,拟订科普工作的规划和政策;负责科技宣传、新闻发布工作;负责软科学研究工作;承担市政府专家顾问团的有关工作;承担综合性文稿起草和地方志、年鉴编纂工作。

电　话:66153431

国际科技合作处

组织拟定本市国际科技合作交流政策;组织实施国际科技合作交流计划;按规定负责在京举办国际性科技学术会议、出国举办科技展览会和邀请外国人员来华进行科技活动的有关工作;承办与港澳台的科技合作交流事宜;负责机关及所属单位的外事工作。

人事教育处

负责机关及所属单位的人事、机构编制和离退休工作;会同有关方面拟订本市科技人才队伍建设的政策措施;负责自然科学研究系列专业技术职务任职资格评定工作;组织实施科技新星计划。

电　话:66153409

机关党委

负责机关及所属单位的党群工作。

电　话:66153410

工　会

负责机关及所属单位的工会工作。

电　话:66153413

纪检、监察处

纪检、监察机构按有关规定派驻。

电　话:66153442

中关村科技园区管理委员会

Administrative Committee of Zhongguancun Science Park

中关村科技园区管理委员会(简称中关村管委会)是负责对中关村科技园区(包括海淀园、丰台园、昌平园、电子城、亦庄园、德胜园、石景山园、雍和园、大兴生物医药产业基地、通州园,以下简称园区)发展建设进行综合指导的市政府派出机构,其主要职责是:

(一)贯彻落实国家有关法律法规和政策,研究提出园区的发展战略和规划,组织研究园区相关改革方案,促进可持续发展。

(二)研究拟定园区发展和管理的相关政策,参与起草相关地方性法规、规章草案。

(三)参与组织编制园区有关空间规划和产业规划。

(四)协调整合各类创新资源,开展高新技术研发及其成果产业化、投融资、人才资源、中介组织、知识产权保护、数字园区建设等方面的促进和服务工作。

(五)配合协调有关机构为园区企业提供世界贸易组织事务方面的服务,促进园区企业开展国际贸易。

(六)承担园区外事、宣传、联络和留学人员创业服务等工作。

(七)负责管理市财政拨付的园区发展专项资金,并协助有关部门监督专项资金的使用。

(八)指导各园的工作,承担建设中关村科技园区领导小组及其办公室的日常工作,负责园区企业家咨询委员会及园区内各类协会组织的联系工作。

(九)承办市政府交办的其他事项。

党组书记:赵凤桐

党组副书记:郭　洪

主任:郭　洪

副主任:廖国华　于凤英　王汝芳

　　　杨建华　李稻葵

纪律检查组组长:候　云

委员:张茂盛　李　翔　刘　航

地址:北京市海淀区阜成路73号裕惠大厦

邮编:100142

电话:88828800

传真:88828882

网址:www.zgc.gov.cn

内部机构设置

办公室

负责本机关的政务工作;负责公文处理、信息、议案、建议、提案和信访、档案、保密工作,以及重要会议、活动的组织工作;负责重要文件和会议决定事项的督查工作;负责机关联络接待、服务保障、安全保卫等工作。

电　话:82690500

传　真:82690506

产业发展促进处

参与研究和制订园区产业规划和政策,督促落实发展高新技术企业的各项政策;参与重大高新技术成果产业化项目的认定;协调园区技术研发,重大高新技术企业项目的引进和扶持工作;受国家有关部门委托,负责组织园区企业科研项目和专项资金的申报工作;负责协调园区对外经贸工作。

电　话:82690618

规划建设协调处

研究制订园区发展规划并协调组织实施;参与组织编制园区的空间规划、土地利用规划和生态规划等工作;负责园区重大建设项目信息的收集和分析。

电　话:82690605

传　真:82690419

投融资促进处

负责研究提出园区投融资体系建设方案;研究分析园区投融资发展状况,并提出政策建议,搭建园区投融资政策平台;推动园区企业的股权交易和上市融资工作;组织协调投融资机构为园区产业发展提供支持,发展适合园区企业的多种融资方式,促进科技与金融的结合。

电　话:82690614

传　真:82691705

人才资源处

研究提出园区人才资源发展战略规划和人才市场体系建设的建议;研究拟定园区吸引人才的有关政策,并协调组织实施;负责园区有关留学人员创业的服务工作。

电　话:82691728

中介服务体系建设处

研究提出园区行业协会、中介组织的发展规划,组织制定有关政策;促进园区中介组织发展、信用体系建设等工作。

电　话:82690610

传　真:82691707

信息化工作处

组织研究提出园区信息化建设规划并协调推进实施;负责园区信息统计数据的综合分析利用;负责协调建立统一的园区信息管理与服务体系、预测预导系统、经济运行和企业评测系统;负责管理园区的网站建设,推进园区电子政务和数字园区建设工作。

电　话:82690688

传　真:82691710

国际交流合作处

负责园区的国际交流与合作工作;负责园区派遣人员因公临时出国(境)和邀请外国经贸科技人员来华事项的审批工作;负责园区驻海外联络处的建设、联络和管理工作。

电　话:82690607

传　真:82690633

研究室(世界贸易组织事务与知识产权工作处)

负责园区体制和机制创新及其配套改革措施的研究工作;组织研究园区发展建设中的重要问题,并提出相关对策、建议;负责协调园区知识产权促进和保护工作;配合协调有关机构为园区企业提供有关世界贸易组织事务方面的服务;组织起草贯彻落实《中关村科技园区条例》的有关配套政策，并监督实施。

电　话：82691701

宣传处

负责园区宣传工作，制定园区宣传方案并组织实施；组织园区新闻发布会；组织园区重要活动、重要工作的新闻报道工作。

电　话：82690510

传　真：82690508

财务处

负责园区发展专项资金预算编制和管理工作；协助有关部门监督专项资金的管理使用；负责园区的建设与发展专项资金的内部审计工作；负责本机关的财务工作。

电　话：82690416

传　真：82690416

人事处

负责中关村管委会机关及所属单位的干部、人事及机构编制管理工作。

电　话：82690500

传　真：82690506

监察处

履行派驻纪检监察机构职责。

电　话：82690518

传　真：82691702

机关党委

负责本机关及直属单位的党群工作。

电　话：82690418

北京市知识产权局

Beijing Intellectual Property Office

北京市知识产权局工作内容和主要职责：

（一）负责组织协调本市保护知识产权工作，推动知识产权保护工作体系建设；会同有关部门建立知识产权执法协作机制，开展有关的行政执法工作；开展知识产权保护的宣传工作。

（二）贯彻落实国家关于专利工作方面的法律、法规、规章和政策；起草本市相关地方性法规草案、政府规章草案，拟订专利工作的政策措施、发展规划和工作计划，并组织实施；会同有关部门拟订并组织实施首都知识产权战略和规划。

（三）承担规范本市专利管理基本秩序的责任。依法处理、调解专利纠纷，查处假冒专利行为；依法监督管理专利代理机构，推进专利中介服务体系建设。

（四）会同有关部门促进本市知识产权产业发展；指导和规范专利技术市场，管理专利权转让合同、专利实施许可合同和专利申请权转让合同备案工作；会同有关部门指导和规范知识产权无形资产评估；推动专利权质押工作。

（五）负责本市专利信息公共服务体系的建设，会同有关部门推动专利信息的传播利用；负责组织建立知识产权预警应急机制；承担专利统计工作。

（六）统筹协调本市涉外知识产权事宜，开展专利工作的国际联络、合作与交流活动。

（七）组织开展专利方面法律法规、政策的宣传普及工作；组织制定本市有关知识产权的教育与培训工作规划，并组织实施。

（八）承办市政府交办的其他事项。

局长：汪　洪

副局长：王淑贤　潘新胜　周　砚
　　　　李　钟　付晓辉

党组书记：汪洪

副巡视员：杨久明

地址：北京市西城区德胜门东大街8号东联大厦二层

邮编：100009

电话：84080086

网址：www.bjipo.gov.cn

内部机构设置

办公室（国际合作处）

负责机关政务工作；负责文电、会务、机要、档案等机关日常运转工作；承担信息、信访、议案、建议、提案、安全、保密、政府信息公开等工作；负责重要事项的组织和督查工作；组织开展知识产权宣传工作；负责编制部门预决算，管理机关财务及国有资产；负责监督指导所属单位财务和国有资产管理工作；开展专利工作的国际联络、合作与交流活动。

电　话：84080086

电子邮箱：bangs@bjipo.gov.cn

政策法规处

拟订本市专利工作发展规划和工作计划；组织研究知识产权方面的重大问题和国外知识产权发展动态；承担拟订本市知识产权发展战略和规划的有关工作；负责机关推进依法行政综合工作；起草专利方面的地方性法规草案、政府规章草案；负责行政执法工作的监督、指导和协调；承担行政复议、应诉的有关工作；承担机关行政规范性文件的合法性审核和有关备案工作。

电　话:84080090

电子邮箱:tiaofachu@ bjipo. gov. cn

知识产权协调处

承担组织协调全市保护知识产权的有关工作；承担知识产权执法协作机制的相关工作；协调、督办重大侵犯知识产权案件；承担实施本市知识产权战略和规划的有关工作；统筹协调涉外知识产权事宜；承担北京市知识产权办公会议的有关工作。

电　话:84080092

电子邮箱:xietiaochu@ bjipo. gov. cn

产业促进处

承担推动本市知识产权产业发展的有关工作；拟订促进企事业单位专利工作的政策措施并组织实施；指导企事业单位、行业联盟应对有关知识产权纠纷；指导和规范专利技术市场有关工作，促进专利商用化，承担专利权转让合同、专利实施许可合同和专利申请权转让合同备案管理工作。

电　话:84080080

电子邮箱:shishichu@ bjipo. gov. cn

专利管理处

拟订本市专利中介服务体系发展的政策措施并组织实施；依法管理专利代理机构和专利代理人；承担指导和规范知识产权无形资产评估的有关工作；推动专利权质押工作；指导和监督本市专利信息公共服务体系建设工作，组织建立知识产权预警应急机制；拟订有关知识产权的教育与培训工作规划，并组织实施；指导有关行业协会、社会团体的专利工作；承担专利统计工作。

电　话:84080096

电子邮箱:guanlichu@ bjipo. gov. cn

专利执法处

拟订本市专利行政执法的措施办法；负责专利行政执法体系建设工作；依法处理、调解专利纠纷，查处假冒专利行为；统筹协调商品流通领域、展会的知识产权保护工作。

电　话:84080098

电子邮箱:zhifachu@ bjipo. gov. cn

人事处

负责机关及所属单位的人事、机构编制等工作；承担本市专利代理、知识产权管理从业人员的专业技术职务评定有关工作；负责机关及所属单位离退休人员的管理与服务工作。

电　话:84080020

电子邮箱:renshichu@ bjipo. gov. cn

监察处

按市纪委有关规定派驻。

电　话:84080110

电子邮箱:jianchachu@ bjipo. gov. cn

机关党委(工会)

负责机关及所属单位的党群工作。

电　话:84080082

北京市科学技术协会

Beijing Association for Science and Technology

北京市科学技术协会是北京地区科学技术工作者的群众组织，是中国共产党北京市委员会领导下的人民团体，是中国科学技术协会的地方组织，接受中国科学技术协会的业务指导。北京市科学技术协会成立于 1963 年 7 月，现有学会 155 个，基金会 14 个，区县科协 18 个，基层组织 196 个，拥有以科学家、工程师为主体的会员 32 万余人。北京市科学技术协会始终坚持科学发展，在发挥桥梁纽带作用、繁荣学术交流、普及科学技术、促进科技人才成长和提高、促进科技与经济相结合、建设科技工作者之家等方面做了大量卓有成效的工作。特别是科技周、科普日、学术月、金桥工程、科学技术专家季谈会、青少年科技创新大赛等活动，在首都科技界和公众中具有一定的影响。科协在实施科教兴国和可持续发展战略中，发挥了重要的不可替代的作用，为首都经济建设、科技进步和社会发展做出了重要贡献。

主席：顾秉林

常务副主席：夏　强

副主席：马国馨　方智远　王志珍
王渝生　田　文　田小平
许达哲　许健民　刘德培
范伯元　林建华　周立军
贺福初　赵继林　贺慧玲
殷　琼

党组书记：夏　强

秘书长：吕家香

地址：北京市朝阳区小营育慧里4号

邮编：100101

电话：84635008

传真：84655007

网址：www.bast.cn.net

内部机构设置

办公室

负责公文处理、信息、档案、机要、保密、来信来访、安全保卫工作以及重大活动和重要会议的组织协调工作；负责重大决定事项的督察工作；负责本机关的法律事务，指导市科协系统维护科技工作者的合法权益工作，参与北京市有关法规的拟定工作。

电　话：84655007

电子信箱：bastbgsh@bjkp.gov.cn

调研宣传部

负责市科协科学决策工作，组织决策咨询活动，协调征集、上报科技工作者建议，开展重大课题调查研究，承办上级有关部门交办的调研任务；负责市科协相关重要文件、报告和领导讲话的起草工作，提出、拟定市科协发展战略；负责市科协的宣传工作和新闻报道工作，编辑《北京科协》；负责市科协系统精神文明建设工作。

电　话：84644973

电子邮箱：bastxcbu@bjkp.gov.cn

学会部

负责市科协学术交流工作，协调组织综合性、多学科、多领域的重点学术活动，指导开展市科协系统学术交流活动；负责对市科协所主管的学会、基金会进行监督管理及业务指导，协调落实"枢纽型"社会组织的任务；负责市科协青年科技人才培养工作，指导学会开展继续教育、办好学术期刊；协调落实自然科学界、社会科学界联席会议相关工作。

电　话：84644977

电子邮箱：bastxhbu@bjkp.gov.cn

科普部

负责贯彻落实国家有关科普工作的方针、政策，制定市科协系统科普工作规划；负责联系、指导区县科协、基层组织的工作，组织开展全市性重大科普活动，指导基层科协开展科普活动；负责市科协科普资源共建共享工作，指导基层科普场馆及设施的利用，建设科普志愿者队伍，承办科普表彰奖励工作；承担全民科学素质纲要实施办公室日常工作，督查落实议定事项。

电　话：84634995

电子邮箱：bastkpbu@bjkp.gov.cn

人事部

负责本机关干部队伍建设工作；负责本机关的人事管理工作；指导直属单位人事管理工作；负责离（退）休人员管理和服务工作；负责协调市科协系统的人才工作；指导市科协系统的组织建设工作。

电　话：84644971

电子邮箱：bastrsch@bjkp.gov.cn

计划财务部

负责编制机关行政事业费及有关专项经费的预、决算；负责对直属事业单位的财务工作进行指导、监督、审计；负责机关财务及固定资产管理；负责本系统综合统计工作。

电　话：84634998

电子邮箱：bastjcch@bjkp.gov.cn

机关党委

负责北京市科协机关及所属事业单位的党群工作。

电　话：84634972

电子邮箱：bastjgdw@bjkp.gov.cn

国际联络部

负责管理、指导、组织、协调市科协机关及

事业单位的外事工作；负责市科协系统的民间国际科技交流与合作；负责组织、协调市科协系统同香港、澳门特别行政区、台湾地区的科学技术交流活动；承办上级部门交办的主要负责开展北京市科协系统的民间国际科技交流与合作；负责组织、协调北京市科协系统同香港、澳门特别行政区、台湾地区的科学技术交流活动；负责相关及所属事业单位外事工作。

电　话:84644978

电子邮箱:bastgjbu@ bjkp. gov. cn

北京市区县科学技术委员会一览表

The Districts and Counties Science and Technology Commission under Beijing Municipality

单位名称	主　任	电　话 传　真	通讯地址	邮　编	网　址
东城区科学技术委员会	孙占军	64041867 64009160	东城区东四十一条83号	100007	www. dchst. com
西城区科学技术委员会	张炳田	83976211 83976212	广安门南街68号12层	100037	www. bjxchst. gov. cn
海淀区科学技术委员会	梁　捷	62325613 62318521	海淀区北四环中路281号	100083	www. hdkw. gov. cn
朝阳区科学技术委员会	冯守华	65099678 65099677	朝阳区日坛北街33号	100020	www. chykw. gov. cn
丰台区科学技术委员会	刘少华	83656411 83656412	丰台区文体路2号	100071	www. ftti. gov. cn
石景山区科学技术委员会	王亚迅	68863659 88910825	石景山区八角西街40号	100043	sjskw. bjsjs. gov. cn
通州区科学技术委员会	季志会	89526630 69546592	通州区通胡大街78号京贸中心3层	101101	www. bjtzst. gov. cn
顺义区科学技术委员会	李长勇	69443483 69449347	顺义区光明南街24号	101300	www. kw. bjshy. gov. cn
门头沟区科学技术委员会	张文波	69865984 69843260	门头沟区新桥大街40号	102300	mtg. nczx. cn
房山区科学技术委员会	冀显江	89350219 89364790	房山区良乡政通东路1号	102488	kw. bjfsh. gov. cn
昌平区科学技术委员会	李万佰	69713054 69700663	昌平区东关二条科技中心大楼	102200	www. bjchp. gov. cn
大兴区科学技术委员会	王自学	69244954 69267073	大兴区兴政街31号科技大厦	102600	www. dxkw. gov. cn
延庆县科学技术委员会	史绍全	69142014 69142014	延庆县高塔街58—1号	102100	www. bjyq. gov. cn
怀柔区科学技术委员会	郭小卫	69624893 69624893	怀柔区湖光小区24号	101400	www. hrkj. gov. cn
平谷区科学技术委员会	陈占国	69963273 69963273	平谷区府前西街26号	101200	Pgkw. bjpg. gov. cn
密云县科学技术委员会	赵　宏	69087854 69044787	密云县西滨河路2号	101500	www. mykw. gov. cn

资料来源:北京市科学技术委员会。

北京市区县科学技术协会一览表

The Districts and Counties Association for Science and Technology under Beijing Municipality

单位名称	主　席	电　话 传　真	通讯地址	邮　编	网　址 电子邮箱
东城区科学技术协会	胡晓松 王佩立	64033038	东城区东四十一条 83 号	100007	www. bast. net. cn/ qxkx/dongcheng fjhmy@ hotmail. com
西城区科学技术协会	马国馨	82283135	西城区二龙路 27 号	100032	www. bast. net. cn/ qxkx/xicheng xckx@ bjkp. gov. cn
朝阳区科学技术协会	李春霞	65099722	朝阳区日坛北街 33 号	100020	www. cykx. org. cn liyanqiang@ 263. net
海淀区科学技术协会	白春礼	82510605	海淀区长春桥路 17 号	100089	kx. bjhd. gov. cn hdkx@ bjkp. gov. cn
丰台区科学技术协会	龙乐豪	63815841	丰台区镇东安街三条六号	100071	www. ftkx. gov. cn ftkx@ bjkp. gov. cn
石景山区科学技术协会	佟长江	88699142	石景山区石景山路 18 号	100043	www. bast. net. cn/ qxkx/sjs sjskx@ bjkp. gov. cn
门头沟区科学技术协会	赵　凯	69843535	门头沟区新桥大街 40 号	102300	kx. bjmtg. gov. cn mtgkx@ bjkp. gov. cn
房山区科学技术协会	祝庆忠	89350084	房山区良乡政通东路 1 号	102488	www. fskp. bj. cn kexie@ bjfsh. gov. cn
通州区科学技术协会	杜　伟	69542769	通州区玉带河大街 30 号	101100	www. bjtzkx. org. cn tzkx@ bjkp. gov. cn
顺义区科学技术协会	李国震	69447435	顺义区光明南街 24 号	101300	www. bast. net. cn/ qxkx/shuny sykx@ bjkp. gov. cn
昌平区科学技术协会	李秀生	69742971	昌平区东关二条科技中心大楼	102200	www. cpkx. gov. cn cpkx@ cpkx. gov. cn
大兴区科学技术协会	刘月娥	69267065	大兴区兴政大街 31 号科技大厦	102600	www. dxkw. gov. cn/ web/kw dxkx@ bjkp. gov. cn
怀柔区科学技术协会	赵文广	69624068	怀柔区湖光小区 24 号	101400	www. bast. net. cn/ qxkx/huairou hrkx@ bjkp. gov. cn

续表

单位名称	主 席	电 话 传 真	通讯地址	邮 编	网 址 电子邮箱
延庆县科学技术协会	陈 杰	69141533	延庆县高塔街 58 - 1 号	102100	yqkx@ bjkp. gov. cn
密云县科学技术协会	张 敏	69042877	密云县西滨河路 2 号	101500	www. mykw. gov. cn mykw@ bjmyinfo. gov. cn
平谷区科学技术协会	王英杰	89987947	平谷区新开西街 6 号	101200	www. pgkx. gov. cn pgkx@ bjkp. gov. cn

资料来源:北京市科学技术协会。

北京市科技服务机构

北京科技协作中心

北京科技协作中心成立于 1983 年,是市政府为发挥首都科技资源优势而设立的由中国科学院、中国工程院、中国机械科学研究院、中国医学科学院北京协和医院等在京科研院所和北京大学、清华大学等高等院校组成的大型综合科技联合体,属事业单位、首都科技集团常设办事机构。中心的主要业务包括:开展技术合同认证服务;组织科技成果推介及项目对接活动;组织项目技术评估和规划论证;组织科技示范工程及协调重大项目实施;提供科技政策咨询、投融资咨询和管理咨询服务;开展国际科技交流和技术贸易;为科技企业的市场开拓提供综合服务等。

地 址:北京市西城区西直门南大街 16 号西楼 10 层

邮 编:100035

电 话:66517145

传 真:66518005

网 址:www. beijingstcc. gov. cn

电子邮箱:luidw@ beijingstcc. gov. cn

北京科学技术开发交流中心

北京科学技术开发交流中心是市政府 1981 年 9 月批准成立的、直属于北京市科委的事业单位。中心设战略决策部、科技管理服务部、科技项目管理部、科技文化宣传部、国内科技合作一部、国内科技合作二部、国际科技合作部、科技资产管理部和综合办公室等 9 个部门,其主要任务是:科技项目征集、科技项目招标、科技项目监理、科技文化宣传、国内外科技合作交流、科技资金与资本市场合作,以及科技资产管理等。中心先后承担了市科技项目管理工作,掌握了国家各部委、市各委办局以及联合国及美、日、加拿大等国家科技项目申报的渠道信息;先后与 20 余个省(市、自治区)以及美国、英国、法国等国家开展了一系列大型的科技交流合作活动;与国家、有关省(市、自治区)政府部门,20 余个国家驻华大使馆,上百家高等院校、科研院所,上万家高新技术企业,100 余家投资公司建立了长期稳定的合作关系。

地 址:北京市西城区西直门南大街 16 号西楼 6 层

邮 编:100035

电 话:66114517

传　真:66316845
网　址:www. kjjl. bj. cn
电子邮箱:lx. wwj@ 163. com

北京市自然科学基金委员会办公室

北京市自然科学基金委员会的宗旨是根据北京市科技、经济和社会发展的需要,加强和发展相应的基础性研究,发现和培养人才,以促进北京市科学技术进步,持续不断地支持首都经济和社会发展。其主要任务是根据国家科学技术发展方针、政策,结合首都经济和科技发展的需要,编制、发布项目指南;有效地运用自然科学基金资助手段,指导协调北京市基础性研究工作;组织推动重大和重点研究项目;促进研究成果向实用转化;支持有条件的青年科技人员承担项目,促进科技队伍的成长;组织和推动相应的国际合作和学术交流。市自然科学基金委员会实行科学基金制。主要机制是自由申请与定向引导相结合,同行评议,公平竞争,择优支持,辅以"指南"引导,严格选题,突出重点,追踪成效。

地　址:北京市西城区西直门南大街16号西楼
邮　编:100035
电　话:66163562
传　真:66157137
网　址:www. bjnsf. org
电子邮箱:bnsfzy@ 126. com

北京市科学技术奖励工作办公室

北京市科学技术奖励工作办公室是北京市科委直属事业法人单位,经费由财政拨款。主要承办北京地区科技奖励工作及授奖活动的有关技术性、服务性和辅助性工作;负责科技奖励的统计、数据分析工作;开展北京地区获奖成果的国际交流工作;负责北京地区社会力量设奖的审批和管理工作;市科委交办的科技成果的管理工作及政府部门交办的其他工作。

地　址:北京市西城区西直门南大街16号北楼104室
邮　编:100035
电　话:66188227
传　真:66162876
网　址:www. bjjlb. org. cn
电子邮箱:jlb@ mail. bsti. ac. cn

北京市实验动物管理办公室

北京市实验动物管理办公室是经市政府批准成立、隶属于北京市科委的独立法人单位,其前身为北京市实验动物管理委员会办公室。北京市科委主管本市实验动物工作,市实验动物管理委员会负责本市行政区域内实验动物管理的协调工作。经市政府办公厅批准,市实验动物管理委员会成立专家委员会,为本市实验动物科学发展和管理提供咨询。市实验动物管理办公室作为常设机构,负责本市行政区域内实验动物的日常管理工作。其主要职责是:根据《实验动物管理条例》和《北京市实验动物管理条例》及其配套规章的规定,进行行政执法;负责北京地区实验动物许可证管理工作;负责北京地区实验动物及其相关产品的质量管理和从业人员的考核及岗位证书发放工作;受北京市科委委托,负责北京地区实验动物质量监督员队伍、实验动物质量检测机构、实验动物从业人员培训机构和实验动物屏障设施培训基地的管理工作;受科技部委托,负责全国实验动物许可证的备案管理工作、承担全国实验动物科学研究项目管理和全国实验动物信息网北京镜像站的管理工作;负责北京市实验动物管理委员会及其专家委员会的日常工作;根据实验动物科学发展要求,向北京市科委和科技部提出工作建议,并承担部分研究课题;组织并完成上级领导交给的其他任务。

地　址:北京市海淀区西三环北路27号北科大厦6层
邮　编:100089
电　话:68722982
传　真:68479601
网　址:www. baola. org(北京)

电子邮箱:baola@ balla. org

北京生物技术和新医药产业促进中心

北京生物技术和新医药产业促进中心成立于1996年6月24日,拥有北京生物工程学会、北京中关村生物工程和新医药企业协会两家专业社团机构,主要任务是面向北京生物工程和新医药产业提供专业化服务。中心下设项目培育与投资管理部、战略研究部、行政与信息环境部、财务部。中心形成了五个专业工作平台,即战略研究平台、项目管理平台、国际合作平台、产业拓展平台、会展策划平台,致力于生物医药产业信息,生物医药领域科技规划、重点方向等研究;通过组团出访及建立稳定的国际合作渠道,促进国际国内的交流合作;整合中心项目管理、战略咨询、培训、专业会议等服务,为中心探索发展模式;组织生命科学领域的专业会议、展览,强化市场意识和生存意识,创造生物中心市场价值。

地　址:北京市海淀区马连洼北路151号院内
邮　编:100094
电　话:62896868
传　真:62899978
网　址:www. newlife. org. cn
电子邮箱:linshi@ newlife. org. cn

北京新材料发展中心

北京新材料发展中心隶属北京市科委,其宗旨是促进北京新材料产业发展,辅助政府决策,服务新材料产业,营造创新创业环境,成为沟通政府、科研机构、企业和社会的桥梁。主要任务是负责北京新材料领域规划、政策的制定,发展战略研究;负责北京市新材料科技项目组织评估、论证和管理;组织北京新材料领域重大活动,参与北京新材料基地各园区的建设、新材料领域专业孵化器建设等,举办领域内研讨、展览、会议等交流活动。主办面向全国发行的《新材料产业》月刊和新材料产业信息网站。

地　址:北京市海淀区学院路30号方兴大厦5层
邮　编:100083
电　话:62341509
传　真:62333998
网　址:www. materials. net. cn
电子邮箱:infor@ materials. net. cn

北京技术交易促进中心

北京技术交易促进中心是直属于北京市科委的事业单位。中心通过组织实施"提升技术交易参与者的交易能力、通畅技术交易的渠道与环节、建立健全技术交易服务体系"等各类促进业务活动,以有效带动北京地区技术交易的规模扩大和质量的提高,从而促进科技成果产业化和科技与金融的高效结合。中心"依托政府、面向社会、立足科技、促进交易",通过集成与整合技术交易资源,构建权威的技术交易信息网络平台和规范运作的技术交易创新服务联盟,以"创新、敬业、诚信、协作"的精神竭诚为海内外技术交易客户的技术转移、技术融投资提供全面专业的服务。

地　址:北京市海淀区苏州街甲49号
邮　编:100080
电　话:62578706
传　真:62577304
网　址:www. ctmnet. com. cn
电子邮箱:webmaster@ chinatis. com

北京市科技信息中心

北京市科技信息中心隶属北京市科委,是市政府为推动"首都二四八重大创新工程",推进北京软件产业发展创建的一个创新服务平台。中心作为北京软件产业基地建设协调会议的日常办事机构,承担北京IT产业的战略规划研究、重大问题协调、支撑体系建设、重点项目策划、种子资金管理、动态信息发布、开展国际交流、管理软件企业认定和软件产品登记等职能,是市政府发展IT产业的决策辅助机构和沟通政府与企业的桥梁。

地　址:北京市海淀区中关村南大街甲 56 号方圆大厦商务楼 7 层

邮　编:100083

电　话:82331717

传　真:82332323

网　址:www.bsw.gov.cn

电子邮箱: zhangp@bsw.gov.cn

北京高技术创业服务中心

北京高技术创业服务中心是北京市科委直属的具有独立法人资格的事业单位,成立于 1989 年,是北京市最早成立的科技企业孵化器。地处中关村科技园区,紧邻京昌高速公路与北四环路,交通便利,环境优越。中心现有孵化场地 8300 平方米,面向国内外各类中小型科技企业,可提供办公科研用房、项目评估、年度审计、政策咨询、投融资咨询、法律咨询、成果鉴定、国内外人才培训、火炬计划项目申报、科技型中小企业创新基金项目推荐受理、国家科技重大项目及国家重点新产品评估监理等服务。

地　址:北京市朝阳区安翔北里甲 11 号 1 号楼

邮　编:100101

电　话:64853169

传　真:64873536

网　址:www.bjcy.net.cn

电子邮箱:chyzhx@mail.bsti.ac.cn

北京市高新技术成果转化服务中心

北京市高新技术成果转化服务中心成立于 2002 年,是北京市政府设立的为北京市高新技术企业和北京市高新技术成果转化项目提供"一站式"服务的机构,为市科委直属全额拨款事业单位。具体负责本市高新技术成果转化项目的受理、组织评审和对外公布工作;协调落实市政府支持高新技术成果转化项目的有关政策。

地　址:北京市朝阳区安翔北里 11 号 A 座

邮　编:100101

电　话:64874216

传　真:64853178

邮　箱:cyzx@bjcy.net.cn

北京市新能源汽车发展促进中心

北京市新能源汽车发展促进中心为北京市科学技术委员会直属事业单位,主要职责是:研究制定新能源汽车发展规划和实施方案,把握行业发展趋势,发挥北京市在新能源汽车领域的引领带动作用;协调促进环卫、公交、出租等领域新能源汽车规模化示范,推广和激励新能源汽车的私人应用;组织在京企业、院所、高校优势资源,以自主创新为目标,产学研合作开展新能源汽车研发工作,提升我市新能源汽车技术研发能力和产业水平;开展相关电动汽车标准、规划布局、能源供给模式等研究工作,为北京市产业发展提供决策依据;通过科技招商、交流合作等方式,吸引国内外电动车产业关键零部件企业在京落户,打造北京新能源汽车产业链,推进新能源汽车基地建设;组织展览展示等活动,向公众普及新能源汽车知识,宣传节能环保理念,培育新能源汽车用车文化;推动北京建成网络化的能源供给体系和高效运作的商业运营模式,带动汽车产业发展。

地　址:北京市西城区西直门南大街 16 号南楼 6 层

邮　编:100035

电　话:66150566

传　真:64847720

网址:http://www.bjxnyqc.org/

北京市科委农村发展中心

北京市科委农村发展中心主要调查研究京郊农业、农村、农民问题,为北京市科委农村领域科技管理决策提供科学依据和技术支持;为北京市科委农村领域科技项目管理提供支撑服务;根据科技部和北京市科委的有关科技政策和科技发展规划,引导和凝聚各类科技资源为郊区建设社会主义新农村提供有效的科技服务。

地　址:北京市海淀区曙光花园中路 11 号北京农科大厦 B 座 1101 号
邮　编:100091
电　话:51502351
传　真:51502361
网　址:www.nczx.cn
电子邮箱:bjnczx@126.com

北京生产力促进中心

北京生产力促进中心是由北京市科委组建并支持的不以营利为目的的社会化科技服务机构,致力于发展传播先进生产力,提升中小企业竞争能力,促进传统产业升级,集成首都生产力促进资源,推进北京生产力促进服务体系建设。该中心面向政府和企业两个主体提供服务。

(一) 面向政府的主要服务内容　研究生产力发展的理论、模式及趋势,为宏观决策提供咨询服务;组织实施政府指导性的科技开发计划;对区县生产力促进中心进行资质认证,为地方政府提供区域和产业发展研究;承担政府委托交办的其他事宜。

(二) 面向中小企业的服务内容　充分利用现代信息技术,帮助中小企业进行信息化建设,提升企业生产经营管理水平,提高市场竞争力;利用现代技术,帮助企业提高研发及技术创新能力,引入关键共性技术和先进适用技术,改造传统产业;开拓中小企业融资渠道,为中小企业提供中介服务;为中小企业提供企业辅导、生产管理、人力资源管理、财务管理、市场营销、质量管理等咨询服务,帮助企业提高现代管理水平;利用首都大型仪器设备协作网、工程技术中心、重点实验室,为中小企业提供仪器设备资源、工程技术资源、实验条件资源等方面的共享服务,仪器改造和升级服务,使首都资源利用效率最大化;为中小企业开拓国际合作渠道,组织企业出国考察、培训和展览展销,引进海外先进技术和管理人才。

地　址:北京市海淀区北三环中路 31 号生产力大楼 B 座 8 层
邮　编:100088
电　话:82003608
传　真:82003613
网　址:www.bjpc.org.cn
电子邮箱:bjpc@bjpc.org.cn

北京市可持续发展科技促进中心

北京市可持续发展科技促进中心是北京市科委直属的具有独立法人资格的事业单位。其宗旨是:为社会经济的可持续发展提供科技引导、技术服务。中心下设能源部、实验区部、科普部、项目部和战略发展部等部门。主要工作为:可持续发展实验区申报、推荐、管理;可持续发展实验区项目预选、推荐、示范、辐射及推广;可持续发展工作研究;可持续发展科普宣传;进行社会发展领域(生态环境、能源、减灾防灾、资源利用、社区、社会安全、城乡建设、公用事业、文教体育、城市管理)科技项目(重大项目以外)的评估、项目监督等;社会发展领域相关调查、工作研究;科普工作联席会议办公室日常工作,联席会议通过计划、项目的具体落实;科普工作研究;组织各种类型的科普活动,联络区县科普工作联席会议办公室共同开展工作;组织国内外可持续发展实验区考察活动、科普考察活动。

地　址:北京市朝阳区安翔北里 11 号北京创业大厦 B 座 15 层
邮　编:100101
电　话:64841457
传　真:64841456
网　站:www.bsdc.net.cn
电子邮箱:bsdc2008@163.com

北京技术市场管理办公室

北京技术市场管理办公室于 1990 年 5 月经市政府批准成立,是市科委直属部门。主要职责是:负责宣传贯彻和组织实施有关技术市场的法律、法规和政策,组织调查研究并制定相应规章制度;负责对技术市场发展与技术交易活动实行规划管理与协调指导，负责技术市场表彰奖励工作；负责管理技术合同认定登记工作，管理技术合同登记机构并办理设立、撤销事宜，审核认定重大技术合同；负责审核技术交易中介服务机构和技术经纪人的资格，培训、考核技术市场经营管理人员；负责管理技术市场发展资金；负责技术市场统计和分析，发布技术市场信息；会同有关部门检查技术交易活动，依法处罚违法行为，调解技术合同纠纷，参与技术合同纠纷的仲裁；会同市财税部门落实技术市场财税优惠政策；会同有关部门开展国内外技术转移和技术市场的研究与交流；负责联系北京技术市场协会。

地　址：北京市西城区西直门南大街16号北楼
邮　编：100035
电　话：66161862
传　真：66161862
网　址：www. cbtm. gov. cn
电子邮箱：liujun@ cbtm. ebmail. cn

科技潮杂志社

科技潮杂志社是由北京市科委主管，北京高技术创业服务中心主办的综合科技月刊。《科技潮》杂志以“贴近时代、贴近市场、贴近生活、贴近读者”为宗旨，集宣传科技政策、报道科技精英、介绍高新技术成果、交流技术信息、分析科技动态、进行科普教育等于一身，紧密围绕北京市政府和北京市科委的工作重点，报道北京和全国的科技发展动向、宣讲科技政策、关注前沿科技进展，已成为首都北京与全国各地进行科技工作交流的重要窗口。《科技潮》杂志内容丰富、信息量大、导向性强，主要面向科技界、教育界、工商界、政府管理部门的各级领导干部、科技园区领导和管理人员、科技企业及企业家、科研单位及开发人员、大专院校师生以及关注科学技术发展的各界人士。《科技潮》杂志每期64页，大16开，每月5日出版。

地　址：北京市朝阳区安翔北里11号创业大厦5层
邮　编：100101
电　话：64871402
传　真：64862728
邮　箱：kejichao@ 126. com

北京工业设计促进中心

北京工业设计促进中心1995年5月成立，是隶属于北京市科委具有独立法人资格的事业单位，是政府实施“工业设计科技促进”专项计划，推动设计创意产业发展的促进机构。主要承担设计产业政策规划研究，组织设计项目申报论证，提供企业设计咨询指导，发布设计产业动态信息，开展国际设计交流合作，承办设计论坛、展览、会议，评选杰出创新设计奖项，举办设计技能专业培训等工作。中心致力于构筑以设计为核心的价值网络和设计资源协作，并通过DRC北京工业设计创意产业基地为社会搭建设计创意、资讯、材料、模型、检测等专业化共享科技条件平台和提供设计师创业孵化设施。

地　址：北京市海淀区北三环中路31号生产力大楼B座912室
邮　编：100088
电　话：82002055
传　真：82004066
网　址：www. bidcchina. com
电子邮箱：cdl@ bidcchina. com

北京科学仪器装备协作中心

北京科学仪器装备协作中心成立于1996年10月，隶属北京市科委。中心的主要职能是：协助政府和主管部门制订和实施北京地区仪器装备的购置计划，并进行相关决策咨询；北京地区仪器装备协作共用的组织、协调和管理；仪器装备的开发、改造、更新、维修和技术服务，促进北京地区科研条件的发展升级；构建北京地区科研条件体系，构建数字化、网络化、专业化的服务平台；开展与仪器装备相关的国际合作，推动仪器装备领域的国际交流。

地　址:北京市海淀区西三环北路 27 号北科大厦
邮　编:100089
电　话:68488471
传　真:68486239
网　址:www.kytj.com
电子邮箱:master@kytj.com

北京市科委人才交流中心

北京市科委人才交流中心是北京市科委直属的事业单位,主要从事人才交流、人才培训、人事代理、人才推荐等工作。设有北京科技人才网,其信息库以科技与管理人才为主,规模大,信息全,无论是单位招聘还是个人求职,可 24 小时随时进入本网,查询相关信息,并可在网上发布招聘广告与个人简历。

地　址:北京市海淀区北三环中路 31 号生产力大楼 B 座 9 层
邮　编:100088
电　话:82002237
传　真:82002238
网　址:www.bjkwrc.org.cn
电子邮箱:office@bjkjrc.com.cn

北京软件产品质量检测检验中心

北京软件产品质量检测检验中心成立于 2002 年 7 月,坐落于中关村软件园孵化器大楼内,是北京市科委和北京市质监局联合建立的非营利性的专业软件测试机构。中心为企业提供软件测试、咨询与培训服务,包括对软件产品的评测认证和对企业的测试外包服务,并开展软件测试技术研究,测试工具开发、软件测试规范、标准制定等业务。中心还是北京软件产业基地公共技术支撑体系的管理运营实体,具体负责"三库四平台"的技术服务。

地　址:北京市海淀区东北旺西路 8 号中关村软件园 3A 楼
邮　编:100193
电　话:82825511
传　真:82826408
网　址:www.bsw.net.cn www.nast.gov.cn
电子邮箱:info@bsw.net.cn

中关村高科技产业促进中心

中关村高科技产业促进中心前身为北京市新技术产业发展服务中心,成立于 1998 年,2005 年 2 月 5 日正式更名为中关村高科技产业促进中心,是经北京市机构编制委员会核准、中关村管委会直属的差额拨款事业单位,是服务于园区高新技术产业发展的非营利性独立法人机构。其宗旨及业务范围为:为中关村科技园区高新技术企业提供信息服务、技术服务、咨询服务、培训服务,承办高新技术会展,组织招商活动。通过相关的信息收集和调查研究,编制和组织实施园区留学人员创业服务规划,整合园区留学人员服务工作资源,为留学人员创业、就业提供相关政策咨询和服务。

地　址:北京市海淀区苏州街 49 号盈智大厦
邮　编:100080
电　话:82622051
传　真:82621970

北京国际科技服务中心
(北京对外科学技术交流中心)

北京国际科技服务中心(北京对外科技交流中心)是经北京市政府、北京市机构编制委员会批准的事业单位,主要业务是主办、承办国际国内科技展览及会议,组织各类国内外科技交流及商务活动,提供相关技术培训、技术交流、技术转移、技术中介服务,同时开展各类会展设计服务,承接各类科技活动、科普活动的策划、设计、实施服务。中心还从事国内外科技合作项目中介、贸易代理及咨询服务等。1999 年获得科技部、外交部、海关总署等部门联合授予的"关于举办境内国际科学技术展览会的主办单位资格"。

地　址:西城区西直门南大街 16 号西楼 4 层
邮　编:100035

电　话:66161562
传　真:66160676
网　址:www. bstec. net. cn

中关村知识产权促进局

2003年10月27日,中关村国家知识产权制度示范园区暨中关村知识产权促进局挂牌成立。该局为实行企业化管理的事业法人,在业务上接受国家知识产权局和北京市知识产权局的监督和指导,设有办公室、知识产权信息中心、专利技术转移中心、知识产权法律中心。知识产权信息中心负责园区的知识产权信息服务工作。通过建立知识产权信息服务平台,面向园区的高等院校、科研院所、高新技术企业等创新创业主体提供全方位的优质知识产权信息服务。专利技术转移中心负责园区的专利技术转移服务工作。按照市场机制运营方式,利用专利创业专项资金,开展转让、许可、孵化等工作,推动园区专利技术创业,促进其知识产权创新与产业化的良性循环。知识产权法律中心负责园区的知识产权法律服务工作。通过建立知识产权法律服务平台,面向园区的高等院校、科研院所、高新技术企业等创新创业主体提供全方位的优质知识产权法律服务,优化中关村知识产权发展和保护环境。同时,负责高校知识产权办公室和知识产权中介服务联盟的日常工作。

地　址:北京市海淀区知春路23号量子银座3层
邮　编:100083
电　话:82356358
传　真:82356470
网　址:www. zgcip. org. cn
电子邮箱:bangongshi@ zgcip. org. cn

国家知识产权局专利局北京代办处

国家知识产权局专利局北京代办处经国家知识产权局审核批准, 2004年2月10日正式开业,是国家知识产权局专利局在北京市知识产权局设立的专利业务派出机构,主要承担国家知识产权局专利局授权或委托的专利业务及相关服务性工作,包括:专利申请文件的受理、费用减缓请求的审批、专利费用的收缴、专利实施许可合同备案、办理专利登记簿副本及相关业务咨询服务;受北京市知识产权局委托面向全市开展专利资助及相关研究性工作。该代办处获国家知识产权局2006年度全国代办处质量进步奖和2007年度全国先进代办处,2008年1月被人事部和国家知识产权局评为全国专利系统先进集体。

地　址:北京市海淀区知春路23号量子银座3层
邮　编:100083
电　话:82356358－212
传　真:52356470
网　址:daibanchu. bjipo. gov. cn
电子邮箱:daibanchu@ zjcip. org. cn

北京市知识产权服务中心

2003年5月16日,北京市知识产权服务中心经北京市政府批准成立。中心是具有独立法人资格的事业单位,其上级主管机关为北京市知识产权局。服务中心下设办公室、合作交流部、法律事务部、信息咨询部。主要职能包括:知识产权宣传及人才培训,全国专利代理人资格考试报名、考务及培训,知识产权法律咨询及诉讼代理,知识产权司法鉴定,知识产权课题研究,专利信息查新检索及统计分析,企业知识产权战略研究,建立企业专利数据库,专利技术分析评估、宣传推广、实施转化,学术交流研讨等。

地　址:北京市西城区西直门南大街16号西楼11层
邮　编:100035
电　话:66187220
传　真:66160108
网　址:www. bjip. org. cn
电子邮箱:sfjd@ bjip. org. cn

北京市专利技术开发服务中心

1992 年,北京市专利技术开发服务中心成立。该中心是经北京市政府批准成立的具有独立法人资格的事业单位,其上级主管机关是北京市知识产权局。中心主要从事专利数据资源的开发利用、知识产权公共信息服务、专利技术合同登记、专利技术交易服务、专利项目评估、专利权质押服务等工作。中心设有综合组,负责行政、人事、财务和后勤管理工作;信息化推进组,负责奥运知识产权信息平台建设、北京市知识产权公共信息服务平台建设的推进;合同登记组,负责技术合同登记、专利实施许可合同备案及专利交易信息服务工作。

地　址:北京市西城区西直门南大街 16 号西楼 11 层
邮　编:100035
电　话:68037737
传　真:68037737
网　址:spzzdpg. rsstop. com
电子邮箱:zljskf@ yahoo. com. cn

北京市保护知识产权举报投诉服务中心

2006 年 6 月 28 日,北京市保护知识产权举报投诉服务中心正式挂牌运行,并开通“12330”举报投诉电话。该中心为北京市编办批准的、全额拨款事业单位,内设办公室、举报投诉部、信息分析部等,主要职责为负责受理本市知识产权侵权行为投诉举报的接转工作、负责案件处理情况的跟踪和汇总、提供知识产权方面的法律咨询服务。

地　址:北京市海淀区知春路 23 号量子银座 3 层
邮　编:100191
电　话:51530125
传　真:51530127
网　址:beijing. ipr. gov. cn(北京子站)

北京国际科技协作中心

北京国际科技协作中心是由北京市政府批准建立的,市科协直接领导开展对外科技交流的事业单位。主要任务是举办国际科技会议和科技展览会;接待来华进行科技交流的团体和个人;派遣科技人员出国进修、考察和参加国际会议;邀请国外专家和学者来华进行专业性科技交流和培训;对外进行科技咨询和信息交流,为国内厂家从事技术转让、技术开发、投资合资活动提供服务;组织国际科技协作项目;组织国内外技术经济合作业务;派遣农业考察团及农业研修生出国考察学习国外农业科学技术;长期举办日语学习班。

地　址:北京市朝阳区育慧里 4 号
邮　编:100101
电　话:84630170
传　真:84644978
电子邮箱:iadbast@ hotmail. com

北京青少年科技活动中心

北京青少年科技活动中心主要是协调指导市级学会、区县科协的青少年科技工作,组织和管理市科协所属青少年团体,组织北京青少年科技教育、科技竞赛和科学普及等活动,丰富青少年科技知识,开展青少年国际科技交流活动,发现和培养有科技特殊专长的青少年人才,对科技辅导员进行培训,不断提高科技教育和科技活动的水平。

地　址:北京市朝阳区育慧里 4 号
邮　编:100101
电　话:84634991
传　真:84634991
电子邮箱:501000@ 126. com

北京科技活动中心
北京市科协服务管理部

北京科技活动中心 1998 年 4 月成立,主要为北京科技界开展学术交流、科技展览、技术咨询、技术协作、科技培训、科技工作者联谊及会议等服务。服务管理部主要负责市科协机关及部分直属事业单位后勤保障工作，为职工生活提供服务，如机关交通、通讯、办公文具用品、机关办公设备、职工住房、职工餐饮、职工医疗保健、职工福利用品等。

地　址：北京市朝阳区育慧里4号
邮　编：100101
电　话：84635012
传　真：84644976
电子邮箱：hdzx02@bjkp.gov.cn

北京科技咨询中心

北京科技咨询中心1991年7月成立，是北京市科协直属事业单位，具有独立的法人地位。该中心主要承接政府和有关部门的咨询业务；承接技术改造、技术引进项目和工程建设项目的可行性研究与评估；提供技术转让、技术开发、技术咨询、技术服务；组织协作攻关与产品开发；组织国内外科技展览与技术交流；开展专业技术与科技管理培训；创办高新技术实体，并进行经营与管理。

地　址：北京市东城区永外西革新里98号
邮　编：100077
电　话：67235945
传　真：67235953
网　址：www.bstcc.com.cn
电子邮箱：bstcc@bstcc.com.cn

北京科普发展中心

北京科普发展中心是经北京市政府批准，由北京市科协领导的事业单位，2002年11月正式成立。中心主要开展科普宣传、科普文化交流和科普培训；举办科普展览和各类科普文化活动；进行科普展的研发、制作和推广；承接国际、国内大型会议及文化交流、研讨活动的策划、组织、实施；开发制作展板、展具；引进、开发、制作科普互动性展示器材、展品及各种教具；举办科普人才培训；制作科普图书、科普资料等。

地　址：北京市东城区永外西革新里98号
邮　编：100077
电　话：87258923
传　真：87208146
网　址：kpfzzx.bast.net.cn
电子邮箱：bjkpzx@bjkp.gov.cn

北京市科学技术进修学院

北京市科学技术进修学院于1981年经市政府批准成立，是一所全民所有制高等学院、北京市科技干部的培训基地，也是从事继续教育与学历教育的成人高校。主要培养中、高级科技管理人才，开展文秘、对外贸易、英语、财务会计、法律、计算机软件、计算机应用、信息管理、电子商务等大专、本科学历教育及相关继续教育。同时开展相关培训、科技开发、中介服务等。1989年，该院与北京航空航天大学联合办学。1995年，北航在该院设立了北航继续教育基地，北航在北京地区现代远程教育校外学习中心也设在本院。

地　址：北京市大兴区圣和巷7号
邮　编：102600
电　话：69249686
传　真：69249686
电子邮箱：bastjxxy@bjkp.gov.cn

北京农村致富技术学校

北京农村致富技术学校1993年9月经市政府批准成立，是由北京市科协主办的一所面向北京郊区农村传授科学技术，培养农村专业技术人才的学校。主要培养农村乡土科技人才，开展种植、养殖、加工、企业管理等市场经济知识及相关专业的技术培训、推广、服务。学校目前已在7个郊区县建立了分校，形成了“市校—区县分校—乡镇辅导站”一体的教学网络，拥有一批稳定的热心于农村科技事业的兼职教师队伍。学校根据实际需要设立中级部、初级部、单项技术部和种植、养殖、乡镇企业综合等 4 个系共 25 个专业。

地　址:北京市大兴区圣和巷 7 号

邮　编:102600

电　话:69249686

传　真:69249686

电子邮箱:bastjxxy@ bjkp. gov. cn

北京市科协学会联合办公室

北京市科协学会联合办公室是经市政府批准成立的,隶属北京市科协的事业单位。主要负责管理市属 12 个学会(协会、研究会)的财务、统计报表、年审等各项日常工作,以沟通信息,推动各学会广泛开展活动。

地　址:北京市东城区永外西革新里 98 号

邮　编:100077

电　话:67235026

传　真:67235035

电子邮箱:bastxhlb@ bjkp. gov. cn

北京电脑天地学校

北京电脑天地学校于 1985 年经市政府批准成立,现有机房和教室面积 600 余平方米,微机 100 余台,是全国计算机等级考试的定点培训单位和考核站,是市人事局、劳动局指定的计算机文字录入处理员等级考试的定点培训单位和第一考核站,是市财政局指定的会计电算化培训单位。主要开展人才培训、等级考核、技术咨询、软件开发、维修服务、对外交流等业务。

地　址:北京市东城区永外西革新里 98 号

邮　编:100077

电　话:67235031

传　真:67235031

电子邮箱:bastdnxx@ bjkp. gov. cn

北京市科协信息中心

北京市科协信息中心于 2004 年 10 月经市政府批准成立,是隶属北京市科协的事业单位。主要承担市科协机关局域网建设、维护和管理;承担市科协所属“北京科普之窗”“首都科技网”“学生科技网”等网站的 ICP 工作;为北京市科协所属单位和群众团体上网、使用电子邮件提供服务、培训和技术支持;提出市科协系统网络工作规划,对学会、基层科协的网络工作进行协调和指导;负责市科协系统网络工作的检查、总结和评比;承担北京市信息化办公室和中国科协信息中心要求完成的任务;组织和实施有关网络科技活动;代表北京市科协组织全市性科技、科普网站经验交流、培训和奖励活动。

地　址:北京市朝阳区育慧里 4 号

邮　编:100101

电　话:84649879

传　真:84649879

电子邮箱:bjkx26@ bjkp. gov. cn

北京市科协所属学会（协会、研究会）一览表

序号	学会名称	电　话	通讯地址	邮　编
1	北京数学会	62759855	海淀区北京大学数学科学学院	100871
2	北京计算数学学会	62754692	海淀区北京大学数学科学学院	100871
3	北京珠算心算协会	63296960	丰台区右安门外玉林里45号	100069
4	北京运筹学会	68912070	海淀区北京理工大学管理与经济学院	100081
5	北京物理学会	62758139	海淀区北京大学物理楼	100871
6	北京声学学会	63523263	西城区陶然亭路55号	100054
7	北京光学学会	84024561	东城区东黄城根北街甲20号	100010
8	北京核学会	69357657	房山区新镇中国原子能科学研究院内（北京275信箱65分箱）	102413
9	北京化学会	58807383	海淀区北京师范大学化学系500室	100875
10	北京微量元素学会	64971451	朝阳区安外惠新西街6号楼	100029
11	北京天文学会	51583037	西城区西外大街138号	100044
12	北京气象学会	68400804	海淀区紫竹院路44号	100089
13	北京地球物理学会	68326186	西城区阜外百万庄大街26号	100037
14	北京地理学会	67235026	东城区永外西革新里98号	100077
15	北京地质学会	51560209	海淀区西四环北路123号地质大厦	100195
16	北京生物化学与分子生物学学会	65296913	东城区东单三条5号	100005
17	北京遗传学会	65250731—210	东城区骑河楼大街17号妇产医院	100006
18	北京生态学学会	62836273	海淀区香山南辛村20号	100093
19	北京植物学会	67020649	西城区天桥南大街126号	100050
20	北京昆虫学会	51503688	海淀区曙光花园中路9号市农林科学院植保环保所植保楼311室	100097
21	北京动物学会	67020650	西城区天桥南大街126号	100050
22	北京实验动物学学会	84922374	东城区安定门外大羊坊6号	100012
23	北京微生物学会	65472339	朝阳区三间房南里4号	100024
24	北京细胞生物学会	62784794	海淀区清华大学医学院C244	100084
25	北京心理学会	62756614	海淀区北京大学心理系	100871
26	北京力学会	62782426	海淀区清华大学工程力学系	100084
27	北京金属学会	88296997	石景山区杨庄大街69号首钢技术研究院417室（特钢院内）	100043
28	北京粉体技术协会	88417670	海淀区西三环北路27号理化测试中心	100089
29	北京腐蚀与防护学会	62183235	海淀区学院南路76号7楼	100081
30	北京电镀学会	82317094	海淀区学院路37号北京航空航天大学内	100191
31	北京硅酸盐学会	80675866	西城区宣武门西大街129号金隅大厦A配楼407号	100031

续表

序号	学会名称	电　话	通讯地址	邮　编
32	北京粘接学会	82626721	海淀区中关村北大街123号华腾科技大厦1501室(北京2653信箱)	100084
33	北京化工学会	69342616	房山区燕山岗南路1号C座109室燕山石化公司科技部	102500
34	北京日化协会	67113081	东城区东四块玉南街32号	100061
35	北京科学美容研究会	63746783	丰台区邻枫路5号院怡锦园B座208室	100070
36	北京造纸学会	84615768	朝阳区芍药居14号院2—6—102	100101
37	北京理化分析测试技术学会	68731259	海淀区西三环北路27号北科大厦1层	100089
38	北京膜学会	62782432	海淀区清华大学化工系	100084
39	北京制冷学会	62116811	海淀区西直门外四道口1号	100081
40	北京内燃机学会	87710700	朝阳区广渠路31号北内技术中心	100022
41	北京电机工程学会	88072006	西城区复兴门外地藏庵南巷1号	100045
42	北京电力电子学会	83671666—6306	丰台区科学城富丰路6号	100070
43	北京电工技术学会	67802820	大兴区永昌南路5号	100176
44	北京水力发电工程学会	51972516	朝阳区定福庄西街1号北京勘测设计研究院办公室	100024
45	北京热物理与能源工程学会	62571060	海淀区中关村路212号(北京2706信箱)	100080
46	北京煤炭学会	69839418	门头沟区新桥南大街2号	102300
47	北京石油学会	84876262	朝阳区安慧北里安园21号	100101
48	北京能源学会	52052622	朝阳区安外小关东里甲2号北京节能环保中心410室	100029
49	北京测绘学会	63966138	海淀区复外羊坊店路15号	100038
50	北京工程图学学会	82317093	海淀区学院路37号北京航空航天大学内	100191
51	北京土木建筑学会	68023484	西城区二七剧场路3号	100045
52	北京市绿色建筑促进会	66016180	西城区西交民巷73号	100031
53	北京水利学会	88613202	海淀区玉渊潭南路普惠北里10号水利局老干部活动站	100036
54	北京公路学会	63012331	西城区槐柏树后街23号	100053
55	北京交通工程学会	68398458	西城区阜成门北大街1号交通管理局1222室	100037
56	北京工程爆破协会	51849315	海淀区大柳树路2号铁科院内	100081
57	北京照明学会	67736971	朝阳区大北窑厂坡村甲3号北京电光源研究所院内	100022
58	北京环境科学学会	82636257	海淀区车公庄西路14号	100048
59	北京消防协会	82215866	西城区西内大街190号	100035
60	北京人类生态工程学会	82808193	东城区地安门白米北巷7号	100009
61	北京电子学会	88011088	西城区槐柏树街2号院3号楼134号	100053

续表

序号	学会名称	电　话	通讯地址	邮　编
62	北京通信学会	66012626	西城区复兴门南大街6号	100031
63	北京邮政通信学会	65196324	东城区建内大街北京邮政管理局	100001
64	北京计算机学会	62761777	海淀区北京大学计算机系理科2号楼2125室	100871
65	北京图像图形学学会	82525258	海淀区北四环西路11号热物理研究所办公楼710室	100080
66	北京自动化学会	64413467	朝阳区北三环东路15号北京化工大学内	100029
67	北京仪器仪表学会	62003598	西城区德外人定湖西里12号楼342室	100120
68	北京航空航天学会	82317095	海淀区学院路37号北京航空航天大学内	100191
69	北京宇航学会	68383350	丰台区南大红门路1号9200信箱21分箱	100076
70	北京机械工程学会	65007531	朝阳区工体北路4号市机电研究所内	100027
71	北京汽车工程学会	87664291	朝阳区东三环南路25号汽车大厦	100021
72	北京造船工程学会	64832060	朝阳区德胜门外双泉堡甲2号	100085
73	北京铁道学会	51822880	海淀区复兴路6号北京铁路局内	100860
74	北京振动工程学会	82316009	海淀区学院路37号北京航空航天大学内	100191
75	北京纺织工程学会	65565349	朝阳区十里堡2号	100025
76	北京烟草学会	84559780	东城区东直门外察慈2号	100027
77	北京真空学会	82548210	海淀区中关村北二条13号(北京市2724信箱)	100190
78	北京乐器学会	67712683	朝阳区劲松中街218号楼	100021
79	北京安全技术学会	64002120	朝阳区安定门外安华里504号A座317室	100011
80	北京工艺美术学会	64220927	朝阳区东土城路13号	100013
81	北京标准化协会	64219731	东城区和平里东街20号	100013
82	北京人工智能学会	67396155	朝阳区平乐园100号北京工业大学电子信息与控制工程学院	100124
83	北京农学会	51503204	海淀区板井路市农林科学院内	100097
84	北京蔬菜学会	51503200	海淀区板井路市农林科学院蔬菜研究中心	100097
85	北京作物学会	51503341	海淀区板井路市农林科学院作物所	100097
86	北京果树学会	82384989	西城区裕民中路8号	100029
87	北京食用菌协会	51503437	海淀区板井路市农林科学院内	100097
88	北京土壤学会	51505739	海淀区板井路市农林科学院营资所	100097
89	北京植物病理学会	67235034	东城区永外西革新里98号	100077
90	北京农药学会	59194087	朝阳区麦子店街22号楼农药检定所	100026
91	北京农业工程学会	62736203	海淀区清华东路17号中国农大东区	100083
92	北京林学会	62381455	西城区裕民中路8号214室	100029
93	北京园林学会	62073575	西城区裕民中路8号1号楼233室	100029
94	北京屋顶绿化协会	67115339	朝阳区团结湖路15号	100026

续表

序号	学会名称	电　话	通讯地址	邮　编
95	北京畜牧兽医学会	84929033	朝阳区北苑路甲15号314室	100107
96	北京水产学会	67582511	丰台区永外角门路18号	100068
97	北京农业信息化学会	51503593	海淀区板井路市农林科学院信息中心	100097
98	北京食品学会	62061586	海淀区北土城西路197号联大应用文理学院实验楼108室	100083
99	北京医学会	65255365	东城区东单三条甲7号	100005
100	北京环境诱变剂学会	64407196	海淀区中关村大街29号海淀医院融恒环球基因技术有限公司	100080
101	北京生理科学会	67235026	东城区永外西革新里98号	100077
102	北京解剖学会	67235026	东城区永外西革新里98号	100077
103	北京免疫学会	82805055	海淀区学院路38号北大医学部免疫T细胞室	100191
104	北京药理学会	83198855	西城区长椿街45号宣武医院药理室	100053
105	北京中医药学会	65223477	东城区东单三条甲7号	100005
106	北京药学会	64179534	东城区新中街乙12号	100027
107	北京生物医学工程学会	62013856	海淀区北三环中路2号主楼801室	100011
108	北京护理学会	65256418	东城区东单三条甲7号	100005
109	北京中西医结合学会	65250460	东城区东单三条甲7号	100005
110	北京针灸学会	65594125	东城区东单三条甲7号北京中医药杂志编辑部	100005
111	北京防痨协会	62252394	西城区新街口东光胡同5号	100035
112	北京心理卫生协会	65131245	东城区东交民巷1号同仁医院临床心理科	100730
113	北京抗癌协会	88196171	海淀区阜成路52号	100036
114	北京神经科学学会	82801151	海淀区学院路38号北京大学医学部中心楼	100083
115	北京康复医学会	63460893	丰台区右安门外大街199号	100069
116	北京预防医学学会	64407288	东城区和平里中街16号	100013
117	北京生殖健康研究会	84046004	海淀区西直门北大街58号7号楼305室	100700
118	北京亚健康防治协会	65920668	朝阳区八里庄南里甲1号1—1603室	100025
119	北京营养学会	82801575	海淀区北京大学医学部营养与食品卫生学系	100083
120	北京医师协会	65260165	东城区东单三条甲7号	100005
121	北京老年痴呆防治协会	62103134	东城区安德路甲61号B2609室	100717
122	北京超声医学学会	66939532	海淀区复兴路28号解放军总医院超声科	100853
123	北京自然辩证法研究会	62732437	海淀区圆明园西路2号	100913
124	北京生产力学会	64444015	朝阳区安定门外小关街53号中国化工信息中心C座102室	100029

续表

序号	学会名称	电　话	通讯地址	邮　编
125	北京创造学会	51201136	朝阳区立水桥北甲 1 号石化管理干部学院	100012
126	北京系统工程学会	87810506	东城区永外西革新里 98 号	100077
127	北京循环经济促进会	82314523	海淀区北京航空航天大学经济管理学院	100191
128	北京知识产权研究会	66175475	西城区西直门南大街 16 号	100035
129	北京企业技术开发研究会	67235034	东城区永外西革新里 98 号	100077
130	北京技术经济与管理现代化研究会	67237754	东城区永外西革新里 98 号	100077
131	北京科技政策和管理研究会	68719176	海淀区西三环北路 27 号北科大厦 4 层	100089
132	北京民营科技实业家协会	62961182	海淀区上地西路 38 号时代大厦 4 层	100085
133	北京项目管理协会	82168249	海淀区中关村南大街乙 12 号天作国际中心 1 号楼 B 座 27 层	100081
134	北京工程管理科学学会	67256839	西城区广莲路 1 号北京建工大厦 A 座 8 层 818B 号	100055
135	北京城市管理科技协会	68515969	西城区三里河北街甲 3 号 408 室	100045
136	北京城市规划学会	68018265	西城区三里河东路乙 10 号	100045
137	北京土地学会	64409581	东城区和平里北街 2 号 704 室	100013
138	北京减灾协会	68400821	海淀区紫竹院路 44 号	100089
139	北京继续教育协会	65260301	东城区台基厂三条 3 号市人事局	100005
140	北京科技教育促进会	58204815	朝阳区建国路 93 号万达广场 10 号楼 809 室	100026
141	北京科学技术期刊学会	64883611	海淀区德胜门外北沙滩 1 号	100083
142	北京科学技术普及创作协会	67259422	东城区永外西革新里 98 号	100077
143	北京科技记者编辑协会	67259422	东城区永外西革新里 98 号	100077
144	北京科技声像工作者协会	67259422	东城区永外西革新里 98 号	100077
145	北京老科技工作者总会	87255551	东城区永外西革新里 98 号	100077
146	北京青少年科技教育协会	84634991	朝阳区小营育慧里 4 号青少部	100101
147	北京幼儿科普协会	82271034	东城区永外西革新里 98 号	100077
148	北京数字科普协会	84634779	朝阳区小营育慧里 4 号	100101
149	北京体育科学学会	87255470	丰台区东罗园 146 号北京体育科研所内	100075
150	北京科技情报学会	68355751	海淀区紫竹院南路 23 号国防出版社院内	100048
151	北京学会学研究会	87810506	东城区永外西革新里 98 号	100077
152	北京反邪教协会	87267586	东城区永外西革新里 98 号	100077
153	北京 UFO 研究会	64595316	顺义区天竺空港工业区 A 区天柱路 20 号	101312
154	北京烹饪协会	65227859	东城区东交民巷新大陆 6 号	100006
155	北京原创设计推广协会	84599369	朝阳区酒仙桥路 4 号 798 艺术区 8502 信箱	100015

资料来源：北京市科学技术协会。

北京地区科技企业孵化器一览表

序号	机构名称	地 址	邮 编	电话 传真	电子邮箱	网 址
1	北京高技术创业服务中心*	朝阳区安翔北里甲11号	100101	64853169 64873178	cyzx@ bjcy. net. cn	www. bjcy. net. cn
2	中关村科技园区丰台园创业服务中心* （北京国际企业孵化中心）	丰台区科兴路9号	100070	63747737 63739269	bjibi@ bjibi. org. cn	www. bjibi. org. cn
3	中关村科技园区海淀园创业服务中心* （北京市留学人员海淀创业园）	海淀区上地信息路26号	100085	82898748 62984933	chuangye @ ospp. com	www. ospp. com
4	北京北医联合生物工程有限公司	海淀区学院路38号	100083	82801730 62050175	bmuupc @ sun. bj-mu. edu. cn	www. bio – incubator. com
5	北京北航天汇科技孵化器有限公司*	海淀区北四环中路238号柏彦大厦	100083	82316255 82338204	bbi@ bbi. com. cn	www. bbi. com. cn
6	北京八六三信息安全科技发展有限公司	石景山区石景山路40号信安大厦	100043	68812133 68812468	xuem@ bjisip. com	www. bjisip. com
7	北京望京科技园创业服务中心*	朝阳区望京高新技术产业区利泽中园106号楼	100102	64392019 64392410	wjpioneer@ 263. net	www. wangjing. gov. cn
8	北京理工创新高科技孵化器有限公司	海淀区中关村南大街9号理工科技大厦	100081	68910009 68470073 –8999	liuqiucai@ 126. com	www. bitsp. com. cn
9	清华科技园孵化器有限公司*	海淀区清华大学学研大厦B座	100084	62772742 62780883	incubator @ thsp. com. cn	www. incubator. com. cn
10	北京北内制造业高新技术孵化基地有限公司	朝阳区广渠门外大街8号优士阁A座	100022	58613206 58613207	bjzzy @ bjzzy. com. cn	www. bjzzy. com. cn
11	北京诺飞科技孵化器有限公司	通州区中关村科技园区通州园金桥科技产业基地景盛北一街9号	101102	60595126 60595126	nfkj@ public3. bta. net. cn	www. nfkj. com. cn
12	北京科大方兴科技孵化器有限责任公司*	海淀区学院路30号科技园A座112室	100083	52752185 52752184	office@ fxti. com	
13	北京中关村国际孵化器有限公司*	海淀区上地信息路2号创业园D座	100085	82895166 62974804	scottzwx@ sohu. com	www. incubase. net
14	北京科方创业科技企业孵化器有限公司	海淀区中关村北大街123号科方孵化大楼2509室	100084	62654985 62538086	office@ co – found. com. cn	www. co – found. com. cn

续表

序号	机构名称	地 址	邮 编	电 话 传 真	电子邮箱	网 址
15	北京新材料孵化器有限公司	海淀区西三旗东建材城西路16号	100096	82917247 82926299	swf@ bnbm. com. cn	
16	北京京海科技企业孵化器有限公司	海淀区紫竹院路广源大厦	100081	68415893 68726798	yang _ yizhu @ yahoo. com	
17	北京首特科技孵化器有限责任公司	石景山区古城大街特钢公司办公楼	100043	88919877 88982103	stilxh@ shoute. com	www. shoute. com
18	北京泰思特测控技术公司	海淀区北三环中路31号	100088	82001752 82001751	hawh@ bjtest. com. cn	www. bjtest. com. cn
19	北京崇熙科技孵化器有限公司	朝阳区大羊坊路79号旌凯大厦216室	100122	81503810 81502846	info@ chongxichem. com	www. chongxichem. com
20	北京赛欧科园科技孵化中心	丰台区科学城海鹰路5号	100070	83681497 83681790	soky@ bjibi. org. cn	www. bjsoky. com
21	北京海银科医药技术有限公司	海淀区复兴路83号东9号楼	100856	68214721 68214721	postmaster @ hi – inc. com. cn	www. hi – inc. com. cn
22	北京中关村软件园孵化服务有限公司*	海淀区东北旺西路8号中关村软件园3号楼	100094	82825187 82825186	spi@ zgcspi. com	www. zgcspi. com
23	北京奥宇科技企业孵化器有限责任公司	大兴区工业开发区金苑路2号	102628	60213415 60213342	aykjfhq@ 263. net	www. aoyucn. com
24	北京天竺空港科技企业孵化器有限公司	顺义区天竺空港工业区A区蓝天大厦	101312	80489519 80489575	wangbaiz @ sohu. com	
25	北京硅普京南科技企业孵化器有限公司	丰台区东高地四营门北路2号	100076	68757488 68754791	yujq@ gotoic. com	
26	北京利玛自动化技术公司	西城区德胜门外校场口1号	100011	82023789 62048934	duanshq @ riamb. ac. cn	www. limafhq. com
27	北京康华伟业科技孵化器有限公司	西城区德胜门外大街11号	100088	62021146 62021044	lanaiguo @ bjkh. com. cn	www. bjkh. com. cn
28	北京北方车辆新技术孵化器	丰台区长辛店镇槐树岭4号院969信箱61分箱	100072	83808128 83803119	wu131@ 126. com	www. bjnvni. com
29	北京华商置业有限公司	大兴工业开发区科苑路18号	102600	61271941 61271943	msx7060@ 126. com	www. coeland. com
30	中关村兴业(北京)高科技孵化器股份有限公司	昌平区白浮泉路17号	102200	89717778 89717999	liaolian24 @ tom. com	www. zgcxy. com
31	汇龙森国际企业孵化(北京)有限公司*	大兴区中和街14号	100176	59755396 59755396	hls666 @ huilongsen. com	www. huilongsen. com
32	北京集成电路设计园有限责任公司	海淀区知春路27号量子芯座	100083	82357175 82357178	zy@ bjicpark. com	www. bjicpark. com
33	北京中关村京蒙高科企业孵化器有限公司	海淀区上地东路5号楼	100085	82783865 82783861	dreaming123123 @ sohu. com	www. newwest. cn

续表

序号	机构名称	地址	邮编	电话 传真	电子邮箱	网址
34	北京普天德胜科技孵化器有限公司	西城区新街口外大街28号B座1层	100088	82052111 82052127	ptdsh2002@gmail.com	www.ptdsh.com
35	北京北达燕园科技孵化器有限公司	海淀区中关村北大街116号	100080	58874006 58874005	yd_0806@sina.com	www.beidaincubator.com
36	北京控股高科技孵化器有限公司	昌平区白浮泉路10号北控科技大厦	102200	89760000 89760046	zheng_bl@yahoo.com.cn	www.beht.com.cn
37	北京中自科技产业孵化器有限公司	海淀区中关村东路95号自动化大厦	100190	62541938 82614526	yong.ge@mail.ia.ac.cn	www.caspark.com.cn
38	北京华海基业科技孵化器有限公司*	石景山区石景山路22号长城大厦	100043	68666236 68666207	jwtd123@sohu.com	www.huahaijiye.com.cn
39	北京方和正圆科技企业孵化器有限公司	通州区通州工业开发区光华路16号	101113	61506120 61505151	fhzy29@163.com	www.fhzhy.com
40	北京联东金桥科技孵化器有限公司	中关村科技园区亦庄园光机电一体化产业基地经海7路1号联东商务中心	101111	81508005 81508005		www.liando.cn

资料来源：北京市科学技术委员会高新技术产业化处。

注：*为国家级高新技术创业服务中心。

北京地区大学科技园一览表

序号	机构名称	地址	邮编	电话 传真	电子邮箱	网址
1	清华大学国家大学科技园	海淀区清华大学创新大厦A座	100084	62785888 62772777	thsp@thsp.com.cn	www.thsp.com.cn
2	北京大学国家大学科技园	海淀区海淀路52号太平洋大厦17层	100080	82667840 82667188	pkusp@pkusp.com.cn	www.pkusp.com.cn
3	北京航空航天大学国家大学科技园	海淀区学院路35号世宁大厦	100083	82319898 82338231	buaa@buaa.com.cn	www.buaa.com.cn
4	北京理工大学国家大学科技园	海淀区中关村南大街9号理工科技大厦902室	100081	68470073 68470073-8999	bitsp@sohu.com	www.bitsp.com.cn
5	北京邮电大学国家大学科技园	海淀区西土城路10号北京邮电大学178信箱	100876	62282813 62285259	chensl@bupt.edu.cn	www.buptsp.com
6	北师大—北中医国家大学科技园	海淀区新街口外大街19号	100875	62205230 62206051	kjy@bnu.edu.cn	park.bnu.edu.cn

续表

序号	机构名称	地　址	邮　编	电　话 传　真	电子邮箱	网　址
7	北京化工大学国家大学科技园	朝阳区北三环东路15号133信箱	100029	64435482 88587749	sp@ mail. buct. edu. cn	www. buct. edu. cn
8	北京科技大学国家大学科技园	海淀区学院路30号科技园A座1层	100083	52752176 62332975	fxti@ fxti. com	www. ustbsp. com
9	北京工业大学国家大学科技园	朝阳区平乐园100号	100022	67392781 67392953	zhangxl@ bjut. edu. cn	www. bjttcam. com. cn
10	北京交通大学国家大学科技园	海淀区高粱斜街44号北京交通大学东校区科教楼	100044	51686173 51686173	jdkjy@ center. njtu. edu. cn www. jpsp. com. cn	
11	中国农业大学国家大学科技园	海淀区清华东路17号133信箱	100083	62736706 62734834	hujy@ cau. edu. cn	www. cau. edu. cn
12	华北电力大学国家大学科技园	昌平区德外朱辛庄华北电力大学56号信箱	102206	80798501 80793105	cyjt2000@ 163. com www. ncepu. edu. com	
13	中国人民大学国家大学科技园	海淀区中关村大街甲59号文化大厦	100872	62514333 82509959	cspruc@ ruc. edu. cn	www. cspruc. com
14	首都师范大学科技园	海淀区西三环北路105号	100037	68907023 68981337	kyc@ mail. cnu. edu. cn kjy. cnu. edu. cn	

资料来源:北京市科学技术委员会。

北京地区生产力促进机构一览表

序号	名　称	地　址	邮　编	电　话 传　真	电子邮箱	网　址
1	生产力中心(国家级示范中心)	海淀区北三环中路31号B座8层	100088	82003608 82003613	bjpc@ bjpc. org. cn	www. bjpc. org. cn
2	北京软件与信息服务业促进中心(国家级示范中心)	海淀区北四环中路238号柏彦大厦12层	100083	82331717 82332323	zhangp@ bsw. gov. cn	www. bsw. gov. cn
3	北京市丰台区技术创新与生产力促进中心(国家级示范中心)	丰台区北大街甲13号	100071	63894698 63894698	ftkqb@ pbllic. bta. net. cn	www. ftipc. org. cn
4	北京市朝阳区生产力促进中心	朝阳区大屯路西奥中心B座22层	100101	64862731 64843012	sandizh@ 163. com	www. cyppc. gov. cn
5	北京市东城区生产力促进中心	东城区藏经馆胡同11号	100007	84039292 64009160	scl@ dchst. com	www. dchst. com

续表

序号	名　　称	地　址	邮　编	电　话 传　真	电子邮箱	网　址
6	北京市西城区生产力促进中心	西城区月坛北街甲1号—4	100037	68010703 68010703	ssylly@sina.com.cn	www.bjxchst.gov.cn
7	北京市石景山区技术创新与生产力促进中心	石景山区八角西街40号	100043	68863638 88910825	sjskw@263.net.cn	www.hingespace.com
8	北京通州区生产力促进中心	通州区玉带河大街30号	101100	68543252 69546592	tkq@public3.bta.net.cn	
9	北京市顺义区技术创新与生产力促进中心	顺义区光明南街24号	101300	69460334 69449340	kew@mail.bjshy.gov.cn	www.kw.bjshy.gov.cn
10	北京市密云县生产力促进中心	密云县西滨河路2号	101500	69044519 69048443	fengke212@126.com	
11	中机生产力促进中心(国家级示范中心)	海淀区首体南路2号	100044	88301718 88301705	info@pcmi.com.cn	www.pcmi.com.cn
12	中技协生产力促进中心(国家级示范中心)	西城区南滨河路23号立恒名苑3座2103室	100055	63268422 63268467	ch6834@sina.com.cn	www.fortunewise.com.cn
13	建筑行业生产力促进中心(国家级示范中心)	朝阳区北三环东路30号	100013	84286025 84280321	cabrkj@public2.east.net.cn	www.cabr.ac.cn
14	建筑材料行业生产力促进中心(国家级示范中心)	朝阳区管庄东里1号	100024	65750569 65750569	pcbmi@263.net	www.pcbmi.com
15	冶金行业生产力促进中心(国家级示范中心)	东城区东四西大街46号	100711	65133322—1408 65135864	mippc@vip.sina.com	www.mippc.net.cn
16	国家服装行业生产力促进中心(国家级示范中心)	朝阳区建国路99号中服大厦	100020	65813501 65813521	ncppc@public.bta.net.cn	www.cnggc.com
17	兵器工业生产力促进中心(国家级示范中心)	海淀区车道沟10号科技大厦8层	100089	68962094 68962196	webmaster@techinfo.gov.cn	www.techinfo.gov.cn
18	国家新材料行业生产力促进中心(国家级示范中心)	海淀区中关村南大街2号数码大厦B座702室	100086	82512801 82512803	office@techcn.com	www.matinvest.com.cn
19	北京轻工生产力促进中心	朝阳区大北窑厂坡村甲3号	100022	67767835 67709369	yqkjc@263.net	
20	北京中轻生产力促进中心	西城区月坛北小街6号	100037	68054036 68052492	zqpc@sina.com	

续表

序号	名　称	地　址	邮　编	电　话 传　真	电子邮箱	网　址
21	冶金自动化生产力促进中心	丰台区西四环南路72号	100071	63812255－3203	arim@ public. bta. net. cn	www. arim. com
22	有色金属行业生产力促进中心	海淀区复兴路乙12号	100814	63971828 63979551	postmaster@ cnitdc. com	www. cnitdc. com
23	热处理生产力促进中心	海淀区学清路18号	100083	62954651 62954651	webmaster@ ht. org. cn	www. ht. org. cn
24	国青生产力促进中心	海淀区皂君庙4号	100081	82190657 62168930	fx7435@ sina. com	www. zgg. org. cn
25	混凝土砌块建筑技术生产力促进中心	丰台区路口139号611室	100071	63833230 83820225	sihui@ sihui8. com	www. sihui8. com
26	纺织行业生产力促进中心	朝阳区朝阳门外延静里中街3号	100025	65010838 65010837	kfb@ cta. com. cn	www. cta. com. cn
27	农业机械生产力促进中心	朝阳区德胜门外北沙滩1号	100083	64882238 64882213	gongczx@ caams. org. cn	www. caams. org. cn
28	皮革行业生产力促进中心(国家级示范中心)	朝阳区将台西路18号	100016	64337789 64337789	clfppc@ yahoo. com. cn	www. leather365. com
29	农业部乡镇企业生产力促进中心	朝阳区麦子店18号楼	100026	64195053 64195044	cte@ cte. gov. cn	www. cte. gov. cn
30	国家化工行业生产力促进中心(国家级示范中心)	朝阳区亚运村安慧里4区16楼	100723	84885726 84885052	Jli77@ sina. com	www. cippc. org. cn
31	化工新材料生产力促进中心	朝阳区安外安华里5区18楼	100011	64262469 64262467	acmljf@ 163. com	
32	中国医药行业生产力促进中心	西城区复兴门内大街45号118信箱	100801	66095634 66095634	zhangchy@ bbn. cn	
33	国家模糊控制技术生产力促进中心	海淀区学清路18号906室	100083	62912338 62755367	mhkzzx@ 126. com	www. ncfct. cn
34	CALS技术生产力促进中心	朝阳区安外小关东里14号	100029	64918414 64918420		
35	中商流通生产力促进中心(国家级示范中心)	海淀区海淀南路32号中信国安数码港710室	100080	51662601—695 51662601—666	pxf@ dppc. org	www. dppc. org
36	中国航天科技集团公司军转民生产力促进中心	北京1408信箱	100013	68767297 68768174	jmly@ vip. sina. com	www. chinatoptech. com

续表

序号	名　称	地　址	邮　编	电　话 传　真	电子邮箱	网　址
37	机械工业自动化生产力促进中心	西城区德胜门外校场口1号	100011	82285770 82285780	liuxz@ riamb. ca. cn	
38	高分子材料生产力促进中心	朝阳区北三环东路14号	100013	59202586 59202586	wenwenyi@ prici. ac. cn	
30	精细化学品行业生产力促进中心	朝阳区安定门外安华里五区18楼504室	100011	64262348 64262348	cnprc@ 263. net	
40	全国造纸生产力促进中心	朝阳区光华路12号	100020	65817476 65817476	kb@ piric. com. cn	www. cnppri. com
41	交通行业电子商务与现代物流生产力促进中心	海淀区西土城路8号ITS中心楼1层	100088	62355027 62016944	weifeng@ itsc. com. cn	www. cltc. com. cn
42	清洁汽车生产力促进中心	丰台区南四环西路188号总部基地二区7号楼	100070	63702966 —8061 63702964	fxh@ catarc. com. cn	www. chinaev. org
43	中农生产力促进中心	昌平区霍营农业部管理干部学院	102208	81702428 81702210	pengyuan268@ sohu. com	www. cacetc. org
44	航空工业生产力促进中心	朝阳区京顺路7号	100028	64663322 —2256 84482202	leejunsheng@ 126. com	
45	航天科工军转民生产力促进中心	海淀区阜成路甲8号	100037	68373985 68767747	zhangjun@ casec. com	www. casec. cn
46	国家食品行业生产力促进中心（国家级示范中心）	东城区崇文门外大街9号正仁大厦8层	100062	67091546 67091533	hxy85@ sina. com	www. cfipc. com. cn
47	北京工业控制技术生产力促进中心	北京市2729信箱	100080	68379335 62543110	xueli0410@ hotmail. com	
48	北京博远万达电子商务与现代物流生产力促进中心	海淀区紫竹院化工大学图书馆605室	100071	51219775 51219776	mareeg@ 163. com	
49	北京生物技术和新医药产业促进中心	海淀区马连洼北路151号院内	100193	62896868 62899978	info@ newlife. org. cn	www. newlife. org. cn
50	北京新材料发展中心	海淀区学院路30号方兴大厦5层	100083	62341509 62333998	marker@ materials. net. cn	www. materials. net. cn
51	北京市科委农村发展中心	朝阳区安翔北里11号北京创业大厦B座16层	100101	64830180 68430289 6	nczx@ nczx. com. cn	www. nczx. cn

续表

序号	名　称	地　址	邮　编	电　话 传　真	电子邮箱	网　址
52	北京技术交易促进中心	海淀区苏州街甲49号	100080	62578706 62619816	webmaster@ chinatis. com	www. ctmnet. com. cn
53	北京市中小企业服务中心	东城区东四十条凯龙大厦301室	100700	64065056 64058636	bjsme2005@ sina. com	www. beijingsme. com

资料来源:生产力中心。

北京市重点实验室一览表

序号	名称	依托单位
1	城市综合应急科学北京市重点实验室	清华大学
2	动物源食品安全检测技术北京市重点实验室	中国农业大学
3	分子与微结构可控高分子材料技术北京市重点实验室	北京科技大学
4	飞机/发动机综合系统安全性北京市重点实验室	北京航空航天大学
5	大功率电力电子北京市重点实验室	国网智能电网研究院
6	太阳能发电技术北京市重点实验室	中国科学院电工研究所
7	安全生产智能监控北京市重点实验室	北京邮电大学
8	细胞工程和抗体药物北京市重点实验室	中国人民解放军总医院
9	生物饲料添加剂北京市重点实验室	中国农业大学
10	新能源汽车动力总成技术北京市重点实验室	北京交通大学
11	轨道工程北京市重点实验室	北京交通大学
12	城市交通运行仿真与决策支持北京市重点实验室	北京交通发展研究中心
13	二氧化碳资源利用与减排技术北京市重点实验室	清华大学
14	冶金工业节能减排北京市重点实验室	北京科技大学
15	低品位能源多相流与传热北京市重点实验室	华北电力大学
16	分布式冷热电联供系统北京市重点实验室	中国科学院工程热物理研究所
17	新能源材料与器件北京市重点实验室	中国科学院物理研究所
18	高端机械装备健康监控与自愈化北京市重点实验室	北京化工大学
19	车路协同与安全控制北京市重点实验室	北京航空航天大学
20	流域水环境与生态技术北京市重点实验室	北京市水科学技术研究院
21	水体污染源控制技术北京市重点实验室	北京林业大学
22	工业场地污染与修复北京市重点实验室	轻工业环境保护研究所
23	环境噪声与振动北京市重点实验室	北京市劳动保护科学研究所
24	植物基因资源与低碳环境生物技术北京市重点实验室	首都师范大学
25	恩泽生物质精细化工北京市重点实验室	北京石油化工学院

续表

序号	名称	依托单位
26	离子液体清洁过程北京市重点实验室	中国科学院过程工程研究所
27	先进电池材料理论与技术北京市重点实验室	北京大学
28	特种陶瓷与耐火材料北京市重点实验室	中国钢研科技集团有限公司
29	镀膜靶材北京市重点实验室	安泰科技股份有限公司
30	水泥混凝土节能利废技术北京市重点实验室	北京金隅水泥节能科技有限公司
31	防水材料北京市重点实验室	北京东方雨虹防水技术股份有限公司
32	职业安全健康北京市重点实验室	北京市劳动保护科学研究所
33	燃气、供热及地下管网运行安全北京市重点实验室	北京城市系统工程研究中心
34	地下工程建设预报预警北京市重点实验室	北京市市政工程研究院
35	数字化印刷装备北京市重点实验室	北京印刷学院
36	高端印刷装备信号与信息处理北京市重点实验室	北京印刷学
37	语言声学与内容理解北京市重点实验室	中国科学院声学研究所
38	分子影像北京市重点实验室	中国科学院自动化研究所
39	移动计算与新型终端北京市重点实验室	中国科学院计算技术研究所
40	无线通信测试技术北京市重点实验室	北京星河亮点技术股份有限公司
41	第四代移动通信技术研究北京市重点实验室	大唐移动通信设备有限公司
42	网络体系构建与融合北京市重点实验室	北京邮电大学
43	云计算关键技术与应用北京市重点实验室	北京市计算中心
44	网络密码认证技术北京市重点实验室	北京市科学技术情报研究所
45	软件测试技术北京市重点实验室	北京软件产品质量检测检验中心
46	嵌入式实时信息处理技术北京市重点实验室	北京理工大学
47	文化遗产数字化保护与虚拟现实北京市重点实验室	北京师范大学
48	网络安全防护技术北京市重点实验室	中国科学院信息工程研究所
49	可信计算北京市重点实验室	北京工业大
50	软件安全工程技术北京市重点实验室	北京理工大学
51	电子系统可靠性技术北京市重点实验室	首都师范大学
52	集成电路测试技术北京市重点实验室	北京自动测试技术研究所
53	矿冶过程自动控制技术北京市重点实验室	北京矿冶研究总院
54	液晶材料分析及应用技术北京市重点实验室	北京八亿时空液晶科技股份有限公司
55	啤酒酿造技术北京市重点实验室	北京燕京啤酒股份有限公司
56	特种弹性体复合材料北京市重点实验室	北京石油化工学院
57	微量分析测试方法与仪器研制北京市重点实验室	清华大学
58	油气装备材料失效与腐蚀防护北京市重点实验室	中国石油大学(北京)
59	农产品有害微生物及农残安全检测与控制北京市重点实验室	北京农学院
60	出入境食品安全检测北京市重点实验室	北京出入境检验检疫局检验检疫技术中心
61	食物中毒诊断溯源技术北京市重点实验室	北京市疾病预防控制中心

续表

序号	名称	依托单位
62	食品安全毒理学研究与评价北京市重点实验室	北京大学
63	农业智能装备技术北京市重点实验室	北京市农林科学院
64	现代农业装备优化设计北京市重点实验室	中国农业大学
65	肉类加工技术北京市重点实验室	中国肉类食品综合研究中心
66	种子病害检验与防控北京市重点实验室	中国农业大学
67	绿化植物育种北京市重点实验室	北京市园林科学研究所
68	葡萄科学与酿酒技术北京市重点实验室	中国科学院植物研究所
69	抗性基因资源与分子发育北京市重点实验室	北京师范大学
70	高温超导材料及应用技术北京市重点实验室	北京英纳超导技术有限公司
71	生物电磁学北京市重点实验室	中国科学院电工研究所
72	煤基节能环保炭材料北京市重点实验室	煤炭科学技术研究院有限公司
73	射频集成电路与系统北京市重点实验室	中国科学院半导体研究所
74	航空材料检测与评价北京市重点实验室	中国航空工业集团公司北京航空材料研究院
75	精密合金技术北京市重点实验室	钢铁研究总院
76	绿色可循环钢铁流程北京市重点实验室	首钢总公司
77	药物非临床安全评价研究北京市重点实验室	中国食品药品检定研究院
78	药物靶点研究与新药筛选北京市重点实验室	中国医学科学院药物研究所
79	活性物质发现与适药化北京市重点实验室	中国医学科学院药物研究所
80	中药成分分析与生物评价北京市重点实验室	北京市药品检验所
81	心血管植入材料临床前研究评价北京市重点实验室	中国医学科学院阜外心血管病医院
82	生物制品安全性评价北京市重点实验室	北京昭衍新药研究中心股份有限公司
83	全牙再生与口腔组织功能重建北京市重点实验室	首都医科大学附属北京口腔医院
84	热带病防治研究北京市重点实验室	首都医科大学附属北京友谊医院
85	丙型肝炎和肝病免疫治疗北京市重点实验室	北京大学人民医院
86	乙型肝炎与肝癌转化医学研究北京市重点实验室	首都医科大学附属北京佑安医院
87	艾滋病研究北京市重点实验室	首都医科大学附属北京佑安医院
88	药物传输技术及新型制剂北京市重点实验室	中国医学科学院药物研究所
89	单克隆抗体上游研发技术北京市重点实验室	北京义翘神州生物技术有限公司
90	蛋白质组学北京市重点实验室	北京市蛋白质组研究中心
91	结合疫苗新技术研究北京市重点实验室	北京民海生物科技有限公司
92	DNA 损伤应答北京市重点实验室	首都师范大学
93	基因组学研究北京市重点实验室	北京诺赛基因组研究中心有限公司
94	脑肿瘤研究北京市重点实验室	北京市神经外科研究所
95	神经精神药理学北京市重点实验室	中国人民解放军军事医学科学院毒物药物研究所
96	脑功能疾病调控治疗北京市重点实验室	首都医科大学宣武医院

续表

序号	名称	依托单位
97	磁共振成像设备与技术北京市重点实验室	北京大学第三医院
98	中药药理北京市重点实验室	中国中医科学院西苑医院
99	脑血管病转化医学北京市重点实验室	首都医科大学
100	证候与方剂基础研究北京市重点实验室	北京中医药大学
101	中医药防治重大疾病基础研究北京市重点实验室	中国中医科学院医学实验中心
102	道地中药材功能基因组研究北京市重点实验室	中国中医科学院中药研究所
103	生化诊断试剂检验技术北京市重点实验室	北京利德曼生化股份有限公司
104	器官移植与免疫调节北京市重点实验室	中国人民解放军第三〇九医院
105	造血干细胞移植治疗血液病北京市重点实验室	北京大学人民医院
106	临床流行病学北京市重点实验室	首都医科大学
107	皮肤损伤修复与组织再生北京市重点实验室	中国人民解放军总医院
108	肾脏疾病研究北京市重点实验室	中国人民解放军总医院
109	科技政策模拟与决策支撑北京市重点实验室	北京科学学研究中心
110	跨媒体出版北京市重点实验室	北京印刷学院
111	恶性肿瘤转化研究北京市重点实验室	北京市肿瘤防治研究所
112	皮肤病分子诊断北京市重点实验室	北京大学第一医院
113	脊柱疾病研究北京市重点实验室	北京大学第三医院
114	生殖内分泌与辅助生殖技术北京市重点实验室	北京大学第三医院
115	消化疾病癌前病变北京市重点实验室	首都医科大学附属北京友谊医院
116	生物医药成分分离与分析北京市重点实验室	北京理工大学
117	膜分离过程与技术北京市重点实验室	北京化工大学
118	营养健康与食品安全北京市重点实验室	中粮营养健康研究院有限公司
119	太阳能与建筑节能玻璃材料加工技术北京市重点实验室	中国建筑材料科学研究总院
120	民用飞机设计数字仿真技术北京市重点实验室	中国商用飞机有限责任公司北京民用飞机技术研究中心
121	配电变压器节能技术北京市重点实验室	中国电力科学研究院
122	民用飞机结构与复合材料北京市重点实验室	中国商用飞机有限责任公司北京民用飞机技术研究中心
123	射频识别芯片检测技术北京市重点实验室	北京中电华大电子设计有限责任公司
124	基于 IPv6 的电信网络技术北京市重点实验室	中国电信股份有限公司北京研究院
125	二氧化碳捕集与处理北京市重点实验室	中国华能集团清洁能源技术研究院有限公司
126	骨科再生医学北京市重点实验室	中国人民解放军总医院
127	中枢神经系统损伤研究北京市重点实验室	北京市神经外科研究所
128	儿童发育营养组学北京市重点实验室	首都儿科研究所
129	鼻病研究北京市重点实验室	首都医科大学附属北京同仁医院
130	泌尿生殖系疾病(男)分子诊治北京市重点实验室	北京大学第一医院

续表

序号	名称	依托单位
131	磁共振成像脑信息学北京市重点实验室	首都医科大学宣武医院
132	衰老及相关疾病研究北京市重点实验室	中国人民解放军总医院
133	风湿病机制及免疫诊断北京市重点实验室	北京大学人民医院
134	帕金森病研究北京市重点实验室	北京市老年病医疗研究中心
135	癫痫病临床医学研究北京市重点实验室	首医大三博脑科医院(北京)有限公司
136	精神疾病诊断与治疗北京市重点实验室	首都医科大学附属北京安定医院
137	心血管受体研究北京市重点实验室	北京大学第三医院
138	新发突发传染病研究北京市重点实验室	首都医科大学附属北京地坛医院
139	耐药结核病研究北京市重点实验室	北京市结核病胸部肿瘤研究所
140	肺损伤与感染北京市重点实验室	中国人民解放军总医院
141	儿童血液病与肿瘤分子分型北京市重点实验室	首都医科大学附属北京儿童医院
142	糖尿病防治研究北京市重点实验室	首都医科大学附属北京同仁医院
143	中药(天然药物)创新药物研发北京市重点实验室	中国医学科学院药用植物研究所
144	抗肿瘤分子靶向药物临床研究北京市重点实验室	中国医学科学院肿瘤医院
145	晶型药物研究北京市重点实验室	中国医学科学院药物研究所
146	低温生物医学工程学北京市重点实验室	中国科学院理化技术研究所
147	心脏药械技术与循证医学研究北京市重点实验室	北京美中双和医疗器械股份有限公司
148	新药作用机制研究与药效评价北京市重点实验室	中国医学科学院药物研究所
149	肿瘤系统生物学北京市重点实验室	北京大学
150	人机交互北京市重点实验室	中国科学院软件研究所
151	网络多媒体北京市重点实验室	清华大学
152	石油数据挖掘北京市重点实验室	中国石油大学(北京)
153	新一代通信射频芯片技术北京市重点实验室	中国科学院微电子研究所
154	材料领域知识工程北京市重点实验室	北京科技大学
155	毫米波与太赫兹技术北京市重点实验室	北京理工大学
156	高速交通工具智能诊断与健康管理北京市重点实验室	北京航天测控技术有限公司
157	光电测试技术北京市重点实验室	北京信息科技大学
158	化学电源与绿色催化北京市重点实验室	北京理工大学
159	先进化学蓄电技术与材料北京市重点实验室	中国人民解放军防化研究院
160	纳米能源材料北京市重点实验室	安泰科技股份有限公司
161	能量转换与存储材料北京市重点实验室	北京师范大学
162	非常规天然气能源地质评价与开发工程北京市重点实验室	中国地质大学(北京)
163	工业废水处理与资源化北京市重点实验室	中国科学院生态环境研究中心
164	污染场地风险模拟与修复北京市重点实验室	北京市环境保护科学研究院
165	油气污染防治北京市重点实验室	中国石油大学(北京)
166	云降水物理研究和云水资源开发北京市重点实验室	北京市气象局

续表

序号	名称	依托单位
167	园林绿地生态功能评价与调控技术北京市重点实验室	北京市园林科学研究所
168	林木生物质化学北京市重点实验室	北京林业大学
169	温室气体封存与石油开采利用北京市重点实验室	中国石油大学(北京)
170	城市道路交通智能控制技术北京市重点实验室	北方工业大学
171	城市交通节能减排检测与评估北京市重点实验室	北京交通发展研究中心
172	低维半导体材料与器件北京市重点实验室	中国科学院半导体研究所
173	纳米光子学与超精密光电系统北京市重点实验室	北京理工大学
174	高温合金新材料北京市重点实验室	钢铁研究总院
175	辐射新材料北京市重点实验室	北京市射线应用研究中心
176	材料电化学过程与技术北京市重点实验室	北京化工大学
177	固体微结构与性能北京市重点实验室	北京工业大学
178	功能分子与晶态材料科学与应用北京市重点实验室	北京科技大学
179	精密超精密制造装备及控制北京市重点实验室	清华大学
180	复杂构件数控加工工艺及装备北京市重点实验室	
181	城市运行应急保障模拟技术北京市重点实验室	北京航空航天大学
182	城市有毒有害易燃易爆危险源控制技术北京市重点实验室	北京市劳动保护科学研究所
183	环境有害化学物质分析北京市重点实验室	北京化工大学
184	蔬菜种质改良北京市重点实验室	北京市农林科学院
185	农业基因资源与生物技术北京市重点实验室	北京农业生物技术研究中心
186	设施蔬菜生长发育调控北京市重点实验室	中国农业大学
187	森林资源生态系统过程北京市重点实验室	北京林业大学
188	畜禽疫病防控技术北京市重点实验室	北京市农林科学院
189	蔬菜有害生物控制与优质栽培北京市重点实验室	中国农业科学院蔬菜花卉研究所
190	植物源功能食品北京市重点实验室	中国农业大学
191	林业食品加工与安全北京市重点实验室	北京林业大学
192	博物馆展陈设计与空间实现北京市重点实验室	北京工业大学
193	文化创意产业标准化研究北京市重点实验室	北京市科学技术情报研究所
194	空间热控技术北京市重点实验室	北京空间飞行器总体设计部
195	计算智能与智能系统北京市重点实验室	北京工业大学
196	高动态导航技术北京市重点实验室	北京信息科技大学
197	数字动画技术研究与应用北京市重点实验室	中国传媒大学
198	交通数据分析与挖掘北京市重点实验室	北京交通大学
199	电弧等离子应用装备北京市重点实验室	中国航天空气动力技术研究院
200	生物制造与快速成形技术北京市重点实验室	清华大学
201	高能束流增量制造技术与装备北京市重点实验室	中国航空工业集团公司北京航空制造工程研究所

续表

序号	名称	依托单位
202	飞行器装配机器人装备北京市重点实验室	北京航空航天大学
203	核检测技术北京市重点实验室	清华大学
204	机械结构非线性振动与强度北京市重点实验室	北京工业大学
205	多维多尺度计算摄像北京市重点实验室	清华大学
206	物联网信息安全技术北京市重点实验室	中国科学院信息工程研究所
207	分数域信号与信息处理系统北京市重点实验室	北京理工大学
208	智能物流系统北京市重点实验室	北京物资学院
209	精密光电测试仪器及技术北京市重点实验室	北京理工大学
210	反劫持装备技术北京市重点实验室	中国人民武装警察部队特种警察学院
211	区域大气复合污染防治北京市重点实验室	北京工业大学
212	城市空间信息工程北京市重点实验室	北京市测绘设计研究院
213	湿地生态功能与恢复北京市重点实验室	中国林业科学研究院
214	结构风工程与城市风环境北京市重点实验室	北京交通大学
215	热电生产过程污染物监测与控制北京市重点实验室	华北电力大学
216	热力过程节能技术北京市重点实验室	中国科学院理化技术研究所
217	综合交通运行监测与服务北京市重点实验室	北京市交通信息中心
218	生物燃气高值利用北京市重点实验室	中国石油大学(北京)
219	精准林业北京市重点实验室	北京林业大学
220	生物质炼制工程北京市重点实验室	中国科学院过程工程研究所
221	非能动核能安全技术北京市重点实验室	华北电力大学
222	仿生能源材料与器件北京市重点实验室	北京航空航天大学
223	先进功能材料与结构分析北京市重点实验室	中国科学院物理研究所
224	光功能材料与器件北京市重点实验室	首都师范大学
225	特种涂层材料与技术北京市重点实验室	北京矿冶研究总院
226	稀贵金属绿色回收与提取北京市重点实验室	北京科技大学
227	光电功能材料与微纳器件北京市重点实验室	中国人民大学
228	金属材料表征北京市重点实验室	钢研纳克检测技术有限公司
229	光电转换材料北京市重点实验室	北京理工大学
230	玉米 DNA 指纹及分子育种北京市重点实验室	北京市农林科学院
231	畜禽遗传改良北京市重点实验室	中国农业大学
232	奶牛遗传育种与繁殖北京市重点实验室	北京奶牛中心
233	花卉种质创新与分子育种北京市重点实验室	北京林业大学
234	生物多样性与有机农业北京市重点实验室	中国农业大学
235	林木有害生物防治北京市重点实验室	北京林业大学
236	果蔬农产品保鲜与加工北京市重点实验室	北京市农林科学院
237	代谢及心血管分子医学北京市重点实验室	北京大学

续表

序号	名称	依托单位
238	代谢紊乱相关心血管疾病北京市重点实验室	首都医科大学
239	儿童耳鼻咽喉头颈外科疾病北京市重点实验室	首都医科大学附属北京儿童医院
240	心血管疾病微创技术研究北京市重点实验室	中国人民解放军总医院
241	运动医学关节伤病北京市重点实验室	北京大学第三医院
242	视网膜脉络膜疾病诊治研究北京市重点实验室	北京大学人民医院
243	肝硬化转化医学北京市重点实验室	首都医科大学附属北京友谊医院
244	老年认知障碍疾病北京市重点实验室	首都医科大学宣武医院
245	临床生物力学应用基础研究北京市重点实验室	首都医科大学
246	中医正骨技术北京市重点实验室	中国中医科学院望京医院
247	神经系统小血管病探索北京市重点实验室	北京大学第一医院
248	传染病分子诊断新技术北京市重点实验室	中国人民解放军军事医学科学院放射与辐射医学研究所
249	生物工程与传感技术北京市重点实验室	北京科技大学
250	非编码核酸北京市重点实验室	中国科学院生物物理所
251	病原微生物耐药与耐药基因组学北京市重点实验室	中国科学院微生物研究所
252	肿瘤治疗性疫苗北京市重点实验室	首都医科大学附属北京世纪坛医院首都医科大学肿瘤医学院
253	环境毒理学北京市重点实验室	首都医科大学
254	高血压病研究北京市重点实验室	首都医科大学附属北京朝阳医院
255	药物临床风险与个体化应用评价北京市重点实验室	北京医院
256	中医养生学北京市重点实验室	北京中医药大学
257	高端植介入医疗器械优化设计与评测技术北京市重点实验室	北京航空航天大学
258	基因组与精准医学检测技术北京市重点实验室	中国科学院北京基因组研究所
259	药物依赖性研究北京市重点实验室	北京大学
260	城市绿色发展科技战略研究北京市重点实验室	北京师范大学首都科技发展战略研究院
261	包装印刷新技术北京市重点实验室	中国印刷科学技术研究院
262	新媒体动画技术北京市重点实验室	北京电影学院
263	大规模流数据集成与分析技术北京市重点实验室	北方工业大学
264	云计算标准与测试验证北京市重点实验室	工业和信息化部电信研究院
265	超高速宽带通信北京市重点实验室	中国电信股份有限公司北京研究院
266	航天机电产品环境可靠性试验技术北京市重点实验室	北京卫星环境工程研究所
267	空间智能机器人系统技术与应用北京市重点实验室	北京空间飞行器总体设计部
268	电火花加工技术北京市重点实验室	北京市电加工研究所
269	网络化协同空管技术北京市重点实验室	北京航空航天大学
270	油气光学探测技术北京市重点实验室	中国石油大学(北京)
271	道路工程材料与检测鉴定技术北京市重点实验室	北京市道路工程质量监督站(北京市公路工程检测中心)

续表

序号	名称	依托单位
272	新能源乘用车节能与安全北京市重点实验室	北京新能源汽车股份有限公司
273	高速铁路信号系统北京市重点实验室	北京和利时系统工程有限公司
274	新兴有机污染物控制北京市重点实验室	清华大学
275	环境损害与污染修复北京市重点实验室	中国科学院地理科学与资源研究所
276	绿色催化与分离北京市重点实验室	北京工业大学
277	工业典型污染物资源化处理北京市重点实验室	北京科技大学
278	微细尺度流动与相变传热北京市重点实验室	北京交通大学
279	灾害救援医学北京市重点实验室	中国人民武装警察部队总医院
280	安防大数据处理与应用北京市重点实验室	北京声迅电子股份有限公司
281	金属矿山智能开采技术北京市重点实验室	北京矿冶研究总院
282	地铁火灾与客流疏运安全北京市重点实验室	中国安全生产科学研究院
283	移动媒体与文化计算北京市重点实验室	北京邮电大学世纪学院
284	有机材料检测技术与质量评价北京市重点实验室	北京市理化分析测试中心
285	首都区域空间规划研究北京市重点实验室	清华大学
286	现代演艺技术北京市重点实验室	中国传媒大学
287	数字出版标准符合性测试北京市重点实验室	中国新闻出版研究院
288	纳米材料与器件物理北京市重点实验室	中国科学院物理研究所
289	非金属矿物与固废资源材料化利用北京市重点实验室	中国地质大学(北京)
290	超材料与器件北京市重点实验室	首都师范大学
291	高端金属材料特种熔炼与制备北京市重点实验室	北京科技大学
292	生物质废弃物资源化利用北京市重点实验室	北京联合大学
293	煤制清洁液体燃料北京市重点实验室	中科合成油技术有限公司
294	新型薄膜太阳电池北京市重点实验室	华北电力大学
295	气动热力储能与供能北京市重点实验室	北京航空航天大学
296	杂交小麦分子遗传北京市重点实验室	北京市农林科学院
297	奶牛营养学北京市重点实验室	北京农学院
298	渔业生物技术北京市重点实验室	北京市水产科学研究所
299	花卉发育与品质调控北京市重点实验室	中国农业大学
300	圈养野生动物技术北京市重点实验室	北京动物园
301	肿瘤侵袭和转移机制研究北京市重点实验室	首都医科大学
302	骨与软组织肿瘤研究北京市重点实验室	北京大学人民医院
303	痴呆诊治转化医学研究北京市重点实验室	北京大学第六医院
304	头颈部分子病理诊断北京市重点实验室	首都医科大学附属北京同仁医院
305	胎儿心脏病母胎医学研究北京市重点实验室	首都医科大学附属北京安贞医院
306	肝硬化肝癌基础研究北京市重点实验室	北京大学人民医院

续表

序号	名称	依托单位
307	媒介生物危害和自然疫源性疾病北京市重点实验室	中国人民解放军军事医学科学院微生物流行病研究所
308	结核病诊疗新技术北京市重点实验室	中国人民解放军第三〇九医院
309	儿童病毒病病原学北京市重点实验室	首都儿科研究所
310	儿童呼吸道感染性疾病研究北京市重点实验室	首都医科大学附属北京儿童医院
311	低氧适应转化医学北京市重点实验室	首都医科大学宣武医院
312	免疫炎性疾病北京市重点实验室	中日友好医院
313	移植耐受与器官保护北京市重点实验室	首都医科大学附属北京友谊医院
314	儿科遗传性疾病分子诊断与研究北京市重点实验室	北京大学第一医院
315	中医络病研究北京市重点实验室	首都医科大学
316	神经电刺激研究与治疗北京市重点实验室	北京市神经外科研究所
317	中医感染性疾病基础研究北京市重点实验室	北京市中医研究所
318	中医药防治过敏性疾病北京市重点实验室	中日友好医院
319	血液安全保障技术研究北京市重点实验室	中国人民解放军军事医学科学院野战输血研究所
320	抗感染药物研究北京市重点实验室	中国医学科学院医药生物技术研究所
321	创新药物非临床药物代谢及药代/药效研究北京市重点实验室	中国医学科学院药物研究所
322	放射生物学北京市重点实验室	中国人民解放军军事医学科学院放射与辐射医学研究所
323	蛋白质修饰与细胞功能北京市重点实验室	北京大学
324	工程化构建与力学生物学北京市重点实验室	中国科学院力学研究所
325	中药鉴定与安全性评估北京市重点实验室	中国中医科学院中药研究所
326	生物应急与临床 POCT 北京市重点实验室	中国人民解放军军事医学科学院微生物流行病研究所
327	医疗器械检验与安全性评价北京市重点实验室	北京市医疗器械检验所

北京市工程技术研究中心一览表

序号	名称	依托单位
1	北京市大容量注射剂质量工程技术研究中心	华润双鹤药业股份有限公司
2	北京市智能康复工程技术研究中心	北京大学
3	北京市生物安全工程技术研究中心	北京汇丰隆经济技术开发有限公司
4	北京市空间生物工程技术研究中心	航天神舟生物科技集团有限公司
5	北京市有源显示工程技术研究中心	北京大学
6	北京市生殖避孕药物工程技术研究中心	华润紫竹药业有限公司
7	北京市射线成像技术与装备工程技术研究中心	中国科学院高能物理研究所

续表

序号	名称	依托单位
8	北京市煤矿安全工程技术研究中心	煤炭科学技术研究院有限公司
9	北京市太阳能热利用工程技术研究中心	北京市太阳能研究所集团有限公司
10	北京市变频技术工程技术研究中心	北方工业大学
11	北京市集中生物燃气利用工程技术研究中心	清华大学
12	北京市劣质铁矿石综合利用工程技术研究中心	北京神雾环境能源科技集团股份有限公司
13	北京市中低速磁浮交通系统工程技术研究中心	北京控股磁悬浮技术发展有限公司
14	北京市动力锂离子电池工程技术研究中心	北大先行科技产业有限公司
15	北京市光伏装备工程技术研究中心	北京京仪集团有限责任公司
16	北京市城镇生活固废综合处理与资源化工程技术研究中心	北京环卫集团环境研究发展有限公司
17	北京市有机废弃物资源化工程技术研究中心	北京嘉博文生物科技有限公司
18	北京市污水脱氮除磷处理与过程控制工程技术研究中心	北京工业大学
19	北京市锂电正极材料工程技术研究中心	北京当升材料科技股份有限公司
20	北京市村镇污水处理及资源化工程技术研究中心	总装备部工程设计研究总院
21	北京市安全防范报警与安检工程技术研究中心	北京声迅电子有限公司
22	北京市城市安全生产综合监管工程技术研究中心	北京亚思顿科技发展有限公司
23	北京市岩土锚固工程技术研究中心	中国京冶工程技术有限公司
24	北京市建筑安全监测工程技术研究中心	北京建筑大学
25	北京市功能性高分子建筑材料工程技术研究中心	北京市建筑工程研究院有限责任公司
26	北京市预拌砂浆工程技术研究中心	北京建筑材料科学研究总院有限公司
27	北京市数控机床工程技术研究中心	北京北一机床股份有限公司
28	北京市金属件先进成形技术与装备工程技术研究中心	机械科学研究总院
29	北京市金融机具工程技术研究中心	中钞长城金融设备控股有限公司
30	北京市广播电视技术工程技术研究中心	北京北广科技股份有限公司
31	北京市氯碱装备工程技术研究中心	蓝星(北京)化工机械有限公司
32	北京市无纸化办公信息采集设备工程技术研究中心	汉王科技股份有限公司
33	北京市智能化技术与系统工程技术研究中心	中国科学院自动化研究所
34	北京市数字视频工程技术研究中心	新奥特(北京)视频技术有限公司
35	北京市政务信息化工程技术研究中心	太极计算机股份有限公司
36	北京市物联网软件与系统工程技术研究中心	北京工业大学
37	北京市数字城市工程技术研究中心	中国科学院电子学研究所
38	北京市海量语言信息处理与云计算应用工程技术研究中心	北京理工大学
39	北京市数据中心运营和服务工程技术研究中心	北京世纪互联宽带数据中心有限公司
40	北京市云制造平台与服务工程技术研究中心	北京慧点科技有限公司
41	北京市小卫星遥感信息工程技术研究中心	北京二十一世纪空间技术应用股份有限公司
42	北京市软件服务运营工程技术研究中心	神州数码信息系统有限公司
43	北京市集成电路先导工艺工程技术研究中心	中国科学院微电子研究所

续表

序号	名称	依托单位
44	北京市太赫兹与红外工程技术研究中心	首都师范大学
45	北京市 MOCVD 工程技术研究中心	北京北方微电子基地设备工艺研究中心有限责任公司
46	北京市激光应用技术工程技术研究中心	北京工业大学
47	北京市全固态激光先进制造工程技术研究中心	中国科学院半导体研究所
48	北京市轮胎绿色制造工艺工程技术研究中心	北京橡胶工业研究设计院
49	北京市碳纤维工程技术研究中心	中国蓝星(集团)股份有限公司
50	北京市纳米材料绿色打印印刷工程技术研究中心	中国科学院化学研究所
51	北京市饲料安全生物调控工程技术研究中心	北京大北农科技集团股份有限公司
52	北京市乳品工程技术研究中心	北京三元食品股份有限公司
53	北京市食品安全分析测试工程技术研究中心	北京市理化分析测试中心
54	北京市非常规水资源开发利用与节水工程技术研究中心	北京市水科学技术研究院
55	北京市缓控释肥料工程技术研究中心	北京市农林科学院
56	北京市草莓工程技术研究中心	北京市农林科学院
57	北京市蛋鸡工程技术研究中心	北京市华都峪口禽业有限责任公司
58	北京市工业建筑特种材料工程技术研究中心	中冶建筑研究总院有限公司
59	北京市大型关键金属构件激光直接制造工程技术研究中心	北京航空航天大学
60	北京市铸轧工程技术研究中心	中冶京诚工程技术有限公司
61	北京市特种车辆部件先进制造与评估工程技术研究中心	北京北方车辆集团有限公司
62	北京市工业部件表面强化与修复工程技术研究中心	北京矿冶研究总院
63	北京市电子信息用新型钎焊材料工程技术研究中心	北京有色金属与稀土应用研究所
64	北京市先进铝合金材料及应用工程技术研究中心	中国航空工业集团公司北京航空材料研究院
65	北京市难熔金属材料工程技术研究中心	安泰科技股份有限公司
66	北京市生态环境材料及其评价工程技术研究中心	北京工业大学
67	北京市呼吸与危重症诊治工程技术研究中心	首都医科大学附属北京朝阳医院
68	北京市人工听觉工程技术研究中心	首都医科大学附属北京同仁医院
69	北京市心脑血管医疗技术与器械工程技术研究中心	首都医科大学附属北京安贞医院
70	北京市脂质靶向制剂工程技术研究中心	北京泰德制药股份有限公司
71	北京市口服固体制剂产业化工程技术研究中心	华润赛科药业有限责任公司
72	北京市心脏病介入诊疗设备工程技术研究中心	乐普(北京)医疗器械股份有限公司
73	北京市医用内植物工程技术研究中心	北京纳通科技集团有限公司
74	北京市新型人用预防性疫苗工程技术研究中心	北京科兴生物制品有限公司
75	北京市基因工程抗体药物工程技术研究中心	百泰生物药业有限公司
76	北京市重组蛋白药物工程技术研究中心	北京凯因科技股份有限公司
77	北京市传染病诊断工程技术研究中心	北京万泰生物药业股份有限公司
78	北京市钢铁冶金节能减排工程技术研究中心	北京中冶设备研究设计总院有限公司

续表

序号	名称	依托单位
79	北京市纳米结构薄膜太阳能电池工程技术研究中心	北京低碳清洁能源研究所
80	北京市风电设备可靠性工程技术研究中心	国电联合动力技术有限公司
81	北京市电动汽车充换电工程技术研究中心	中国电力科学研究院
82	北京市电站自动化工程技术研究中心	北京国电智深控制技术有限公司
83	北京市低质燃料高效清洁利用工程技术研究中心	中国华能集团清洁能源技术研究院有限公司
84	北京市集成电路电子设计自动化工程技术研究中心	北京华大九天软件有限公司
85	北京市火电厂烟气净化工程技术研究中心	北京国电龙源环保工程有限公司
86	北京市电子系统可靠性评测工程技术研究中心	工业和信息化部计算机与微电子发展研究中心
87	北京市弱磁检测及应用工程技术研究中心	北京科技大学
88	北京市光电通信线路工程技术研究中心	北京亨通斯博通讯科技有限公司
89	北京市数字交通枢纽工程技术研究中心	北京竞业达数码科技有限公司
90	北京市光纤传感系统工程技术研究中心	北京航天时代光电科技有限公司
91	北京市复杂产品先进制造系统工程技术研究中心	北京仿真中心
92	北京市下一代网络安全软件与系统工程技术研究中心	北京神州绿盟信息安全科技股份有限公司
93	北京市气环境监测工程技术研究中心	北京航天益来电子科技有限公司
94	北京市物联网技术与系统工程技术研究中心	首都信息发展股份有限公司
95	北京市北斗卫星导航技术与装备工程技术研究中心	北京北斗星通导航技术股份有限公司
96	北京市卫星通信导航工程技术研究中心	北京华力创通科技股份有限公司
97	北京市移动卫星应用工程技术研究中心	北京中交通信科技有限公司
98	北京市太阳能热发电工程技术研究中心	中国科学院电工研究所
99	北京市有色金属新能源基础制品工程技术研究中心	北京有色金属研究总院
100	北京市蛋白和抗体研发及制备工程技术研究中心	北京义翘神州生物技术有限公司
101	北京市裸质粒基因治疗药物工程技术研究中心	北京诺思兰德生物技术股份有限公司
102	北京市肿瘤与糖尿病小分子靶向新药工程技术研究中心	北京赛林泰医药技术有限公司
103	北京市重组蛋白及其长效制剂工程技术研究中心	北京双鹭药业股份有限公司
104	北京市长效干扰素工程技术研究中心	北京三元基因药业股份有限公司
105	北京市纳微化结构药物工程技术研究中心	北京万生药业有限责任公司
106	北京市免疫试剂临床工程技术研究中心	首都医科大学附属北京天坛医院
107	北京市核医学装备工程技术研究中心	北京大基康明医疗设备有限公司
108	北京市儿童外科矫形器具工程技术研究中心	首都医科大学附属北京儿童医院
109	北京市临床检验工程技术研究中心	北京医院
110	北京市多模态医学影像工程技术研究中心	清华大学
111	北京市大血管外科植入式人工材料工程技术研究中心	首都医科大学附属北京安贞医院
112	北京市污水资源化工程技术研究中心	北京城市排水集团有限责任公司
113	北京市新型污水深度处理工程技术研究中心	北京大学
114	北京市污水资源化膜技术工程技术研究中心	北京碧水源科技股份有限公司

续表

序号	名称	依托单位
115	北京市高能耗电机变频节能工程技术研究中心	北京动力源科技股份有限公司
116	北京市粉体物料气力输送工程技术研究中心	北京国电富通科技发展有限责任公司
117	北京市低变质煤与有机废弃物热解提质工程技术研究中心	北京神雾环境能源科技集团股份有限公司
118	北京市城轨运行控制系统工程技术研究中心	北京交控科技股份有限公司
119	北京市城市交通运行保障工程技术研究中心	北京工业大学
120	北京市城市交通信息智能感知与服务工程技术研究中心	北京交通大学
121	北京市高速公路智能交通工程技术研究中心	北京云星宇交通工程有限公司
122	北京市城市交通基础设施建设工程技术研究中心	北京建筑大学
123	北京市特种粉末冶金材料工程技术研究中心	安泰科技股份有限公司
124	北京市金属粉末工程技术研究中心	有研粉末新材料(北京)有限公司
125	北京市水性聚合物合成与应用工程技术研究中心	北京化工大学
126	北京市纤维素及其衍生材料工程技术研究中心	北京理工大学
127	北京市市政路桥绿色建材工程技术研究中心	北京市政路桥建材集团有限公司
128	北京市纳米材料工程技术研究中心	国家纳米科学中心
129	北京市精密测控技术与仪器工程技术研究中心	北京工业大学
130	北京市工业控制系统工程技术研究中心	北京和利时系统工程有限公司
131	北京市变截面辊弯成形工程技术研究中心	北方工业大学
132	北京市铁路车辆安全检测工程技术研究中心	北京康拓红外技术股份有限公司
133	北京市物质成分分析仪器工程技术研究中心	北京北分瑞利分析仪器(集团)有限责任公司
134	北京市数字电视系统工程技术研究中心	北京数码视讯科技股份有限公司
135	北京市高效节能矿冶技术装备工程技术研究中心	北京矿冶研究总院
136	北京市轻纺机械机器视觉工程技术研究中心	北京经纬纺机新技术有限公司
137	北京市蛋白功能肽工程技术研究中心	中国食品发酵工业研究院
138	北京市农业物联网工程技术研究中心	北京农业信息技术研究中心、中国农业大学
139	北京市农村远程信息服务工程技术研究中心	北京市农林科学院
140	北京市植物工厂工程技术研究中心	北京京鹏环球科技股份有限公司
141	北京市园林植物工程技术研究中心	北京林大林业科技股份有限公司
142	北京市高速磁悬浮电机技术及应用工程技术研究中心	北京航空航天大学
143	北京市清洁热处理工程技术研究中心	北京机电研究所
144	北京市轨道交通电气工程技术研究中心	北京交通大学
145	北京市融合网络与泛在业务工程技术研究中心	北京科技大学
146	北京市混合现实与新型显示工程技术研究中心	北京理工大学
147	北京市无线医疗与健康工程技术研究中心	清华大学
148	北京市工业波谱成像工程技术研究中心	北京科技大学
149	北京市微振动环境控制工程技术研究中心	中国电子工程设计院
150	北京市自动化物流装备工程技术研究中心	北京起重运输机械设计研究院

续表

序号	名称	依托单位
151	北京市特异物质安全检测技术与装备工程技术研究中心	同方威视技术股份有限公司
152	北京市摩擦焊接工艺与装备工程技术研究中心	中国航空工业集团公司北京航空制造工程研究所
153	北京市轨道交通维护装备工程技术研究中心	中车北京二七机车有限公司
154	北京市数字航空遥感工程技术研究中心	北京天下图数据技术有限公司
155	北京市地理信息系统平台软件研发与应用工程技术研究中心	北京超图软件股份有限公司
156	北京市低空遥感数据处理工程技术研究中心	中测新图(北京)遥感技术有限责任公司
157	北京市宽带接入应用交付工程技术研究中心	北京星网锐捷网络技术有限公司
158	北京市平板显示工程技术研究中心	京东方科技集团股份有限公司
159	北京市虚拟仿真与可视化工程技术研究中心	北京大学
160	北京市低温多效热法海水淡化工程技术研究中心	中国电子工程设计院
161	北京市过程污染控制工程技术研究中心	中国科学院过程工程研究所
162	北京市环境岩土工程技术研究中心	北京市勘察设计研究院有限公司
163	北京市水处理环保材料工程技术研究中心	北京化工大学
164	北京市水土保持工程技术研究中心	北京林业大学
165	北京市高污染化工废水资源化工程技术研究中心	北京万邦达环保技术股份有限公司
166	北京市物联网应急平台工程技术研究中心	北京辰安科技股份有限公司
167	北京市核化安全工程技术研究中心	中国人民解放军防化研究院
168	北京市轨道交通线路安全与防灾工程技术研究中心	北京交通大学
169	北京市轨道交通工程技术研究中心	北京市轨道交通设计研究院有限公司
170	北京市半导体照明材料与器件工程技术研究中心	同方光电科技有限公司
171	北京市高层和大跨度预应力钢结构工程技术研究中心	北京工业大学
172	北京市食品环境与健康工程技术研究中心	中央民族大学
173	北京市小城镇污水处理与回用工程技术研究中心	北京桑德环境工程有限公司
174	北京市新能源汽车电机系统工程技术研究中心	精进电动科技(北京)有限公司
175	北京市生物燃料工程技术研究中心	清华大学
176	北京市燃气轮机用高温合金工程技术研究中心	北京钢研高纳科技股份有限公司
177	北京市先进钛合金精密成型工程技术研究中心	中国航空工业集团公司北京航空材料研究院
178	北京市空间电源变换与控制工程技术研究中心	北京卫星制造厂
179	北京市半导体微纳集成工程技术研究中心	中科院半导体研究所
180	北京市印刷电子工程技术研究中心	北京印刷学院
181	北京市低维碳材料工程技术研究中心	北京大学
182	北京市新能源车用动力电池系统集成工程技术研究中心	北京普莱德新能源电池科技有限公司
183	北京市交通与能源用特殊钢工程技术研究中心	北京科技大学设计研究院有限公司
184	北京市超硬材料制品工程技术研究中心	北京安泰钢研超硬材料制品有限责任公司
185	北京市先进弹性体工程技术研究中心	北京化工大学
186	北京市口腔材料工程技术研究中心	安泰科技股份有限公司

续表

序号	名称	依托单位
187	北京市能源用钢工程技术研究中心	首钢总公司
188	北京市兽用多肽疫苗设计与制备工程技术研究中心	中牧实业股份有限公司
189	北京市作物分子育种工程技术研究中心	北京大北农科技集团股份有限公司
190	北京市系统营养工程技术研究中心	北京市营养源研究所
191	北京市畜禽健康养殖环境工程技术研究中心	中国农业大学
192	北京市食用菌工程技术研究中心	北京市农林科学院
193	北京市乡村景观规划设计工程技术研究中心	北京农学院
194	北京市食品添加剂工程技术研究中心	北京工商大学
195	北京市中兽药工程技术研究中心	北京生泰尔科技股份有限公司
196	北京市落叶果树工程技术研究中心	北京市农林科学院
197	北京市骨科植入医疗器械工程技术研究中心	解放军总医院第一附属医院
198	北京市纳米生物医学检测工程技术研究中心	国家纳米科学中心
199	北京市神经药物工程技术研究中心	北京市老年病医疗研究中心
200	北京市抗肿瘤新药创制工程技术研究中心	百济神州(北京)生物科技有限公司
201	北京市生物大分子药物转化工程技术研究中心	中国科学院生物物理所
202	北京市缓控释制剂工程技术研究中心	北京星昊医药股份有限公司
203	北京市中药配方颗粒工程技术研究中心	北京康仁堂药业有限公司
204	北京市手术与危重症系统工程技术研究中心	北京谊安医疗系统股份有限公司
205	北京市细菌性疫苗工程技术研究中心	北京智飞绿竹生物制药有限公司
206	北京市服装产业数字化工程技术研究中心	北京服装学院
207	北京市数字内容工程技术研究中心	中国科学院自动化研究所
208	北京市硅基高速片上系统工程技术研究中心	北京理工大学
209	北京市能源电力信息安全工程技术研究中心	华北电力大学
210	北京市电磁兼容与天线测试工程技术研究中心	北京空间飞行器总体设计部
211	北京市互动电视运营和服务工程技术研究中心	北京四达时代软件技术股份有限公司
212	北京市轨道交通电磁兼容与卫星导航工程技术研究中心	北京交通大学
213	北京市特种安保救援智能装备工程技术研究中心	北京机械设备研究所
214	北京市无人机应用系统工程技术研究中心	中国航天空气动力技术研究院
215	北京市无人机空管航电工程技术研究中心	中航航空电子有限公司
216	北京市数字化医疗3D打印工程技术研究中心	北京工业大学
217	北京市高效绿色数控加工工艺及装备工程技术研究中心	北京航空航天大学
218	北京市机器人伺服与控制系统工程技术研究中心	北京自动化控制设备研究所
219	北京市准分子激光工程技术研究中心	中国科学院光电研究院
220	北京市新能源汽车工程技术研究中心	北汽福田汽车股份有限公司
221	北京市高速铁路运行控制系统工程技术研究中心	北京全路通信信号研究设计院集团有限公司
222	北京市供水管网系统安全与节能工程技术研究中心	中国农业大学

续表

序号	名称	依托单位
223	北京市可持续城市排水系统构建与风险控制工程技术研究中心	北京建筑大学
224	北京市再生水水质安全保障工程技术研究中心	北控水务(中国)投资有限公司
225	北京市城市热管理工程技术研究中心	北京大学
226	北京市建筑高能效与城市生态工程技术研究中心	北京市建筑设计研究院有限公司
227	北京市建筑能源高效综合利用工程技术研究中心	北京建筑大学
228	北京市绿色建筑设计工程技术研究中心	中国建筑科学研究院
229	北京市现场物证检验工程技术研究中心	公安部物证鉴定中心
230	北京市地震观测工程技术研究中心	中国地震局地壳应力研究所
231	北京市冶金三维仿真设计工程技术研究中心	北京首钢国际工程技术有限公司
232	北京市信息化建筑设计与建造工程技术研究中心	北京市建筑设计研究院有限公司
233	北京市历史建筑保护工程技术研究中心	北京工业大学
234	北京市互动媒体艺术工程技术研究中心	北京理工大学
235	北京市第三代半导体材料及应用工程技术研究中心	中国科学院半导体研究所
236	北京市高纯金属溅射靶材工程技术研究中心	有研亿金新材料有限公司
237	北京市金属先进成形制造工程技术研究中心	北京有色金属研究总院
238	北京市多级结构催化材料工程技术研究中心	北京化工大学
239	北京市真空玻璃工程技术研究中心	北京新立基真空玻璃技术有限公司
240	北京市智能微电网控制工程技术研究中心	北京四方继保自动化股份有限公司
241	北京市农业功能微生物工程技术研究中心	保罗生物园科技股份有限公司
242	北京市盐碱及荒漠化地区生态修复与固碳工程技术研究中心	清华大学
243	北京市果树良种繁育工程技术研究中心	中国农业大学
244	北京市花卉园艺工程技术研究中心	北京市植物园
245	北京市食品安全免疫快速检测工程技术研究中心	北京勤邦生物技术有限公司
246	北京市生物医学分子检测工程技术研究中心	中国科学院生物物理研究所
247	北京市医用影像诊断装备工程技术研究中心	华润万东医疗装备股份有限公司
248	北京市基因测序与功能分析工程技术研究中心	北京市理化分析测试中心
249	北京市蛋白质药物工程技术研究中心	舒泰神(北京)生物制药股份有限公司
250	北京市新型联合疫苗工程技术研究中心	北京民海生物科技有限公司

北京地区专利代理机构一览表

序号	机构名称	地　址	邮　编	负责人	电　话	网　址
1	北京国林贸知识产权代理有限公司(涉外)	朝阳区建国门外大街24号华侨村1—2—3	100022	李桂玲	65150103	www.glmipo.com.cn
2	北京路浩知识产权代理有限公司(涉外)	海淀区大柳树路17号富海国际港707室	100081	谢顺星	62196988	www.cnkip.com
3	北京中创阳光知识产权代理有限责任公司(涉外)	海淀区花园路13号道隆商务会馆112室	100088	尹振启	62063602	www.suncrt.com
4	北京中建联合知识产权代理事务所	西城区车公庄大街19号	100044	朱丽岩	58933504	www.zlzlzl.com
5	北京律诚同业知识产权代理有限公司(涉外)	海淀区知春路甲48号盈都大厦B座16层	100098	梁　挥	58733366	www.lecome.com
6	北京邦信阳专利商标代理有限公司(涉外)	朝阳区建国门外大街永安东里甲3号通用国际中心1号楼5层	100022	张秋生	58793300	www.boss-young.com
7	北京市中实友知识产权代理有限责任公司(涉外)	西城区德外大街安德路112号楼0119室	100011	张少宏	62366429	
8	北京金富邦专利事务所有限责任公司	朝阳区小关街53号	100029	孙伯庆	64249828	
9	北京英特普罗知识产权代理有限公司(涉外)	西城区车公庄大街9号5栋大楼C座11层	100044	胡　棋	88395588	www.intellecpro.com
10	北京华夏正合知识产权代理事务所(涉外)	西城区西外大街1号西环广场2号楼17层C5、C6室	100044	韩登营	58301655	www.czipa.com
11	北京德琦知识产权代理有限公司(涉外)	海淀区知春路1号学院国际大厦7层	100083	宋志强	82339088	www.deqi-iplc.com
12	北京中原华和知识产权代理有限责任公司(涉外)	朝阳区北辰东路8号汇宾大厦A座909室	100101	寿　宁	64993855	www.huahe.com.cn
13	中科专利商标代理有限责任公司(涉外)	海淀区王庄路1号清华同方科技大厦B座25层	100083	廖玉珍	82378686	www.csptal.com
14	北京振安创业专利代理有限责任公司	海淀区花园东路30号花园商务会馆6402室	100083	祁纯阳	82029709	
15	中国国际贸易促进委员会专利商标事务所(涉外)	西城区复兴门内大街158号远洋大厦10层	100031	李　勇	66412345	www.ccpit-patent.com.cn
16	北京知本村知识产权代理事务所	西城区牛街东里一区8号楼1603室	100053	周自清	63894911	www.ccro.com.cn

续表

序号	机构名称	地　址	邮　编	负责人	电　话	网　址
17	北京乾诚五洲知识产权代理有限责任公司(涉外)	朝阳区裕民路18号北环中心A座1008—1009号	100029	付晓青	82250113	www.faithfulaw.com
18	北京北新智诚知识产权代理有限公司(涉外)	西城区西直门南大街16号西楼7层	100035	赵郁军	66168467	www.bpta.com.cn
19	北京市柳沈律师事务所(涉外)	海淀区彩和坊路10号瀚海国际大厦10层	100080	吴秉芬	62681616	www.liu-shen.com
20	北京太兆天元知识产权代理有限责任公司(涉外)	海淀区知春路6号锦秋国际大厦A座701室	100088	张　韬	82800237	
21	北京万慧达知识产权代理有限公司(涉外)	海淀区中关村南大街1号友谊宾馆颐园写字楼226室	100873	白　刚	68948018	www.wanhuida.com
22	北京天昊联合知识产权代理有限公司(涉外)	西城区西长安街88号首都时代广场718室	100031	张天舒	83913598	www.teehowe.com
23	北京恒久联达知识产权代理有限公司(涉外)(未通过2008年年检)	朝阳区曙光西里甲1号A2108号	100028	林继恒	58220758	
24	北京宇生知识产权代理事务所	朝阳区惠新西街15号401室	100029	倪　骏	64938280	www.bjys85.cn
25	北京永创新实专利事务所	海淀区学院路37号	100083	周长琪	82338110	
26	北京三友知识产权代理有限公司(涉外)	西城区金融街35号国际企业大厦A座16层	100140	李　强	88091921	www.san-you.com
27	北京海虹嘉诚知识产权代理有限公司(涉外)	海淀区北四环中路283号智凯大厦902室	100083	张　涛	82384870	www.haihongjc.com
28	北京华科联合专利事务所	西城区西直门外南路5号华审宾馆2303室	100044	王　为	68314404	www.huakepatent.com
29	小松专利事务所	西城区前门西大街8号楼1002室	100051	陈祚龄	63172986	
30	北京博浩百睿知识产权代理有限责任公司	海淀区知春路甲48号C座4单元10F	100098	宋子良	58732381	
31	北京同汇友专利事务所	大兴区黄村镇兴政街31号	102600	高云瑞	69242225	
32	北京金之桥知识产权代理有限公司(涉外)	海淀区知春路6号锦秋国际大厦A座1008室	100088	林建军	82800716	www.goldenbridgeip.com
33	北京三高永信知识产权代理有限责任公司(涉外)	朝阳区安立路60号润枫德尚大厦B座1204—1205室	100101	何文彬	64986656	www.sangaopatent.com
34	北京科龙寰宇知识产权代理有限责任公司(涉外)	海淀区知春路6号锦秋国际大厦A座1303室	100088	孙皓晨	82800568	www.kelong-ip.com
35	北京君尚知识产权代理事务所(涉外)	海淀区北四环西路68号左岸工社大厦1317室	100080	余长江	82529027	www.joyshine.com.cn
36	北京清亦华知识产权代理事务所	海淀区清华园清华大学照澜院商业楼301室	100084	廖元秋	62792171	qingyihua.51.net

续表

序号	机构名称	地　址	邮　编	负责人	电　话	网　址
37	北京思海天达知识产权代理有限公司(涉外)	朝阳区平乐园 100 号知新园 4 层	100124	张　慧	67392381	
38	北京英赛嘉华知识产权代理有限责任公司(涉外)	海淀区知春路甲 48 号盈都大厦 A 座 19 层	100098	王达佐	58732666	www. insightip. com
39	北京同立钧成知识产权代理有限公司(涉外)	朝阳区北辰西路 69 号峻峰华亭 A 座 902 室	100029	刘　芳	58773108	www. infopatent. com. cn
40	北京华谊知识产权代理有限公司	海淀区学院路 30 号北京科技大学科技园 A 座 107 室	100083	刘月娥	62332031	
41	北京纽乐康知识产权代理事务所(涉外)	海淀区西直门北大街联慧路 99 号海云轩大厦 A 座 183 室	100028	田　磊	62277819	www. neuracom – ip. com
42	北京轻创知识产权代理有限公司(涉外)	海淀区花园路 2 号牡丹科技大厦 A 座 3 层	100191	王新生	82282626	www. keycom – ip. com
43	北京中翔知识产权代理有限公司(涉外)	西城区西直门南小街国英 1 号大厦 0429 室	100035	周春发	58561176	
44	北京三幸商标专利事务所(涉外)	朝阳区北辰东路 8 号汇欣大厦 B 座 0811 号	100101	刘激扬	84976188	www. sankoco. com
45	北京思创毕升专利事务所(涉外)	朝阳区北三环东路 14 号	100013	韦庆文	64201667	www. sch – ip. com
46	中原信达知识产权代理有限责任公司(涉外)	西城区金融街 19 号富凯大厦 B 座 11 层	100140	穆德骏	66576688	www. chinasinda. com
47	北京捷诚信通知识产权代理有限公司 (涉外)	西城区三里河 1 区 5—5	100045	庞炳良	68589998	www. pscu. com. cn
48	北京元中知识产权代理有限责任公司(涉外)	西城区北三环中路甲 29 号 2 号楼尊邸 1103 室	100029	汪诚芝	82023296	www. yuanzhong. org
49	北京金阙华进专利事务所(涉外)	朝阳区东大桥路 8 号尚都国际中心 A 座 2312 室	100020	吴鸿维	58702027	www. goldengatepatent. com
50	北京金信立方知识产权代理有限公司(涉外)	海淀区紫竹院路 116 号嘉豪国际中心 B 座 11 层	100097	张晓晨	58930011	www. kingsound – ip. com. cn
51	北京中知法苑知识产权代理事务所	海淀区北三环西路 11 号首都体育学院高德写字楼 107 室	100088	陈俊由	82090902	www. zzfyip. cn
52	北京集佳知识产权代理有限公司(涉外)	朝阳区建外大街 22 号赛特大厦 7 层	100004	于泽辉	85115588	www. unitalen. com. cn
53	北京市汇泽知识产权代理有限公司(涉外)	海淀区知春路 6 号锦秋国际大厦 A 座 18 层	100088	赵　军	82961618	www. ipr – jzhz. com
54	北京金言诚信知识产权代理有限公司	海淀区知春路 111 号理想大厦 809 室	100086	王亚轩	82665269	www. jycx. com. cn
55	北京万科园知识产权代理有限责任公司(涉外)	海淀区北三环中路 77 号	100088	张亚军	82076997	www. wky. com. cn

续表

序号	机构名称	地　址	邮　编	负责人	电　话	网　址
56	北京慧泉知识产权代理有限公司(涉外)	海淀区蓟门里和景园1号楼1单元302室	100088	王顺荣	82023315	www. huiquanip. com
57	北京科兴园专利事务所	朝阳区酒仙桥路13号	100016	王　蕴	64355266	
58	中国商标专利事务所有限公司(涉外)	西城区月坛南街14号月新大厦	100045	李彦章	68570096	www. trademarkpatent. com. cn
59	北京市广友专利事务所有限责任公司	海淀区北三环西路11号高德写字楼206室	100088	王奎璇	82090980	
60	北京博圣通专利事务所	海淀区北四环中路229号海泰大厦1706室	100083	黄　薇	82884000	
61	北京天平专利商标代理有限公司(涉外)	朝阳区朝外大街16号中国人寿大厦1808室	100020	王　怡	65883010	www. wang - associates. com
62	北京康信知识产权代理有限责任公司(涉外)	海淀区知春路甲48号盈都大厦A座16层	100098	余　刚	58731888	www. kangxin. com
63	北京双收知识产权代理有限公司(涉外)	朝阳区安贞西里仟村商务大楼B座506—507室	100029	吴忠仁	82041081	www. sspatent. com
64	北京诺孚尔知识产权代理有限责任公司	海淀区北洼西里颐安嘉园14栋	100089	白　帆	68430973	www. nova - ip. com. cn
65	北京银龙知识产权代理有限公司(涉外)	海淀区西直门北大街32号枫篮国际中心2号楼10层	100082	郝庆芬	82252547	www. dragonip. com
66	北京市合德专利事务所	海淀区北三环中路77号90号信箱	100088	李本源	82047898	www. heraldpatent. com
67	北京纪凯知识产权代理有限公司(涉外)	西城区宣武门西大街甲129号金隅大厦602室	100031	赵蓉民	66411409	www. jeekai. com
68	北京众合诚成知识产权代理有限公司(涉外)	西城区车公庄大街甲4号物华大厦A座1707室	100044	黄家俊	68003961	www. bjzhcc. com
69	北京市中咨律师事务所(涉外)	西城区平安里西大街26号新时代大厦6—8层	100034	贾　军	66091188	www. zhongzi. com. cn
70	北京中安信知识产权代理事务所(涉外)	海淀区清华东路2号金码大厦A座712室	100083	张小娟	82837725	www. citicip. com
71	北京中恒高博知识产权代理有限公司(涉外)	西城区车公庄大街6号3号楼313室	100044	刘　震	68001852	www. chinagoub. com
72	北京三聚阳光知识产权代理有限公司(涉外)	西城区裕民路18号北环中心A座502室	100029	张　杰	62382785	www. ipsunshine. com
73	北京科迪生专利代理有限责任公司	海淀区中关村816楼1202室	100080	关　玲	82615576	
74	北京维澳专利代理有限公司(涉外)(未通过2008年年检)	朝阳区建国门外大街22号赛特广场M层30112	100004	翟向红	65598871	www. pacificchinaip. com
75	北京中北知识产权代理有限公司(涉外)	西城区月坛北街2号月坛大厦16层1号	100045	袁世寰	68081365	www. bta. com. cn

续表

序号	机构名称	地　址	邮　编	负责人	电　话	网　址
76	北京连城创新知识产权代理有限公司	海淀区北三环西路48号北京科技会展中心1号楼B座6B	100086	刘伍堂	62146667	www. liancheng. net
77	北京市商泰律师事务所(涉外)	朝阳区朝外大街10号昆泰大厦1219室	100020	郭　华	65995719	www. stlss. cn
78	北京市金杜律师事务所(涉外)	朝阳区东三环中路7号北京财富中心写字楼A座40层	100020	王俊峰	58785588	www. kingandwood. com
79	北京正理专利代理有限公司(涉外)	西城区车公庄大街甲4号物华大厦A座	100044	诸葛北华	68001882	www. janlea. com. cn
80	北京东方亿思知识产权代理有限责任公司(涉外)	东城区东长安街1号东方广场东方经贸城东2座1601室	100738	高卢麟	85189318	www. eastip. com
81	北京金硕果知识产权代理事务所	海淀区西土城路13号蓟门文体招待所	100088	张　玫	62379509	www. jinshuoguo. com
82	北京凯特来知识产权代理有限公司(涉外)	海淀区大柳树路甲2号中铁科大厦8层南区	100081	郑立明	62197221	www. cataly – ip. com
83	北京市尚公律师事务所(未通过2008年年检)	东城区东长安街10号长安大厦3层	100006	李尚公	65288888	
84	北京安信方达知识产权代理有限公司(涉外)	海淀区学清路8号科技财富中心B座3层305A	100085	郑　霞	82730790	www. anxinfonda. com
85	北京高默克知识产权代理有限公司(涉外)	西城区月坛北街2号月坛大厦A座308室	100045	黄坤益	68083081	www. gmkip. com
86	北京华夏博通专利事务所(分部)	海淀区紫竹院南路23号国防出版社院内	100048	刘　俊	68451009	www. bjhxbt. com
87	北京挺立专利事务所(涉外)	西城区宣武门西大街129号金隅大厦804室	100031	叶树明	66416908	www. dingli. net
88	北京尔海知识产权代理事务所	海淀区文慧园北路9号今典花园2号楼2505室	100082	姜丽辉	62265669	www. jiangpa. com
89	北京嘉和天工知识产权代理事务所(涉外)	朝阳区八里庄西里98号住邦2000商务中心3号楼1201室	100025	甘　玲	85869056	www. arete – ip. cn
90	北京派特恩知识产权代理事务所	海淀区知春路甲48号3号楼1单元9D	100098	张颖玲	58731298	
91	北京安博达知识产权代理有限公司(涉外)	海淀区蓟门里小区和景园1号楼3单元102室	100088	徐国文	62379723	www. anboda. com
92	北京富天民宏济知识产权代理事务所	海淀区阜成路甲75号院北平房	100036	刘寿椿	88152049	
93	北京中博世达专利商标代理有限公司(涉外)	海淀区大柳树路17号富海大厦B座501室	100081	申　健	62123380	www. zhongbo – ip. com

续表

序号	机构名称	地　址	邮　编	负责人	电　话	网　址
94	北京同恒源知识产权代理有限公司(涉外)	海淀区知春路6号锦秋国际大厦A座511室	100088	王维绮	82800977	www. tidytend. com
95	北京市浩天知识产权代理事务所(涉外)	朝阳区光华路7号汉威大厦东区	100004	金卫文	52019988	www. hylandslaw. com
96	北京林达刘知识产权代理事务所(涉外)	海淀区清华大学学研大厦B座903室	100084	刘新宇	62790522	www. lindapatent. com
97	北京连和连知识产权代理有限公司(涉外)	朝阳区安定路33号化信大厦A座1008室	100029	胡荣瑜	64442168	www. lianandlien. com
98	北京中誉威圣知识产权代理有限公司(涉外)	东城区建国门内大街7号光华长安大厦2座818室	100005	曹来禧	65171299	www. globelaw. com. cn
99	北京泛华伟业知识产权代理有限公司(涉外)	西城区西直门外大街西环广场2号楼18层5—6	100044	徐　舒	58302268	www. panawell. com
100	北京明和龙知识产权代理有限公司(涉外)	海淀区中关村南大街17号韦伯时代中心C座1505室	100081	郁玉成	88570772	www. mlipa. com
101	北京中海智圣知识产权代理有限公司(涉外)	海淀区知春路1号学院国际大厦602室	100083	曾永珠	51266917	www. zhzs. cn
102	北京润平知识产权代理有限公司(涉外)	海淀区北四环西路9号银谷大厦509室	100190	刘国平	62800922	www. runping. com
103	北京北翔知识产权代理有限公司(涉外)	海淀区学院路35号世宁大厦908室	100191	姜建成	82311199	www. peksung. com
104	北京铭硕知识产权代理有限公司(涉外)	海淀区上地五街7号昊海大厦5层	100085	韩明星	82896186	www. mingsure. com
105	北京律盟知识产权代理有限责任公司(涉外)	西城区东长安街1号东方广场西一办公楼10层1008室	100738	王允方	85187141	www. chinaleaven. com
106	北京瑞成兴业知识产权代理事务所	西城区德胜门外大街11号44号楼A座718室	100088	李　慧	82025963	
107	北京信慧永光知识产权代理有限责任公司(涉外)	海淀区知春路9号坤讯大厦1106室	100083	王维玉	82335586	www. beijing - sun-hope. com
108	北京同达信恒知识产权代理有限公司(涉外)	西城区裕民路18号北环中心A座2002室	100029	黄志华	82254645	www. tongdaxinheng. com
109	北京怡丰知识产权代理有限公司(涉外)	朝阳区曙光西里甲1号东域大厦第三置业B3003室	100028	于振强	58220250	www. finefields. com
110	北京五月天专利商标代理有限公司	海淀区西直门北大街47号院迈豪时代1幢131室	100044	吴宝泰	62225161	www. mayskyip. com
111	北京市建元律师事务所	西城区阜成门北大街6号国际投资大厦C座7层	100034	王　隽	66579966	www. genesislawfirm. com. cn
112	北京东方汇众知识产权代理事务所	海淀区西土城路13号蓟门文体招待所1层1号	100088	朱元萍	62367180	
113	北京鑫媛睿博知识产权代理有限公司	西城区白广路枣林前街37号北京裕隆苑宾馆107室	100053	龚家骅	83540218	

续表

序号	机构名称	地　址	邮　编	负责人	电　话	网　址
114	北京泛诚知识产权代理有限公司(涉外)	西城区南礼士路66号建威大厦1914室	100045	文　琦	68086266	www. fsiplaw. com
115	北京市卓华知识产权代理有限公司	朝阳区安翔北里11号创业大厦C座209室	100101	丁永华	64830754	
116	北京瑞盟知识产权代理有限公司(涉外)	西城区西直门南大街16号西楼11层16室	100035	王友彭	66157651	www. rimoon. com. cn
117	北京汇智英财专利代理事务所(涉外)	海淀区大柳树路17号富海国际港902室	100081	郑玉洁	62155155	
118	北京市德权律师事务所(涉外)	东城区东直门南大街14号保利大厦写字楼8层A区	100027	房德权	65081195	www. dequanlawfirm. com
119	北京方韬法业专利代理事务所	海淀区增光路甲34号云建大厦9层9号	100037	吴景曾	86410972	www. findto. net
120	北京信远达知识产权代理事务所	朝阳区建国门外大街24号京泰大厦1508室	100022	王学强	65150407	
121	北京君智知识产权代理事务所	海淀区中关村南大街乙8号中监所内老办公楼314室	100081	向　华	62137220	www. jzpa. com
122	北京市德恒律师事务所(涉外)	西城区金融街19号富凯大厦B座12层	100140	王　丽	66575888	www. dhl. com. cn
123	北京紫金联合知识产权代理事务所(未通过2008年年检)	西城区月坛北街26号恒华国际商务中心C座1202室	100045	戴武军	86329977	
124	北京元本知识产权代理事务所	海淀区花园路12号时代玉成大厦403室	100088	李　斌	62361567	www. yuanben - ip. com
125	北京亿腾知识产权代理事务所	海淀区紫金数码园3号楼7层	100190	陈　霁	62262772	www. etone - ip. com
126	北京立成智业专利代理事务所	朝阳区樱花西街18号贵州大厦内1009室	100029	张江涵	64421808	
127	北京天悦专利代理事务所	朝阳区北苑路36号14号楼2528室	100012	田　明	84934084	www. tianyueip. com
128	北京必浩得专利代理事务所	海淀区紫竹院路116号嘉豪国际中心C座9层	100097	张亦华	51709020	www. besthold. cn
129	北京市铸成律师事务所	西城区北展北街华远企业号A座8层	100044	司义夏	88369999	www. ctw. com. cn
130	北京戈程知识产权代理有限公司(涉外)	东城区东长安街1号东方广场东三办公楼19层	100738	程　伟	85188598	www. gechengip. com
131	北京国昊天诚知识产权代理有限公司	朝阳区东三环中路59号富力双子座A座2605室	100022	顾惠忠	58622266	
132	北京一格知识产权代理事务所	海淀区花园路12号时代玉成大厦207室	100088	钟廷良	82013217	www. igreat. net
133	北京汉耐特知识产权代理事务所	朝阳区朝外大街19号华普国际大厦708室	100020	于淑惠	65881619	

续表

序号	机构名称	地　址	邮　编	负责人	电　话	网　址
134	北京法思腾知识产权代理有限公司(涉外)	海淀区中关村东路66号世纪科贸大厦C座1801室	100190	杨小蓉	62672128	www.bjfastip.com
135	北京润泽恒知识产权代理有限公司	海淀区学院南路34号西区大厦515室	100088	李　欣	62276442	
136	北京王景林知识产权代理事务所	海淀区中关村大街27号中关村大厦515室	100080	王景林	82381044	www.ip8610.com
137	北京市京大律师事务所	海淀区海淀路52号北大太平洋科技发展中心705室	100080	李光松	82689930	
138	北京尚诚知识产权代理有限公司(涉外)	西城区宣武门西大街甲129号金隅大厦6层	100031	龙　淳	66412615	
139	北京市隆安律师事务所(涉外)	朝阳区建国门外大街21号北京国际俱乐部188室	100020	张炳崑	82689930	
140	北京金恒联合知识产权代理事务所(涉外)	海淀区志新东路5号鸿基世业商务酒店A609	100083	李　强	82373196	www.jinheng-ip.com
141	北京中伟智信专利商标代理事务所	海淀区蓟门里小区东10楼1门0102室	100088	张　岱	62366545	
142	北京市路盛律师事务所	朝阳区建国门外大街甲12号新华保险大厦1604A室	100022	张再平	65693038	
143	北京鸿元知识产权代理有限公司(涉外)	朝阳门外大街19号华普国际大厦519室	100020	李瑞海	66018031	www.granderip.com
144	北京汉德知识产权代理事务所	东城区和平里七区16号531室	100013	庄一方	64215141	
145	北京龙双利达知识产权代理有限公司(涉外)	海淀区市丹棱街16号海兴大厦C座1108室	100080	朱　勤	82606695	
146	北京市立方律师事务所	东城区东四十条甲22号南新仓国际大厦A1105室	100007	谢冠斌	64096099	www.lifanglaw.com
147	北京新博知识产权代理有限公司	西城区金融街35号国际企业大厦B座16层	100140	黄锦阳	88093118	
148	北京品源专利代理有限公司	西城区莲花池东路5号11栋楼505—1室	100038	张诗琼	66034644	
149	北京兆君联合知识产权代理事务所	昌平区西环南路钰阳商业楼A单元2层	102200	初向庆	89745363	
150	北京国帆知识产权代理事务所	石景山区八大处高科技园西井路3号3号楼	100043	王　俊	82037380	
151	北京汇信合知识产权代理有限公司	海淀区中关村大街甲59号文化厦1206G	100872	符彦慈	51260867	
152	北京市磐华律师事务所(涉外)	朝阳区建国门外大街22号赛特大厦901—902室	100004	董　巍	65594091	www.pcassociates.cn
153	北京市盛峰律师事务所	海淀区中关村大街27号中关村大厦5层	100080	于国富	51656805	www.lawyer8.com

续表

序号	机构名称	地　址	邮　编	负责人	电　话	网　址
154	北京挚诚信奉知识产权代理有限公司	海淀区西直门北大街32号枫蓝国际中心2号楼1010室	100082	张习义	62220567	
155	北京市安伦律师事务所(涉外)	朝阳区呼家楼京广中心商务楼711室	100020	安晓地	65975210	www. atzp. com
156	北京天奇智新知识产权代理有限公司	海淀区中关村南大街12号天作国际中心18层1号楼2109室	100081	胡　芳	81630664	
157	北京锐思知识产权代理事务所	西城区西直门外大街135号北展宾馆写字楼5112室	100044	李　涛	13810886697	
158	北京市汉衡律师事务所(涉外)	朝阳区东三环中路39号建外SOHO社区8号楼31层	100022	冯　波	58691166	
159	核工业专利中心	海淀区阜成路43号	100037	高尚梅	68410206	
160	中国航空专利中心	朝阳区安外小关东里14号	100029	杜永保	64918183	
161	中国航天科技专利中心	东城区和平里滨河路1号	100013	安　丽	68373447	
162	信息产业部电子专利中心	石景山区鲁谷路35号电科大厦	100040	赵天武	68632928	
163	中国兵器工业集团公司专利中心	海淀区车道沟10号	100089	刘东升	68961701	
164	中国航天科工集团公司专利中心	海淀区永定路50号	100854	岳洁菱	68386595	
165	中国船舶专利中心	海淀区学院南路70号	100081	缪　蕾	62180545	
166	中国有色金属工业专利中心	西城区西直门内西章胡同9号	100035	李迎春	62229257	
167	中国人民解放军空军专利服务中心	丰台区南苑9236信箱	100076	张列刚	66712322	
168	中国人民解放军总后勤部专利服务中心	丰台区丰台体育中心南路2号	100071	杨学明	66888795	
169	中国人民解放军第二炮兵专利服务中心	海淀区清河镇清河大楼丁三	100085	李兴文	62841531	
170	国防专利服务中心	海淀区阜成路26号	100036	钱立亚	66357069	
171	中国人民解放军海军专利服务中心	丰台区六里桥北里4号	100073	李　坚	66952536	
172	中国人民解放军防化研究院专利服务中心	海淀区花园北路35号西楼	100083	刘永盛	66748499	
173	首钢总公司专利中心	石景山区首钢技术研究院	100041	李永东	88292092	
174	北京理工大学专利中心	海淀区中关村南大街5号	100081	仇蕾安	68912328	
175	中国和平利用军工技术协会专利中心	海淀区花园路7号新时代大厦7层	100088	陈晶晶	82803105	

资料来源:北京市知识产权局。

北京地区技术合同登记机构一览表

序号	登记处名称	地 址	邮 编	电 话
1	北京技术交易促进中心技术合同登记处	海淀区苏州街甲49号	100080	62577125
2	北京市科学技术协会技术合同登记处	东城区永外西革新里98号	100077	67235944
3	北京市经委经济技术市场发展中心技术合同登记处	东城区鼓楼东大街48号	100009	64019720
4	北京市职工技术协会技术合同登记处	西城区虎坊路13号	100052	83551557
5	北京市知识产权局技术合同登记处	西城区西直门南大街16号西楼11层	100035	66127237
6	中国航空工业科学技术总公司技术合同登记处	朝阳区西大望路甲2号6层	100025	65016246—8015
7	核工业科技开发咨询中心技术合同登记处	西城区月坛西街乙2号院5号楼	100045	68021966
8	中国科学院信息咨询中心技术合同登记处	海淀区北四环西路33号6D	100080	62568696
9	中国科学技术咨询服务中心技术合同登记处	海淀区学院南路86号	100081	62137487
10	中国电子工业科学技术交流中心技术合同登记处	西城区新街口外大街8号	100088	62383340
11	朝阳区科学技术协会技术合同登记处	朝阳区日坛北街33号区政府南2楼5层507室	100020	65099728
12	顺义区科学技术委员会技术合同登记处	顺义区光明南街24号	101300	69444902
13	东城区科学技术委员会技术合同登记处	东城区金宝街52号东城区行政服务中心13号窗口	100005	65258800—8116
14	西城区科学技术委员会技术合同登记处	西城区月坛北街甲1号—4	100037	68010703
15	海淀区科学技术委员会技术合同登记处	海淀区北四环中路281号	100083	62325612
17	北京市经济技术合作办公室技术合同登记处	朝阳区中纺街30号9层	100020	65014090
18	石景山区科学技术委员会技术合同登记处	石景山区实兴大街区工商局1层	100041	88794457—217
19	中关村科技园区昌平园管理委员会技术合同登记处	昌平区超前路9号	102200	89701437
20	通州区科学技术委员会技术合同登记处	通州区通胡大街78号	101100	89526652—3083
21	密云县科学技术委员会技术合同登记处	密云县西滨河路2号	101500	69048443
22	房山区科学技术委员会技术合同登记处	房山区良乡政通东路1号	102488	89350223
24	中关村科技园区丰台园管理委员会技术合同登记处	丰台区科兴路9号	100070	63740110
25	北京市科技协作中心技术合同登记处	西城区西直门南大街16号	100035	66517146
26	中关村科技园区海淀园管理委员会技术合同登记处	海淀区四季青路6号招商大厦	100089	88496990
27	北京市科学技术研究院技术合同登记处	海淀区紫竹院南路23号国防出版社院内429室	100048	68343152

续表

序号	登记处名称	地　　址	邮　编	电　话
28	大兴区科学技术委员会技术合同登记处	大兴区黄村兴政街31号	102600	69243835
29	丰台区科学技术委员会技术合同登记处	丰台区北大街甲13号	100071	63894698
30	中关村科技园区电子城科技园管理委员会技术合同登记处	朝阳区酒仙桥路甲12号	100016	64310422
31	北京产权交易所有限公司技术合同登记处	西城区金融大街甲17号	100140	66295773
32	昌平区科学技术委员会技术合同登记处	昌平区东关二条科技中心大楼	102200	69744174
33	北京版权保护中心技术合同登记处	海淀区知春路23号量子银座1405室	100083	82357087
34	朝阳区科学技术委员会技术合同登记处	朝阳区大屯路西奥中心B座22层	100101	64862731
35	平谷区科学技术委员会技术合同登记处	平谷区府前西街26号	101200	69961909
36	怀柔区科学技术委员会技术合同登记处	怀柔区湖光小区24号	101400	69697671

资料来源:北京技术市场管理办公室。

北京地区质量技术监督法定计量检定机构一览表

序号	名　称	服务内容	地　址	邮　编	电　话	电子邮箱
1	北京市计量检测科学研究院	提供长度、温度、力学、电学、光学、理化、电磁辐射等专业的计量检定、校准及检测服务;承接部分计量产品的质量监督检验及仲裁检验;授权开展部分计量产品的型式评价和样机试验以及进口计量器具的售前检定;承接企业、事业单位计量人员的技术培训;授权开展最高计量标准考(复)核、计量器具制造许可证考核等工作;房屋面积测量、室内环境监测;其他技术服务工作	朝阳区小关北安苑东里一区12号	100029	51669268	jly@ bjtsb. gov. cn
2	北京市东城区计量检测所	提供长度、电磁、光学、力学、热工、无线电、时间频率、物理化学等专业的计量检定、校准及检测服务	东城区和平里五区甲12号	100013	84222314	dcjjls@ bjtsb. gov. cn
3	北京市西城区计量检测所	提供长度、热工、力学、电磁、光学、物理化学、无线电等专业的计量检定、校准及商品量检测服务	西城区展览馆路8号	100044	68332721	xcjjls@ bjtsb. gov. cn
6	北京市朝阳区计量检测所	提供长度、温度、湿度、力学、电学、物理化学等专业的计量检定、校准及检测服务	朝阳区高碑店路1438号	100022	87744032	cyjjls@ bjtsb. gov. cn
7	北京市海淀区计量检测所	提供长度学、温度学、力学、电学、物理化学、光学等专业的计量检定、校准及检测服务	海淀区双清路68号	100083	62324427	hdjjls@ bjtsb. gov. cn

续表

序号	名　称	服务内容	地　址	邮　编	电　话	电子邮箱
8	北京市丰台区计量检测所	提供长度学、力学、电学、温度等专业的计量检定、校准及检测服务	丰台区北大地文体路6号	100071	63860399	ftjjls@ bjtsb. gov. cn
9	北京市石景山区计量检测所	提供长度学、温度学、力学、电学等专业的计量检定、校准及检测服务	石景山区杨庄东路73号	100043	68875389	sjsjjls@ bjtsb. gov. cn
10	北京市门头沟区计量检测所	提供长度学、力学、物理化学等专业的计量检定、校准及检测服务	门头沟区新桥大街60号	102300	69828742	mtgjjls@ bjtsb. gov. cn
11	北京市房山区计量检测所	提供长度学、温度学、力学、电学、物理化学等专业的计量检定、校准及检测服务	房山区良乡拱辰大街84号	102401	69351826	fsjjls@ bjtsb. gov. cn
12	北京市大兴区计量检测所	提供长度学、温度学、力学、时间频率、物理化学等专业的计量检定、校准及检测服务	大兴区黄村东里	102600	69243965	dxjjls@ bjtsb. gov. cn
13	北京市通州区计量检测所	提供长度学、温度学、力学、电学等专业的计量检定、校准及检测服务	通州区玉带河大街32号	101100	69543525	tzjjls@ bjtsb. gov. cn
14	北京市顺义区计量检测所	提供长度学、温度学、力学、电学、物理化学、时间频率等专业的计量检定、校准及检测服务	顺义区府前东街19号	101300	69421897	syjjls@ bjtsb. gov. cn
15	北京市怀柔区计量检测所	提供长度、力学、无线电等专业的计量检定、校准及检测服务	怀柔区北大街53号	101400	89684683	hrjjls@ bjtsb. gov. cn
16	北京市平谷区计量检测所	提供长度学、温度学、力学、物理化学、电离辐射等专业的计量检定、校准及检测服务	平谷区文化南街7号	101200	69962830	pgjjls@ bjtsb. gov. cn
17	北京市昌平区计量检测所	提供长度学、温度学、力学、物理化学、电学等专业的计量检定、校准及检测服务	昌平区东关环岛东	102200	89700854	cpjjls@ bjtsb. gov. cn
18	北京市密云县计量检测所	提供长度学、力学、电学、物理化学等专业的计量检定、校准及检测服务	密云县鼓楼东大街5号	101500	69042252	myjjls@ bjtsb. gov. cn
19	北京市延庆县计量检测所	提供长度学、温度学、力学、电学等专业的计量检定、校准及检测服务	延庆县湖南东路20号	102100	69104357	yqjjls@ bjtsb. gov. cn
20	华北电网有限公司北京电力公司	电能表计量检定	丰台区莲花西里28号	100073	67206009	jlzhxyhp@ 163. com

资料来源:北京市质量技术监督局。

续表

序号	机构名称	地　址	邮　编	负责人	电　话	网　址
134	北京法思腾知识产权代理有限公司(涉外)	海淀区中关村东路66号世纪科贸大厦C座1801室	100190	杨小蓉	62672128	www.bjfastip.com
135	北京润泽恒知识产权代理有限公司	海淀区学院南路34号西区大厦515室	100088	李　欣	62276442	
136	北京王景林知识产权代理事务所	海淀区中关村大街27号中关村大厦515室	100080	王景林	82381044	www.ip8610.com
137	北京市京大律师事务所	海淀区海淀路52号北大太平洋科技发展中心705室	100080	李光松	82689930	
138	北京尚诚知识产权代理有限公司(涉外)	西城区宣武门西大街甲129号金隅大厦6层	100031	龙　淳	66412615	
139	北京市隆安律师事务所(涉外)	朝阳区建国门外大街21号北京国际俱乐部188室	100020	张炳崑	82689930	
140	北京金恒联合知识产权代理事务所(涉外)	海淀区志新东路5号鸿基世业商务酒店A609	100083	李　强	82373196	www.jinheng-ip.com
141	北京中伟智信专利商标代理事务所	海淀区蓟门里小区东10楼1门0102室	100088	张　岱	62366545	
142	北京市路盛律师事务所	朝阳区建国门外大街甲12号新华保险大厦1604A室	100022	张再平	65693038	
143	北京鸿元知识产权代理有限公司(涉外)	朝阳门外大街19号华普国际大厦519室	100020	李瑞海	66018031	www.granderip.com
144	北京汉德知识产权代理事务所	东城区和平里七区16号531室	100013	庄一方	64215141	
145	北京龙双利达知识产权代理有限公司(涉外)	海淀区市丹棱街16号海兴大厦C座1108室	100080	朱　勤	82606695	
146	北京市立方律师事务所	东城区东四十条甲22号南新仓国际大厦A1105室	100007	谢冠斌	64096099	www.lifanglaw.com
147	北京新博知识产权代理有限公司	西城区金融街35号国际企业大厦B座16层	100140	黄锦阳	88093118	
148	北京品源专利代理有限公司	西城区莲花池东路5号11栋楼505—1室	100038	张诗琼	66034644	
149	北京兆君联合知识产权代理事务所	昌平区西环南路钰阳商业楼A单元2层	102200	初向庆	89745363	
150	北京国帆知识产权代理事务所	石景山区八大处高科技园西井路3号3号楼	100043	王　俊	82037380	
151	北京汇信合知识产权代理有限公司	海淀区中关村大街甲59号文化厦1206G	100872	符彦慈	51260867	
152	北京市磐华律师事务所(涉外)	朝阳区建国门外大街22号赛特大厦901—902室	100004	董　巍	65594091	www.pcassociates.cn
153	北京市盛峰律师事务所	海淀区中关村大街27号中关村大厦5层	100080	于国富	51656805	www.lawyer8.com

续表

序号	机构名称	地　址	邮　编	负责人	电　话	网　址
154	北京挚诚信奉知识产权代理有限公司	海淀区西直门北大街 32 号枫蓝国际中心 2 号楼 1010 室	100082	张习义	62220567	
155	北京市安伦律师事务所（涉外）	朝阳区呼家楼京广中心商务楼 711 室	100020	安晓地	65975210	www.atzp.com
156	北京天奇智新知识产权代理有限公司	海淀区中关村南大街 12 号天作国际中心 18 层 1 号楼 2109 室	100081	胡　芳	81630664	
157	北京锐思知识产权代理事务所	西城区西直门外大街 135 号北展宾馆写字楼 5112 室	100044	李　涛	13810886697	
158	北京市汉衡律师事务所（涉外）	朝阳区东三环中路 39 号建外 SOHO 社区 8 号楼 31 层	100022	冯　波	58691166	
159	核工业专利中心	海淀区阜成路 43 号	100037	高尚梅	68410206	
160	中国航空专利中心	朝阳区安外小关东里 14 号	100029	杜永保	64918183	
161	中国航天科技专利中心	东城区和平里滨河路 1 号	100013	安　丽	68373447	
162	信息产业部电子专利中心	石景山区鲁谷路 35 号电科大厦	100040	赵天武	68632928	
163	中国兵器工业集团公司专利中心	海淀区车道沟 10 号	100089	刘东升	68961701	
164	中国航天科工集团公司专利中心	海淀区永定路 50 号	100854	岳洁菱	68386595	
165	中国船舶专利中心	海淀区学院南路 70 号	100081	缪　蕾	62180545	
166	中国有色金属工业专利中心	西城区西直门内西章胡同 9 号	100035	李迎春	62229257	
167	中国人民解放军空军专利服务中心	丰台区南苑 9236 信箱	100076	张列刚	66712322	
168	中国人民解放军总后勤部专利服务中心	丰台区丰台体育中心南路 2 号	100071	杨学明	66888795	
169	中国人民解放军第二炮兵专利服务中心	海淀区清河镇清河大楼丁三	100085	李兴文	62841531	
170	国防专利服务中心	海淀区阜成路 26 号	100036	钱立亚	66357069	
171	中国人民解放军海军专利服务中心	丰台区六里桥北里 4 号	100073	李　坚	66952536	
172	中国人民解放军防化研究院专利服务中心	海淀区花园北路 35 号西楼	100083	刘永盛	66748499	
173	首钢总公司专利中心	石景山区首钢技术研究院	100041	李永东	88292092	
174	北京理工大学专利中心	海淀区中关村南大街 5 号	100081	仇蕾安	68912328	
175	中国和平利用军工技术协会专利中心	海淀区花园路 7 号新时代大厦 7 层	100088	陈晶晶	82803105	

资料来源：北京市知识产权局。

北京地区技术合同登记机构一览表

序号	登记处名称	地　址	邮　编	电　话
1	北京技术交易促进中心技术合同登记处	海淀区苏州街甲49号	100080	62577125
2	北京市科学技术协会技术合同登记处	东城区永外西革新里98号	100077	67235944
3	北京市经委经济技术市场发展中心技术合同登记处	东城区鼓楼东大街48号	100009	64019720
4	北京市职工技术协会技术合同登记处	西城区虎坊路13号	100052	83551557
5	北京市知识产权局技术合同登记处	西城区西直门南大街16号西楼11层	100035	66127237
6	中国航空工业科学技术总公司技术合同登记处	朝阳区西大望路甲2号6层	100025	65016246—8015
7	核工业科技开发咨询中心技术合同登记处	西城区月坛西街乙2号院5号楼	100045	68021966
8	中国科学院信息咨询中心技术合同登记处	海淀区北四环西路33号6D	100080	62568696
9	中国科学技术咨询服务中心技术合同登记处	海淀区学院南路86号	100081	62137487
10	中国电子工业科学技术交流中心技术合同登记处	西城区新街口外大街8号	100088	62383340
11	朝阳区科学技术协会技术合同登记处	朝阳区日坛北街33号区政府南2楼5层507室	100020	65099728
12	顺义区科学技术委员会技术合同登记处	顺义区光明南街24号	101300	69444902
13	东城区科学技术委员会技术合同登记处	东城区金宝街52号东城区行政服务中心13号窗口	100005	65258800—8116
14	西城区科学技术委员会技术合同登记处	西城区月坛北街甲1号—4	100037	68010703
15	海淀区科学技术委员会技术合同登记处	海淀区北四环中路281号	100083	62325612
17	北京市经济技术合作办公室技术合同登记处	朝阳区中纺街30号9层	100020	65014090
18	石景山区科学技术委员会技术合同登记处	石景山区实兴大街区工商局1层	100041	88794457—217
19	中关村科技园区昌平园管理委员会技术合同登记处	昌平区超前路9号	102200	89701437
20	通州区科学技术委员会技术合同登记处	通州区通胡大街78号	101100	89526652—3083
21	密云县科学技术委员会技术合同登记处	密云县西滨河路2号	101500	69048443
22	房山区科学技术委员会技术合同登记处	房山区良乡政通东路1号	102488	89350223
24	中关村科技园区丰台园管理委员会技术合同登记处	丰台区科兴路9号	100070	63740110
25	北京市科技协作中心技术合同登记处	西城区西直门南大街16号	100035	66517146
26	中关村科技园区海淀园管理委员会技术合同登记处	海淀区四季青路6号招商大厦	100089	88496990
27	北京市科学技术研究院技术合同登记处	海淀区紫竹院南路23号国防出版社院内429室	100048	68343152

续表

序号	登记处名称	地　址	邮　编	电　话
28	大兴区科学技术委员会技术合同登记处	大兴区黄村兴政街31号	102600	69243835
29	丰台区科学技术委员会技术合同登记处	丰台区北大街甲13号	100071	63894698
30	中关村科技园区电子城科技园管理委员会技术合同登记处	朝阳区酒仙桥路甲12号	100016	64310422
31	北京产权交易所有限公司技术合同登记处	西城区金融大街甲17号	100140	66295773
32	昌平区科学技术委员会技术合同登记处	昌平区东关二条科技中心大楼	102200	69744174
33	北京版权保护中心技术合同登记处	海淀区知春路23号量子银座1405室	100083	82357087
34	朝阳区科学技术委员会技术合同登记处	朝阳区大屯路西奥中心B座22层	100101	64862731
35	平谷区科学技术委员会技术合同登记处	平谷区府前西街26号	101200	69961909
36	怀柔区科学技术委员会技术合同登记处	怀柔区湖光小区24号	101400	69697671

资料来源:北京技术市场管理办公室。

北京地区质量技术监督法定计量检定机构一览表

序号	名　称	服务内容	地　址	邮　编	电　话	电子邮箱
1	北京市计量检测科学研究院	提供长度、温度、力学、电学、光学、理化、电磁辐射等专业的计量检定、校准及检测服务;承接部分计量产品的质量监督检验及仲裁检验;授权开展部分计量产品的型式评价和样机试验以及进口计量器具的售前检定;承接企业、事业单位计量人员的技术培训;授权开展最高计量标准考(复)核、计量器具制造许可证考核等工作;房屋面积测量、室内环境监测;其他技术服务工作	朝阳区小关北安苑东里一区12号	100029	51669268	jly@ bjtsb. gov. cn
2	北京市东城区计量检测所	提供长度、电磁、光学、力学、热工、无线电、时间频率、物理化学等专业的计量检定、校准及检测服务	东城区和平里五区甲12号	100013	84222314	dcjjls@ bjtsb. gov. cn
3	北京市西城区计量检测所	提供长度、热工、力学、电磁、光学、物理化学、无线电等专业的计量检定、校准及商品量检测服务	西城区展览馆路8号	100044	68332721	xcjjls@ bjtsb. gov. cn
6	北京市朝阳区计量检测所	提供长度、温度、湿度、力学、电学、物理化学等专业的计量检定、校准及检测服务	朝阳区高碑店路1438号	100022	87744032	cyjjls@ bjtsb. gov. cn
7	北京市海淀区计量检测所	提供长度学、温度学、力学、电学、物理化学、光学等专业的计量检定、校准及检测服务	海淀区双清路68号	100083	62324427	hdjjls@ bjtsb. gov. cn

续表

序号	名　　称	服务内容	地　址	邮　编	电　话	电子邮箱
8	北京市丰台区计量检测所	提供长度学、力学、电学、温度等专业的计量检定、校准及检测服务	丰台区北大地文体路6号	100071	63860399	ftjjls@ bjtsb. gov. cn
9	北京市石景山区计量检测所	提供长度学、温度学、力学、电学等专业的计量检定、校准及检测服务	石景山区杨庄东路73号	100043	68875389	sjsjjls@ bjtsb. gov. cn
10	北京市门头沟区计量检测所	提供长度学、力学、物理化学等专业的计量检定、校准及检测服务	门头沟区新桥大街60号	102300	69828742	mtgjjls@ bjtsb. gov. cn
11	北京市房山区计量检测所	提供长度学、温度学、力学、电学、物理化学等专业的计量检定、校准及检测服务	房山区良乡拱辰大街84号	102401	69351826	fsjjls@ bjtsb. gov. cn
12	北京市大兴区计量检测所	提供长度学、温度学、力学、时间频率、物理化学等专业的计量检定、校准及检测服务	大兴区黄村东里	102600	69243965	dxjjls@ bjtsb. gov. cn
13	北京市通州区计量检测所	提供长度学、温度学、力学、电学等专业的计量检定、校准及检测服务	通州区玉带河大街32号	101100	69543525	tzjjls@ bjtsb. gov. cn
14	北京市顺义区计量检测所	提供长度学、温度学、力学、电学、物理化学、时间频率等专业的计量检定、校准及检测服务	顺义区府前东街19号	101300	69421897	syjjls@ bjtsb. gov. cn
15	北京市怀柔区计量检测所	提供长度、力学、无线电等专业的计量检定、校准及检测服务	怀柔区北大街53号	101400	89684683	hrjjls@ bjtsb. gov. cn
16	北京市平谷区计量检测所	提供长度学、温度学、力学、物理化学、电离辐射等专业的计量检定、校准及检测服务	平谷区文化南街7号	101200	69962830	pgjjls@ bjtsb. gov. cn
17	北京市昌平区计量检测所	提供长度学、温度学、力学、物理化学、电学等专业的计量检定、校准及检测服务	昌平区东关环岛东	102200	89700854	cpjjls@ bjtsb. gov. cn
18	北京市密云县计量检测所	提供长度学、力学、电学、物理化学等专业的计量检定、校准及检测服务	密云县鼓楼东大街5号	101500	69042252	myjjls@ bjtsb. gov. cn
19	北京市延庆县计量检测所	提供长度学、温度学、力学、电学等专业的计量检定、校准及检测服务	延庆县湖南东路20号	102100	69104357	yqjjls@ bjtsb. gov. cn
20	华北电网有限公司北京电力公司	电能表计量检定	丰台区莲花西里28号	100073	67206009	jlzhxyhp@ 163. com

资料来源：北京市质量技术监督局。